本书为国家社会科学基金一般项目（项目号：13BMZ053）结项成果

本书由广西高等学校千名中青年骨干教师培育计划支持出版

本书由广西高校人文社会科学重点研究基地中国南方与东南亚民族研究中心资助出版

岭南民族传统生态知识与生态文明建设互动关系研究

付广华　著

中国社会科学出版社

图书在版编目（CIP）数据

岭南民族传统生态知识与生态文明建设互动关系研究／付广华著．—北京：中国社会科学出版社，2021.10

ISBN 978 - 7 - 5203 - 8765 - 1

Ⅰ.①岭…　Ⅱ.①付…　Ⅲ.①民族地区—生态学—关系—生态环境建设—研究—广东　Ⅳ.①Q14②X321.265

中国版本图书馆 CIP 数据核字（2021）第 144570 号

出 版 人	赵剑英
责任编辑	刘亚楠
责任校对	张爱华
责任印制	张雪娇

出　　版	中国社会科学出版社
社　　址	北京鼓楼西大街甲 158 号
邮　　编	100720
网　　址	http://www.csspw.cn
发 行 部	010 - 84083685
门 市 部	010 - 84029450
经　　销	新华书店及其他书店

印　　刷	北京君升印刷有限公司
装　　订	廊坊市广阳区广增装订厂
版　　次	2021 年 10 月第 1 版
印　　次	2021 年 10 月第 1 次印刷

开　　本	787×1092　1/16
印　　张	29
插　　页	2
字　　数	487 千字
定　　价	178.00 元

目　　录

第一章

导　论

第一节　研究缘起及意义

一　研究缘起

从文明形态上讲,生态文明是对既有农业文明、工业文明等一切文明成果的扬弃与发展,着眼人类未来的共同命运,强调不同民族、不同文明的人类居住在"同一个星球",是一个"人类命运共同体"。

作为生态文明建设的先行者,中国共产党和中央政府做出了前所未有的可贵探索。2007年,党的十七大报告提出"建设生态文明,基本形成节约能源资源和保护生态环境的产业结构、增长方式、消费模式"的号召,生态文明建设正式上升为国家战略。2012年,党的十八大再次凸显了生态文明建设的重要地位,将其纳入"五位一体"总体布局中去,从10个方面详细描绘了生态文明建设的宏伟蓝图。2017年,党的十九大报告则从制度上强调生态文明体制改革,推动形成人与自然和谐发展的现代化建设新格局。

作为岭南民族地区的社会科学工作者,我们深刻认识到:在近20年的快速发展过程中,虽然民族地区经济社会发展水平有了很大提高,人民群众的生产生活也得到了很大改善,环境保护事业取得明显进展,污染加剧的趋势得到初步控制,环境质量总体上保持稳定,但我们要明白,一些少数民族地区目前的经济发展模式仍然是以单纯追求经济效益为目的的——部分地方政府为了增加GDP和财政收入,不惜引入一些东部沿海地区淘汰的落后产业;某些地区在矿产开采过程中不能贯彻新发展理念,给当地带来严重的环境污染,甚至因此引发群体性冲突事件;水土流失状况依然严峻、生物多样性保护仍然承受巨大压力。所有上述这些现象都表明民族地区的生态环境问题仍有日趋严重的趋势,工业文明的思维观念没有得到根本改变,结构性污染比较突出,特别是承接的东部产业转移问题较为严重。因此,岭南民族地区要贯彻新发展理念,构建新发展格局,走绿色产业之路,致力于实现人与自然、人与社会以及人与自我的和谐共生,最终促进岭南民族地区的生态文明建设和经济社会协调发展。

为了实现上述目标,我们要深刻把握岭南民族地区生态文明建设的区域性、民族性特征,充分利用岭南民族历史上形成的处理人与自然关系的合理技术、制度以及精神财富。恰好此时,国内民族学界逐渐感到了单一民族研究的一些弊端,强调要更多地从区域视角研讨问题。考虑到这一转向,我们觉得:如果从语言系属的民族集团的角度去研讨岭南民族的传统生态知识体系及其与当代生态文明建设的互动关系,也许会得出更为清晰、更为合理的认识。本书就是我们试图跳出单一民族研究的藩篱开展此类研究的一次尝试。

二 研究意义

本书将从环境人类学的视角切入,运用多学科相结合的方法,将岭南民族的传统生态知识置于生态文明建设的背景下来考察,紧紧围绕传统生态知识的现代意义展开论述,着重阐明岭南民族地区生态文明建设自身具有的特点,力争为环境人类学的学科发展提供本土素材,为岭南民族地区生态文明建设提供启示和借鉴。

(一)学术价值

岭南民族传统生态知识与生态文明建设之间互动关系的研究,迄今仍是岭南民族研究中的薄弱环节。本书至少有三方面的学术价值:一是有利于拓展岭南民族的研究范围,由侧重历史转向侧重现实,由侧重单一民族转向侧重地域,推动岭南民族研究的新发展;二是尝试从环境人类学的视角对岭南民族地区的生态文明建设展开研讨,尽力弥补当前生态学、环境学等自然科学类研究和生态哲学、环境科学、科学社会主义等社会科学类研究的不足,为社会主义生态文明建设提供反思性的理论洞察;三是挖掘利用中国案例检验西方环境人类学理论与方法的效用,为生态环境学的发展提供来自中国的独特经验。

（二）现实意义

中国现代工业文明的发展已经促生了一系列的生态环境问题，这是中国少数民族地区经济社会发展面临的一道难题。研究岭南少数民族传统生态知识和生态文明建设问题，目的是为少数民族地区的经济社会发展提供必要的传统智慧。本书所提问题的解决，有利于促进岭南民族地区的生态建设和环境保护，为经济社会发展提供良好的生态环境保障；有利于促进岭南民族地区的和谐社会建设，实现人与自然、人与社会以及人与自我的和谐共处；有利于其他民族借鉴利用岭南民族的传统生态智慧，促进其他民族地区的生态建设和环境保护。

第二节　研究对象和区域

一　研究对象

本书的"岭南民族"指的是在岭南地区起源或得到重大发展的少数民族，不包括汉族、回族、彝族3个后来迁入的世居民族。从语言系属的角度来说，这些民族又可以分为壮侗语民族、苗瑶语民族和未定语族的京族、仡佬族三大类。下面分别择要介绍。

（一）壮侗语族民族

"壮侗语族"是中国划分语言类别的一个概念，国外又称"侗台语族"，是汉藏语系的一个分支。壮侗语族民族包括三个语支的民族，即属于壮傣语支的壮族、傣族、布依族；侗水语支的侗族、水族、毛南族、仫佬族；黎语支的黎族等。

从历史来源上看，壮侗语族民族与中国南方古代"百越"族群有着密切的关系。百越是战国、秦汉时期的统称，包括于越、扬越、南越、闽越、骆越、东瓯、山越、滇越、西瓯等。后来，随着民族的交往、融合、迁徙，于越、扬越、南越、闽越逐渐融入中国南方汉族之中，而地处岭南西部的骆越、西瓯的一些后代则逐渐产生分化、融合，至宋明时期逐渐形成了现在的壮侗语族各民族。鉴于壮侗语族民族共同渊源于古代的百越族群，学术界又将壮侗语族民族统称为"百越民族"。

壮侗语族民族虽然分布广泛，但大部分生活在华南—珠江流域的气候湿润、土壤肥沃的平原低地或河谷地区。在漫长的历史发展过程中，这种自然地理环境给各民族生产生活带来了明显的影响，其文化创造也表现出与水相关的共同特征，如种植水稻、喜吃水产、习水善舟、居住干栏、文身断发、龙蛇崇拜等。① 在与其他民族交往交流交融的历史过程中，壮侗语族先民和各民族民众创造了丰富多彩的物质文化、制度文化和精神文化，为繁荣中华民族文化贡献了自身的力量。

在本书中，"壮侗语族民族"有时又简称为"壮侗语民族"，主要包括世居于今广西壮族自治区和广东省境内的壮族，世居于广西壮族自治区的侗族、仫佬族、毛南族、水族，世居于海南省的黎族；不包括世居于云南省的壮族、傣族，世居于贵州省的壮族、布依族、侗族、水族、仫佬族、毛南族。

（二）苗瑶语族民族

"苗瑶语族"是中国划分语言类别的一个概念，国外学者虽然普遍认为其是汉藏语系的一个语族，但对其语族划分存在许多争议，有的认为苗语、瑶语自成一个语族，但也有学者将其归入侗台语族或孟—高棉语族。鉴于苗族、瑶族、畲族共同的历史渊源，自成一个语族的看法较为合理些。作为汉藏语系里最小的语族，苗瑶语族只包括苗语、瑶语两个语支。苗瑶语族民族包括属于苗语支的苗族和一部分说布努语的瑶族；瑶语支的瑶族；广东省增城、博罗等县的畲族所说的畲语也属此语族，但语支未定。

从历史渊源上看，苗瑶语族民族与中国历史上的"三苗"或"蛮"有着密切的关系。苗瑶语族是汉藏语系里最小的语族，以苗瑶语为母语的苗、瑶、畲三个民族，有着共同的祖先，即史书所称的"三苗"。早在四五千年前，三苗与炎黄联军大战于涿鹿，结果三苗战败，退到黄河以南。后来三苗又与尧、舜、禹作战，战斗失败后，一部分流散于三危，大部分被迫南迁。春秋战国时，"蛮"人是楚国的重要组成部分。秦汉时，三苗迁徙到鄱阳、洞庭、五溪地区，到隋唐以后分化为现在的三族。

苗瑶语族民族主要分布在中国的湖南、贵州、广西、广东、海南、福建等省、自治区，其次是越南、老挝、泰国、缅甸等国，少数迁到了美国、法国、澳大利亚等地。岭南是苗瑶语民族居住的核心区域之一，特别是瑶族，大部分人口都分布在岭南地区。在漫长的历史发展进程中，苗瑶语民族在汉

---

① 周大鸣、杨小柳：《珠江流域的族群与文化略论》，《西南民族大学学报》2007 年第 7 期。

族和壮侗语民族的挤压下，不断迁徙，同时与周边民族进行融合，因此，才形成了如今"大杂居，小聚居"的分布格局。与这种分布格局密切相关，苗瑶语民族大都居住在山区，其中又以南岭分布最为集中，形成了"南岭无处不有瑶"的分布格局。

在本书中，"苗瑶语族民族"有时又简称为"苗瑶语民族"，主要包括世居于今广西壮族自治区和广东省境内的瑶族，世居于广西壮族自治区和海南省境内的苗族，世居于广东省的畲族；不包括世居于中国其他省市的苗族、瑶族、畲族。

（三）未定语族的民族

在岭南地区，生活着未定语族的两个民族，即京族和仡佬族。对于京族的语族，国外学者多根据越南的越族将之归为南亚语系南岛语族。但鉴于越族与古代骆越之间的亲缘关系，国内语言学界将其归为汉藏语系，语族未定。对于仡佬族的语族，则分歧更为明显：有的认为仡佬语属于南亚语系孟—高棉语族中的独立语支[①]；有的认为仡佬语属于汉藏语系壮侗语族中的独立语支[②]；还有的则认为仡佬语不属于苗瑶语族就属于壮侗语族。鉴于京族、仡佬族与中国古代南方百越、百濮之间的历史渊源关系，我们认为：京族、仡佬族及其语言属于汉藏语系是没有问题的，至于两个民族所受到的南亚语系的影响，也是客观存在的，但这种影响还没有到改变其语系归属的程度。

京族，曾被称为"越南族"，1958 年正式定名为"京族"。追本溯源，京族的先民在秦汉时代属南越国，后归交趾郡，与骆越有一定的亲缘关系。而就现今中国境内的京族来说，主要是 16 世纪初陆续从越南北部的涂山（今海防市附近）等地迁徙而来的渔民的后代，主要居住在广西壮族自治区东兴市江平镇境内，其中，沿海的沥尾、巫头、山心、潭吉等村分布最为集中。作为越南国内的主体民族，京族在越南国内称"越族"。本书中的京族，除特殊说明外，仅以广西壮族自治区境内为限。

仡佬族，历史上曾被称为"仡僚""葛僚"等，中华人民共和国成立后

---

① 田曙岚：《"僚"的研究与我国西南民族若干历史问题》（初稿），贵州省民族研究所《民族研究参考资料》1981 年第 8 辑。
② 贺嘉善：《仡佬语简志》，民族出版社 1983 年版。

正式定名为"仡佬族"。仡佬族与中国西南古代的僚人有渊源关系。唐宋时，史书中开始出现"葛僚""仡僚""革老"等名称，统称为"僚"。"仡佬"一名最早见于南宋朱辅撰写的《溪蛮丛笑》一书。仡佬族主要聚居在中国贵州省务川、道真两个仡佬族苗族自治县，其余分布于贵州省内其他地区、云南省、广西壮族自治区和越南河江省的同文、黄树肥两县境内。岭南地区的仡佬族，主要分布于广西壮族自治区隆林各族自治县的德峨、克长、岩茶、新州、蛇场等乡镇，以德峨镇的磨基、三冲等村，克长乡新合村、新华村最为集中；与隆林各族自治县相邻的西林县也有少量仡佬族聚居点。根据其服饰特点和历史来源的差异，隆林彝族又可以分为红仡佬、白仡佬、俫仡佬三个支系。

此外，岭南地区还有 3 个世居民族：汉族、回族和彝族。汉族形成较早，人口众多，是中国的主体民族，由于本书旨在突出少数民族传统生态文化的重要性，如果将汉族纳入研究范围之内，少数民族的传统生态文化的特色很可能会在研究中被"遮蔽"，违背了本书研究的初衷，故将汉族排除在外。回族形成于元代，主要聚居于中国西北地区，后来才逐渐扩散到全国各地。彝族与其他藏缅语族民族一样起源于甘青一带，经过漫长的历史时期内的一次次南迁，才落籍今广西壮族自治区隆林各族自治县周边一带。因这两个少数民族在起源上与岭南地区没有关系，只是后来迁居于此，故亦不列入本书研究范围之内。

二　研究区域

本书研究的区域范围为"岭南"，指五岭以南地区，古代还有"岭外""岭表""峤南"之类的用法。唐代曾设立岭南道，为贞观十道、开元十五道之一，范围约相当于今广东、广西大部、海南、云南南盘江以南和越南北部地区。这一范围广袤的地域，也就是后来所说的广义的岭南。不过，随着安南于中国五代十国时期分离出去，北宋王朝无力征伐，越南得以独立建国，故以后岭南的地域范围逐渐将越南北部排除在外。明代至清中期，广州很长一段时间内是中国唯一的对外贸易港口，也是中国南方最大的商业城市之一，再加上近代以来广东省经济、文化的飞跃发展，"岭南"的文化概念有逐渐被广东省独占的趋势。

在本书中，为了操作和论述上的方便，岭南主要是指广东省、广西壮族自治区和海南省全境。至于香港、澳门两地，虽然在历史上也长期在广东省境内，但由于两地基本上属于汉族聚居区，没有世居的少数民族，故在本书中不予以专门论及。还需要说明的是，在论及具体民族时，本书可能会将具体的地域范围进一步缩小。

如在述及岭南壮侗语民族居住的地域时，将主要以地级市或县（市、自治县）作为地域范围，涉及广西壮族自治区南宁市、百色市、崇左市、河池市、来宾市，柳州市柳江县、三江侗族自治县，防城港市上思县等；广东省连山壮族瑶族自治县；海南省五指山市、昌江黎族自治县、白沙黎族自治县、乐东黎族自治县、陵水黎族自治县以及琼中黎族苗族自治县、保亭黎族苗族自治县。如有必要，也会对散杂居的壮侗语民族予以特别关注，如广西龙胜各族自治县龙脊镇壮族等。

在述及岭南苗瑶语民族居住的地域时，将主要以自治县作为地域范围，主要包含广西壮族自治区金秀、富川、恭城、巴马、都安、大化6个瑶族自治县和融水苗族自治县、隆林各族自治县、龙胜各族自治县；广东省连南、乳源2个瑶族自治县和连山壮族瑶族自治县；海南省琼中黎族苗族自治县、保亭黎族苗族自治县。同时，由于岭南畲族基本上呈点状分布，主要分布在广东省潮州市潮安区、梅州市丰顺县、潮州市饶平县的凤凰山区，海丰、惠东县的莲花山区，惠州市博罗县、广州市增城区的罗浮山区，河源市城区、龙川县、和平县、连平县的九连山区，韶关市始兴县、南雄县的大庾山区和乳源瑶族自治县的天井山14个县区的山区，故使用畲族地域时将以村为地域单元进行表述。

关于岭南另外两个未定语族的民族的地域，将主要以乡镇或村寨为地域单元进行表述。岭南地区的京族主要聚居在广西壮族自治区东兴市江平镇，而以沿海的沥尾、巫头、山心、潭吉等村分布最为集中。岭南地区的仡佬族主要居住在广西壮族自治区隆林各族自治县的德峨、长发、长么、岩茶、者浪、蛇场、克长等乡镇，以德峨乡的磨基、三冲等村最为集中；此外，与隆林各族自治县相邻的西林县也有少量仡佬族聚居点。

第三节　主要概念的界定

岭南民族传统生态知识与生态文明建设之间的互动关系是本书的核心内

容，故在对所研究的民族和区域进行说明之后，我们有必要对本书研究所涉及的三个主要概念进行清晰的界定。

一　传统生态知识

在人类社会发展史上，本来并没有所谓"传统知识"与"现代知识"的区分。随着工业革命的进行，西方国家的科学技术蓬勃发展。在殖民主义的扩张中，西方以外的各种知识体系大都被边缘化，而来自西方的科学技术知识逐渐获得了凌驾一切的地位，成为全球范围内的普行性知识。在普行性的现代话语中，传统知识逐渐被忽视。传统成了某种需要被克服的东西，需要被颠覆而不应予以鼓励，因此它的效力受到来自社会各界的怀疑。在辅助发展中国家的过程中，自上而下的西方发展专家和组织认为西方的发展模式是优越的，运用的多是来自实验室、研究站和大学中的科学知识，极少考虑传统知识的效用①。

然而，随着西方工业文明的发展，生态环境问题越来越为凸显。在这种社会经济大背景下，人类学家们通过对异文化的考察，发现一些传统社会或土著社会的人与他们所处的自然界和谐地生存在一起。因此，社会各界开始对非工业社会中的生态智慧发生兴趣，试图用来弥补西方自然科学技术之不足。于是，挖掘、利用本土社会的传统知识成为西方学者应对生存环境危机的一种重要措施。②20世纪80年代初，先是钱伯斯（Rebert Chambers）提出了"本土技术知识"（indigenous technical knowledge）的概念，接着沃伦（Dennis M. Warren）等人提出了"本土知识系统"的设想③；稍后，著名人类学家格尔茨又提出了"地方性知识"（local knowledge）的概念。据不完全统计，目前学术界运用的相关术语有"本土知识""本土技术知识""本土生态知识""本土环境知识""地方性知识""地方性生态知识""民间知识"

---

① Roy Ellen, and Holly Harris, "Introduction", Roy Ellen, Peter Parkes, Alan Bicker, eds. , *Indigenous Environmental Knowledge and its Transformations*, Hardwood Academic Publishers, 2000, p. 11. 参阅付广华《传统生态知识：概念、特点及其实践效用》，《湖北民族学院学报》（哲学社会科学版）2012 年第 4 期。

② 付广华：《传统生态知识：概念、特点及其实践效用》，《湖北民族学院学报》（哲学社会科学版）2012 年第 4 期。

③ Dennis M. Warren, "The role of indigenous knowledge systems in facilitating sustainable approaches to development: an annotated bibliography", Glauco Sanga, Gherardo Ortalli, ed. , *Nature Knowledge: Ethnoscience, Cognition, and Utility*, New York and Oxford: Berghahn Books, 2004, p. 317.

"传统知识""传统生态知识""传统环境知识""人们的科学""乡村人的知识"等十余种之多。其中，环境人类学界使用得最多的是"传统生态知识"（traditional ecological knowledge，简写为 TEK）和"本土生态／环境知识"（indigenous ecological/environmental knowledge，简写为 IEK）。[1]

在本书中，笔者倾向于采用"传统生态知识"这一术语。根据最新版的《剑桥英语词典》，"传统"有多种含义。然而在当前语境中，它通常指的是祖祖辈辈口头传承的陈述、信仰或实践[2]。不过，人类社会不是一成不变的，它会经常吸纳新的实践和技术，因此难以界定究竟何种程度和哪种类别的变迁会影响一种实践被贴以"传统的"标签。如果按照纯粹主义者的观点，当提及诸如那些生活方式已经在过去数年中发生变化的北方土著群体时，这一术语也是不可接受的或不适当的[3]。与此同时，术语"生态知识"也有它自身的界定问题。如果生态学被狭义地界定为西方科学领域中生物学的一个分支，那么严格地说并没有传统生态知识，毕竟大部分的传统民众并非科学家。在此，我们只能把生态知识广义地界定为人类后天习得的关于生物体彼此之间以及与它们的环境之间关系的知识。由此，在吸收其他学者学术闪光点的基础上，贝尔克斯最终把"传统生态知识"界定为："随适应性过程进化的、祖祖辈辈经由文化传承传递下来的有关生物体（包括人类）彼此之间和与它们的环境之间关系的知识、信仰和实践的集合体。"[4]

还必须说明的是，在民族学、人类学界，一些学者还喜欢把"传统"一词替换为"本土"（indigenous）或"地方性"（local）。这两个术语也仍然存在很多的争议性问题，比如"本土"一词本身就十分难以界定：对于一个族群来说，我们有时难以追溯其根源，也就难以确定其是否更为本土。而且，使用"本土的"一词时又遭受道德偏见和政治权力的制约，如一些族群认为

---

① 付广华：《传统生态知识：概念、特点及其实践效用》，《湖北民族学院学报》（哲学社会科学版）2012 年第 4 期。

② *Oxford English Dictionary* (*Third edition*), online version, November 2010.

③ Fikret Berkes, "Traditional Ecological Knowledge in Perspective", Julian. T. Inglis eds., *Traditional Ecological Knowledge*: *Concepts and Cases*, Canada: International Development Research Centre, 1993, p. 3. 参阅付广华《传统生态知识：概念、特点及其实践效用》，《湖北民族学院学报》（哲学社会科学版）2012 年第 4 期。

④ Fikret Berkes, *Sacred Ecology*: *Traditional Ecological Knowledge and Resource Management*, New York: Taylor & Francis, 1999, p. 8. 参阅付广华《传统生态知识：概念、特点及其实践效用》，《湖北民族学院学报》（哲学社会科学版）2012 年第 4 期。

自己是本土的，其目的在于主张权利和保护群体利益①。再比如一些学者为了避免出现"本土的"标签，喜欢采用"地方性知识"这一术语。虽然听起来似乎很中立，不存在道德偏见问题，但它却内在地强化了人类学界长期存在的问题重重的假设：非工业社会在空间上是隔绝的②。但事实上，非工业社会早已经卷入世界体系之中，他们并非是"没有历史的人们"③。此外，"地方性"一词本身还带有文化霸权的烙印，为什么西方学者把自己的文化称为"全球的"，而把非工业社会的文化视为"地方性"的？其中含有很强烈的欧美中心主义色彩，因此也遭到不少学者的强烈反对。④

如此可见，在民族学人类学界乃至整个社会科学界，并没有统一的术语，也没有完全一样的概念界定。在具体的研究过程中，不同的学者会根据叙述的需要在前述十余种相关概念之间进行选择和互换。然而，无论采用哪一种概念，都基本上属于同一个研究范畴。其实，在具体的研究工作中，一些学者采用了"传统生态文化"及有关的概念，也与本书研究有着一定的关联。

在本书中，传统生态知识被视为一个知识、实践与信仰的累积体，指的是人们祖祖辈辈传承下来的关于生物体彼此之间，以及与其所处环境之间关系的认知和理解。根据我们的理解，又将传统生态知识分为技术性传统生态知识、制度性传统生态知识、表达性传统生态知识三大类。其中，技术性传统生态知识又分为无生命环境知识、野生动植物知识、传统种植业知识、传统养殖业知识四类；制度性传统生态知识分为传统社会组织、传统资源管理制度以及传统生态伦理三类；表达性传统生态知识又分为传统自然观、自然崇拜、传统生态文艺三类。由于传统生态伦理与传统自然观内容相近，难以细致区分，因此在叙述时往往一并探讨（图1-1）。

---

① Roy Ellen, and Holly Harris, "Introduction", Roy Ellen, Peter Parkes, Alan Bicker, eds., *Indigenous Environmental Knowledge and its Transformations*, Hardwood Academic Publishers, 2000, p. 3. 参阅付广华《传统生态知识：概念、特点及其实践效用》，《湖北民族学院学报》（哲学社会科学版）2012年第4期。

② Matthew Lauer, Shankar Aswani, "Indigenous Ecological Knowledge as Situated Practices: Understanding Fishers' Knowledge in the Western Solomon Islands", *American Anthropologist*, Vol. 111, No. 3, Sep. 2009, p. 322. 参阅付广华《传统生态知识：概念、特点及其实践效用》，《湖北民族学院学报》（哲学社会科学版）2012年第4期。

③ ［美］埃里克·沃尔夫：《欧洲与没有历史的人民》，赵丙祥等译，上海人民出版社2006年版。

④ 付广华：《传统生态知识：概念、特点及其实践效用》，《湖北民族学院学报》（哲学社会科学版）2012年第4期。

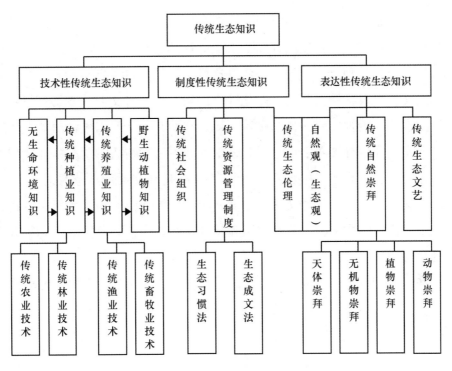

图1-1　传统生态知识体系

二　生态文明建设

当前中国学术界流行的生态文明概念当真是五花八门,其中虽不乏真知灼见,但也不乏谬误之词,可谓鱼龙混杂、良莠不齐。鉴于当前学界这种状态,我们认为,如果"生态文明"的界定过于简捷、含义甚广、范围太大的话,在实践中不仅难以操作,而且还容易让一些反生态的项目、工程戴上生态文明的帽子大行其道。因此,我们有必要从理论的角度给予"生态文明"以更为确切可行的界定。①

首先,"生态文明"一词中的"文明"不能等同于文化,它表达的是人类在处理与自然相互关系的一种进步的状态,具有价值判断的意义。如果像《辞海》中所言的"文明即文化",那么这样的"文明"就表征不了人类的进步状态,毕竟文化所包含的范围甚为广大,既是对生态环境的破坏行为,亦是

---

① 本小节内容曾以"生态文明概念辨析"为题作为阶段性成果刊载于《鄱阳湖学刊》2013年第6期。

"生态文化"的一种表现，而无论如何也不能视之为"生态文明"。①

　　其次，在生态文明建设的当下，人类与自然关系的进步状态表现的是人类的整体自觉，即意识到自然的存续与人类的存续息息相关，两者并不是可分的二元结构，而是某种意义上的统一体。这样一种整体自觉反映在人类的物质文明、制度文明以及精神文明的生态化程度提高上。生态文明并不具备与物质文明、制度文明和精神文明一样的实体领域，它所有的文明因子都蕴含在物质文明、制度文明和精神文明之中。因此，由生态因素和物质文明、制度文明、精神文明相交叉，就形成了生态物质文明、生态制度文明和生态精神文明三大块。生态文明不能替代物质文明、制度文明、精神文明的构成要素，但它可以把生态因子注入物质文明、制度文明和精神文明之中，力争实现人类所有文明成果的生态化。②

　　再次，作为扬弃工业文明落后因素的生态文明，必定是人类既能够顺应和利用自然，减少对自然的控制和破坏，同时又能够充分利用人类已经形成的对自然的认识，维护全球生态系统安全，实现人与地球协同发展。生态文明是级别更高的文明，它并非与物质文明、制度文明和精神文明相并列，而是一种涵盖更广的文明形态，是一种大文明范式。这样一种大文明的建设，不是一蹴而就的，而是要经过长时期的建设，经过数代人的努力才可以实现的。从这个意义上讲，生态文明具有初级阶段和高级阶段之分，或者说具备狭义和广义之分。狭义的生态文明是广义的生态文明的初始状态，指的是人类在处理同自然关系时所达到的文明程度。当生态文明因子逐渐壮大并最终成为人类文明的主导因素时，人类文明也就实现了从工业文明形态到生态文明形态（广义）的过渡。在我们当前的时代，正处于生态文明建设的初级阶段，因此我们只能按照狭义生态文明的要求来建设。只有到狭义生态文明建设取得圆满成功以后，才能够向高级阶段迈进，从整体上扬弃所有工业文明的成果。③

　　最后，既然"生态文明"一词已经界定清楚，那么由其所派生的"生态文明建设"一语也就没有什么歧义了。生态文明建设就是人类社会所采取的

---

① 付广华：《生态文明概念辨析》，《鄱阳湖学刊》2013 年第 6 期。
② 付广华：《生态文明概念辨析》，《鄱阳湖学刊》2013 年第 6 期。
③ 付广华：《生态文明概念辨析》，《鄱阳湖学刊》2013 年第 6 期。

促进人与自然和谐共生的措施，它体现在物质文明、制度文明、精神文明三个层面，争取实现所有文明成果的生态化。从某种意义上说，无论是狭义的生态文明建设，还是广义的生态文明建设，都已经应然地包含了环境保护的内容。没有实现环境有效保护的生态文明建设，只能是"伪"生态文明建设；只要自然生态环境得到保全，生态文明建设自然而然就得到了促进。

生态文明建设之所以能够对传统生态知识产生巨大影响，是因为它有现代科学技术、现代治理体系、现代生态理念这三种强大的现代性武器。这三种武器分别对应着传统生态知识的三大领域：技术性传统生态知识、制度性传统生态知识、表达性传统生态知识。[①]

三 互动关系

互动关系，其英文为 Interaction 或 Interactive relationship，指的是事物之间的相互作用与影响。从词源上讲，"互动关系"一词由"互动"和"关系"两个词组成，是一个复合词。在心理学中，互动是指各个功能系统相互作用、相互影响、相互制约，因而才产生各种复杂的心理活动。在物理学中，主要用互动一词来解释物体或系统之间的作用和影响，为说明能量守恒定律服务。社会科学从 19 世纪开始应用互动的概念来解释各种社会现象，甚至在社会学中还形成了具有丰富理论内容的"社会互动论"学说。这种理论通常用来解释个人和群体之间因传播信息而发生的相互依赖性行为的过程。不过，伴随着当今社会全球化进程的加快，现代化、智能化日益凸显，人们的交往范围和手段日新月异，多样性个体之间、不同事物之间、差别化系统之间的相互影响，无论在广度和深度上，都进入了新的层次，因此互动关系研究也得到了更多社会科学学者的关注。

虽然社会学已经有了非常丰富的社会互动理论体系，诞生了符号互动论、自我和认同理论、角色理论、拟剧理论（焦点互动）等经典理论，但它们都是社会学者用来阐释人与人、人与群体、群体与群体之间关系的，并非用来研讨不同事物之间的关系。不幸的是，本书就是岭南民族传统生态知识和当代生态文明建设两个不同事物之间的关系，因此，社会学丰富的互动理论在这种情况下基本上无法发挥作用。

---

① 付广华：《生态文明建设对传统生态知识的影响机理》，《北方民族大学学报》2019 年第 2 期。

不过，马克思主义哲学却对事物之间的联系有着丰富的论述。恩格斯指出："当我们深思熟虑地考察自然界或人类历史或我们自己的精神活动的时候，首先呈现在我们眼前的，是一幅由种种联系和相互作用无穷无尽地交织起来的画面"[①]；"某种对立的两极，例如正和负，是彼此不可分离的，正如它们是彼此对立的一样，而且不管它们如何对立，它们总是互相渗透的；同样，原因和结果这两个概念，只有应用于个别场合时才适用；可是，只要我们把这种个别的场合放到它同宇宙的总联系中来考察，这两个概念就联结起来，消失在关于普遍相互作用的观念中，而在这种相互作用中，原因和结果经常交换位置；在此时或此地是结果，在彼时或彼地就成了原因，反之亦然"[②]。斯大林同样指出："自然界的任何一种现象，如果被孤立地、同周围现象没有联系地拿来看，那就无法理解，因为自然界的任何领域中的任何现象，如果把它看作是同周围条件没有联系、与它们隔离的现象，那就会成为毫无意义的东西；反之，任何一种现象，如果把它看作是同周围现象有着不可分割的联系、是受周围现象所制约的现象，那就可以理解、可以论证了。"[③] 总结起来，也就是说，世界上任何事物都处在联系之中，整个世界是一个普遍联系的有机整体，而这种联系具有普遍性、客观性和多样性。

因此，我们在研讨岭南民族传统生态知识与当代生态文明建设之间关系时，就可以运用这些哲学思想，用它们来指导我们的研究。这样一来，对两者之间的互动关系的研究，就是要揭示两者之间相互影响、相互制约、相互作用的复杂关系，并从人（民族）、文（文化）、时（历史）、空（空间）的多维角度去分析与阐释。需要注意的是，对两个事物（A 与 B）互动关系的研究，必须要强调两者之间的相互影响、相互制约、相互作用。如果单独强调 A 对 B 的作用，或单独强调 B 对 A 的作用，都是不全面的、不完整的。只有同时对 A 与 B 的相互作用展开研讨，才是真正地对 A 与 B 互动关系的研究。

在本书中，我们研究的重点在于岭南民族传统生态知识与当代生态文明建设之间的互动关系，这就要求我们必须把握好传统生态知识与生态文明建

---

① ［德］恩格斯：《反杜林论》，《马克思恩格斯选集》第 3 卷，人民出版社 1995 年版，第 359 页。
② ［德］恩格斯：《反杜林论》，《马克思恩格斯选集》第 3 卷，第 361 页。
③ ［俄］斯大林：《论辩证唯物主义与历史唯物主义》，《斯大林文选》下卷，人民出版社 1979 年版，第 426 页。

设之间的相互关系。一方面，要在着重挖掘岭南少数民族的传统生态知识的基础上，探讨这些知识对岭南民族地区当代生态文明建设的独特价值；另一方面，也要关注岭南民族地区生态文明建设的现状，关注当代生态文明对传统生态知识的扬弃，探讨生态知识在新的社会历史条件下和具体场域内的更新与发展。

第四节　研究方法与田野工作情况

一　研究方法

从整个课题设计来看，本书属于综合性研究，涉及民族学人类学、生态学、环境学、科学社会主义以及地理学、历史学等学科的概念与知识，因此，所采用的方法也将是多样的。

（一）文献研究法

从本书的主要内容来看，涉及壮侗语民族、苗瑶语民族、京族、仡佬族的传统生态知识，这就需要我们从这些族群的历史中去挖掘。为此，需要查阅大量有关南方民族的历史典籍和现代民族志记录，这不仅是本书站在学术前沿的需要，也是本书立论的重要资料来源。根据研究的需要，本书所使用到的文献有这么几类：

1. 历史典籍：代表者如《岭表录异》《桂海虞衡志》《岭外代答》《广东新语》《黎岐纪闻》《壮族麽经布洛陀影印译注》以及各种正史、地方志。

2. 调查报告：代表者如《两广瑶山调查》《瑶山散记》《海南岛民族志》《广西壮族社会历史调查》《广西瑶族社会历史调查》《广西仫佬族社会历史调查》《广西侗族社会历史调查》《畲族社会历史调查》《热带雨林的开拓者：海南黎寨调查纪实》《黎族田野调查》《京族：广西东兴市山心村调查》《毛南族：广西环江县南昌屯调查》等。

3. 当代论著：代表者如《中国少数民族传统生态文化研究》《岭南民族源流史》《壮族自然崇拜文化》《瑶族历史与文化》《本土生态知识引论》《生态人类学》《遭遇发展——第三世界的形成与发展》《论地方性知识的生态价值》《试论壮族文化的自然生态环境》《生态文化论》等。

4. 外文文献：代表者如约翰内斯（R. E. Johannes）的《传统生态知识论

文集》、英格里斯（J. T. Inglis）的《传统生态知识：概念与案例》、沃伦（D. M. Warren）等的《发展的文化维度：本土知识系统》、贝尔克斯（Fikret Berkes）的《神圣的生态学：传统生态知识与资源管理》以及埃伦（Roy Ellen）等的《本土环境知识及其转型》等。

（二）田野调查法

田野调查，是民族学人类学学科的立业之本，也是其最重要的资料收集方法。本书属于民族学范畴，立足于民族学学科，因此广泛使用田野调查法获取资料。在田野调查过程中，我们具体使用的方法有：观察与参与观察法、半结构访谈和无结构访谈法、座谈会等。在田野调查的过程中，我们参与各族民众的生产生活，更深切地洞察了一些传统生态知识的地方性意义，对于把握传统生态知识的现代价值不可或缺；同时，我们还考察了一些民族地区生态文明建设的情况，对其中一些个案进行了深入考察。下文还将对田野调查情况进行较为详细的介绍。

（三）个案研究法

由于岭南民族地区地域范围广泛，再加上本书涉及 11 个少数民族，因此，为了清晰地说明问题，常常使用典型个案材料。这些个案，有的来自于已有的民族学人类学的田野调查成果，有的来自于课题组的实地田野调查所得。比如在第三、四、五章，均使用了较多的典型个案来说明问题。众多个案材料的应用，表明本书的很多结论是建立在事实基础上的，是遵循社会科学的实证研究规范的。

二　田野工作情况

（一）前期田野调查情况

在研究开始之前，课题组已经围绕壮族地区生态文明建设和传统生态文化进行过较为广泛的调查，其中，对龙胜各族自治县龙脊镇龙脊村的调查最为深入。2005 年到 2011 年曾经多次前往该村进行田野调查，总时间在半年以上。此外，在对壮族地区生态文明建设和环境保护问题进行调查研究的过程中，还曾对南宁市武鸣区下渌村、忻城县北更乡石叠屯、德保县敬德镇上平屯、靖西县新甲乡庞凌屯等地进行短期调查，涉及沼气推广、石漠化治理、生物多样性保护、环境污染与环境冲突等主题。

2006 年至 2012 年，笔者曾受邀参加"民族地区新农村建设调研"和"南岭走廊民族村寨跨越式发展模式研究"两个重要课题，曾经到恭城瑶族自治县红岩村、北洞源村，兴安县华江瑶族乡等地进行较长时间的调查与回访调查。期间，也曾经对生态文明建设和传统生态文化问题有所关注。

2012 年 9 月，笔者曾受邀参加中央民族大学自主与新兴交叉学科项目"民族生态学视野下的侗族稻作文化研究"，曾经赴三江侗族自治县林溪乡高友侗寨进行较长一段时间的调查，收集了很多高友侗族民众与自然之间互动关系的资料，尤其是对高友侗族的民族生态学和稻作文化的调查较为深入。

（二）立项后田野调查情况

项目正式立项后，课题组曾专程到壮族、瑶族、仫佬族、京族地区进行专题调查，围绕"传统生态知识与生态文明建设互动关系"这一主题，展开了较为详尽的调查，其中，以 2015 年 9 月和 2016 年 9 月对大化瑶族自治县七百弄乡弄和村西满、花韦两个布努瑶村寨的调查较为深入。两次调查间隔 1 年，每次将近 1 个月，调研期间，实地考察了两个布努瑶村寨民众的生产生活状况，对于他们周围的石山环境、他们与环境之间的关系有了较为清晰的了解。应该说，通过近两个月的调查，课题组对布努瑶的传统生态知识与生态文明建设现状有了非常深入的理解。

壮族地区的补充调查，以对宁明县爱店镇那党村和来宾市迁江镇排陆村的调查较为深入，几年时间中，课题组曾经数次前往两个田野点，针对当地壮族民众的传统民间信仰、生产生活方式、传统生态知识以及生态文明建设现状进行较为详尽的调查。

此外，在参加其他一些课题研究的过程中，笔者和课题组成员曾经到广西德保县、天等县、南宁市武鸣区、金秀瑶族自治县、恭城瑶族自治县、龙胜各族自治县等地进行短期调查，虽然调查主题有所不同，但对生态环境的关注却是始终如一的。通过这些调查，课题组也收集到不少有关地方生态文化和生态文明建设现状的文献资料和口述资料，对于本书的顺利推进具有重要的参考价值。

第五节　本书的内容安排

根据研究地域、民族和主题的需要，本书在内容上主要由以下八章构成：

第一章在介绍研究缘起和意义的基础上，对研究地域、民族和相关概念进行界定，然后从传统生态知识和生态文明建设两个方面对前期相关成果进行梳理，并进行评述和总结，为接下来的各个章节打下坚实的基础。接着介绍所采用的研究方法和田野工作的情况，为本书能够得出科学、合理的结论提供方法论支撑和一手资料依据。

第二章分别从人、文、时、空四个方面分析传统生态知识与生态文明建设互动的背景和基础，探讨两者之间相互发挥作用的影响机理。本章旨在从理论上对两者之间的互动关系进行概要分析，为下一步的各民族系属的研讨提供一个有效的分析框架。

第三至七章是本书的核心内容，分别从壮侗语民族、苗瑶语民族、其他民族的角度展开专门研讨，分析这些民族的生境、生计方式和基于上述因素而生发的传统生态知识，并结合分析当前生态文明建设的成就、问题，进而研讨传统生态知识和生态文明建设在不同族群中的互动状况。一方面，旨在论证岭南诸民族的传统生态知识对当代岭南地区的生态文明建设具有独特价值；另一方面，也明确指出当代生态文明建设也对岭南诸民族的传统生态知识产生巨大影响，致使其总体上处境尴尬，效力减弱，遭遇信任危机。

第八章是对全书的总结，归纳介绍本书的主要结论、创新之处，并对未来的研究拓展进行展望。

由于本书的前期成果回顾与评述体量比较大，已经影响到导论各节间的平衡，因此将其放入附录中，即《多元路径下的岭南民族生态研究》。

第二章

传统生态知识与生态文明建设
互动关系的分析框架

中国人自古以来就强调道法自然、天人合一，并且将这些人与自然和谐共处的智慧引申到人们的生命体验中来，强调人体与自然气候变化的平衡，推崇尊重自然、顺应自然、保护自然。这样的传统智慧至今仍然指引着人们与自然界的关系，影响着民族地区生态文明建设的全过程。为了从整体上把握传统生态知识与生态文明建设之间的互动关系，我们在本章中将关注该互动之所以成立的背景和基础，分析传统生态知识对生态文明建设的影响机理，同时也注意生态文明建设对传统生态知识产生的影响。这样一来，也就奠定了一个整体的分析框架，指引本书的研究开展和文本撰写。

第一节　互动的背景及基础：人、文、时、空

在生态文明建设的当代场景下，岭南各民族的传统生态知识必然会与当代生态建设实践发生互动作用。两者之间能够呈现出复杂多样的互动关系，是因为两者之间存在着普遍联系，两者之间的互动关系具有深厚的人、文背景和时、空基础。

一　族群关联（人）

虽然少数民族的传统生态知识产生于历史时期，具有非常明显的传统性和历史性，但这种知识得以传承至今，说明有其存在的合理性和独特之处。在当代社会，生态文明建设已经提上新的高度，成为当代中国特色社会主义的重要体现，与物质文明、制度文明、精神文明并列为四大文明。

无论是传统生态知识，还是当代生态文明建设实践，都离不开知识的持有者和实践者——人。人的主观能动性的发挥，对区域经济社会发展具有非常重要的推动作用。具体到岭南地区，所涉及的人有各种族群，而它们都有着光辉灿烂的历史，创造出独具区域特色的文明成果。

无论是最初的百越系族群、苗瑶系族群，还是后来产生的壮族、侗族、苗族、瑶族等民族，都与历史上的人群一脉相承，都曾经在岭南大地上生息，在这里耕耘，在这里繁衍。所以，各个民族历史上形成的生计方式、资源利用制度以及自然观都具有明显的延续性，甚至有的族群还在惯习的影响下，在不适宜的环境下创造性地改造了当地地貌，形成了亚类型的独特文化。如壮族是一个种植水稻的民族，迁到越城岭余脉一带龙脊山区的壮族民众，在稻作文化惯习的影响下，发展起了适应性较强的梯田稻作文化，很好地延续了自己的民族传统。①

其实说到底，在岭南地区，除了后来迁入的汉族、回族等外，壮侗语民族、苗瑶语民族的祖先很早就生活在这里。过去形成的生态知识，尤其是小区域范围内的独特认知，在当今时代仍然具有其重要价值。而这种传承是族群文化通过人来进行的，其中有关处理人与自然关系的认识，是各民族祖先长期适应自然地理环境的过程中形成的。这些认识和因之而产生的行为模式、民间信仰，在不同类型的族群中，实现了比较好的传承。

概而言之，岭南地区的少数民族都在本区域世居已久，接受着祖先各种各样的传承。即使是当代生态文明建设，也必然要这些世居民众来进行，他们是最基层的实践者。所以说，岭南民族的传统生态知识与当地的生态文明建设之间存在着人的关联，传统生态知识的持有者同时也是生态文明建设的实践者。

二　文化关联（文）

在过去广泛流传的自然哲学中，文化是与自然相对应的概念。凡是由人所创造的或者被人所改造的景观，都可以称得上是文化。这是一个非常广义的概念。通常来说，民族学人类学的文化又可以分为物质、制度、精神三个层面。就岭南民族传统生态知识与生态文明建设而言，两者之间在物质文化、制度文

---

① 付广华：《族群惯习、山地环境与龙脊梯田文化》，《广西民族研究》2017 年第 6 期。

化、精神文化三个方面都存在着程度不一的内在关联。

在物质文化方面，岭南民族传统生态知识包含有利用自然、改造自然的技术性知识，这些知识有助于区域社会的生态环境重建，对特定生境范围内的生态文明建设具有非常独特的价值。比如在石漠化严重的广西忻城县北更乡石叠屯，当地民众在治理石漠化的过程中，注意根据本地石山生态系统的特点选择适应性强的乡土品种，即"非常滥生的"的任豆树、苦楝树、喜树、牛尾树等。任豆树，当地俗称"砍头树"，生命力极强，只要石缝中有一点点土就可以生长，根部可以深入石缝，甚至把石缝撑大。在具体的种植方面，石叠屯壮族民众考虑石山地区的实际，采用了不少保水种植的方法。比如要选择下雨天种植苦楝树、任豆树，从苗圃挖出小苗后，找到合适的地点，即挖穴种植，非常注意把小苗周边的土压实封紧，并从周边寻找杂草盖在上面，这样一来，太阳光就不容易直射过来，可以大大提高成活率；再比如种植吊丝竹，放入挖好的土穴中，找一块长约20厘米、宽约10厘米的石片盖在上面，防止太阳直接照射到树种，同时夜间也可以凝结一些露水，供给竹子初期的存活。①

在制度文化方面，岭南民族传统生态知识中包含有传统的保护山林、水源的乡土规范，对区域社会的生态环境保护有非常重要的价值，有助于推动小范围内的生态制度文明建设。如壮族地区传统上流行乡约制度，对农林资源保护起到了突出作用；又如广西宜州市牛二潭村道光二十三年（1843）订立的村规民约规定："凡有纵放牛马猪羊鹅鸭入田，头竹木柴草禾谷杂粮禾藁，又自谷雨起至寒露止，开坝塞沟，戽鱼盗水，放火烧牛坡草堆，入田捡取粪草，围地之竹次等项，□□□钱一千二百文。"② 通观该项内容规定，涉及纵放牲畜、盗水、放火等数个方面，近十个村寨参与订立，并且得到当地地方官的支持和保证。无独有偶，靖西县武平乡立录村的《乡规民约》惩罚甚至更为严厉，其中规定曰："禾麦菜蔬，不得盗窃。山水生灵，不得浇药。丘木树林，不得砍伐……以上犯者，古例委置深潭，今例火烧。"③ 时至今日，传统乡规民约

---

① 付广华：《石漠化与乡土应对：石叠壮族的传统生态知识》，《广西师范学院学报》（哲学社会科学版）2017年第5期。

② 谭耀东收集：《清·牛二潭村头村规民约碑》，《宜山文史》1992年总第7期，第49页。

③ 广西壮族自治区编辑组：《广西少数民族地区碑文、契约资料集》，广西民族出版社1987年版，第225页。

虽然已经作废，但脱胎于这些传统乡约的新时期乡规民约仍然继承了其中保护山林水源的思想。宁明县明江镇洞廊村1984年通过的《洞廊村村规民约》规定："保护风景树，村原有的大榕树、木棉树人人都要爱护。破坏或砍伐风景树1株罚款10元以上。""为了保护耕牛，村有牧场不许开荒种植，已开荒种植的限于1985年元月以前退耕还牧。"①

在精神文化方面，岭南民族传统上非常盛行自然崇拜，对村寨周围的山岭、河溪、森林等都有着敬畏心理，这些对保全小生境内生态环境具有非常重要的价值，有助于推动生态精神文明建设。岭南民族都有崇拜神山或风水林或神树的传统，无论什么样的村寨必定会有类似的信仰。如果所在地域范围广大，山头众多，则必选定其中一座作为"神山"（或称为"后龙山"）；如果村寨管辖范围稍窄，没有合适的神山，则会选择一片森林作为"风水林"（或称为"水口林""水源林"）；如果村寨地处平地，土地资源较少，则会在村头或村尾预留一小片山林，实在无法保留山林，则会选择若干棵大树作为"神树"，逢年过节，前往祭拜。值得注意的是，岭南诸民族还有认大树神树为养父母的习俗，壮族称之为"寄身树神"，仫佬族称之为"契树护生"，瑶族则称之为"寄树养生"……无论何种称呼，其实质都是将人与树绑在一起，以借助树木的旺盛生命力来延续人的生存。

因此，岭南民族传统生态知识与生态文明建设有着密切的相互联系。作为传统生态文化的组成部分，传统生态知识对区域范围内的生态文明建设具有非常独特的价值；而生态文明建设作为当代生态文化的实践表现，本身就是生态文化的一种表征形式。

三　历史关联（时）

对于传统生态知识来说，既然打上了"传统"的标识，那就必然与长时段的历史联系在一起。作为一种历史时期民众实践的产物，传统生态知识在时间上与当代生态文明建设相联系，是当代生态文明建设的历史基础，也是当代生态文明建设难以回避的传统生态伦理观的具体体现。

传统生态知识是漫长历史时期内一定区域范围内某些人群在适应本地自然生态系统的过程中而总结起来的。因此，传统生态知识必然具备历时性、

---

① 宁明县志编纂委员会：《宁明县志》，中央民族学院出版社1988年版，第184页。

传承性。早在 20 世纪初，意大利学者贝奈戴托·克罗齐（Benedetto Croce）就指出"一切历史都是当代史"①，历史无疑对当代社会具有重要的作用。而作为历史积累的岭南民族传统生态知识就是这样一种历史的产物，它不仅包含历史上流传下来的保护自然生态环境的技术、制度和思想，也包含着诸多处理人与自然关系的经验与反思，而这些都是区域生态文明建设不可回避的，是小生境范围内生态文明建设必须遵循的准则，对普遍性生态文明建设来说，也是一种重要的生存智慧资源。

生态文明建设是一个新鲜事物，但它并不是无源之水、无本之木，而应该建立在继承历史传统、吸取历史教训的基础上。无论岭南地区的过往是否美好，是否曾经有非常好的生态环境保护传统，生态文明建设都无法回避。当代生态文明只有在过往时空的基础上才能得以建构，故必须要尊重特定时空内人群的尊重自然、顺应自然和保护自然的优良传统。如果忽视了这一点，那就不是真正的生态文明建设，而只能是"伪"生态文明建设，最起码也只是片面的生态文明建设，最终必然要受到时间的惩罚，遭到大自然的报复。

因此，岭南民族传统生态知识与生态文明建设之间存在着时间上的关联，两者都是历史实践的产物。传统生态知识可以为生态文明建设提供历史时期内的经验与教训，生态文明建设可以为传统生态知识的存续与发展提供新的条件，对保护生物多样性和文化多样性都至关重要。

四　区域关联（空）

与时间相对应，空间是事物的另外一种呈现形式。从事空间研究的社会学者认为，当代空间不仅是一种历史生产，也是一种话语的建构。对于岭南民族来说，传统生态知识与当代生态文明建设必然存在空间上的关联，在某些较小的群体内，两者的生产空间是一样的。

从自然生态条件上来说，岭南地区相对于整个中国来说，确实构成了一个独立的地理单元。在历史时期，岭南是"烟瘴之地"，温度高、湿度大，北人

---

① 语出克罗齐《历史学的理论与实际》（商务印书馆 1982 年版）。该书译者傅任敢根据英译本将这句话转译为"一切真历史都是当代史"。后来，在流传过程中，"真"字逐渐被省略，变成了"一切历史都是当代史"。

南迁，生存适应十分困难。然而，正是在这样一个地域范围内，自古生存着壮侗语民族、苗瑶语民族的先民。也正是在这个独特的空间场域中，壮侗语民族、苗瑶语民族得以形成和发展。

传统生态知识有自己的生成空间，是情境性的知识。这意味着这些知识来自于区域社会，它反映的是某个具体生境范围内人们长时间的经验积累。对于传统生态知识来说，其生成的社会空间包括如下诸方面：

（1）经由口述史、地名和精神关系的象征意义；

（2）独特的宇宙观或世界观使得环境的概念化不同于只是西方科学一部分的生态学；

（3）基于社区成员和其他人群互惠和义务的关系以及基于分享知识和意义的共用资源管理制度。①

这意味着传统生态知识生成的社会空间是独特的，有自己的历史文化背景和内涵。由于是在同样地域范围内进行生态文明建设，传统上对区域生态环境特点的认知、多样化的生计方式以及那些尊重自然、顺应自然和保护自然的优良传统，对当代岭南地区的生态文明建设具有独特的借鉴意义。

由于岭南地区生态文明建设在地域范围上与传统生态知识的生成空间一致，两者在空间上的重叠度较高。虽然区域自然生态条件有稍微变化，但对地形、地貌和地势的文化适应仍是不少族群无法逃避的现实，因此，在同样地域范围内进行生态文明建设，岭南民族在历史时期内形成的传统生态知识在处理人与自然关系上无疑具有独到之处，对生态文明建设必将起到很大促进作用。

当然，不可否认的是，在社会历史条件变化的情况下，生态文明建设所要实践的社会空间产生了一定程度的变化。而这对传统生态知识的运行会产生一定程度的障碍，毕竟传统生态知识也有自身不适应的一面，尤其是那些与历史时期人权、法理、信仰紧密结合的传统生态制度文化和生态精神文化。

---

① Fikret Berkes, "Traditional Ecological Knowledge in Perspective", Julian. T. Inglis eds. , *Traditional Ecological Knowledge: Concepts and Cases*, Canada: International Development Research Centre, 1993, p. 4.

第二节　传统生态知识对生态文明建设的影响机理①

机理指的是事物变化的理由和道理。所谓传统生态知识对生态文明建设的影响机理，也就是指在生态环境这个大的系统结构中，传统生态知识能够在生态文明建设进程中发挥作用的内在规则和道理，着重分析的是知识对实践的指导作用。作为处理人与自然关系的知识、信仰和实践的集合体，传统生态知识主要包括传统的生计技术、资源管理的传统制度以及自然崇拜三大方面，这些知识构成对区域社会的生态文明建设会产生不可忽视的影响，以下将简述其发生作用的机理。

一　传统的生计技术对区域生态文明建设不可或缺

传统的生计技术包含人们长期以来为适应区域自然地理环境而总结和创造出来的全部传统的技术性知识，其中，尤其以食物获取方式最为关键。无论社会如何发展，获取生存所需的食物都是人们首先满足的第一需要。而传统的生计技术包含着诸多历史上形成的动植物驯化、繁殖、利用的智慧，至今对许多少数民族社区来说仍不可或缺，其基础性地位牢不可破。要在这些特定区域建设社会主义生态文明，传统的生计技术仍具有可持续利用的空间。也就是说，差异化的小生境范围的生态物质文明建设离不开传统的生计技术的支持。

众所周知，即使在同一历史时期，不同的人类群体也生活在多样性的自然地理条件下，有的区域小生境海拔高、地形地貌复杂、终年平均气温较低；有的区域小生境生态地域海拔低、地势较为平缓、终年平均气温较高；而生活在北极圈内的爱斯基摩人，则生存的维度较高、常年在严寒条件下生存……正是由于各种千差万别的区域小生境，才造就了丰富多彩的传统的生计技术。这些传统的生计技术，或适应于高温，或适应于严寒，或适应于高海拔和高纬度，具有自身独特之处。在传统的生计技术中，食物获取无疑是人们生存发展最为重要的一个方面。在历史上，根据所处生态环境的特点和生存发展的需要，人们创造性地发展出了采集狩猎、园圃农业、畜牧业、精

---

① 本节曾以"论传统生态知识对区域生态文明建设的影响机理"为题刊载于《湖北民族学院学报》（哲学社会科学版）2018 年第 2 期。

耕农业和工业化五种食物获取方式。而在每一种食物获取方式大类之下，又可以分为若干亚类型。这些亚类型的食物获取方式都有其特点，都有各自适应的自然地理环境，不可随意转换或更替。

事实上，岭南诸民族的传统生计技术的智慧闪光点体现在生产、生活的各个方面。侗族民众往往在稻田中养殖鲤鱼、禾花鱼，同时还有意识地在稻田中放养鸭子，充分利用稻、鱼、鸭三者共存相依的属性，形成了独具民族特色的稻鱼鸭生态机制。从稻、鱼、鸭共同收获于稻田这一空间来看，侗族民众充分利用了当地独特的地理空间，把动物和植物有效地整合进其中，立体化利用土地，实现收获物的多样化，既保证了侗寨民众有充足的食物供应，也为他们提供了足够的动物性蛋白。再比如，黎族民众非常善于从自然界中获取生存所需，他们有五六十种野生植物可供采集，比较重要的如野芋头、野芭蕉、野荔枝、酸豆、木棉花、昆虫、河蚌、蚂蚁卵以及各种野菜。日本学者梅崎昌裕在海南省五指山市水满村的调查显示①：在夏秋时节，当地黎族村民频繁地食用生长于水田、田埂以及水渠之中的"杂草"。2001 年 8 月 19 日傍晚，全村 10 户家庭中，有 6 户食用了采集植物，其中，1 户为竹笋，其余 5 户为"水田杂草"，而农户 H 家当晚除食用了 3 种"水田杂草"外，再没有其他蔬菜或肉类。从采集植物出现的频度来看，2001 年 8 月水满村民小组长家 21 天的食品中，除外购动物性和植物性食品以外，栽培植物出现 33 次，采集植物出现 30 次，两者几乎以同样的频度出现，足见野生植物采集在黎族人民传统生业中的重要地位。

岭南少数民族传统的生计技术，基本上都结合小生境的自然生态特点，因地制宜，采取适应性最强的生产技术和生活技能，堪称生存性智慧的集中体现。从生产上说，无论是侗族、壮族地区的稻田立体化性利用模式，还是苗族、瑶族地区的农林兼重类型的复合型农业，都十分契合当地生态特点，对发展生态产业具有非常重要的现实意义；从生活上说，岭南诸族传统上根据小生境的自然生态特点，建造适应性强的房屋，如地处山区的壮族、侗族、黎族、瑶族、苗族等民族的民众，就地取材，将本地丰富多样的林木用作建筑材料，建造出古朴典雅的各式干栏房，而这些房子由各种长短不一、粗细各异的木材组成，可以往复循环利用。即使房子无法继续居住，建材仍然可以用作燃料，

---

① ［日］梅崎昌裕：《与环境保全并存的生业的可能性：水满村的事例》，《广西民族学院学报》（哲学社会科学版）2005 年第 1 期。

基本上不会出现当今都市中常见的各种建筑垃圾。更为难得的是，少数民族民众与山林密切相依，熟悉山林中出产的各种森林产品，其中的民族特色药材对开发新的药物、治疗某些特定疾病具有非常突出的实用价值。

当然，在历史的某些时期，我们否定了传统生计的有效性，采取了一些极端做法，给区域社会留下了较为惨痛的教训。如在越城岭山地一侧的龙脊壮族聚居区，该区域山脉众多，海拔差异明显，即使在同一个地方，山顶、山腰、山脚气候也不相同，而且水的温度也因此而差别很大，因此人们的种植活动常常分得特别细致。当地的老农说，这里的禾苗不能种得过早，不能种过迟，否则收成便不好，所以长期以来一年中仅种一遭。即使是1949年后曾经试验种植成功了双季稻，然而收成却不高，甚至不如仅种一季。20世纪60年代中期，双季稻在龙脊壮族聚居区的种植达到高潮，这一浪潮一直持续到改革开放以后。据调查，为放粮食卫星，推行双季稻时期，每年的正月下旬就开始插秧，仅龙脊村就用了10000多斤谷种，然而由于天气冷，很多秧苗发生烂秧现象，还有的直接就被冻死了，后来每亩早稻只能收获五六百斤生谷。为了赶插晚稻，有的稻谷还没有足够成熟就被收割掉了，有的晚稻还没等抽穗，就遭遇冰霜了①。为巩固双季稻的种植，一直到1974年时，龙胜县革委会还下达农业技术指导文件，把龙胜分成沿河地区、半山地区以及高山地区，对晚稻播种的品种、播种的时间和数量、育秧方式以及秧田管理等进行针对性的指导②。虽然指导文件交代得十分细致周到，但是由于发展双季稻的指导方针无视龙脊等高山地区的恶劣生态环境，必然会遭到本土生态知识的排斥，最终只能以失败收场。后来，随着单季稻（中稻）陆续获得稳定的产量，龙脊壮族民众逐渐全部放弃种植双季稻，每年只种一季中稻而已。上述龙脊壮族聚居区双季稻推广到退出的历史过程表明：传统的生计技术有其合理性，是适应小生境自然生态特点的文化生态系统，我们在发展区域经济的过程中，不能随意更改或废弃。

总之，少数民族的传统的生计技术之所以能对生态文明建设产生影响，其内在机理是：传统的生计技术充分结合小生境的自然生态特点，因地制宜，就

---

① 2006年8月29日在龙脊村平段寨访问PRG老人所得资料。具体可参阅付广华《生态重建的文化逻辑：基于龙脊古壮寨的环境人类学研究》，中央民族大学出版社2013年版，第68—70页。

② 龙胜各族自治县革委会：《一九七四年晚稻播种育秧技术意见》，龙脊村委会办公室所藏档案。

地取材，差异化管理，富含生存性智慧，而这些生计技术的持有者正据以发展生态农业，推行可持续的生活方式，正自觉或不自觉地践行着生态物质文明建设。还必须说明的是，作为传统的生计技术的持有者，他们所拥有的对周围无机物环境的认知和对动植物的利用知识，必然会对他们所在区域的生态文明建设发挥不可替代的作用，即使这种作用从表面上看起来并不凸显，但我们却可以从各种表象之下发现其运行的逻辑。

二　资源管理的传统制度对区域生态文明建设具有独特价值

资源管理的传统制度包含人们过去为实现自然资源的永续利用、规避人类群体之间的资源冲突而创制出来的全部制度性知识，其中，又以生态保护制度为最核心。

在岭南许多少数民族社区，历史上存在议团、合款、石牌、埋岩等传统社会组织形式，出台了许多乡村禁约，对乡土社会的运行起到非常重要的作用。即使到了当今时代，传统充当祭司、头人的角色仍然隐性存在，他们在当地具有很高的权威，再加上历史时期流传下来一些约定俗成的习惯法，共同构成了乡土社会的行为规范。由于过去岭南各民族所居处大都地处偏远，交通不便，受到官方的影响小，因此曾经都盛行地方性的资源管理规约。这些传统制度或仅限于一村一寨，或推广于毗邻的数个村寨，影响更为深远的则形成跨越行政地域的大型组织，其所制定的乡规民约则成为整个区域内部的规范。

为了保护山林，龙胜各族自治县龙脊壮族乡民历史上曾一度封禁山林，他们认为："盖闻天生之，地成之，遵节爱养之，则存乎人，此山林团会之所由作也。我等居期境内，膏田沃壤焉。我可以疗饥，翠竹成林，惜我由堪备用，否则春生夏长，造化弗竭其藏，朝盗夕偷，人情争于菲薄。"[①] 因此，各级寨老组织制定了大量保护山林资源的村规民约。同样地，京族民间对山林保护也非常重视，清末时期甚至还出现了专门的保护森林资源的禁约——《封山育林保护资源禁规》，其中所立券约五条如下：

　　一约本村系是有高山庙一座、水口大王庙一座，四姿庙一座，及民居后林一带，共山林四处，析生枯木树、木根等项，一皆净禁，自后或何人

---

①　广西壮族自治区编辑组：《广西少数民族地区碑文、契约资料集》，第207页。

不遵如约内，贪图利己，擅入盗掘，破巡山各等，捉回本村，定罚银钱三千六百，及猪首一只、糯米十斤、酒五十筒，谢神有恩不恕。或余村人等何系可堪，捉得赃物回详，本村定赏花红钱一千六百正，盗人所赏不恕，兹约。

一约定禁山林、木条、生藤及木根等项，一皆净禁，若不论何人不遵禁例，擅入斩伐，守券捉得，本村定罚券钱二千六百正，收入香灯，或村内诸人捉得，本村定赏花红钱六百正，诸盗入所受不恕，兹约。

一约本村净禁诸各地头及高坡四处，一皆净禁，不得开掘，若何人不咱如约，擅入开掘，本村定罚铜钱三千六百正不恕，或罚何人不咱，送官究罚不恕，兹约。

一约各禁诸条若犯，不肯送官究治支费钱文，期众村一皆同受不恕，兹约。

一约各券诸员结束为兄弟，同心协力，兄弟同胞是骨肉，勤敏方能除禁奸人，所有监公，咱其号令，到正券官理会合，以里为伦；若何员不据，罚钱三百六元（本村放出）。[①]

从上述五条内容来看，此款禁规涵盖内容广泛，从地域、植物种类上做出了三次"一皆净禁"的严格禁止性的约束，希望借此使山林能够木条秀茂、以济风水，最终实现神安民利。

即使时至今日，这些资源管理的传统制度仍然得到了传承与发展：一方面，继承了过去的优点，由地方有威望的人参与制定，条款上借鉴旧有规约制度；另一方面，也适应于时代发展的要求，摒弃了刑罚性的内容，转而以罚款作为最重要的惩治手段。如龙胜各族自治县龙脊村1996年制定的《廖家屯规民约》规定："凡在封山育林区内盗砍生柴，一次罚款50元，在本人山场乱砍一次罚款30元。""每年必须在清明节后五天内起实行看管耕牛，如故意不看管损坏春笋，每根罚款5元，糟蹋农作物按损失1至5倍赔偿。"此后，历次继任的廖家寨寨老都大力确认看管耕牛的重要性，认为浪放牛羊严重损害毛竹、杉木等生态林的正常生长。[②] 再如金秀瑶族自治县六巷乡六巷村四个生产

① 广西壮族自治区编辑组：《广西少数民族地区碑文、契约资料集》，第264页。
② 付广华：《生态重建的文化逻辑：基于龙脊古壮寨的环境人类学研究》，第159—162页。

队在 20 世纪 80 年代初曾经专门制定过山林管理规定："原有老山、水源山不准任何人乱砍滥伐，私人乱砍老山、水源山为耕种地的要按《森林法》处理，每亩罚款 30 元为计算（水源山由石架冲尾起到四水牛场止，老山是指现有的老山）。"[1] 虽然这一规定超越了法律赋予村民自治组织的权限，但由于这些规定与历史上的石牌制度有着一定的联系，因此具有很强的执行效力。

由于这些传统的资源管理制度具有其历史根源，由社区自治组织倡导和制定，代表了最广大群众的根本利益，因此，所制定的村规民约基本上都得到了较好的贯彻与执行。其中，与山林、河流保护相关的专门规约或相关条款，无疑在保护山林资源和生物多样性上发挥了其独特的作用，对小生境范围内的生态保护与生态重建价值重大。在当代生态文明建设的过程中，我们一定要重视这些乡土文化资源，重视乡土精英的权威，并对这些资源管理的传统制度进一步挖掘整理，使之在当代背景下发挥新的生机，从而推动小区域范围内的生态环境保护和生态修复与重建。

总之，资源管理的传统制度之所以能对生态文明建设产生影响，其内在机理是：资源管理的传统制度对农林牧渔等与生计方式密切相关的内容涵盖在内，历史上形成了与之相关的社会组织，制定了许多调节资源纠纷、保护自然资源的乡规民约，发挥过重大历史作用。即使在日益现代化的今天，这些传统的资源管理制度仍然得到一定的延续，其精神实质和执行方式与历史上差别不大，在小区域范围内可以发挥明显实效，有助于自然资源的统筹利用，推动区域性的生态制度文明建设。

三 自然崇拜会对区域生态文明建设产生积极影响

自然崇拜是一种比较原初的信仰形式，是"万物有灵论"的一种具体表现，它包含人们对所处环境及其中生物的各种崇拜，具体而言，又有天体崇拜、无机物崇拜、植物崇拜、动物崇拜之分。这些崇拜形式将自然物神圣化，因而随之产生了某些禁忌，而这些禁忌对自然物起到了保护的效果，有时甚至推而广之，将自然物固定所在的一座山头或一片山林一起神圣化，对区域小生境保护具有积极影响。在本书中，有关森林（树木）、土地的崇拜与生态保护关系最为密切，当然，另有一些民间俗神的祭祀场所因为建造在村边树林内，

---

[1] 莫金山：《金秀瑶族村规民约》，民族出版社 2012 年版，第 245 页。

而整个树林因此有了"神性"，其中的树木也变成了禁忌，不得破坏。

在壮侗语诸民族中，自然崇拜非常普遍，森林、土地的崇拜尤其盛行。在岭南壮族地区，几乎每个村屯周边都散落着一处两三亩大小的小树林，其中生长着挺拔丰茂的大树古树，有的林子甚至生长着上百年的乡土珍贵树种。这些林子通常被称为"风水林"，其中建有本村屯的土地庙（村庙），风水林与土地庙成为一对共生相伴的神圣存在物。如在那坡县城厢镇龙华村弄陇屯，当地民众把神庙坐落的风水林里的树木视为圣物，祈求树神保佑村屯安定、人畜兴旺、年事丰收。在风水林里，人们不能随地吐痰，不能随地大小便，不能高声喧哗、说粗话、脏话。风水林里的树木都不能随意砍伐，如果冒昧砍伐，伐者及其家庭乃至整个村屯必遭受神的惩罚，必有天灾人祸降临。由于惧怕触犯神灵，弄陇屯的这片原生天然林在"大炼钢铁"时期仍然没有被破坏，至今保存完好。南酸枣、蚬木、枫香、青冈、黄樟、荷木、苦楝等树种林立其中。树高一般为三四十米，少数高达 50 米；树径多在二三十厘米，少数甚至达到 60 厘米。高大乔木下的各类小乔木、灌木及草本植物杂生其中，形成了物种多样、层次分明的丰茂景观。[①] 黎族同样盛行森林崇拜，他们认为大树均有灵魂，这种灵魂能养育人类，人死后，"灵魂"应回归森林中去，这样人的灵魂才能安宁。因此，每个血缘集团都有一块十几亩的原始森林墓地，墓地里的树木、藤萝没有人砍伐[②]。岭南地区的水族也有风水林的信仰，每一个水族村寨的寨口或寨角，几乎都有一片高大丰茂的树木或竹林，像一个个护卫寨子的绿色城堡。村民们保护风水林，把风水林视为庇佑村寨的神秘力量，坚信风水林能给寨子带来好运，禁止任何人砍伐其中的树木。毛南族、仫佬族地区同样有"神山"的存在，且对大树或古树非常崇拜，甚至民间广泛流传认大树古树作契娘契爷的习俗。

苗瑶语诸民族自古与山林相伴，传统上对山林的依赖更为明显，因此同样非常盛行山神、树神崇拜。瑶族民众把山林当作亲密伙伴，绝不轻易迫害山上的一草一木，每家每户都有固定的薪炭林，从不到别的地方砍柴毁林。长期隐居深山的瑶族民众，一切物质生存条件都来自山林，资源丰富的森林成了唯一

---

① 熊晓庆：《神秘的树韵——广西民间森林崇拜探秘之黑衣壮》，《广西林业》2014 年第 5 期。

② 何耀华、吕大吉主编：《中国各民族原始宗教资料集成：土家族、瑶族、壮族、黎族》，中国社会科学出版社 1998 年版，第 673 页。

的食品库。同时，在频繁的民族迁徙过程中，山林始终是瑶族不离不弃的亲密盟友。他们在长期居山、耕山和管山的峥嵘岁月里，对具有神奇供给能力的森林产生了深深的依赖与膜拜。如在巴马瑶族自治县，几乎每个瑶族村落附近都会有一片古树参天、大树苍郁的风水林。这类风水林有大有小，大到十几亩的山林，小至村头寨尾的小块闲置地。巴马瑶族村落的风水林虽小，却神圣不可侵犯。它们是瑶族村落涵养水源、吸收天地灵气、开展宗教仪式、镇压凶邪、保佑平安，享受清凉的吉祥宝地，深受全村男女老少尊崇与爱护。瑶家人大多把祠堂或寺庙建在风水林里，给林子增添了神圣的色彩，葱郁的林木也为这些宗教场所营造了静谧的灵气①。广西融水苗族对枫树非常崇拜，称其为"祖母树"。苗家人每迁移到一个地方，都要先栽种枫树。只有枫树成活才认为是吉祥之地，方可定居；如果枫树死亡，则举家迁离。他们认为，枫树能够守村护寨，驱瘟祛病，保佑平安。苗家人把枫树栽在村边、种在寨尾，让枫树保佑一家富贵安康，兴旺发达。当家人久病不愈时，要给枫树烧香祭祀，祈求安康。如今，在桂北的苗寨都有巨大的枫树，仍保留着崇拜枫树的古老遗风②。

与上述岭南诸民族一样，岭南仡佬族对树木的崇拜则更为虔诚，甚至还诞生了独具民族特色的"拜树节"。"拜树节"又称"祭树节"，每年农历正月十四和八月十五分两次举行。正月十四主要祭拜的是自然林木和果树，以户为单位。八月十五祭拜的是祖宗树——青冈树，以村寨为单位。隆林各族自治县德峨镇磨基村大水井屯土生土长的仡佬族人郭秀忠讲述：

　　　　[正月十四]节日当天清早，各家各户准备几斤土法酿制的纯米酒，肥猪肉50块，糯米加玉米饭5斤，巴掌大的红纸50张，鞭炮100响。中午，全家男女老少齐齐出发去拜树，有的拿祭品，有的拎柴刀，有的扛锄头，一派年节的喜庆景象。

　　　　各家分别由近而远地举行拜树节仪式。最先祭拜的是屋舍前后的草木与果树。祭拜草木时，先燃放一阵鞭炮，然后有威望的年长者持刀庄重地往草木砍去。第一刀落下时，问："长不长？"众人答："长！"第二刀落

---

① 熊晓庆：《瑶山神韵——广西民间社会森林崇拜探秘之瑶族》，《广西林业》2013 年第 9 期。
② 姚老庚、熊晓庆：《青山里的苗族人家——广西民间社会森林崇拜探秘之苗族》，《广西林业》2013 年第 8 期。

下，再问："长得快不快？"众人答："快！"第三刀落下，又问："长得高不高？"众人答："高！"

祭拜了草木后，还要祭拜果树，也是砍三刀，问三问，答三答。祭果树时，持刀长者要砍时问："果子大不大？"众人答："大！"然后砍下第一刀。再问："果子甜不甜？"众人答："甜！"然后砍下第二刀。又问："果子落不落？"众人答："不落！"然后砍下第三刀。再把一块肉和一小团糯米饭喂进三个刀口处，唪上一口酒，并用一张红纸贴住。最后用锄头铲除果树周围的杂草，并培上新土。

拜过草木和果树，接着要祭拜远山的林木。各家选择一片或一个山坡来祭拜，有的只选林中一棵最大的树来作代表。仡佬冲里的老人说，最好是把所有的树都拜到，才算吉利。带着虔诚的敬畏心理，仡佬族人在老成持重的大树古树下焚香、烧纸、鸣炮、跪拜，一边祭树，一边祈祷来年——风调雨顺、五谷丰登、丰衣足食。①

与正月十四日的各家各户单独的拜树活动不同，八月十五的拜树活动则采取集体行动，散居广西各地的仡佬族人都会派代表到磨基村大水井屯参加祭祀活动。由于祖宗树放置有祖公、祖婆的灵位，所以每家每户都有义务参与，其中最为重要的是每年轮流由三户人家献出祭祀所需的一头黄牯子牛。在祭祀祖宗树的前几天，磨基村仡佬族人就开始杀牛聚餐，留下牛心到八月十五备用。到了祭祀这一天，要准备五谷混合饭、牛、猪、羊、鸡的头脚及内脏等祭品。祭祀仪式由长房的老者主祭。开祭的时候，要用红纸把牛心包成两份，由主祭人把一份放在"祖公"树的龛洞里，一份放在"祖婆"树的龛洞里，然后用纸或红布条把两个树洞都封好②。最后，主祭人率领各户代表向祖宗树点炮上香，磕求跪拜，酌酒祈祷。祭祀完后，大家席地就餐③。

综上所述，岭南诸民族都比较盛行自然崇拜，尤其对山林非常敬畏，常常

---

① 熊晓庆、敖德金：《山旮旯里的敬树风尚——广西民间森林崇拜探秘之仡佬族》，《广西林业》2013年第11期。

② 有的地方则不使用牛心，而是选择到附近或树林中最大的一棵树，经过一番程序后，把一小团糯米饭和一块肥猪肉喂进用刀砍出的裂口处，然后用一口米酒顺着刀口进入树的身体，用红纸封住，并给树除草培土（参阅李金兰、郭亮《仡佬风存》，广西民族出版社2010年版，第44—45页）。

③ 熊晓庆、敖德金：《山旮旯里的敬树风尚——广西民间森林崇拜探秘之仡佬族》，《广西林业》2013年第11期。

对其进行拜祭，形成了丰富多彩的自然崇拜。这些少数民族的自然崇拜之所以能对生态文明建设产生影响，其内在机理是：因为有了崇拜，随之产生禁忌，故不敢随意触犯，也不敢随意破坏，也就无形中使区域自然生态环境得到了有效保护。这些有助于自然生态保全和生物多样性保护的信仰形式，对当代岭南少数民族地区的生态文明建设，仍然具有其现实意义和积极作用。

第三节　生态文明建设对传统生态知识的影响机理①

生态文明建设之所以能对传统生态知识产生影响，是由如下两个方面所决定的：一是从生态文明建设的层面来看，作为表征着人与自然关系的全面进步状态的生态文明，它体现于社会的产业、制度以及价值观等各个层面，具有全面性。而传统生态知识作为地方性社群保有的生态文化，必然会受到现代生态建设技术和理念的影响，不可避免地会有所改变。二是从传统生态知识的角度来看，其自身具有局限性，持有者的社群规模不大，所能发挥的作用也有一定限度，在面对现代科学技术的挑战时反抗力不足，因此，受到现代生态学思想的影响也是必然的。至于生态文明建设如何对传统生态知识发挥作用，笔者有如下粗浅看法。

一　技术层面：传统生态知识处境尴尬

从目前情况看，工业化和现代化是人类社会不可逆转的发展趋势。在当今时代，要建设生态文明，就必然要吸收、利用现代文明的既有成果，充分利用能够推动生态保全与保护的技术，减少环境污染和破坏。具体来说，就是要发展适应时代需要的绿色产业，推行可持续的生产生活方式，最大程度地进行生态修复与重建，保护好我们赖以生存的环境。诸如恢复生态学、景观生态学、生态经济学等现代科学学科，或协助发展绿色产业，或提供破损生态的修复技术，都在当代生态文明建设中发挥着突出作用，成为世界各国进行生态文明建设的有力支撑。

因此，生态文明建设会对传统生态知识在技术层面产生直接或间接的影

①　本节内容经修改刊载于《北方民族大学学报》2019 年第 2 期。

响。宏观上看，传统生态知识的持有者所在社区会受到现代性和后现代性的影响和渗透，而生态文明建设作为一种生态建设形式，体现在新能源推广利用、生物多样性保护、石漠化治理等诸多方面，必然会对区域社会生态环境产生深远的影响。微观上看，无论是现代农业技术的推广运用，还是具体生物物种的多样性保护，都依然受到生态文明建设这一当代伟大实践的影响。在生态文明建设的影响下，传统的资源利用方式、方法必然会发生很大变化，甚至某些传统生态技术会因此消亡，不再存在于人类知识库中。

比如当前中国南方民族地区普遍推广的沼气技术，就是现代科学技术的一种应用，并且发挥了良好的生态、经济和社会效益。对于民族地区的广大乡民来说，沼气是一种新鲜事物，它能够点灯做饭，也并非乡土社会中产生的认知。广西南宁市武鸣区壮族乡民起初并不认可沼气，甚至还曾经有过重大误解。在他们的传统观念中，作为沼气来源之一的人类粪尿是脏的，甚至不能与农业种植挂钩，因此，要把转换成沼气以前的人畜粪便和香喷喷的大米饭联系起来，在观念上一时难以接受。而随着对沼气技术的了解，他们逐渐改变了以前"偏颇"的认知，甚至深深地喜欢上这一新生事物。据统计，2000 年年底，在南宁市武鸣区下渌村，沼气入户率已达到 85%；2002 年年底，达到 98%；2003 年，达到 100%，而且使用效果都很好。下渌村等壮族乡村的沼气推广，一定程度上解决农村生产生活用能，还带动了养殖业和种植业的发展，提高了资源产出率，促进了自然资源系统和社会经济系统的良性循环。[①]

与当代生态文明建设的要求相比，传统生态知识处于知识的边缘地位，且呈碎片化状态，其中或偶尔发现竹（木）笕、刻度分水之类的传统水利设施，虽然曾经在小范围内发挥一定的作用，但明显难以适应现代大型农业生产发展的需要。而在现代水利技术的影响下，持有这些传统技术的社区也深受影响，逐渐接受了外来的持续时间久、利用效率高的水泥沟渠技术，而过去随处可见的竹（木）笕、刻度分水之类的传统设施，再也难得一见。再比如，在融水苗族自治县发展稻田养鱼的过程中，现代农业技术就发挥着突出作用，甚至于将传统稻田养鱼技术的传承和延续给"遮蔽"起来。香粳糯作为桂北一带的传统高山冷水糯稻品种，传统种植往往产量低，大小年收获不均衡，常常出现

---

① 付广华：《壮族地区生态文明建设研究——基于民族生态学视角》，广西师范大学出版社 2014 年版，第 165—171 页。

"有价无米"的尴尬场面。为此，广西农业科学院水稻研究所科研人员从2014年开始进行香粳糯品种改良和技术创新。他们采用"一选三圃法"，根据不同海拔区域气候特点，设置不同播期产量比较、精准栽培密度与肥料比较、综合防治稻瘟病等一系列栽培试验，历时两年研究，终于总结出香粳糯高产栽培技术。在提高稻谷产量的同时，研究人员还推广应用"稻+鱼+灯""稻+田螺+灯"生态农业产业链模式，推动"垄稻沟"养鱼或养螺，提高控害、降残、节本、增效效果，促进"稻渔"生态综合种养。① 而这么复杂的技术攻关和总结，是传统生态知识所难以胜任的。不过，农业科研人员也在研究过程中吸收了当地民众的智慧，从中得到了很多启发。

更为麻烦的是，生态文明建设所要纠正的是工业文明引发的环境问题，而这些问题的解决往往超出了传统生态知识的能力之外，需要精确的试验和精细的验证。当今时代面临的突出环境问题有：大气污染、水污染、土壤污染、农业面源污染、生物多样性丧失等。而这些问题的解决，一方面要加强管控，用更为严格的环境保护制度和标准进行环境治理；另一方面，也要用现代环境技术处理已经发生的环境污染。这些都不是传统生态知识所能完全胜任的。

因此，在广大的农村地区，生态文明建设必然会给传统生态知识体系带来严重冲击。一方面，一些技术性传统生态知识已经不能适应时代发展的需要，逐渐从活态民族文化转为"曾经的历史记忆"，甚至会从民族文化库中消亡。比如在农作物品种的保有上，随着现代育种技术的进步，外来的新杂优水稻品种因产量高、种植周期短、收割容易，而逐渐取代了原有的老品种，造成了传统种质资源的减少。另一方面，一些技术性传统生态知识会被现代科学技术吸收、改造、更新，重新焕发生机和活力，从而推动生态产业发展，推进了生态文明建设进程。前述融水苗族地方借助传统香粳糯品种大力发展生态农业产业链，就是一个非常典型的案例。

二　制度层面：传统生态知识效力减弱

作为人类追求可持续生存的最新文明成果，生态文明深刻地反思工业文明的内在缺陷，摒弃了现代化过程中过度开发利用自然的弊端，提倡人与自然的

---

① 曾华忠：《心系特色水稻产业，重塑苗山"金凤凰"》，融水苗族自治县人民政府网，http://www.rongshui.gov.cn/gd/bmdto/content_ 18181，2017–09–12。

和谐共生。作为后现代时代的产物，生态文明并非横空出世，而是长期以来有识之士共同努力的结果。然而，生态文明建设要得到实施并取得切实成效，就必须尽可能地利用现代文明的一切成果。因此，保障生态文明建设的制度规范就成为其中不可或缺的重要内容。

党中央非常重视生态文明建设，自2007年提出生态文明建设以来，已经多次强调要从制度上保障生态文明建设的成效。2012年，党的十八大报告提出，保护生态环境必须依靠制度。2015年，中共中央国务院出台了《关于加快推进生态文明建设的意见》，继续提出要加快建立系统完整的生态文明制度体系，引导、规范和约束各类开发、利用、保护自然资源的行为，用制度保护生态环境。2017年，党的十九大报告进一步指出，要改革生态环境监管体制，设立国有自然资源资产管理和自然生态监管机构，完善生态环境管理制度，同时，构建国土空间开发保护制度，完善主体功能区配套政策，建立以国家公园为主体的自然保护地体系。[①]

包括法律法规在内的正式制度，虽然其现代性更明显，更体现人权，但有时却因为惩罚力度不够而效力不显。当前，形形色色的环境污染事件之所以出现，就是因为违法者所要付出的代价太小，不足以威慑环境损坏者。而在很多少数民族社区中，传统的资源管理制度则威慑力巨大，动辄通过吃"教育惩戒餐"来解决问题，事实上起到了很好的效果。不过，这些乡规民约很可能与现行的法律法规相抵触，以致一些违反者寻求通过正规法院来解决社区资源利用纠纷，而不是在社区内部解决。这样一来，传统的资源管理制度的效力大大下降，而违反者则可以以传统制度违法为理由拒绝受到惩戒。

在很长的一段时期内，南方民族地区流行破坏风水林者杀猪请酒的习惯性惩罚办法，而如今，一些村民往往会以惩罚过重而拒绝履行。如"金秀瑶族自治县近30年来发生的最具轰动效应的村规民约纠纷案"：2000年7月19日晚10时，三角屯山子瑶LRM在偷摘八角果时被抓获，当时得赃物7斤，后又在事发地点300米处发现2蛇皮袋80斤八角果。村民认为这些都是LRM偷摘的，因为他晚6时上山，有4个小时的作案时间，根据一般村民的摘果速度和效果，应是他偷摘的。因此，按村规民约，罚款5 220元。但LRM拒不承认

那两袋八角果是他偷摘的，只承认摘 7 斤八角果而已。村民们很生气，一拥而上，将他养在栏中的 150 斤猪拉到晒谷坪杀了，请全村老少吃"教育惩戒宴"。后来，村干部 LXZ 决定对其惩罚减半，除去所杀的猪超出规约 30 斤，共执行罚款 2400 元。然而，一个月后，LRM 从一些宣传材料中得知"村规民约是违法的"的消息，一纸诉状将 LXZ 等控告到县人民法院：一是强杀他栏中的猪，侵犯公民财产权；二是"那两袋八角果不是我偷的，但黎等人硬说是我干的，是栽赃诬陷"。据此，他不仅提出要村民返还 2400 元，还要向他赔礼道歉。经过县人民法院和柳州地区中级人民法院的两次审理，均判 LRM 败诉。① 此类抗拒村规民约的纠纷事件，在南方民族地区还是不少的。仅据莫金山的调查，金秀瑶族自治县境内还有 1991 年私分猎物赔偿案例、2000 年毒死鸡赔偿案例、2006 年八角地赔偿案例等 3 例。

　　当代生态文明建设的现实是环境问题频发，环境风险加大。虽然一些少数民族地区由于地处偏僻，交通不便，受到工业污染的影响较少。然而，随着工业化进程的加快，一些少数民族聚居地区"以资源换产业"，大量引进东部淘汰的产业，虽然工业经济得到了飞跃发展，但也带来了比较严重的环境问题。即使是在农业和服务业发展的过程中，环境问题也是非常突出的，比如畜禽养殖、水产养殖带来的空气、土壤、水体污染，就是民族地区当前常见的环境问题；再如，旅游产业发展带来的环境压力和环境保护问题，也在相当长的时期内成为民族地区必须予以密切关注的问题。应该说，这些现代产业的发展，特别是矿产开发、养殖、旅游开发等导致的环境问题，都不是传统生态知识能够完全应对的。它需要各级政府转变发展理念，需要国家机构的强制介入，需要更为严格的法律制度来进行规范。

　　质言之，生态文明建设之所以能对制度性传统生态知识产生作用，是因为其依托现代治理体系，而当今中国与传统时代相比，社会制度已经发生了根本变革，社会治理体系也发生了重大变化。只有在最基层的村寨层面，还保留着一定的自治成分，为传统社会组织和社会制度留下一定的延续空间。一方面，一些制度性传统生态知识由于超越了国家法律法规的权限，有时甚至强行拘押、限制人身自由，因此，逐渐从民族文化库中消失；另一方面，少数的制度性传统生态知识在保护生态环境、促进资源可持续利用上仍有价值，将会被继

---

① 莫金山：《金秀瑶族村规民约》，第 88—90 页。

续加以利用，不过，必须结合新情况新问题进行重新阐释和整合。与此同时，由于生态文明建设具有全局性，需要正式的法律法规和非正式的民间规范予以保障，而以重罚为手段的传统资源管理制度却与一些现代法律法规相抵触，这样一来，其效力和执行力就大打折扣，甚至因此名存实亡。

三　表达层面：传统生态知识遭遇信任危机

众所周知，生态文明建设不仅是时代发展的必然，更有着深刻的学理依据。这些学理依据的进一步通俗化、系统化，逐渐变成一种新的生态理念，成为一种凌驾于固有观念之上的新价值观。对于深受现代文明洗礼的文化人来说，我们保护生态环境，进行生态文明建设，为的是人类最终的生存，人与自然的和谐共生。现代人不是因为禁忌而对生态环境有所保护，而同样是基于功利主义的原因进行保护；有的环境主义者甚至不是因为生存而保护，而是为了资本利益而保护，试图为资本找到新的投资和获利途径。

生态理念的重构意味着重新建构人与自然的关系。在传统时代，少数民族民众对自然依赖性非常强，与自然是一体的，并且这些想法为传统生态知识所强化和保障。在新时代，生态文明建设的支撑理念是后工业的，是后现代的，它要追求的是人与自然的和谐共生。这里的"自然"，在生态文明看来都是资源，它是支撑人类永续发展的保障。因此，人们对自然的保护不再是因为恐惧或无知，而更多考虑的是人类作为物种的延续与发展。

同时，由于现代媒体技术的发展和乡民外出务工接触新知识，越来越多的少数民族民众受到新的生态理念的影响，不再将表达性传统生态知识视为理所当然，而是用怀疑的眼光去看，有时候甚至嗤之以鼻。在这种状况下，表达性传统生态知识的效力逐渐减弱，有些甚至于荡然无存。比如在广西大化瑶族自治县七百弄乡一带，过去流行着鞭打菜树求雨的仪式。当地布努瑶民众认为菜树是雷公的外甥①，其发芽代表着冬去春来。传统上，一旦连续干旱30天，人们没水喝的时候，就要找一个光棍，请他用大一点的棍子敲打菜树的旁边，甚至打那棵菜树，一边打一边骂："你赶紧叫你外公下雨呀，人间快死完了！你赶紧叫你外公下雨呀，你再不下雨，我打死你！""雷公啊雷公，你快点下雨吧，你再不下雨，我把你外甥打死了！"当地布努瑶认为，一旦敲打了菜

①　蒙冠雄、蒙海清、蒙松毅搜集翻译整理：《密洛陀》，广西民族出版社1999年版，第72页。

树，就震动到雷公了，雷公就派雨下来了。一般打这棵树的第二天或第三天，就会下雨了①。这种求雨仪式，如今已被斥为"封建迷信"，即使是 2010 年遭逢多年不遇的持续干旱，也没有举行鞭打菜树求雨的仪式。这种生态表达虽然在老人家口中仍然在流传，但其效力却逐渐在消减，基本上不再举行这种仪式了。

再如，在广西三江林溪乡一带的侗族乡民中，传统上，在稻谷收获季节，流行一种"拦门谷"的农耕礼仪。其办法是：秋季收割谷子时，要先去剪一小把稻谷，放在田里排水的地方，称为"拦门谷"，意思是"有主了，粮食别外流"②。这种礼仪表达着侗族乡民与田地、稻谷之间的关系，揭示着人们获得粮食丰收的美好愿景。1949 年前，在每一块田的稻谷收割之前，均要进行类似的仪式。但时至今日，除了年纪比较大的老人，青壮年不再有类似的做法了。究其原因，还是现代生态理念影响的结果。人们已经懂得了现代农业生产的部分原理，不再认为稻谷生长有着神秘的"谷魂"的参与，也不再将收获视为"神"的恩赐。诸如此类的案例还有很多，虽然不少少数民族社区内仍然保有一定的神圣空间，当地老人头脑中还记忆着一些有关动植物的故事，但年轻一辈对于这些神圣空间和故事背后的文化内涵，对于人与自然之间密切的关系，已经没有了太多的认知，甚至远离山乡，融入了都市，因此，对传统的生态表达不再如老一辈那样信奉，也不再参与这些仪式。放弃了神，放弃了鬼，放弃了禁忌，虽然人们在心灵上得到了解放，但他们对自然的敬畏却日趋减少，最终会对整个传统信仰体系产生致命的冲击。

可以说，随着生态文明建设的开展，人们将更多地接受外来的生态理念，传统的自然观、生态观将难以持续维系，需要重新建构与整合，否则就难以适应形势发展的需要。可以预见，在相当长的一段时期内，少数民族传统生态知识体系将呈现城市和乡村两种状态，城市中的少数民族民众已经基本上接受新生态理念，受现代科学技术的影响和支配；乡村中的少数民族民众仍然部分保留着自己的神圣空间，但也逐步受到现代科学技术、现代治理体系的影响，受到外来的现代生态理念的影响。

总之，生态文明建设之所以能够对传统生态知识产生巨大影响，是因为它

①　2016 年 9 月 25 日，在大化瑶族自治县七百弄乡对瑶学爱好者蓝志柏的访谈。
②　杨筑慧等：《侗族糯文化研究》，中央民族大学出版社 2014 年版，第 360 页。

有现代科学技术、现代治理体系、现代生态理念这三种强大的现代性武器。这三种武器分别对应着传统生态知识的三大领域：技术性传统生态知识、制度性传统生态知识、表达性传统生态知识。现代科学技术应用广泛，被誉为"第一生产力"，它对技术性传统生态知识有一定的限制，使其处境尴尬。不过，在小生境范围内，由于传统生态知识是长期经验的总结与积累，有时会在一些具体情形下对现代科学技术形成有效的挑战。现代治理体系是整体性地强调国家和政府的权威，因此，它给制度性传统生态知识带来了困扰，致使其效力普遍减弱。现代生态理念依托科学思维，摒弃"封建迷信"，因此对表达性传统生态知识造成了整体性的压制，致使其遭遇信任危机。即使是在偏远的民族地区乡村，在经历过"破除封建迷信"之类的运动后，其效力也大大减弱。推而广之，传统生态知识的上述遭遇，其实就是传统文化遭遇现代性的一个缩影。

第三章

岭南壮侗语民族传统生态知识与
生态文明建设的互动关系（上）

岭南地区是壮侗语民族的发源地，自古以来哺育了生存在这块热土上的壮侗语民族的先民。居住在岭南地区的壮侗语族民族，在长期与自然互动的过程中认识自然、利用自然、改造自然、尊重自然，形成了独具特色的传统生态知识体系，维系了各民族的传承和发展。在当代生态文明建设的过程中，传统生态文化仍然继续发挥重要作用，经由"创造性转化和创新性发展"，不仅在生态环境保护和生态修复方面发挥不可忽视的重要作用，而且也在一定程度上参与了区域经济发展进程，推动了各民族生存性知识体系的更新和发展。

第一节　岭南壮侗语民族的生境与生计方式

一　岭南壮侗语民族的生境

生境（habitat）一词是由美国学者格林内尔（Grinnell，1917）首先提出，其定义是生物出现的环境空间范围，一般指生物居住的地方，或是生物生活的生态地理环境。引入人类群体以后，就是指人类生存的生态地理环境。对于人类来说，生境不仅包括地形、温度、水资源等非生物因素，还包括植被、动物等生物因素。从上述因素出发，笔者以地形地貌为最基本的参考因素，将岭南壮侗语民族的生境分为如下三种类型。

（一）平原、盆地、台地

壮侗语民族的居民之所以能够生活在岭南地区的平原、盆地和台地之中，是与他们的历史起源密切相关的。正如一些学者所述，壮侗语民族有着共同的起源，可以追溯到先秦两汉时期的西瓯、骆越。据范宏贵先生的研究，以今天的地理概念来说，西瓯人大致分布在广东茂名—广西玉林—贵港市—南宁以北，北面达湘南、黔东南；骆越人大致分布在广东茂名—广西玉林—贵港市—南宁以南，南面达越南中部清化一带①。作为西瓯、骆越人的直系后裔，壮侗语民族是岭南地区的原住民族，因而历史上得以占据农业生产条件较好的河谷平原、山间盆地和海岛台地。这些平原、盆地和台地不仅地势较为平缓，而且水资源较为丰富，适宜发展稻作农业生产。根据地形地貌形成原因的不同，这些农业生产条件较好的平地又可以分为冲积平原或盆地、溶蚀平原、海岛台地平原等亚类型。

1. 冲积平原或盆地

冲积平原是由河流沉积作用形成的平原地貌。在河流的下游，一般水流没有上游那样急速，这样一来，从上游侵蚀了大量泥沙的河水，到了下游后因流速不足以携带泥沙，结果这些泥沙便沉积下来。尤其当河流发生水浸时，泥沙在河的两岸沉积，冲积平原便逐渐形成。如果小平原的四周是山脉，而中部地势较低，则形成了盆状地形，构成了所谓冲积盆地。所以，有时冲积平原又被称为"冲积盆地"，如右江平原有时被称为"右江盆地"，邕江两岸平原被称为"南宁盆地"。

冲积平原或盆地一般土地肥沃，水资源丰富，雨量充沛，非常适宜发展农业生产。如右江平原是右江及其支流冲积而成，长约 100 千米，宽 5 千—20 千米，面积约 350 平方千米。② 由于因右江左岸上升幅度大、速度快，右岸上升幅度小、速度慢，右江河道偏向右方，致使右岸平原狭小，左岸平原广大。右江平原地势平坦，土壤肥沃，光照充足，热量资源非常丰富，对发展农业生产十分有利，盛产稻谷、甘蔗、玉米、花生、豆类。它是广西西部最重要的粮蔗基地，有"桂西明珠"之称。

其实，在岭南壮侗语民族地区，溪流广布，因之而形成的各种狭小平原或盆地非常众多，虽然面积大小不一，但由于土地平坦，土壤肥沃，光照充足，水资源丰富，因此，稻作农业非常发达，成为岭南地区重要的农业主产区。广西的南宁盆地、百色盆地、武宣平原、宁明盆地等，历来是壮族聚居之地；海南省的白沙盆地、乐东盆地、通什盆地（五指山市）等，历来是黎族聚居之

① 范宏贵：《西瓯、骆越的出现、分布、存在时间及其它》，《广西民族研究》2016 年第 3 期。
② 傅中平、刘玲玲、叶枝、胡贵林：《广西盆地》，广西科学技术出版社 2018 年版，第 88 页。

地，都属于冲积平原或盆地，光、热、水、土及各种生态条件优越，非常适宜发展稻作农业。

此外，广东连山壮族瑶族自治县境内，高山河谷间亦多有小平原出现，当地俗称为"峒"，大者面积可达 10 平方千米；而河谷台地则因为狭长曲折，俗称为"冲"。峒、冲虽然发展农业生产条件较好，但仅占总面积的十分之一。

2. 溶蚀平原

在石山地区，岩溶作用对地表可溶性岩石的改造非常明显，逐渐形成了四周为低山丘陵和峰林所包围的封闭洼地，被称为"溶蚀洼地"，其直径最大可达一两千米。大的溶蚀洼地宽度可达数千米，长度可达几十千米，就被称为"溶蚀盆地"。溶蚀盆地的面积再扩大，就形成了溶蚀平原，有时又被称为"喀斯特平原"。

作为一种负地形，溶蚀平原一般面积较小，分布零散，形状不一，呈长方形、椭圆形的为多。地面较平坦，切割较弱。在平原边缘裂隙发育地带，常有喀斯特泉出露。组成的物质主要是石灰岩溶蚀残余，再经水流作用堆积的碎屑物，土层较厚，所发育的土壤质地黏重，透水性较差。由于在溶蚀平原局部表土覆盖较薄的地段，常常会出现岩石裸露的情况，地面略有起伏；虽然其比高不大，但对于农业和交通都有一定的影响。

在岭南壮侗语民族地区，溶蚀平原分布较为广泛，其中以广西中部的来宾平原最为典型。来宾平原，面积 920 多平方千米，为广西最大的溶蚀侵蚀平原。平原呈波状起伏，微向红水河倾斜。在平原面上有孤峰和石芽出露，洼地亦有发育。地表覆盖物质主要为第四系红土，红色质黏，富含锰结核，肥力低。同时，它又处于大瑶山的雨影区，雨量偏少，蒸发量大；平原周围是峰林和低丘，产流量小；红水河则岸高水低，提灌困难。故来宾平原的主要问题是干旱缺水，粮食产量不高不稳。[①]

此外，壮侗语民族聚居的溶蚀平原还有坛洛平原、苏圩平原、迁江陶邓平原、扶绥崇左平原、靖西高平原等。

3. 海岛台地平原

这主要针对居住在海南岛的黎族而言。与其他壮侗语民族的兄弟不同，黎

---

① 广西壮族自治区地方志编纂委员会：《广西通志·自然地理志》，广西人民出版社 1994 年版，第 96 页。

族民众主要居住在海南岛上。虽然历史时期被迫向中部山区迁徙，但仍然在岛屿西南部保留了一定面积的台地平原作为居住地。根据所处方位的不同，又可以分为南部台地平原区和西部台地平原区两个部分。

南部台地平原区主要包括三亚、乐东、陵水等市县和保亭大部分。这一地区低丘、台地、平原交错分布，地形以台地、平原为主，海岸则呈多港湾，平原分海积平原、河积平原，为粮食主产区。地表分布褐色砖红壤，土地类型以刺灌丛丘陵台地、刺灌丛草原沙地、灌丛阶地、人工林地、海边田、坑垌田和洋田等组成。属热带海洋季风气候，长夏无冬，年平均气温25.0℃—25.6℃，冬季平均气温20℃，年日照量2365—2630小时，年降雨量1280—2000毫米；主要河流有宁远河、藤桥河、望楼河，水系流向基本上由北向南流入海。从农业生产方面来看，这一地区的自然优势是无冬季、少台风，光、热条件充足，适合发展可可、腰果等赤道性作物；缺点是干季长、地面缺水，尤其三亚地区处于沙堤之上，沙质土壤保水性差，宜发展腰果、芒果、酸豆、椰子、槟榔、番石榴、番荔枝、菠萝、剑麻等耐旱热带作物，但须大力兴修水利；沿海陵水、崖城、莺歌海、乐罗一带水湿条件较好，适宜种植反季节瓜菜和香蕉、木瓜、西瓜、杨桃、油梨等水果。三亚、新村、望楼等渔港为南部重要鱼汛，发展渔业、盐业和海水养殖业，特别是发展珍珠、鲍鱼等贝类养殖。[①]

西部台地平原区包括东方、昌江两个黎族自治县，这一带土地类型较特殊，为褐红孝台地的坡园、草原、季雨林地、人工林地等，气候炎热干燥，年平均气温24℃，日照时数达2400—2600小时，儋县年均降雨1800毫米，东方、昌江等年均降雨880—1300毫米；河流主要有昌化江、感恩河等，水系流向基本是向西流入海。东方县感恩平原宜农地42万亩，为海南全省最大的一片平原。气候特点主要是干旱和"水热失调"，即高温期长而雨量少，除昌化江常年有水外，其余河溪易断流。本区光热条件优越，日照长，风害少，无寒害，光合生产能力很高，利于农业发展，已形成以粮食、油料、豆类、蔗糖为基础，芒果、木棉、木薯、腰果、剑麻、西瓜子等，以及牧业、水产养殖业等综合发展的格局。通过解决水利问题，可建成南部热带经济作物基地、粮食作物基地和水果、糖蔗基地。值得注意的是，这一地区地下矿产资源异常丰富，

①　海南省地方志办公室：《海南省志·自然地理志》第八章第二节《经济地理区划》，海南史志网，http：//www.hnszw.org.cn/xiangqing.php？ID=55741，2017年10月10日查阅。

著名的石碌铁矿是亚洲最大的富铁矿，东方金矿储量很大，还有石灰岩、花岗岩、重晶石等非金属矿和褐煤、油页岩、石油、天然气等能源矿藏。八所、昌化、海头、白马井等鱼汛产量高，著名特产有红鱼、鲳鱼、鳗鱼、马鲛等海鲜产品和坡鹿、黑冠长臂猿、花梨木、红壳松等珍贵野生动植物资源。①

（二）山地丘陵

岭南多山，而广西山地尤多，有"八山一水一分田"之称，足见山地丘陵所占地域之广。生活在这些地区的壮族、侗族、黎族民众，结合所在区域的自然生态特点，发展起独具特色的山地农业。本书将山地丘陵合并为一类，包括中山、低山、丘陵等在内，而且在此处特指土山或土石混合山。为了叙述的方便，将黎族所居的海岛山地另辟为一类，单独予以介绍。

1. 大陆山地丘陵

众所周知，在大陆上生活的岭南壮族、侗族、仫佬族、水族民众，有很大一部分至今生活在山地丘陵地带。广西壮族自治区山脉众多，其最明显的特征是呈弧形分布：第一弧为北弧，由桂北的大南山—天平山—九万大山构成；第二弧为中弧，由桂中的架桥岭—大瑶山—大明山—都阳山构成；第三弧为南弧，由桂东南的云开大山—六万大山—桂南、桂西南的十万大山—公母山—大青山—六诏山组成。② 这三大弧之间，分布着许多海拔高度在 250 米以下的丘陵，坡度较为和缓，大多为 5°—25°，土层也较为深厚。山地、丘陵间，常有河溪流淌，并形成许多小型的盆地或谷地，对开展农业生产也较为有利。

这些山地丘陵地处亚热带季风湿润气候区域的南部，从北到南分属中亚热带、南亚热带（准热带）和北热带（边缘热带）。其气候特点有四：一是气温较高，热量丰富，夏长冬暖，无霜期长，植物几乎可以全年生长，适宜发展热带或亚热带作物。二是雨量充沛，雨热同季，年均降雨量在 150—1750 毫米之间，4—9 月降雨量占全年的 80% 左右，正值农作物生长期，对农作物生长非常有利。三是日照偏少，辐射较强，年日照时数由北往南为 1400—1800 小时。由于太阳辐射较强，日平均气温在 10℃ 以上的温暖期在 270 天以上。四是灾害性气候较多，干旱、台风、暴雨等较为频繁，其中又以春季干旱和低温对农

---

① 海南省地方志办公室：《海南省志·自然地理志》第八章第二节《经济地理区划》，海南史志网，http://www.hnszw.org.cn/xiangqing.php? ID=55741，2017 年 10 月 10 日查阅。

② 潘其旭、覃乃昌主编：《壮族百科辞典》，广西人民出版社 1993 年版，第 17 页。

业生产的影响大。①

这些山地丘陵地区，不仅生物群落类型多样，而且生物资源种类丰富繁多。据广西植物研究所截至 1992 年年底的初步统计，仅广西境内拥有已鉴定的维管束植物（包括蕨类和种子植物）物种 8354 种（包括亚种、变种、变型等种下分类群），分别隶属于 288 科 1778 属，位居全国前列。动物物种同样丰富，拥有陆栖脊椎动物 900 种左右，淡水鱼类 235 种，节肢类、软体类和环节动物也相当丰富。

在与广西相邻的广东连山壮族聚居区，境内峰峦叠嶂，一山连着一山，海拔 1000 米以上的山峰就有 49 座，有"九山半水半分田"之称②。

2. 海岛山地丘陵

在海南岛的中西部，黎族聚居于此。这里山岭众多，以五指山为中心向四周延伸至丘陵边缘，包括通什、琼中、白沙、屯昌等市县，以及东方、昌江、乐东、保亭等县的山地丘陵部分，是一个完整的自然地理区。

海南岛的山地面积 8639 平方千米，占全岛总面积的 25.1%。山地普遍海拔在 500 米以上，是海南地貌的骨架。其中，海拔 800 米以上的中山面积 6067.6 平方千米，占山地的七成多；海拔 500—800 米的低山只有 2571.4 平方千米，占近三成。山脉大体分为 3 列，均东北—西南走向：东列为五指山山脉，主要山峰有自马岭、五指山、吊罗山、七指岭、马咀岭等；中列为黎母岭山脉，主要山峰有黎母岭、鹦哥岭、猕猴岭、尖峰岭等；西列为雅加大岭山脉，主要山峰有雅加大岭、霸王岭和仙婆岭等。③ 在山地和台地之间是过渡性的环山丘陵带，其面积不大，仅占海南岛面积的 13.1%。近山地的高丘陵是低山被河谷、沟谷切割而成，坡度较大，山顶较尖，且由高向低处连续伸展，形成小山岭，丘陵之间散布许多河谷盆地，大的谷地中还有一两级阶地；近台地的低丘陵，尤其是由以花岗岩为主体的丘陵，因岩性不透水，表流多，故河谷、沟谷相当发育，丘陵地破碎成一片浑圆形小丘，高度一般在 250 米以下，多已开成水田加以利用。

---

① 潘其旭、覃乃昌主编：《壮族百科辞典》，第 18 页。

② 《连山壮族瑶族自治县概况》编写组：《连山壮族瑶族自治县概况》，民族出版社 2007 年版，第 171—172 页。

③ 海南省地方志办公室：《海南省志·自然地理志》第二章第二节《海南岛地貌》，海南史志网，http://www.hnszw.org.cn/xiangqing.php? ID = 54349，2017 年 10 月 16 日查阅。

由于这里属热带季风气候区，又具热带森林气候特征，所以气温常随高度下降，形成多湿、多雨、多云雾的温湿气候，昼暖夜凉，年平均气温 22℃—23℃，年日照 1600—2100 小时，年降雨量 1800—2400 毫米。

海南岛地势中间高四周低，雨水受地形构造影响，因此所形成的大小河流多从中部山区或丘陵区向四周分流入海，构成放射状的海岛水系。三大河流南渡江、昌化江、万泉河均发源于中部高山，流域面积分别为 7033、5150、3693 平方千米，占总面积的 47%。此外，能够确认发源于黎族地区的河流还有陵水河、宁远河、珠碧江、望楼河、藤桥河、太阳河等几十条。这些河流上多建有水库和引水工程，对发展稻作农业生产非常有利。

海南岛的中部山地山高林密，动植物资源丰富。热带雨林葱茏绵亘、遮天蔽日，五指山、鹦哥岭、黎母岭、猕猴岭、吊罗山、霸王岭等热带雨林区，总面积达 1260 万亩，其中有神奇的自然景观和珍贵的动植物资源，如花梨、子京、坡垒、母生、绿楠、陆均松等经济林木，坡鹿、长臂猿、云豹、海南鹧鸪等珍稀动物，沉香、白沙绿茶、五指山兰花、五指山水满茶等土特产。丘陵地带生态条件更是优越，有充足雨量和河水的滋润，土质很好，又具备防风条件，非常适宜于发展天然橡胶和热带经济作物，因而环山丘陵带成为海南橡胶热作分布带，也是中国最大的橡胶热作基地。

（三）大石山区

岭南地区，特别是广西壮族自治区境内，喀斯特地貌发育十分典型。毛南族和一部分壮族、仫佬族，因为生存所迫，不断迁徙，最终进入岩溶地貌发育比较完善的大石山区。

在崇左市天等、大新，河池市东兰、巴马、凤山、都安、大化，来宾市兴宾区、忻城等县区部分壮族聚居区，喀斯特地貌特征较为明显，峰林、峰丛、溶洞等景观屡见不鲜。在这样的石山地区，生产条件较好的地区可能会有地表径流，较为适宜进行稻作农业生产；而在不少地方，暗河发育明显，石山林立，常常没有充足水源，因此农业生产条件较差，非常不利于族群的生存与发展。

毛南族主要聚居在环江毛南族自治县西部的上南、中南、下南一带，俗称"三南"，因地处大石山区，又被称为"毛南山乡"。"毛南山乡"北与贵州相连，东北有九万大山，西北有凤凰山，石山众多，形成了以石灰岩峰丛为主的地貌。从地形上看，毛南族聚居之地又可以分为两个不同的地段：东北段为半石山区，此处石山不太高大，连绵起伏的群山怀抱着大小不一的田峒，其间村落星罗棋布，或三五十户，或八九十户，聚为一屯，毛南语称为"龙办"。西南段则是大石山区，这里山高谷深，地势险峻，可耕土地不多，人烟稀少，村落分散，多为三五户聚为一屯，也不乏单家独户孤处一峒，这种旱地作物的峒场，毛南语称为"晓桐"[①]。无论是半石山区，还是大石山区，都属亚热带地区，气候温和，冬寒较短，夏无酷暑，雨量充沛，而降雨多集中在夏秋两季。这里以种植水稻、玉米等粮食作物为主，还根据山区特点，种植甘蔗、黄豆、棉花等经济作物；盛产樟脑、桐油、棕皮等土特产和首乌、麝香、灵香等名贵药材。

仫佬族主要聚居在罗城仫佬族自治县，这里地处九万大山南缘地带，喀斯特地貌特征明显，主要分布于南部及东南、西南部。总体上呈现为向南凸的弧形，占该县总面积的 36.14%。[②] 峰丛密布，地表河流不发育。与周边的黄蜂山、雨平山、青明山一起构成了仫佬族地区的基本地貌。

二　以稻作农业为核心的传统生计方式

壮侗语民族是稻作农业的开创者，从新石器时代早期开始，其先民就在岭南大地上耕种水稻，兼营旱作农业，同时并从自然界获取野生动植物作为生计的补充，形成了以稻作农业为核心的复合型生计方式。

早在新石器时代早期，壮侗语民族的先民——古越人就开始了稻作农业生产，这从一系列的考古发现中可以得到证实。1993—1995 年，湖南道县玉蟾岩遗址发现了兼具野生稻特性的籼稻、粳稻的栽培稻碳化稻粒，同时遗址中还发现了稻叶上的植硅石，证明岭南地区的稻作农业在距今 1 万年以前已经起源。1998—1999 年，广东英德牛栏洞遗址发现了水稻的硅质体，属于非籼非粳的类型，证明距今 1 万年前后稻作农业在岭南已经有所扩展。此外，在桂林甑皮岩遗址、南宁顶蛳山遗址以及资源晓锦遗址，都发现了稻谷碳化物和稻谷加工工具，其中晓锦遗址发现了大量碳化稻米。其第一期文化遗存的年代当在距今 6000 年至 6500 年间，属于新石器时代中期，当时可能已开始通过种植水

---

① 卢敏飞：《毛南族》，载覃乃昌主编《广西世居民族》，广西民族出版社 2004 年版，第 159—160 页。
② 罗城仫佬族自治县志编纂委员会：《罗城仫佬族自治县志》，广西人民出版社 1993 年版，第 70—71 页。

稻来补充食物来源；第二期年代在距今 4000 年至 6000 年间，属于新石器时代中晚期，发现较多的细长粒碳化稻米、碳化果核、石器工具以及柱洞遗迹等，说明当时人们已开始农业耕作并掌握种植水稻的方法，所生产粮食比较富足且略有剩余；第三期遗址距今 4000 年至 3000 年间，为新石器时代末期，所出土的碳化稻米颗粒饱满，表明当时人们不但懂得种植水稻，而且懂得育种。经广西农业科学院品种资源研究所初步鉴定，出土的碳化稻米基本属于粳稻类型，米粒形状较现代粳稻米小，尚处在栽培稻进化的较早期阶段，是较原始的栽培粳稻。[①]

先秦时期，西瓯、骆越等百越族群在中国南方历史舞台上绽放光彩。今广东、广西、海南 3 省区都是上述两个百越支系的活跃范围。生活在这些地区的百越人，其经济生活的主要特点是"饭稻羹鱼"，而"火耕水耨"是他们的主要耕作方法。《史记·货殖列传》曰："楚越之地，地广人稀，饭稻羹鱼，或火耕而水耨，果隋蠃蛤，不待贾而足，地埶饶食，无饥馑之患，以故呰窳偷生，无积聚而多贫。"[②]《汉书·地理志》记载黎族先民"男子耕农，种禾稻纻麻，女子桑蚕织绩"[③]。从这些史料来看，长江中下游以南和珠江流域以及海南岛，在秦汉时期已经有了较为先进的稻作农业。

百越之后，活跃在岭南大地上的是乌浒、俚和僚。据考证，这些族群是西瓯、骆越的同名异写，就岭南地区而论，所谓的乌浒人、俚人和僚人，实质上就是西瓯、骆越人。东汉至隋唐时期，岭南的稻作农业技术有了很大的进步，具体表现为铁犁牛耕的推行、水稻良种资源的开发、水稻栽培制度的初步形成、农家肥的积制和绿肥的种植等方面，最终导致了以水稻为主的粮食种植结构的形成。[④] 这说明，稻作农业一直是壮侗语民族先民的主要生计方式。

宋元时期，壮侗语民族所包含的诸民族均已基本形成。这些民族继续保持着百越传统，以"饭稻羹鱼"为最基本的饮食，故继续以稻作农业作为主要的生计方式。壮族地区的水稻种植技术进一步发展，出现了曲辕犁、脚踏犁和秧马等吸纳进的生产工具，梯田开垦和种植旱稻成为有益的补充。明清以至民

---

① 何安益、彭长林、刘资民、宁永勤：《广西资源县晓锦新石器时代遗址发掘简报》，《考古》2004 年第 3 期。

② （汉）司马迁：《史记》卷 129《货殖列传第六十九》，中华书局 2000 年简体字本，第 2472—2473 页。

③ （汉）班固：《汉书》卷 28 下《地理志第八下》，中华书局 2000 年简体字本，第 1330 页。

④ 覃乃昌：《壮族稻作农业史》，广西民族出版社 1997 年版，第 203—217 页。

国时期，壮侗语民族普遍采用稻作农业为最基本的生计方式。这一时期，壮侗语民族对水稻品种及其类型的认识不断深化，开始有意识地开发和利用水稻良种资源，稻作农业得到了很大发展。据覃乃昌先生研究，明清时期壮族地区的水稻栽培技术较宋元时期有了很大的提高，主要表现为对气候与农时的认识和利用、双季稻推广和普及，以及田间管理的改进等方面。[①]

如果就生境类型而言，在平原、盆地、台地聚居的壮侗语民族传统上基本实行的是水稻农业生产，早已经进入了精耕农业的范畴，同时兼营畜牧业、林果业；在山地丘陵地区聚居的壮侗语民族传统上既发展了梯田稻作农业，也发展了较为发达的旱稻农业，海南山区的许多黎族民众传统上以砍山栏种植陆稻为主要生计，并较多地依赖狩猎采集补助生业；在大石山区聚居的仫佬族、毛南族以及部分壮族民众，则尽可能地充分利用地理条件发展水稻农业生产，同时大力发展小米、旱稻、玉米、红薯等旱地作物种植，农闲依赖狩猎采集贴补家用。从总体上说，虽然砍山栏或旱作农业在一些壮侗语民族地区较为普遍，但对岭南的壮侗语族整体来说，仍要比水稻稻作农业逊色得多。

因此，在岭南地区，壮侗语民族的传统生计方式一直都是以稻作农业为中心的，黎族地区因为砍山栏回报比较大，也发展起了独具地方特色的陆稻农业生产，实质上是稻作文化的一种亚类型。而在土地资源紧张的一些土山地区，在水资源供给较为充分的条件下，则大量开发了许多稻作梯田，这在桂北的壮族、侗族地区以及海南黎族地区都很常见，显示出壮侗语族民众最为强劲的族群惯习。随着人口增长无奈之下进入大石山区的部分壮族、毛南族、仫佬族民众，则发展起了具有独特地方色彩的旱作农业。

三　由生境所决定的传统生计方式的特点

自然生态决定生计类型，有时人们在强大的民族文化的武装下又对所处环境进行一定改造，形成了改良型的生计方式，但仍然摆脱不了生境的决定性影响。岭南壮侗语民族在适应所处的不同生境的过程中，发展出了与之相对应的水田稻作、梯田稻作、旱地农业等多种生计类型，辅之以采集狩猎、畜牧等，形成了以稻作农业为中心的复合型生计策略。

[①]　覃乃昌：《壮族经济史》，广西人民出版社2011年版，第422—432页。

（一）对水的依赖性强，水文化色彩浓厚

如前所述，壮侗语民族是百越民族的后裔，受"饭稻羹鱼"饮食方式的影响，绝大多数的壮侗语族民众都对稻米种植抱有浓厚感情，即使是进入了丘陵山区，也千方百计开垦梯田，用以种植水稻，因此，这种传统种植结构也就显示出对水极强的依赖性，表现出浓厚的水文化色彩。

众所周知，水分在农业生产中发挥着重要作用。其中，既有水稻正常生理活动及保持体内平衡所需要的生理用水，也有维持高产栽培环境所必需的生态用水。据研究，水稻全生长季需水量一般在 700—1200mm，大田蒸腾系数在 250—600mm，水稻蒸腾总量随光、温、水、风、施肥状况、品种光合效率、生育期长短及成熟期而变化[①]。对于岭南壮侗语族民众来说，由于水稻种植是他们最主要的生计方式，因此，该生计方式对水的依赖性非常强。在缺水的大石山区，壮侗语族民众不得不放弃以水稻种植为主的生计方式，转而从事以玉米、红薯、小米种植为主的旱作农业生产。

在种植水稻的同时，侗族、壮族等民族的民众传统上还比较依赖稻田所提供的鱼类。传统上，侗族充分利用稻田长期蓄水的特性，在其中放养禾花鱼、鲤鱼等，立体化利用了稻田这一独特的水域空间。其实，即使是不在稻田中养鱼，各地壮侗语族民众传统上也经常从稻田中获取黄鳝、泥鳅等各种野生杂鱼类水产，弥补了日常蛋白质获取的不足。

此外，围绕水稻种植，岭南壮侗语族民众还发展出了独具民族特色的梯田文化。由于地理环境的影响，山岭地区居住的壮族主要利用山泉水，饮用、灌溉皆仰赖山泉，自古以来就形成了适合山地生态环境特征的稻作农业灌溉方式。比如龙脊壮族聚居区山岭众多，岭上泉水终年不息，有的顺着峡谷奔流而下，有的被民众引导到水田之中，然而由于山地崎岖不平，少有平地，所以并没有发展出大型的水利灌溉工程，而仅是结合山地特点发展出了独特的灌溉系统。当地壮族在山腰适当地方开凿渠身很狭窄的灌溉沟，在无法挖沟的地方则用水槽将两段灌溉沟或田地连接起来，水槽取材于当地生产的毛竹，只需将毛竹一剖为二，使之中空，然后打通其中竹节，首尾重叠相连，从远处引水，即可流至田中。对这种灌溉方法，清人闵叙曾记述道：

---

① 梁光商主编：《水稻生态学》，农业出版社1983年版，第229—247页；付广华：《族群惯习、山地环境与龙脊梯田文化》，《广西民族研究》2017年第6期。

竹筒分泉，最是佳事，土人往往能此。而南丹锡厂统用此法。以竹空其中，百十相接，蓦溪越涧。虽三四十里，皆可引流。杜子美《修水筒》诗："云端水筒坼，林表山石碎。触热藉子修，通流与厨会。往来四十里，荒险崖谷大。"盖竹筒延蔓，自山而下，缠接之处，少有线隙，则泄而无力。又其势既长，必有楮阁，或架以竿，或蛰以石。此六句，可谓曲状其妙矣。又《赠何殷》云："竹竿袅袅细泉分。"远而望之，众筒纷交，有如乱绳，然不目睹，难悉其事之巧也。①

闵氏所谓"土人"即是指世居广西的壮族民众。即使时至今日，笔者数次到龙脊村进行田野考察时还能见到不少这种水利设施，正如闵氏所言，"然不目睹，难悉其事之巧也"，也足见其有效性之一斑。

此外，为了充分利用水资源，壮族先民还形成了一些较有特色的用水技术。如唐代《岭表录异》记载道："新泷等州山田，拣荒平处锄为町畦。伺春雨丘中聚水，即先买鲩鱼子，散于田内。一二年后，鱼儿长大，食草根并尽。既为熟田，又收渔利；及种稻，且无稗草。乃养民之上术。"②鲩鱼，草鱼的别称。此处虽然说的是壮族先民开垦稻田的方法，但涉及的却是充分利用水资源的技术，他们能够事先建造"町畦"，主要目的在于充分利用即将到来的雨水。在有些壮族地区，当地民众传统上还充分利用稻田之水，适时往田里放养鲫鱼、鲤鱼、禾花鱼等鱼苗，一方面鱼苗可以帮助稻谷消灭一些害虫；另一方面鱼苗的粪便也肥了田。到秋天收割稻谷时，鱼都长到了一定的长度，可以趁机捕鱼，获得另一种丰收。③

总结来看，岭南壮侗语民族传统的生计方式对水的依赖性非常强，水在农业生产中占据着非常突出的地位，因此，整个生计方式凸显出浓厚的水文化色彩。

（二）以稻作农业为核心的复合型生计

如前所述，岭南壮侗语民族主要居住在平原、盆地、台地，山地丘陵，大

---

① （清）闵叙：《粤述》，《丛书集成新编》第94册，台湾新文丰有限责任公司1985年版，第206页。

② （清）刘恂：《岭表录异》卷上，《丛书集成新编》第94册，台湾新文丰有限责任公司1985年版，第213页。

③ 付广华：《壮族传统水文化与当代生态文明建设》，《广西民族研究》2010年第3期。

石山区三种生境类型中。受不同生境类型的影响，岭南壮侗语族民众发展出了针对性的适应策略。

在平原、盆地、台地区域，由于土地平整，较为肥沃，通常境内流淌着各种河溪，再加上年降雨量丰富，非常适宜从事稻作农业生产。因此，岭南壮侗语族民众在充分利用地形地貌的基础上，通过开挖灌溉溪渠，将大量肥沃的土地改造成良田。这一种类型在右江平原、邕江平原、桂中平原等地表现得非常明显。这些地方地势平缓，田连阡陌，常年可以一年两熟，是岭南较为重要的粮食产区。居住在这些地区的壮侗语族民众传统上主要依赖种植稻谷为生，同时兼营采集狩猎、畜牧业和手工业，构成了一种非常普遍的平原稻作复合型生计。

在山地丘陵地区，由于地势高低不平，常伴有石山丘陵，难以像平原地区一样发展出大型的稻作农业生产，因此，各地壮侗语族民众发展出了差异化的生计方式。在桂北、广东连山、海南岛某些土山丘陵区，壮族、侗族、黎族等壮侗语族民众充分利用等高线原理，在当地开垦梯田，用以种植传统糯稻或粳稻，同时为了弥补生计之不足，兼营采集狩猎、畜牧、手工业等生计方式，构成了一种山地稻作复合型生计。而在海南岛等地山区，由于没有稳定的水源，一些壮侗语族民众主要发展了旱作农业生产，其中又以部分黎族地区的山栏稻种植最为典型，同时兼营采集狩猎、畜牧、手工业等生计方式，构成了另一种山地稻作复合型生计。

而在大石山区，少数地区农业生产条件较好，得以开垦少量稻田，因此，才得以种植少量水稻。然而，大部分大石山区由于地形地貌等地质原因，缺少稳定的水源供给，普遍较为缺水，因此较多实行以旱作农业为核心的生计方式。这在东兰、巴马、凤山、大化、都安、环江、天等、大新等地方的壮侗语民族聚居区表现得较为典型。

总之，上述所有的区域，各个民族的民众都不是实行单一的生计方式，而是复合型生计方式，大多数壮侗语族民众都是以稻作农业为核心，辅以采集狩猎、畜牧、手工业等其他生计，只有少数壮侗语族民众在万般无奈之下，实行了以旱作农业为核心的生计方式，其基数较小、时间较晚、范围较窄。所以，从总体上我们可以认为，岭南壮侗语民族的生计方式类型是以稻作农业为核心的复合型生计。

（三）相对稳产，可持续较强

稻作农业，尤其是水田稻作农业发展到一定历史时期后，大量借助耕牛来耕种，同时注意修建灌溉渠道，增加人们的劳动时间，因此，总体上已经属于"精耕农业"的范畴。与刀耕火种相比，其产量较为稳定，可持续较强。

在岭南壮侗语民族中，传统上都非常崇拜水牛或黄牛，普遍流行"牛魂节"或"牛王节"，有的地方甚至还禁食牛肉，这都是牛作为耕作畜力的仪式化表达。同时，人们注意通过动员和协调大量劳动力来进行播种和耕作，利用牲畜粪便给土地施肥，因此比较大地推动了农业产量的提高。再加上稻田普遍开垦在河溪边，有灌溉水渠的输送，因此，水源供给较为稳定，给稻作农业生产提供了较为充足的水源。同时，注意控制通过稻田的水流，使之既适合稻谷生长，又不至于影响产量。

从总体上看，岭南壮侗语民族以稻作农业为核心的生计方式较为稳产，可持续发展的程度高，因此，也在一定程度上推动了人们的定居化，推动了村寨和城镇的形成。

第二节　岭南壮侗语民族的传统生态知识体系①

虽然岭南的西瓯、骆越等分化成了后来的若干个民族，但其生存地域没有大的改变，所面对的外部环境和动植物没有太大的差异，因此，这些民族总体上保持了较为一致的传统生态知识体系。只是有个别民族，由于所处生态环境的差异，加上千百年的独自发展，才产生了一些独具特色的传统知识。在本节中，我们将在把握壮族、侗族、黎族、水族、仫佬族、毛南族6个岭南壮侗语民族传统生态知识共性的基础上，尽量凸显各民族的个性。为了叙述的方便，我们将从技术、制度、表达三个层面对壮侗语民族的传统生态知识进行概括说明。

一　技术性传统生态知识

技术性传统生态知识涵盖范围非常广泛，举凡岭南壮侗语民族的衣食住用行等物质文化层面，均包含着丰富的传统知识。根据认知和利用的客体对象的

---

① 本节部分内容参考了拙著《壮族地区生态文明建设研究——基于民族生态学的视角》。

不同，又可以分为无生命环境知识、野生动植物知识、传统种植业知识和传统养殖业知识四大类，每一大类下面又包含若干小类，可以说构成了一个纷繁复杂、难以尽述的传统知识体系。

（一）无生命环境知识

生态环境因素是指人类和动植物生存的外部环境世界，它主要包括土地、天气和水资源等主要因素。

（1）土地

土地是传统农业生产不可或缺的基础，作为盛行稻作农业的壮侗语民族，其对土地和土壤的认知与利用已经达到了较高的水准，其中蕴含着丰富的生存性智慧。

壮族先民对岭南地区各种地貌形态早有认识，并有自己的命名。古壮字称山间平地为"崝"（rungh），称田为"畲"（naz），称大块田地为"峒"，称岩溶洞穴为"嵌"（gamj），称岭为"墥"（ndoi），称石山为"岜"（bya），称江河为"汱"或"达"（dah）等①。在对地形地貌进行分类的基础上，壮族对土壤也有着自己独特的命名和分类。壮语把土壤称为"doem"或"namh"，然后又根据地形、颜色、肥瘦、土质等性状将其分为若干种类。如广西宜州市洛东乡壮族乡民先是把土地分为稻田土和畲地土两大类，然后把稻田土细分为6种：①黄土：深二三寸，呈黄色，黏脚，干燥时不成颗；土瘦，种禾苗不易发蔸，宜下牛粪作苗肥，属下二等土。近山边的田，多属这类土质。但另有一种黄土却比老土较好。②老土：深四五寸，性黏，成团如杯大，小的指头大，土冷不黏脚，不加石灰，易生藻类；撒石灰后泥湿，丝藻散开，才不至于使禾苗受到包围。不撒石灰，禾苗秋后才发蔸，属下等土，主要分布在大安屯金山及村庄附近。③白土：深四五寸，带白色，干燥时结成块状，湿时滑而黏脚，属中等土，性冷，宜下石灰、草木灰等肥料。分布在坡榄、喇坡等村前，不宜种麦。④黑土：深五六寸，黑色，属上等土。性软黏脚，但这种土面积数量不多。此外，另有一种黑土，不肥沃，不宜种稻，但宜种麦。⑤猪屎土：黑色，融软，深五六寸，属上等土，但这种土的面积数量很少，只村边田有些。⑥砂土：表土内夹杂些细砂，故表土寒冷，禾苗长得不好，属下等土。但种二苗较好，因在秋收前天气暖和之故。与此同时，根据地形又把畲地分为平坝、山坝

---

① 覃尚文、陈国清主编：《壮族科学技术史》，广西科学技术出版社2003年版，第420页。

两小类，其中平坝畲地又分为三种：黑土，为上等土，带黑色，深度约五寸；白土，中等土，白色，四寸深；黄土，呈淡黄色，深三四寸。山坝畲地又可分为四种：黑土，属上等土，深四寸；黄土，属中等土，深三四寸；白土，属下等土，性冷，深二寸；砂土，属下等土，性冷，深四寸许。①临近的洛西镇的壮族乡民也有类似的土壤分类体系，他们先是按土质把土壤分为沙质土、黏质土和鸭屎土3种，又根据颜色把沙质土细分为白土、白沙土、黄沙土、灰沙土、油沙土等数种；把黏质土细分为黄土、老土、黑蜡土等数种，又进一步把黄土细致地区分为三种：黄硝土，内含少量硝泥，间有黑色，结构较疏松，可种玉米和黄豆；黄蜡土，肥力较前者差，结构紧密，黏性重；黄泡土，质黏，结构紧密，是最差的一种。

黎族民众对周围的地形地貌和土壤同样有较为深刻的认识，并在此基础上形成了独具民族特色的制陶技艺，至今仍在一些黎族地区流传。如东方市板桥镇田头村在地形上既接近海岸，又靠近大山，所以土质相当复杂。当地民众将周围土壤分为三类：北部的红壤；西部近海一带的盐碱土，俗称"白砂土"；西北部的黑色土。在长期的观察和使用过程中，他们发现黑色土最为肥沃，红壤次之，而"白砂土"最差，几乎无法种植农作物。②

经过多年的实践经验摸索，壮侗语族乡民们发现，各种土壤自有自身的妙处，不可混乱种植，比如广西河池壮族认为："黄土保水保肥力强，但土质差，遇旱则开裂结块，不易犁开打散。畲地黄土种玉米产量极低，甚至无收。种黄豆不落叶，荚果少。宜种甘蔗、木薯。"③海南保亭的黎族流传着"沙土花生黄土稻""沙土花生泥土藕"④，五指山市的黎族流传着"稻种在田，木薯种山"⑤之类的农业谚语。如此可见，壮侗语族民众传统上对土地有着自身独特的认识，他们能够根据土壤的地形、颜色、肥瘦、土质等性状进行细致的分类，而且还经过长期的摸索，发现各种类型土壤的种植宜忌，这是他们最为宝

①　韦文宣等：《宜山县洛东乡壮族社会历史调查》，载广西壮族自治区编辑组《广西壮族社会历史调查》（第五册），广西民族出版社1986年版，第8页。

②　中南民族学院本书编写组：《海南岛黎族社会调查》下卷，广西民族出版社1992年版，第151页。

③　韦文宣等：《洛西乡妙调社的土地、土壤和种植概况》，载广西壮族自治区编辑组《广西壮族社会历史调查》（第五册），第48页。

④　中国民间文学集成全国编辑委员会、中国民间文学集成海南卷编辑委员会：《中国谚语集成·海南卷》，中国ISBN中心2002年版，第615、636页。

⑤　中国民间文学集成全国编辑委员会、中国民间文学集成海南卷编辑委员会：《中国谚语集成·海南卷》，第629页。

贵的知识财富。

还需指出的是，壮侗语族乡民的这些分类都有对应的民族语称谓，如在广西龙胜各族自治县龙脊古壮寨，他们的田地就有纳远、平山、更强、更基、纳生等壮语称谓。有的地方壮族民众还以具有这些特征的土壤去命名自己的家乡，比如南宁市郊区的那洪乡那洪村的"那洪"，壮族原意是这里的红土壤，经祖先改造称可种植水稻的一片田峒，本属田峒名。后来由于世代居住垦殖，建立了村落，于是田峒名就变成了村落名①。海南美孚黎喜欢用"呢某""革某""勃某"来命名其所在的村寨，同时还有许许多多以"呢""革""勃""峨""滴"来命名的地名、山名、坡名、田名、园名、河沟水名。② 对于每一个地块，都有相应的地名，这种对田地非常精细的分类，有助于乡民充分认识小生境的特点，保障生产生活的正常秩序。

实际上，作为主要从事稻作农业生产的壮侗语民族，天然与土地之间保留着非常紧密的联系。先民们不仅很早就认识到了土地是万物生长之本，是保障人们安身立命之所。为此，壮侗语族民众流传着"天生地养，万物土中长"③之类的谚语，而且还将对土地的崇敬体现在农耕礼仪、人生礼仪之中，充分体现了壮侗语民族都是稻作农业民族的特性。

（2）天气

壮侗语民族民众对天气有自己的认识，他们通过对日、月、星等天体现象和动植物等物候现象的详细观察，总结出天体运行、生物活动与天气变化之间的关系，并应用于生产和生活中。

壮族把太阳称为"白天的灯"（daeng ngoenz），有的还称作"天的中心"（yang ngoenz）或"天的眼睛"（da ngoenz）。壮族民众在实践中对太阳的观察已相当详细。农谚有云："日照猛烈禾苗长""花红靠太阳"，说明他们已经认识到太阳是地球上热量的主要来源。他们还可以根据太阳的某些微妙变异来预测天气的变化，如农谚有云："日落西山胭脂红，要不下雨也刮风。"又如："太阳下山满地黄，不出三天雨汪汪。"月亮的变异也可以预测天气的变化，农谚有云："月边有毛，大水冲断桥；月亮戴帽，大雨将到；月亮抗伞，平地

---

①　覃尚文、陈国清主编：《壮族科学技术史》，第 404 页。

②　符兴恩：《黎族·美孚方言》，香港银河出版社 2007 年版，第 65—66 页。

③　中国民间文学集成全国编辑委员会、中国民间文学集成广西卷编辑委员会：《中国谚语集成·广西卷》，中国 ISBN 中心 2008 年版，第 589 页。

水涨。"还有"月亮撑伞雨水疏""月晕午时风""月亮披带雨来快""月晕如伞，有雨落纷纷""月亮清芒像水车叶片就干旱"等，都是讲利用月亮周围云彩景观的变化来预测气候晴雨变迁的。①

黎族同样能根据日月星辰的变化来预测天气。如保亭黎族苗族自治县就流传着："日晕对月晕，大水盖田塍。""月晕黄的是风，红的是雨。""月光照烂土，明日依旧雨。""月色白主晴，月色赤主风，月色青主雨。""月明星稀是晴天。""夜里星光明，来日天气晴。""星星眨眼，无风即雨。""今晚满天星，明日大晴天。""星成团，地成潭。""星光闪动，下雨有望。"② 这些谚语区分了太阳、月亮和星星的形状、颜色、强度等情况，观察得极为细致，对于掌握天气变化具有非常重要的指导作用。除根据天象来预测外，保亭的黎族民众还可以根据云雾变化来预测天气，当地广泛流传着许多有关的谚语："云往西边行，蓑衣斗笠拿不赢；云往北边走，天天有日头。""云花重叠变成钻，雷公雷婆要翻脸。""日出横云担，有雨不过三。""正月雾，秋水来浸屋；二月雾，没水来洗牛；三月雾，有雨只半途；四月雾，好稻看好主；五月雾，大雨满路铺；六月雾，晒死龟；七月雾，大雨顾；八月雾，有米无柴煮；九月雾，虫子咬稻株；十月大雾连三日，明年三月大水浸；十一月大雾，塘水涸；十二月大雾，无水把饭煮。"③

值得注意的是，一些民间谚语还特别关注到了地方性的特殊的天气状况。壮族地区对雷公非常崇拜，非常关注雷电天气，如田阳县壮族民众广泛流传着："雷轰天边，大雨连天。""西北黑云生，雷雨必震声。""雷打中，一场空；雷打边，水连天。""雷公先发怒，雨不湿尘土；边雨边发怒，水漫沟漫路。""南边打雷讲空话，北边打雷雨将下。""雷电东边闪，仍然是晴天；雷电西边闪，边闪边走远；雷电北边闪，大雨在眼前。"④ 等十余则谚语。这些谚语将雷电与降雨联系起来，也显示出当地民众对水的关注。与壮族关注雷电天气不同的是，海南黎族更为关注台风之类的恶劣天气，保亭、乐东、五指

---

① 覃尚文、陈国清主编：《壮族科学技术史》，第386—387页。
② 中国民间文学集成全国编辑委员会、中国民间文学集成海南卷编辑委员会：《中国谚语集成·海南卷》，第520、525—527页。
③ 中国民间文学集成全国编辑委员会、中国民间文学集成海南卷编辑委员会：《中国谚语集成·海南卷》，第542、545、551页。
④ 中国民间文学集成全国编辑委员会、中国民间文学集成广西卷编辑委员会：《中国谚语集成·广西卷》，第557—558页。

山、陵水、琼中、三亚等黎族聚居之地均广泛流传有关的谚语，其中又以保亭所传最为丰富，当地流传着"六月东风不过午，过午必台风。""夏雷雨，秋雷台。""天顶黄澄澄，必定要刮风。""天挂短虹，必有台风。""五色云接日，必定来台风。""中午上下云逆行，三日要有台风泻。""早晨电飞，台风来横。""内陆响雷压九台，海肚响雷引祸来。""七指岭上罩得牢，无雨台风要走来。""七仙岭，竹不肯伸高，今年肯定打台风。""羊斗母，打台风。""蜈蚣屋角排，不出五日打台风。""乌龟打跟头，风把树吹倒。"① 等十余则谚语，涵盖了季节、风向、天象、云气、雷电、动物、植物等方面因素变化，从多个角度、多个层次对台风这种恶劣天气进行前期掌握，以指导生产生活活动。

当然，即使壮侗语民族都居住在亚热带或热带区域内，但由于地势、植被的差异，区域性小气候也是有着较大差异的。比如广西龙胜各族自治县龙脊壮族聚居在高山地带，即使在同一地方，山顶、山腰、山脚气候也不相同，而且水的温度也因此而差别很大，因此人们的种植活动常常分得特别细致。当地的老农说，这里的禾苗不能种得过早，不能种得过迟，否则收成便不好，所以长期以来一年中仅种一遭。即使是1949年后曾经试验种植成功了双季稻，然而收成却不高，甚至不如仅种一季。

与壮族、黎族一样，其他的岭南壮侗语民族也都有自己对本民族所在小生境天气的具体的认识。如广西三江侗族自治县同乐苗族乡也广泛流传着类似的谚语："冬天南风雨，春天南风旱。""年底一早有霜，来年十天有雨。""冬天红霞雨，春天红霞早。""早晨红霞爱有雨，傍晚红霞爱天晴。""四月四雨山变田，四月四旱田变山。"② 这些有关天气的谚语是当地侗族民众千百年来观察、总结出来的，是适合那个小区域的地方性天气预报知识。

（3）水资源

水是生物体所必需。对于从事稻作农业的壮族来说，水资源对他们的重要性不言而喻，因此他们在日常的生产生活中对水资源早有所认识。

壮族称泉水为"沛"（mboq）、深水潭为"潢"（vaengz）、溪为"浬"

①　中国民间文学集成全国编辑委员会、中国民间文学集成海南卷编辑委员会：《中国谚语集成·海南卷》，第573—578页。

②　《同乐苗族乡志》编纂委员会：《同乐苗族乡志》，中央民族学院出版社1993年版，第174页。

（rej）、河为"汝"（dah）、海洋为"潮"（ciuz）等，并从量级上将它们划分清楚，十沟汇为溪，十溪汇成河，十河汇成江，十江注入海，十海为洋。① 在长期使用、管理水资源的过程中，各地壮侗语族民众对水的重要性有非常清晰的认知，如崇左壮族地区流传着"水是娘，无娘命不长"、德保壮族地区流传着"水是宝，人生少不了"② 的谚语，都说明了水是人们生产生活必需品。对于水在农业生产中的重要地位，各地壮侗语民族的谚语有着很简练、清晰的表述：

象州壮族："粮是人的命，水是粮的命。""水是铁，田是钢，少了一样田着慌。""保水就是保粮仓，积水就是积米粮。""水是稻的命，也是稻的病。"③

乐业壮族："抓水不抓土，有水没用处；抓土不抓水，天旱要吃亏。"④

扶绥壮族："水是庄稼血，没水活不得。""水是田的娘，无水苗不长。"⑤

三江侗族："稻田靠水，竹木靠土。""稻田贵水，舅爹贵媳。"⑥

保亭黎族："田无水，稻无米。""雨水灌田不长久，水利灌田才长年。"⑦

乐东黎族："无油灯不亮，无水稻不长。""山塘储雨水，稻田能引水。"⑧

如此之类的谚语，在《中国谚语集成·广西卷》《中国谚语集成·海南卷》中还有很多，这里就不赘述了。这些谚语充分说明，壮侗语民族民众对水与农业生产的关系有着非常明确的认知。

---

① 覃尚文、陈国清主编：《壮族科学技术史》，第197页。

② 中国民间文学集成全国编辑委员会、中国民间文学集成广西卷编辑委员会：《中国谚语集成·广西卷》，第592—596页。

③ 中国民间文学集成全国编辑委员会、中国民间文学集成广西卷编辑委员会：《中国谚语集成·广西卷》，第592页。

④ 中国民间文学集成全国编辑委员会、中国民间文学集成广西卷编辑委员会：《中国谚语集成·广西卷》，第592页。

⑤ 中国民间文学集成全国编辑委员会、中国民间文学集成广西卷编辑委员会：《中国谚语集成·广西卷》，第593页。

⑥ 中国民间文学集成全国编辑委员会、中国民间文学集成广西卷编辑委员会：《中国谚语集成·广西卷》，第592页。

⑦ 中国民间文学集成全国编辑委员会、中国民间文学集成海南卷编辑委员会：《中国谚语集成·海南卷》，第614、596页。

⑧ 中国民间文学集成全国编辑委员会、中国民间文学集成海南卷编辑委员会：《中国谚语集成·海南卷》，第614、596页。

在认知水资源的基础上，壮侗语民族先民饮水种田，掌握了引水灌溉技术，在"潮水上下"的洼地四周筑起堤埂，营造能蓄水、排水的水田，将高处流下的雨水接入田中，待水将土润软后，播种、水耨，开创了稻田灌溉工程之先河。为了积聚水资源，从唐代时就开始修筑陂塘（daemz，即池塘）。其主要技术是选择好地势，在蓄水区壅土筑堤，建成水塘，用以拦截和积蓄附近的雨水、泉水、溪水，然后采用多种方法引入农田。壮族民众还利用天然地势，由高处向低处挖掘浅沟或架竹筒引山泉水、雨水流进田中，栽种水稻，并设法开沟将多余的水放出。①

此外，壮族还习惯利用村寨周围的池塘和附近的山塘喂养鲢鱼、草鱼、鳙鱼、泥鳅、黄鳝等。放鱼花前要先行"清塘"，清除杂鱼、泥蛇等，铲掉腐臭泥，撒上石灰消毒，然后灌水投放鱼苗。采用混合放养法，称之为"一草养三鳙"，即放一尾草鱼配三尾鳙鱼（或鲢鱼），也可以放鲤鱼或鲮鱼。放养后，根据不同时期，要投放浮萍、水葫芦、青菜叶、瓜藤、蔗叶、木薯叶等，谓之"投青"；还需撒入猪牛粪、豆饼等充作饲料；同时，还必须保持水常流动，其谚云："鱼塘长流水，稻田壅金谷。"冬天捕捞塘鱼时，把塘水放干，并将塘鱼的肥泥洗流去肥田，或把塘泥铲到岸上晒干，春种前将干塘泥送到水田里沤耙肥田。②

侗族、仫佬族、毛南族等其他的壮侗语民族除善于利用天然池塘养鱼外，还善于人工挖掘池塘养鱼。如仫佬族非常善于利用地形，常常在河边或沟边挖一个小坑（称"梦"），面积约几平方米，深三五尺，决口直通向河、沟，坑旁种植草木，灌水入坑后用来养鱼，平时喂些饲料，想吃鱼时就挖决口放水捉鱼。③

壮侗语民族对水资源的认知与利用是与其生产生活方式密切相关的。以稻作农业生产为核心的生计方式，必然要求有充足的水源作保障；"饭稻羹鱼"的饮食方式，必然要尽可能选择水资源充足之处定居，既可以开垦稻田，也可以捕获或养殖鱼类。

（二）野生动植物知识

岭南地区气候温暖，地形地貌复杂，山间林下野生动植物异常丰富，是中

---

① 覃尚文、陈国清主编：《壮族科学技术史》，第197页。
② 广西壮族自治区地方志编纂委员会：《广西通志·民俗志》，广西人民出版社1992年版，第26页。
③ 广西壮族自治区地方志编纂委员会：《广西通志·民俗志》，第26页。

国生物多样性表现最为突出的地区之一。在长期与周围环境打交道的过程中，壮侗语族民众常常采集野果、野菜，猎取野兽，捕获鱼虾等为食，采薯莨、种植蓝靛以染布，采藤蔓、竹子编织为器，采集药物用以治病，或将采集物用于交换，形成了丰富多样的野生动植物传统知识体系。

　　壮族以人为中心给动植物分类，广西邕宁壮族把人类称为 oŋ^{1}hyn^2（武鸣等北部壮语则称作 pou^{4}wun^4。oŋ^1、pou^4 为表示"人"的词头，或独用作为表示"人"的量词）；称植物为 ko：ŋ^{1}ho：ŋ^1（ko：ŋ^1 为表示植物的词头或独用作量词，ko：ŋ^{1}ho：ŋ^1 直译为"可用 ko：ŋ^1 来称呼的东西"）；动物则称作 tu^{1}ho：ŋ^1（tu^1 为表示动物的词头或独用作量词，tu^{1}ho：ŋ^1 直译为"可用 tu^1 来称呼的东西"）。据语言学者总结，壮族传统意识中的 tu^{1}ho：ŋ^1"动物"之下亦分为 9 类：tu^{1}tou^{2}łeŋ^1，指家畜和家禽类动物；tu^{1}ŋan^{1}je^5，指老虎、豹子、黄鼠狼之类的野生走兽；tu^{1}nuk^9，指野生飞禽；tu^{1}pa^1，指鱼类；tu^{1}ŋy^2，指蛇类；tu^{1}no：n^1，指虫类；tu^{1}lu：ŋ^{2}tin^2，指蜂类；tu^{1}mut^9，指蚁类。还有一些壮族民众了解和熟悉的物种，没有明确的类别，可以算作"其他"一类，如蜻蜓 tu^{1}pu：ŋ^{2}pi^6、青蛙 tu^{1}kop^7、螃蟹 tu^{1}pau^1 以及乌龟 tu^{1}tau^5 等等。而对那些特殊的、与人们日常生产生活联系密切的动物，壮族民众会根据其不同"状态"（如年龄、体形、性别、颜色等）区别得特别仔细，有不同的名称。例如，关于 tu^{1}wo：i^2"水牛"就有如下名称：tu^{1}wo：i^{2}lek^{10}"小水牛"、tu^{1}wo：i^{2}me^6"已产仔之母牛"、tu^{1}wo：i^{2}ço^6"未产仔之母牛"、tu^{1}wo：i^{2}tok^9"未成年之公牛"、tu^{1}wo：i^{2}łeŋ^1"公牛"、tu^{1}wo：i^{2}thi：u^1"已去势的公牛"。① 与壮族传统意识中的动物观念不同，植物 ko：ŋ^{1}ho：ŋ^1 的分类更为复杂：ko：ŋ^{1}hau^4"谷物"；ko：ŋ^{1}phak^7"菜类"；ko：ŋ^{1}mai^4"木类"；ko：ŋ^{1}ma：k^8"果类"；ko：ŋ^{1}min^2"薯类"；ko：ŋ^{1}phy：k^8"芋类"；ko：ŋ^{1}kwe^1"瓜类"；ko：ŋ^{1}tu^2"豆类"；ko：ŋ^{1}ho^2"草类"（指较高大的草类）；ko：ŋ^{1}luk^9"草类"（指较矮小的草类）；ko：ŋ^{1}ŋy^3"草类（指依附于地面的小草）"；ko：ŋ^{1}hou^1"藤类"；ko：ŋ^{1}un^1"带刺类植物"；ko：ŋ^{1}foi^1"寄生类植物"；此外，尚有类别不明显的植物，可归为"其他类"，共计 15 类。它们有些固然是壮语固有词汇，如 ko：ŋ^{1}o：i^3"甘蔗"；有些却是老借词，如 ko：ŋ^{1}ŋe：n^{6}mai^4"玉米"。以上十五类基本上构成了壮族传统文化中的植物分类体系。这些植物从树木、五谷

---

① 班弨：《邕宁壮语动物名称词探析》（上），《民族语文》1999 年第 5 期。

到寄生类植物都包括在内，且大多数分类明确。壮族民众根据草类的不同性状将其分成三类，且用三个不同的词素 ho^2、luk^9、ŋɤ^3 来指称。又如，从植物中分出一类"带刺类植物"，并有专门的词素 un^1 来指称。[①] 在对动植物进行分类和深刻认识的基础上，壮族民众在生产生活中充分予以利用。对于数量繁多的各类动物，人们分别加以利用。家畜和家禽类动物用以养殖，其他类别的动物则成为狩猎的对象。壮族狩猎分为个人狩猎和集体狩猎两种：个人狩猎方法有装套索、铁锚、蜡炮、绊弩、绊枪、千斤栏，设陷阱、焚猎等等；集体狩猎一般在秋收完毕进行，每次出猎人数少则七八人，多则二三十人。如果捕获的是山猪、黄猄等大兽，分割时，先在野兽腰背上剪下一小撮毛留下，再剖腹宰割分享。射中者、持枪者多分得一份，其余按人数和狗数均分。在每年春季夜间，桂西一带石山区的人们还趁蛤蚧出来觅食时，以铁钩、铁线和马尾等物来诱捕。[②] 而对于数量繁多的植物，壮族先民先是驯化了芋类作物，后来又驯化了水稻，成功开创了光辉灿烂的稻作文明。然而，在从事农业生产的同时，壮族及其先民并未放弃直接从自然界获取有用的植物产品。他们因地制宜，或采葛，或利用竹子、八角的纤维，或选取鸭、鹅的绒毛，制成独具特色树皮布、竹布、蕉布和鹅毛被。此外，壮族先民还最早种植棉花和苎麻，并以棉纱和丝绒织成绚丽多彩的"壮锦"。他们伐树取木，建造"干栏"，不仅具备通风、防潮、防兽、防盗等功能，而且其施工技术简单，建筑成本低，经济实用，沿用数千年。

　　海南黎族对动植物同样有着非常深刻的认知，他们至今还很大程度上依赖自然界中的野生动植物。从采集的对象上说，黎族民众所采集的主要有两大类：一是野生植物类，据不完全统计，有五六十种植物可供采集。过去不少黎族民众曾以挖野芋头为生，后来主要采集各种野菜、树叶、果实，如野荔枝、野芭蕉、酸豆、水芹菜、木棉花等。当地也生产藤类，居民从山上采集回来以后，用来编制精美的器皿。另一类是小动物，如昆虫、螺蛳、河蚌、蚂蚁卵等。采集小河蚌是妇女的工作，她们用铁丝网制成一种形如簸箕的筐耙，可以很快地捕捉到小河蚌。如在乐东黎族自治县排齐村，半天时间，一位妇女能捕

---

　　① 班弨：《邕宁壮语植物名称词探析》（下），《民族语文》2000 年第 3 期；蒙元耀：《壮语常见植物的命名与分类》，广西民族出版社 2006 年版。
　　② 广西壮族自治区地方志编纂委员会编：《广西通志·民俗志》，第 20—21 页。

捞到一二十斤。而采集蚂蚁卵则是男子的工作。他们找到蚂蚁巢穴后，将其从树枝上砍下来，找到一个平坦的地面，放好竹篮，用砍刀将蚂蚁巢砍为两半，然后用左手提着蚁巢，对准竹篮，右手握砍刀，不断敲击蚁巢，左手同时不断抖动，使白花花的蚁卵脱穴而出，掉在竹篮内。采集到的蚂蚁卵，既可以生食，也可以放在米中煮饭或放在青菜中炖着吃。① 除了采集以外，黎族民众还非常善于狩猎和捕鱼，用以补充农业生产之不足。据调查统计，黎族传统的狩猎对象有山猪、鹿、黄猄、豹、熊、猴、猿、蚺蛇、穿山甲、果子狸以及各种鸟类、鼠类。其中，山猪是农业生产大敌，数量又多，因此是狩猎最重要的对象。黎族狩猎工具有镖枪、竹签、弹弓、弓箭、弩、粉枪、射枪、扣网、夹子、套索、鸟媒等等，可以说针对不同的对象，有不同的工具。此外，还有粘鸟之法较为特殊，其法是从山林取回一种树的汁液，经过一定的提炼，制成鸟膏。捕鸟时，把鸟膏粘在竹片或树枝上，然后将其拴在鸟群常落的地方。当鸟的翅膀粘上鸟膏以后，就飞不起来了，而且越挣扎，粘膏越多，使鸟牢牢地粘在竹片或树枝上，成为人们的猎物。② 黎族传统的捕鱼方法有手摸鱼、叉鱼、射鱼、钓鱼、扣鱼（罩鱼）、窝鱼、筒鱼、堤堰捕鱼、网捕、毒鱼、拉网等十余种之多，其中以射鱼最为独特。射鱼的必要条件是鱼要浮出水面，或者在清水中游动，便于观察。夜晚，也可以利用鱼的趋光性，在岸边或船上点上火把、油灯，吸引鱼类前来。对于这种独特的捕鱼方式，清《琼州海黎图》图册中有专门的图示，并配以文字说明："黎人取鱼溪涧中，不谙网罟罾篓之具，唯以木弓射之。故鱼盐多资内地小贩，有肩咸鱼入市者得倍利焉。"③ 对于这一点，清张庆长撰《黎岐纪闻》云："黎岐无不能射者，射必中，中可立死。每于溪边伺鱼之出入，射而取之以为食，其获较网罟为尤捷云。"④

岭南地区的其他壮侗语民族——侗族、仫佬族、毛南族、水族——同样对其周围的野生动植物有着较为深刻的认知，并发展出了与壮族、黎族相类似的利用方式。各个民族均从自身周围环境获取野生的树木、水果、蔬菜、杂粮等，用来制作生产生活用具，维系群体生存。为了弥补动物性蛋白质之不足，传统上，侗族、毛南族、仫佬族的猎人喜欢打猎：侗族俗称狩猎为"赶山"，

① 李露露：《热带雨林的开拓者——海南黎寨调查纪实》，云南人民出版社2003年版，第30—33页。
② 李露露：《热带雨林的开拓者——海南黎寨调查纪实》，第34—40页。
③ 祁庆富、史晖等：《清代少数民族图册研究》，中央民族大学出版社2012年版，第116页。
④ （清）张庆长：《黎岐纪闻》，《昭代丛书已集广编》影印道光十三年（1833）刊本。

出猎前要祭祀"梅山神"，祈求得到赐予；毛南族猎人打猎有一套讲究的"猎规"：一、不准带饭带水，肚饿了不准找野果吃，口渴了也不准喝山沟水；二、听从老猎手指挥，不准乱跑；三、打死猎物，不能马上跑去捡，要摘身边一枝树叶（或草）踩在脚底，以示抓到了野兽的魂，稍等一会儿，才能去捡猎物；四、猎物平均分配，除"见者有份"外，老猎手得两份，猎狗和猎手各得一份。① 这些规矩都是毛南族猎人长期狩猎经验的总结，具有非常重要的价值。

壮侗语民族民众对动植物物种的分类和利用是与他们所处的自然地理环境及其生产生活方式密切相关的。热带或亚热带地区的高温多雨天气为动植物的生存提供了天然的有利条件；而这些民族丰富多样的生产活动涉及采集狩猎、畜牧以及农业三个方面，正是在这些生产活动的过程中壮侗语族民众最大限度地开发利用他们所认知的动植物物种。不可否认的是，壮侗语族民众对动植物的传统认识和了解与现代科学的动植物分类学是有很大距离的。作为百越民族的后裔，壮侗语族民众对动植物的传统认知与利用，不仅对探索其文化特色有重要的意义，而且也可以为推动壮侗语民族地区的生态文明建设贡献力量。

（三）传统种植业知识

种植业传统上是壮侗语民族民众所从事的最为重要的产业，根据种植对象的不同，又可以分为农业和林业。壮侗语民族历史悠久，源远流长。在漫长的历史发展进程中，壮侗语民族及其先民经历了采集狩猎、刀耕火种、精耕农业等多个不同的发展阶段。时至今日，居住在农村地区的壮侗语族民众仍然保持着以传统稻作农业为主、旱作农业技术为辅的农业生计方式。与此同时，处于不同自然地理环境的壮侗语族民众还兼营林业、采集、狩猎、畜牧等传统生计技术，与稻作农业技术一起构成了壮侗语民族传统的复合型生计技术。

1. 传统农业知识

（1）传统稻作知识

自从壮侗语族先民把野生稻驯化为栽培稻以后，岭南地区的稻作农业生产得到了长足发展。到秦汉时期，随着经济文化交流的更加频繁，中原地区的先进生产技术和生产工具传入岭南，极大地促进了壮侗语民族稻作农业技术的改

---

① 广西壮族自治区地方志编纂委员会编：《广西通志·民俗志》，第22—23页。

善，基本上奠定了后来稻作农业生产的格局，形成了以稻作农业为主题的经济生活方式。[①] 限于篇幅，此处我们仅就壮侗语民族传统稻作农业技术粗略地加以描述，而对其他的等则暂付阙如。具体而言，其传统稻作农业技术主要表现在耕作技术、优良稻种培育技术、水稻种植技术等多个方面。

①耕作技术

壮侗语民族地区自从秦汉以后开始大量使用牛耕技术。牛耕技术的推广使用，标志着壮侗语民族地区稻作技术的巨大进步。它不仅极大地减轻了人们的劳动强度，而且还有效地提高了耕作效率。在牛耕之外，广西龙胜县龙脊壮族还适应当地山地生态环境发展出了独特的耦耕方法。耦耕，亦作"偶耕"，"即以二人负犁平行，代牛而耕，一人执犁以随其后，其艰苦尤不可言！"[②] 今人黄钟警详述道："在热火朝天的耕犁图中，那用人力代替耕牛拉犁的偶耕最为引人注目。两兄弟、两父子或两夫妻做一对耕犁的搭档，一人在前面拉犁，一人在后面掌犁、推犁，一根当作牛轭和传动轴用的犁杠重重地落在两人的肩上，把他们紧紧地连在一起。前者一手紧握那紧贴脸颊的杠头，一手紧抓其身后系在犁杠上的绳索，既要使劲往前拉犁，又要保持行进的平衡，以防止脚步趔趄，左右摆动；而后者则一手掌着犁把，一手扶着犁弓，还要极力地用肩膀抵着犁杠往前推。"[③] 黄先生的描述基本展示了龙脊壮族民众耕作梯田的情形，当然他用了不少文学化的语言，使得这种耕作方式看起来更为形象。从这里可以看出，当地人们主要采用人力的形式来耕作梯田。正是梯田的形状和大小决定了所采用的耕作方式，类似带子一样的梯田因为耕牛打不开转，只好采用耦耕的方式或者采用锄耕，而那些乱石多或比较小块的田地则需完全采用锄耕，当然，只有少部分大点的田块可以采用牛来耕耙。

②优良稻种培育技术

在优良稻谷品种培育方面，壮侗语民族及其先民也做出了突出贡献。宋代，壮族民众培育出了"真珠米"，在右江横山寨、宣化县一带种植。明代培育出更多的优良品种，今钦州糯米品种就有赤阳糯、羊眼糯、虾须糯、贝贝

---

①　覃乃昌：《壮族稻作农业史》，广西民族出版社1997年版。
②　刘锡蕃：《岭表纪蛮》，商务印书馆1934年版，第122页。
③　黄钟警：《龙脊上的偶耕》，《南方国土资源》2004年第9期。

糯、马蚬糯、晚秋糯、白壳糯、红须糯、斑鸠糯、花壳糯、台糯、老鸦糯、母狗糯、马鬃糯以及广糯等十五种之多。[①] 新中国成立以前，龙胜境内广泛种植的传统粳稻品种有：土同禾、漂粳、细粳、冷水粳、老八月粳、黄同禾、荣同禾、九月粳等八种；糯稻品种有：大土禾、香糯、荣帕白、白土糯、黄土糯、山羊糯、勾土糯、光头糯、黑须糯、荣帕雅、荣加白、荣帕变、宴广东、荣帕花、荣干、杜坦、杜风、黏米糯（适应冷阴田）等十八种。[②] 我们多次进行过实地调查的龙脊村如今还保留有三种不同的同禾品种：一种收获较早些；另一种适应冷水，可种在水源附近的；还有一种名为 $hau^4 yon^4$。现存糯谷品种有：白莲糯、白头糯、绒糯、黑须糯、青糯、长颈糯、香糯、侗糯、蓝糯等十余种。这些品种的生长习性不同，因此种植方法也各异。其中白头糯只能种在低山地区，不能种在高山冷水处；绒糯吃起来没有白莲糯香，但米质的软硬程度和白莲糯差不多。此外，龙脊壮族还曾经种植过三种不同的旱禾，有黑、红、黄三种颜色；既有糯米，也有籼米。如今，龙脊壮族传统老品种种植已经不多，但由于糯米仪式性应用的功能，故而种植仍较为普遍。

③水稻种植技术

壮侗语民族先民早在东汉时期开始从点播、撒播发展出育秧移栽技术。先是集中育秧，利于早期管理；分秧移栽后，单株容易分蘖，从而提高单位产量。在壮侗语民族地区，不少民众迄今仍然采用传统的育秧移栽技术。广西龙胜县龙脊壮族一般要选择比较充足的保水田作为秧田。在把秧田挖好后，即去采割一定数量的芒心草（一说棒芒草），然后把它们摁入秧田底部，接着放入农家肥。最后，还需用手一点一点地把平整个秧田，放水进去一两天就可以撒谷种了。等秧苗长成后，即可插秧。虽然龙脊近年已经出现抛秧技术，但大部分仍使用手工插秧，因为梯田水冷，秧苗长得慢。插秧后一个月左右，开始薅田，即用手去耘田，其中有三大益处：一是及时把农家肥混合到田泥中去，使得水稻能及时吸收；二是通过抓禾蔸，使得水稻根系旁的田泥疏松，更容易发蔸；三是除草，这一过程中除掉的草都被盖在田泥之下，慢慢变成了水稻的养料。在稻谷收割时，并不放干田水，如果放干的话，很容易开裂、崩塌，而且第二年耕作比较困难。如果水田较深，就踩着禾秆进行收割。这些传统种植技

---

① 潘其旭、覃乃昌主编：《壮族百科辞典》，第 134 页。
② 龙胜县志编纂委员会：《龙胜县志》，汉语大词典出版社 1992 年版，第 134 页。

术是与龙脊当地生态环境密切关联的，是传统生态知识适应区域自然地理环境的必然结果。

其实，与水稻种植相关的传统知识还有很多，这里仅就一些主要方面进行概要介绍。其中，对于中耕、收获、储藏等，各个不同的地方仍然有着自己的特点，限于篇幅，这里就不赘述了。

（2）山栏稻种植技术

山栏稻是海南黎族、苗族民众对旱地种植的稻谷的统称。黎族居住地区热量丰富，植物生长茂盛，因此植被恢复比较快，非常适合种植山栏稻、玉米、红薯等旱地粮食作物。其中，又以山栏稻的种植最有特色。黎族砍山栏的技术，其复杂性并不比耕种水田差多少，从选地到收割，大致可以分为七个步骤。[1]

①选地：砍山栏的首要基础是选择林地，一般选择长时间没有砍伐过的老山。其地要适宜山栏稻生长，主要有四个参考因素：一是阳光充足，忌用阴坡；二是林木适宜，不疏不密，树木以碗口粗为佳，太粗则砍伐困难，太细则肥力不足；三是土层较厚，有较多的腐殖质土壤，以黑色松软细灰土为上；四是坡度在 15 至 30 度为好。圈定范围后，将一些树木砍倒做记号，让别人知道此地已有人选定，不致发生争吵和冲突。

②砍伐：砍山栏有一定季节，一般在 2—3 月砍伐，但要选择吉日，以龙日、马日、兔日和蛇日为好[2]，严禁在猪日和牛日砍山栏，否则会给人畜带来灾难。在合亩制地区，传统上，亩头第一个上山砍伐，他必须进行沐浴，更换新衣，且白天不能睡觉。待亩头砍完，第二天其他人才能砍山栏。这是男子的工作，妇女不用参加。他们利用钩刀将杂草、小树砍倒，遇到中等树则砍枝留干，对大树也要砍伐，但是只砍枝头，通常是爬上树砍；有些地方有一种爬竿，长六七米，一头有钩，将该竿挂在树枝上，砍伐者沿竿而上，将树头砍掉，其目的不仅是增加树枝烧肥，砍掉树头后可使地面有较多的光照。

③焚烧：砍倒的树木要晒个把月，待干枯后就可以焚烧了，此时已进入农历三月。焚烧所用的火，传统上是钻木取火的古老方法获得。焚烧前，要准备

---

① 李露露：《热带雨林的开拓者——海南黎寨调查纪实》，第 61—64 页。

② 黎族以 12 种动物纪日，即鼠日、牛日、虫日、兔日、龙日、蛇日、马日、人日、猴日、鸡日、狗日、猪日，周而复始，不断循环。

山麻杆、山麻皮和一块硬木板，必须干燥，用砍刀砍制火钻（又称"钻火杆"），力求笔直、光滑、有尖，木板则为钻木板，一侧有几个穴，有流灰槽，要把山麻皮搓柔软用以引火。一般来说，三五分钟即可取火成功。之后即开始焚烧，先从枯草开始，力争把树枝、枯草烧为灰烬，尽量不要烧树干、不伤树根，这样可以减少休耕时间，树木复生快，还能进行第二次砍山栏。焚烧过后的林地，地面布满灰烬，但是厚薄不均，必须用扫帚扫一下，或者用锄头摊平，这样灰肥就均匀了，为播种提供了肥沃的土地。

④播种：山栏地有专门的稻谷品种，如五指山市番阳镇毛组村一带的黎族传统上有七粘、黑谷、mut doung、mut va tsau 等 13 种山栏粘稻品种和 mut ka bei、mut ka xan、mut ka ki 等 8 种山栏糯稻品种①，足见适合山栏地的稻谷品种资源是非常丰富的。由于山栏地非常肥沃、松软，所以不用翻地即可播种。如果地面树枝稍多，则捡出或用木鹤锄清理一下。一旦下雨，此时土地湿润，才能播种，这样出芽快；否则鸟害多、种子发霉，出芽率低。播种有两种方法：撒播，即用手撒播，然后用扫帚掩盖一下，后来发现有些浪费种子，就改为点播，通常由男子在前面用修长的尖木棒点穴，妇女在后下种，由于是却步而播，往往用后穴的土盖前穴的坑。有些地区实行轮作，第一年种山栏，第二年种番薯，第三年种木豆。

⑤中耕管理：又可分为除草和管护两个方面。虽然火耕焚烧了枯草，但是草根、树根不死，萌发也快。当禾苗长大以后，杂草也随之而生，影响作物生长，所以要除草两次。第一次是禾苗长至 15 厘米左右，用手拔掉杂草，或用骨铲、铁锄铲掉杂草；第二次是禾苗长至 30 厘米前后，杂草又长大了，一般用铁锄锄掉小草，大草、树苗则用镰刀割下，仍然无法根除。管护主要是防范山猪、野牛、猴子等鸟兽，采取一些防范措施。首先是日夜看护，为此在山栏地搭建一座小船形屋或高脚窝棚，由老人日夜看护，直至收割完毕才迁回村内。其次是围筑篱笆，在山栏地周围用木竹扎起篱笆，挂有套索，较大的野兽就不敢闯入了。再有，就是采用积极防范的方法，如利用弹弓射鸟，以弩猎山猪，用粉枪打野牛，有时人们也在山栏地旁挖 1.5 米深的陷阱，内置竹刀或网套，其上搭树枝，覆以伪装，当山猪一踏上即可坠入陷阱，往往被竹刀刺死，或被套索套住。

---

① 中南民族学院本书编辑组：《海南岛黎族社会调查》上卷，广西民族出版社 1992 年版，第 117—119 页。

⑥收割：收山栏是妇女的工作，一般在9月，选择鸡日、鼠日、猴日或猪日进行。事先，亩头夫妇要去河里洗澡，换上新衣，由亩头去割两把山栏，一把留在仓库，一把舂米，留吃新米用。亩头妻子也要洗身、更衣，割山栏。然后，其他妇女才能用摘刀把山栏穗割下来，捆成把，放在地边。挑山栏也要由亩头先挑两担回家，其他家男子才来挑山栏。由于利用摘刀收穗，效率不高，一个妇女一小时只能收5把穗，净重5千克左右。

⑦加工：收割回来的山栏稻，多挂在房前的山栏架上，既是保存，又能风干。食用前取下若干把，挂在房内火塘上方，进一步烘干。脱粒有两步：一是用脚搓；二是脱完粒后放进木臼中，利用木杵舂击。这项工作是妇女的专属。如果需要做山栏面，则放在竹磨或木磨上加工米面。山栏米有多种用途，除了做山栏饭，普遍的是酿山栏酒。

虽然黎族是一个稻作民族，但在传统上也非常依赖砍山栏为生，因此，山栏稻种植技术在20世纪五六十年代社会历史调查时非常普遍，其多样化的种质资源也表明了这种生计曾经的普遍程度。

2. 传统林业知识

壮侗语民族地区气候温暖，地形地貌多样，非常适合林业生产，因此，岭南地区的壮族、侗族、黎族等民族的民众在从事稻作农业生产的同时，也注意利用林业资源，充分发挥林业优势，总结出了许多独到的传统林业知识。

众所周知，壮侗语民族地区自古以来盛行干栏建筑，其房屋传统上多采用木材组合而成，建一栋房屋少则二三百棵木材，多则五六百棵。因此壮侗语族民众十分注意对森林资源的管理，栽种树苗以后，还会去经常照看。同时，他们注意树木的合理密植，注意用间隔砍伐的方式来维持森林的更新换代。森林的另外一个功能就是为壮侗语族民众提供柴薪。柴薪是每家每户必须使用的燃料，没有燃料，就没有熟食，人们的生存就难以为继。有些地方壮侗语族民众营造专门的薪炭林，以供人们日常生活用火薪柴；即使没有营造专门的薪炭林，他们对柴薪和木材的区分有着自己的本土标准，主要是把已经枯萎的树木砍倒，把特别稠密的、无法生长的小树砍下，或者把已砍大树的树皮收集起来，这些都成了壮侗语族民众柴薪的重要来源。

在壮族创始史诗《麽经布洛陀》中，壮族民众把森林看成与天空、大地、地下并列的单独世界，列为壮族天神中四大天神之一，后世称之为三王或四王。为了保护赖以生存的森林资源，壮族不断栽种树木，形成了植树造林的优良传统。广西百色、田林一带壮乡有"添丁种树"的风俗，即凡有新生孩子者，便到村外荒山种植杉、松、桐、油茶等经济树种，少者数株，多则成片；同时要种好管活，像自己孩子一样小心护理，意图使孩子能像树木那样生根发芽，茁壮成长。① 广西龙胜各族自治县壮族民众垦山带有长远的眼光，他们头两年开生地种旱粮作物，并间播桐籽（三年桐）、茶籽。旱地作物退收后，茶树成林，进入初收期。故有"两年粮、三年桐、七年茶林满山红"② 之说。与之相类似，广西扶绥县壮族则头三年种植杂粮，并间播桐籽、茶籽，形成了"三年杂粮五年桐，七年茶果满山红"③ 的谚语。

更为难得的是，壮族民众在长期的林业生产过程中认识到了森林的多方面功能。扶绥县壮族民间流行"树木成林，风调雨顺""山头绿葱葱，旱涝影无踪""有林保水土，无林沃地枯""线多拧绳挑千斤，树多成林能防风""早栽一年树，早享一年福；晚栽一年树，多受一年苦"④ 等谚语，将林业与气候、土地和人们的福祉联系起来，可谓认识非常到位。靖西市壮族流行"林中树参天，稻谷满梯田；林中无树木，梯田无稻谷"⑤ 等谚语。金秀壮族流行"山上不种树，水土保不住；山上多种树，如同修水库；雨多它能吞，雨少它能吐"⑥ 等谚语，同样阐明了林业与农业生产之间的互动关系，是这些地方的民众长期实践经验的智慧浓缩。

侗族主要居住在桂北的三江、龙胜一带，以种植杉、松、竹木和油茶、桐树为主，他们历史上发展了较为发达的林业。三江侗族谚云："茶子更兼桐子利，一年之计在山头。"他们种植的桐树有很多种，一年结实者称"对年桐"，三年结实者称"三年桐"，还有结实周期非常长的"千年桐"。一般来说，当地

　① 广西壮族自治区地方志编纂委员会编：《广西通志·民俗志》，第18页；覃尚文、陈国清主编：《壮族科学技术史》，广第49页。

　② 龙胜县志编纂委员会：《龙胜县志》，第103页。

　③ 中国民间文学集成全国编辑委员会、中国民间文学集成广西卷编辑委员会：《中国谚语集成·广西卷》，第667页。

　④ 中国民间文学集成全国编辑委员会、中国民间文学集成广西卷编辑委员会：《中国谚语集成·广西卷》，第661—662页。

　⑤ 中国民间文学集成全国编辑委员会、中国民间文学集成广西卷编辑委员会：《中国谚语集成·广西卷》，第663页。

　⑥ 中国民间文学集成全国编辑委员会、中国民间文学集成广西卷编辑委员会：《中国谚语集成·广西卷》，第664页。

侗族民众多种三年桐，且与茶子树混种，待桐子树树老不结实后将其砍伐，茶子树即成长起来。一般种后七八年就可以收获。[①] 这种将杂粮、油桐、油茶间种套种的技术，在龙胜各族自治县平等侗寨被称为"三五七制"，当地流传着谚语："三年杂粮五年桐，七年茶果满山红。"而且，当地侗族老人传统上会在立春后第一天带领儿孙上山种植十多株杉树苗，称为"立春种杉，成林发家"[②]。人们认为，这一天开张种杉，杉苗成活率高、生长快。开张种杉苗以后，会再选雨后放晴日大批量种植杉苗，以备以后建新房、修桥梁和做寿材取用。

　　与壮族、侗族不同的是，海南黎族地区地处热带，光热资源丰富，因此，当地大力发展的热带作物种植非常具有地方特色。在黎族地区，当地民众围绕槟榔、橡胶、棕榈、茶叶等热带作物种植总结出了一些独特的经验。槟榔是海南非常重要的热带作物，也是人们礼仪活动和日常生活的重要食品。过去曾普遍种植，并成为岭南地区婚姻礼俗中的重要象征物，即所谓"槟榔为礼"。今人王国全在他所编著的《黎族风情》一书中记载了黎族人民食用槟榔的方法："吃槟榔，可生吃或干吃。生吃，采下槟榔果，用刀切成若干小片（如小指大小），果壳和内核一起嚼吃。干吃，把成熟的槟榔摘下，放锅内煮熟，然后切成两块，用藤片穿成一串串吊起晾干，长期吃用。吃槟榔的配料是：一个槟榔片，一块蒌叶，一撮螺灰，卷成一束。瘾大者，还要配上适量的烟叶。初嚼时，口水是黄色的，味道有些苦辣，要边嚼边把口水往地里吐，继续嚼下去，就嚼出又香又甜又辣的味道来，越嚼口水越红，嘴唇也就被染得红红的。一口槟榔要吃半小时左右。初学吃槟榔醉如喝酒，夏天吃槟榔可以解渴，冬天吃槟榔全身暖和，长期吃槟榔可防龋齿，又能提神健胃。"[③] 对于槟榔的种植，传统上更多地任其自然生长，稍加管护即可；现在当地民众已经懂得自己育苗，开展规模种植。在三亚市凤凰镇槟榔村，槟榔是当地的主要经济作物，各家农户都在房前屋后、园地里大量种植，多的几百株，少的也有100多株，甚至连村中的中心小学校园内都栽种了近200株槟榔。[④] 橡胶是另外一种重要的经济作物，保亭黎族认为，木薯与橡胶一起种会严重影响产量，因此当地流行

①　广西壮族自治区编辑组：《广西侗族社会历史调查》，广西民族出版社1987年版，第59页。
②　陆德高：《龙胜各族自治县平等侗寨史》，2008年印，第94页。
③　王国全：《黎族风情》，广东民族研究所1985年印，第40页。
④　本书编写组：《黎族田野调查》，海南省民族学会2006年印，第2—3页。

"胶园禁种木薯"① 的谚语。但橡胶林中套种益智却得到了普遍认可,五指山黎族认为"橡胶林间种益智,省土地又好管理"②。乐东黎族认为"胶林间种益智,三四年可结籽"③。同时,由于橡胶易受风灾损害,因此为了获得橡胶的高产,陵水黎族民众总结出了"风来胶易损,须栽防风林"④ 的谚语,指导着当地民众的橡胶生产实践。

此外,壮侗语民族民众在茶叶、棕榈、杧果等热带、亚热带作物种植方面,也都有一些独特的经验,限于篇幅,这里就不展开了。

（四）传统养殖业知识

养殖业是农业的辅助产业,传统上对壮侗语族民众获取动物性蛋白和进行仪式活动非常重要。概而言之,岭南壮侗语族地区养殖的动物主要有牛、猪等畜类,鸡、鸭、鹅等禽类,鲤鱼、草鱼、禾花鱼等鱼类。

1. 畜类养殖知识

在岭南壮侗语民族地区,各族民众养殖的畜类有黄牛、水牛、猪、羊、马等。有关这些畜类的养殖,各族民众传统上形成了一些独特的经验。在此,我们主要以环江毛南族养牛和龙脊壮族养猪为例来说明。

牛的重要性不言而喻,它既是大型祭祀的牺牲,也是耕田犁地的牵引畜,因此,岭南壮侗语诸族过去普遍重视养牛。广西大新县壮族认为:"牛是农家宝,耕田种地不可少。"⑤ 广西罗城仫佬族民众中流传着"靠手吃饭,靠牛耕地""千锹万锹,不如老牛伸伸腰"⑥ 的谚语。海南昌江黎族中普遍流传着"牛是农家宝,耕地不可少""百姓无牛万事休"⑦ 之类的谚语,足以说明牛在当地的重要地位。一般来说,壮侗语民族养殖的耕牛,过去在耕作季节过后普

① 中国民间文学集成全国编辑委员会、中国民间文学集成海南卷编辑委员会:《中国谚语集成·海南卷》,第 643 页。

② 中国民间文学集成全国编辑委员会、中国民间文学集成海南卷编辑委员会:《中国谚语集成·海南卷》,第 646 页。

③ 中国民间文学集成全国编辑委员会、中国民间文学集成海南卷编辑委员会:《中国谚语集成·海南卷》,第 646 页。

④ 中国民间文学集成全国编辑委员会、中国民间文学集成海南卷编辑委员会:《中国谚语集成·海南卷》,第 643 页。

⑤ 中国民间文学集成全国编辑委员会、中国民间文学集成广西卷编辑委员会:《中国谚语集成·广西卷》,第 675 页。

⑥ 中国民间文学集成全国编辑委员会、中国民间文学集成广西卷编辑委员会:《中国谚语集成·广西卷》,第 676 页。

⑦ 中国民间文学集成全国编辑委员会、中国民间文学集成海南卷编辑委员会:《中国谚语集成·海南卷》,第 653—654 页。

遍将其浪放在山林中，令其自行觅食，减少了人工消耗和饲料支出。而广西环江毛南族地方则不像其他地方一样放养，而是像养猪一样关在栏里槽养。对此，民国《思恩县志·经济篇》曾经有记载曰：毛南地方养牛，"有一特别情形，彼全不放外出，除取草供其食吃外，又用饲猪之食料饲之。每饲一只重百斤或百余斤，肥胖似猪"。传统上，毛南族喂养菜牛，很少直接饲喂粮食，而是向草料要肉。当地常用的喂牛草料有竹叶草、莎树叶、浓索①、玉米秆、红薯藤、芒芭苗等。其中，竹叶草和莎树叶是必不可少的精料。这两种草料，很少生长在土坡上，而在大石山区的石缝土窝里则大量生长。为了采回这些嫩叶嫩草，养殖菜牛的农户往往花费太多力气。②

在进入农耕时代以后，猪的重要性大大增加，它不仅提供了人们所需的动物性蛋白质，而且猪肉也是祭祀祖先最重要的供品之一。无论是在壮族、侗族、仫佬族地区，还是在黎族、水族、毛南族地区，猪的养殖都是非常普遍的。罗城仫佬族认识到粮食对养猪的重要性，总结出"养猪不放米，你望猪，猪望你"③ 的经典谚语。金秀壮族总结出"养猪四勤：勤喂勤洗勤垫勤打扫"④ 的宝贵经验。武宣壮族有合作养猪的习惯，称为"分莽猪"或"分成猪"，即由甲方投资买猪本，买回猪崽交乙方饲养，到年底猪长大时，出售或宰杀取肉，双方按"三七开"或"四六开"的分法分配。一般实现面议，订立合同，共同遵守。⑤

在笔者曾长期调查过的龙脊壮族地区，传统上养殖牛、猪、马较为普遍。牛在耕田犁地时节才找回饲喂，平时割草或红薯藤等喂食，秋收以后普遍放入山林，令其自行觅食。猪的饲养也非常普遍，是当地肉食的主要来源，其饲料主要是各种杂粮、红薯藤、芋头叶以及残羹冷炙，用锅煮成"猪潲"，然后分次饲喂，有时也添加一些酒糟、大米之类；传统上年终杀之，制作成腊肉腊肠，供应一年所需。马的饲养与过去交通不便有着很大关联，而马可以驮运各种生产生活用品，举凡建筑材料、家电仪器、食品饮料等，都需用马驮运。其

---

① 毛南语，一种藤状的山花草。
② 卢敏飞、蒙国荣：《毛南山乡风情录》，四川民族出版社1994年版，第71—72页。
③ 中国民间文学集成全国编辑委员会、中国民间文学集成广西卷编辑委员会：《中国谚语集成·广西卷》，第685页。
④ 中国民间文学集成全国编辑委员会、中国民间文学集成广西卷编辑委员会：《中国谚语集成·广西卷》，第684页。
⑤ 广西壮族自治区地方志编纂委员会编：《广西通志·民俗志》，第24页。

饲喂与牛类似，平常多饲之以草，干重活时加精饲料。如今，交通大大改善，马的养殖数量大大减少了。

当然，还有一些地方壮侗语族民众因为地处山区，野猪众多，因此传统上多依赖打猎来获得动物性蛋白。如广东连山壮族民众在清代以前，很少人工饲养家禽、牲畜、鱼类，主要靠上山打猎、下河捕捞解决生活所需肉食问题。[①] 海南黎族地区与之基本类似，过去养猪的不多，但对养牛、养狗却非常重视。在黎族地区，牛不仅可以用来耕作、拉车、拉木，以牛群踩田和踩稻脱粒，还可以用来换田、铜锣、粉枪，甚至于用作娶亲的贵重聘礼。此外，人生病了要杀牛祭鬼求神，人死了要杀牛为祭品，建房屋要杀牛酬谢亲众，平时杀牛招待贵客以示隆重。[②] 至于盛行养狗，因为狗不仅可以看家护院，还可以辅助狩猎。

2. 禽类养殖知识

在岭南壮侗语民族地区，各族民众普遍饲养鸡、鸭两种禽类。这两种禽类，都是日常献祭祖先、进行仪式所需，加上饲喂简单，因此养殖较为普遍，但传统上尚未形成规模。

鸡是壮侗语族饲养较为普遍的家禽，一则因为母鸡可以下蛋，供应人们所需的蛋白质；二则因为公鸡和母鸡乃是仪式活动所必需的祭品，因此，饲养非常普遍。壮族、黎族民间还有根据鸡骨头、鸡卵进行占卜的习俗，甚至形成了一整套复杂多样的《壮族鸡卜经》。广西龙州一带的壮族民间，传统上还盛行一种斗鸡比赛，时间在农历四五月间，地点在各村各寨，哪个村寨想要举办，贴出通告定下日期即可，届时一般会有十几二十只公鸡参加比赛。通常是一个自然村来一只公鸡参加。参加比赛的公鸡虽然经过挑选，但并没有经过专门的培养，只是在参加比赛前十天半个月，把选上的公鸡抱养起来，让鸡多与人接触，使鸡不怕生人，适应大庭广众的比赛场面。参加斗鸡的都是男人，但男女老少都可前来观赛，非常热闹。[③] 融水苗族自治县居住的水族还有"杀鸡定亲"的习俗，订婚时，男方要给女方一只活鸡，女方要杀鸡，将整只鸡下锅煮，如果煮熟了，鸡眼还开，就可以成亲了；如果鸡眼紧闭，则这门亲事就拉倒了。[④]

①　编写组：《连山壮族瑶族志》，中国文联出版社 2002 年版，第 54 页。

②　王国全：《黎族风情》，第 29 页。

③　南宁师范学院广西民族民间文学研究室编：《广西少数民族风情录》，广西民族出版社 1984 年版，第 106—107 页。

④　南宁师范学院广西民族民间文学研究室编：《广西少数民族风情录》，第 337—338 页。

　　鸭也是非常重要的节日用品，每年农历七月十四，壮家人必杀鸭供奉祖先。壮族民众充分利用稻田进行养鸭。在水稻插秧 20 天以后，开始购买第一批小鸭放进稻田，任由其在田中寻食。平时每天晚上拿点粮食到田边去喂，然后把它们抓进笼子；第二天早上再放出。就这样，到水稻扬花时，鸭子都长得比较大了。过七月半的时候大量的鸭子会被宰杀。水稻收获以后，又可以放养一批小鸭，这批小鸭很充分地利用了打谷时脱落进田里的谷粒，几乎不用喂养，就可以迅速长大。这一点在侗族地区也非常普遍，在笔者曾经调查过的三江侗族自治县林溪乡高友侗寨，那里的侗族民众一年可以养殖两茬鸭子。每年开春耙田时，高友侗寨民众即前往林溪街上购买鸭苗，养殖第一茬鸭子。犁田时，常有虫子被翻出来，这时候就将小鸭子放进去吃。有时，田里野生的小鱼虾、禾苗上的虫子也成为小鸭子的食物。要说明的是，这一茬小鸭子放养到禾苗抽穗时，就不能再放进稻田里去了，防止它们碰断禾苗，影响稻谷的产量。到农历八月稻谷收割时，第一茬鸭子基本上都已经被宰杀或售卖完毕，这时就可以养殖第二茬鸭子。早上喂养之后放出去，令其捡拾收获时掉落的稻谷和捕食未经人抓获的小鱼虾。晚上，有时还召集喂养一次。这样，一直养殖到春节前后，鸭子基本上都长到了两三斤重，就可以杀来过年了。[①]

　　应该说，禽类养殖对于岭南壮侗语民族来说也是非常重要的，特别是对于依赖鸡鸭作为供奉对象的壮族、侗族、水族等，某种程度上甚至可以说是不可或缺。传统时代，各家各户必进行养殖。

　　3. 鱼类养殖知识

　　"饭稻羹鱼"是中国南方百越族群传统的饮食方式。受这种文化传统的影响，岭南壮侗语族民众迄今仍然喜欢食用鱼类。为此，壮侗语族民众一方面挖掘池塘养鱼；另一方面充分利用稻田水面，在其中放养鲤鱼、禾花鱼等。正如金秀一带壮族所总结的："水田当鱼塘，得鱼又得粮。"[②] 充分说明了稻田养鱼的综合价值。除了养鱼，侗族民众还有意识地在稻田中放养鸭子，充分利用稻、鱼、鸭三者共存相依的属性，形成了独具民族特色的稻鱼

---

　　① 付广华：《三江侗族自治县林溪乡高友侗寨稻作文化调查》，载杨筑慧等《侗族糯文化研究》，第 354 页。

　　② 中国民间文学集成全国编辑委员会、中国民间文学集成广西卷编辑委员会：《中国谚语集成·广西卷》，第 701 页。

鸭生态机制。

对于这种养鱼方式，《广西通志·民俗志》有描述曰：

> 侗族多选择那些水源充足、排灌方便的水田养鱼，每家都有一两块这样的泡水田或泡冬田，专供养鱼和放置亲鱼。通常是在前一年收鱼时，留几条亲鱼在泡水田里。冬天，就在田里挖一个坑或一条沟，上用树枝、木桩和稻草搭一个鱼棚，保鱼越冬。第二年开春时，往田里丢些稻草或经洗净、曝晒消毒过的树枝，供母鱼产卵，然后把带鱼卵的稻草或树枝运回家里，放在木桶里孵养鱼苗。孵养鱼苗期间，忌吃鱼、饮酒、吵闹和大声说话。秧插七天至返青之前，人们端盆提桶，将刚孵出来的鱼苗放到肥沃的田里养。因初放时，鱼苗游散开来，似云如雾，故名"云雾鱼"。经二十来天，小鱼长到小指般大时，再将它们捞起分放到坝田里。肥沃、水足的秧田，每亩放一寸长的鱼苗一千尾左右，冷水田、高螃田每亩放六十尾左右。鱼的食料主要是水草、小虫、禾花等。管理方面，每半个月放一次牛粪、猪粪，经常保持一定的水深（一般在十六厘米左右），以防旱、防鸟害。农历九月开始收鱼，每亩能收几十斤。[1]

笔者在三江侗族自治县林溪乡高友侗寨的调查也证实了上述说法。在高友侗寨，在稻田中养鱼是一种普遍的选择。一般来说，高友侗寨民众放养的基本上是鲤鱼，而不是草鱼。这是因为草鱼很可能把禾苗当作食物，影响稻谷的产量。因此，在高友侗寨，草鱼多是集中放养于池塘。村寨之中，大大小小的池塘十多个，皆用以养鱼。为了给来年留下鱼苗，高友侗寨民众往往在稻谷收割前把一部分鱼放进稻田的小池塘内，令其过冬，待来年产卵孵化。到耙田完毕放水后，即可以从池塘中分鱼苗出来，再放养进稻田中去。根据多位报道人的讲述，高友侗寨民众稻田中放养的鱼苗数量不固定，如果想让鱼苗长大些，就要少放，最终可以长到两斤多重。一般来说，稻田放鱼苗数量的多少，要看田块和鱼苗大小：田块大的，要多放鱼苗，鱼苗小的，要多放些；反之，则须少放。如村民 WYH 家，一亩田放养了 60 多条，最终收鱼二三十斤。大的有一斤左右，小的才有二三两。其实，除了专门放养的

---

[1]　广西壮族自治区地方志编纂委员会编：《广西通志·民俗志》，第 27 页。

鱼苗，高友侗寨稻田中还有黄鳝、泥鳅等杂生鱼类。

还必须说明的是，鱼类养殖只在某些地区流行，而另外一些河溪密布之地，当地壮侗语族民众因为有野生鱼类资源可供捕捞，所以没有发展起较为发达的鱼类养殖业。而在一些大石山区，土地、水源本就紧张，也难以进行鱼类养殖。

二 制度性传统生态知识

壮侗语民族传承久远，具有共同的渊源。早在秦汉时期，就已经创造出自身独具特色的制度文化。壮族、侗族、黎族、仫佬族、毛南族、水族走上各自的发展轨道之后，也都根据自身民族特点和区域特征建构了独具特色的制度文化，形成了传统资源管理的规范系统、社会组织和乡规民约，调节着人们与自然界之间的互动关系。

（一）传统资源管理系统

无论人类社会的生产力和生产关系如何变化，都需要利用自然获取基本生存需要的食物、衣服和庇护所。为了满足上述基本需要，壮侗语民族传统文化形成了一个复杂的资源应用和管理系统。在这个系统中，土地、水等关键性资源的管理无疑占据着重要地位。

1. 土地资源管理

土地是植物生存基础，是人类衣食之源，因此，岭南壮侗语民族在周围环境进行分类的基础上，发展出了独具区域特色和民族特色的土地资源管理方式。这些管理方式在一定程度上形成了地域性规范，成为人们生产生活所必须遵循的准则和制度。

毛南族非常重视土地资源的集约利用，"土能生黄金，寸土也要耕"就是流行在毛南山乡的一句俗语。但凡发现哪里有一片可耕之地，就会有人扛起脚踏犁去翻几块土，然后插上一支草结子，表明这里已经有人准备开垦种植作物了。在那九分石头一分土的山腰上，人们常常用石头来垒起一道道石墙，拦住那些松散的泥土，然后平整成一块小小的旱地。如果哪里有空着的石缝，他们就会用泥箕把别处的泥土挑来填上，形成一块"耕地"。即使是巴掌大的"鸡窝地"，毛南族民众也不会让其轻易丢荒，哪怕是只能种下一颗南瓜子、黄瓜子、饭豆或猫豆，也能生根发芽，郁郁葱葱地生长起来，让枝叶藤蔓攀到石头的"肩"上去开花结果。同时,为了充分利用地力,毛南山乡的人们多实行轮种、间种和套种,复种指数要比附近的壮族、汉族地区高得多。例如,在玉米地里套种红薯、南瓜、饭豆、猫豆等,让藤蔓攀上石头。在进行第二次中耕除草时,又平整了地、松好了土,间种上黄豆。因为黄豆萌芽期需要水分和阴凉,高高的玉米恰好给黄豆发芽出土提供了合适的条件。等黄豆出土长高需要阳光时,玉米已到收获期了,这时把玉米秆割回来喂牛,地里就剩下黄豆和红薯。黄豆在红薯中间向上生长、开花、结果,其根瘤菌还会给红薯提供氮肥,促进红薯生长。此外,地边还可以种上番茄、辣椒和香瓜等作物,力争使每一寸土地都发挥最大的效益。①

与之相类似,侗族也非注重稻田的综合利用,其所生产的黄豆、禾花鱼、糯谷构成了"侗田三宝"。侗族民众在修建稻田时,田埂往往留得较宽,每到种豆时节,侗家人就会把稻田的田泥扶于埂上,围着稻田种上一圈黄豆。秋季时,黄豆首先成熟,便先收获一遭黄豆。这不仅仅是充分利用田边空地,以获得额外收获,而且是使田泥更加肥沃。因为到了第二年开春放水灌田时,又把田埂上的黄豆根和上一年扶上的田泥,用锄头铲回田中,使黄豆根部的根瘤菌随着回到田里,增加田土的肥力。这样年复一年地耕作下去,田垌的土质通过水旱交换,水土土质得到改良,田埂上的黄豆也年年吸收新泥,比一般连作旱地稳产高产,这田埂黄豆便成为侗田一宝。②

2. 水资源管理

稻作农业生产离不开水资源的管理,壮族乡民传统上形成了一整套水资源管理和利用方式,很好地保障了稻作农业生产的顺利进行。广西南丹县拉易壮族在平坝和山坡上开辟出或短或长的水沟,引水入田。为了保障稻田用水,每年春水发时要疏浚、修理一次。届时,利用该水沟灌溉的受益农户不论占田多少,都需出一人去修理,并非按照受益田亩多少出工。修沟不久的一段时间里,沟水由占田者平均使用。历时稍久之后,就可以随意利用。如果水沟崩塌、沟水不流十日左右时,某户若因急于用水,单独出工修复后,可以单独享用水三天,别人无权分用。过此之后,则受益户才可随意放水灌田。如果是靠小股泉水灌溉的稻田,则无须修筑水沟。而那些开在山脚下高低不平的稻田,

---

① 卢敏飞、蒙国荣:《毛南山乡风情录》,第58—59页。
② 南宁师范学院广西民族民间文学研究室编:《广西少数民族风情录》,第220—222页。

则基本上靠天雨来养苗；遇天旱时才会用戽斗戽水入田灌溉。① 环江龙水壮族传统用水方法规定：在水沟分支点设置一石齿形的水门，水门的宽窄根据各支沟灌田多少为准。修整水沟所需劳力，按各户有田多少均分负担。并将各户用水量（以时间计）及修沟量（以长短计）逐一登记在簿册上，交由村中一位长老管理，每年修沟都由他负责召集，讨论日期及具体做法。此外，还另推定一人专门管理水沟，即经常性地管理引水入沟及修补沟岸、崩漏等，他的工资以大米计算，由各户按占田多少比例分担。② 与之相类似，宜州市洛东壮族乡民把石头凿成凹形的"石锭"，按照田亩的多少来定凹的宽窄，定于分水处，分配水流。由于该地区小河河床多是石灰岩，窟窿较多，容易发生漏水现象，所以每到冬季农闲时节，村中农民便组织起来，整修沟渠，用石灰拌沙泥补塞沟道中的大小窟窿。③

壮族乡民上述传统的分水方法有时候还得到地方官府的确认，比如广西大新县科渡屯立有经太平土知州确认的《以顺水道碑》，其中就明文规定了漆峒水沟9个分水口的横、直以及所灌溉的田亩数量：

一、开磋咄入那关一口，横二十、直五分，共田三占二十己地。

二、开磋咄分入那担一口，横七分、直五分，共田一占二十己。

三、开磋咄分入那诸一口，横直二十五分，方孔，共田十八占二十五己。

四、开磋咄分入那诺一口，横六分、直五分，共田九十己。

五、开磋那磨三丈七寸，分入那磨二尺六十五分，余下会另立横磋一条，分入李俊秀之田，其磋长二寸。

六、开平磋吞钟，长二丈二尺九寸，分入吞钟二尺四寸五分，余下大合。

七、开那渠磋咄一口，分入那格婆横一十五分，直一寸。

① 樊登等：《南丹县拉易乡壮族农业及副业生产状况的调查》，载广西壮族自治区编辑组《广西壮族社会历史调查》（第一册），广西民族出版社1984年版，第172页。
② 苏云高等：《环江县龙水乡壮族社会历史调查》，载广西壮族自治区编辑组《广西壮族社会历史调查》（第一册），第247—248页。
③ 韦文宣等：《宜山县洛东乡壮族社会历史调查》，载广西壮族自治区编辑组《广西壮族社会历史调查》（第五册），第20—21页。

八、开那渠桥下礓咄一口，横二寸，直一寸。

九、开平礓那渠，长五尺八寸，分入那恨五尺八寸，卧寻六尺八寸，潭泌四尺。①

该碑立于清光绪二年（1876），距今已一个多世纪。其中所列漆岈水沟分水度数一清二楚，涉及周边 10 多个壮族村寨。正是由于这样一个良好的分水办法的存在，才使得壮侗语民族地区的农业供水保持在相对稳定的状态，为保护稻作农业生产获得大丰收提供了坚实的保障。

（二）资源管理的传统社会组织

社会组织是人类为追求集体目标而组成群体、团体、社团以及组织的过程。在所有的人类社会中，社会组织都发挥着重要的功能，它不仅可以为文化的运作创造有利的外部环境，而且参与着社会的物质资料的生产，实现着社会的物质生产过程。② 壮族民间社会组织也在生态知识传承与维系中发挥了强大的功能，它们或出台规章制度，或组建相关机构，有效地实现了区域范围内自然资源的有效管理。

1. 壮族寨老制及其他

（1）寨老制

寨老制，又称为"都老制"或者"头人制"，相当于汉族地区的"乡老制"或者"村老制"。寨老一般要为人正直，熟悉本地风土人情和传统伦理道德，能处理民间各种纠纷。在成功解决一些纠纷以后，由本村寨群众公推产生。

广西龙胜县龙脊壮族寨老制最为典型，它又可以分为村寨、联村寨和十三寨三级组织。村寨寨老由本寨群众民主推举产生，负责组织本寨的梯田维修、水渠疏通、社会治安、纠纷调解等，有时还负责举行农业祭祀，以祈求获得神灵的保佑。联村寨寨老一般属于同姓组织，主要功能是负责主持宗族祭祀，还习惯使用"某氏清明会"的名称。十三寨寨老组织是龙脊壮族聚居区的最高管理机构。寨老（亦称大寨老）由村寨、联村寨的寨老联席会议民主协商产生，一般仅有三到五人，主要负责处理龙脊地区的大事，比如维护社会治安、

---

① 广西壮族自治区编辑组：《广西少数民族地区碑文、契约资料集》，第 6 页。
② 罗康隆：《文化人类学论纲》，云南大学出版社 2005 年版，第 249—252 页。

执行乡约条款、组织武装抵抗、调解村寨纠纷等。[①] 据笔者后来的补充调查，龙脊壮族寨老还负责管理本寨的共有山林、荒山、坟场、水源等，确实发挥着一定程度的区域资源管理职能。

上思县三科村称为"都老制"。都老由村民民主选举产生，或由年迈卸任的"都头"荐举经群众认可的人充任。为了辅助都老开展工作，当地村民还为其设立助手——酒头，主要是干一些事务性的工作，如传达会议精神、鸣锣召集开会等。都老具有召开长老会议和村民会议来制定村规民约的职责，同时还必须担负起督促村民执行村规民约、维护村中社会秩序的责任。由于三科村有一定的公共财产，如荒地、牧场、坟场、河流、水源等不动产和山林、蒸尝田和租谷、罚款收入等等，因此都老制还具备资源管理的职能。此外，都老还出面组织和领导修路、架桥、挖井、植树造林、护林防火以及开发水利资源等公共事务。[②] 比如，三科村都老在20世纪30年代曾组织全村村民开山辟岭，修建了一条长达20公里的水利工程，从凤凰山上的小河引水来灌溉农田。在三科村的影响下，临近的叫丁村都老也组织村民开了一条水利工程，使两村的绝大部分田地变成了保水田。

即使时至今日，壮族地区的寨老组织还以各种显性或隐性的形式存在着，仍然继续发挥着传统社会组织所特有的功能，不仅很有效地实现了区域社会的治理，而且也及时化解各种纠纷，维护正常的生产生活秩序。

（2）水利会和禁火会

在广东连山壮族地区，过去曾经存在不少的传统社会组织形式，比如婚姻会、长生会、建新会、斗四会、筑路会等，其中与资源管理有着密切关系的是水利会和禁火会两个组织。

水利会选举首事一人，组织农户每户一人入会为会员，主要是商议和动员整修水渠、建筑堤坝。兴修水利时，按户或按田亩多少出劳动力，无劳动力或一时缺少劳动力的可以出钱或粮资助，从而形成了一种名为"水利会"的民间

---

① 黄钰：《龙脊壮族调查》，载覃乃昌主编《壮侗语民族论集》，广西民族出版社1995年版，第279—281页。

② 黎国轴：《广西上思县三科村壮族解放前都老制的调查》，载广西壮族自治区编辑组《广西壮族社会历史调查》（第三册），广西民族出版社1985年版，第123—129页。

公益组织。① 该组织的存在，使受雨水破坏的水利设施能够得到及时的维修，有效地维护正常的生产生活秩序。虽然该组织在 1949 年后已经不复存在，但当地壮族民众仍然在生产活动中保留有共同修筑水渠、堤坝的传统习惯。

与水利会类似，禁火会亦会选有首事一人，会员亦基本上每户一人，只不过它的主要任务不再是兴修水利，而是禁绝山林火灾。平时，会员宣传安全用火；农闲时首事组织各家各户修防火界；若不幸发生山林火灾，会员要义不容辞地投入扑火，并派出会员到各村发动群众帮助；商定对失火者造成损失的赔偿。② 该组织的存在极大地维护了连山壮族民众生产生活的用火安全，对保护森林资源、生态环境具有一定的辅助作用。

还必须指出的是，壮族地区范围广阔，内部的生态和文化多样性较强，因此各种类型的传统社会组织普遍存在，比如连山壮族尚有耕牛轮牧组织，龙胜龙脊壮族尚有添丁会、清明会，天峨县白定壮族尚有敬堡社，昭平壮族组织有寿会（又称"长寿会"或"老人会"），等等。然而由于它们与资源管理的直接关系不大，因此我们这里暂付阙如。

2. 侗族合款组织

岭南侗族传统上有合款制的社会组织。款，侗语称"宽"，意为"管理"。款有联合大款、大款、中款、小款之分。联合大款是大款区的联合；大款则由若干中款组成；中款由临近的几个小款联合而成；小款由附近几个或一二十个村寨联合组成，较为固定。

联合大款几乎联合了黔湘桂整个侗区的各个大款，方圆数百里甚至上千里，其款坪设在古州三宝（今贵州省榕江县车江乡的月寨）。广西侗区属于黔湘桂三省结合地带"三省坡"周围的大款。过去广泛流传于三江和龙胜北区的《十三款坪》所组成的就是该大款，其中包括十三个中款。龙胜侗区分为八个小款，组成了一个中款，款坪在石村的东江坪。虽然款组织有大小之分，但却无上下级关系之别，它们之间的联合是建立在平等的基础上。③

各种层次的款均有款首，款首应具备如下条件：生产劳动好，并有组织和领导生产的能力和经验；为人正直，办事公道，并热心公益事业；能言善辩，

① 马建钊、陆上来主编：《粤北壮族风情辑录》，民族出版社 2007 年版，第 90—91 页；潘其旭、覃乃昌主编：《壮族百科辞典》，第 389 页。
② 马建钊、陆上来主编：《粤北壮族风情辑录》，第 91 页。
③ 杨筑慧：《侗族风俗志》，中央民族大学出版社 2006 年版，第 66 页。

懂得款约乡规，能为群众排解纠纷；具有一定的军事知识，能率领款丁抵御敌人的侵犯；等等。一般来说，小款首由选举产生，其中大部分由大寨的寨老或头人或大姓的族长担任；中款首、大款首和联合大款的款首，由下一层款首们协议推举产生，不能世袭。款首要接受群众监督，如果稍有徇私或偏袒，丧失了威信，就会被罢免。其职责是维护本款区生产的正常进行，解决民事纠纷，维护社会治安，保护本款区不受敌人的侵犯等等。

合款的方式有四种：一是开款民大会，制定或宣讲款约；二是倒牛合款，亦即集款杀牛，每户发一份肉，使家喻户晓，人人守约；三是饮血酒或吃枪头肉，一般用在出征之前举行的仪式上，表示永不背叛和必胜的信心；四是竖岩盟款，是大、中款重要集款采取的方式，即用一块长形石头埋一截在地下，一截露出地面，款众或其代表对石盟誓，表示永不违约。

合款的重要功能就是制定款约。就其内容来看，款约可以分为款坪款、约法款、出征款、习俗款，这些是具有习惯法约束作用的款词；具有教育作用的款词有创世款、族源款、英雄款、祝赞款，此外还有祭祀款。在所有的款约中，最核心的部分是约法款，分为六面阴规和六面阳规两大类。所谓六面，即东、南、西、北、上、下六个方位，意即将任何违反款约的行为，都按情节轻重，分别给予死刑（六面阴）、活刑（六面阳）、重刑（六面厚）、轻罪（六面薄）、有理（六面上）或无理（六面下）的处理。①

应该说，广西侗族的合款组织虽然主要目的在于联合自保，但也在一定程度上发挥了调节生产、维护地方治安的作用。春耕秋收时节，村寨中的款首或头人还召开全体村民会议，制定或重申几条保护春耕生产和禁止乱摘山上成熟的五谷、瓜果的条款。头人念完一条款约，众人应一声"西啦"，便算通过了，这即侗族地区所谓"三月约青，九月约黄"。② 由此可见，广西侗族的合款组织不仅仅是一个带有原始民主色彩的基层自治组织，还是一个调节区域资源使用规范的经济组织。

3. 黎族峒组织

峒，原意是"人们共同居住的一定地域"，是 1949 年前五指山、保亭、

---

① 本小节主要参考了广西壮族自治区地方志编纂委员会编《广西通志·民俗志》第 166—167 页的有关内容，个别提法参考了杨筑慧的《侗族风俗志》（中央民族大学出版社 2006 年版）。

② 吴桂贞主编：《三江民族文化小词典》，广西民族出版社 2007 年版，第 25 页。

琼中等黎族地区保留的一种具有民族特色的基层社会组织。早在宋代，就已经进入文献记载，只不过当时海南岛全岛黎峒林立、规模较小。清代以后，逐渐带有官方色彩，峒长或总管接受官府委派。峒有大小之分，大峒之内包括若干小峒。如琼中红毛下峒，就包括毛贵、喃唠、毛兴、毛路、牙开5个小峒。一个小峒之内往往有两个以上的自然村。峒的地域一般以山岭、河流为界，并且立碑、砌石或栽种树木、竹子等作为标志来划定峒与峒之间的界线，不得随意侵犯，全峒人都有保卫峒域的职责。如若到别的峒种山栏、采藤、伐木、渔猎等，一定要事先征得该峒峒首及其他头人的同意，并缴纳一定数量的租金或礼物后才能进行；未经同意就行动，将被视为对对方权利的侵犯，往往因此发生冲突或械斗。①

作为一种社会组织，峒有峒首或峒长。大峒首一般父死子继，或兄终弟及、夫亡妇任。小峒首，一般由各村寨父老推选，可以改选。峒首具有召开会议、组织狩猎、处理峒内纠纷、主持宗教活动以及对外作战等组织职能。峒首家有一个突出的标志，那就是门前必吊一大鼓，作为权力的象征。峒首之下，设一种"大父老"，仅次于峒首，又高于村落父老，掌管一大村或几个村，由各村父老选举，任期为两三年，如不能胜任，可以解除其职务。他还有一个助手，负责通知、传事，其职能是维持社会治安、调解社会纠纷。

村落中负责管理工作的，称为"父老"（黎语称"奥雅"），多由村内有钱、有势和有能力的人担任，主要负责村内事务，如调解纠纷、祭土地公、祭祖驱鬼、集体狩猎，保证社会治安。村落父老，实为一村之长，其家标志有三：一是门前吊一独木鼓，供发号施令之用；二是门前竖一木杆，上拴若干祭祖用过的牛角；三是作战时房前挂一小红旗，表明非常时期一切以战争为准。②

在黎族地区，传统的峒组织是发挥着非常重要的资源管理功能的。黎族习惯法规定，峒内的土地、森林、河流未经许可，外人不能越界砍山开荒、采藤、伐木、打猎、捕鱼和居住等。若需越界，需要得到本峒认可，并上缴一定数量的物产，其多寡据内容和行为而定：采藤、打猎、捕鱼要上缴一些猎肉、鱼，这些物产由峒长和所在村庄的父老享用；砍山开荒、伐木、居住上缴的物

---

① 王学萍主编：《中国黎族》，民族出版社2004年版，第101—104页。
② 李露露：《热带雨林的开拓者——海南黎寨调查纪实》，第295—299页。

产多，如猪、牛、光洋等，是峒首所在村落的公共财产。在本峒内部的公有土地上，如有人要想砍山开荒种山栏，就在选定的土地上用茅草在四周打结，标明砍山的范围，别人看见标记，知道此地已有主人，便很自觉地另辟一处。在本村的公有土地上，长出一棵果树苗或其他实用树苗，哪怕只有一尺高，谁先用茅草在树干上打结或用刀在树干上砍一个交叉做记号，这棵树长大成材或开花结果，就归打草结或砍交叉做记号的人所有，其他人不得采摘、砍伐，违者按盗窃论处。①

　　在峒、小峒、村落之下，海南省五指山市一带黎族中还曾经广泛存在着一种名为"合亩制"的生产和社会组织。"合亩"是黎语"纹茂"或"翁堂沃工"的汉语意译，是由有血缘关系的若干父系家庭组成的生产组织，有自己的首领"亩头"，其最突出的特点是土地、耕牛等主要生产资料由合亩公共占有，亩头组织、领导合亩的农业生产以及处理合亩内外的公共事务，并同亩众一样共同参加生产劳动。

　　4. 仫佬族冬组织

　　"冬"组织是罗城仫佬族传统的社会组织形式。它是各个大姓中以血缘为纽带的宗族大分支的团体，如银姓有四冬、五冬和八冬；吴姓有一冬、二冬、三冬、四冬、六冬和七冬；谢姓有四冬、六冬和八冬；潘姓有五冬、六冬和七冬。

　　冬的主要职能在于设立本冬祠堂，供全体成员祭祀、会餐、订约、集会之用，也是全冬凝聚力的象征；制定族规禁约，作为全冬成员的行为规范；经营和管理全冬公共财产，作公益事业的开支、祭祀费用和助学金等等，请秀才拟出班辈诗，确定本冬各代字派。

　　冬有冬头，也称族长或款头，多为有钱有势的乡绅或德高望重的长者，不需经过选举或任命，而是自然产生。负责主持联宗祭祖活动、婚丧礼仪、分家析产、房地产典卖、调解纠纷、裁判离婚、处理孤寡遗产、按族规禁约执行奖罚，甚至将"不肖""孽子""败类"装笼溺水、结绳上吊等事务。各冬头依据会款公约处理纠纷，公约主要内容有：保护农作物，不准糟蹋和"眼见心谋"；不准为匪作盗、窝匿匪类；不准放火烧山；不准破坏水利；一村发生匪

---

① 王学萍主编：《中国黎族》，第111页。

警，本大庙各村必须群起救援，否则送官究治；不得勾姑嫖嫂；等等。①

从具体运行来看，仫佬族冬组织所制定的会款公约，对于保护正常的生产生活秩序、保障小生境的生态安全具有很重要的价值。可见，仫佬族的冬组织，不仅仅是一个同姓的宗族组织，而且是一个调节资源利用的社会组织。

5. 毛南族隆款组织

传统时代，环江毛南族村社里的成年男子定期聚会，推举村里办事公正、能说会道、有能力、有威望的老人为乡老，主持制定共同遵守的乡规，称为"隆款"。参加制定这些规约的一个或几个峒场、一个或几个村子，组成一个隆款组织。乡规定下以后，乡老就按照它调解和处理内部纠纷，维护社会安宁，保障社会生产正常进行，组织和领导对抗外侮等等活动。

在环江毛南族地区，隆款规约一般刻在石碑上，立于祠堂前面的道旁，提醒大家经常注意：不得到龙脉地开荒损坏风水，禁止到他人山林砍柴，禁止偷盗，误伤人命要罚款赔命，捉奸拿双罚男方的款，未婚而怀孕者打胎，并要男方向全村"安龙谢土"，祭神赔罪等等。②

从毛南族的隆款规约的内容来看，涉及土地利用、山林资源等内容。可见，隆款组织的确发挥着调节区域资源可持续利用的现实功能，在毛南族地区的社会经济发展进程中曾经发挥着积极作用。

（三）资源管理的乡规民约

在壮侗语民族地区，历史上曾广泛存在的传统社会组织，为了实现区域社会的有效治理，曾经制定过大量的乡规民约。这些乡规民约，或名之以"乡规""乡禁""禁约"，或称之为"条约""款约""公约"，都是乡土小生境范围内的行为规范，其条款内容丰富，凡偷盗、田园管理、山林管理乃至水资源管理等内容都有涉及，在很大程度上发挥了乡土社会中资源管理的功能。

1. 保护农林作物正常生长

对于乡土社会中的壮侗语族民众来说，保证他们生存需要的是粮食作物的正常收获，否则就只能饿肚子，难以维系民族的存续与发展。因此，在壮侗语民族地区的乡规民约中，有很多条款是保护农林作物正常生长的。总结来看，

---

① 本小节主要参考了广西壮族自治区地方志编纂委员会编《广西通志·民俗志》第167—168 页的有关内容。

② 广西壮族自治区地方志编纂委员会编：《广西通志·民俗志》，第168 页。

又可以分为两项专门内容：

一是防止牲畜践踏、毁坏。道光二十三年（1843），广西宜州市牛二潭村壮族订立的村规民约规定："凡有纵放牛马猪羊鹅鸭入田，头竹木柴草禾谷杂粮禾藁，又自谷雨起至寒露止，开坝塞沟，戽鱼盗水，放火烧牛坡草堆，入田捡取粪草，围地之竹次等项，□□□钱一千二百文。"[①] 通观该项内容规定，它涉及纵放牲畜、盗水、放火等数个方面，近十个村寨参与订立，并且得到当地地方官的支持和保证。宜山县洛东壮族乡约规定：牛马践踏人家禾苗者，除赔偿外，另罚款二毫；放火烧山者，小孩罚一元二角，大人罚七元二角。大新安平乡乙丑年（1925）民约规定：凡牛马羊食人田畲植物，经人验明，务须偿还，如不偿还者，当拿报局，罚铜仙三百六十枚。凡田间水坝，不许各人擅自开决，致伤稻禾。每年开坝时间，准定八月十五以后，方许开决，如有不遵者，查出罚铜仙三百六十枚。各村各家所养鸭仔，不准在别人田水放戏，只准在自己的田放养，亦不准乱开水坝，如有何人不遵者，查出罚铜仙三百六十枚，如有人来报告者，谢花红一百零八枚。[②] 龙胜县龙脊壮族光绪四年的《龙胜柒团禁约简记》规定："一、禁种土离粮，耕地于在牧牛之所，各将紧围固好，如牲践食者，照苑公罚赔补。一、禁种土杂粮之外，于在外界，如牲践食者，宜报牲主公平照苑赔补，不敢生事。"[③] 稍晚些的《龙脊地方禁约碑稿》也有类似的规定："一、禁地方至春忙栽种之际，各户不许放牛、羊、鸡、鸭踩食田禾，如有遗失等情，各将田苑赔苗，如有不遵，任凭送究。"[④] 与上述壮族地区相比，靖西县武平乡立录村的《乡规民约》碑记的惩罚则非常之严厉，其中规定曰："禾麦菜蔬，不得盗窃。山水生灵，不得浇药。丘木树林，不得砍伐……以上犯者，古例委置深潭，今例火烧。"另外还规定："禾谷黄熟，不得放猪……潭口食水，不得浣洗。田间水界，不得相争。"[⑤] 若有违反上述规定，则会罚钱三千，米、酒若干。

二是防止农林作物遭受偷盗。在广西龙脊壮族聚居区，道光二十九年（1849）制定的《龙脊乡规碑》专门规定曰："值稻、粱、菽、麦、□、黍、

---

①　谭耀东收集：《清·牛二潭村头村村规民约碑》，《宜山文史》1992 年总第 7 期，第 49 页。
②　广西壮族自治区地方志编纂委员会编：《广西通志·民俗志》，第 187—188 页。
③　广西壮族自治区编辑组：《广西少数民族地区碑文、契约资料集》，第 177—178 页。
④　广西壮族自治区编辑组：《广西少数民族地区碑文、契约资料集》，第 201 页。
⑤　广西壮族自治区编辑组：《广西少数民族地区碑文、契约资料集》，第 225 页。

稷、薯、芋、烟叶、瓜菜，以及山上竹木、柴、笋、棕、茶、桐子、家畜等项，乱盗者，拿获交与房族送官究治。"① 民国时期的乡约主要通过罚款的方式来制裁，如《龙脊地方乡约》（二）曰："一、偷盗园中或地土包粟、禾产粟、红薯、芋头、秆禾等物，一经拿获者，罚钱九千九百文。二、偷盗棕皮、茶叶、竹笋，一经拿获者，罚钱六千六百文。三、偷盗园中瓜菜、辣椒，罚钱三千三百文。四、偷盗杉木、柴薪及割围牛之草，一经拿获，罚钱三千三百文。……七、偷盗田中将熟之禾，不拘主人或外人看见者，应同罚钱九千九百文。"② 与清代的类似的防止农林作物遭受偷盗的乡约条款相比，以上条款不仅更加详细，还加重了罚款的数额，使得龙脊壮族乡约制度的威力更盛，更有可能维护了龙脊地方民众的农业生产安全。

这样的条款在侗族、仫佬族、毛南族过去的村规民约中也广泛出现过。三江侗族自治县广泛流传的《款约》的"六面阳规"之"三层三部""四层四部""六层六部"等均是有关偷盗的条款，如"六层六部"云："如果谁人的子孙……地角偷红薯，地尾偷豆角，园内偷白菜，田中偷萝卜。抓不得不讲，如果抓得哪个——肩上得担，背上得篓；筐里得青菜，篮里得豆角。瓜薯菜豆四两四，还要罚他喊寨敲锣。"③ 光绪元年（1875）制定的三江侗族自治县《马胖乡苗侗族条规》中就有很多相关条款："偷盗田禾，公罚钱四千四百文；偷盗茶籽，公罚钱四千四百文；偷盗棉花，公罚钱二千二百文；妄砍竹林，公罚钱一千二百文；偷盗鸡鸭，公罚钱一千二百文；放火烧山，公罚钱一千二百文；乱捞鱼塘，公罚钱一千二百文；乱放耕牛，公罚钱一千二百文；私买柴火，公罚钱一千二百文；偷盗柴火，公罚钱一千二百文；偷盗菜园，公罚钱八百文。"④

仫佬族地区同样流传着类似的会款禁约，如罗城仫佬族自治县四把镇大梧村清道光年间《禁约碑记》中明确规定："村内生理柴草，及岗内岭上所种生理等件，如有被贪心男女鼠切，在甲长处理，如抗不遵，许甲长送官究治。""村内各家收养六畜，自行照看检管，不得任其践踏毁坏，如被六畜伤残，原

　　① 广西民族研究所：《广西少数民族地区石刻碑文集》，第154页。
　　② 广西壮族自治区编辑组：《广西少数民族地区碑文、契约资料集》，第206页。
　　③ 吴浩主编：《侗族款词·耶歌·酒歌：中国歌谣集成广西分卷三江侗族自治县资料集（二）》，三江侗族自治县三套集成办公室1987年编印，第65页。
　　④ 民国《三江县志》卷10《附编·乡约》，台湾成文出版社1975年影印版，第751页；参阅三江侗族自治县志编纂委员会《三江侗族自治县志》，中央民族学院出版社1992年版，第902—903页。

主即禀甲长点验，去一赔二，而村亦不得借事生枝。如有行赶人六畜入田地，借甲款勒罚，查知论反坐罪，送官究治。"① 另据20世纪五六十年代社会历史调查，当地老人回忆的《五冬会款禁约》也包括类似内容：①不准偷盗为匪，不准窝匿匪类。②不准防火烧山，违者受罚，揭者受奖。③地方所种农作物不得眼见心谋。④不准把牛马放入田峒，不得破坏水利，不得引人之田水，以免损害庄稼。② 除了这些款约以外，同时耕种一个土岭的仫佬人还在每年五月初五那天到土岭集会，共同订立公约，会后共饮一场，然后再按户按人分发一小块猪肉。所制定的"土岭公约"被书写在木牌上，竖在路旁或三岔路口："立禁约款条事，窃闻朝廷有律法，乡党有禁约。法律不遵，则纲常扰乱。禁约不遵，则盗风易长。本村人居稠密，禾苗杂粮成熟林木果品丰富，各家大小男妇，不得眼见心谋，并及各家牛马亦不得踏践生理情弊，如有谁人牵牛踏践生理，偷盗一株一件，被人拿获者，公禀款头理论，赏给花红票×大元。众款告白，预字通知，各宜禀遵，勿谓言之不早也。花红票，即到即交，决不食言。"③

应该说，农林作物的正常生长，与壮侗语民族民众的生存和延续干系甚大。只有生产秩序得到保障，才能够获得充足的食物，维系小生境范围内家族、宗族、族群的延续和发展。

2. 保护风水和生态环境

壮侗语族民众大多崇尚风水，因此传统上对周围的生态环境非常关注，并制定了一些相应的习惯法和乡规民约。

壮族农村村寨旁边，桂南多种榕树或竹子，桂北多种枫木或松树等，名为"风景树"，是一村一寨美丽吉祥的标志，村民倍加保护，如有人乱砍滥伐，必遭众人追究。④ 龙胜各族自治县龙脊古壮寨的壮族乡民，为了保护山林，专门发布了与之有关的乡村禁约。其《团会禁山序》曰："盖闻天生之，地成之，遵节爱养之，则存乎人，此山林团会之所由作也。我等居期境内，膏田沃壤焉。我可以疗饥，翠竹成林，惜我由堪备用，否则春生夏长，造化弗竭其藏，朝盗夕偷，人情争于菲薄。"由此观之，山林团会乃是专门为保护山林而

---

① 广西壮族自治区编辑组：《广西少数民族地区碑文、契约资料集》，第243页。
② 广西壮族自治区编辑组：《广西仫佬族社会历史调查》，广西民族出版社1985年版，第155页。
③ 广西壮族自治区编辑组：《广西仫佬族社会历史调查》，第156页。
④ 广西壮族自治区地方志编纂委员会编：《广西通志·民俗志》，第186页。

组织的一种临时机构，它针对的主要是日益增多的盗砍偷伐现象。为此，该序最后倡导曰："资金以后，山有山无，必须谨守王章，会内会外，务要率循正道。倘唱山捕获，谁私卖容易，即属兄弟契戚之谊，理无二致；若有家庭朋友之辈，例应一同。于是规矩既严，应尔山林必盛。"① 虽然上述文献并未注明日期，但从其行文来看，似当立于清末时期。另据《广西少数民族地区碑文、契约资料集》，尚有另一件文献名为《复立团会序》，其中言道："团会置序久矣，其可思谊之笃，规例之严耳……而至若土田相（近），越界宜惩，山林蓄禁，盗砍当除……"② 可见，龙脊壮族还曾经多次建立类似的"团会"，试图通过这一类型的组织去摒弃歪风邪气，保护山林资源，维护农业生产安全。同属壮族地区，大明山脚下的上林县西燕乡朝克自然村，至今还竖立着中华民国八年（1919）的护林碑，其文曰："奉官面示，竖碑禁后。此岽土名亭毛，岽自我祖遗下历已数代，种树养育，蓄水灌养。那土名亭毛，数三十余丘田，以备旱年之计，永无他人斩木、放火、烧草，水出长流，田禾丰稔，国课不灵。突至民国八年，外人斩伐殊多，水源渐断，田禾枯色。迫不得已，经鸣总团甲村等历劝解释，两边不服。控到官长知事张，面断与我陆泰山，亭毛岽一所，留养此田。过后凡人不得入界内伐木、采茶、作畲。立禁碑警示于后，永不朽云。此岽上至口口为界，下至平田为界。碑竖之后，谁人私打石碑坏，谁人认证者，赏红钱七千二白文。岽禁之后，谁人私入伐木、采茶，谁人得赃认证，主赏红钱三千六百文。"这些乡规民约条款，的确在一定程度发挥了保护森林、蓄养水源、培植风水的重要功能。

侗族村寨，多有绿树环抱，或在寨头、寨尾和后山种有几十株参天的大树，多为枫、松、杉等，认为这是保住龙脉的神树。可以保佑全寨人畜平安，兴旺发达。习惯规定严禁砍伐，在附近挖墓坑不许伤害古树大根，违犯者，受敲锣游寨示众之处罚，并令其补种树木。年长日久，水土流失，有的古树大根露出地皮，众人即培土掩盖，使之枝繁叶茂。③ 三江侗族自治县广泛流传的《款约》的"六面阳规"之"四层四部"规定："讲到山上树林，讲到山上竹林。白石为界，隔断山岭。一块石头不能超越，一团泥土不能吞侵。田有田

---

① 广西壮族自治区编辑组：《广西少数民族地区石刻碑文集》，第 207 页。
② 广西壮族自治区编辑组：《广西少数民族地区石刻碑文集》，第 207 页。
③ 广西壮族自治区地方志编纂委员会编：《广西通志·民俗志》，第 186—187 页。

埂，地有界石。是金树，是银树，你的归你管，我的归我管。如果谁人——安心不良，安肠不善。扛斧窜山，扛刀窜岭，进山偷柴，进林偷笋。偷干柴，砍生树；偷直木，砍弯树。抓得柴担，抓得扁挑。要他父赔工，要他母出钱。跟随罚六钱，带头罚两二。"① 各村寨在每年农历二三月间举行的"约青讲款"集会上，也都重申这些规定，提醒人们要爱护山林。龙胜县侗区在 20 世纪三四十年代封山育林时期规定，谁砍生柴，除将柴火充公之外，还没收其刀、斧和扁担，屡犯者还要拘留罚款。因此，即使数百户的大寨，不出寨外半里路，就是茂密的山林。

毛南族在清道光十八年（1838）公议的《坡山乡协众约款严禁正俗护持风水碑》规定：

一、禁下林川一泽，不许私将药毒鱼虾，开坑泄水，以便打网。犯者，罚三十六牲安龙，绝不姑贷。

一、禁上林连坡一带，不许挖土打石，损伤龙脉。犯者，亦罚安龙如数。

一、禁坟山及初种田，定四月至九月止，凡牛、马、猪、鸭皆不许故意放纵，踏伤坟塚，踏害青苗，违者并（重）罚。

川原发自天一生水洞来，流过石崇沟，到孟郎潭，潆洄星宿池。湾包至下相泉，遂曲屈达下林太泽，正是奇观。况显有三级浪，可嘉尧岩龙门。第一级合水口，第二级大赉，第三级鱼登，三级乃变。则此潭实化龙之潭，朝宗之泽也，而可不宝重乎？故特示禁以培厚风水云。②

这样的规章，明确了封禁范围，确定了封禁目标，其惩罚措施也非常严厉，如果违反，需要罚 36 只（头）牲畜进行安龙。

其他如仫佬族、水族也都有类似的保护山林和风水的乡规民约。

3. 有效管理和利用水资源

水资源的分配与利用在壮族稻作农业生产中占有重要地位，因此除了某些

---

① 吴浩主编：《侗族款词·耶歌·酒歌：中国歌谣集成广西分卷三江侗族自治县资料集（二）》，第62—63 页。

② 广西壮族自治区编辑组：《广西仫佬族毛难族社会历史调查》，广西民族出版社 1987 年版，第 93 页。

约定俗成的用水办法以外，壮侗语族民众还专门制定水资源管理方面的规约条款，力图实现有效地管理、利用宝贵的水资源。

太平土州《以顺水道碑》详细地规定了水道的整修、管理和禁止事项：

> 一、年中修崩补洩，修整沟边，凡有田者，每家一名，照右例定。倘有违抗，禀堂治罪。
>
> 一、年中修整水道，每家出牛一只，犁耙各备。
>
> 一、沟边所有之大木小木，不论何人刊（砍）伐，枝叶连根收拾上堤，不准丢放沟中，以致壅塞水道。倘有不遵，查出罚钱七千六百文。
>
> 一、私行通碇洩取田水，与扎拦碇取水，以灌己田者，查出罚银三百六十文。
>
> 一、妄自倒碇偷取水灌，被人撞见、指证或被查出者，罚钱七千二百文。
>
> 一、私自扎拦碇水网捕鱼，或放鸭群崽者，查出罚钱七千二百文。
>
> 一、首初播禾（未）到二十日者，不准鸭群下田。倘若查出，罚钱七百二十文。①

以上七款"乡禁"中，前两款规定了修整水沟的具体事宜，后五款基本上都是罚则，针对的具体情况涉及壅塞水道、私取田水、捕鱼或放鸭群诸方面，所罚款项不可谓不重。饶是如此，该碑最后还再一次重申："凡有田者，必有碇口。若无碇口之田，而其田近于水沟，且卑于水沟，如妄造取水者，即将其人拉到堂案报，照章治罪，以田充公。凡碇界俱定章程，各有额数，总人多寡。各宜守旧制，毋得借私娄取数外。凡碇界之下，沟口相连，不得以此沟多下之地，而凿开取水沟之水。"②

在龙胜龙脊壮族聚居区，为实现水资源的有效管理和利用，村寨、联村寨和十三寨寨老组织制定了不少用水规约条款。道光二十九年（1849）的《龙脊乡规碑》中就有规定曰："遇旱年，各田水渠，各依从前旧章，取水灌溉，

① 广西壮族自治区编辑组：《广西少数民族地区碑文、契约资料集》，第6页。
② 广西壮族自治区编辑组：《广西少数民族地区碑文、契约资料集》，第6—7页。

不许改换取新，强塞隐夺，以致滋生讼端。天下事，利己者谁其甘之。"① 同治十一年（1872）颁布的经过官府认可的《龙胜南团永禁章程》规定："遇旱年，各田水渠照依旧例取水，不得私行改换取新，强夺取水，隐瞒私行，滋事生端，且听头甲理论，如不遵者，头甲禀明，呈官究治。"② 把这一条款与上述道光时的同类条款两相比较，就会发现：前者文字表述土语较多，后者就比较符合正常的汉语语法规则；前后两者前半款的文意是一致的，不同在于其处理办法，后者已经明确了这种争端的处理程序，把最初的处理权交给地方精英。光绪四年（1878）的《龙胜柒团禁约简记》进一步明确了用水争端的处理程序："禁天乾年旱，山奋田照古取水，不敢灭旧开新，如不顺从者，头甲带告，送官究治。"③ 这一条款把初步处理权交给地方精英，这就使纠纷及时有效地得以处理，保证了正常的稻作农业生产秩序，有利于维护壮族稻作文化的承继与发展。

　　与壮族一样，侗族、仫佬族同样非常重视水资源管理和利用，曾经制定和执行过一些区域性的乡规民约条款。三江侗族自治县广泛流传的《款约》"六面阳规·五层五部"规定："讲到塘水田水，我们按公时的理款来办，按父时的条规来断。水共渠道，田共水源，上层是上层，下层是下层。有水从上减下，无水从下旱上。水尾难收稻谷，水头莫想吃鱼。莫要让谁人——偷山塘，偷水坝；挖田埂，毁渠道；在上面的阻下，在下面的阻外；做黄鳝拱田基，做泥鳅拱沟泥；饮水翻坡，牵水翻坳；同上面争吵，同下面对骂；这个扛手臂粗的木头，那个抓碗口大的石头，互相捶打断梳子，互相推打破头壳；这个遍体鳞伤，那个鲜血淋漓，喊声哇哇，骂爹骂娘；捞手捞脚，塞水平基。我们要他水往下流，我们要他理顺尺量。要他父赔工，要他母出钱。"④ 罗城仫佬族自治县四把镇大梧村清道光年间制定的禁约中规定："各坝水沟，春夏秋冬四季，俱要取水灌养禾苗生理，如有不法贪心，私行撬挖屌鱼，截沟装筌，查知，甲长理处责罚，如抗不遵，甲长送官究治。"⑤ 这一条款没有具体的惩罚

① 广西民族研究所：《广西少数民族地区石刻碑文集》，第154页。
② 广西壮族自治区编辑组：《广西少数民族地区碑文、契约资料集》，第170页。
③ 广西壮族自治区编辑组：《广西少数民族地区碑文、契约资料集》，第174页。
④ 吴浩主编：《侗族款词·耶歌·酒歌：中国歌谣集成广西分卷三江侗族自治县资料集（二）》，第63—64页。
⑤ 广西壮族自治区编辑组：《广西少数民族地区碑文、契约资料集》，第243页。

规定，但赋予了甲长以执法者的地位，一定程度上对水资源的管理和利用是有助益的。

对于主要从事稻作农业生产的壮侗语族民众来说，水资源的重要性不言而喻，它不仅是水稻生长不可或缺的依赖，也是养鱼、养鸭所必需，对于维系传统的"饭稻羹鱼"饮食方式具有非常重要的意义。

4. 维护正常经济活动秩序

土地买卖是过去龙脊地方的正常现象。随着生产的发展，社会的分化日益严重，买卖土地的事就经常发生，20 世纪 50 年代社会历史调查组就搜集到很多这种地契。① 然而，买卖契约有时也很难解决某些田土纠纷，同时还可能出现租种一类的经济纠纷。为了维护正常的经济活动秩序，一些针对性解决经济纠纷的乡约条款就应运而生了。道光二十九年（1849）的《龙脊乡规碑》规定曰："田土山场，已经祖父卖断，后人不得将来索悔取补。今人有卖业者，执照原契受价，毋得图利高抬，如有开荒修整，照工除苗作价。"② 同治十一年（1872）的《龙胜南团永禁章程》规定曰："一、民间田土基业、山场等件，上前卖者，照依时价变卖，今卖今收，时迈时管，后人不得异言，翻悔生端，需索妄取，如有翻悔者，执照经官究治。一、讨佃种田地，务要上春勤力萎作，耘草洁净，不得晚迟，拖懒丢荒，至秋苗熟，须告田主均收纳谷，不得私行先取。如早已所卖之业，所凭田主或自耕或批佃种。一、买田基业，其田边向本有荒地草土，除地作价之外，或在内契务要批明在契方卖，请白买主，以好挖开耕土，以后不得异言。故意借端，如有妄索，头甲送官究治。"③ 这些规定进一步对不同情况予以区别对待，并规定了处理程序。以后，每制定联十三寨禁约，都有一些处理田土纠纷的条款，甚至到了民国年间仍然有类似规定："田产先年既经卖田立有断契，永不许赎，如先立当契方肯回赎，不得阻滞，钱主不得暗地私立断契，二比宜凭天理良心，免成巨祸，如有此等，应同处罚。"④

对于维护正常经济秩序，侗族、仫佬族、毛南族等其他壮侗语民族民众也

---

① 这种契约《广西少数民族地区碑文、契约资料集》中载有很多，如《卖断山场文契》（第 163 页）、《断卖山场契》（第 190—191 页）、《断卖菜园契》（第 191 页）等等。
② 广西民族研究所：《广西少数民族地区石刻碑文集》，第 154 页。
③ 广西壮族自治区编辑组：《广西少数民族地区碑文、契约资料集》，第 173 页。
④ 广西壮族自治区编辑组：《广西少数民族地区碑文、契约资料集》，第 206 页。

非常重视。中华民国二年（1913）龙胜平等侗乡民众有感于当时地方无赖私自将某山出卖给地主，影响到普通民众的生产生活，为此专门订立了《永定合约》，将该区域内的21处领土、公山一并列出，并议定了六款专门条约：

一、合约原以劝农开垦、促地方人民发达为宗旨。

一、众山所属，人皆得自由开垦。

一、倘有刁豪以众山作为私有者，全体对待。

一、桐、茶、棉、辣（椒）以及杂粮物等，限至十二月初一日方放款。

一、如在初一前乱捞者，作为盗论，公罚不贷。

一、不许乱放野火，倘有不遵，一经察觉，公罚不贷。①

这些条约涉及山地开垦、农林作物、山场买卖以及乱放野火，是一项较为全面的专门针对山场生产秩序的"合约"，对维护正常的生产秩序起到了突出作用。

仔细考察，不难看出，我们总结的上述三类壮侗语民族制度性传统生态知识基本上都是某些传统文化元素的制度化呈现，是对民族文化生态系统的维护和保障。其中某些类型的知识，迄今为止仍然在岭南壮侗语民族地区社会运行中发挥着重要功能。

三　表达性传统生态知识

表达性传统生态知识包括协调人与自然关系的宗教信仰体系以及体现在所有文化事象中的世界观与生态观，基本上都属于精神意识层面的内容。

（一）传统自然观

1. 敬畏自然，认为万物有灵

壮侗语诸民族均起源于百越系族群，过去曾普遍对自然界万物保持着足够的敬畏，认为世间万物皆有主管，有的是神灵，有的是灵性，反正都是"有秩序"的。故壮族、侗族、黎族等，皆崇尚万物有灵。

壮族非常敬畏自然，认为雷、雨、风、牛、蛙、蚂蟥、蛇、河流、深潭、稻谷、古树等各种自然物均具有灵性，都会引起人们的联想、崇拜、恐惧和信

---

① 广西壮族自治区编辑组：《广西侗族社会历史调查》，第243页。

仰。在壮族有关布洛陀的神话传说中，记载着动植物怪异现象的三百六十怪和七百二十妖，均将所提到的自然物、动物、植物描绘得跟人一样有感情、有头脑、会说话、分善恶，甚至像人熊婆或牛变婆那样能装扮成外婆来蒙人。① 南宁市武鸣区和马山县部分地方的壮族民众认为，不但有生命的东西是有灵魂的，即使是没有生命的东西，如果它与人们的生产生活密切相关，也被视为有生命的、有灵魂的。如牛有牛魂，鸡有鸡魂，就连稻谷、芭蕉等植物也被认为有灵魂，即谷魂、芭蕉魂等。这些自然万物像人一样有思想，有喜、怒、哀、乐、好、恶、欲等感情。② 由于万物有灵，死后变成鬼，人们有时非常恐惧，形成了很多生产生活禁忌。如在一些壮族地区传统上流行"谷雨忌火"的农事禁忌，谷雨这天不准在屋外烧火、吸烟，相传天神正在造雨，如果烧火、吸烟，会使雨神受伤而无法造雨，从而造成干旱。

侗族民众认为，山、水、花、草、鸟、兽、风、雨、畜禽、雷、闪电、巨石、太阳、月亮、土地、树、洞穴，甚至对生产生活影响较大的桥梁、井等，都有某种神秘的力量在操纵，从而将它们视为神灵并加以崇拜。由于对这些自然物非常敬畏，因此形成了许多禁忌：太阳、月亮光辉熠熠，人们的生产生活离不开它们，因而不能手指太阳、月亮，不能面对太阳、月亮随意大小便，不能咒骂它们，否则神灵会动怒、庄稼会歉收、人畜多病多灾。每逢戊日和"土王用事"日，不能动土，并要给予专门的祭祀；建房盖屋得择吉日祭祀土地神后，方可动土挖基，完工后还要"谢土"。农历四月初八是牛的生日，禁止用牛犁田，否则会触怒牛神。立春忌响雷；春雷后每隔12天为忌雷日。③

黎族对自然非常敬畏，认为自身与周围的自然界之间有着亲缘关系，认为云、雾、雷、风、雨、石、树、火、水以及一些动植物等都有一种不灭的"灵性"，人们要对其保持足够的敬畏，才能够得到护佑，保证族群的延续与发展。比如昌江、白沙、东方等地的哈方言黎族对"风神"非常敬畏，如果走在路上突然被"黑旋风"劈头盖脸地袭来，他们认为是"风鬼"在作怪！因此，无论是大人或小孩碰到"黑旋风"，回到家后都要请"鬼公"查鬼，然

---

① 梁庭望：《壮族文化概论》，广西教育出版社2000年版，第451—452页。
② 吕大吉、何耀华主编：《中国各民族原始宗教资料集成：土家族卷、瑶族卷、壮族卷、黎族卷》，第485—486页。
③ 杨筑慧：《侗族风俗志》，第136—137页。

后杀小鸡祭祀，并将小鸡丢到庭院前的牛栏或猪栏外面。[①] 同时，各个支系的黎族流行许多生产禁忌，就是人们对未知力量敬畏的缘故。比如五指山市番阳镇一带的黎族，如果在山上看见死猴子，则意味着将会生病，因此回家须祈祷保佑；如果遇到穿山甲，也意味着会生病，回来后则要杀牲祭祖；如果牛角自动脱落，需杀该牛"做鬼"，否则家里将遭横祸。[②]

仫佬族、毛南族、水族民众传统上也都对自然界万物非常敬畏，认为世间万物有灵，要求得神灵保佑，不得随意触犯。应该说，这种对自然的敬畏，主要还是起因于人们认识能力不到位，无法解释一些通常的自然现象，因此才逐渐神秘化。这样的敬畏，事实上体现在生产生活的诸方面，反映了人们对自然界的初步认知。

2. 顺应自然，强调尊重规律

对于初民来说，自然是强大的，面对风雨雷电等自然现象，人们无可奈何；为此，人们只好强调顺应自然，从万物运行中发现规律性的东西，正是这种日积月累，才为人类适应自然和在一定程度上改造自然提供了强大的知识武器。

龙脉观念是岭南壮侗语民众民间普遍存在的一种风水信仰，其本身就体现了顺应自然的思想，希望通过借助自然的地势地貌和山林将自然的气运转借给人类，从而实现家庭幸福、人丁兴旺、升官发财。壮族民间流传有"祖坟葬水口，世代出王侯"之说，还流行"村寨龙脉正，人畜两旺兴"之语。为此，传统上，壮族乡村普遍盛行寻吉地、找龙脉，以图得到龙脉的护佑，可视为顺应自然的一种表现。毛南族民间传统上流行的"安龙谢土"仪式，起因则是当地民众认为土地的龙脉不正，影响了人丁家畜兴旺，因此，才需要大量祭品取悦"龙"：小的安龙需要鹅一只、猪仔一头、鸭两只、鸡十二只共 16 件牺牲；大的安龙需要黄牛一头、猪四头、鸭四只、羊一头、鸡六十只共 70 件牺牲。[③]

在顺应自然的同时，岭南壮侗语族民众认识到自然现象变化的规律性。黎族民众根据自然变化的规律来安排农业生产，并且将这种生产程序形成了系统

① 海南省地方志办公室：《海南省志·民族志》第一章"黎族"第七节"宗教信仰"，海南史志网，http://www.hnszw.org.cn/xiangqing.php? ID=61569，2019 年 3 月 2 日访问。
② 中南民族学院本书编写组：《海南岛黎族社会调查》上卷，第 177—178 页。
③ 广西壮族自治区编辑组：《广西仫佬族毛难族社会历史调查》，第 164—165 页。

性的知识。这种知识反映在黎族民间广泛流传的《十二月农作歌》和昌江黎族的观测天气法中。东方市八所镇一带流传的《十二月农作歌》云："一月芒果斗寒潮，二月木棉花儿笑，三月开始种苞谷，四月抓紧种坡稻，五月水稻播好种，同种山兰莫忘掉，六月秧苗绿青青，七八九月种薯好，十月收割好水稻，十一月犁田赶早造，十二月修理排灌沟，流水悠悠迎春到。"① 简简单单的歌谣将一年中的主要种植作物与季节都交代得很清楚，表明了当地黎族民众对周围自然的深刻认识。昌江黎族根据季节变化，从实践中观察自然现象，按掌握的规律预测天气变化，用以指导生产和其他活动。他们可以根据天象、山岭、水、疾来预测天气，如夏天早上天气骤然变冷，山雾浓重，又没有打雷，黄昏则天色变红，闷热，这是将要刮风下雨的征兆；如果这种情况在冬天出现，说明冷空气要来了。再如根据山谷变化来预测，如果山发出呼呼的响声或云雾盖了半岭腰，就是要刮风下雨的征兆。②

应该说，壮侗语族民间流传的很多的自然崇拜案例，都表明了人们对自然的顺从，希望得到其庇护。同时，在进行生产活动时，人们又在长期的观察和总结中发现了一些自然运行的规律，从而用来指导自己的生产生活活动。

3. 改造自然，发挥人的能动性

人类在从猿到人的转变过程中，一直发挥着自身的能动性，利用一切可能的手段来适应自然，同时在漫长的历史过程中，根据自身的生存发展需要，发明了农业和畜牧业，从而改变了地球的基本面貌。岭南的壮侗语民族同样不例外，其先民在岭南大地的长期活动中，创造了光辉灿烂的稻作文明，发展了独具地方特色的各种文化。这种勇于改造自然的精神，在壮侗语族民间也一直在流传着，特别清晰地反映在民间流传的很多故事、歌谣和神话传说中。

壮族民间认为，人的力量智慧能够战胜天然的自然灾害，战胜洪水大旱。这种思想在很多故事传说中都有反映，《特康射太阳》和《岑逊王》等故事集中反映了壮族民众改造自然、发挥主观能动性的思想。《特康射太阳》讲的是特康为了拯救人类于干旱之苦，弯弓射箭，射落了十一个毒太阳，战胜了干

---

① 中国民间文学集成全国编辑委员会、中国歌谣集成海南卷编辑委员会：《中国歌谣集成·海南卷》，中国 ISBN 中心，第 86—87 页。

② 王裕延：《昌江黎族风情习俗》，《昌江文史》1993 年第 5 辑，第 171 页。

旱，使地里的禾苗回青，并获丰收。岑逊王为了解除人类受洪水之灾，劈岭开河，疏浚洪水，最终战胜了洪水灾害，人们得以安居乐业。① 再如在《万物分工》神话中，人类主动要求玉皇给予生活出路，将原来的牛、马、猪变成人类的家畜，也是改造自然思想的一种表现。

黎族民间也流传很多反映人们改造自然、发挥主观能动性的谚语、歌谣和民间故事。如陵水黎族地区流传的谚语："五月水溪流，七月没水洗犁；九月耕高坡，十月种低洼。"在这则谚语汇总，"五月水溪流，七月没水洗犁"既是自然规律，也是陵水黎族民众对自然能动的认识；而"九月耕高坡，十月种低洼"，则是人们长期改造自然、利用自然的经验总结。在民间故事《擒龙》中，恶龙经常作恶，不仅夺走人们的家禽家畜，而且连人命也葬身龙腹。面对这样一条恶龙，黎族人民不是听天由命，而是充分发挥主观能动性，邀请各个寨子的代表一起想法子除掉恶龙。最后，人们选用十多种毒药，终于将其除掉。同类的故事还有《台风的传说》《毛感石洞的传说》《七指山传说》《七女峰》等，都表达了黎族民众对大自然美好的向往以及战胜大自然的神奇故事。

诸如此类的传说、故事和歌谣，在岭南壮侗语族民间还有非常多，可谓是屡见不鲜。它们都说明了岭南壮侗语族民众善于发挥自身的主观能动性，千方百计改造自然、利用自然，为族群的延续和发展提供物质保障。

（二）传统自然崇拜

自然崇拜是壮侗语民族对天体、无生物、动植物等自然存在物的崇拜，它是直接协调人与自然关系的宗教信仰体系。在本小节中，将壮侗语各族民众对万物有灵的崇拜、自然神的崇拜以及图腾崇拜，统归为广义的自然崇拜。为了叙述的方便，下面将从天体崇拜、无生物崇拜、植物崇拜和动物崇拜四个方面进行论述。

1. 天体崇拜

天空浩瀚，日月星辰闪耀天际。壮侗语族民众对这些天体的运行非常感兴趣，在长期观察的过程中，发现了其运行的某些规律，并和农业生产结合起来。由于无法控制天体的运行，不得已将其神秘化，形成了多样化的天体崇拜文化。

---

① 潘其旭、覃乃昌主编：《壮族百科辞典》，第218页。

（1）天崇拜

天，或称天神、天帝，甚至是后来的玉帝，是控制着大地上一切事物的主宰，祂高高在上，掌控着人间福祸，因此，在岭南壮侗语民族地区过去曾非常盛行，以多种方式出现。

左江流域一带的壮族民众认为，人世间的好坏、福祸和众生的寿夭、贵贱，都是由天来主宰的，所以，他们对天顶礼膜拜、虔诚祭祀。传统上，每年春节，家家户户都在门口的空地上祭天。届时，先在门口安置一张供桌，然后在上面陈摆祭品，一般有猪肉、粽子、煎糍粑、两碗米饭、三五杯酒，随即一家之主焚香三炷，向天神拜三拜，祈求天神庇护全家人畜平安、五谷丰登。新中国成立前，一旦发生田地、园地、宅基、山林以至道路纠纷，双方相争不下，村里的老人无法调解争端，上告官府又无判决，这时双方往往会约定一个时辰和一个地点，各自杀一只鸡，煮熟后，拿来摆在即将赌咒的地方，并上香，然后双方跪在地方，对天赌咒、发誓，誓曰：田是我的，若不是，将日后遭雷劈……对天赌咒，望天来裁决、惩治坏人。[①]如龙州县壮族民间广泛流传的《天地分离》《万物分工》《万物食谱》《日吃三餐》等神话故事，都出现了天（玉帝）的形象。

黎族对天十分敬畏和崇拜，祭拜天鬼的仪式多种多样。人们认为每当天鬼发怒，使人肚痛、腰痛、发冷发热、眼病、脚肿等，要备羊、牛各1头，由常与天鬼打交道的道公、娘母祭天鬼；下种的前一天，同一宗族的人家要请"鬼公"祭天鬼，杀1头小猪求天鬼保佑；山栏稻苗长到1寸（约3.33厘米）高时，要进行鸡卜。杀鸡前，先在山栏地旁边搭一小木架作为祭坛，上放5碗饭、5碗酒、5张白色纸钱、1只小公鸡。道公做法事，并念道："天呀，请你下雨吧！"美孚黎地区结婚时，用大猪两头置于门口两旁，需饭团15个，门外放1头小猪，由道公口念："天呀！保佑新郎膝下发财。"若婚后无子，就将男女衣服并排放在门口外，念着天鬼，并杀黄牛或猪，求天赐子。合亩制地区的黎族未长牙齿的婴儿如上身发热、下身冷、不吃奶、哭而不睡，就请道公、娘母作（祭）"天狗鬼"保佑平安。东方市一带的美孚黎传统上有"祭天"习俗。每年农历正月（春节后）第五天，是固定祭天的日子；平常如果久旱

[①]　吕大吉、何耀华主编：《中国各民族原始宗教资料集成：土家族卷、瑶族卷、壮族卷、黎族卷》，第499页。

无雨，影响农业生产，也要杀牛祭天。祭天之日，全村所有的锣都要集中到"奥雅"（老人）家里，"奥雅"在临时搭起的祭棚前做法事，全村人站着听、看。"奥雅"家里还设有一面大皮鼓，人们边敲锣打鼓，"奥雅"边随着锣鼓声的节奏念咒语、跳舞。"奥雅"先歌颂"天神"，后敲击"木鱼"，向天神呼道："地上已经久旱无雨了，天神请您下雨吧！"当"奥雅"说天上已经答应下雨了，人们就杀牛（水牛），将牛角挂在榕树上，一边插一根青竹枝，上面挂四团棉花，意思是棉花乃天上之物，竹子则可以当作"天梯"，天神可以沿着天梯下凡取走祭品，这样天就会下雨了。①

在一些壮族、仫佬族、毛南族地区，天崇拜与雷崇拜合二为一。因为在这些地方的民众看来，天上是由雷王掌管的，因此主要流行的是对雷王的崇拜。

（2）雷崇拜

在某种程度上，壮侗语族民众的雷崇拜是天崇拜的衍生物。一方面，雷电属于恶劣天气，可能带来严重的灾难，曾经给先民们带来严重的困扰；另一方面，雷电又与降雨密切地联系在一起，因此，有关雷的崇拜在天体崇拜中自成一系，形成了独具特色的雷崇拜文化。

由于壮族民间认为雷王掌管降雨，如果人间得罪雷王，他就不给人间雨水，天就会大旱，禾苗枯干，颗粒无收；同时又普遍认为雷王会惩罚做了伤天害理之事的人，因此对雷王具有敬奉和畏惧两种心理。在有关"布洛陀"的神话中，雷王是老大，蛟龙是老二，老虎是老三，布洛陀是老四。布洛陀安排天地万物，用火把雷王烧黑，并且轰到了天上去，成为"天界之王"。② 左江流域一带的一些壮族乡村，传统上还建有雷王庙，神台上设有香炉，每逢节日，人们会给雷王烧香供祭，以求四时风调雨顺、五谷丰登。每当久旱不雨、烈日似火、禾苗枯槁之时，人们便认为是雷王作怪，需要祭祀雷王神。于是，村中父老便向各家各户筹集资金。资金筹集完毕后，派人去买一只大羊和酒肴，以祭祀雷神。其祭祀过程是：羊煮熟后，由村里较有威望的四个老人各拿着羊的一只脚，抬放到一张四方桌上，羊头要向东南方位（传说雨从东南方向来）。接着，老人们就在羊头前摆五至七个小酒杯并斟上酒，两碗米饭放置

---

① 吕大吉、何耀华主编：《中国各民族原始宗教资料集成：土家族卷、瑶族卷、壮族卷、黎族卷》，第668—669页；参阅海南省地方志办公室《海南省志·民族志》第一章"黎族"第七节"宗教信仰"，海南史志网，http://www.hnszw.org.cn/xiangqing.php? ID=61569，2019年3月2日访问。

② 潘其旭、覃乃昌主编：《壮族百科辞典》，第325页。

两边，点上三炷香，之后就请巫公或师公做法事。巫公或师公在念完经后，祭祀雷神、祈求雷神降雨，仪式就告完毕。全村一家一人为代表集中会餐。在会餐中，人们不得讲对雷神不敬的话。①

美孚黎地区的雷王崇拜与壮族地区类似：一方面，雷公掌管降雨，如久旱不雨时，人们就要以村为单位举行隆重的求雨祭祀仪式，地点一般选择在荒坡孤树之下。全村集资购买一头公牛作为祭品，各家一名男性村民参加，自备酒水米饭。求雨仪式由巫师主持，要念诵经文，在此过程中，要打大锣击大鼓，轰隆之声，惊天动地，让雷公闻声而至，接受百姓供奉，降雨解救旱灾民众。同时，人们认为雷公鬼还司管人家生儿育女、人生福祸，故在结婚时也要祭拜。另一方面，人们认为雷公可能会带来不详，有时会举行呕骂雷公的仪式：在人们经常活动之处，一株枝叶茂盛的大树突然枯黄而死，或者被雷电击裂、击断树木，都认为是雷公生气发怒所致。若属公共地方的大树，由村民集资购买一头中猪祭祀；若属私人的树木，则由个人出资购买。仪式由巫师主持，他会念诵鄙视、谩骂雷公鬼如何丑陋的语言，意为蔑视雷公鬼，将雷公鬼丑化骂臭、骂怕，它就羞得难以再来。此外，供品只能在野外吃完，吃不完的也要倒在野外，认为是恶鬼煞神吃剩的东西，带回去会污染村庄。②

与美孚黎不同，陵水一带加茂方言黎族，传统上有所谓"标雷鬼"禁地的习俗，即以几个村寨为单位选择的一块荒野，辟为祭祀"标雷鬼"之地。他们在这块地方用小木、树枝、瑞草叶等材料搭盖一间简易的小房作为祭祀之所，其中设有祭坛。如果谁无意中踩踏了这个禁地，认为在十天内必然发病，招致瘫痪。祭祀此鬼，需要杀猪、鸡，供酒、饭等祭品，搭三至五层台架，高1.5米、宽1米，扎1把稻草并点燃后挂在台侧。祭毕后即将所有供品当场吃光，如拿回家则会恐惧引起旧病复发。③

仫佬族也有部分民众崇拜雷王。据1953年中南民族事务委员会和广西民族事务委员会联合调查组的调查：罗城县七区大银村（今东门镇中石村大银屯）和二区大新乡（今四把镇大新村）的仫佬族民众非常信奉雷王，并且立有专门的雷王庙；一区章罗乡（今东门镇章罗村）的罗、潘两姓仫佬族民众

---

① 吕大吉、何耀华主编：《中国各民族原始宗教资料集成：土家族卷、瑶族卷、壮族卷、黎族卷》，第504页。
② 符兴恩：《黎族·美孚方言》，第135—136页。
③ 高泽强、潘先锷：《祭祀与避邪——黎族民间信仰文化初探》，云南民族出版社2007年版，第185页。

只知道有雷王，但没有立庙，平常也不祭拜。大银村的雷王庙，又称"侯王庙"，据说雷王是管雨水的神，有三只眼睛，天旱时便要向祂求雨。每年农历五月初五是其诞期（大新村是谷雨日，章罗村是六月初六），届时，全屯民众集体到庙里祭拜。大银屯仫佬族民众传统上一年要祭祀雷王四次：第一次在五月初五，第二次在六月初一，第三次是七月十三，第四次是十二月二十四。传统上，都要杀牛来祭，五月初五祭时还要插五色旗。①

毛南族也非常崇拜雷王，传统上认为祂是专司行云降雨的一种恶神。传说在清末以前每遇旱灾求雨时，要举办用小孩活祭雷王的仪式；后来才改用牛肉。祭期不定，一般与祖先同时在家中祭拜。② 环江毛南族自治县下南乡南昌屯的毛南族民众传统上十分惧怕雷王，认为雷王不仅主管天上的雷电风雨，而且还掌管人间善恶，谁若冒犯了雷王或多行不义，不仅天不降雨，造成干旱，而且还会被雷电轰击，命丧黄泉。③

此外，壮侗语民族的天体崇拜还表现在对太阳、月亮、星星等天体的崇拜上，限于篇幅，这里就不再展开了。

2. 无生物崇拜

（1）水崇拜与水神信仰

水崇拜和水神信仰，用来应对人们在取水、用水和保水过程中出现的感情、心理、认知上的种种困难与挫折、忧虑与不安，从而形成了与水有关的宗教信仰等文化特质。这些文化特质广泛分布在各个不同的岭南壮侗语民族聚居区，是壮侗语民族民众自然崇拜的有机组成部分。

壮侗语民族地区江河纵横，井泉众多，水源丰富。由于壮侗语民族及其先民生活在水乡之中，在这些民族的民众看来，自然界的变幻莫测都是神灵作用的结果，因此他们认为每一条河流、每一处山泉、每一片池塘都有水神栖息其中。④ 在壮族人民的心目中，存在着河流水神、山泉水神和池塘水神 3 种水神。⑤ 靖西市的壮族把水神称为"召淰"，把司管河流的水神称为"召大"，把

---

① 广西壮族自治区编辑组：《广西仫佬族毛难族社会历史调查》，第 209—210 页。
② 广西壮族自治区编辑组：《广西仫佬族毛难族社会历史调查》，第 49、161 页。
③ 匡自明、黄润柏主编：《毛南族：广西环江县南昌屯调查》，云南大学出版社 2004 年版，第 448 页。
④ 覃彩銮：《壮族自然崇拜简论》，《广西民族研究》1990 年第 4 期。
⑤ 吕大吉、何耀华主编：《中国各民族原始宗教资料集成：土家族卷、瑶族卷、壮族卷、黎族卷》，第 509—510 页。

司管泉水的水神称为"召布"。① 龙胜壮族群众认为饮用之井水、泉水皆为水神所赐，否则人被渴死，庄稼无收。故而每到农历除夕、大年初一清晨，都要用香穿几张纸钱插于井旁泉边，向井神致谢，乞求常年涓流不息。八字缺水的人还拜寄水神为"寄爷"，大年小节都去祭祀，将祭祀之米饭或米粑拿回来给拜寄人吃。② 东兰县壮族有很多水神传说：有的说是水的灵魂化成，人触怒了水，或是火命的与水相交，要受到水神惩罚；有的说是死于水里的人、兽灵魂变成，人在他们死难的地方下水，常被拖去替代其苦难；还有的说水神就是犀牛，壮语叫"图额"，它是水中最大的怪物，会造水淹没人间，会阻塞源流干裂田地。总之，水神可怕，人若尊敬它，就可避免灾祸，否则就会灾祸临头。

据研究分析，壮族民众围绕水崇拜和水神信仰所举行的宗教活动，可分为三类。

第一类是年节、节令的定期性祭祀活动，这类祭祀活动与其他类型的宗教活动无重大差别，只是演化成民俗性的祭祀，即遇节而祭祀的活动。比如田林县壮族群众几乎每个月都要祭祀河神。凡过节，必须祭祀河神，尤其以正月初一和七月初七这两次特别隆重。祭河神多以家庭为单位，且多是妇女的事情，男子很少参与。妇女们清晨来到河边，在平时常挑水洗衣的地方祭拜，意思是求河神保佑，希望河神赐给禽畜魂灵，赐给人们神灵的水③。再比如云南富宁、广南、西畴等县壮族人民，农历三月属龙日这天，太阳出山时，由寨中有威望的老人带头，青年男女抬着煮熟的整鸡、整鸭、腊肉、五色糯米饭、水酒等随后，在寨旁的水边祭祀。祭祀时，众人面水而立，由老人点香。主持的人均为男性。主持祭祀的老人在活动中一般是向水祈祷，感谢水神庇护村民，没有发怒，触发滔天大水淹没庄稼或房屋，希望水神在新的一年里继续给予庇护。祭祀的参加者多为老人和年轻人。带着小孩的妇女不能参加，害怕小孩在祭祀当中哭泣，不吉利。参加的人不准交头接耳，保持肃穆。一炷香完，祭祀活动即告结束，人们开始在水边用餐。有些地方溪流较小，人们食用后要在水

① 吕大吉、何耀华主编：《中国各民族原始宗教资料集成：土家族卷、瑶族卷、壮族卷、黎族卷》，第505页。

② 吕大吉、何耀华主编：《中国各民族原始宗教资料集成：土家族卷、瑶族卷、壮族卷、黎族卷》，第510页。

③ 吕大吉、何耀华主编：《中国各民族原始宗教资料集成：土家族卷、瑶族卷、壮族卷、黎族卷》，第511—512页。

源头清理河道，祈求消除洪灾和终年清水不断。[①]

第二类是灵活性的祭祀，多系功利性很明显的祭祀活动，比如：为求雨而祭水神，为久雨成涝而祈祷水神收雨，还有的是为病人求魂，用衣物及祭品向水神讨回病人之魂的祭祀活动。东兰县壮族民众认为池塘水神司管山塘水池起落，所以一到枯水时节，村民需奉献米酒、小猪、香火等祭品，由村老、墨公深夜到池塘边敬祭水神，求它"堵漏水""捉水獭"，保护人畜饮水不缺。山洪暴发时，则请它"拦洪护堤""排水封鱼"。[②] 德保县大旺乡峒内村后山脚周围有泉数眼，而以后山泉出水最大，因此当地村民立庙设水神牌位来祭祀，祈保泉水常流，五谷丰登。[③] 水神有时又被称为龙神或龙王。龙州县一些地方遇到天旱时，就请魁公向龙王求雨。举行求雨仪式时，魁公们要念经两天两夜，烧大量的纸钱，然后用一片大树叶盛上清水，拿到山坡上立杆挂起，由魁公用小尖棍将树叶戳穿，使清水淋下，象征下雨。都安县高岭一带的壮族则举行集体拜庙盛典，杀狗杀猫取其血，涂在鲤鱼身上，然后将其丢入水潭，意思是让它到龙王那里察报，龙王就会降雨。环江县城管乡壮族"打龙潭"习俗与之相似。天峨县白定乡的壮族认为降暴雨是龙王翻身，要敲鼓打锣，并且把春节杀猪留下的颗骨烧成灰向着天空撒去，认为大风雨就会停止。[④]

第三类是专门为水神固定日期举行的祭祀活动，这类活动往往会成为一年之中最重要的宗教活动之一。靖西县鹅泉每年三月三举行的"喊布"（壮语译音，即对水神的祷祭）活动较为典型。这一活动由屯中的四大姓氏各推出一名年高德望者作为祭师，组成祭祀的核心小组，召集各户捐出资金、米粮、柴薪等供祭祀使用。在祭祀当日，把约二百斤的米煮熟后装入箩筐内。正式祭祀活动开始时，先是由屯中的杨姓长老出来对泉水宣读祷祭词文，接着由祭师们抬上煮好的米饭放入竹筏，划到泉眼处，这时，锣鼓震天敲响，人生喧哗沸腾，祭师们口中默念咒语，手中不断地将竹筏上的米饭撒入泉水中。由于鹅泉

---

① 吕大吉、何耀华主编：《中国各民族原始宗教资料集成：土家族卷、瑶族卷、壮族卷、黎族卷》，第511页；潘其旭、覃乃昌主编：《壮族百科辞典》，第333页。

② 吕大吉、何耀华主编：《中国各民族原始宗教资料集成：土家族卷、瑶族卷、壮族卷、黎族卷》，第510页。

③ 潘其旭、覃乃昌主编：《壮族百科辞典》，第332页。

④ 覃彩銮：《壮族自然崇拜简论》，《广西民族研究》1990年第4期。

每年都要举行这样的祷祭活动，因此这天也成为泉中鱼儿的节日，它们纷纷跃出水面，争相抢夺人们撒下的祭品。是日，人们禁止使用水族动物，就是在平时，当地人也不能在泉眼一带捕鱼。祷祭水神的活动在固定下来后，其征兆被用来占卜年岁的吉凶，民间因此流传有"鹅泉水清百姓宁"的谚语。①

　　除壮族外，岭南其他壮侗语民族也同样盛行水崇拜和水神信仰，体现在民族文化的各个层面。侗族认为许多急流险滩有"水神"，因而从事水上运输、靠放竹木排或撑船为生者，每次远航都要供肉、献酒、焚香、烧纸祭祀，祈求得到护佑；在船上进餐时，不准将脚悬于水中，更严禁把筷子架于碗上，以免触碰暗礁而翻船毁排。② 黎族同样对水非常崇拜，有水浮神、落水神等，常祀以鸡蛋、猪头等。在美孚黎的传统婚礼中，其中一个环节就是"吃水"仪式。即婚宴结束后，在新郎家举行。届时，在新郎家门前把凳子摆成四方形，新郎的祖父母、父母、伯叔、姑婶、哥嫂等辈分的亲人们依次而坐。新娘从河里挑回一担新水，手拿一个碗，从辈分大的长辈开始，依次给所有入座的亲人敬捧上一碗水，被敬的人接过碗喝一口"新水"，同时并说"媳妇新水真香甜，甘似蜂蜜，香如熟芭蕉。愿新人甜甜蜜蜜，白头偕老"等赞誉新娘、祝福新人幸福美满的祝词。③ 仫佬族大年初一清晨有"买新水"的习俗。鸡啼时分，家庭主妇争先到河边井边，先烧香拜神并投数枚硬币于水中，然后将水挑回，家中老小则于家门口守候，待新水挑进门时，每人喝一碗新水。传统上认为，初一的新水圣洁吉利，人吃了能祛病延年，猪吃了可快长肥壮，用来染布布发亮，用来熬酒酒不酸，用来煮饭饭菜香。④

　　此外，形形色色的"龙王"信仰、"求雨"仪式以及"竜林""竜山"崇拜等也跟水崇拜和水神信仰之间有着密切的联系，即使是享誉中外的铜鼓文化，也与水文化有着密切的关系。

　　（2）土地崇拜

　　土地崇拜是一种复合形式，主要是指对土地这种无生物因素的崇拜。一般来说，崇拜的对象是土地公、土地婆或土地鬼，后来，逐渐与社王崇拜合流，

---

①　吕大吉、何耀华主编：《中国各民族原始宗教资料集成：土家族卷、瑶族卷、壮族卷、黎族卷》，第 506 页。

②　三江县民委编：《三江侗族自治县民族志》，广西人民出版社 1989 年版，第 84 页。

③　符昌忠等：《东方黎族民俗文化》，华南理工大学出版社 2017 年版，第 353 页。

④　广西壮族自治区地方志编纂委员会编：《广西通志·民俗志》，第 310 页。

在一些地方往往整合在一起进行供奉。作为壮侗语民族最为普遍的自然崇拜形式之一，土地崇拜在不同的地域和不同的民族中既显示出相似的一面，也表现出了一定的区域和民族特色。

壮族民众普遍盛行土地崇拜，几乎每个村庄都建造有自己的土地庙。壮族地区的土地庙多建立在村寨前路边地势稍高的土坡上，一般都用砖砌瓦盖成一间小屋，内竖立一石表示为土地公神位。但各地的神坛形式和祭祀礼仪却不尽相同。如上思县那满一带各村前的土地庙为宽高各约一米的小屋，墙壁正中贴一张红纸，表示为土地公神位。当地壮人认为，土地公为一村之主，而且神力无穷，既能驱鬼消灾，保护全村人畜平安，又能使风调雨顺、农业丰收，故对之虔敬崇拜。每月初一和十五，各家各户都自带猪肉、酒和香纸等，到庙中祭拜土地神；全村则于二月社节杀猪宰鸡，集体祭拜土地神，即每年一小祭、三年一大祭，祈求土地神保佑。如果当年获得丰收，在秋收后的11—12月间举行庙会，备上丰厚祭品，酬谢土地神。环江县龙水一带的土地庙则建立在村头，庙宇为一见方的砖瓦屋，内设神台，上立两块长条奇形石头，并披挂一块红布或红纸，表示为社公神位。每年农历十二月除夕，全村集体举行祭祀社神活动（每户派一年长男子参加），祭祀这一天，各家先把猪肉交给管庙者，让他送到山上。然后各人自带米和酒；不参加者，也要送祭品在庙前摆上五个地席，祭拜结束后，就在庙前聚餐。①

在笔者进行田野调查的宁明县爱店镇那党村一带，人们认为大榕树和土地庙所供奉的都是土地公，每逢农历三月初二，村民们带着整鸡、猪肉、糯米饭等集中到大榕树这里祭拜；每逢正月初二、五月初四，就携带整鸡、猪肉、粽子等祭品集体到土地庙祭拜。祭拜仪式由村里专门管土地庙的道公主持，道公会先上到大榕树去点三支香，斟五杯酒，再念经请神前来，作法期间会杀一只活鸡，让鸡去给他们带路。祭拜土地庙和祭拜大榕树请神的时候念的词不一样，两位土地公来的路程不同，父亲比较远一点，儿子来的路程比较短些。做完这一系列程序之后，各户代表就可以按到的先后摆放自家的祭品，等各户代表都到齐，祭拜仪式正式开始，燃的香烧完三分之二就可以收东西，准备进行聚餐仪式。据当地师公讲述：

---

① 覃彩銮：《壮族自然崇拜简论》，《广西民族研究》1990年第4期。

正月初二祭拜土地庙是先拜完，不放鞭炮，等拜完吃完回去，专门管村（屯）里的土地庙的道公再要烧香给自己的祖师爷，请他们再吃一顿，之后专门管土地的道公先放三炮，村（屯）里的人才可以放鞭炮。他朝哪边放鞭炮，你就要向哪边放，现在傩演还是这样的习俗。十月初十的祭拜是感谢他保佑我们一年的风调雨顺，作物得以收获，同时祈求他来年也能这样风调雨顺。正月是新春祈福，五月是求雨求水，十月就是感谢他这一年的保佑和求平安，出入平安，六畜兴旺。①

可见，无论是何时祭拜土地神，其目的都是求得风调雨顺、出入平安、六畜兴旺，保护的是整个社区的安宁与祥和。

三江侗族村寨村头寨尾随处可见土地公祠。人们认为，土地公掌握着一个宗族，能决定宗族内每个家庭的命运。逢年过节，各家各户杀鸡杀鸭，煮熟后作祭品，先拿到各自宗族土地公祠烧香烧纸敬祭后，才拿回去给家人食用。②比如在笔者调查过的林溪乡高友侗寨，寨脚、村头、桥头、路头，到处都有土地庙，其中，以鼓楼底土地庙规模最大，逢年过节前去祭拜的也最多。家中有结婚、生孩子的，一定要到那里祭拜，就好像到派出所登记户口一样。祭拜时，要带三牲、香纸等。值得注意的是，不仅本寨民众要祭拜土地公，邻村寨子有人来到高友进行文艺会演、芦笙比赛的都要烧香、烧纸钱，请求土地公保佑一行人平安无事。一般来说，外村来对歌的，在对歌完毕之后，还要有一节请这些神灵："小鬼去坟墓，神灵去庙堂，老鹰、喜鹊归老巢。这首歌唱到这，明年××再相会。"在龙胜平等侗乡，寨旁、桥头、亭边、山坳口等地方，大多建有砖砌或石板砌造的土地小庙。小庙内部或写有"本境土地之神位"，或不写神位，仅有木雕或石雕的神像。为了祈求家庭兴旺平安，大多数人家逢年过节都给土地神烧香斟茶敬祭，也有拿煮熟的公鸡或猪肉、酒献祭者。平日准备出远门，路过土地庙时也叩首作揖，祈求路上平安。③

黎族对土地本身的信仰，在原合亩制地区称作"土地鬼"，既是一方土地之主，也是村寨的保护神。乐东排齐村侾黎的土地鬼供在村西南的密林中，用石

① 广西民族大学吴晓同学 2018 年 7 月 26 日的田野日记，受访者是 HY，男，69 岁，那党村那党屯道公。
② 吴桂贞主编：《三江民族文化小词典》，第 89 页。
③ 陆德高：《平等侗寨史》，第 80 页。

板搭一小屋，内供一石块，代表着土地鬼的形象；东方市中兴村侾黎也建有专门的土地庙，有神龛，其上供两块石头，绘雕成男女人形，代表着土地鬼夫妻——土地公、土地母，庙门上贴了对联。[1] 东方市美孚黎认为土地公能保佑全村风调雨顺，人畜平安。如有天灾、虫灾、流行病、瘟疫等，都要祭拜土地公。因此，村头设有土地公的神位，大的村要建庙，称之为"土地庙"或"土地公"，但大部分只有一个神龛。土地公的形象，有的是一个泥塑的小人，有的是一块卵石，都用红布包裹着。发生灾难时，人们都要杀牲祭拜，小灾杀鸡，一般灾难杀猪，大灾难宰羊。每年除夕、正月初一、清明节、端阳节、七月十四、十一月初七，或有械斗、流行病时，全部宗族的男子都拿鸡或猪头、糯米饭、酒到土地公那里祭拜，由"奥雅"在土地庙前作鸡卜和笶杯卜，请求"土地公"保佑全村人丁兴旺、多获猎物、谷物丰收。如果耕牛丢失，则要做笶杯卜，请求土地公帮助找回耕牛。结婚时，新娘过门到男家的村边时，新郎家备猪头一只、猪肉一块奉献给土地公，"奥雅"在土地庙前做法事，作笶杯卜。[2]

其实，这样的土地崇拜在岭南壮侗语民族地区是普遍存在的，毕竟土地不仅是人们立身之所，更是生计所系。再加上土地公不仅是一村之主，而且还扮演着保护神的角色，特别是在某些地方与社王的神职合二为一，其重要性更是大大增加，以致有的地方还为其设立了专门的"土地公节""土地婆节""土主节"。

（3）山崇拜

岭南地区多山，人们认为其中有神灵在掌管，因此，传统上非常崇拜，欲进山狩猎或砍山，必祭祀山神，从而形成了丰富多样的山崇拜。

广西东兰居住在石山地区的壮族民众，世代靠山生活，崇拜山神之风较为普遍。山寨人家往往会在山脚下敬一巨石，立为山神。当地民众认为，山神管山令严，树木不听话，它就呼风折树弯树，甚至让其枯死；鸟兽逞凶，它就呼冰雹降临，捣毁其巢穴；人若乱喊乱叫，污言秽语，它就投石，给人灾祸。年初岁首，全寨乐捐钱物，购买山羊、酒肉、香火等祭品，举行大祭山神，请魔公来到巨石前向山神"讨"平安，男女老幼围坐四周，但孕妇不得参加。期间，魔公代替山神问道："你们山丁百姓来讨钱财、求富贵，我已开口答应

---

① 李露露：《热带雨林的开拓者——海南黎寨调查纪实》，第362—363 页。
② 王学萍主编：《中国黎族》，第161 页。

过，怎么又来呢?"众人则俯首答曰:"得过钱财富贵，还要安乐吉祥。"魔公又问:"安乐吉祥也赐你们过了，还要什么?"众人说:"我们要谢你大恩，报你大德!"接着，众人敬香献酒，杀羊就餐。平时，人们在上山之前都要面向山神方向默念两句:"山神有灵，保奴平安。"遇到石崩或跌山伤亡事故后，七天内主家或寨主要向山神"认罪""求情"，备办鸡、鸭、狗、小猪、山羊五牲祭品，请魔公诉述伤亡者"罪过"，赎回伤亡者之苦难，祈求不要株连他人，不再重演此类悲剧。一家举办者，户主兄弟参加；全寨举行者，每家户主一人参加。①

广西环江壮族认为，山神是管野兽的，狩猎时若设坛祭祀，猎手就不会空手而归，坛点多选在村坳外的井边溪畔有单株大古树或稀疏古树丛的地方。立定坛点仪式，壮语叫"固儿"。猎手们筹款备办祭品，要杀鸡鸭各六双共二十四牲来祭奉。祭祀毕，就地吃光祭品。嗣后一旦有猎物信息要出猎时，发起人吹响哨子，众猎手手拿武器，带上猎狗，到设坛地点集中。猎获的野兽，都要抬回设坛地点，拔毛、剥皮、烹煮，先祭奉，然后举行猎宴。猎肉均汤煮白斩，忌干炒加料，必须用竹筛或簸箕盛兽肉用餐。举行猎宴时，凡过往行人，见者有份，吃完为止。②

同在环江毛南族自治县，下南乡南昌屯的毛南族人因为长期生活在群山绵延、山势巍峨、奇峰耸峙的山地环境中，对高山奇峰幽洞有着深切的感受，并赋予种种吉祥的名称和神奇的传说，故而生发出深深的崇拜之情，认为对于吉山的崇拜会给他们带来好运。村民们将村后的松潭山视为"后龙"，将村西面的岜盖山视为"青龙"，都有神灵生活其间。因此，人们对于山上的一草一木一石都小心保护，不敢乱砍、乱伐、乱动，生怕因此招致灾祸；村里还制定有严格的村规民约，严禁砍伐树木，违者严加惩罚。对于村前方形似笔架的大山，人们也非常崇拜，认为该山可以保佑村民子弟读书成才。③

而在海南黎族地区，当地民众称山神为"山鬼"，无论是入山狩猎，还是上山砍山栏，都要先祭祀山神。每年正月初二（有的在正月初五）开展祭祀

---

① 吕大吉、何耀华主编:《中国各民族原始宗教资料集成:土家族卷、瑶族卷、壮族卷、黎族卷》，第513—514页。

② 吕大吉、何耀华主编:《中国各民族原始宗教资料集成:土家族卷、瑶族卷、壮族卷、黎族卷》，第513页。

③ 匡自明、黄润柏主编:《毛南族:广西环江县南昌屯调查》，第446页。

山神活动，黎语叫作"开寨"，即开寨门之意。届时，村中的长者在寨门口立住，左手持剑，右手拿青枝。他挥动青枝连呼三声"打开寨门"，然后用青枝象征性地扫周围空间，边扫边向山里走去。在山脚的岔口处，早已有人事先准备好祭山鬼的酒肉。长者走到那里就下跪，唱诗歌赞颂山鬼，祈求山鬼保佑人们进山顺利，回归平安，仪式结束后，人们就可以放心进山了。黎族民众认为，山林中的飞禽走兽都受"山鬼"管辖，要捕捉猎物，只有得到山鬼授意的狩猎首领——"俄巴"的带领才能捕捉到。狩猎之前，"俄巴"要进行鸡卜或蛋卜，以定吉利；捕获后，要用猎物举行祭祀仪式，将猎物的下颚骨挂在家里屋门顶上，俗称"兽魂"。在选择山栏地时，头人要到深山密林举行祭祀仪式，在山栏地里插木棍，盖上树叶，口念祭"山地"的咒语，并做筊卜或鸡卜；烧山前，将一点米撒在小块砍好的山栏地上，请"山鬼"保护火力和风向；挖穴点播后，要在山栏地周围插上用稻秆和破布扎成的草人，据说因为它是"山鬼"的化身，可以抵御野兽的侵袭。[①]

此外，东方市江边地区的黎族对能预报天气的山峰极为崇拜。由于黎族村落都在山峰脚下，而人们认为山是凶险的，但它又能给人们提供生活资料，因此对山既怕又崇拜。有的山峰在天气变化时，会发出某种征兆，村里人会据以判断天气。如山峰被整块云雾盖住，人们就认为是山神戴帽，是山神要下雨了；如山腰被整块云雾拦腰环绕，就认为山神束腰，是要有大风的征兆。因此，对这样神奇的山峰，村民们要不定期地杀猪祭拜。[②]

其实，山崇拜同样在岭南壮侗语民族地区非常普遍，这与他们所生活的自然生态环境有着密切的关系。人们既要从山中获取衣食住用行各种生产生活资料，又感觉无法掌控，其中充斥着难以预料的危险，因此，总是渴望有一种力量能够帮助人们去战胜未知，掌控山林。

3. 植物崇拜

植物是人们生产生活资料的主要来源。野生植物已经归入了山神管理的范畴，与人们关系更为密切的是各类栽培植物，而这些植物的生长与繁殖，有时是人们难以掌控的，甚至会发生灾难性的后果。因此，岭南的壮侗语族

---

① 吕大吉、何耀华主编：《中国各民族原始宗教资料集成：土家族卷、瑶族卷、壮族卷、黎族卷》，第671—672页。

② 吕大吉、何耀华主编：《中国各民族原始宗教资料集成：土家族卷、瑶族卷、壮族卷、黎族卷》，第671页。

民众总觉得有一种神秘的力量在掌控着植物，这就是各类植物精灵或神灵。为了获得丰收和护佑效果，人们对古树、禾神等进行祭祀，希望得到丰厚的回报。

（1）树崇拜

树崇拜与树神信仰，是以大树或大树集中的山林为祭祀对象，以祈求保佑人畜禾苗安全为目的的信仰和祭祀活动。在壮侗语族民众崇拜的大树中，多数是大榕树、木棉树、枫树、龙眼树之类的树种。

广西东兰壮族认为树木有神灵。村边、坳口或水边都生长有老古树，根深叶茂，延年益寿，因此壮家又称之"保命树"或"保寿木"。如果遇有小孩体弱多病，则将其八字书写在红纸或木板上，贴到或插在古树上，认树作"寄父""寄母"。认亲仪式要在初一、十五太阳出山时举行，由小孩的父母或祖父母一人提一篮红糯米饭、三个鸡蛋、一斤熟猪肉及一壶米酒前往树下供祭；另一人则抱小孩到树下，将八字红纸或木板挂于树上，并教小孩对树叫喊三声"寄父"；供祭者则躲在树后，回应三声"寄儿"，表示古树答应收下管教。接着，三人吃祭品，与树同餐共一家。最后，由小孩插三炷香火于树根，手带一炷香火拿回家。如果家有小孩啼哭不止的，老人说是"命干""命瘦"，要找古树护佑。逢初一或十五，用小木板写上"天皇皇，地皇皇，我家有个夜哭郎，今靠大树得阴凉，一觉睡到大天光"。把木板钉在树上。所用祭品与祭拜方式与上述相同，仅对话有别。先是由大人藏树后问"哭不哭"三声，然后一大人代小孩回答"不哭"三声。壮家人觉得"人靠树保护，树安人更安"。因此，如果年成大丰收，就会杀牛敬树。一般在农历十月初一或十五举行。这天清早，全村寨男女穿着一新，围坐树下唱"树歌"，插香火，烧钱纸，烟雾腾腾。此时，村老牵一头公黄牛绕树数周，魔公随后打小铜铃，念唱道："老树面向东方，枝叶繁茂根长。一年四季平安，千载百姓吉祥。树有神灵长寿，人有神树安康。今时牛来朝拜，今日人来歌唱。"接着，魔公扯下三至五根牛尾毛，挂在树枝上。后生将牛杀死，就地立灶，办理"树餐"。男女老少围坐树四周，狂欢吃牛肉。席间，一面吃喝，一面唱歌。至夜，人们举着火把，打着铜鼓，在树下唱歌跳舞，一直闹到鸡叫黎明。①

---

① 吕大吉、何耀华主编：《中国各民族原始宗教资料集成：土家族卷、瑶族卷、壮族卷、黎族卷》，第518—519页。

　　田林县壮族所崇拜的神树多是大榕树或龙眼树。他们认为神树是神圣不可侵犯的，因此，不管任何人，都不能乱砍、折树枝，更不能砍挖树根，不能讲树的坏话，否则就是触犯神树，不仅违反者受惩罚突然生病或死去，或变痴呆、发疯等，而且全村屯人畜的生命也遭受威胁。不仅不能侵害神树，还要祭拜神树。祭拜多由妇女进行，分为定时拜和临时拜两种。定时拜是每过年节都要拜，比如农历正月初一、二月初二、三月初三、四月初六、五月初五、六月初六、七月十四、八月十五、九月初九、十月初十，是一年中的主要节日，每到这些日子的傍晚，各家主妇都会带上一斗米，香、宝纸、酒杯及其各节日做的主要食品，到大树下去祭拜神树。到大树下后，先是手持点香（炷数为单数），朝树拜三拜，后插在树下的神台上，然后拿出酒杯（个数亦为单数）摆放在香炷后，往杯中斟酒，完后拿出食物祭拜。稍候片刻，就点燃火纸，一边烧一边念念有词："有榕树有龙眼树，有榕树保村，龙眼树保地，保养鸡鸭碍脚，养猪狗碍腿。有低的，有高的，低树保子孙，高树保公婆，保公婆平安，保子孙富贵。"念完后，拿起神台上的酒杯，将酒慢慢地倒在火纸灰上，就算祭拜完毕。临时祭拜，多是因小孩生病而拜。小孩生病，被认为是触犯了神树而遭到惩罚，这时，就要带上祭品和病人的一件衣服，过程和定时拜一样，把衣服放到神台上，请求树神饶恕，希望神树归还小孩的灵魂，让小孩恢复健康。[①]

　　南宁市武鸣区西北部和马山东部的壮族民众亦有类似的信仰，他们把这种受到特殊保护的古树称作"祖宗神树"，以木棉树、榕树和枫树最为普遍。由于神树能保护人畜禾苗的安好，因此，如果谁家的新生儿经常体弱多病，经算命先生按生辰推算，若这小孩五行缺木，便需拜寄树木为"契父母"予以补全，方能消灾消难，顺利长大成人。算命先生同时会指出哪一天是吉日，应该在吉日当天去拜寄。在小孩父母选定所拜寄之神树后，即在地上摆开祭品，点香、斟酒、向神树作揖，祈求神树保佑小孩长命无灾，然后就烧纸钱，倒酒杯里的酒在纸灰上。从此以后，这棵树就成了小孩的保护神。小孩病了，由其父母到神树根底下，用酒菜等祭祀神树，祷告保佑小孩身体健康、生命安全。之后，用刀剥下神树的一些表皮，拿回去熬煎当药与小孩吃。逢年过节，也要置

---

　　① 吕大吉、何耀华主编：《中国各民族原始宗教资料集成：土家族卷、瑶族卷、壮族卷、黎族卷》，第520—521页。

办祭品祭祀神树。直到十八岁成年，对神树的祭祀才结束。①

三江侗族认为，神树会说话，通人情，有灵性，能镇妖驱邪，庇佑人类，是村子的保护神。因此，对于这些神树或风景树，既不能砍伐，也不能售卖。如果砍了卖了的话，村子里就会遭殃。在独峒镇盘贵寨西南角和林略寨西边，就耸立着两棵香樟古树，被当地村民视为"树神"。树根处围绕着各色小布条，是祭树时留下的信物。当小孩或大人身体虚弱多病时，去请教法师，法师一般指点某某家去祭树。傍晚前往祭树时，父母会携带一条鲤鱼（或一块猪肉或一只公鸡）、五根香以及若干纸钱。祭祀前，事先要从被庇佑者经常穿的衣服上扯出一根丝线，用侗布或新布包好，祭祀完毕后，将这块布与丝线绑在被祭祀的大树上。如果是法师偕同前往，则会念诵祭词："现在来祭祀您，把您当作我（或小孩、大人、全家）的父母双亲，从今以后，您就要保佑我（我们一家人），您活到多少岁，我们家里的儿女就活到多少岁！……现在您这棵大树当了我们的父母双亲，您要来保佑：一保三阳开泰，二保福寿增加，三保八大吉祥，九保长生富贵啊——举杯吧，我们身体健康啦！"②

保亭黎族认为，大树是有灵魂的，并且能够养育人类，因此他们对大榕树、箭毒树、漆树以及椰子、菠萝蜜、槟榔等果树非常崇拜。当地黎族认为，村边的大榕树枝叶茂盛，不仅是祖先鬼、神仙休息的地方，也是妖精鬼怪的活动场所。而箭毒树之所以受到崇拜，是因为它会变成妖精，保城什立村口有一棵三人合抱、十几丈高的箭毒树，当地人认为，每当暴风雨来临时，它就想变成妖怪害人，因此人们在树干上钉了很多马钉、铁钉，这才把这棵树的"魂"镇住，使其无法变成妖怪。此外，当地黎人认为，各种果树也有树魂，为使果树魂不游荡、多结果，会于农历大年三十在椰子、菠萝蜜、槟榔等果树上贴片红纸，祝树魂安定，多为主人结果。③

罗城仫佬族民间认为大树、古树有灵，因此流行"契树护生"的习俗。如果一个新生的命带魁罡的火命孩子，找不到合适的木命人选来作为契娘契爷

---

① 吕大吉、何耀华主编：《中国各民族原始宗教资料集成：土家族卷、瑶族卷、壮族卷、黎族卷》，第519—520页。

② 张泽忠等：《变迁与再地方化——广西三江独峒侗族"团寨"文化模式解析》，民族出版社2008年版，第313—317页。

③ 吕大吉、何耀华主编：《中国各民族原始宗教资料集成：土家族卷、瑶族卷、壮族卷、黎族卷》，第673—674页。

护生，就需要以属性为木的树代替。认大树、古树作契娘契爷，需要正规的拜契仪式，除了贴一张红方纸到树干上外，还要准备酒肉、糖果、米饭等祭品拿到契树旁边供奉，烧香、烧纸、点蜡烛。供奉之后，还要祭拜契树，在旁边撒点酒、肉、饭，整个拜契仪式才算完毕。以后逢年过节（尤其是每年的农历正月初二和八月十五），都要备上香火和祭品，供奉"大树契娘契爷"，直到孩子长大成人、成家立业，对契树的供养才告一段落。契树在护生过程中扮演拟人化的契娘契爷角色，保佑着孩子健康成长。①

毛南族民众对于生长在特定地方的大树格外崇拜，认为它们是神树，是鬼神栖留之处，不得动该树的枝叶以及它周围的一切植物，不得随意接近、砍伐，甚至不能对它撒尿、拉屎，否则会因触犯树神而受到惩罚，轻则大病一场，重则丧命。② 如在环江下南乡南昌屯前的小溪流边上，就生长着两棵枝繁叶茂的大榕树，被人们奉为神树，全体村民自觉爱护，任何人不得乱砍乱折其枝。在村东面约200米溪流边的树丛中，也有一棵大树，同样被奉为神树。不仅无人砍伐，就连其四周的其他杂树也无人敢去砍伐，故而形成了茂密的树丛。③

水族同样盛行树崇拜，认为神树是保佑村寨平安的神灵，如南丹县龙马屯原来就有一棵名为"菩萨"的大树，受到很多人的祭拜；即使是大树仅剩树根，也仍然香火不断。更为独特的是，当地水族还盛行"梁树"崇拜，认为梁树是"房神"所在。由于梁树的神圣地位，所以其砍伐有很多规矩：一是多选择杉树，不仅要求粗细合适、树干挺拔、未遭雷击、没有鸟啄和虫眼，而且还要求四周生满小树木，象征子孙兴旺、后继有人；二是要杀公鸡备酒肉举行祭树仪式；三是请父母健在、子女众多的人择吉砍伐；四是要根据主人家房屋方位和主人的八字来推算倒地方向，确定后才能砍伐，树落时的朝向和预期的方向不符视为不吉利；五是梁树倒地后，禁止人畜跨过，严禁说不吉利的话；六是树倒地后要用"银子"在树上"打印"，有的人家还要在树上画黑白鱼相套的图案，然后用红布包住树的中间抬走，认为可以使建房人家财源

---

① 熊晓庆：《山乡树韵——广西民间森林崇拜探秘之仫佬族》，《广西林业》2013年第12期。

② 谭自安等：《中国毛南族》，宁夏人民出版社2012年版，第133页。

③ 匡自明、黄润柏主编：《毛南族：广西环江县南昌屯调查》，第447页。

广进。[①]

壮侗语族民众传统的树崇拜和树神信仰，是跟他们的生产生活密切相关的。"有林才有水，有水才有粮。"这早已成了壮侗语族民众历来传承的古训。正是因为有了森林的存在，才保障了这些地区丰富的水资源供应，也保证了稻作农业生计方式的延续和发展。壮侗语族传统的树崇拜和树神崇拜是其稻作农业生产得以持续和发展的思想保证，它体现的是壮侗语民族传统世界观中"天人合一"的生态文化理念。

（2）禾崇拜

壮侗语民族都是稻作民族，因此不论何处何种地形状态的民众，都盛行禾崇拜和禾神信仰。在某些壮侗语民族地区，有时也称之为"祭禾神""拜谷神""祭谷魂""敬秧神""祭田神"等。然而，不论何以称呼，都基本上是围绕稻作农业生产进行，目的都是获取当年水稻的大丰收。

在壮族民众看来，稻谷的起源跟始祖神布洛陀、麽渌甲有着密切的关系，正是他们指点壮族先民获得谷种，并指点人们赎谷魂保丰收。《壮族麽经布洛陀影印译注》详细记述了这一颇具传奇色彩的神话故事：

> 天地形成，稻田、池塘密布，人类有了生存的基本条件。后来神农造出稻谷，人们四月拿去播种，五月插秧，八月水稻成熟。可是种出的谷粒像柚子一般大，谷穗像马尾一般长，用禾剪割不了，用扁担挑不动，虽然种出了稻谷，却不能供养天下。一场大雨引发洪灾，洪水滔天，淹没了天下所有的平地，只有郎老、敖山等大山未被淹没，天下所有的动物、稻谷都堆积到这些地方。九十天后，洪水消退，混沌神、盘古重新造田地、百姓，造成三百六十种稻谷、造人三百六十姓，定穷人富人，划分出府县。由于稻谷留在郎老、敖山等高山上，用船和竹筏都运不回来，天下仍有人没有米吃，以野菜、茂草充饥，面色饥黄，很多人饿死。村老寨老们商量，决定派鸟和老鼠去运回稻谷。鸟和老鼠虽取到稻谷，却只顾各自享用，躲到深山老林不再回来。始祖神布洛陀、麽渌甲指点，人们制造鸟套、鼠夹抓回鸟和老鼠，撬开它们的嘴巴取出稻谷，发给全天下人耕种。

---

① 玉时阶等：《现代化进程中的岭南水族——广西南丹县六寨龙马水族调查研究》，民族出版社 2008年版，第 225、125 页。

稻谷成熟，谷粒仍像柚子一样大，人们用木槌来捶，用舂米杵来擂，谷粒裂开，变成稗谷、小米、糯谷、粳谷、籼谷等谷种，人们把谷种播遍水田、旱地、山顶、斜坡，运粪去施肥，开渠引水灌溉，头顶烈日耘田。待到八九月，禾苨不抽穗，抽穗不结粒，人们烦恼忧虑无比。布洛陀、麽渌甲指点，稻谷魂已消散，安神龛赎谷魂，秧苗就长高，稻谷就饱满。人们遵循祖公教诲去做，果然稻谷丰收，人们开始有余粮，天下繁荣兴旺。从此，人们世代传承布洛陀创制的赎谷魂仪规，谷魂消散就赎回，赎回谷魂保丰收①。

虽然上述神话故事颇具传奇色彩，但在广西壮族自治区左右江流域和云南文山壮族苗族自治州民间至今仍流传类似的经文故事。不唯在故事中如此，赎谷魂仪式仍然活在现实中。壮族民众相信，稻谷有神灵，有自己的魂魄，如果稻作农业生产遭受挫折，那是谷魂消散的缘故，这时候就要请求麽公施法赎回谷魂，以便获得农业生产的大丰收。

不少地区的壮族民众认为稻谷不仅具有灵魂，而且还有专门的神灵来管理稻作农业生产。他们称之为"禾神""谷神""谷子娘娘"等。比如广西崇左、扶绥一些村屯的人过去认为，稻禾有神灵，因此，每年的三、四、六月，从播秧到插秧，都要给禾神祭祀。三月初三，时值下秧，人们事先做好糍粑。在把糍粑拜在秧田边后，一边插秧，一边祈祷，求禾神庇佑秧苗长齐。四月插秧前，人们杀鸡祭田，传说是为禾神下田开路。六月初六，每家都要杀一只鸡去拜田。在拜田时，拜者先用秧苗两三兜膜拜，祈求今年丰收。同时，还在田边插一些小花旗，并焚烧纸钱，以示人们对禾神的崇敬。② 隆安县乔建镇博浪村一带壮族认为，是女神娅王给人们送来了黄澄澄的稻种，并教会人们种植和收割水稻的技术。为了感谢娅王，人们尊之为"稻神"，并将她的生日六月初六作为专门的"芒那节"（又称"稻神节"或"那神节"）进行祭祀。每年的农历六月初六一大早，村民们便开始杀鸡宰羊，张罗着祭祀娅王的用品。准备就绪后，村民们用扁担挑着熟鸡、羊头、猪肉、米酒等祭品，走到自家稻田中

---

① 张声震主编：《壮族麽经布洛陀影印译注》（第一卷：译注部分），广西人民出版社 2003 年版，第 220 页。

② 吕大吉、何耀华主编：《中国各民族原始宗教资料集成：土家族卷、瑶族卷、壮族卷、黎族卷》，第 516 页。

开始祭祀活动，祈祷稻神保佑稻穗丰满。祭完稻神后，村民们又广邀亲戚朋友到家里做客，共同欢度节日。

有些地区的壮族民众为了求得好收成，甚至认为种植稻谷的田地同样有神灵护佑，因此一年中多次祭拜。田林县壮族大年初一就要带上一炷香、一对宝纸、一个鸡蛋到田头祭拜田神：先点上香，插在田头，再点燃宝纸，同时口中念道："请田神保佑，不给禾病虫，不给稻枯死；保旱谷满山顶，保稻谷满垌，穗大如马尾，好过下三垌、上五垌，人人都爱它。"念诵完毕，即把鸡蛋分成两半，先将一半放到香炷下敬奉田神，另一半自己吃掉，就算祭拜完毕。① 广东连山壮族则在农历六月初六祭拜田头神，壮话称为"拜久那"，同时也被称为"尝新节"。由于过去壮族地区抵挡自然灾害的能力很弱，经常因遭受风灾、水灾或病害而失收，壮族乡民便认为是得不到田头神庇护所致，因此在采摘新谷时，总要在田头跪拜一番，祈祷得到田头神多多保佑。②

侗族同样认为稻谷生长由神灵来控制，因此传统上流行"敬秧神"的农耕仪式。在每年谷雨后的第五天午后，各侗族村寨分别按照古老的规矩，以两鸡头作为祭品；傍晚，各家备公鸡一只、猪肉、粑粑、豆腐、香纸等，携锅碗来至河边，挖一火坑并架铁锅煮稀饭，然后，在沙坝上铺垫稻草行祭。祭时，敬献一用纸折叠而成的牛打脚，祈求秧神保佑耕牛春耕季节健壮，五谷丰收。祭毕，合家老小围圈而坐，共进野餐。③

合亩制地区的黎族民众认为，稻谷是有灵魂的，称作"稻公""稻母"。每当播种那天，亩头独自先去秧地做一些象征性的播种动作。他小心翼翼，防止鸡叫犬吠，纵使遇见熟人也不吭声，唯恐惊动地鬼。插秧前，亩头先去插几株被称为"谷魂"（汉译为"稻公""稻母"）的秧苗。及至稻谷成熟时，他又把另外四株稻谷捆扎在一起，中间放着几个小饭团，感谢地鬼的恩义。当亩头的妻子去田间接"谷魂"时，边捻边念咒语："谷魂回来，鸡犬避开，平安回谷仓。"稻公、稻母收回以后，要放在亩头家谷仓的最底层。平日，亩头和其他人都不敢也不愿意把它拿出来吃，更不能拿出来借给人家或做他用。按照传统习惯，合亩的

水、旱田所产的粘米稻，留出的稻公稻母全部归亩头支配；所产的糯米稻，留出的稻公稻母，则全部酿酒，供在生产开始和生产结束时合亩成员共饮。①

广西水族崇拜"米魂"，撒秧前、收获后均要祭祀，祈求其保佑禾苗生长。撒秧前，用竹笋、鸡蛋、米饭到田间去敬奉；插秧、耘田完毕后，要用猪肉、米饭、香去敬奉，并将一张白纸和几根鸡毛捆在小木条上插于田中。收获后，于十月初十请鬼师"收米魂"，令其休息。届时，要用猪肉、鸡、鸭肉去敬奉，并将五谷的谷穗（如粘米、糯米、高粱、玉米、糁子等）用红纸条捆好，插在一碗糯米饭里，放在盛满谷米的箩筐上，三天以后拿到即可。②

其实，壮侗语民族及其先民之所以盛行稻崇拜与稻神信仰，是有其独特的文化背景的。从民族心理来说，壮侗语民族作为稻作农业的创造者，历来重视稻作农业生产，更容易视稻作为其立身之本。有些壮侗语族先民即使迁到了高山地区，仍然想方设法开造梯田，从事传统的稻作农业生产，由此足见稻作对壮侗语民族大众心理影响之深，亦足为稻崇拜提供了民族心理基础。与此同时，稻谷不仅是壮侗语族民众的生活必需品，更是节日祭祀始祖神、祖先神以及自然神的必需品。在社会生产力尚不发达的时代，壮侗语民族及其先民难免遭遇风灾、水灾、旱灾或虫灾，而这些有时是人力难以控制的，因此他们只好寄希望于"稻神"、"谷神"、"禾神"或"田神"，希望这些神灵能够帮助稳定生产秩序，夺取稻作农业生产的大丰收。

此外，一些壮侗语民族对花、竹子、葫芦、棉花、芭蕉等植物都有一定的崇拜情结，甚至于认为自身与这些植物之间存在亲属关系，将某些植物视为民族的保护神，在事实上已经超越了普通植物崇拜的范畴，成为"图腾崇拜"。

4. 动物崇拜

在壮侗语诸民族中，各民族有一些共同的动物崇拜元素，比如对牛、蛇、鸟（鸡）、蛋的崇拜，但随着各自独特文化的发展，不同的民族发展起了自身特色的动物崇拜文化，如壮族的蛙崇拜、黎族的猫崇拜、毛南族的龙崇拜等。这里谨以牛崇拜、蛇崇拜和蛙崇拜为例进行说明。

① 广东省编辑组、《中国少数民族社会历史调查资料丛刊》修订编辑委员会：《黎族社会历史调查》，民族出版社2009年版，第42、112—113、138—139页；参阅吕大吉、何耀华主编《中国各民族原始宗教资料集成：土家族卷、瑶族卷、壮族卷、黎族卷》，第702—705页。
② 广西壮族自治区编辑组：《广西彝族、仡佬族、水族社会历史调查》，广西民族出版社1987年版，第239页。

（1）牛崇拜

牛崇拜是岭南民族地区广泛流行的一种动物崇拜形式，其最突出的表现是设立专门供奉牛的节日，有的地方还禁止食用牛肉。壮侗语民族对牛的崇拜突出地表现在"牛节"上。牛节，又称"敬牛节""牛魂节""牛王诞""天牛节""牛生日""收牛魂""脱轭节""洗牛脚节"等。牛节的日期大致统一，桂西、桂东、桂北、粤北的壮族、侗族、仫佬族定在农历四月初八，桂西南壮族定在农历六月初六，海南黎族则定在农历九月的第一个牛日。各民族在牛节的祭牛敬牛活动既有共同点，也有各自的特色。一般而言，牛节这一天，农家修整牛舍，清栏垫草，洗刷牛身，梳篦牛虱，给牛喂五色糯饭或鸡蛋、黄豆粥、甜酒和其他精料精草。是日，农家对牛毕恭毕敬。一律停用牛力一天，不能对牛高声吆喝，更不许对牛施以鞭棍。否则便被认为对牛极大不敬，会导致年内耕牛失魂落魄，生病发瘟。①

壮族农家祭牛有"栏祭""野祭""堂祭""庙祭"四种形式。"栏祭"，即祭牛栏，是祭牛最为普遍的形式。届时，以鸡、肉、酒、菜、五色饭供祭牛栏。柳江等地以枫树枝叶插在牛栏上，意在防止和驱除瘟疫；乐业等地，以竹篓盛桃果二个挂在牛栏上，称为"挂牛睾"，意在求牛繁衍；隆林等地，以柚子做牛身，竹笋或树枝做牛角，田螺做牛眼，制作成"牛王"偶像，然后挂在牛栏上，意在求"牛王"护佑人间耕牛。"野祭"，即祭野外牧场，流行于德保、靖西、那坡等地。届时，人们特别是牧童带着食品、祭品到牧牛山坡、牛寮等处供祭并团坐宴饮。"堂祭"，即在家中堂屋祭牛并唱"牛歌"，此俗流行于红水河流域。在堂屋正中摆一桌酒菜，家人围桌团坐。家长牵老牛绕桌行走，边走边唱"牛歌"。唱牛的来历、辛劳、功绩和农家对牛的深切敬意。如有的牛歌这样唱道："几多吆喝声，吓了你的胆，几多鞭子抽，惊了你的魂。今天脱下轭，让你把腰伸，让你胆镇定，让你魂还身。""庙祭"，即祭牛庙、牛社。在龙胜各族自治县龙脊壮族聚居区，新中国成立前建有"牛魔王庙"或牛社（在古树下垒石而成）。每年四月初八牛节，农家杀猪祭庙、社，并举行唱彩调戏会和歌圩会。②

三江侗族以农为业，对耕牛非常爱护。农历四月初八，被当地侗民视为牛的生日，称为"祭牛节"。这一天，不让牛下田，各家蒸黑糯米饭，并与鸡、鸭

---

① 广西壮族自治区地方志编纂委员会编：《广西通志·民俗志》，第347—348页。
② 广西壮族自治区地方志编纂委员会编：《广西通志·民俗志》，第348页。

等祭品一道向牛敬奉，表示对牛终年为人们耕作的谢意。这一天，家家户户打扫环境卫生，各户贴上一张红纸，上写"四月八，送毛蜡，提笔一扫，永不扫家"等字，"毛蜡"指毛虫、蚊蝇、蜈蚣等害虫。有的地方的青年男女，在这一天上坡去对歌谈情说爱，增加友谊。① 而在独峒镇独峒寨一带，这一天，家家户户大门上要贴上红、黄、白三色四方纸，纸上从四个斜角写上："四月初八牛生日，家家都做黑饭吃，我家老牛来耕种，埋头苦干有气力。"同时，将牛栏收拾得干干净净。至于为何蒸黑糯饭给牛过生日，当地还流传着一个故事：

> 据说古时候侗家没有牛耕田犁地，只能用人来拉犁耙，用锄头挖地，用脚来踩泥，后来有个农夫在深山里装套，套上一头野牛，牵来试犁，野牛力气大，野性强，不好驯服，虽然穿了鼻子，野性不改，不时踢人、咬人。农夫没办法驯服它，请求"萨神"（圣祖母）帮忙，"萨神"答应了。"萨神"对野牛说："听说你满口长整齐洁白的牙齿，请张嘴给我看一看。"野牛听到赞扬声，满意地昂起头，把大嘴张开。圣（祖）母用手往野牛的上颚轻轻一抹，野牛锋利的上颚牙全脱落了。从此野牛不敢逞凶咬人了。农夫的鞭子指向哪里，牛就把犁耙拖到哪里。日久天长，野牛被驯服成家牛。然而，家牛还是有野性，有一天，牛对主人说："田是我犁耙的，饭是人吃的，道理也讲不过嘛！"农夫想了想，拍拍牛背说："这样吧，你背犁拖耙，确实是辛苦，我选一个好日子给你过生日，弄点好吃的东西给你吃，还不行吗？"牛深信人的话，扬起四蹄，又继续耙田。这年四月初七这天，农夫收工回来，沿途采摘"把尖筒"（bav jianh tongc，一种树叶），回到家里，舂碎沤水汁浸泡糯米，蒸黑糯饭给牛吃，牛高兴极了，做工更勤快了。从那以后，每年四月八日这天都蒸黑糯饭给牛过生日。这个习俗一代一代传到今天。②

黎族对水牛和黄牛都十分崇拜。因为犁田种地、婚丧等事，无处不用牛。黎人认为，牛如人一样，是有灵魂的实体，家家户户都珍藏着一块被称为"牛魂"的宝石。每年在三、七、十三个月中，牛主都要给牛喝一种用"牛魂石"浸过的"贺酒"，以表示对它辛勤耕作的谢意。传统上，合亩制地区的黎族对牛

---

① 三江县民委编：《三江侗族自治县民族志》，第79页。
② 张泽忠等：《变迁与再地方化——广西三江独峒侗族"团寨"文化模式解析》，第114页。

更是崇拜，每年农历三月初八过牛节，一般喜在这一天修建牛栏，并禁忌杀牛和用牛耕地。[①] 东方市姓符的侾应黎，自称为"水牛的孩子"，视水牛为他们的祖先和保护神，并把它作为自己血缘集团的标记，禁止集团内部通婚。[②] 在该市东河镇玉龙村和大田镇玉道村，美孚黎中流行着一个名叫"敬牛节"（黎语叫"勒者对"）的节日，符兴恩先生曾经做过较为详尽的描述：

> 对于以农耕为主要生计的黎族来说，牛是生产、运输的主要动力来源，是不可缺少的主要家畜。牛体壮力大，可以耕田，也可以拉车，默默地为人类生计做着巨大的贡献，帮助人们减除了繁重的劳动，且生性朴质，好养驯服，劳动闲暇之时，自个儿跑到山坡上寻找青草吃，不用人们特意看管，吃饱喝足了又乖乖地回来。为了感谢牛一年来的辛劳之恩，好好款待牛，玉道村和玉龙村的村民发展出了独具区域文化特色的"敬牛节"，选在每年农历九月的第一个牛日过"勒者对"节。
>
> 过节这一天，人们会免除牛的劳役，让牛好好休息一天，不准打牛、骂牛，以定牛魂。同时，人们早早就起来，准备过节日的物品。主妇们忙着制作节日祭祀与食用的糍粑；男人们忙着杀鸡、杀猪，这一天是禁忌宰牛的。孩子们则穿着节日的盛装，欢天喜地地玩耍。清晨，人们用糍粑拌草料喂牛，用酒抹牛鼻以示慰劳。太阳升起来后，人们便把已经准备好的猪肉、祭肉、糍粑和米酒当供品，举行敬牛神祭祀仪式，颂扬牛"让我们有饭吃饱"的功德，恳请"牛您尝尝您的劳动收获的果实"，以感谢牛一年来的辛劳之恩，祈望牛畜兴旺。然后人们像过年节一样，热热闹闹地互相串门、喝酒、对歌，一醉方休。村里放牛的孩子们，腰里系着"勃嘎"（竹子编的腰篓），把牛赶到青草长得最好的坡上吃草，然后在树林里或山坡上用木头搭台，三五成群的小伙伴，从"勃嘎"里拿出香喷喷的糍粑和鸡腿，在台上一边放牛，一边津津有味地品尝节日的美食。吃不完的东西不许带回家来，要洒在草坡上，敬给耕牛食用，也寓意因为牛，家中富有了，不用再带回去了。
>
> 附近没有过"（敬）牛节"习俗的村子的亲戚和朋友们，会接受主人

① 詹慈：《黎族原始宗教浅析》，《岭南文史》1983 年第 1 期，第 114 页；参见王学萍主编《中国黎族》，第 665 页。

② 吕大吉、何耀华主编：《中国各民族原始宗教资料集成：土家族卷、瑶族卷、壮族卷、黎族卷》，第 665 页。

的邀请，在这一天也早早地赶过来同他们一起庆贺，分享他们的喜悦并为他们祝福。①

这一节日志描述，是对黎族"敬牛节"较为全面的揭示。与前述壮族、侗族相比，主要的过节习俗是一样的，只不过黎族地区更为隆重，将其打造成了一个集体欢庆的节日。

此外，仫佬族也有过"牛生日"节的习俗，其过法与壮族、侗族、黎族差别不大，同样要蒸黑糯饭，并杀鸡鸭置酒敬祭"牛栏"神。祭后，先让牛吃一点糯饭，然后人才吃。有的村落或宗族还会聚众祭神，祈祷驱逐伤害禾苗的害虫。②

（2）蛇崇拜

壮侗语族先民以蛇为图腾，盛行蛇崇拜。这样的崇拜习俗，也遗传到后来的壮族、侗族、黎族等岭南壮侗语民族中，成为这些民族民间信仰文化的重要组成部分。

壮族民间广泛流传"蛇祖""蛇郎"等神话和民间故事，人蛇成婚的神话母题频繁出现，表明了蛇图腾的普遍性。现存《布洛陀经诗》也多次提及对蛇的崇拜，当出现"吹风蛇进屋""蛇在猪槽互相追逐""青蛇缠绞在屋檐""蛇爬犁耙"等状况时，人们就要举行宗教仪式禳解，才能吉祥如意，"年年享富贵""日子越过越美好"。③据丘树声的考证，现在壮族的"三月三"歌节，实际上是一个古老的蛇图腾祭祀日。现代的左江一带壮族地区流行着所谓"三月三，龙拜山"的说法。扶绥流传的一个壮族民间故事说：古时有一个叫桑卡寨的村子，住着一位叫黎体实的老汉，靠挖山打猎为生。他含辛茹苦养着一条白花蛇。后来，白花蛇长大了，脱了一层皮，变成了一条大青龙，便离开了老汉。老汉病故后，大青龙飞回来吊丧，直到老汉的灵柩埋葬后，才腾空而去。以后每年农历三月初三，大青龙都飞回来给老汉扫墓。乡亲们也来陪伴它。就这样，"三月三，龙拜山"的习俗一代代相传下来。南宁市武鸣区一带流传的"特屈"短尾五花蛇的故事，也与此大同小异，母题是一样的。均证实了三月三是蛇图腾

---

① 符昌忠等：《东方黎族民俗文化》，第236—237页。
② 广西壮族自治区地方志编纂委员会编：《广西通志·民族志》上册，广西人民出版社2009年版，第400页。
③ 张声震主编：《布洛陀经诗译注》，广西人民出版社1991年版，第1213—1215页。

祭祀日，只不过后来其原来的意义丧失，才变成了"歌节"。①

　　龙胜有些侗族姓氏，民间流传有"姑娘嫁给花蛇郎"生下一男一女繁殖人口的神话故事，有蛇图腾崇拜遗风。直到新中国成立初期，在部分侗族人民心目中，蛇不是一般动物，认为它既可降灾于人，也能造福于人。民间禁止捕蛇食蛇，违禁要斟酒化纸祭祖先赎罪。否则认为好端端的鸡鸭蛋孵不出仔，猪牛发瘟死亡，人不死也要周身脱层皮（病魔经久摧残之意）。如需用蛇肉、蛇胆配药治病，偶尔捕蛇，须在室外煎食。食尽漱口洗澡方能进屋，并祭祖祈求宽恕。元宵节集体祭始祖"萨堂"，有的地方须由身穿织有蛇头、蛇尾、蛇鳞、水波、花草形象图案古装的数十名男女中青年人，手挽手围成圆圈。在神坛前跳蛇行舞，模仿蛇匍匐而行，徐徐回旋的动作。炎夏发现虫灾蔓延，或久旱不雨，禾苗枯死，居民以寨子为单位用茅草、藤条编成大蛇形状，漫游田垌。俗称"舞草蛇"或"舞草龙"，以示对蛇神的敬意，祈求灭虫抗旱保苗，年景丰熟。②

　　黎族对蛇特别崇拜，甚至认为自身是蛇的后裔。乐东志仲镇的董姓黎族则流传《蚺蛇公》的传说，认为蚺蛇是他们的祖公，所以族人都不能吃蚺蛇。无独有偶，三亚和乐东一带哈方言博（哈应）土语中的黄姓和罗姓黎族民众流传着一个传说：远古时代，他们的祖先带着自己才几个月的孩子一起去劳动，劳动时父母将孩子放在筒裙里挂在大树下摇睡，然后下地干活。一天，孩子由于饥饿在树下大哭起来，惊动了山上的一条大蛇。大蛇爬过来，一边用尾巴轻轻地摇起筒裙，一边用口涎喂饱小孩，小孩又睡了。大蛇所做的这一切，被孩子的父母看到了，他们心里十分感激，由此大蛇变成了黄姓、罗姓祖先的保护神，从此黄姓罗姓禁吃蛇肉。③ 东方市一带的美孚黎则对蟒蛇怀有极大的崇敬之心，有着严格的禁忌。当地民众对河边茂密竹丛下的大石洞、岭上大树底下的岩洞等有可能是蟒蛇栖身或出没的地方，都有敬畏的心情。遇见蟒蛇，便认为自己在什么地方侵犯了"祖先"的"圣地"，得罪了祖先，才使祖先现身。因此，要拿米去找巫师查看论断，看看祖先的圣地在什么地方，好杀猪带酒去祭祀。祭拜时，巫师"革魃赛"要口念咒经，祈求祖先宽恕。如果在劳作时不小心伤害

---

① 丘树声：《壮族图腾考》，广西教育出版社1996年版，第279—280页。
② 广西壮族自治区地方志编纂委员会编：《广西通志·民俗志》，第361页。
③ 高泽强、潘先锷：《祭祀与避邪——黎族民间信仰文化初探》，第191页。

了蟒蛇，"革魃赛"还要摘些树叶象征蛇药在锅里煮，以藤条象征蟒蛇，将汁液涂抹在藤条上以示精心医治。最后还要占卜，若是吉卜，表明"祖先"贵体已经得到康复、平安无恙，将会宽恕子孙们；若是凶卜，则要继续跪拜，"革魃赛"要反复口念咒经，祈求"祖先"大量，一直到占得吉卜为止。[①]

同为百越民族后裔的毛南族流传《桑妹与大蟒》的故事，其情节与壮族的《蛇郎》几乎一模一样；仫佬族的《七妹与蛇郎》，也与壮族的《蛇郎》等故事大同小异，是这些民族蛇崇拜的一种表现。此外，对于蛇类的异常行为，还有比较多的禁忌。如毛南族人如果看到两条蛇交尾或有蛇蹿进屋里，就会惶恐不安，认为这是很不吉利的事儿，甚至大难临头，轻则生病，重则危及生命。偶然遇到，就要请师公占卜吉凶、想法禳解，求得平安。[②]

（3）蛙崇拜

青蛙系青蛙、蟾蜍（俗称癞蛤蟆）、波动青蛙等两栖纲蛙科动物的统称。由于皮肤裸露，不能有效地防止体内水分的蒸发，因此它们一生离不开水或潮湿的环境，怕干旱和寒冷，所以大部分生活在热带和温带多雨地区，极少分布在寒带。同时由于青蛙肺小而皮薄，吸氧有限，需要依靠表皮黏液帮助吸收氧气，而天之阴晴又影响到黏液浓度，若浓度大则妨碍吸氧，叫声变得沙哑且不响亮，意味着天气要大旱。而天旱对稻作农业是最为致命的威胁。壮族先民并不了解这些科学道理，认为青蛙可以呼风唤雨，灭虫除害，夺取农业丰收，因此常常尊崇之。

据考证，自从远古时期开始，某些小部落的壮族先民就十分盛行蛙图腾崇拜，后来才随着稻作农业的发展和该氏族部落的拓展升格为民族保护神，这从遗存至今的规模庞大的花山崖壁画和数量众多的铜鼓蛙立雕中可以得到验证。在壮族神话中，蛙是雷公与蛟龙私通所生的怪胎，本与其父住在天上，后被派到人间做天使。在壮人观念中，山顶为通天之柱，江河为蛟龙居所，故左江崖壁画上的青蛙形象多在江边山崖上，它在此上可通其父，下可通其母，可让双亲调整得风调雨顺，水不泛滥成灾，让壮人人寿年丰。有些地方的壮族民众认为，蛙神不仅能够呼风唤雨，而且可以口吐大火，把入侵之敌烧为灰烬；吞噬害虫更不在话下，甚至连一种害人的狐也可以"握其喉而食之"；它还充当雷

---

① 符兴恩：《黎族·美孚方言》，第 134—135 页。
② 谭自安等：《中国毛南族》，第 132 页。

公的助手，师公念诵经诗时经常唱道："雷公举斧劈恶人，青蛙提刀后面跟。"[1] 鉴于蛙神的上述神奇威力，壮族民众传统上对青蛙有禁吃（部分地区）、禁踢、禁踩等禁忌，如广西上林、忻城等县壮族人民认为小青蛙是雷公的仔，因此禁止食用小青蛙，笃信谁若乱捉小青蛙，雷公就会发怒，就要劈死他。因此当地民间还流传一句谚语："手不抓小青蛙，不怕雷公劈；手不持绳索，不怕老虎抓。"如果在生产过程中不慎弄死了小青蛙，就要做个小坟把小青蛙埋葬，并向天发誓不是有意为之，祈求雷公能够原谅。[2]

由于壮族民众信奉蛙神，盛行蛙崇拜，因此就产生了很多与之相关的神话传说和文化习俗。广西天峨县云榜村纳鲁屯一带壮族至今仍流传着蚂蚂神帮助人们获得粮棉丰收的传说：

　　古时有一男子先后娶了十二个老婆，都没有生出一男半女。事也凑巧，有位女人一连嫁了十二个男子，也没能生个孩子。这两个不生育的男女自愿凑成一对，还是没生孩子。一天，这位妇人去挑水，正准备挑上肩，一只蚂蚂跳入桶内，妇人将蚂蚂捧出放在地上，又要起肩挑水，这只蚂蚂又跳了进去，妇人又把蚂蚂捧出，送到远处，挑起水桶往回走，走了两步，觉得这担水特别沉重，这时那只被她捧出两次的蚂蚂又跳进水桶，顿时，她觉得担子轻了许多。她感到很奇怪，就让蚂蚂留在桶里挑回家去。当她把水连同蚂蚂一起倒进水缸时，只见蚂蚂一跳跳到地上，变成了一个披着蚂蚂皮的婴儿，开口叫这妇人作妈妈，喊这男人作爹爹。这对夫妇非常高兴。蚂蚂人长得很快，三年就长成了大人。每当村里互助帮工，凡是蚂蚂人帮过的人家，禾苗都长得特别好；凡是蚂蚂人走过的田垌，那垌田的禾苗就无灾无害，获得好收成。于是，家家户户都争着请他帮工，家家禾苗无灾害，户户粮棉都丰收。虽然蚂蚂人是个英俊漂亮的后生，但方圆百里的姑娘们因为他是异人，并且披着件难看的蚂蚂皮，所以只是敬慕他，却不敢以身相许。后来，蚂蚂养母的弟弟将自己的女儿许给蚂蚂为妻，成亲后夫妻恩爱生活得十分幸福。妻子也觉得丈夫披蚂蚂皮难看。在一个春天的夜里，妻子趁丈夫熟睡之机，

---

　　[1]　梁庭望：《花山崖壁画——祭祀蛙神圣地》，《中南民族学院学报》1986 年第 2 期；《壮族文化概论》，第 454 页。

　　[2]　《中国各民族宗教与神话大词典》编委会：《中国各民族宗教与神话大词典》，第 784 页。

把蚂蜗皮丢进火中焚毁了，蚂蜗后生即在床上现了蚂蜗原形的焦尸。人们为纪念蚂蜗，每年都在这个时候，把一只蚂蜗装入五彩轿内，抬着轿子，敲着铜鼓，吹着唢呐，挥着彩旗，列成长队周游田峒和村寨，示意当年有蚂蜗神走过这田峒，今年将无灾无害获得丰收。[①]

不过，广西东兰县壮族师公的传说却与上述天峨地区壮族的有些不同，他们认为青蛙是雷王的女儿，是天神婆，曾经因受人类伤害而惩罚过人类，后来才在始祖布洛陀的指点下祭祀埋葬蛙婆，最终重新获得了五谷丰收。为此，当地壮族师公至今仍然传唱着与上述传说有关的一种古歌：

> 远古的年代，天下人野蛮，人吃人血肉，杀母来过年。老人还盖房，刀杀来当餐。后来天开眼，出个东林郎。别人杀父母，他夺刀不让。天下吃人事，从此才了当。那年他妈死，东林泪汪汪。夜守母亡灵，思想更悲伤。屋外青蛙婆，为东林伤心，日里哇哇叫，夜里叫不停。东林不知情，心中好烦躁。烧了几锅水，把蛙婆淋浇。蛙婆死得惨，活的野外逃。地上断蛙声，人间把祸招。蛙婆不叫了，日头红似火，草木全枯焦，人畜尸满坡。鱼上树找水，鸟下河造窝，几年不下雨，遍地哭当歌。东林去见始祖，又找到始母，布洛陀讲了，米洛甲又说：青蛙是天女，分管人福祸，她呼风唤雨，她是天神婆。你们伤害她，要赔礼认错，请她回村去，过年同欢乐。陪伴三十天，拜她为恩婆，葬她如父母，送她回天国……布洛陀吩咐，米洛甲所说，东林照着办，新年请蛙婆，跳舞又唱歌，喜雨纷纷落。五谷大丰收，人畜得安乐。[②]

从东林请祭蛙婆神的时候开始，逐渐相沿成俗，号称"蛙婆节"或"蚂蜗节"。时至今日，红水河流域的东兰、巴马、南丹、天峨等县的壮族人民仍然传承着这一古老的祭蛙神习俗。当地壮族称青蛙为"蚂蜗"，但年初一请来的青蛙则尊称为"蛙婆"。蛙婆是母神的化身，是吉祥的象征。东兰县蛙婆节自农历正月初一起，延续至月末或二月初，一般分为请蛙婆、游蛙婆、孝蛙婆

---

① 罗仁德、陈祖华：《壮族蚂蜗舞》，《民族艺术》1988 年第 3 期。
② 覃剑萍：《壮族蛙婆节初探》，《广西民族研究》1988 年第 1 期。

和葬蛙婆四个阶段①：

请蛙婆：又称"找蛙婆"，壮语称 Aeu yahgvej。正月初一清晨，全村人带上工具，盛装出门，奔向田野河边，争先恐后地翻石挖土寻找青蛙。与此同时，村老手持香烛和纸钱及由青年小伙子组成的队伍抬着由竹筒制成的"宝棺"、抬敲着铜鼓紧随其后。按照传统规制，谁先找到青蛙，就被尊称"蛙郎"或"蛙父"，成为当年祭蛙活动的主持者；如果小孩或妇女寻到青蛙时，则请父兄取代，并代享"蛙郎"或"蛙父"的尊称。在有些地方，不论谁捉到青蛙，仅只享有"蛙郎"或"蛙父"荣誉，组织节日活动则有威望最高的村老担当。找到了青蛙，众人齐声欢呼，就地鸣放地炮、鞭炮，向各方报喜。当抬宝棺队伍到达后，魔公开始在青蛙冬眠处烧三支香和一沓纸钱，口中念念有词，然后在众人的欢呼声中将青蛙放进宝棺里，再烧香燃放鞭炮。在众人的簇拥和护送下，随着洪亮悦耳的铜鼓声，抬着宝棺浩浩荡荡返回村里。蛙婆进入凉亭后，各家各户端着酒肉、香火、纸钱，举行隆重的敬祭仪式。

游蛙婆：又称"唱蛙婆"，壮语称 Mo yahgvej。青蛙装入竹棺并祭祀一番之后，就由"蛙郎"或村老组织带领全村小孩子，抬着青蛙去游村串户，每到人家门前或堂屋里，孩子们就齐唱《蛙婆祝贺歌》："咯—呀！蛙婆来祝贺，你家喜事多。云在屋上转，雨在你田落。一禾生九穗，一穗七百颗。种棉变银花，种树结甜果。养鸡变金凤，养牛生龙角。病灾风吹散，全家享安乐。姑娘美如花，老人高寿多。"主家听完祝贺歌后，笑逐颜开，端出米、钱、酒肉、彩蛋、糍粑、香火来，奉献蛙婆，以示答谢。孩子们游唱回来，"蛙郎"或村老分发钱粮和熟食品带回家里，老人们见到后欢天喜地，称钱粮食品为"蛙婆钱""长寿粮""吉祥粑""天女蛋"。有些地方天天要巡游唱蛙婆，各家各户热情待客，赠送给蛙婆的礼物，各自量力而行；有些地方每隔三五天巡游唱一次；有些只在初一、十五巡游唱蛙婆。

孝蛙婆：也叫"玩蛙婆"或"玩凉亭"，壮语称 Yaua yahgvej。在蛙婆节期间的每天黄昏，人们从四面八方会集凉亭下，于是铜鼓声声，香烟袅袅，灯

---

① 潘其旭、覃乃昌主编：《壮族百科辞典》，第356—357页；《中国各民族宗教与神话大词典》编委会：《中国各民族宗教与神话大词典》，第774—775页；吕大吉、何耀华主编：《中国各民族原始宗教资料集成：土家族卷、瑶族卷、壮族卷、黎族卷》，第540—544页；覃彩銮：《神圣的祭典——广西红水河流域壮族蚂蚓节考察》，广西人民出版社2007年版。

笼通明，开始守孝，悼念古时死难的青蛙，祈求蛙婆赐给新年吉祥。入夜不久，守孝告一段落，开始进入歌舞阶段。男女老少，各有所乐：老年人谈古论今，敲打铜鼓；年轻人跳着铜鼓舞、木棒舞，不知疲倦；小孩子们扮羊装虎，欢跳"虎捉羊"等舞蹈；姑娘们学歌练嗓，歌唱蛙婆，歌唱新春。孝蛙婆虽名曰"守孝"，实为众人娱乐。入夜不久，外村歌手陆续到来，男女对唱山歌，凉亭四周变成了夜歌圩。孝蛙婆从正月初一晚起，延续二十多个晚上，直至蛙婆下葬后才终止。每年晚上，家家关门闭户，聚集到凉亭四周尽情欢乐，直闹到鸡叫方止。

葬蛙婆：壮语称 Gaem yagvej，是蛙婆节的结尾，也是整个节日的欢乐高潮。经过二十多个昼夜的游蛙婆、孝蛙婆活动，到了正月末二月初，各地先后按照传统惯例埋葬蛙婆。下葬蛙婆这天，主祭的村寨高山打铜鼓，向各方传报下葬蛙婆讯息。各家各户杀猪宰鸡、包豆腐圆、蒸五色饭，隆重设宴招待八方亲友贵客，比过年还热闹。一村葬蛙婆，远近同贺，男女同往，成千上万的人群拥往葬蛙婆的村寨去。下葬前，青年小伙子们抬着盛有蛙婆的竹棺巡游村寨，男女老少歌而随之，最后送到葬场。下葬时举行隆重的敬祭礼仪，将宰杀的猪、羊摆于四方桌上，烧香点烛，由魔公、村老追述蛙婆过年时所享的欢乐，人间已经尽了孝敬之情。随后打开头年下葬的蛙棺，验看骨骸，判断年景。若骨头金黄色，则象征金色岁月在前头；骨头银白色，则预示着棉花大丰收；如骨头乌黑色，则会认为年景不佳，需早做防范。查看完蛙骨颜色后，由魔公、村老将当年新蛙棺推入坟穴。在坟上竖起高竹长幡，幡条由三串三四丈长的彩色纸条组成，上写下葬蛙婆年月日时。下葬完毕，已是黄昏，四方来人会集葬场上，高歌庆祝蛙婆升天，降下吉祥。入夜火把通明，男女对唱山歌，通宵达旦。有些地方则把对歌的男女请到各家各户去，摆设歌台。在天峨一带，葬完蛙婆后，人们还要举着火把游田峒，然后聚集唱"蚂蜗歌"，观看表演青蛙生活习性的"蚂蜗舞"等。整个节日活动，在热烈的歌舞声中结束，寄托着人们对美好生活的愿望。

除了上述四个阶段以外，东兰、南丹、天峨一带的壮族还不定时地举行"祭蛙婆"活动。每逢久旱、禾苗干枯，当地壮族便以一村或数村为单位，集资置办祭品，男女老少同至蛙婆葬场上祭拜蛙婆降雨。请魔公或村老来唱诵蛙婆之恩德，诉说干旱之苦情，祈求蛙婆向天上雷神报信，赐降甘霖。祭蛙婆完毕，就地聚餐。传说祭蛙婆后两三天内，一般都要下雨；有时在就餐中，云雨即降落山头。[①]

不论是形形色色的蛙崇拜，还是独具民族特色的蛙神信仰，它们都形象地展示了壮族与动物之间的互动关系。青蛙作为稻作农业的有益伙伴，长时期与水稻种植相始终。它不仅帮助人们捕捉稻田中的害虫，而且成为沟通人神的媒介，在壮族民众的社会文化心理调适上发挥了重要功能。

（三）传统民间生态文艺

岭南壮侗语民族地区地域范围广阔，自然生态类型多样，造就了丰富多样的文化面貌。人们对人与自然关系的认识也是多种多样的，即使是在传统民间文艺领域也有很精彩的表现，创作出了很多具有民族文化特色的生态文艺作品。由于类型多样，数量众多，因此，只能选择几种代表性文本进行阐述。

1. 《万物分工》（壮族）

　　相传，盘古开天辟地的时候，地面上的各种动物都由天上的玉皇管着。那时候，人和各种动物友好相处非常亲热，谁也不吃谁。

　　天上玉皇管着世间的万物，但祂总不放心世间的动物是否真正地爱祂。于是，祂就派部下到世间巡访。部下到世间一问，万物个个都说它很爱天上的玉皇。玉皇为了证实谁是最真正地爱祂，于是，就想出了个良策来。祂把良策告诉了部下，自己就假装"死"去了。玉皇死了，部下就派玉皇的契子蛤蟆到世间传告万物，叫它们赶快上天悼孝玉皇。万物得知消息后，就不约而同地前往天上悼孝玉皇去了。这天，唯独人贪睡，醒来时天已大亮，出外看见四处都比往日宁静，这才记得昨天蛤蟆下来传讯的事。于是，连脸都来不及洗就急忙赶路了。

　　人匆匆经过一个山冈时，忽然听到喊声："喂，横眼呀（指人），你急走啥，急也没有用，请你把我拉上去，我将告诉你一件事。"听到喊声后，人收住脚步，仔细一看，是一只蛤蟆在一个小石缝里喊。原来，这只蛤蟆昨天下世间传令完后，天已经黑了，就与动物一起过夜，今天清早，才同万物一齐上路。由于道路窄小，众动物把它挤掉进石缝去了。待它昏

---

① 潘其旭、覃乃昌主编：《壮族百科辞典》，第357页。

醒来时，其他动物全都走光了，喊也没谁听得到。蛤蟆在石缝里等了良久，这时人正好从那里走过。蛤蟆被人拉上石缝后，为了报答救命之恩，就对人说："我是玉皇的契子，玉皇不是真死的，祂是想试探一下，世间谁是最真正地爱祂。人呀，你到天上后，你就一边哭一边这样说'天死我怎么吃，地死我怎么住。'你千万要记住呀！"蛤蟆把这话告诉人之后，就打发人快上路去。但人不愿丢下蛤蟆独自而去，就背起它一起赶路了。

人到天宫后，看见万物都来齐了，把宫殿都挤得满满的。它们都跪在玉皇的灵柩旁，哭声震天动地，但它们都不知道说什么好。后来，不知道是什么动物说："天死我照样吃，地死我照样住。"其他动物听了，大家也这么说了。

这时，人挤到灵柩旁，跪着拜了三拜，就放声大哭起来，一边哭一边说："天死我怎么吃，地死我怎么住。"连连说了数遍，这时，只见盖在灵柩上的丝绸动了一下，眨眼工夫，玉皇打开灵柩盖走出来了。祂紧紧地抱着人。同时，十分严肃地对万物说："你们个个都说很爱我，全是假的，唯独人才是真正地爱我。从今天起，你们得由人来管，由他打，由他骂，我再也不理了。"玉皇又悄悄地对人说，"凡是背朝天、肚朝地的动物都由你吃吧！"万物听这一宣布后，个个面如土色，后悔莫及了。

由于有玉皇撑腰，人对各种动物毫不留情地残杀，把它们的肉当餐，这使动物无法生存下去了。为了逃命，各种动物只好凭着各自的本领，有的跑进山林里，有的钻入泥土里，有的飞上天空去……唯独鱼，既没手脚，又没翅膀，就给人任意抓，后来，它们才被迫滚到水里去了。

鱼虽然逃进水里，但人还是追到水里去抓。那时人的眼睛像猫一样，晚上也看见东西，加上手和脚都长有眼睛，所以到水里抓鱼，光用脚都可以抓到。这样一来，鱼恨透了人，心里很不服，所以死了也不闭上眼睛呢。鱼将要绝种了，只剩下一些无名的小鱼和一些钻进泥土里的鱼了。这些幸存者整天为死去的姐妹兄弟们而悲伤，也为自己的生存担心，哭得眼泪都干了，眼睛也哭红了（这种鱼就是我们日常见到小小个的红眼鱼）。鱼为了不让自己绝种，就商量决定，要到天上向玉皇告状。于是它们连夜顺着雨水游上天去。到天上拜见玉皇后，鱼对玉皇说："玉皇啊，人太厉害了，他们的头和手脚都长着眼睛，凡间的动物就要被他们吃光了，我们逃下水里也逃避不了性命，请求玉皇开恩，为各种动物作个公平的处理吧！"

玉皇听了鱼这番话，觉得有道理。玉皇想："如果由人任意残杀万物，这样下去，动物不是绝种了吗？"于是，玉皇就传令到地面，要万物都到天上去开会。

万物赶到天上集中开会，玉皇就对它们说："你们都来了，今天我要对你们采取一定的措施。"玉皇先是把人生长在手臂上和脚腿上的眼睛封了起来。鱼还不放心，因为人还有一双日夜都能看见东西的眼睛。鱼便对玉皇说："人还有一双日夜都能看见东西的眼睛，如果不封起来，我们还得不到安宁呀！"玉皇沉思片刻，又向所有的动物宣布说："你们所有的眼睛，都让我画上个黑点，让你们晚上都互相看不见，这样就减少互相残杀了。"玉皇把笔墨拿来，对各种动物的眼睛一一地点上黑点。但是，当时的一些动物很精，玉皇刚点上一笔，它们就喊天喊地说眼睛很痛，要求玉皇别再点了。在轮到人时，因为人很老实，玉皇给点眼睛时，点一下就问人怎样，人总是老实地说，还看得清楚。于是，玉皇把人的眼珠一直点得将要黑完了，人才感到两眼发黑，天旋地转，才要求别点了。从此以后，人的眼珠就变成了黑眼珠了，白天能见到东西，晚上就看不见了。而有好多动物，晚上还能看见东西呢。

自从人眼睛被点黑之后，行夜路不大方便，找东西吃也不容易了，给生活造成很大困难。于是，人决定再登天，要求玉皇给予生活出路。人的要求终于感动玉皇。玉皇再次召集万物开会。这回玉皇同情人，就布置分工了。玉皇把谷种交给人，叫人耕田种地，以吃粮食为主。人要求玉皇安排一些动物帮助干活，玉皇见牛和马个子大，就问："如今人的眼睛晚上看不见东西了，生活上有不少的困难，你们愿不愿为人做工呀？"牛和马都答应说愿意。玉皇又问："你们哪个愿为人耕田，哪个愿背人？"马抢先说："我愿背人。"牛说："我愿耕田。"牛和马想了想，对玉皇说："我们日夜为人做工，那我们吃什么呢？"玉皇说："你们凡是草的都可以吃，人种下的禾苗也能吃。"猪很懒，吃饱了就想睡，什么工都不愿意做，玉皇就对它说："好吧，你吃的东西由人来供养，但你们的肉也由人吃，给人补补营养吧！"猪也同意了。其他的动物也纷纷上前，要求玉皇分工。

玉皇也一一给它们分工了。分工完后，玉皇就打发大家下世间来了。直到现在，人和其他动物都得按照玉皇分工生活着。

世世代代以来，人忘不了蛤蟆的恩情，不论在野外或家里见到蛤蟆，都不愿伤害它。并传说蛤蟆是天上玉皇的契子，如谁打了它，下雨打雷就无地逃避了。同时，人碰到什么灾难，也烧香求天上开恩保佑平安呢。①

这则故事是流传于龙州县金龙峒一带的壮族故事，它其实是若干个小故事的结合体：蛤蟆教人、人残杀动物、人眼被点黑以及万物分工。从生态学的角度来看，这则故事有如下内涵：一是言明蛤蟆是玉皇（天）的干儿子，它曾经帮助过人类，揭示了壮族蛙崇拜的来源；二是人类曾经非常残暴，毫不留情地残杀各种动物，致使动物濒临灭亡；三是粗略地将动物分为山里跑的、土里钻的、天上飞的、水里游的四大类；四是讲述了从狩猎到农耕的转变。

2. 《黎族祖先歌·布谷传种》（黎族）

《黎族祖先歌》是黎族的创世史诗，主要叙述了黎族先民所想象和追忆的日月的形成、黎族的起源以及各种动植物、早期社会人们生活资料来源；汇集了黎族人民的婚姻情况、生活习俗以及天帝鬼神、"禁公""禁母"等种种传说、神话和故事。经过整理的《黎族祖先歌》共分《序歌》《天狗下凡》《五指参天》《布谷传种》《雷公传情》《海边相遇》《成家立业》《儿大当婚》《分姓分支》《尾歌》10部分，现选取第三章《布谷传种》第1—6节来进行分析：

一

世事由天造，乱云任风飘，姆拉一上地，婺女天路遥。

打猎刚回到，绣面女迎招，认作是姆顿，不明事蹊跷。

姆拉多诡窍，靓女总多娇，扎哈分不出，色情更轻佻。

姆拉性浮躁，日子难架招，愚蠢无聊赖，贪婪又懒劳。

山菇与菜草，野果沙蔓蕉，总归扎哈采，姆拉只逍遥。

打鹿爬山坳，摸鱼下水捞，扎哈多辛苦，恶人只会吵。

不做吃穿好，天人自清高，我自天上回，不能去苦熬。

---

① 农秀琛：《龙州县故事集》（第一集），龙州县三套集成编委会1987年印，第5—9页。

二

打山山险要，捉鱼鱼会漂，扎哈带儿女，日夜山路遥。

阿弹年纪少，阿寒吃不消，追鹿追不着，无物存屋寮。

姆拉坐着闹，打人又撒刁，两个小煞打，两个小瘟佬。

自从回山坳，姆拉总唠叨，阿寒与阿弹，来自哪山寮。

两个都赶走，没吃我心焦，出去自家找，谁人给你刨？

抡拳捶胸吵，两个都长高，自家去做吃，自家搭新寮。

三

世间事难料，有人就有妖，有土就长草，有盾能挡矛。

一日姆拉叫，全家上山腰，砍藤与砍竹，挖薯与挖荞。

难料姆拉窍，阿寒兴致高，讨吃平常事，阿弹前边跑。

爬过一条沟，姆拉叫哟哟，此间路已远，此岭好丰饶。

阿寒偷偷笑，常来此山腰，此处离家近，眼蒙可回窑。

此山真陡峭，姆拉气喘哮，懂不懂回屋，出门路已遥。

阿弹会显耀，摘果此树梢，离屋没多远，山薯此处刨。

不知过几沟，姆拉摔几跤，此处好山水，砍藤砍木条。

打山未曾到，山林声哓哓，此间离家远，此岭熊声嚏。

姆拉有鬼窍，毒如山猪妖，满肚装坏水，心怀杀气狡。

离家远就妙，山园摘果蕉，只许此处远，不准满山跑。

父母砍藤茑，割茅劈芒梢，砍竹编鱼罾，做门编木条。

四

贼母心眼小，暗藏鬼花招，想害姐弟俩，带来深山壕。

害人如蛇豹，贼母心枯焦，姆拉拖扎哈，快如山马跑。

砍藤溪岸走，竹林在山腰，林密枝叶厚，转身就想逃。

啪啪藤皮暴，噼噼竹枝削，红藤刺粗硬，白藤刺细毛。

白藤刺密茂，刺着一身搔，红藤硬刺毒，扎着痒辣熬。

砍藤刀跳跳，红藤挂高高，没力拉不下，砸头枯枝条。

蚂蚁窝翻下，全身咬起泡，凉凉山蜞痒，烘烘毒叶燎。

转脚鸡藤绞，一步跌一跤，坡陡树叶滑，一滚下溪濠。

乜鬼乜山魈，贼母又着腰，勿与我作对，天途我多跑。

越是大声闹，撞头摔大跤，急急拉扎哈，忙忙回山寮。

五

边等边游玩，日头落山间，阿寒与阿弹，年幼心胆寒。

两人四处喊，唇燥口舌干，听得有声应，快寻父面颜。

似在藤头畔，又如在溪滩，声应竹头下，声传深水潭。

水潭有泥鳝，田螺在溪滩，藤头山龟壳，竹头厚皮蟾。

竹头问蛐蟮，石畔问螺蚶，为何出声应？为何要欺瞒？

有人讨好侬①，吃的味甜甘，嘱侬听声应，不管东西南。

阿寒与阿弹，听着肚肠翻，搬着大石块，砸死多贼蛮。

猗虫泥下钻，鱼尾被打穿，山马打到扁，藤蛇脚伤残。

打得厚皮蟾，一身皱斑斑，螺蚶与龟鳖，缩头壳内盘。

打到日头暗，个个四肢瘫，无声也无气，不敢再动弹。

六

深山有山魈，山寒没火烧，两人胡乱走，遇着鹿一条。

鹿角乱糟糟，就如干树梢，树枝卡得紧，心狂无路逃。

烧柴没火讨，杀鹿没钩刀，布谷团团转，飘来几支毛。

飞鸟来不少，点头与哈腰，世间事真怪，飞鸟来搭桥。

鸟衔火石到，斑鸠抱柴烧，老鹰拿刀斧，鸡群放锅瓢。

布谷声声叫，劈山放火烧，种瓜与种谷，艰难勿动摇。

繁忙布谷鸟，教侬把心操，衔来稻与米，衔来种与苗。

锄头斗柄好，讨水磨利刀，砍树劈山岭，苦情多过毛。

大风尚未到，雨花天上飘，阿寒与阿弹，上岭种青苗。

没闲去照料，稻株香味飘，下种瓜藤发，埋芽得豆条。

要住大山坳，勿留小山包，布谷声声嘱，提防山洪暴。②

　　在上述所节选的六节内容中，不仅揭示了黎族由狩猎采集生计到刀耕火种农业的转变过程，而且其中蕴含着很多生态知识。在野生植物方面，提及山菇、

---

① 侬，海南方言，读 na：n，意为"我们、我、咱、俺"。下同。

② 中国民间文学集成全国编辑委员会、中国歌谣集成海南卷编辑委员会：《中国歌谣集成·海南卷》，第51—54页。

菜草、野果、沙蔓蕉、藤、竹、薯、荞等种类，其中对红藤、白藤的描述最为详尽，不仅交代了其主要特征，而且对其所能给人造成的身体伤害有非常清晰的认识；在野生动物方面，提及鹿、鱼、蚂蚁、泥鳝、田螺、山龟、厚皮蟾、山马、藤蛇、布谷鸟、斑鸠、老鹰等种类，其中布谷鸟对黎族非常重要，是其将稻谷等物种传播给先民，推动了原始农业的产生。

3.《杉树和松树》（仫佬族）

　　杉树和松树原来是一对很好的姐妹。

　　杉树长得非常漂亮，就像一位腼腆文静的姑娘。她不仅样子长得好看，而且心肠也很好，山里的桐树、芭芒、蕨草都喜欢和她做伴，长在她周围。她身上有很多油，常常用自己的身子，给山里人照明，给山里人温暖，伴山里人度过寒冷的冬夜。山里人也非常喜欢她，每到春暖花开的季节，就来给她松土、除虫、除草、修枝，让她长得更加秀丽。

　　那时，松树的模样也和杉树一样，长得很俊俏。松树为此感到很骄傲，看不起同山的草木姐妹，还到处乱跑，拈花惹草。山里人见它性子漂浮，很少理它。

　　杉树见松树太放荡，个子越长越小，越长越弯扭，心里非常难过，就对松树说："你不要到处乱跑了，把根扎在一个地方，就要想办法成材。山里人见你有用了，就会来护理你的。"

　　松树听了，很不服气，心想：我哪点比不上你呢？你被山里人看重，最多是因为你身上有点油，给山里人照点明。我要是也有点油，山里人照样会看重我的。松树想呀想呀，终于想出一个办法来。

　　松树把自己身上的叶子撕成一条条像针一样粗细，又把叶尖抹利，然后来到杉树家，对杉树说："姐姐，今天晚上我想来和你一起睡觉，谈谈心，好吗？"

　　杉树说："好呀！今晚我们要好好聊一聊。"

　　夜深了，杉树睡着了。这时，松松就偷偷地用自己像针一样利的叶子，扎进杉树的身子，拼命地吸取杉树身上的油。杉树醒来后，发现自己身上到处都是斑斑点点的，油没有了，松树也不见了，气得呜呜地痛哭起来。

　　桐树、芭芒、蕨草听到杉树的哭声，都围了过来。当大家问清了原因以后，把这件事告诉山里所有的草木姐妹。大家听了，议论纷纷，都说松树的心太狠毒了，表示永远不再和它往来。

从那以后，松树身上虽然有了油，但山上的草木都和它断交了。凡是有松树的地方，树脚下，连小草也不肯长一根，周围全是光秃秃的，露出黄色的泥土。

杉树的油被偷走以后，全身干巴巴的，山里人叫她康杉；有些杉树的油没有被偷走，山里人就叫她油杉。①

这则植物故事流传于罗城仫佬族自治县东门镇、四把镇一带，这里位于九万大山南麓苗岭山脉脚下，非常适宜杉树和松树的生长。在这篇植物故事中，仫佬族民众形象地描绘了杉树、松树两种经济树种的生长状态和生态学特征，更为难得的是，清晰地交代了杉树对维系仫佬人生存发展的重要功能。

应该说，在壮侗语族民众中，还流传着许许多多的民间神话、传说、故事、歌谣，如三江侗族民间广泛流传的《稻谷与山雀》《稻种的由来》《猫狗取宝》《猫和狗怎样成了冤家》《猫为什么捉老鼠》《老虎抽烟》《虎姑娘结亲》《蚂蚱和猴子打架》《刁老鼠》《螃蟹牵水牛》《荞麦和葱头吵架》《乌龟与鲍鱼》等动植物故事；仫佬族民间广泛流传的《谷雨节和牛》《吃虫庙和吃虫节》《公鸡、蜈蚣和马鹿》《鹧鸪和斑鸠》《小麦姑娘脸上的泪痕》等民间传说和动植物故事，毛南族民间广泛流传的《盘古传说》《格射太阳和月亮》《七女峰》《猴子和蚂蚱》《老虎为什么生崽少》《穿山甲》《机智的野猫》等民间传说和动植物故事，均是人们在对周边生态环境认知的基础上总结、创造出来的故事文本，是各个民族千百年认知自然、利用自然的知识结晶，渗透着各个民族独特的生存性智慧。这些传统民间文艺，不仅有利于推动民族文化传承，而且对区域文明建设具有不可忽视的意义。

壮侗语民族的传统生态知识，一直持续传承和发展，参与着岭南地区生态文明建设的进程，发挥着自身独特的社会经济和生态环境。本章着重关注当代岭南壮侗语民族地区生态文明建设现状，并就传统生态知识与生态文明建设的互动关系的具体呈现展开研讨。

---

① 包玉堂、吴盛枝、龙殿宝：《仫佬族民间故事选》，上海文艺出版社1988年版，第391—392页。

第四章

岭南壮侗语民族传统生态知识与
生态文明建设的互动关系（下）

第一节　岭南壮侗语民族地区生态
文明建设现状

岭南壮侗语民族分布在广西壮族自治区、广东省和海南省的部分地区，同时这三个省区又居住着大量的汉族人口，而这些地方不应当被划为岭南民族地区，因此，在对岭南民族地区生态文明建设进行研讨时，本书将以岭南壮侗语民族聚居地区为表述范围，其中或有不当之处，但因资料有限，无法一一精确到具体的民族村寨，只好从权。如在述及岭南壮侗语民族居住的地域时，将主要以地级市或县（市、自治县）作为地域范围，涉及广西壮族自治区南宁市、百色市、崇左市、河池市、来宾市、柳州市；广东省连山壮族瑶族自治县；海南省五指山市、东方市、昌江黎族自治县、白沙黎族自治县、乐东黎族自治县、陵水黎族自治县以及琼中黎族苗族自治县、保亭黎族苗族自治县。如有必要，对散杂居的壮侗语民族予以必要关注，如广西龙胜各族自治县龙脊镇壮族等。

一　生态文明建设的突出成就

（一）经济发展方式转型升级，绿色产业发展成效明显

习近平总书记在党的十九大报告中指出："加快建立绿色生产和消费的法律制度和政策导向，建立健全绿色低碳循环发展的经济体系。"① 由此可见，绿色生产和消费是生态文明建设的重要内容，这就要求区域经济增长方

---

① 习近平：《决胜全面建成小康社会 夺取新时代中国特色社会主义伟大胜利》，第50—51页。

式要转向以绿色发展为中心，走绿色可持续发展的道路。为了实现经济增长方式的转变，最重要的是发展循环经济，建立以循环经济为核心的生态经济体系。经过多年的努力，岭南壮侗语民族地区的绿色循环经济得到较快发展，农业、工业、服务业的生态化发展良好，经济发展方式初步实现了转型升级。

1. 生态农业蓬勃发展

农业是第一产业，也是岭南壮侗语民族传统上的最主要的产业。即使时至今日，仍然有相当数量的壮侗语族民众仍然居住在农村，靠种养业为生。在向现代农业发展的过程中，岭南壮侗语族地区不少农民在政府的引导下，降低化肥农药的使用数量和范围，大力发展现代生态农业。

20 世纪 90 年代，广西壮族自治区按照"整体、协调、循环、再生"的要求，以农业产业化经营为基本途径，进一步提高农业资源良性高效循环利用水平，朝着高产、优质、高效、生态、安全农业的方向发展。在平原、丘陵和台地地区加大养殖—沼气—种植"三位一体"生态农业技术推广力度，提高农业废弃物资源化利用水平；在山地区积极推广山区复合型生态农林牧业模式。21 世纪以来，广西实施现代生态农业引领战略、特色生态产业提升行动和西江水系"一干七支"（西江干流，左江、右江、红水河、柳黔江、绣江、桂江、贺江）沿岸生态农业产业带试点建设，推进生态农业快速发展。同时，大力推广以"微生物＋"为核心的现代生态养殖模式，并大力推进畜禽养殖废弃物资源化利用，改变农业"大肥大药"的生产方式，变农业废弃物为农业资源，同步实现生态效益、经济效益、社会效益。如百色市德保县农户罗朝生 2018 年养殖了 5 头母猪、30 头仔猪。在畜牧部门扶持下，他建起了畜用储粪间和储尿池，改造后猪粪不乱放、尿液不外排，人居环境变得清洁；百色市凌云县平怀村有 8000 多亩桑园，每年桑枝产量巨大，桑叶废角料很多。该村利用桑枝种植食用菌，将菌棒作为有机肥还田，用桑叶废角料养殖豚狸。[①] 与此同时，生态林业、生态渔业建设也取得重大进展。截至 2017 年年底，广西森林覆盖率提高到 62.31%，全区完成造林面积 236 千公顷，其中人工造林面积 76.7 千公顷，占全部造林面积的 32.5%；活立木蓄积量 7.8 亿立方米；木材采伐量 3810 万立方米，比上年增长 11.7%；松脂产量 69.55 万吨，增长

---

① 庞革平：《广西生态农业形成循环链》，《人民日报》2018 年 12 月 5 日第 14 版。

3.9%。水产品产量 379.08 万吨，比上年增长 4.9%，其中海水产品产量 195.32 万吨，增长 4.5%。经过多年的努力，广西壮族自治区基本上形成了农林牧渔业综合发展的生态大农业产业体系。

海南省统筹推进生态大农业发展，黄花梨、沉香、南药、花卉、茶叶等经济价值高、生态功能强的作物，正在五指山等黎族地区迅速普及；按照"稳猪、增禽、促牛羊"的发展思路，推进养殖业由一元生产结构（畜产品）向三元生产结构（畜产品、清洁能源、有机肥）转变。位于儋州的中国热带农业科学院热带作物品种资源研究所基地，围绕着花草的开发利用形成了"牛—沼—草""五指山猪—沼—草""海南黑山羊—沼—草"等生态种养结合模式。白沙黎族自治县坚持绿色生态为先、产业发展为重的工作思路，将 63% 以上的县域土地划定为生态红线，利用"白沙绿茶"品牌优势、林下资源优势，打造绿茶、南药 2 个万亩产业和红心橙、山兰米等 6 个千亩产业；谋划以龙头企业、合作社带动发展养蜂、果子狸、五脚猪等特色产业，搭建符合白沙特色的"绿色银行"产业体系。琼中黎族苗族自治县践行绿色发展理念，在坚持发展橡胶、槟榔等传统产业的基础上，大力推行林下经济，鼓励百姓在生态林、橡胶林和槟榔林等地，套种益智，发展蜜蜂、山鸡养殖等生态产业，实现生态环境优化、贫困户脱贫致富增收双赢；由于当地生态好，产的蜂蜜香甜浓郁，供不应求，一箱蜂投入本金 500 元，蜂蜜丰收后，可获得 3000 元的收益，成为带动当地农户脱贫致富的特色产业。

连山壮族瑶族自治县是粤西北地区的重要生态屏障、国家重点生态功能区，其森林覆盖率高达 86.2%，位居广东省第一。近年来，该县紧紧围绕"农业增效、农民增收、农村发展"目标，着力调整农业结构，推进农业特色化、产业化发展，生态农业发展取得了令人瞩目的成绩。2018 年，有机稻、高山茶、油茶、水果、无公害蔬菜等特色农产品种植规模进一步壮大，有机稻种植面积稳定在 3.5 万亩以上，茶叶新增种植面积 200 多亩，柑橘类为主的水果新增种植面积 2000 亩，蔬菜新增种植面积 1500 亩。[①] 有机米每斤超 10 元仍畅销珠港澳；春季上市的东风春橘在市场上供不应求；有机红茶声名鹊起……越来越多的连山农副产品逐渐走出了连山，畅销珠港澳等消

---

① 《连山：生态立县 加快绿色富民发展》，清远新闻网，http://www.gdqynews.cn/xwzx/qygxqxw/qydt/201808/t20180831_ 505169. htm，2019 年 3 月 4 日访问。

费市场，特色生态农业发展势头越来越迅猛。

2. 生态旅游异军突起

在生态农业发展的基础上，壮侗语族地区地方政府充分利用自然生态和民族文化两种资源，大力发展生态旅游，推动了区域经济社会可持续发展。

广西壮族自治区有丰富的生态旅游资源，十万大山、龙虎山、元宝山、大明山、花坪、弄岗等林区幽、静、旷、野的自然特色、高含量的负离子及珍奇的野生动植物等都具备全国性的竞争力。借助这些得天独厚的生物气候旅游资源，广西森林旅游业得到较快发展，已经建有森林公园47个，其中国家森林公园20个，自治区级森林公园21个，尚有其他级别的森林公园6个，年接待游客300多万人次，初步形成了集山、水、林、石等自然景观与人文景观于一体的森林公园体系。在推动生态旅游发展的过程中，广西重点打造桂林山水、北海银滩、德天瀑布、百色天坑、金秀大瑶山和资源县丹霞地貌六大生态旅游品牌，形成一批有广西特色、竞争力强的生态旅游产品和主题生态旅游区，旅游业逐渐成为广西的重要支柱产业和对外开放的形象产业，广西逐渐成为全国旅游强区和旅游主要目的地之一。

黎族聚居的海南省五指山市、昌江、白沙、乐东、陵水、琼中、保亭等地，在海南"国际旅游岛"建设的大背景下，立足本地自然生态和民族文化资源，重点推进尖峰岭、五指山、霸王岭、吊罗山、七仙岭、铜鼓岭等生态旅游区建设，着力构建以森林生态旅游为主导的服务业产业体系，实现了生态旅游业跨越发展。2018年，生态旅游产业发展迅猛，森林旅游人数和收入再创新高，森林旅游772万人次，森林旅游收入10.2亿元。如琼中黎族苗族自治县生态旅游资源丰富，先后规划了百花岭风景名胜区、上安仕阶温泉旅游度假区、红岭水库环湖旅游度假区、长兴飞水岭热带雨林度假区、黎母山国家森林公园、鹦哥岭森林旅游区、红毛什运红色文化旅游区、乘坡河谷生态旅游区等八大生态旅游度假区。同时加强旅游宣传推介，实现了旅游业跨越发展。虽然没有强劲的市场支撑，旅游接待人数却从2012年的22.05万人次飙升至2018年的154万人次。

表 4 - 1　　　　　　　　　　　黎族地区国家级森林公园一览表

名称	地理位置	面积（公顷）	建园时间	景点特色
海南尖峰岭国家森林公园	乐东黎族自治县尖峰镇	46666.67	1992.09	公园以神秘的热带雨林、神奇的自然景观、独特的气候条件、山海相连的地理优势，成为海南六大旅游中心系统之一；公园拥有中国现存整片面积最大、保护最完好的原始热带雨林
海南吊罗山国家森林公园	陵水黎族自治县	37900.00	1999.05	公园拥有湖光山色、峰峦叠嶂、飞瀑溪潭、巨树古木、奇花异草、珍禽稀兽、岩洞怪石等众多天然旅游景观，且有在岛内享有盛名的枫果山瀑布群以及秀美的南国田园风光
海南七仙岭温泉国家森林公园	保亭黎族苗族自治县	2200.00	2001.11	海南岛内仅有的几片保存较为完好的热带雨林之一；森林公园内古树参天、藤萝交织；目前已探明的各类珍奇植物 500 多种，野生动物 500 多种；在登山石板栈道约 700 米处有一片集中分布的桫椤群落，干高 9 米多，桫椤被誉为"植物活化石"，是国家列为一级保护的古老孑遗植物，其古老可上溯到恐龙时代
海南黎母山国家森林公园	琼中黎族苗族自治县	12889.00	2002.12	公园自然风光奇特，民族风情浓郁，地处热带常绿季雨林地带，是我国热带生物资源最丰富的地区之一，主峰海拔 1411.7 米，山势雄伟陡拔；黎母山国家森林公园自然风光美不胜收，不管远望还是近观，山峰、云雾、湖潭、峭壁与幽谷、鸟鸣和蝶飞等都给人一种灵性的美丽
海南霸王岭国家森林公园	昌江黎族自治县	8444.30	2006.12	公园内主要山峰都在 1000 米以上，主峰高 1495 米，是热带野生动植物的宝库，是我国热带生物资源最丰富的地区之一；林区内原始林木种类达 1400 种，列为国家重点保护的珍贵树种如见血封喉、陆筠松等有 27 种

资料来源：现代林业产业网，http://www.forestry.gov.cn/，2016 - 12 - 17。

　　连山壮族瑶族自治县以绿色生态、休闲养生、风情体验以及红色文化为主要特色，开发了大旭山野蕉谷瀑布群、福林苑、天鹅水库、大风坑温泉旅游度假区等生态旅游项目，大力发展民族生态旅游，致力于将连山打造成"中国氧吧之城、岭南避暑胜地、壮瑶风情之都"。除了各大旅游项目齐发力之外，连山还开展了"一镇一节庆"活动、小三江"三月三"歌墟节、上帅"四月八"牛王诞、禾洞"茶香节"、福堂"尝新节"等活动逐步成为连山的节庆旅游品牌。一年一度的连山"七月香"壮族戏水节更是走过了12 届，成为广东旅游的金字招牌。数据显示，2017 年连山共接待游客100.15 万人次，同比增长 67.59%；带动旅游消费 5.25 亿元，同比增长67.2%。2018 年上半年全县接待游客 46.11 万人次，同比增长 2.79%，带动旅游消费 2.44 亿元。①

应该说，生态旅游业作为一种朝阳产业，得到了壮侗语民族地区地方政府的普遍重视，各地都把自然资源和民族文化资源统筹开发利用，实现了经济发展与环境保护在一定程度上的"共赢"。

3. 生态工业发展迅速

工业是国民经济发展的重要支撑，因此，在生态文明建设的过程中，实现工业发展的生态化成为重要路径。进入新时期以来，岭南壮侗语民族地区的循环工业发展得到了普遍重视，使得生态工业发展非常迅速。

广西壮族自治区大力调整优化工业结构，广泛运用高新技术改造和提升传统产业，通过推广绿色化工、无废工艺和延伸产业链，实现传统产业技术结构和产品结构的进一步优化。在发展循环型工业过程中，注意建设循环经济型工业园区，发展低消耗、低污染、经济发展与环境保全相协调为目标的工业，通过两个或两个以上的生产体系或环节之间的系统耦合，使物质和能量多级利用、高效产出或持续利用，建立起相当于生态系统的"生产者—消费者—还原者"的工业生态链。② 其中最为典型、突出的是广西贵港国家生态工业示范园区。该园区以上市公司——贵糖（集团）股份有限公司为核心，以蔗田、制糖、酒精、造纸、热电联产、环境综合处理 6 个系统为框架，在各系统之间则通过中间产品和废弃物的相互交换而互相衔接，由此形成了一个较完整的闭合的生态工业网络，使资源得到最佳配置、废弃物得到有效利用，环境污染减少到最低水平。其中，甘蔗→制糖→蔗渣造纸生态链、制糖→糖蜜制酒精→酒精废液制复合肥生态链以及制糖（有机糖）→低聚果糖生态链 3 条园区内的主要工业生态链，相互间构成了横向耦合的关系，并在一定程度上形成了网状结构。在贵糖生态工业示范园区内，物流中没有废物概念，只有资源概念，各环节实现了充分的资源共享，变污染负效益为资源正效益。由于该示范园区建设取得了巨大的经济、社会和环保效益，广西壮族自治区又相继开工建设了南宁糖业、崇左糖业、来宾工业区等生态经济园区。③ 通过大力发展制糖业循环经济，壮族地区拉长了制糖业的产业链条，构成了"甘蔗→制糖→糖蜜→酒

---

① 《连山：生态立县 加快绿色富民发展》，清远新闻网，http://www.gdqynews.cn/xwzx/qygxqxw/qydt/201808/t20180831_505169.htm，2019 年 3 月 4 日访问。

② 王继东、王杰：《基于生态经济的广西产业结构升级研究》，《东南亚纵横》2009 年第 5 期。

③ 段艳平：《广西循环经济发展的现状分析》，《能源与环境》2009 年第 1 期。

精→生物肥→甘蔗"循环不息的产业链,实现了资源有效综合利用、清洁生产和环境保护等多重功效。与此同时,广西壮族自治区政府还按照"减量化、再利用、再循环"的思路,以冶金、火电、有色金属、化工、轻工、建材等资源型行业和汽车等现代制造业为重点,以实施清洁生产和推行 ISO14000 环境管理标准为切入点,大力开展节能、节水、节材和资源综合利用活动,初步建立了清洁生产管理体制和实施机制,创建了一批高标准、规范化的循环经济示范企业。

海南黎族地区、广东连山壮族地区也都立足本地实际,加大产业结构转型升级,大力发展新兴科技产业。为了保护海南岛中部山区热带雨林,海南省发改委对五指山市、白沙黎族自治县、保亭黎族苗族自治县、琼中黎族苗族自治县发展采矿业、制造业和电力等工业实行负面清单制度,同时限制农副食品加工业、家具制造业、中药生产等工业的发展。连山壮族瑶族自治县坚持走经济与生态环境和谐发展的道路,大力发展绿色、低碳、循环经济。如发展风能发电、光伏发电资源型能源工业,农林产品加工业,同时在保护生态的前提下,适度开发矿产资源,并加强招商引资工作,争取引进一批符合生态发展区定位的工业项目落地,逐步增强生态工业经济对区域经济社会发展的推动作用。

(二)突出环境问题治理力度大,生态环境质量明显改善

党的十九大报告中指出,要着力解决突出的环境问题,加强大气、水、固体和垃圾防治与处置,强化土壤污染管控和修复,加强农业面源污染防治,开展农村人居环境整治行动。同时,提高污染排放标准,排污责任,构建多方共同参与的环境治理体系。[①] 进入 21 世纪以来,岭南壮侗语民族地区地方政府加强突出环境问题治理,区域生态环境质量明显有所改善,人民群众的乐居宜居程度大大提高。

1. 加强污染治理和淘汰落后产能

广西壮族自治区大力推行节能减排工作责任制,加强大气、水、固体废弃物和农业面源污染的污染防治,淘汰落后产能,生态环境质量有了明显改善。2017 年,广西壮族自治区各级政府积极推进产业和能源结构调整优化,完成钢铁、煤炭去产能任务,加快淘汰落后产能;大力发展和推广清洁能源;推进

① 习近平:《决胜全面建成小康社会 夺取新时代中国特色社会主义伟大胜利》,第 51 页。

交通用能结构调整，加快清洁能源与新能源在交通运输领域的推广应用，开展绿色交通试点示范项目创建，全区清洁能源与新能源公交车保有量6692辆；狠抓重点行业企业污染治理并完成燃煤机组超低排放改造546万千瓦；综合整治城市建筑工地、道路扬尘、机动车尾气、农作物秸秆焚烧等面源污染；全面完成国家下达的黄标车和老旧车、建成区燃煤小锅炉淘汰任务；开展秋冬季重污染天气防治攻坚行动；与2015年比较，全区主要大气污染物二氧化硫减排25.59万吨、氮氧化物减排18.84万吨，完成国家下达的年度减排目标，全区PM_{10}年均浓度为58微克/立方米，比2013年下降9.4%，完成"大气十条"实施目标。强化涉重金属污染源环境监管，公布广西首批土壤环境重点监管企业名单，定期对重点监管企业周边环境开展土壤环境监测；继续大力实施涉重金属污染防治项目，安排2800多万元对7座"头顶库"进行安全隐患治理和43座历史遗留的无主库进行闭库治理或注销，组织实施43个矿区河流整治、遗留场地治理、涉重污染农田分类管控等涉重金属污染防治项目，其中已完成验收项目11个；开展全区疑似污染地块排查、梳理并建立名单，组织产粮大县制订土壤环境保护方案，落实2.49亿元启动13个土壤污染治理与修复试点示范项目；安排广西创新驱动发展专项资金5310万元开展土壤污染防治领域的技术研究和应用示范；扎实推进化肥、农药用量零增长行动，推广、普及相关技术并开展试点示范，完成测土配方施肥面积420万公顷、秸秆还田面积231.4万公顷，秸秆还田量约750万吨；开展废弃农资及包装物回收处理行动，田间生产垃圾清除率达95%以上。[①]

海南黎族地区和广东连山地区也大力贯彻中央生态文明建设有关精神，加强大气、水、土壤和声污染防治，推动节能减排工作，农业面源污染防治得到加强。2017年3月，海南省政府印发实施《海南省土壤污染防治行动计划实施方案》（琼府〔2017〕27号，又称"土十条"），从开展土壤污染状况详查、实施农用地分类管理和建设用地准入管理、加强污染源综合监管、推动土壤污染治理与修复、建立健全土壤污染防治法规体系等方面进行部署；明确到2020年，全省受污染耕地安全利用率达到90%左右，污染地块安全利用率达

---

① 广西壮族自治区环境保护厅等：《2017年广西壮族自治区环境状况公报》，广西壮族自治区生态环境厅网站，http://www.gxepb.gov.cn/xxgkml/ztfl/hjzljc/hjzkgb/201806/t20180604_200009209.html，访问时间：2019年3月1日。

到 90% 以上，全省土壤环境质量总体保持良好，农用地和建设用地土壤环境安全得到基本保障，土壤环境风险得到基本管控。[①] 据广东省清远市环保部门检测，连山壮族瑶族自治县 2018 年 12 月环境空气质量达标天数比例为 100%，全年综合指数在清远市排名第一。

应该说，岭南壮侗语族地区地方政府大都注意加强生态文明建设，着力解决突出的环境问题，持续实施区域大气、水、土壤污染治理，同时，注意淘汰落后产能，从源头上减少环境问题的发生。

2. 城乡生态环境整治成效突出

长期以来，广西壮族地区由于经济发展滞后，城乡建设步伐跟不上，因此出现了许多与之相关的生态环境问题。进入 21 世纪以来，广西各级政府大力加强城乡生态环境建设，采取了许多有力措施，城乡人居环境有了明显改善。2006 年 9 月，广西开始实施"城乡清洁工程"。几年间，广西各地城乡环境整治工作取得显著成效：垃圾入桶，街道洁净；摊点入市，还路于民；车辆入场，交通顺畅；广告入栏，空间净化；工地入围，施工文明；城市随之变美、变靓，处处呈现出山青、水秀、地干净的新面貌。继开展"城乡清洁工程"后，广西壮族自治区党委、政府决定用 3 年时间（2009 年 9 月至 2012 年 9 月），在全区开展以"竹筒房"为重点的城乡风貌改造，加快形成蓝天白云、青山绿树、碧水红瓦，民族和地方特色凸现的壮乡建设风格，促进富裕文明和谐新广西建设。党的十八大以来，广西进一步加强城乡生态环境整治工作。至 2017 年年底，广西城市的 63 段黑臭水体已消除 54 段约 133 千米，消除率为 85.7%，超额完成 2017 年度目标任务。同时，当年还完成 36 个自治区级及以上工业园区污水集中处理设施建设，新建 318 个乡镇污水处理厂；完成十大重点行业 44 家企业清洁化改造，关停"十小"企业 69 家；累计建成生活垃圾处理场 85 座，垃圾处理设施无害化处理能力 2.31 万吨/日，建成日处理餐厨垃圾 200 吨能力的处理设施 1 座，生活垃圾无害化处理率达到 98% 以上；与 2015 年比较，全区主要水污染物化学需氧量减排 25.58 万吨、氨氮减排 2.74 吨，完成国家年度减排目标。[②] 经过多年持之以恒的坚持，八桂大地城乡生态环境卫生明显改善，城乡风貌迅速发生了可喜的变化，壮乡建设风格和地方特色日益凸显，城乡人居环境有了很

---

① 海南省生态环境保护厅：《2017 年海南省环境状况公报》，《海南日报》2018 年 6 月 5 日第 4 版。

② 广西壮族自治区环境保护厅等：《2017 年广西壮族自治区环境状况公报》。

大改善，实现了城市生态文明建设的跨越发展。南宁市还被评为联合国人居环境奖，连续多次荣获"全国文明城市"称号。

表 4-2　　　　　　　　2017 年广西壮侗语民族地区园林绿化情况

地区	绿化覆盖面积（公顷）	#建成区	园林绿地面积（公顷）	#建成区	公园绿地面积	公园面积（公顷）
南宁市	41766.16	13327.03	39958.89	11519.68	3968.80	2931.00
柳州市	10743.06	9867.06	9293.55	8222.55	2430.00	1644.81
百色市	2176.27	1974.27	1983.41	1753.41	319.70	161.00
河池市	1449.15	1350.32	1202.79	1190.79	375.07	250.62
来宾市	1721.55	1651.51	1559.68	1489.64	313.42	60.41
崇左市	1319.93	1267.93	1100.18	1076.18	236.51	158.67

资料来源：《广西统计年鉴（2018）》。

海南黎族地区各级政府同样非常重视城乡生态环境整治工作，突出解决严重的生态环境问题，弥补生态环境欠账。仅"十二五"时期，琼中黎族苗族自治县就累计投入 11 亿元用于绿化宝岛、城镇污水处理、城乡垃圾无害化处理等生态工程建设。其中，"绿化宝岛"造林面积 5.7 万亩，超额完成省下达任务，森林覆盖率始终保持较高水平，达 83.74%。县城污水管网及截污基本实现全覆盖，城镇污水集中处理率提高 22.4 个百分点；"户分类、村收集、镇转运、县处理"农村垃圾处理模式全县铺开并在全省得到推广，行政村环境卫生整治覆盖率达 98%，城乡生活垃圾无害化处理率先实现零突破，达到 80%；万元 GDP 能耗超额完成省下达任务。[①] 2017 年，顺利通过全国生态保护与建设示范区创建中期评估，入选"第一批国家生态文明建设示范县"。城乡垃圾无害化处理率和农村无害化卫生厕所普及率分别达 75% 和 85%，顺利通过省级消除疟疾考核评估。全面落实"河长制"，完成营盘溪河道治理，建成农村污水处理项目 210 个。

广东连山壮族瑶族自治县早在 2003 年 4 月就率先在广东省清远市开展生

---

① 王琼龙：《2016 年琼中黎族苗族自治县人民政府工作报告》，http：//qiongzhong.hainan.gov.cn/xxgk/0100/zfgzbg/201601/t20160121_1440828.html，2016-01-21，访问时间：2019 年 1 月 18 日。本节有关琼中资料，除另有来源外，均出自琼中黎族苗族自治县历年政府工作报告，本章不再一一注明。

态县创建工作，并成立了林业生态县建设领导小组，精心策划，大力落实，全面铺开创建工作。2005 年 11 月通过十项指标的考核，达到了广东省林业生态县的标准。多年来，一直花大力气做好城乡建设和环境整治工作。近年来，开展了县城"一河两岸"建筑民族特色改造工程和管道燃气工程建设，完成了 10 条内街小巷及排水排污、亮化、绿化等一批工程的建设；推进了县城管道燃气工程建设。同时，以小三江、福堂、太保为重点镇，大力开展城乡环境整治，进一步改善镇村环境卫生。全县生活垃圾基本实现无害化处理，宜居环境质量不断提升。①

3. 美丽乡村建设蓬勃开展

岭南壮侗语族民众大部分仍然居住在乡村，因此，乡村地区的生态文明建设与这些民族的民众更是息息相关。进入 21 世纪以来，岭南壮侗语民族地区各级政府积极开展生态文明村创建工作，推动了少数民族村寨的可持续发展。

广西壮族自治区在"城乡清洁工程"和"城乡风貌改造"两大活动顺利实施的基础上，2013 年出台《"美丽广西"乡村建设重大活动规划纲要（2013—2020）》，明确通过 8 年时间开展"美丽广西"乡村建设重大活动，分"清洁乡村""生态乡村""宜居乡村""幸福乡村"四个阶段推进。第一阶段"美丽广西·清洁乡村"活动中，以开展"清洁家园、清洁水源、清洁田园"为主要任务，改善人居环境，改造水源质量，改良田园生态；在第二阶段"美丽广西·生态乡村"活动中，以开展"村屯绿化""饮水净化""道路硬化"三个专项活动为主要任务，绿化美化农村生活环境，确保农村饮用水安全，改善农村基础设施条件；第三阶段"美丽广西·宜居乡村"活动中，以开展"产业富民""服务惠民""基础便民"三个专项活动为主要任务，进一步促进农民增收，提高服务保障水平，改善村容村貌；第四阶段"美丽广西·幸福乡村"活动中，以开展"环境秀美""生活甜美""乡村和美"三个专项活动为主要任务，全面提升农村物质、精神、生态文明水平。作为广西历史上持续时间最长、规格最高、影响最广泛、最受群众欢迎的一项活动，"美丽广西"乡村建设将实现自治区 18 万多个自然村全覆

---

① 冯红云：《2017 年政府工作报告》，连山壮族瑶族自治县人民政府网，http://www.gdls.gov.cn/public/4663971/4707942.html，2017 - 03 - 03，访问时间，2019 年 1 月 18 日。本节有关连山资料，除另有来源外，均出自连山壮族瑶族自治县历年政府工作报告，本章不再一一注明。

盖，涵盖了乡村建设的方方面面。据统计，截至 2017 年年底，通过前三个专项活动的展开，广西全区完成了农村改厕 99 万户、农村改厨 97 万户、农村改圈 4.68 万户、危房改造 10 万户；全区 7152 个行政村已达到标准并挂牌设立村级综合服务中心；全区休闲农业与乡村旅游接待游客突破 6300 多万人次，产业总收入超过 230 亿元，同比增长 20%。①

海南省在 2000 年 9 月在全省启动文明生态村创建活动，整治农村环境面貌，提高农民生产生活水平。2012 年以来，又将文明生态村创建工作与"美丽海南百镇千村工程"实现了有机结合，与海南国际旅游岛建设各项工作实现了统筹推进，成效更加显著。截至 2017 年 6 月，全省累计 17536 个自然村创建文明生态村，覆盖率达到 84%。② 在文明生态村创建告一段落之后，海南省启动了"美丽乡村"建设，印发了《海南省美丽乡村建设五年行动计划》，提出计划到 2020 年，建成不少于 1000 个美丽乡村示范点。截至 2017 年 10 月底，全省各市县（含三沙、洋浦）创建了 406 个美丽乡村示范村，204 个星级美丽乡村，其中"五星"级 15 个、"三星"级 105 个、"一星"级 84 个③。这些美丽乡村，也包括众多黎族村寨。如陵水黎族自治县仅 2017 年就有 7 个美丽乡村通过海南省住建厅考核验收，其中文罗镇坡村被评为"海南省五星级美丽乡村"，光坡镇米埇村、群英乡芬坡村、本号镇大里小妹和什坡村、三才镇港演村等被评为"海南省三星级美丽乡村"，英州镇赤岭村被评为"海南省一星级美丽乡村"。

广东省连山壮族瑶族自治县贯彻落实"生态立县"战略，以创建"全国县级文明城市"为契机，积极开展美丽乡村建设。2015 年，共有吉田镇旺南村委会旺南村、吉田镇东风村委会岭尾村、永和镇蒙洞村委会蒙洞村、永和镇向阳村委会新屋寨村、小三江镇高明村委会爱竹村、小三江镇省洞村委会新庆村等 12 个自然村被列入 2015 年美丽乡村建设范围。2017 年，全县完成申报创建美丽乡村 117 个，其中特色村 2 个、示范村 12 个、整洁村 103 个。据统计，这 117 个美丽乡村已全部完成了村庄规划，规划或整改项目共有 1148 个，竣工项目 689 个，在建项目 459 个，预算总投入 10100 万元，

① 郭振乾：《广西将启动幸福乡村建设 升级"美丽广西"宜居乡村》，人民网·广西频道，http://gx.people.com.cn/n2/2017/1227/c179430-31080272.html，2017-12-27，访问时间：2019 年 1 月 20 日。
② 陈蔚林：《绿水青山间 文明花儿开》，《海南日报》2017 年 12 月 5 日第 1 版。
③ 《巨变 30 年大事记》，《海南日报》2018 年 3 月 8 日第 11 版。

累计投入 3249.81 万元。在"三清三拆三整治"方面，创建村积极发动群众自发清理房前屋后和村巷道杂草杂物、乱堆乱放建筑垃圾等，主动拆除危旧房露天厕所茅房等，加快实施雨污分流和污水处理池建设，全县拆除危旧房 2728 间，拆除面积 6.8 万平方米，绿化面积 2.3 万平方米。在项目建设方面，目前已建好公厕 65 间，安装路灯 396 盏，建设乡村小公园 18 个，文化活动场所 58 间，体育活动场所 60 个，儿童游乐设施、健身设施 38 个。[①] 通过创建"美丽乡村"，连山壮族地区的农村人居环境得到普遍改善，农民生活水平有了很大的提高。

（三）生态系统保护力度大，生物多样性保护成效显著

近年来，岭南壮侗语民族地区生态系统保护力度加大，已形成布局较为合理、类型较为齐全、功能较为完备的自然保护区网络，典型森林生态系统、自然湿地、沿海红树林和野生动植物种群和高等植物群落得到了有效保护。

广西壮族自治区非常重视自然保护工作。早在 1961 年，就建立了花坪自然保护区，主要保护世界稀有珍贵树种——银杉及亚热带常绿阔叶林。改革开放后，自然保护区事业恢复并逐步发展。1982 年，广西林业厅报请自治区人民政府并经批准，设立 37 个以涵养水源为主的水源林保护区和 15 个保护珍稀动物为主的保护区。37 个水源林保护区包括大明山、海洋山、银竹老山、西大明山、下雷、春秀、青龙山（龙州）、十万大山等；15 个珍稀动物保护区扶绥弄岗、崇左罗白、大新弄梅、涠洲岛等。进入 21 世纪，广西启动野生动植物保护区、自然保护区生态建设工程，组织编制了《2001 年至 2030 年广西野生动植物和自然保护区建设工程总体规划》。2002 年，在防城金花茶自然保护区建成世界上唯一的、占地面积 8000 平方米的金花茶基因库，引种了金花茶 23 种 5 变种。2005 年 4 月，在乐业县建立雅长兰科植物自然保护区。这是中国第一个为保护兰科植物而建立的自然保护区，也是中国唯一以兰科植物命名，并以其为主要保护对象的自然保护区。2009 年，在重要生态区域新建了大容山自治区级自然保护区及邦亮东部黑冠长臂猿自治区级自然保护区；雅长兰科植物自然保护区经国务院批准晋升为国家级自然保护区。2011 年 1 月，广西崇左白头叶猴自然保护

---

① 曾定康：《连山县美丽乡村建设初显成效》，广东省财政厅网站，http://www.gdczt.gov.cn/zwgk/dsxw/qy/201806/t20180606_945523.htm，2018 - 06 - 06，访问时间：2019 年 1 月 20 日。

区又晋升为国家级自然保护区。截至 2017 年年底，广西共有各类自然保护区 78 个，包括国家级自然保护区 23 个、自治区级自然保护区 46 个、市级自然保护区 3 个、县级自然保护区 6 个，保护区总面积约占广西辖区国土面积的 5.68%。其中，森林生态系统类型 46 个，海洋和海岸生态系统类型 3 个，野生动物类型 19 个，野生植物类型 5 个，地质遗迹类型 5 个，有效保护了 90% 的国家重点保护野生动物种类、82% 的国家重点保护野生植物种类以及 31% 的红树林湿地①。其中，11 个国家级、21 个省级、2 个市级、5 个县级自然保护区位于壮侗语民族聚居区内，占总数的一半。

　　与广西壮族自治区相比，广东连山壮族瑶族自治县和海南黎族地区的自然保护区建设力度更大。连山壮族瑶族自治县从 1999 年开始建立笔架山、大风坑、芙蓉山、天堂岭、犁头山 5 个县级自然保护区。次年又增设了大旭山自然保护区，同时 6 个保护区均升格为市级自然保护区。2002 年 1 月，笔架山又升格为省级自然保护区。连山的自然保护区面积达到 7.49 万亩，占全县面积的 14.02%。海南省从 1976 年开始建立了大田坡鹿、邦溪坡鹿、南湾猕猴、尖峰岭热带原始森林等 4 个自然保护区。1980 年后，海南大量建立自然保护区，至 1990 年年底，全省陆地自然保护区有 44 个，保护面积 109112 公顷，占全省陆地面积的 3.2%。截至 2017 年年底，海南全省共建立生态系统、野生动植物、自然景观等自然保护区 49 个，总面积为 2.70 万平方公里。其中，国家级自然保护区 10 个，面积 1541 平方公里；省级自然保护区 22 个，面积 2.53 万平方公里；市县级自然保护区 17 个，面积 142 平方公里。全省陆地自然保护区 40 个，海洋类型自然保护区 7 个，陆地和海洋综合自然保护区 2 个，自然保护区陆地面积共 2432 平方公里，占全省陆地面积约 6.9%。此外，还有国家级湿地公园 7 处，其中昌江海尾、陵水新村、海口美舍河、海口五源河 4 处为新增试点，另有省级湿地公园 5 处；森林公园 28 处，其中国家级 9 处、省级 17 处、市县级 2 处，面积共 1703 平方公里②。

---

① 广西壮族自治区环境保护厅等：《2017 年广西壮族自治区环境状况公报》。
② 海南省生态环境保护厅：《2017 年海南省环境状况公报》，《海南日报》2018 年 6 月 5 日第 4 版。

表 4 - 3　　　　　　　　　　　　岭南壮侗语民族地区自然保护区名录

名称	地点	面积（公顷）	主要保护对象	GB 类型	级别	始建时间	主管部门
广西壮族、仫佬族、毛南族地区（国家级 11 个，省级 21 个，市级 3 个，县级 5 个）							
弄岗	龙州县、宁明县	10080.00	亚热带石灰岩季雨林和白头叶猴、黑叶猴等	森林生态	国家	1979 - 01 - 01	林业
崇左白头叶猴	崇左市江州区、扶绥县	35148.00	白头叶猴、黑叶猴、猕猴	野生动物	国家	1980 - 10 - 01	林业
大明山	南宁市武鸣区、马山县、上林县、宾阳县	16994.00	常绿阔叶林、水源涵养林及自然景观	森林生态	国家	1981 - 08 - 05	林业
岑王老山	田林县、凌云县	18994.00	季风常绿阔叶林	森林生态	国家	1982 - 06 - 08	林业
九万山	融水、罗城、环江 3 个自治县	25212.80	水源涵养林	森林生态	国家	1982 - 06 - 08	林业
恩城	大新县	25819.60	黑叶猴、猕猴等珍稀动物	野生动物	国家	1982 - 06 - 08	林业
金钟山黑颈长尾雉	隆林各族自治县	20924.40	鸟类及其生境	野生动物	国家	1982 - 06 - 08	林业
十万大山	上思县、防城市、钦州市	58277.10	水源涵养林	森林生态	国家	1982 - 06 - 08	林业
木论	环江毛南族自治县	8969.00	中亚热带石灰岩常绿阔叶混交林生态系统	森林生态	国家	1991 - 06 - 22	林业
雅长兰科植物	乐业县	22062.00	兰科植物及其生态系统	野生植物	国家	2005 - 04 - 22	林业
邦亮长臂猿	靖西市	6530.00	东部黑冠长臂猿及北热带岩溶山地季雨林生态系统	野生动物	国家	2009 - 07 - 16	林业
广西壮族、仫佬族、毛南族地区（国家级 11 个，省级 21 个，市级 3 个，县级 5 个）							
龙虎山	隆安县	2255.70	广西猕猴、珍贵药用植物及自然景观	野生动物	省级	1980 - 11 - 16	林业
三十六弄—陇均	南宁市武鸣区	12822.00	苏铁、林麝等珍稀动植物	森林生态	省级	1981 - 01 - 01	林业
老虎跳	那坡县	27008.00	水源涵养林及野生动植物	森林生态	省级	1982 - 06 - 08	林业
下雷	大新县	27185.00	水源涵养林及猕猴	森林生态	省级	1982 - 06 - 08	林业
西大明山	崇左市江州区、扶绥县、大新县、隆安县	60100.00	水源涵养林	森林生态	省级	1982 - 06 - 08	林业
广西青龙山	龙州县	16778.60	北热带石灰岩季雨林生态系统和黑叶猴、蚬木、苏铁等珍稀濒危野生动植物及其生境	森林生态	省级	1982 - 06 - 08	林业
三匹虎	南丹县、天峨县	3105.00	水源涵养林及珍稀动植物	森林生态	省级	1982 - 06 - 08	林业

续表

名称	地点	面积（公顷）	主要保护对象	GB类型	级别	始建时间	主管部门
广西壮族、仫佬族、毛南族地区（国家级11个，省级21个，市级3个，县级5个）							
龙滩	天峨县	42848.40	猕猴及水源涵养林	森林生态	省级	1982－06－08	林业
大王岭	百色市右江区	47728.60	北热带山地森林生态系统及德保苏铁等野生动植物	森林生态	省级	1982－06－08	林业
黄连山—兴旺	德保县	21035.50	水源涵养林	森林生态	省级	1982－06－08	林业
凌云泗水河	凌云县	20950.00	水源涵养林	森林生态	省级	1982－06－08	林业
王子山雉类	西林县	32209.00	雉类及栖息地、南亚热带森林生态系统	野生动物	省级	1982－06－08	林业
那佐苏铁	西林县	12458.00	水源涵养林及野生动植物	野生植物	省级	1982－06－08	林业
罗富泥盆系剖面	南丹县	12.00	泥盆系地质剖面	地质遗迹	省级	1983－01－01	国土
大乐泥盘纪	象州县	12.00	泥盆系地质剖面	地质遗迹	省级	1983－01－01	国土
底定	靖西市、那坡县	4907.40	水源涵养林及野生动植物	森林生态	省级	1986－01－01	林业
上林龙山	上林县	10749.00	常绿阔叶林、典型山地森林生态系统	森林生态	省级	2001－01－01	林业
大哄豹	隆林各族自治县	2035.00	岩溶森林生态系统及黑叶猴等珍稀动物	森林生态	省级	2005－04－26	林业
红水河来宾段	来宾市	582.00	珍稀鱼类及其栖息地、产卵场	野生动物	省级	2005－09－28	林业
左江佛耳丽蚌	崇左市江州区、龙州县	417.40	佛耳丽蚌等淡水贝类及其栖息地	野生动物	省级	2005－09－28	林业
弄拉	马山县	8481.00	南亚热带岩溶森林生态系统	森林生态	省级	2008－06－09	林业
澄碧河	百色市	77000.00	澄碧河水库湿地及其水源林	森林生态	市级	1982－06－08	林业
百东河	百色市	41600.00	水源涵养林	森林生态	市级	1982－06－08	林业
那兰鹭鸟	南宁市良庆区	347.00	鹭鸟及森林生态系统	野生动物	市级	2004－08－20	其他
春秀	龙州县	7870.00	水源涵养林及野生动植物	森林生态	县级	1982－06－08	林业
地州	靖西县	29675.00	水源涵养林及野生动植物	森林生态	县级	1982－06－08	林业
古龙山	靖西县	12100.00	水源涵养林	森林生态	县级	1982－06－08	林业

名称	地点	面积（公顷）	主要保护对象	GB 类型	级别	始建时间	主管部门
广西壮族、仫佬族、毛南族地区（国家级 11 个，省级 21 个，市级 3 个，县级 5 个）							
德孚	那坡县	12200.00	季风常绿阔叶林、水源涵养林	森林生态	县级	1982-06-08	林业
达洪江	平果县	28400.00	季风常绿阔叶林、水源涵养林	森林生态	县级	1982-06-08	林业
海南省黎族地区（国家级 7 个，省级 8 个，市级 4 个，县级 1 个）							
尖峰岭	乐东黎族自治县、东方	20170.00	热带季雨林	森林生态	国家	1976-06-16	林业
大田	东方市	2500.00	海南坡鹿及其生境	野生动物	国家	1976-06-16	林业
霸王岭	昌江黎族自治县、白沙	29980.00	黑冠长臂猿及其生境	野生动物	国家	1980-01-29	林业
吊罗山	陵水黎族自治县、保亭	18389.00	热带雨林	森林生态	国家	1984-04-29	林业
五指山	琼中黎族苗族自治县、	13435.9	热带原始森林	森林生态	国家	1985-11-19	林业
三亚珊瑚礁	三亚市	8500.00	珊瑚礁及其生态系统	海洋海岸	国家	1990-09-30	海洋
鹦哥岭	白沙黎族自治县、琼中	50464.00	热带雨林森林生态系统	森林生态	国家	2004-07-23	林业
邦溪	白沙黎族自治县	361.80	海南坡鹿及其生境	野生动物	省级	1976-06-16	林业
南湾	陵水黎族自治县	1026.00	猕猴及其生境	野生动物	省级	1976-06-16	林业
佳西	乐东黎族自治县	8326.67	热带季雨林及海南粗榧等珍稀野生动植物	森林生态	省级	1981-09-25	林业
甘什岭	三亚市	1715.46	无翼坡垒等珍稀植物	野生植物	省级	1985-11-19	林业
黎母山	琼中黎族苗族自治县、	11701.00	热带季雨林	森林生态	省级	2004-07-23	林业
猕猴岭	东方市、乐东县	12215.33	热带雨林、溶洞	森林生态	省级	2004-07-23	林业
东方黑脸琵鹭	东方市	1429.00	黑脸琵鹭及其生境	野生动物	省级	2006-05-18	林业
保梅岭	昌江黎族自治县、白沙	3844.30	热带雨林	森林生态	省级	2006-05-18	林业
亚龙湾青梅港	三亚市	156.00	红树林生态系统	海洋海岸	市级	1989-01-01	林业
三亚河红树林	三亚市	343.83	红树林生态系统	海洋海岸	市级	1992-02-25	林业
六道	三亚市	1233.73	水源涵养林、热带季雨林及野生动物	森林生态	市级	1996-03-25	环保

续表

名称	地点	面积（公顷）	主要保护对象	GB 类型	级别	始建时间	主管部门
海南省黎族地区（国家级 7 个，省级 8 个，市级 4 个，县级 1 个）							
铁炉港红树林	三亚市	292.00	红树林生态系统	海洋海岸	市级	1999 - 12 - 14	林业
保国山	乐东黎族自治县	181.40	森林生态系统	森林生态	县级	1992 - 08 - 29	环保
广东壮族地区（省级 1 个，市级 4 个，县级 1 个）							
连山笔架山	连山壮族瑶族自治县	10727.80	天然阔叶林及野生植物	森林生态	省级	2000 - 06 - 02	林业
大风坑	连山壮族瑶族自治县	1333.00	森林生态系统及野生动植物	森林生态	市级	2000 - 06 - 02	林业
大旭山	连山壮族瑶族自治县	1333.00	森林生态系统及野生动植物	森林生态	市级	2000 - 06 - 02	林业
芙蓉山	连山壮族瑶族自治县	1333.00	森林生态系统及野生动植物	森林生态	市级	2000 - 06 - 02	林业
黎头山	连山壮族瑶族自治县	667.00	森林生态系统及野生动植物	森林生态	市级	2000 - 06 - 02	林业
天堂岭	连山壮族瑶族自治县	333.00	森林生态系统及野生动植物	森林生态	市级	2000 - 06 - 02	林业
连山石公山	连山壮族瑶族自治县	320.00	常绿阔叶林和野生动物	森林生态	县级	2007 - 09 - 10	林业

资料来源：生态环境部外网数据中心的《全国自然保护区名录》。

　　总之，经过多年的自然保护区建设，岭南壮侗语民族地区大部分保护价值较高、集中连片、面积较大的自然生态系统和野生动植物分布区域，已得到有效的保护。对那些面积较小而且零星分布的重要自然保护地，广西壮族自治区则采取建立自然保护小区的办法来实施保护。从 2007 年开始，通过中国—欧盟生物多样性项目广西西南石灰岩地区生物多样性保护项目的实施，促成了广西首批自然保护小区建立。在项目实施活动中，广西分别在德保、靖西、那坡、扶绥等县建立了 14 处自然保护小区，保护对象有大壁虎、苏铁、猕猴、金丝李、金花茶等珍贵物种。[①] 海南省还正在建设规划新的自然保护区，新筹建的俄贤岭省级自然保护区已于 2018 年 11 月通过了公示。应该说，自然保护区的建设，对生态系统的保护促进作用是非常明显的，比如全球仅分布于广西的白头叶猴种群数量持续增加；在中国曾被认为灭迹了半个世纪的东黑冠长臂

---

① 李新雄：《千方百计保护生物多样性　我区建立 14 个自然保护小区》，《广西日报》2010 年 8 月 9 日第 4 版。

猿于 2005 年在广西重新发现。据大自然保护协会 2008 年支持的广西大瑶山自然保护区综合科学考察报告：大瑶山野生动物资源状况较 1982 年调查结果有了比较明显的变化，动物种类数量有所增加，陆栖脊椎动物由原来的 373 种增加到现在的 481 种，其中国家一级保护动物由原来的 4 种增加到现在的 6 种。[①] 这些都是生态环境不断改善的结果。

（四）生态文明制度建设得到加强，环境立法成效突出

2015 年 4 月 25 日发布的《中共中央国务院关于加快推进生态文明建设的意见》明确提出："加快建立系统完整的生态文明制度体系，引导、规范和约束各类开发、利用、保护自然资源的行为，用制度保护生态环境。"[②] 制度建设是推进生态文明建设的有效保障。岭南壮侗语民族地区各级地方政府贯彻中央有关指示精神，大力加强地方生态文明制度建设，已经初步形成了有利于资源节约和环境保护的制度氛围，初步建立起区域性环境保护法律体系，生态文明制度体系建设卓有成效。

1. 生态文明建设总体规划

2005 年，广西壮族自治区党委、政府做出了建设生态广西的重大战略决策，制定出台了一系列政策措施。2006 年，又明确提出要把生态建设和环境保护作为建设富裕文明和谐新广西奋斗目标的重要内容。2007 年，自治区人大常委会批准了《生态广西建设规划纲要（2006—2025 年）》，广西的生态文明建设有了地方性法律规范的支撑；同年，广西壮族自治区党委、政府出台了《关于落实科学发展观建设生态广西的决定》，把生态广西建设规划纲要落到实处。2008 年，广西壮族自治区政府办公厅发布了《广西壮族自治区生态功能区划》，进一步落实生态广西建设所提出的规划目标。2010 年 1 月，广西壮族自治区党委、政府出台了《关于推进生态文明示范区建设的决定》，提出要分阶段推进生态文明示范区建设，将广西建设成为经济资源协调的科学发展之区、生态产业发达的生态经济之区、生态屏障坚实的优质环境之区、自然人文融合的和谐人居之区。2015 年 7 月，广西壮族自治区党委、政府出台了《关于大力发展生态经济深入推进生态文明建设

---

① 广西大瑶山国家级自然保护区管理局、广西壮族自治区林业勘测设计院：《广西大瑶山自然保护区综合科学考察报告》，2008 年 6 月。

② 具体内容参阅《人民日报》2015 年 5 月 6 日第 1 版。

的意见》和《广西生态经济发展规划》，明确提出到 2020 年要实现生态经济发展壮大、资源环境约束性目标任务全面完成、生态环境质量位居全国前列三大目标，突出抓好生态产业、生态基础设施、生态环境治理、生态城乡建设四大任务，全力打造全国生态经济发展强区。2017 年 8 月，广西壮族自治区党委、政府印发了《广西生态文明体制改革实施方案》，明确提出到 2020 年构建起由自然资源资产产权制度、国土空间开发保护制度、空间规划体系、资源总量管理和全面节约制度、资源有偿使用和生态补偿制度、环境治理体系、环境治理和生态保护市场体系、生态文明绩效评价考核和责任追究制度等八项制度构成的产权清晰、多元参与、激励约束并重、系统完整的广西特色生态文明制度体系。应该说，广西壮族自治区党委、政府一直比较重视区域生态文明建设的总体规划，强调制度体系建设，着力构建适应新形势的生态文明制度体系。

1999 年 2 月，海南省第二届人大第二次会议在全国率先做出《关于建设生态省的决定》；同年 3 月，国家环保总局正式批准海南为我国第一个生态示范省。随后，海南省政府制定了《海南生态省建设规划纲要》，走上了生态立省的发展道路。2009 年 12 月，《国务院关于推进海南国际旅游岛建设发展的若干意见》印发，明确提出海南要建设全国生态文明建设示范区，推进资源节约型和环境友好型社会建设，探索人与自然和谐相处的文明发展之路，使海南成为全国人民的四季花园。2017 年 9 月，中共海南省委通过了《关于进一步加强生态文明建设谱写美丽中国海南篇章的决定》，力争生态文明建设走在全国前列；确保海南的生态环境质量只能更好、不能变差，努力建设全国生态文明示范区。2019 年 1 月，中央全面深化改革委员会第六次会议审议通过了《国家生态文明试验区（海南）实施方案》《海南热带雨林国家公园体制试点方案》，将海南定位为生态文明体制改革样板区、陆海统筹保护发展实践区、生态价值实现机制试验区以及清洁能源优先发展示范区，提出在海南岛中部山区设立海南热带雨林国家公园体制试点区。其范围东起吊罗山国家森林公园，西至尖峰岭国家级自然保护区，南自保亭县毛感乡，北至黎母山省级自然保护区，总面积 4400 余平方公里，约占海南岛陆域面积的七分之一。涉及 9 个市县，包括五指山、鹦哥岭、尖峰岭、霸王岭、吊罗山 5 个国家级自然保护区，佳西等 3 个省级自然保护区，黎母山等 4 个国家森林公园，阿陀岭等 6 个省级森林公园及相关的国有林场。

广东省连山壮族瑶族自治县在 21 世纪以来坚持"生态立县",走可持续发展之路。2002 年 8 月,制定完成了《连山生态县建设总体规划》,为当地生态文明建设提供了科学依据。2017 年 10 月,连山壮族瑶族自治县编制了《连山壮族瑶族自治县创建国家生态文明建设示范县规划(2017—2025 年)》,决定加快推进连山县生态文明建设和环境保护工作,在清远市率先建成国家生态文明建设示范县。

2. 地方环境保护基本法

早在 1988 年 3 月 14 日,广西壮族自治区第七届人大常委会第二次会议通过《广西壮族自治区环境保护暂行条例》;1999 年 3 月 26 日,自治区第九届人大常委会第十次会议正式通过《广西壮族自治区环境保护条例》,填补了广西无综合性环保法规的空白。2005 年,自治区人大常委会完成《广西壮族自治区环境保护条例》的修订。2006 年,新修改的《广西壮族自治区环境保护条例》经自治区第十届人民代表大会常务委员会第十七次会议通过;2010 年 9 月、2016 年 5 月,两次予以修订,完善了环境保护基本制度:一是环境监测制度;二是环境影响评价制度;三是跨行政区域的联合防治机制;四是重点污染物排放总量控制制度和区域限批制度;五是排污许可制度;六是环境保护目标责任制和考核评价制度;七是生态环境保护补偿机制;八是环境信息公开制度。

1990 年 2 月 18 日,海南省人民代表会议常务委员会第九次会议通过《海南省环境保护条例》。1999 年 5 月、2007 年 1 月、2012 年 7 月、2017 年 11 月,曾根据环境保护工作发展的需要进行过四次修正,是海南省地域范围内保护环境的基本法。

3. 环境污染防治单行法规

早在 1986 年 11 月 4 日,广西壮族自治区第六届人大常委会第二十三次会议就通过了《广西壮族自治区乡镇集体矿山企业和个体开采矿产资源管理条例》,试图控制矿山开采带来的环境污染;广西壮族自治区环保局还制定了《放射环境管理办法》(1990)、《广西壮族自治区〈工业污染源监测管理办法〉实施细则》(1991);《实施排放水污染物许可证制度的若干规定》(1993);《广西壮族自治区汽车排气污染监督管理办法》(1993);2009 年连续制定了《广西壮族自治区放射性同位素与射线装置安全许可管理规定(试行）》《广西壮族自治区主要污染物总量减排监察工作规范（试行）》《广西重点水污染源现场端自动监控设施运行管理规定（暂行）》和《广西重点烟气污染源现场端自动监控设施运行管理规定（暂行）》等地方性法规，并重新修订了《广西壮族自治区建设项目环境影响评价文件分级审批管理办法》。2014 年 7 月 24 日，广西壮族自治区第十二届人民代表大会常务委员会第十一次会议批准《南宁市郁江流域水污染防治条例》；2018 年 11 月 28 日，自治区第十三届人大常委会第六次会议审议通过《广西壮族自治区大气污染防治条例》。

1995 年 11 月 10 日，海南省海口市第十一届人民代表大会常务委员会第十六次会议通过《海口市环境噪声污染防治办法》，1995 年 12 月 29 日海南省第一届人民代表大会常务委员会第二十次会议批准；2017 年 11 月 30 日，海南省第五届人民代表大会常务委员会第三十三次会议通过《海南省水污染防治条例》；2018 年 12 月 26 日，海南省第六届人民代表大会常务委员会第八次会议通过《海南省大气污染防治条例》。

4. 生态环境保护单行法规

早在 1983 年 4 月 15 日，广西壮族自治区第五届人大常委会第十八次会议通过了《广西壮族自治区水源林动植物自然保护区管理条例（试行）》；1990 年自治区第七届人大常委会第十一次会议通过，同年 8 月 15 日自治区第七届人大常委会公告第 18 号发布《广西壮族自治区森林和野生动物类型自然保护区管理条例》，1997 年 12 月 4 日自治区第八届人大常委会第三十一次会议、2010 年 9 月 29 日自治区第十一届人大常委会第十七次会议两次予以修正；1993 年 12 月 11 日自治区第八届人大常委会第六次会议通过了《广西壮族自治区森林管理办法》，1997 年 9 月 24 日自治区第八届人大常委会第三十次会议、2004 年 6 月 3 日自治区第十届人大常委会第八次会议两次予以修正；1994 年 7 月 29 日自治区第八届人大常委会第十次会议通过《广西壮族自治区陆生野生动物保护管理规定》，1997 年 12 月 4 日自治区第八届人大常委会第三十一次会议、1998 年 6 月 26 日自治区第九届人大常委会第四次会议、2004 年 6 月 3 日自治区第十届人大常委会第八次会议三次予以修正；2002 年 12 月 20 日自治区人民政府令第 11 号通过《广西壮族自治区树蔸树木采挖流通管理规定》；2006 年 9 月 29 日广西壮族自治区第十届人民代表大会常务委员会第二十二次会议通过《广西壮族自治区实施〈中华人民共和国森林法〉办法》，2014 年 5 月 30 日广西壮族自治区第十二届人民代表大会常务委员会第十次会议第一次修正；2008 年 12 月 3 日自治区第十一届人民政府第二十三次常务会议审议通过《广西壮族自治区野生植物保护办法》；2013 年 11 月 28 日，广西壮族自治区第十二届人民代表大会常务委员会第七次会议通过《广西壮族自治区海洋环境保护条例》；2014 年 11 月 28 日，广西壮族自治区第十二届人民代表大会常务委员会第十三次会议于 2015 年 1 月 1 日通过《广西壮族自治区湿地保护条例》；2015 年 12 月 10 日广西壮族自治区第十二届人民代表大会常务委员会第二十次会议修订通过《广西壮族自治区海域使用管理条例》；2016 年 7 月 21 日，广西壮族自治区第十二届人民代表大会常务委员会第二十四次会议通过《广西壮族自治区森林防火条例》；2017 年 1 月 18 日，广西壮族自治区第十二届人民代表大会第六次会议通过《广西壮族自治区饮用水水源保护条例》；2017 年 3 月 29 日，广西壮族自治区十二届人大常委会第二十八次会议表决通过了《广西壮族自治区古树名木保护条例》；2018 年 9 月 30 日，广西壮族自治区第十三届人民代表大会常务委员会第五次会议表决通过《广西壮族自治区红树林资源保护条例》。

与广西相比，海南省同样重视生态环境保护单行法规的立法工作，有些法规甚至比广西还到位。1991 年 9 月 20 日，海南省人民代表会议常务委员会第十八次会议通过《海南省自然保护区条例》，2014 年 9 月 26 日海南省第五届人民代表大会常务委员会第十次会议修订。1993 年 7 月 30 日海南省第一届人民代表大会常务委员会第三次会议通过《海南省森林保护管理条例》，1997 年 9 月 26 日海南省第一届人民代表大会常务委员会第三十一次会议、2004 年 8 月 6 日海南省第三届人民代表大会常务委员会第十一次会议两次修改。1998 年 9 月 24 日，海南省第二届人民代表大会常务委员会第三次会议通过《海南省红树林保护规定》，2004 年 8 月 6 日海南省第三届人民代表大会常务委员会第十一次会议、2011 年 7 月 22 日海南省第四届人民代表大会常务委员会第二十三次会议、2017 年 11 月 30 日海南省第五届人民代表大会常务委员会第三十三次会议三次修正。2006 年 6 月 1 日海南省第三届人民代表大会常务委员会第二十三次会议通过《海南省南渡江生态环境保护规定》，2017 年 9 月 27 日海南省第五届人民代表大会常务委员会第三十二次会议修正。2007 年 9 月 29 日，海南省第三届人民代表大会常务委员会第三十三次会议通过《海南省松涛水库生态环境保护规定》。2007 年 11 月 29 日，海南省第三届人民代表大会常务委员会第三十四次会议通过《海南省沿海防护林建设与保护规定》。2008 年 7 月 31 日，海南省第四届人民代表大会常务委员会第四次会议通过《海南省海洋环境保护规定》。2008 年 9 月 19 日，海南省第四届人民代表大会常务委员会第五次会议通过《海南省城镇园林绿化条例》，2015 年 7 月 31 日海南省第五届人民代表大会常务委员会第十六次会议、2017 年 11 月 30 日海南省第五届人民代表大会常务委员会第三十三次会议两次修正。2009 年 5 月 27 日，海南省第四届人民代表大会常务委员会第九次会议通过《海南省万泉河流域生态环境保护规定》。2011 年 9 月 28 日，海南省第四届人民代表大会常务委员会第二十五次会议通过《海南省城乡容貌和环境卫生管理条例》，2017 年 9 月 27 日海南省第五届人民代表大会常务委员会第三十二次会议修正。2013 年 5 月 30 日，海南省第五届人民代表大会常务委员会第二次会议通过《海南省饮用水水源保护条例》。2013 年 7 月 30 日，海南省第五届人民代表大会常务委员会第三次会议通过《海南省古树名木保护管理规定》。2016 年 7 月 29 日，海南省第五届人民代表大会常务委员会第二十二次会议通过《海南省生态保护红线管理规定》。

与此同时，海南黎族聚居区也制定了一些环境保护的单行法规。2001 年 3 月 31 日白沙黎族自治县第十一届人民代表大会第四次会议通过《白沙黎族自治县水资源保护管理条例》，2001 年 5 月 31 日海南省第二届人民代表大会常务委员会第二十次会议批准。2014 年 2 月 26 日，白沙黎族自治县第十四届人民代表大会第四次会议通过《白沙黎族自治县特定林木保护管理条例》，2014 年 5 月 30 日海南省第五届人民代表大会常务委员会第八次会议批准。2016 年 1 月 21 日，保亭黎族苗族自治县第十四届人民代表大会第六次会议通过《保亭黎族苗族自治县饮用水水源保护若干规定》，2016 年 3 月 31 日海南省第五届人民代表大会常务委员会第二十次会议批准。2017 年 1 月 17 日陵水黎族自治县第十五届人民代表大会第二次会议通过《陵水黎族自治县城乡容貌和环境卫生管理条例》，2017 年 3 月 29 日海南省第五届人民代表大会常务委员会第二十七次会议批准。2018 年 2 月 7 日，乐东黎族自治县第十五届人民代表大会第四次会议通过《乐东黎族自治县城乡容貌和环境卫生管理条例》，2018 年 4 月 3 日海南省第六届人民代表大会常务委员会第三次会议批准。

5. 农村环境保护单行法规

1993 年 8 月 27 日，广西壮族自治区环保局、自治区农业厅联合发布了

《广西生态农业试点规划技术规范》；1995 年 5 月 30 日，广西壮族自治区第八届人大常委会第十五次会议通过《广西壮族自治区农业环境保护条例》，2004年 6 月 3 日自治区第十届人民代表大会常务委员会第八次会议予以修正；2001年 5 月 26 日，广西壮族自治区第九届人大常委会第二十四次会议通过《广西壮族自治区农村能源建设与管理条例》，2004 年 6 月 3 日自治区第十届人大常委会第八次会议、2010 年 9 月 29 日自治区第十一届人民代表大会常委会第十七次会议两次予以修正。

此外，广西壮族自治区、海南省人民政府、环境保护厅、林业厅等还出台了一批促进区域可持续发展的政策、文件；各级环境保护部门也积极开展环境执法大检查，全面部署环保专项行动工作，对群众反映强烈、环境污染严重、影响社会稳定的各种环境违法案件进行检查，为生态文明建设提供行动上的支持。应该说，经过多年的精心布局，岭南壮侗语民族地区生态文明建设的布局目前正日趋完善，不仅形成了总体性的规划蓝图，而且制定了一系列单行性的环境保护法律法规，生态文明建设取得了丰硕成果。

二　生态文明建设存在的困难和问题

虽然岭南壮侗语民族地区的生态文明建设已经取得了巨大成就，海南省、广西壮族自治区都是全国有名的"青山绿水"之地，但由于发展观念没有完全转变，有些地方仍然存在"以资源换产业"的倾向，给区域生态文明建设蒙上了一层阴影。

（一）发展观念没有完全转变

发展是硬道理，这无可厚非，但地方需要什么样的发展才是最根本的问题。就岭南壮侗语民族地区而言，一些地方没有完全转变发展观念，虽然出台了加快绿色经济发展的制度，但在具体项目上马时，往往对环境保护要求有所降低。这突出地表现在一些地方矿产资源开发的过程中。

以广西壮族聚居的大新县下雷镇为例，早在 2005 年，下雷镇喊出打造下雷"锰谷"工业园区的目标。当年，下雷镇共上新建、续建项目 14 个，新增年产值超千万元以上的私营企业 3 家，而新上的项目几乎全部是与锰矿有关的企业。两年后，下雷镇的财政收入首次突破亿元，其中锰业对财税的贡献高达90% 以上。即便如此，"锰谷"的锰产业仍旧停留在设备落后、高耗低利、生产粗放的传统工业化发展模式中，虽然引进了一些中信大锰、三锰龙矿业、大新东盟锰业等冶炼企业，但整个"锰谷"更多停留在低级的原矿石开采上。对于这种情况，大新县发改局一位负责人表示，"镇上也想走低能耗、高附加值的锰业发展之路，可外地来投资都是冲着地下的资源来的。"上海、浙江等很多民营锰加工企业纷纷入驻下雷，但离"低能耗、高附加值"差得很远。因为洗矿技术低下，当地矿山尾矿中接近10%的锰矿被丢弃，洗矿之后的残渣随意丢弃在矿山周边，此前的连番大雨则将渣滓吹刷得四散流淌。①

再如2012年龙江镉污染事件后，广西壮族自治区党委、政府提出要以壮士断腕的决心治理污染，并研究出台《关于开展以环境倒逼机制推动产业转型升级攻坚战的决定》及30多个配套文件，明确了重金属污染综合防治目标、时限和具体实施方案。但在有色冶炼等区域支柱产业停业整顿、经济下行的压力下，文件出台当年未得到有效执行，导致相关政策无法落地，综合整治工作未达预期效果。河池市8家铅及铅锑冶炼企业依然采用落后的重污染生产工艺，需搬迁入园的企业均未完成搬迁，其中7家企业污染排放问题突出，厂区渗坑废水、周边沟渠存水、企业附近土壤个别指标异常，据2016年3月和5月环境保护部两次组织的现场检查监测数据，铅、镉、砷等重金属指标偏高，环境风险突出。同时，历史遗留废渣、尾矿库排查治理工作不落实，推进缓慢。河池市废弃砒霜厂址26处，仅修复1处，仍有4.8万吨废渣未有效处置；关停的33家有色冶炼企业，遗留各类废渣约32.3万吨，其中危险废物13.7万吨。这导致了较为突出的水环境污染问题：河池刁江支流平村河2014年至2015年砷年均浓度有所上升，其中芭腊屯断面2015年砷年均浓度比2013年升高20%。据2013年10月环境保护部环境规划院调查，河池市尾矿库区域地下水受渗滤液影响明显，Ⅳ类及Ⅳ类以下水质比例高达77.3%，超过全市平均水平4倍，部分点位重金属铅、砷异常。根据自治区农业部门2015年调查数据，有色冶炼集中的河池金城江区，在工矿企业区周边等监测区域，存在重金属镉异常的情况。②

---

① 张超：《"锰谷"之殇》，《财经国家周刊》2010年第13期，第94—95页；张超：《"锰都"危局》，《财经国家周刊》2010年第13期，第91—96页。
② 《广西壮族自治区关于中央环境保护督察反馈意见的整改方案》，中华人民共和国生态环境部，http：//www.mee.gov.cn/gkml/sthjbgw/qt/201704/t20170428_413231.htm，2017年04月28日，访问日期：2018年1月9日。

在承接东部地区产业转移的过程中，一些地方政府以追求经济效益和财政收入增长为目标，大量上马高污染、高耗能的产业。按北部湾经济区发展规划要求，钢铁和铁合金行业主要布局在防城港企沙，但沿海三市均大量引进该类产业；已投产的 46 家相关企业，其中 35 家分散在钦州市多个工业园区。钦州市皇马工业园区没有建设集中式污水处理设施，废水通过渗坑排放，但仍引进一些生产工艺落后、重金属污染严重的企业。如，钦州市祥云飞龙再生科技有限责任公司是一家次氧化锌生产企业，污染治理设施简陋，2016 年 4 月环境保护部组织现场检查发现，其外排废水总镉、总锌存在超标。北海市虽然淡水资源紧缺，地下水是城市主要饮用水源，但却上马一批高耗水企业，导致地下水进一步超采，海水入侵风险增大。2016 年 4 月，防城港市政府责成市环境保护局在对盛隆冶金有限公司已建成钢铁产能补办环评手续时，又违规批准 2 座 1600 立方米高炉、2 座 120 吨转炉及相关配套设施。此外，一些地方政府对一些地方纳税大户环境监管执法力度偏软，来宾市华锡集团来宾冶炼厂、玉林市银亿科技矿冶有限公司长期露天堆存冶炼废渣，银亿有限公司高浓度渗滤液超标直排、渗排外环境，但当地人民政府及有关部门没有惩处。①

海南省虽然在全国率先提出生态省建设，但从实际落实情况看，生态省建设目标没有落实，国际旅游岛建设要求的环境保护工作也没有落实到位，反而生态破坏问题层出不穷。在促进地方经济发展的过程中，大量引进房地产企业和养殖企业，毁林挖塘养殖遍地开花，破坏沿海防护林和海岸地貌、污染近岸海域水质的事情也层出不穷。如昌江黎族自治县在编制棋子湾旅游度假区控制性详细规划时，擅自放宽海岸带和沿海防护林保护要求，将沿海防护林地规划为建设用地，2013 年 5 月以来，昌江县住建局陆续为 4 个海岸带 200 米以内的地块办理工程规划许可，200 多亩海岸带被侵占破坏。再如中共东方市委常委会对环境保护问题不够重视，2014 年、2015 年均没有研究过环境保护议题，这就导致了相关部门不作为情况突出。一方面，该市污水处理设施建设资金闲置；另一方面，主城区污水纳管率仅为 59%。同时，该市垃圾填埋场渗滤液

① 《广西壮族自治区关于中央环境保护督察反馈意见的整改方案》，中华人民共和国生态环境部，http://www.mee.gov.cn/gkml/sthjbgw/qt/201704/t20170428_413231.htm，2017 年 4 月 28 日，访问日期：2018 年 1 月 9 日。

处置能力不足，中央第四环保督察组现场督察时发现，该填埋场渗滤液通过雨水沟直接排放，经取样检测，化学需氧量浓度达到 1600 毫克/升、氨氮浓度达到 495 毫克/升，污染十分突出。①

（二）自然保护区遭受生产活动干扰

自然保护区的设立，意在对包括珍稀野生动植物在内的生态系统和自然遗迹进行特殊保护，为的是人类的长远生存。可是，一些壮侗语民族地区地方政府没有执行好中央有关法律法规，导致大多数的自然保护区遭受到外部生产活动的干扰，影响到生物多样性的保护和延续。

由于开发建设等原因，短短几年间，广西壮族自治区的自然保护区面积减少约 6.9%。截至 2015 年，广西全区各级国土资源部门在自然保护区累计设立采矿权 34 宗，且绝大部分在保护区划定后仍违法审批续证。如崇左市大新县恩城国家级自然保护区内 3 个采石场和下雷自治区级自然保护区内 2 个采石场，合计侵占保护区面积 10.2 公顷，2010 年至 2015 年间，相关部门多次违规为其发放采矿权证。自治区海洋等部门对海洋型自然保护区监管不力，广西共有 3 个国家级、1 个自治区级海洋型保护区，均遭到不同程度的破坏，且不少破坏活动涉及地方政府和自治区相关部门违规审批。此外，还存在违反程序调整自然保护区功能区和调减保护区面积为项目建设开发让路现象。如为建设钦州滨海新城，广西壮族自治区人民政府于 2015 年 6 月将茅尾海自治区级红树林自然保护区 29% 的面识调出保护范围，实际调减面积达 1413.4 公顷，调整后保护区核心区减少 13.3%，缓冲区减少 55.7%。②

海南省有关部门和市县对热带海岛生态环境的稀缺性和脆弱性认识不足，部分自然保护区为开发建设让路，32 个省级以上自然保护区中 21 个不同程度地存在问题。如东寨港、吊罗山等国家级自然保护区内违规开展旅游活动和建设旅游设施，东方黑脸琵鹭等自然保护区内存在的鱼虾塘养殖活动，五指山、鹦哥岭、霸王岭、尖峰岭自然保护区浆纸林比例高，如五指山

---

① 《海南省贯彻落实中央第四环境保护督察组督察反馈意见整改方案》，海南省人民政府，http://www.hainan.gov.cn/hn/zwgk/gsgg/201805/t20180529_2644561.html，2018 - 05 - 29，访问时期：2019 年 3 月 9 日。

② 《广西壮族自治区关于中央环境保护督察反馈意见的整改方案》，中华人民共和国生态环境部，http://www.mee.gov.cn/gkml/sthjbgw/qt/201704/t20170428_413231.htm，2017 年 04 月 28 日，访问日期：2018 年 1 月 9 日。

国家级自然保护区琼中县境内存在 1448.9 公顷浆纸林，其中核心区 22.3 公顷，缓冲区 448.7 公顷。侵占自然保护区问题更为严重的是三亚市。该市政府 2012 年至 2015 年多次干预相关部门对位于三亚珊瑚礁国家级自然保护区和海岸带 200 米范围内的小洲岛度假酒店项目的执法活动，导致该项目持续违法建设。2016 年，甚至授意相关部门为该违法项目补办手续，直至督察进驻期间才慑于压力撤销有关审批。2016 年以来，三亚市政府及发改、规划、国土等部门违规为占用海南省陆域 II 类生态保护红线的鹿回头片区半岛一号项目办理了相关手续。由于人类的频繁活动，鹿回头片区大洲岛海域和小东海海域活体珊瑚覆盖度分别从 2013 年的 42% 和 18% 下降到 2016 年的 20% 和 5%。[①]

（三）环境损害事件时有发生

由于一些地方政府对矿产企业的生产过程监管不力，导致出现较为严重的环境突发事件或群体性事件，不仅给生态环境造成了巨大损害，而且影响到了民众的正常生产生活。

广西壮族自治区境内矿产资源众多，因此有大量的矿产企业进驻，一些企业未能按照环保要求生产，容易引发环境突发事件。2010 年以来，广西发生的具有全国性影响的环境突发事件 3 次（靖西 7·11 事件、龙江镉污染事件、贺江水体污染事件），其中 2 次与壮侗语族民众有着密切的关系。

一次是 2010 年发生的靖西 7·11 事件。其实，靖西市当时有广西华银铝业有限公司、广西信发铝电有限公司两家电解铝公司。华银铝靖西县农林选矿厂龙山排泥库自 2008 年年底试生产以后的 1 年半时间，就发生了 8 次不同程度的泥浆泄漏事件。其中，2008 年 3 月发生的一起泄漏事件，已造成大量泥浆进入跨国境河流庞凌河（境内河段）。由于及时采取果断措施，才使污染得到有效控制，没有造成跨国污染事件。与华银铝靖西选矿厂相类似，信发铝的环境污染更多地出现在选矿、洗矿等环节。信发铝厂岫平洗矿厂污染了新甲乡庞凌村凌晚屯 40 多户壮族民众的土地，并引发了严重水灾，再加上信发铝厂强制开路、殴打村民，最终引发了群体性事件。整个事件造

---

① 《海南省贯彻落实中央第四环境保护督察组督察反馈意见整改方案》，海南省人民政府，http://www.hainan.gov.cn/hn/zwgk/gsgg/201805/t20180529_2644561.html，2018 - 05 - 29，访问时期：2019 年 3 月 9 日。

成了一定的人员受伤和财产损失。上千村民封路游行，欲进入靖西县城。村民们穿着写满抗议字眼的衣服，并举起"还我家园，还我河流""净化河流，美化靖西"等大布条，引发国内外媒体的普遍关注。因此，所引发的社会影响非常巨大。①

另一次是2012年发生的龙江镉污染事件。事件发生在河池市境内，引发了柳州市市民出现恐慌性屯水购水，超市内瓶装水被市民抢购。众所周知，河池市是中国有色金属之乡，境内锡、锑、锌、铟、铅等有色金属资源丰富。但有色金属矿的开采常伴随着环境污染问题，在此次事件之前，河池市已经多次因有色金属污染问题出现了环境突发性事件。该次事件始发于2012年1月15日，广西龙江河拉浪水电站网箱养鱼出现少量死鱼现象被网络曝光，龙江河宜州市拉浪乡码头前200米水质重金属超标80倍。处于下游的柳州市，因担心饮用水源遭到污染，采取了紧急措施，上千名专家、消防官兵和保障人员奋战在龙江应急处置一线。经过半个月的处理，到当年2月5日，龙江镉浓度逐渐下降。在多方调查之下，发现广西金河矿业股份有限公司冶化厂和金城江鸿泉立德粉厂通过溶洞排放高浓度镉污染废水，是导致此次镉污染事件的主要原因。

表4－4　　　　　河池市部分水体污染事件简况（2001—2011）

发生时间	发生地点	事件概况	事故原因
2001年6月	大环江河流域	河池境内大环江河上游遭遇特大暴雨，大量酸性物质和重金属将下游万亩良田毁坏殆尽	沿河30多家选矿企业的尾矿库被洪水冲垮，多年堆积的废矿渣随洪水直冲而下
2008年8月	龙江河流域	大量有毒污水直接流入龙江河，引发次生水污染事件	河池宜州市广维化工集团有限责任公司发生爆炸
2008年10月	金城江区东江镇加辽社区下伦屯、江叶屯	450人尿砷含量超标，其中4人确诊为轻度砷中毒	柳州华锡集团金海冶金化工公司的含砷废水溢出流入江叶屯水塘，并污染地下水和井水，从而造成村民中毒
2009年6月	龙江河部分河段	约10吨液氨泄漏，造成龙江河部分鱼类死亡	河池化工集团车间一阀门破裂
2011年3月	河池宜州市怀远镇	龙江河段发生严重污染，近2公里的河水全部变黑	
2011年8月	河池南丹县车河镇	31名儿童被检测出高铅血症	这些儿童大多居住在当地有色金属冶炼企业附近。

资料来源：张周来等：《"有色金属之乡"的污染》，《瞭望》2012年第6期。

————————————

① 付广华：《壮族地区生态文明建设研究——基于民族生态学的视角》，第216—222页。

　　如果说广西壮侗语民族地区的水环境损害事件常常与矿产开采联系在一起，那么海南省的水环境污染常常与污水处理设施及管网不完善有关。据中央环保督察组的督察，海南全省 78 个城市内河（湖）92 个监测点位中，42个为重度污染，占到断面总数的 45.6%。据当地政协委员的提案：污染较重的江河主要有万宁市的太阳河、海口市的美舍河、南渡江金江段及支流大塘河、万泉河上游及支流、昌化江的石碌河、五指山市区段的南圣河、三亚东西河市区段、琼中县的红溪河、陵水河保城段等，污染源主要有生活污水及垃圾、工业排污、医疗废水、养殖业排污等。不过，海南省境内的水体环境污染基本上没有引发环境事件或事故，而由于气体和固体废物排放引发的环境污染事件一度成为民众的重要关注点。早在 20 世纪 90 年代，五指山市畅好农场就因橡胶受灾对附近的几个砖厂发起诉讼，认为是砖厂废气污染造成的橡胶受灾事件。这一结论得到了农业专家和一审法院、海南省高级人民法院的支持。同类的事件还发生在琼中黎族苗族自治县境内，该县营阳江农场与儋州市交界处建有盛发砖厂，因脱硫设施未完善，排放二氧化硫污染砖厂周边橡胶树，造成番宝村部分农户橡胶经济损失，2011 年该砖厂与番宝村村民签订赔偿协议，每棵橡胶树一年赔偿 240 元，共赔偿村民经济损失 70 万元。2012 年，胶民继续要求砖厂按去年的赔偿标准进行理赔，但砖厂方面认为 2011 年的理赔价格过高，故拒绝照价赔偿，引起番宝村村民的多次上访。后在联合调处组的协调下由村民选定 10 棵橡胶割 3 刀取平均产量，按 2012年的市场价计算一棵橡胶树年产值来作为赔偿标准，使赔偿问题得到解决。

　　应该说，不论是环境污染事故，还是因环境引发的群体性事件，都吸引了公众的目光。在引发社会关注的同时，岭南壮侗语民族地区各级政府和环保部门采取了针对性的措施，对改善环境、解决问题是有帮助的。

第二节　壮侗语民族传统生态知识与
生态文明建设的互动

　　秦汉以前，岭南地区一直是西瓯、骆越、南越等百越族群活跃的舞台，而如今的壮侗语民族都是其后裔。如今的岭南大地上，仍然生活着 1600 多万壮侗语族民众，他们世代与这里的自然环境互动，认识自然、利用自然，拥有很多独特的传统生态知识。这些知识已经或正在该区域的生态文明建设中发挥着重要作用，同时其自身又受到生态文明建设的影响。

一　传统生态知识对生态文明建设的独特价值

生态文明建设不是虚无缥缈的，而是当代中国社会可持续发展的必然皈依。与此同时，社会主义生态文明建设不能仅仅停留在口头上，而且应该体现在具体的历史实践过程中，体现在具体的族群和区域社会中。作为一个社会系统工程，生态文明建设在物质生产、机制和制度乃至思想意识层面都具有较为深刻的内涵，其核心理念在于可持续，即工农业生产要可持续发展，民众生活要采纳可持续的生活方式。岭南壮侗语民族的传统生态知识中蕴含着丰富的生态文明因素，这些因素对当前岭南壮侗语民族地区的生态文明建设具有独特的价值。

（一）整体性生境认知的基础价值

在长期与自然打交道的过程中，岭南壮侗语族民众形成了自身对于所在小生境的整体性认知，这些知识在族群延续和区域社会发展中发挥着非常重要的基础性作用。

对于周围的无机环境，岭南壮侗语族先民一直就有观察和思考，并将这些经验和知识传承给下一代。对于气候变化，岭南各族民众有较为深刻的认识，并且形成了具有自身特色的利用方式。比如金秀瑶族自治县的壮族通过观察云的运行来预测天气，总结出了"天上挂钩云，地上雨淋淋""黄昏有云半夜天，半夜上云有雨来"[1] 等谚语。广东连山壮族瑶族自治县的壮族通过观察太阳的情况来预报雨水，总结出了"日晕田中水，水旱井中干""天开日头黄带光，转阴雨""天开日头太炙热，开不长"[2] 之类的谚语；对于通过云的运行来预报天气，连山壮族也非常有经验，总结出了一些谚语："云低易雨，当天见雨。""云停起雨，风起云散，云散天开。""有雨无雨看云天，看云色彩和新旧，旧云黑暗有风雨，新云灰白是晴朗。"[3] 再比如岭南各族民众对土地有

---

① 苏胜兴主编：《碧野仙踪圣堂山：广西民间文学作品精选·金秀县卷》，广西民族出版社1999年版，第355—356页。

② 中国民间文学集成全国编辑委员会、中国民间文学集成广东卷编辑委员会：《中国谚语集成·广东卷》，第421—423页。

③ 中国民间文学集成全国编辑委员会、中国民间文学集成广东卷编辑委员会：《中国谚语集成·广东卷》，第466页。

着较为深刻的认知，知道土壤与农林作物生长之间的关系，罗城县各族民众非常重视根据土壤和地形来进行林业生产，总结出了一些带有本地特色的规律性认识，如"沙里栽杨，泥里栽柳""向阳好种茶，背阳好插杉""山脚板栗河边柳，荒冈滩上植乌柏""高山坡上松核桃，溪河两岸栽杨柳"[①]。对于水源与山林之间的关系，岭南壮侗语诸族也有较为深刻的认识，如金秀瑶族自治县壮族民间流传的谚语："山上栽满树，等于修水库；雨多它能吞，雨少它能吐。"[②] 可以说，岭南壮侗语民众已经对他们周围的无机环境非常熟悉，其了解和熟知的程度，虽然没有现代农业技术那么精细，但所掌握的知识是长期的积累和总结，而这是当前的现代农业技术暂时无法替代的。

其实，岭南壮侗语民族民众对周围的野生动植物的认知更为到位，因为它们直接关系到群体的延续和发展。在将野生稻驯化为栽培稻的过程中，壮侗语族先民经过长期的试验和摸索，终于培育出了多种类型的糯稻、粳稻和籼稻品种，为整个人类文明做出了贡献。同时，根据地域食物资源，形成了"饭稻羹鱼"的特色饮食方式，并一直保持着这一文化特色。现有调查资料表明，岭南壮侗语族民众对周围的野生动植物相当熟悉，如连山壮族可以根据老鹰、乌鸦、麻雀、白鹤、野鸭等动物的活动来预测天气，总结出了"久晴鹰打转，有雨；久雨鹰打转，转晴""乌鸦洗身必有雨""冬季麻雀成团叫，三天之内有大冷""春季白鹤野鸭来，大水到"[③] 等谚语。桂北侗家妇女掌握了小鱼虾的生活习性，非常善于"叶丛捞虾"，其办法是：在小河溪边的水中，放几根枝叶茂密的小树枝，小虾就聚集在叶丛中，她们把捞网轻轻地置于叶丛下，慢慢地往上提，左手将树枝一抖，小虾就全落于捞网中了。捞十多丛，缠在腰间的鱼篓就满了，过七八天后，又可以再来捞。[④] 龙胜各族自治县龙脊壮族则善于从野外获得蕨菜、蕨根、竹笋、蘑菇、水芹菜、野茼蒿等野生蔬菜，其中，仅竹笋就有毛竹笋（ra：myi[1]）、吊竹笋（laŋ[2]si[4]）、摆竹笋（laŋ[2]bie[4]）、四方

---

① 中国民间文学集成全国编辑委员会、中国民间文学集成广西卷编辑委员会：《中国谚语集成·广西卷》，第 669 页。

② 苏胜兴主编：《碧野仙踪圣堂山：广西民间文学作品精选·金秀县卷》，第 359 页。

③ 中国民间文学集成全国编辑委员会，中国民间文学集成广东卷编辑委员会：《中国谚语集成·广东卷》，第 496—499 页。

④ 陈衣主编：《八桂侗乡风物》，广西民族出版社 1992 年版，第 134 页。

笋（laŋ² linm³）、冬笋（laŋ² dong⁴）、laŋ² jun⁴、laŋ² xiu² 等近十种①，因此笔者在龙脊古壮寨进行田野调查的日子里经常有酸笋来下饭。如此之类的案例还有很多，前文已有不少。但我们在此要表明的是，岭南壮侗语族民众对所在小生境范围内的野生动植物的认知和利用是整体性的，不是单一物种的利用，所面向的是整个生境。

应该说，这些整体性的生境认知，在区域生态文明建设中作用巨大，不可或缺。这种整体性的生境认知，是地方社区的民众对所在生境的无机环境、野生动植物以及人类人工生态系统的整体把握与掌控。其基础性不容置疑，因为它构成了民族文化生态系统运行的整个文化背景。因此，在区域生态文明建设过程中，一定要对这些传统智慧予以充分的尊重。一旦外来者自认为高人一等，不考虑地方特点，匆匆上马现代农业或发展项目，可能会造成非常严重的灾害。

还必须补充的是，有时我们会没有认识到整体性的生境认知的存在，其实它就活在乡民的头脑中，是地方民俗文化活的背景。只有我们认识到它的存在，才能够虚心向民众学习，倾听他们的意见和建议，为生态文明建设的推进尽上最多的心力。

（二）技术性传统生态知识的多重价值

如前所述，岭南壮侗语民族的技术性传统生态知识多种多样，包括对野生动植物的认知与利用、传统种植业、养殖业诸方面，涵盖范围非常广泛，绝大多数知识在当代还有一定的延续和传承。这些知识所能发挥的作用也是非常广泛，举凡生物医药研发、新品种培育、农业新技术等，都可以从中得到启示。更为根本的是，壮侗语族民众对周围自然界的认识，使他们了解了所在的世界，对其中的野生动植物物种有非常多的认识，而这不仅可以为生物多样性保护做贡献，而且有利于丰富人类现有的自然基因库和文化基因库。在此，我们谨从中观和微观两个层面各举一例进行说明。

1. 传统稻作农业缓解水资源短缺的案例

随着工业文明的发展，当今世界面临着诸多严峻的生态问题，水资源短缺

---

① 上述发音仅仅按照个人的理解来书写，未经过报告人校正。其中 laŋ² jun⁴ 是指小小的竹笋，而且不是空心的；laŋ² xiu² 指的是那种青青的、小小的一根笋。由于没有对应的汉语名称，只能照录于此。

是其中之一。由于水资源在时间、空间上的分布不平衡，国际的水资源分配越来越成为一个尖锐问题。据统计，在全国所有城市中，缺水城市达 300 多个，其中严重缺水的城市 114 个，每年因缺水造成的直接经济损失达 2000 亿元，全国每年因缺水减产粮食 700 亿—800 亿千克[①]。与此同时，中国南方长江、珠江水系经常遭受洪涝灾害的侵袭，许多宝贵的淡水资源白白流失，但到了枯水季节和年份，长江、珠江部分支流却又出现断流，生产生活受到严重影响。

其实，要解决中国内部的淡水资源短缺问题，可以从壮族传统稻作农业生产中寻求有力的技术支撑。壮族民众传统上从事稻作农业，所种植的稻谷品种众多，不仅有名目繁多的籼稻，而且有很多种类的糯稻品种。如在龙脊壮族聚居区，当地种植的传统糯谷品种有：同禾、香糯、侗糯、蓝糯、青糯、绒糯、黑须糯、白莲糯、白头糯、长颈糯，此外还有几种没有对应汉语名称的品种。这些传统品种的一个特点是秆高、耐淹，不仅能够用于养鱼，而且能够因此储存下大量的淡水资源。而如今大量推广的杂优水稻，具有秆矮、高产的特点，但却不耐涝，因此无法像传统品种那样在稻田中储存大量的淡水资源。罗康隆、杨庭硕认为，中国的珠江流域目前实际的稻田耕作面积约 6000 万亩。这 6000 万亩稻田若种植传统糯稻，其暴雨季节的储洪能力将高达 200 亿立方米。其有效储洪能力，接近于另修一个长江三峡水库。枯水季节，这些稻田还留有 20 亿立方米的水资源储备，可以持续补给珠江下游的淡水资源。[②] 当然，从事传统稻作农业生产不仅可以有效保存水资源，而且能够减少农药化肥带来的破坏性作用，实现农业生产的可持续发展。

事实也正是如此，桂北三江、融水、龙胜、金秀一带为了在稻田中养殖鱼类，稻田长年保水。数量庞大的稻田，存储的水分非常可观，已经较好地保障了珠江流域的淡水供给。值得注意的是，如果这些稻田以种植传统的糯稻、粳稻等高秆品种为主，则会大大增加稻田保水量。一旦珠江流域遭受干旱少雨季节，其补水效应就会很明显地体现出来。

2. 三江洋溪乡信洞屯高山稻鱼案例

自古以来，三江侗族自治县侗族民众就有在稻田中养鱼的传统，并且发展出了独具特色的"稻鱼鸭"生态系统。在洋溪乡信洞村、晒江村一带，人们

---

① 沈国明主编：《21 世纪生态文明：环境保护》，上海人民出版社 2005 年版，第 75—79 页。
② 罗康隆、杨庭硕：《传统稻作农业在稳定中国南方淡水资源的价值》，《农业考古》2008 年第 1 期。

利用传统的育苗繁殖方式和稻田养鱼技术，大力发展立体生态农业。

信洞村信洞屯是洋溪乡东南部一个自然屯，2015 年户数 450 余户，人口 2000 多人。该屯交通便利，东与良口乡晒江村接壤，南毗邻良口乡大滩村，西部连接 321 国道，北部相通贵州省。信洞侗寨四面群山环绕，一条天然小溪穿村而过，依山傍水，滋养着数辈信洞人，古有"信洞晒江，鱼米之乡"的美赞，2013 年被评为"三江县美丽乡村示范村"和"柳州市十大最美乡村"。

近年来，在地方政府的支持下，信洞村的侗族民众利用传统的鱼苗繁殖和稻田养鱼优势建设禾花鱼养殖基地，发展了传统的稻田养鱼技术，形成了"一季稻＋再生稻＋鱼"的新模式，特色立体农业成效显著。据 2017 年 11 月 15 日对该屯民众的访谈，信洞屯过去普遍种植一季中稻，同时在稻田中养鱼；现在比较流行种植再生稻，每当早稻收割时，注意保留底部，令其再次生长。虽然第二茬的稻谷产量仅有头茬的一半，但由于没有使用化肥，生长期比较长，故米质优良，很受欢迎，外来老板在稻谷收获季节专程前往村寨收购。在田间地头，刚刚打出的稻谷，就可以立即以每斤 2 元多的价格将稻谷售出。同时，该地普遍进行稻田养鱼，有的农户还在稻田一角辟有鱼塘，以保证鱼苗延续；有的则在大块稻田中间盖有"鱼窝"，保障母鱼安全过冬。由于终年养鱼，故当地的稻田常年蓄水，大的田鱼可达一二斤，中等三四两，小的仅二指长。大的逐渐捕食，小的一般都留至下一年继续养殖。

据统计，2012 年，村里有 300 多户人家从事养鱼，占总户数的 60% 以上；全村禾花鱼养殖基地达 10 多公顷，每年可繁殖禾花鱼 1200 多万尾，产值达 80 多万元。如果再加上稻谷的收成，其收入将更加可观。根据对三江县"一季稻＋再生稻＋鱼"示范点的测产结果及对现场情况进行分析估算，"一季稻＋再生稻＋鱼"模式让每亩稻田增值 3000 元，稻谷亩产提高 35.5%，亩平均综合产值提高 41%，亩平均纯利润提高 61.0%。[①]

此外，信洞屯侗族民众还有在稻田中养鸭的习惯。一般来说，要到禾苗长高时才放养进去，如果放养太早了，影响禾苗生长。鸭子放进稻田以后，不仅可以吞食石螺、螺蛳等水生生物，而且可以除草。再加上农户固定时间前往稻

---

① 吴练勋：《"改"出山寨新生活——访三江县十佳生态文化寨洋溪乡信洞村》，《柳州日报》2012 年 12 月 17 日第 6 版；梁克川：《一稻多养殖 一路促扶贫——升级稻田养鱼技术打造"三江模式"侧记》，《柳州日报》2017 年 10 月 2 日第 3 版。

田投喂食物，基本上可以称得上是生态养殖。由于养殖时间长达三四个月，所以养殖出来的成品鸭口感都比较好。这也是侗家人制作酸鸭的原料来源。

其实，技术性传统生态知识包含的范围广泛，其中一些知识不仅可以用来解决区域社会的环境问题，而且有可能发挥出巨大的产业效益。岭南壮侗语民族地区地域范围广泛，物种众多，自然地理差异较大，因此，所掌握的技术性传统生态知识也是多种多样的。其中一些传统生态知识，如稻田养鱼、梯田营造与维护、油茶种植、菜牛养殖、茶叶种植等种养业已经发挥出了巨大的效用，增加了民众收入，为生态产业的发展提供了坚实的物质保障。

当然，本书所能挖掘的传统生态技术仍然有限，还有许许多多有效的生态技术掌握在壮侗语民族民众手中，等待我们去发掘、去整理、去应用。可以保证的是，不论是传统的稻作农业种植，还是独具民族特色的植树造林技术，都在物质和技术上给岭南壮侗语民族地区人与自然和谐共生的生态文明构建提供了一定的技术支持和物质保障。

（三）制度性传统生态知识的生态保护价值

前文我们已经总结了壮侗语族传统文化中所包含的传统生态制度知识，不仅包括一些至今仍然发挥效用的传统社会组织，而且包括许多过去制定的乡约制度条款。这些传统的生态制度知识在相当长的一段时期内曾经很好地维护了岭南地区人与自然关系的和谐状态，不仅有效地管理、利用水资源，而且还保护了农林作物的正常生长，为维护区域经济活动正常秩序提供了坚实保障。虽然新中国成立后，区域社会发生根本制度的变革，传统制度文化日渐萎缩，但随着改革开放的推进，传统社会组织和乡约制度逐渐恢复了活力，有时候它结合现行的村民委组织一起出现，有时候它又以地方社会认同的村规民约的形式存在，从而隐性地传承了旧有的社会组织和制度规范形式，表现出了独特的生态保护价值。

1. 龙胜龙脊古壮寨的寨老制度

龙脊古壮寨由廖家、侯家、平寨、平段四个小寨子组成，位于广西龙胜各族自治县龙脊镇龙脊梯田风景名胜区内。该寨以鳞次栉比的干栏建筑和规模宏大的梯田为特色，是龙脊梯田风景名胜区的核心组成部分。目前仅存在村寨级寨老组织。现在多称之为"寨主"，多由寨子里能够为群众办实事、享有一定威望的男性组成，每三年由全寨民众投票选举一次，基本上都是由村民小组组长兼任本寨寨主一职，也有些人还因为担任寨主后进而成为村民小组组长。

由于寨老负责管理本寨的共有山林、荒山、坟场、水源等，发挥着一定程度的区域资源管理职能，故在生态保护方面发挥了自身独特的作用。突出地表现在以下两个方面：

一是领导参与绿化造林工作，直接推动地方生态修复与重建。如廖家寨管辖区域内有几千亩荒山野岭长期用作养牛坡，没有划分给农户。在1991年冬的"造林灭荒"大决战中，林技部门引进耐寒抗雪压的柳杉苗，免费提供给农户进行灭荒绿化。廖家寨几位寨主接到这个信息以后，召集村民讨论，决定在本寨集体荒山营造柳杉工程林。在各位寨主的带动下，当年集体种植柳杉430亩。一年后，柳杉林长势良好，激发了廖家寨民众集体造林的热情，并从此一发不可收。1992年又种植230亩，紧接下来的十几年中，廖家寨几乎每年都组织民众扩种、管理。至2010年已经发展成自然屯级集体林场近2000亩，保守估计总产值约200万元。[①]

二是制定保护生态环境的村规民约，保护生态重建的成果。如1996年生效的《廖家屯规民约》规定："凡在封山育林区内盗砍生柴，一次罚款50元，在本人山场乱砍一次罚款30元。""每年必须在清明节后五天内起实行看管耕牛，如故意不看管损坏春笋，每根罚款5元，糟蹋农作物按损失1至5倍赔偿。"以后，历次继任的廖家寨主成员都大力确认看管耕牛的重要性，认为浪放牛羊严重损害毛竹、杉木等生态林的正常生长。不难看出，传统的寨老制度在龙脊古壮寨生态重建具体措施的实施、重建成果的保护等方面发挥了重要作用。[②]

寨老们除了在村寨一级发挥作用以外，还参加整个行政村的活动，在其中发挥着作用。如20世纪80年代末制定的《封山育林公约》，就不仅延续了古老的乡约制度传统，还增添了新的提法：

> 为了响应党和政府的号召，十年绿化龙胜的宏伟目标，保护本村的森林资源，为子孙后代造福和今后增加群众的经济收入，经全村党员、队干的充分讨论，党支部、村公所研究同意，特制定如下公约：

---

① 廖忠群主编：《廖家古壮寨史记》，2010年印，第24页。
② 付广华：《生态重建的文化逻辑：基于龙脊古壮寨的环境人类学研究》，第160页。

一、龙脊屋背山林，按山的座向，左凭兴盆平安山场；上凭水库倒水；右凭盘古坳倒水；下凭四队屋背为界，作本村的长期封山育林区，面积 1500 亩左右。

二、凡在封山育林区内偷砍生柴一次，罚款二十元，并责令补种幼林。

三、凡偷砍杉树一蔸，均按《森林法》第六章第三十四条规定：除归还原物外，责令补种幼苗十株，并罚款五十元，或者处三至十倍的罚款。并写检讨书张贴全村。

四、凡偷砍青竹一根，均罚款十元，偷挖春笋一根（包括牲畜蚕食），均按每根罚款六元。

五、凡在封山育林区的村民自留山，都要积极予以保护，不得乱砍生柴、林木或开辟新地，凡乱砍生柴或开辟新地，经教育不听的，均每砍一次生柴罚款十元，每开辟新地一份罚款三十元。

六、以上几条，对检举并抓到事实证据者，按每次所得的罚款提取50%奖金奖给检举人。①

上述龙脊村壮族的《封山育林公约》看起来是当今社会的产物，实际上，其内在的保护森林资源的思想与过去的"山林团会"是一致的。更为有意思的是，当今的公约条款是由得到国家承认的基层组织制定并执行的，其具有一定的行政和法律效力。事实也正是如此，在一系列乡规民约的制约下，龙脊古壮寨民众乱砍滥伐的风气一定程度上得到了遏制，推动了区域生态环境的保护。

2. 三江林溪乡高友侗寨的"款约"

高友侗寨位于三江侗族自治县林溪乡东北部，距县城 39 千米。作为一个边远山村，高友侗寨东、北两面分别与湖南省通道县甘溪乡西壁村、长界村，陇城镇平寨村、双斗村、吉大村相接；西、南两面分别与林溪乡高秀村，合华村、林溪村相连。整个侗寨由务牙、上寨、下寨、双溪、竹冲等 8 个自然屯组成，是一个行政村。2016 年，全村共分为 10 个村民小组，494 户、2129 人，侗族人口占 99%。全村土地面积 6900 亩，其中水田 1008 亩，旱地 335 亩，林

---

① 现存龙脊村委会办公室，系笔者田野调查时抄录。

地 4056 亩。

高友侗寨山岭众多，田垌较少，因此森林密布，森林覆盖率高达 75% 以上。之所以能够保持这样高的森林覆盖率，与传统的"款约"的效用是分不开的。根据杨昌义先生的演唱，高友侗寨至今还流传着名为《禁村款约》的款词，其主要内容有六面阴规和六面阳规，分十二层十二部叙述。与其他村寨同类款词相比，它省略了"六面威规"中的全部内容。是否在流传环节有失漏，或为了内容精练而省略？无从考证。但很明显的是，该《禁村款约》不少内容涉及调节人与自然的关系：

其"七层七部"讲道："今我开讲七层七部，莫让谁人存心不良，怀意不善。我儿你儿，相争竹林山林，相争宅基菜园禾浪，相争祖坟墓地，相争塘水田水，界碑莫移动，寸土莫跨越。凡谁人不守规章制度，不听铜锣鸣声，界碑移过，地界跨越。吵声震岭，丢脸骂人。他扯刀，你举锄。差点出人命，伤病之龙更凶，做坏事者，头硬屁股臭。行正道者，众人撑腰。犯规者，整他人不成人，鬼不像鬼。"

其"十层十部"讲道："现在我讲到十层十部，莫让谁人子孙存心不良，怀意不善。等天黑，捅塘闸，砍田埂，草鱼箩筐盛，鲢鱼竹筐挑。归来全身沾泥土，满宅腥臭味。想藏影，众已盯。你在屋内偷吃，屋外众人得知。不知天机，身已绳之。抄家洗舍，牵猪羊，你才知报应，人人恨你豺狼心。"

其"十二层十二部"讲道："讲到十二层十二部，莫让谁人用火不慎，造成灾难。火酿成灾，害了千家百户。大水洗净，千样皆溶。人无棚遮头，喜鹊仔无窝。狼仔无穴居。北风冷入骨，唯独盼南风，顿时变伛偻，一辈成骷髅。今我讲了大体事，难知详细情。讲了表层，难露底层。无论谁人子孙，都要守章行事，要听铜锣鸣声，莫要脸皮装厚，把耳当胫。火不留情，人人小心，在屋莫麻痹，上山要注意。旱天烧稻草，小心火苗烧田埂。燎上山燎上岭，喊天天不应，叫地地不灵。跺脚放声哭，才知蠢如牛。烧火莫近茅草，星火可燎原，风吹火猛翻山梁。烧山开荒，周围四方，要铲光光，括得净净。天旱物燥，烧山大忌。山上树木，皆我所造，真不容易。一人烧山，千人哭骂，损失之大，罪大当罚。手上铐，脚上镣。想逃逃不掉,不死脱层皮。这虽不犯阴规,而犯阳规。不犯厚规,犯了薄规。不犯黑规,犯了明规。不犯上规,犯了下规。讲完十二层十二部。"

上述三段节选分别是针对山林田地用水争端、偷窃鱼类以及放火烧山的禁约。人们对这些款约耳熟能详,大部分民众都能讲上一讲,表明了其流传之广泛。正是因为有了这些独特的款约条款,人们认识到"山上树木,皆我所造,真不容易"才倍加珍惜,因此当地森林覆盖率才高达75%以上,是名副其实的"全国生态村"。

这样的案例还有很多,比如忻城县北更乡石叠村在治理石漠化的过程中,当地村民也制定了严厉的乡规民约,对破坏生态环境的行为施以重罚,很好地保证了生态修复和重建的效果。① 这些规约作为区域性的制度规范,具有人所皆知、易于发挥效用等特点,因此社会经济效益才会如此明显。联系我们当前岭南壮侗语民族地区生态文明建设的实际,当前的突出任务之一是尽快建设适合区域社会的生态制度规范,给区域社会的生态环境保护与社会经济发展提供一种制度性约束。传统生态知识中蕴含的保护生态环境的习惯法和乡规民约,有利于壮侗语民族地区地方政府充分利用传统制度遗产,建立经济发展与环境保护共存的制度规约。因此,今后一定要好好利用这种传统资源,允许乡村社会结合已有古规制定一定的合理的村规民约,辅助进行区域生态文明建设。

(四) 表达性传统生态知识的多重生态价值

表达性传统生态知识是民族文化的最深层,对人们处理自身与自然、超自然的关系有着极为重要的作用。在岭南地区,壮侗语族民众拥有着丰富多样的崇拜自然、敬畏自然、感恩自然的传统表达知识体系,这样的思想观念支配着他们丰富多样的自然崇拜文化类型,所体现的是人与自然和谐共生的文化理念。这些知识—信仰的集合体,曾经在传统时代发挥了保护区域生态环境的重要作用。在生态文明建设时代,这些知识虽然带有一定的"迷信"色彩,但其却体现了壮侗语族民众与自然、超自然之间的关系,反映了他们的世界观、自然观,因此,生态文明建设完全可以吸收其合理的成分,凭借其效能实现小生境范围内的生物多样性保护。

---

① 付广华:《石漠化与乡土应对:石叠壮族的传统生态知识》,《广西师范学院学报》(哲学社会科学版)2017年第5期。

1. 神林神山崇拜的案例

在盛行树崇拜和树神信仰的基础上，岭南壮侗语族民众还将神树所在之地推而广之，认为神树所在的树林以及所在的山岭都有了神性，分别成为神林"（又称"竜林""龙林"或"风水林"）和"神山"（又称"竜山""龙山"或"后龙山"），它们广泛地存在于广西、广东、海南的壮侗语族民众聚居地区。

在这些地区，不论是平峒中的村落，还是山坡上的村落，都在聚落背后或山上种植风水林。对于涵养水源的风水林，被视为神灵（树神）寄居之地，不得擅自闯入，更不得随意砍伐。在各个村寨中，多有一至数株枝繁叶茂的大树，壮族人奉之为神树，是一个村落兴旺的象征，人人自觉爱护，禁止砍伐破坏，即使是掉落的枯枝也不能拿回家使用，否则会招致祸灾。[1] 通常，风水林中还建有土地庙、甘王庙等神庙，很多集体性的祭祀仪式通常都在其中举行，平常不能打扰，更不能随意拿取其中一草一木。如忻城县北更乡石叠屯壮族民众，始终注意保护村屯后面的"后龙山"植被，据当地乡民石冠铜老人讲述，1958 年"大炼钢铁"时，上级曾经要求砍伐"后龙山"上的树木，可是村民觉得这里是屯里的靠山，是风水林，一旦砍伐，必然会带来灾难，因此象征性地砍去一些树木后就不再去上面砍了。值得庆幸的是，石叠屯的"后龙山"给当地壮族民众保存下了石山树种的母体，使他们后来能够获得适应石山地区的本土树种。石叠屯石漠化治理过程中广泛种植的苦楝树、任豆树等，其种子即来自"后龙山"。[2] 再如广西宁明县爱店镇那党屯土地庙，位于村头一个叫"那梗"的小树林中，那里植被茂密，仅有一条进入其中的小路，路两旁种植着龙眼树、西贡蕉等零星几棵果树。土地庙四周被高树环绕，右边种植着松树，左边是村民聚餐用的石桌石椅。在这个"森林孤岛"四周是宽阔平坦的田地，不过多数已经荒废，没有种植作物，一条小溪流从山上缓缓而下。很明显，土地庙的存在保护了这样的森林岛，使得其森林茂密，生物多样性非常丰富。应该说，正是由于这种特殊的信仰系统的存在，一些壮族地区的生态环境保护得非常好，森林覆盖率高，物种多样性丰富，很好地实现了人与自然的和谐共生。

少数海南黎族地区也有类似的"神林"，如在万宁市礼纪镇石湾村一带，拥

---

① 覃彩銮：《试论壮族文化的自然生态环境》，《学术论坛》1999 年第 4 期。

② 付广华：《石漠化与乡土应对：石叠壮族的传统生态知识》，《广西师范学院学报》（哲学社会科学版）2017 年第 5 期。

有世界上海边面积最大的古青皮林。有关这片青皮林，当地黎族民众非常崇拜，并敬之为"雨神"。据说在很久很久以前，每到春夏时节的清晨，在青皮林带的上空，会突然飘来厚厚的雨云，紧接着电闪雷鸣，顷刻间大雨从天而降，稍倾，雷止雨停，天空晴朗，年年岁岁如此，于是当地的黎族百姓将这条林带称作"雨神"。这样，雨神的传说使得青皮林越发浓郁，绵延数十公里，像是一道屹立南海之滨的绿色长城。由于这里风景优美，放眼望去，蓝色的是清澈的海水，绿色的是青皮林，白色的是美丽的沙滩。当地黎族民众还将蓝色海水比作"海龙皇"，青皮林比作"绿皇后"，白色沙滩比作"白龙仔"。

近年来，来自自然科学界的学者们已经从数据上证实了壮侗语民族地区"神山"或"龙山"对当地社区森林和生态环境保护的重要意义。早在20世纪90年代中期，广西植物研究所李先琨等人通过对壮侗语民族聚居的龙州、大新、天等、靖西、德保、那坡、忻城等20多个岩溶重点县30多处"神山"（"风水山"）的调查研究，揭示了民族地区"神山"不仅在保护生物多样性、调节区域小气候、控制土壤侵蚀、提高土壤肥力、涵养水源以及增强系统功能等方面具有十分突出的生态效益，而且具有显著的长期的经济效益。[①]

2. 壮族布洛陀文化的案例[②]

壮族布洛陀文化纷繁复杂，不仅有相关的神话故事、传说，而且也活在民众的日常生活实践中。作为布洛陀文化的集大成之作，《壮族麽经布洛陀》蕴含着丰富的传统生态智慧。在这一创世史诗中，壮族民众把森林看成与天空、大地、地下并列的单独世界，列为壮族天神中四大天神之一，后世称之为三王或四王。为了保护赖以生存的森林资源，壮族不断栽种树木，形成了植树造林的优良传统。

对于人类与动物之间的和谐共生关系，《杂麽一共卷一科》第一章的经文有更为详细的解说：

从前王的田地经常被野猪、黄琼等野兽糟蹋，王气得脸发青，只好走了八天路，到圩上买来公狗母狗，用米饭喂养大后，把狗放到田地去追野猪、

---

① 李先琨、苏宗明：《广西岩溶地区"神山"的社会经济生态效益》，《植物资源与环境》1995年第4期；李先琨：《广西岩溶地区"神山"的经济生态效益探讨》，《生态经济》1995年第4期。

② 付广华：《壮族布洛陀文化和谐共生思想论》，载覃彩銮主编《布洛陀文化研究——2011年布洛陀文化学术研讨会论文集》，广西民族出版社2013年版，第303—315页。

赶黄琼，狗咬死了许多野兽，王拿野兽来当餐。过了三年以后，野兽受惊吓跑光了，王却得了一身病，家里灾难不断，怎么做都不好转。于是去问布洛陀和麽渌甲，王按照祖神的教导，回去备七牲九头祭品，请布麽来喃，请布道来唱，做麽解凶煞的法事，招回野兽归巢，王的病才好，王家重又兴旺。①

在上述经文中，野猪、黄琼等野兽与壮族先民的稻作农业生产形成了一种共生关系，而"王"起初并没有意识到这种共生关系的存在，却养殖了"公狗母狗"，用以驱逐野兽。然而，随着野兽的受惊吓，灾难也开始产生了。最后，才在祖神布洛陀的教导下，重新恢复人与动物之间的和谐共生关系，才又重新实现了家业的兴旺发达。由此可见，布洛陀文化揭示着人与自然系统和谐共生的关系，体现的是壮族传统世界观中"天人合一"的生态文化理念。

其实，在《麽经布洛陀》之外，壮侗语族民间还流传不少与布洛陀有关的神话传说，也类似地蕴含着人与自然系统和谐共生的思想。如广西东兰县壮族师公至今仍然传唱着一种古歌：

　　远古的年代，天下人野蛮，人吃人血肉，杀母来过年。老人还盖房，刀杀来当餐。后来天开眼，出个东林郎。别人杀父母，他夺刀不让。天下吃人事，从此才了当。那年他妈死，东林泪汪汪。夜守母亡灵，思想更悲伤。屋外青蛙婆，为东林伤心，日里哇哇叫，夜里叫不停。东林不知情，心中好烦躁。烧了几锅水，把蛙婆淋浇。蛙婆死得惨，活的野外逃。地上断蛙声，人间把祸招。蛙婆不叫了，日头红似火，草木全枯焦，人畜尸满坡。鱼上树找水，鸟下河造窝，几年不下雨，遍地哭当歌。东林去见始祖，又找到始母，布洛陀讲了，米洛甲又说：青蛙是天女，分管人福祸，她呼风唤雨，她是天神婆。你们伤害她，要赔礼认错，请她回村去，过年同欢乐。陪伴三十天，拜她为恩婆，葬她如父母，送她回天国……布洛陀吩咐，米洛甲所说，东林照着办，新年请蛙婆，跳舞又唱歌，喜雨纷纷落。五谷大丰收，人畜得安乐。②

---

① 张声震主编：《壮族麽经布洛陀影印译注：译注部分》第三卷，第 1052 页。
② 覃剑萍：《壮族蛙婆节初探》，《广西民族研究》1988 年第 1 期。

在这首古歌中，由于东林违反了与自然系统和谐共生的思想，用开水把青蛙给淋死了，而青蛙是雷王的女儿，雷王因此给人类降下了严重的惩罚。布洛陀指点人们祭祀、埋葬蛙婆，才重新获得了五谷丰收、人畜共生。

上述人与自然系统和谐共生的思想对岭南壮侗语民族地区的生态文明建设是具有一定的实用价值的。当今岭南壮侗语民族地区的生态文明建设面临着诸多挑战，由于岭南壮侗语民族地区具备本身的民族性、区域性特点，生态文明建设必然要具有自身的特点，否则就难以真正实现既定目标。作为壮族传统文化的重要组成部分，布洛陀文化所蕴含的人与自然系统和谐共生的思想，是与生态文明建设有着内在的关联的。只有充分挖掘、利用诸如布洛陀文化之类的传统知识，才能够早日实现生态文明建设的既定目标，真正把广西壮族自治区、海南省建设成为全国有名的生态文明示范区。

应该说，岭南壮侗语民族的传统生态知识内容多样，体现在这些民族民众生产生活的方方面面，因此，其重要性不可忽视。无论是直接可以转化利用的技术性传统生态知识，还是能够对生态保护发挥促进作用的制度性传统生态知识，抑或是具备生态保护和和谐理念的表达性传统生态知识，都是类型多样，内涵丰富，功能强大。部分传统生态知识已经在当代生态文明建设中发挥了独特作用，但还有很多知识仍然被埋没，其独有的价值还没有得到广泛承认。因此，需要继续进一步挖掘、整理和运用，力争为区域生态文明建设提供积极借鉴和参考。

二　生态文明建设对传统生态知识的影响

生态文明建设是后现代的产物，是人类社会发展到一定历史阶段的必然追求，带有很明显的后现代、后工业色彩，也正因为如此，生态文明建设必然要充分利用人类社会已有的文明成果，特别是工业文明的成果。而传统生态知识却生成于传统社会，是区域、民族小生境范围内的具体性的知识体系，带有很明显的民族性、区域性，因此它在解决工业文明引发的不良问题时有时会显得力不从心，难以发挥特别重大的影响。

（一）技术性传统生态知识面临巨大挑战

在承认部分技术性传统生态知识促进生态文明建设的同时，我们也清醒地认识到，岭南壮侗语民族地区的生态文明建设面临着很多困难和问题，而很多问题是技术性传统生态知识难以解决的。

如在发展生态产业方面，传统生态知识虽然可以发挥一定的作用，但其却存在明显的短板，主要是传统生态知识只是小生境范围内的情境性的知识体系，且更多是经验性的、不成系统的，因此难以在较大范围内推广利用，取得比较客观的经济效益。毕竟现代社会的发展，使得人力成本大大增加，故依赖传统生态知识的生态农产品，其价格较高，甚至于给环境带来更大的负担。最新研究表明：有机食品更不利于环保，这是因为有机作物种植不使用化肥，故其单位面积产量要低得多，所以为了生产同等数量的有机食品，需要开垦更多土地。由于开垦土地需要砍伐森林，扩大有机农业种植面积，就会间接刺激二氧化碳排放量。如果使用更多土地换取同等数量的粮食，我们等于是在间接鼓励世界其他地方进一步砍伐森林。[①]

再比如在解决突出环境问题方面，当代生态文明建设需要加强大气、水、固体、土壤以及面源污染防治和垃圾处置，而这些问题的解决，都不是传统生态知识所能胜任的。这主要也是因为，这些污染主要是工业文明发展的伴生物，传统生态知识无用武之地也是正常的。比如广西南宁市可利江黑臭水体的整治，就主要采用的是现代环境科学的办法，涉及截污纳管、污水处理厂（站）、底泥清淤、初雨调蓄、生态修复等具体环节，而这些都是传统生态知识很难参与的。当然，在一些小的细节上，可能会显示出传统生态知识的价值，比如在那考河湿地公园的建造过程中，就利用了传统的梯田模式，将雨水净化排入河道中，同时在河道周边种植能够净化水体的亚热带植物。具体到壮侗语民族聚居的乡村地区，在现代科学技术的干扰下，传统生态知识的地位也每况愈下。为了获得更多的产量，人们大量使用化肥、农药，造成了严重的农业面源污染，使得土壤和淡水资源受到较为严重的污染，有些地方甚至因此发生严重的事件。

当然，生态文明建设也给技术性传统生态知识提供了新的可能。在一些小生境范围内，充分挖掘技术性传统生态知识，结合外来的现代科学技术，是可以在一定程度上实现知识的优化组合，最终令传统生态知识实现更新和改进，以适应自然和社会环境的变化。

（二）制度性传统生态知识处境尴尬

在传统时代，制度性传统生态知识曾经对生态环境保护、资源管理、族群

---

① 《英媒：研究显示有机食品更不利于环保》，参考消息网，http：//www.cankaoxiaoxi.com/science/20181217/2365697.shtml，2018－12－17。

绵延等发挥过重要作用，一定程度上保证了区域社会的可持续发展。即使是到了 20 世纪八九十年代，各种法律法规还没有特别健全，地方社区还在一定程度上仰仗这些规约去发挥作用。

伴随着社会发展进入了 21 世纪，到了中国开始大规模进行生态文明建设的时候，这时资源管理的法律法规已经非常健全。一方面，国家制定了大量的有关工农业生产、自然资源管理和环境保护的法律法规；另一方面，壮侗语民族地区地方政府结合区域实际制定了地方性的法规、法令和文件。这些当代制度规范的实施，在一定程度上使得传统的制度性知识处境尴尬，特别是当地方社区的民众已经对现代法律制度有所了解之后，不再向传统社会组织和规约的"权威"寻求支援，而是通过政府和法院来解决问题。这固然是社会发展的表现，但也进一步降低了传统社会组织和规约的"权威性"。

更加难以处理的是，当代壮侗语民族地区生态文明建设的现实是环境问题频发，环境风险加大。一些壮侗语民族地区在发展经济过程中，大量引进东部淘汰的钢铁、造纸等高耗能高污染产业，同时大力开发地方的铝、锰、铅、锌、石材等矿产资源，虽然国民生产总值和财政收入有了较大提高，但也带来了非常严重的环境问题。比如德保县华银铝于 2007 年 12 月建成并开始试生产，其矿山采选的排泥库分别设在德保县马隘乡和靖西县新甲乡农林屯。在刚开业的一年半时间内，其农林选矿厂龙山排泥库就发生了 8 次不同程度的泥浆泄漏事件。2008 年 9 月 26 日再次发生的泄漏事件中，为确保泥浆水不进入庞凌河，致使靖西县新甲乡新荣村古杰屯、坡珠屯约 300 亩即将成熟的稻田全部灌入泥浆，稻田内的泥浆厚度在 15 厘米以上，造成部分农田颗粒无收；古杰屯、坡珠屯部分农灌小溪河床被抬高，坡珠屯部分农户住处被灌进泥浆，严重影响了当地群众的正常生产生活。针对以上情况，广西壮族自治区环境保护部门遵照相关环保法律法规，责令华银铝停止靖西铝土矿区试运行并按要求进行整改。但在 2009 年 1 月 22 日，该排泥库再次发生泄漏事件，致使新荣村坡珠屯、古杰屯附近的 3 个泉眼冒出黄色泥浆水，污染物泄漏处悬浮物超标 666—1041 倍，距源头 0.5 公里范围内的小溪水体超国家推荐值 27—44 倍，受污染范围为源头及距其 0.5 公里以内的溪流。①

---

① 广西壮族自治区人民政府办公厅：《关于广西华银铝业有限公司靖西县农林选矿厂龙山排泥库泥浆泄漏事件的通报》（桂政办电〔2009〕31 号），2009 - 03 - 17。

不过，在巨大的经济利益面前，即使是由广西壮族自治区人民政府办公厅下发了上述通报，仍未能制止广西华银铝农林选矿厂的环境污染行为。据原广西壮族自治区环境保护厅网站报道，2011年4月7日凌晨5时许，华银铝业公司农林选矿厂龙山排泥库再一次发生泥浆泄漏，致使新甲乡新荣村玻珠屯、古杰屯附近的两个泉眼有大量泥浆涌出，并漫入周边部分水田。①

显然，对于这一类的问题，传统制度性知识基本上无能为力。要解决好这些问题，需要各级党委、政府转变经济发展理念，需要国家环保机构、自然资源管理机构的强制介入，需要更为完备、严格的法律制度予以规范，需要社会各界的共同参与与监督。

（三）表达性传统生态知识效力减弱

表达性传统生态知识属于我们通常所说的精神文化，它具有较为稳定的特点，不像物质文化那样容易发生改变。在岭南壮侗语民族地区，表达性传统生态知识是类型多样、非常丰富的，在不同地域和支系中也常有差异化的呈现。这些珍贵的生态文化资源，曾经在传统时代发挥了重要的作用。

然而，进入现代社会以后，随着受教育水平的提高，少数民族民众的思想观念已经发生了很大变化，传统信仰的约束力逐渐减弱。就生态文明建设而言，它所依托的是后现代生态理念和哲学思维，即使是在偏远的壮侗语民族地区乡村，在经历过"破除封建迷信"之类的运动后，传统信仰体系的效力也被大大减弱。

与此同时，在当代政治经济体系下，即使是岭南壮侗语族民众有着浓烈的传统生态表达，并且在其所居住的区域展示出来，甚至发挥出生态环境保护或资源管理的功能，也只能在一隅之地施行。如果这"一隅之地"恰好处在城市的郊区，很可能会被外来的政治经济势力所影响，很难真正发挥表达性传统生态知识的独特效用。如前所述的万宁石湾村黎族的例子，虽然当地黎族民众将海边的青皮林视为"雨神"，加以悉心保护。但实际上，在2010年前后，这一带的海边大肆兴建各种旅游景区或住宅区，完全不考虑当地的永续发展。黎族民众虽然有这样的表达性传统生态知识，但也只能在一旁空叹："如之奈何？"

---

① 刘英泉：《广西华银铝农林选矿厂龙山排泥库发生泄漏事故》，广西壮族自治区环境保护厅官方门户网站，http://www.gxepb.gov.cn/zw/gzdt/201104/t20110407_3111.html，2011-04-08。

　　其实，表达性传统生态知识在岭南壮侗语民族地区普遍地位尴尬，效力减弱。传统的各种自然崇拜，有些在乡村中已经荡然无存，有些也正在弱化。只有少量的传统崇拜与仪式，或因为契合了政府保护非物质文化遗产的需要，或因为能够"文化搭台，经济唱戏"，才得以实现一定程度的复兴。其背后的支配力量，都远远超出了乡村的范畴，有的甚至变成了全社会参与的"节日狂欢"。其典型者，如田阳县敢壮山的布洛陀崇拜、宁明县的"三月三骆越王节"、南宁市武鸣区罗波社区的龙母巡游活动等，都可以称得上是较为隆重的以传统信仰为主打内容的节庆文化打造活动。这些活动，实质上已经将信仰本身变成了一种资源，变成了一种谋利与宣传地方的手段，只能进一步稀释人们对这些传统信仰内心的忠诚度。

　　再比如，在广西三江林溪乡一带的侗族乡民中，传统上，在稻谷收获季节，流行一种"拦门谷"的农耕礼仪。其办法是：秋季收割谷子时，要先去剪一小把稻谷，放在田里排水的地方，称为"拦门谷"，意思是"有主了，粮食别外流"[①]。这种礼仪表达着侗族乡民与田地、稻谷之间的关系，揭示着人们获得粮食丰收的美好愿景。在传统时代，在每一块田的稻谷收割之前，均要进行类似的仪式。但时至今日，除了年纪比较大的老人，青壮年不再有类似的做法了。究其原因，还是现代生态理念影响的结果。人们已经懂得了现代农业生产的部分原理，不再认为稻谷生长有着神秘的"谷魂"的参与，也不再将收获视为"神"的恩赐。

　　总之，作为后现代的生态文明，它本身要扬弃的是工业文明，前现代的传统生态知识一方面在某些方面的确能够给予其重要的支撑；但另一方面生态文明建设本身对传统生态知识中的技术性部分"看不上眼"，又直接否定了制度性和表达性部分的存在基础。应该说，它所要建立的是一种人与自然和谐共生的文明体系。在这个体系中，自然人享有很高的自由，脱离了鬼神的控制；生物物种得到较好的保全，人与自然的关系也由剥削转为共生。而要实现这一伟大目标，构建新型生态理念也就成为必然。

------

　　① 付广华：《三江侗族自治县林溪乡高友侗寨稻作文化调查》，载杨筑慧等《侗族糯文化研究》，第360页。

第五章

岭南苗瑶语民族传统生态知识与
生态文明建设的互动关系（上）

作为岭南地区的重要民族，苗瑶语民族在这片大地上繁衍生息的历史悠久，他们以崇山峻岭为基地，因地制宜发展山地农林业，充分利用野生动植物，形成了自身独具特色的传统知识体系。其中，很多有关人与自然关系的认知，至今仍然在该民族社会中发挥着不可替代的作用，保障了区域小生境的可持续发展。在生态文明建设和乡村振兴的时代背景下，苗瑶语民族的传统生态知识体系不仅有利于所在地域生态环境的保护和发展，而且对于发展特色产业、推动乡村振兴具有重要价值。本章从阐述岭南苗瑶语民族的生境开始，分析与之相适应的生计方式类型，进而总结出与之相对应的生态知识体系，参照当代生态文明建设的现实状况，洞察传统生态知识与生态文明建设之间的复杂互动关系。

第一节　岭南苗瑶语民族的生境与生计方式

在岭南地区，苗瑶语民族主要居住在广西壮族自治区北部、广东省北部以及海南省琼中、保亭等地的山区中，尤其以南岭周边分布较为集中。这些地方过去山高林密，交通不便，因此，传统上形成了以刀耕火种为核心的生计方式类型，同时辅以采集狩猎、丘陵稻作，这种复合型的生计方式也是苗瑶语民族重要的特点之一。

一　岭南苗瑶语民族的生境

广义而言，苗瑶语民族全部是山居民族，基本上都聚居在山区，受地形地貌因素的影响比较深远。根据分布的地理纬度和地形地貌的差异，可以笼统地将岭南苗瑶语民族的生境分为如下三种类型。

（一）南岭及周边山地

南岭，又称五岭，是指自西向东的越城岭、都庞岭、萌诸岭、骑田岭、大庾岭组成的南岭主脉。而南岭山区涵盖范围更为广泛，包括北坡西起贵州的雷公山，依次向东的雪峰山、阳明山、八面山、万洋山到罗霄山；南坡的瑶山（粤北）、海洋山、猫儿山、元宝山、九万大山的广大山区。[①] 本书所言的南岭及周边山地，不仅包括五岭地区，还包括五岭山脉延伸的一些地区，如苗族聚居的大苗山地区，与越城岭余脉相距甚近，过去已有学者将其划入南岭走廊范围之内；再比如广东畲族居住的九连山、罗浮山区，与大庾岭相去不远，自然生态条件类似，可视为同一种生境类型。为了叙述上的便利，有时也将地理条件类似的广西大瑶山、十万大山归并其中。

这些南岭周边的山区，大都山岭绵延，层峦叠嶂，气势雄伟。海拔800—1500米的山地较多，不少山峰在2000米上下。越城岭主峰猫儿山海拔2141米，是华南第一高峰；真宝顶海拔2123米，是广西第二高峰；大苗山主峰元宝山海拔2081米，是广西第三高峰。历史上，山区地处偏远，对外交通极为不便，严重制约了生计方式的改善和经济社会发展水平。虽然苗瑶语民族所在村寨大都海拔较高，不乏高山深谷，崇山峻岭不断，但胜在土壤资源丰富，适宜动植物生存，再加上水源供给充足，青山绿水，梯田环绕，实在是美不胜收。

从温度上讲，南岭及其周边山区基本上处于亚热带地区，年平均气温在16℃以上至20℃以下，年度积温比较充足，适宜发展山地农林业。但由于受到南岭地区准静止锋的天气影响，春季寒潮活动频繁，秋季又容易出现"寒露风"天气，因此，大部分地区只适宜种植中稻，而不适合发展双季稻。[②]

从水资源方面讲，南岭及其周边山区水资源丰富，但水源不够稳定，受季节影响比较大。越城岭、都庞岭一带有珠江水系漓江、融江和长江水系湘江、资江四条主干河流，汇集了发源于猫儿山、海洋山、都庞岭、元宝山、九万山

---

① 王永安：《南岭山地自然分区、立地分类和发展林业对策》，《中南林业调查规划》1989年第1期。

② 《广西农业地理》编写组：《广西农业地理》，广西人民出版社1980年版，第132—133页。

等水源林区的若干大小溪流。由于这一地区森林密布，山区集雨面积大，水源充足，为农业生产提供了比较好的灌溉条件。一些山区甚至仅仅凭借当地山泉水就发展起了较为发达的梯田稻作农业，如闻名中外的龙胜各族自治县金坑梯田就是其中的典型案例。

南岭及周边山地气候湿润，适于植物生长和动物栖息。这一地区天然杂木林资源丰富，还保存大片的亚热带常绿阔叶林、针阔叶混交林，森林茂密，树种繁多，有樟木、楠木、木莲、银杉等许多珍贵树种，广西千家洞、花坪、猫儿山、大瑶山、元宝山、银竹老山，广东南岭等被列入国家级自然保护区。在森林之下，还适宜生长各种野生山药、罗汉果等药材，为过去苗、瑶、畲族民众克服口粮不足问题提供了可行路径。

与大石山区相比，南岭及周边山地生产条件相对较好，尚属于适合人类生存的地区，但要注意人口密度，严格控制人口规模，否则，超出了当前生境的承载范围，极易带来生态环境退化。值得庆幸的是，南岭及周边山区尚属土山地区，土壤资源充足，再加上温度适宜、水资源丰富，仍然发展起了独具山地特色的梯田稻作农业。

（二）大石山区

大石山区，是喀斯特石山地区的一种通俗化称呼，是指这些地区的山脉以石山为主，喀斯特地貌发育典型，岩石裸露，地表水源稀少，地面很少见到河道、溪流，植被覆盖率低。广西红水河一带的都安瑶族自治县、大化瑶族自治县、巴马瑶族自治县和广东清远的一些瑶族聚居区即位于大石山区之内。

由于地质条件和碳酸盐岩抗溶性的差异，所形成的岩溶地貌类型也不尽相同。按形态组合特征，可分为峰丛洼地和峰林谷地两种类型。一种是峰丛洼地，瑶族地区俗称"弄场"，广泛分布于红水河流域。其总的特点是地形切割强烈，峰丛连绵，峡谷深切，地下水深埋，过境河流岸高水低，可耕地贫乏，旱涝严重，交通闭塞，是目前岭南生产条件最恶劣的山区。封闭的圆洼地底部较平坦，且有松散的堆积物，一般直径大于100米，是峰丛洼地区唯一较平坦的耕地①。另一种为峰林谷地，往往分布在大河、小河两侧，诸如红水河、澄

---

① 广西壮族自治区地方志编纂委员会编：《广西通志·自然地理志》，广西人民出版社1994年版，第102页。

江、刁江、福龙河等沿岸地带。峰林谷地的山峰多呈锥形、圆柱形、马鞍形，峰顶高程为400—600米。①有些大型的峰林谷地，总体上地势开阔平坦，土地资源比较丰富，地下水浅埋，农业耕作条件相对较好，除一些矿产资源外，风景旅游资源丰富，交通也较发达，这些地区的农村大部分已脱贫。

一般来说，苗瑶语族民众主要居住在弄场中，弄场形状各异，以锅底状及"条"状、"月牙"状居多；深浅不一，浅的二三十米，有的则深达四五百米（最深者七八百米）；各个"弄场"的坡度亦不尽相同，有的盘山而下；有的陡如水桶，往来十分艰难。"弄场"与"弄场"交往，全赖崎岖羊肠山径。有些"弄场"户与户之间，"喊声听得到，走路绕半早"，足见山径的陡、险和弯曲。由于"弄场"地处峰丛之间，交通极为不便，山里各兄弟民族交往及收运谷物、肥料、生猪等等，全靠肩背、背驮、头顶，或扛，或挑，背篓、扁担、扛架等成为山里人的主要运输工具。"弄场"的分散、偏僻，以及地势险恶，交通闭塞，导致了山区经济发展缓慢，不少边远"弄场"长期处于封闭式的经济文化状态。②

大石山区，普遍是"九分石头一分土"，土地资源不足，土层薄，且土壤较为贫瘠，生产生活条件极差，被一些专家学者称为"不适合人类生存的地方"。峰林洼地，一般海拔比较高，坡度陡、山弄深、光照少，受降雨季节性变化的影响，易旱又宜涝；峰林谷地区，则海拔较低，田地交错，石芽裸露较多，保水能力比较差。③与此同时，由于岩溶地区地下水循环十分发育，地下河、溶洞、溶斗广泛分布，渗透率高达0.5—0.7，因而地表极易形成异常干旱，提水困难，蓄水也不容易。④

长期以来，在毁林开荒的影响下，大石山区的荒漠化问题成为非常严重的生态问题，严重制约瑶族地区的经济社会发展。近些年，在国家退耕还林政策的扶持下，在石漠化治理工程的推动下，大石山区的石漠化问题得到一定程度的遏制，一些曾经的荒山秃岭如今也披上了绿装。

（三）海岛山区

这一类型主要就海南岛中南部山区的苗族而言。从地理上看，海南苗族

---

① 都安瑶族自治县志编纂委员会编：《都安瑶族自治县志》，广西人民出版社1993年版，第78页。
② 都安瑶族自治县志编纂委员会编：《都安瑶族自治县志》，第62—63页。
③ 《广西农业地理》编写组：《广西农业地理》，第176页。
④ 《广西农业地理》编写组：《广西农业地理》，第178页。

主要沿五指山和黎母山两大列山脉呈两条带状分布，以琼中黎族苗族自治县、保亭黎族苗族自治县、琼海市、屯昌县、万宁市以及五指山市分布最为集中。

海南岛的中部地势高，山峰林立，海拔高度多在400米以上。60多座千米以上的山峰绝大部分在此地。其中，五指山、黎母岭、鹦哥岭、雅加大岭、猕猴岭、尖峰岭等，皆是其中的知名者。据统计，海南岛海拔800米以上的中山近6100平方千米，占全岛总面积的17.9%；海拔500—800米的低山2500多平方千米，占全岛总面积的7.5%；两者合计，占全岛总面积的四分之一。① 不过，海南岛的山地主要由花岗岩与砂页岩组成，容易发生风化，最终成土。这一点与南岭及其周边山地是一样的。然而，地形因素还是发挥着重要影响。地形的起伏变化，不仅影响土地的类型和分布，还影响着热量和水分的再分配，并对动植物的分布产生影响，从而对农业生产也发生重大影响。正是由于海南岛中部几百座800米以上中山山峰的存在，才使得苗族居住地区的自然景观呈现明显的分异现象。一是南北分异，北来寒流阻于山前，使北部山地丘陵盆地成为低温区（如白沙、屯昌），山的南坡却成为大温室；二是东西分异，山的东坡多风多雨，土质为黄色砖红壤，西坡少风少雨，土质为褐色砖红壤；三是垂直分异，由山地基部热带季风雨林和赤道雨林型砖红壤，往上为山地雨林赤红壤，再上为山地常绿林黄壤，最顶层为山地灌丛草甸土。②

在气候方面，苗族居住的中南部山地属热带季风气候区，又具热带森林气候特征，气温随高度下降，形成多湿、多雨、多云雾的温湿气候，昼暖夜凉，年平均气温小于23℃，最冷月平均气温小于17℃，是海南冷害最严重的地区；极端最低气温小于1℃，小于5℃低温出现频率大于60%，冬春时有霜冻发生；也是全岛"清明风"和"寒露风"影响最重的地区。不过，降雨条件为海南岛最好地区，年降雨量1700—2500毫米，有随地形高度而增加的趋势，年降雨日数大于160天，旱季降水变率为海南岛最小（<65%），常风风速小，是海南唯一年平均风速小于2米/秒的地区。总体来说，雨量充沛，除少数年份外，干旱

---

① 钟功甫、陈铭勋、罗国枫：《海南岛农业地理》，农业出版社1985年版，第1页。
② 海南省地方志办公室：《海南省志·自然地理志》第八章"地理区划"第二节"经济地理区划"，海南史志网，http://www.hnszw.org.cn/xiangqing.php? ID=55741，2017年10月10日查阅。

现象不明显。但越冬条件差，海拔高度高，又限制橡胶的种植和生长，故水稻、橡胶生产宜选择耐寒品种。①

海南苗族地区山高林密，热带原始雨林葱茏绵亘、遮天蔽日，海南的原始天然林全集中在此，包括五指山、鹦哥岭、黎母岭、猕猴岭、吊罗山、霸王岭等原始林区，总面积达 1260 万亩，其中有神奇的自然景观和珍贵的动植物资源，如花梨、子京、坡垒、母生、绿楠、陆均松等经济林木，坡鹿、长臂猿、云豹、海南鹧鸪等珍稀动物，沉香、白沙绿茶、五指山兰花、五指山水满茶等土特产。

与前两种生境类型相比，海岛山区同样地处高海拔地区，交通同样不方便，农业生产也受到地形的影响，而且，由于海岛山区毕竟距离海洋特别近，受热带风暴的影响比较大。但庆幸的是，海岛山区气候温暖，降雨较多，方便植物生长和动物栖息，因此，动植物资源丰富，有利于人类的生存与发展。

在上述主要的生境类型之外，还有少部分苗瑶语民族民众居住在河谷地带，地势较为平缓，农业生产条件较好。比如在广西恭城、富川瑶族自治县，一些平地瑶民众就住在河谷小盆地中，得以发展小型稻作农业；在广东省英德、韶关、曲江、乐昌等地，亦有少部分瑶族散居在当地的河谷小盆地中。相对于土山区和大石山区来说，河谷地带的瑶族数量很少，所占据的地域也非常小，从事的稻作农业生产也多是受临近其他民族的影响。

二　传统上以刀耕火种为核心的生计方式

岭南地区的苗瑶语民族主要居住在山区，生产条件与平地相比有所差距，但胜在生物资源丰富，地域广阔，可以实施刀耕火种，或种以旱稻，或种以玉米，或种以其他杂粮。虽然费力不多，但单位劳动力的回报却不小，同时，再加上充分利用周围的动植物资源，苗族、瑶族、畲族民众的存续还是能够得到一定保障的。因此，从某种意义上说，苗瑶语民族民众的生计方式都是复合型的，只不过在过去是以刀耕火种为核心罢了。

刀耕火种也称"烧畲""斩畲"，是苗瑶语族民族历史上相当长的一段时期内普遍存在的一种耕作方式。其方法是：先用刀或斧砍伐山林，然后晾晒数

---

① 海南省地方志办公室：《海南省志·自然地理志》第八章"地理区划"第一节"自然地理区划"，海南史志网，http://www.hnszw.org.cn/xiangqing.php? ID = 55741，2017 年 10 月 10 日查阅。

日，使之干燥，即就地焚烧并以灰烬作肥料，稍加松土即可播种大豆、芋头、旱稻、玉米等谷物，期间既不施肥，也不除草。农作物收获后，再一把火焚烧掉秸秆，用作肥料。如是耕种几次，地力逐渐耗尽，即弃耕并另觅新地开垦。

作为"在瑶族的民族发展史中保持得最为持久、发育最为完善"[①] 的一种生产方式，刀耕火种对瑶族的存续与发展非常重要。按照瑶族民间广泛流传的《评皇券牒》记载：瑶族的祖先曾经立过大功，得评王赏赐，允许"良瑶永远管山，刀耕火种"。在迁徙外出择山的过程中，"途中逢人不作揖，过渡不开钱，见官不下跪，耕种不纳税"[②] "天下一切山林土地，付与王瑶子孙耕管为业，营身活命，蠲免国税夫役。不敢（得）需索侵害，良瑶永远管山，刀耕火种"。[③] 因此，瑶族民间认为他们居山、耕山、管山乃是"皇赐"，整个民族与山林密不可分。在金秀瑶族自治县三角乡留存的一份《盘古过山榜》中，"刀耕火种"一词更是出现 6 次之多[④]，甚至还出现了与之密切相关的"刀斧斩砍，火烧耕种，点禾撒粟"一语。此外，广东连山禾洞地区六冲尾流传的《评皇券牒》、湖南道县瑶区流传的《评王券牒书传》等都曾经多次出现"刀耕火种"一词及相关的文化事项。现根据黄钰先生整理的《评皇券牒集编》列表如下：

表 5－1　　　　　《评皇券牒集编》中"刀耕火种"的出现次数与频率

文献类型	文献篇数	"刀耕火（斧）种"出现次数						
		0 次/篇	1 次/篇	2 次/篇	3 次/篇	4 次/篇	5 次/篇	6 次/篇
正本（古本）型	57	0	11	12	21	11	1	1
简本型	16	12	3	1	0	0	0	0
修编型	9	0	4	3	1	1	0	0

说明："火种""火田""斩畲""刀砍火烧""采斩火种"等刀耕火种的同义语均未计入在内。

从表 5－1 的数据我们可以看出，"刀耕火种"是《评皇券牒集编》中的一个重要文化事项，是瑶族最传统、最核心的生计方式。在正本型 57 篇

---

① 俸代瑜：《瑶族》，载覃乃昌主编《广西世居民族》，第 80 页。
② 黄钰辑注：《评皇券牒集编》，广西人民出版社 1990 年版，第 16 页。
③ 黄钰辑注：《评皇券牒集编》，第 6 页。
④ 黄钰辑注：《评皇券牒集编》，第 247、249、252 页。

和修编型 9 篇中，全部出现过"刀耕火种"一词，有的文献中甚至出现多达五六次，足见刀耕火种对瑶族的重要性。而简本型文献因为文字太过简略，多的仅一千多字，少的仅二三百字，因此，出现"刀耕火种"一词的频率仅为 25%。

汉文典籍也往往对苗瑶语族民族刀耕火种、"过了一山又一山"的情况有所记载。唐代，朱余庆《送刘思复赴南海从军》诗云："蛮人犹放畬田火，猛兽群游落日坡。"其中，所谓的"蛮人"，当是指今瑶族或畬族的先民。宋代周去非《岭外代答》云："猺人耕山为生，以粟豆芋魁充粮。其稻田无几……"元明清时期，除少数苗族、瑶族、畬族民众外，绝大部分的苗瑶语族民众都在过着"刀耕火种，食尽一山，则移一山"①的生活。万历《广西通志》在述及广西的瑶族时说道："岭表诸夷，种落不一，皆古百蛮之种也。一曰猺……种禾、黍、粟、豆、山芋，杂以为粮。暇则猎山兽以续食。……又有山子夷人，无版籍。定居，惟斫山种畬，镞木盘锅，射兽而食之。食尽，又移一方。"②嘉庆《广西通志》摘录更为广泛，如灵川县瑶民"择土而耕，迁徙无定"③；义宁（今分属桂林市临桂区和龙胜各族自治县）盘古瑶"伐木耕山，土薄则去，故又名'过山瑶'"④。"宣化瑶，一名峒客，有盘、蓝、雷和钟四姓，自谓狗王后。男女皆椎髻跣足，结茆而居，刀耕火种，不供赋役。"⑤"奉议苗，僻处林谷，种旱稻及靛，以染为业。"⑥广东畬族"耕无犁锄，率以刀治土种五谷，曰刀耕。燔林木使灰入土，土暖而蛇虫死，以为肥，曰火耨。是为畬蛮之类"⑦。海南苗族则"常徙移于东西黎境……不供赋税，不耕平土，仅伐岭为园，以种山稻。（黎人仿之。）一年一徙，岭茂复归"⑧。如此之类的记载非常广泛，难以尽述，其范围基本上涵盖了岭南苗瑶语民族居住的山区。

最初的刀耕火种往往漫无目的，随处迁徙，逢山则垦，垦尽则弃。然而到

---

① 嘉靖《广东通志初稿》卷 35，载《北京图书馆古籍珍本丛刊》本，书目文献出版社 1998 年版，第 584 页。

② 万历《广西通志》卷 33《外夷志三·诸夷种类》，广西南宁图书馆藏复印本。

③ 嘉庆《广西通志》卷 278《列传二十三·诸蛮一》，广西人民出版社 1988 年版，第 6874 页。

④ 嘉庆《广西通志》卷 278《列传二十三·诸蛮一》，第 6875 页。

⑤ 嘉庆《广西通志》卷 278《列传二十三·诸蛮一》，第 6880 页。

⑥ 嘉庆《广西通志》卷 279《列传二十四·诸蛮二》，第 6905 页。

⑦ （清）屈大均：《广东新语》卷 7《人语·疍人》，中华书局 1985 年版，第 243—244 页。

⑧ （清）张嶲、邢定纶、赵以谦纂修，郭沫若点校：《崖州志》卷 13《黎防志一·黎情》，广东人民出版社 1988 年版，第 247 页。

清代中后期以后，随着人口的增多，山林逐渐被占据一空，因此，只能采用轮耕式刀耕火种法，即在一个相对固定的区域内，划分若干板块，按照计划有目的地对这些板块进行轮歇耕种，已达到持续利用的长远目标。对于苗瑶语族民族的轮耕式刀耕火种的情况，新中国成立以来的各种民族学调查则揭示得更为清晰。如广西大瑶山瑶族习惯上将山地分为老山（未经砍伐的原始森林，或虽经砍伐但历时已久，又恢复到近似原始森林的状态）、芒山（长着芒草的山地）、黄茅山（又称"茅草山"，指经过多次砍伐烧种后丢荒的、只长着一些短浅的茅草的山地）等多种类型，并采用不同的耕种策略，这里仅以坳瑶为例进行说明：

老山的砍种：

老山是在八月间砍山。砍老山时每人都带有镰刀和柴刀两种工具，较大的树用柴刀砍；小树及杂草则用镰刀砍。斧头由专人使用，只砍那些最大的树。砍倒的树木杂草，都就地置放。到腊月间，待草木枯干，即放火烧山。一些大树未能燃尽，亦不再烧第二次，即让它留在地上。

老山砍烧后第一年都种苞米。用较原始的方法点种，即用一端削尖了的木棍在地上戳一小洞，随即点入苞米种子一两粒，然后再用木棍拨土掩盖。株距约一尺，行距离约一尺五寸。在地边往往要多点种一些种子，以备山鼠的损耗。

苞米出苗一月之后疏苗，缺苗的则不补。再经过一次除草之后，就可收获了。苞米的产量，十斤种的地大约可产300至700斤。

山地多采用不同作物的间种法。即第一年种苞米后，第二年三月间须刮地松土，栽种芋头和木薯。芋头与木薯是间作的，每隔两蔸芋头种一蔸木薯。种法如下：

```
□   ×   □        □   ×   □
□       □        □       □
□       □        □       □
□   ×   □        □   ×   □
```

（□示芋头，×示木薯）

芋头的株距约一尺，行距约一尺半。种后约五十天除草一次，用手扯而不用工具。芋头每蔸还要放一些粪灰作基肥。这一年作物的产量大致是：芋头每十斤种可产 50 至 70 斤；木薯每十斤种可产 100 斤左右。

第三年完全种木薯。木薯的株距约三尺，行距约四尺。其收获量每十斤种可产 120—150 斤。

第四年与第五年也都是种木薯。五年以后，即不再种作物，因砍山后的第二年即种杉，这时已经长高，再种作物，生长便不良好。

芒山的砍种：

芒山是在三月间砍山。芒草都用镰刀砍割。四月间放火烧山。烧山时一定要开"火路"，防火蔓延他处。所谓"火路"就是在将要焚烧的山地周围，先将草彻底清除，这样才能防止火焰向外蔓延。在山的上部，"火路"要开得宽一些，一般都有十五尺左右。两边只开五六尺。下边的只开两三尺。烧山时先从上边点火，火势是向上的。这样便可防止火势过猛，不易控制。

烧山后并不翻地，即在烧过的山上进行点种或撒种。芒山砍烧后第一年都种苞米，种后要除草两次。以后各年则种芋头与木薯。种芋头与木薯时则要挖地翻土。

芒山最多只能连续种四年，以后即因地力耗尽以及所种的杉树也长高了，不能再种作物。

茅草山的砍种：

茅草山的砍山及烧山方法与芒山相同，只是因为茅草山的土质较硬，在砍山的第一年即要挖地翻土。第一年多种芋头，第二年多种红薯。茅草山一般只能种两三年。[①]

以上所述出自《广西瑶族社会历史调查》，系新中国成立之初少数民族社会历史调查组所调查的资料。从中我们可以看出：大瑶山的瑶族对山地的区分与利用已经较为系统，其刀耕火种的方式方法也已经有所改进，不仅实行了休耕制和轮种制，而且在种植技术上也较以前有所进步，突出表现是除草疏苗和间种法，这在最初的刀耕火种中是不存在的。

[①] 广西壮族自治区编辑组：《广西瑶族社会历史调查》（第一册），广西民族出版社 1984 年版，第 128—129 页。

再比如海南苗族传统上主要种植"山栏稻"（种在山坡的旱稻的通称），其种植方法基本上是刀耕火种的性质。对此，20世纪五六十年代的少数民族社会历史调查组也有著录：

> 山栏稻的种植过程，从开始到结束，需时八九个月。一般是过旧历新年后，便开始选择地点，划好范围，二月即砍伐，三月待草木干便放火焚烧，烬熄，再清除残渣断树。下雨后，土面透湿，就进行下种工作。种后约30天便需除草一次。以后，是否还需要除二次或三次，则看原有的山土而定。如果是大山，有茂盛的古木森林，地面常年有树叶遮盖，没有或很少有杂草生长，一般只需除草一次。但如果是小山，原有森林不很茂盛，有很多的杂草，则一年需除二至三次不等。但第三次草必须在抽穗以前除完，否则一定要等到勾头散籽后才能进行工作。除草后，到九月间就可以收割。①

以上所述，很好地展示了海南苗族从事山栏稻种植的全过程。其中，尤其值得注意的是，海南苗族的山栏稻种植"每年更换新地"，已经有了轮耕和休耕的概念，脱离了最为原始的刀耕火种，同时注意讲求中耕管理，每年除草甚至多达三次。

在此，还必须要强调的是，刀耕火种传统上并非所有苗瑶语民族民众的主要生计方式。在与周边汉族、壮侗语民族交往的过程中，一些瑶族、苗族、畲族民众学习到了他们先进的农业生产技术，开始定居下来，在山间小盆地或山坡地构筑水田，从事水稻种植和山地精耕种植。这一历史进程是逐步实现的，从宋元时期已经开始，到清代中后期，居住在平地或丘陵地区的苗瑶语民族民众从事稻作农业逐渐成为普遍现象。对于在南岭及其周边居住的苗瑶语民族民众来说，土壤资源并不是特别匮乏，他们充分利用山间土地、水源和石块，将山坡地改造成为梯田，成功地在高山上移植了水稻农业。比如在闻名世界的龙脊梯田景区内，就居住着大量的红瑶民众，他们的祖先在漫长的历史进程中开发了金坑地区，在一座座高耸的土山上构筑梯田，使得当地梯田宏伟壮观，堪称"世界奇观"。又比如贺州市八桂区新华

---

① 中南民族大学：《海南苗族社会调查》，民族出版社2010年版，第20页。

乡瑶族"所有的水田，大都分布于山麓坡地或山谷两端甚至在山腰上，在山谷中，从谷底到山腰，分布着层层的梯田。"[1] 再比如散居在广东东部凤凰、罗浮、莲花山区的畲族人民，也"多是开辟梯田、旱地，接引山水和雨水灌溉，所以耕地面积中，绝大部分是梯田，余为旱坡地和山林。水稻以双造居多，单造占小部分"[2]。这些材料都说明，一部分瑶族、苗族和大部分的畲族早在新中国成立之前已经开始从事稻作农业生产，其生计方式则以稻作农业为主。但这些民众同时仍兼种旱地或畲地，其耕作方法或本身就是刀耕火种，或与刀耕火种有着密切关联。

最后要补充说明的是，无论是以刀耕火种为主，还是以稻作农业为主，岭南地区的苗瑶语民族民众都还兼营林业，从事采集—狩猎，有的还以烧炭或打柴为生。比如在广西大瑶山地区，林业在过去占有十分重要的地位：新中国成立前还十分盛行"种树还山"的制度，即没有土地的盘瑶或山子瑶批租山主的山地，不用交其他的地租，只用在垦种的土地上种植杉木，然后交还给山主。一般来说，盘瑶或山子瑶都会在砍种之后的第二年开始种树，以后即在树苗中间种植农作物，等到树木长高了，地力也耗尽了，再也不能种植农作物时，就把山与树还给山主。山主之所以将山地免租批给盘瑶或山子瑶，所看重的就是山地上生长的树木，待若干年后，长大成材，即可出售获取资金。而盘瑶或山子瑶则得到了土地，得以收获玉米、芋头、木薯等粮食产品。在林业之外，大瑶山瑶族还广泛种植香草、香菇、木耳、千金草、罗汉果、天花粉、竹笋、薯莨及其他药材等土特产。以香草为例，清末时期，香草售价昂贵，每斤香草可换白米10—20斤；即使到了1949年，每个工作日即可收获香草7斤，价值白米约14斤。[3] 这说明，副业生产也是可以通过交换获取食物的。在植物性食品之外，大瑶山瑶族常常通过渔猎获得动物性食品，如鱼、蛙、鸟、兽类等，可以说是瑶族人民肉类主要来源之一。再比如广东省凤凰山石鼓坪畲族，传统上则以茶业收入为主（占60%），水稻次之。其他山区的畲族除种植水稻外，还种植番薯、木薯、三角麦等杂粮，一部分土地种茶叶、甘蔗、花生、芝麻、豆类等经济作物。山上有桔、竹、杉、松等林产品，增城通坑还种

---

① 李维信等：《贺县新华乡瑶族社会历史调查》，载广西壮族自治区编辑组《广西瑶族社会历史调查》（第三册），广西民族出版社1985年版，第167页。

② 福建省编辑组：《畲族社会历史调查》，福建人民出版社1986年版，第232页。

③ 广西壮族自治区编辑组：《广西瑶族社会历史调查》（第一册），第173页。

植梨、荔枝、乌榄、柿等水果；嶂背有樟树和茯苓等药材。副业中的烧炭、打柴、打猎、结扎扫帚、制木勺、木屐，也是一项重要收入。[①]

三　由生境所决定的生计方式的特点

自然生态环境决定族群生计类型，但有时族群文化又对自然生态环境起到改造作用，从而出现变异性的生计方式。对岭南地区的苗瑶语民族来说，"山地"是这些民族所面临的最重要的生态现实，他们只能采取与之相适应的生计方式类型。与相邻的壮侗语民族相比，岭南苗瑶语民族的传统生计方式无疑具有自己的特点，特别在旱地农业和山区林业发展上优势突出，特点明显。概括来看，岭南苗瑶语民族的生计方式具有以下突出特点。

（一）靠山吃山，山地色彩浓厚

如前所述，岭南地区的苗瑶语民族主要居住在南岭及周边山地、大石山区、海岛山区三种类型的山区中，生产生活受地形地貌因素的影响比较深，因此，所有民众的生计方式都呈现出靠山吃山的特点。

岭南苗瑶语民族都是迁徙性比较强的民族。历史上，苗瑶语民族民众认为"天下一切山林田地"，都因祖先功勋而得到赏赐，故可以"永远管业""蠲免国税夫役"。[②] 所以，苗瑶语族民众往往随处迁徙，逢山则垦，地力耗尽则弃之他去。在这种生计方式下，面积广袤的山林是最根本的支撑，如果没有这一条件，则难以实现整个族群的存续发展。

在生产生活过程中，岭南苗瑶语民族民众受山地因素影响比较深。山地大都面积比较小，坡陡沟深，且蓄水、蓄肥条件差，故实行轮耕轮休性的刀耕火种。一方面，可以收获玉米、芋头、木薯等粮食产品；另一方面，也节约出劳动时间用于其他生业，如采集—狩猎、林业等。应该说，进入唐宋以后，中国南方民族的刀耕火种都是与山地密切相关的，而平地则基本上发展起了稻作或旱作性质的精耕农业。

在从事山地农业之外，岭南地区的苗瑶语族民众还发展起了较为发达的林业。如前文所述的广西大瑶山的"种树还山"，既是刀耕火种农业的一种形式，也是林业生产的一种方式。其实，在林业生产中，除了满足木材需要以

---

① 福建省编辑组：《畲族社会历史调查》，第232页。
② 黄钰辑注：《评皇券牒集编》，第6页。

外，各族民众还广泛种植茶树、桃树、梨树、荔枝树等经济林木。比如广东省潮州市石古坪村的畲族，传统上以种茶为生，所生产的乌龙茶列为全国 14 种名茶之一，素有"中国奇种"之美誉。① 由此可见，茶业生产是畲族民众的一项重要经济生活。后来，一些专家学者总结道，广东畲族"生活靠山吃山，吃山养山，层层梯田，级级茶园"②。

其实，岭南苗瑶语族民众靠山吃山还体现在采集—狩猎方面。对这些民族的民众来说，山地不仅是生产生活的空间，还是采集—狩猎的场所，是野生动植物食品的储存库。由于苗瑶语民族民众居住在大山之中，气候温暖湿润，特别适宜各类植物和食用菌类的生长，因此，可采集到的食物品种也非常丰富。坚果类的有野生锥栗、钩栗、圆子等；浆果类的有野生猕猴桃、野草莓、树莓、野葡萄、鸡爪梨等；食用菌有香菇、木耳、草菇、鸡腿菇、大红菇、小叶红菇、牛肚菇等；嫩叶芽可食的植物有树苋菜、马齿苋、苦菜、枸杞、蕨菜等；根茎类则有各种竹笋、山药、山芋、百合等；中草药类有黄精、千金草、罗汉果、金钱莲、野茯苓、倒吊黄花等；采集野生蜂蜜、马蜂蛹等高营养、高蛋白的食品。与此同时，也针对野猪、豹子、野牛、山羊、麂子、獐子、竹鼠以及各种鸟类等展开捕猎，并利用鱼钩、鱼攒、渔网、罾网、鱼叉、弓箭等进行捕鱼，以此来补充日常动物性食品的不足。

靠山吃山是岭南苗瑶语民族生计方式最基本的特点，这是因为他们就生存在这种自然生态环境中，既受到高山峻岭地形地貌的制约，又得到各种食物或生产生活资料作为回报。

（二）以刀耕火种为中心的复合型取食策略

在人类社会历史上，曾经诞生了采集狩猎、园圃农业、畜牧业、精耕农业和工业化农业 5 种取食策略。所谓复合型取食策略，亦即岭南苗瑶语民族民众不仅仅依赖刀耕火种或梯田稻作为生，而且在此基础上还依赖采集—狩猎、畜牧养殖作为补充。

对于各个区域社会中复合型取食策略的广泛存在，美国人类学家普洛格和贝茨曾经有过经典论述："绝大多数社会都不是只有一种食物获取模式。当我

---

① 施联朱、朱洪等：《广东潮安县凤凰山区畲族情况调查》，载福建省编辑组《畲族社会历史调查》，第 265 页。
② 广东省地方史志编纂委员会编：《广东省志·少数民族志》，广东人民出版社 2000 年版，第 268 页。

们提及这几种获取模式的社会时，仅仅是在文化上强调获取食物的特殊生存方法。事实上，人们典型地兼备几种不同的方式。"[1] 这一论断同样适用于岭南苗瑶语民族。对于岭南苗瑶语族民众来说，无论是居住在南岭及周边山地，还是居住在大石山区或海岛山区，都采取的是复合型的取食策略。

如广西大瑶山的茶山瑶，坳瑶除种植梯田以外，还以刀耕火种的方式进行旱地耕作；而盘瑶、山子瑶则以砍种山地为最主要的生产活动，所种植的都是玉米、旱稻、红薯、木薯、芋头等旱地作物。在农业耕作以外，大瑶山瑶民还普遍种植杉、松、竹、油茶、油桐、茶叶、八角、桂皮等经济林和香草、香菇、木耳、薯莨等土特产品；畜牧方面则进行猪、牛、鸡、鸭等畜禽养殖；渔猎方面则捕获白鱼、鲇鱼、鳅鱼、甜鱼、骨鱼、鳜鱼、黄尾鱼、火烧鱼等鱼类和山猪、山羊、野狸、黄猄、白鹇、山鸡等鸟兽类；利用捕获的小鸟，大瑶山瑶民常常用以制作"鸟酢"，是当地颇有名气的副食品。[2]

再比如海南省五指山市牙南村的苗族，传统上主要依赖砍山栏种植旱稻、玉米、芋头、木薯、红薯等为生，但同时还人工种植木瓜、香蕉、甘蔗等果蔬，饲养猪、鸡、鹅等畜禽。在这些生产活动之外，还在农忙时节从事采集—狩猎活动，广泛采集白藤以及各类中草药材，捕获山鹿、山猪、箭猪等动物。根据20世纪五六十年代的社会历史调查：1953年，牙南上村31户共打到山鹿50只，内有鹿茸7个，共卖得1100万元[3]，鹿皮、鹿骨卖到900万元，仅这项数字就有2000万元；若加香蕉收入80万元，白藤收入320万元，每户平均可得近20万元；若将此款用来买谷子可买到8460斤，等于31户主粮的26.75%。在出售部分以外，肉类基本用来自己食用：山鹿50只（大小平均约25斤），共重1250斤；山猪4只（每只约30斤），共重120斤；黄猄6只（每只约10斤），共重60斤；箭猪3只（每只约6斤），共重18斤；以上几项合计共重1448斤，按31户209人来计，每人每年吃上肉6.9斤。这还不算个人打山鸡、捕鱼的重量和收入。[4] 从上述数字可以发现，狩猎在海南苗族民众生产生活中占据着重要地位，对当地苗胞获取生产资金和动物性食品具有举足

---

[1]　［美］弗雷德·普洛格、丹尼尔·G. 贝茨：《进化生态学》，石应平译，《民族译丛》1989年第4期。

[2]　广西壮族自治区编辑组：《广西瑶族社会历史调查》（第一册），第162—201页。

[3]　万元，新中国发行的第一套人民币的面额之一。1955年3月1日起改为新币，新币1元等于旧币1万元。

[4]　中南民族大学编著：《海南岛苗族社会调查》，第44—45页。

轻重的作用。

还必须补充说明的是，无论岭南各地的瑶族、苗族、畲族采取怎样的复合型策略，刀耕火种（园圃农业）在绝大部分地区都占据着核心地位，是整个苗瑶语民族在生产方式上最为典型的文化特征。

（三）环境依赖性强，抵御自然灾害的能力弱

与主要从事精耕农业的壮侗语民族相比，岭南苗瑶语民族以刀耕火种为核心的生计方式对自然环境的依赖程度比较强，抵御自然灾害的能力弱，只能通过再次迁徙逃避灾害引发的饥荒。

一是以刀耕火种为核心的生计方式受到所占据山地资源数量的制约。如果一个族群占据非常广袤的山林，那么在人口相对固定的情况下，对这些山林统筹规划，有计划地进行轮作轮休，才可能使地力得到恢复，满足该群体的可持续发展。反之，如果一个群体仅仅占据少量山林，那么山林中出产的各种生产生活资料就难以满足群体存续需要，那么就必须要进一步迁徙，另觅新的地方进行刀耕火种。

二是食物来源对自然界的依赖性强。岭南苗瑶语民族民众的耕地常常地处山岭之间，有的地方沟壑纵横，经常发生洪灾和旱灾，获取食物的稳定性比较差。采集—狩猎的辅助性生计方式，是直接对自然的攫取，如果某一区域内的动植物资源随着长期利用而急剧减少，则同样会影响到该区域群体的肉食供应。如果某个地方发生大规模的洪涝灾害，就难以通过耕种或采集获得足够的食物供应，因此，只好再次迁徙，寻找其他适合刀耕火种之地进行耕作。瑶族民间广泛流传的"寅戊二年天大旱"，草禾枯干，粮食无收，无奈之下，只好迁往他处，就是一个典型的因天灾而迁徙的例子。

再比如在广西大瑶山地区，过去很多村寨由于自然灾害或疾病便一个一个地衰败了。据1957年的调查，仅六巷村一带的九十三河和大凳河沿岸的花篮瑶村庄，陆续衰败的就有窝巴、花雷等7个。其户数和衰败原因具体如表5-2。

窝巴、花雷、上凤、屯巴4个村寨完全是因为山洪暴发和瘟疫之类自然灾害而覆灭；文凤很可能也是因为瘟疫而废弃。明确跟自然灾害无关的只有下灵，乃是因为械斗之类的人祸。

总而言之，岭南苗瑶语民族之所以频繁迁徙，与其以刀耕火种为核心的

生计方式有着密切的关系。由于刀耕火种的适应性比较强，只要具备一定的土壤和植被，就可以采取这种耕作方式，与此同时，在汉族、壮族、黎族的挤压下，岭南苗瑶语民族为了生存，只好频繁迁徙，过了一山又一山，在中国南方形成了如今的"大分散，小聚居"的分布格局；少数苗族、瑶族还迁徙到了越南、泰国、老挝、缅甸等东南亚国家。

表 5-2 六巷一带花篮瑶村庄户数及衰败原因统计表

村 名	户数	衰败原因	归并何处	备注
窝 巴	60	山洪冲毁房屋		全村覆灭
花 雷	12	山洪冲毁房屋		全村覆灭
文 凤	120	一说瘟疫死亡多，后迁走；一说原因不明	黄桑	
上 凤	60	屋基崩陷，全村几乎全部毁灭	黄桑	剩少数人他迁
泗 水	7	死亡和迁移	六巷	现为盘瑶居住
下 灵	13	与盘瑶为山租械斗13年，一度被盘瑶攻入将房屋烧毁，后迁走	黄桑、门头	
屯 巴	15	瘟疫死人多，后迁走	黄桑、门头	现为山子瑶居住

资料来源：《广西瑶族社会历史调查》（第一册），第 296 页。

第二节 岭南苗瑶语民族传统生态知识体系

在漫长的历史发展过程中，岭南苗瑶语族民众根据所在区域的不同生境，区别化开发利用周边的动植物资源和无生物环境，同时借鉴壮族、汉族等其他民族的一些先进生产经验，形成了独具特色的传统生态知识体系。

一 技术性传统生态知识体系

根据技术性传统生态知识在民族文化中分布的状态，我们可以将苗瑶语民族的技术性传统生态知识分为无生命环境知识、野生动植物知识、传统种植业知识、传统养殖业知识四大类。

（一）无生命环境知识

1. 对天体运行的认知与利用

居住在不同区域的苗瑶语族民众，对于太阳、月亮等天体运行的规律有了一定的认识，并结合气温的变化形成了季节的观念，以指导食物生产活动。

大化瑶族自治县流传的《密洛陀》是布努瑶的创世史诗。在这部史诗中，密洛陀不仅开天辟地，还造出了太阳，使宇宙大地获得光明，给凡间带来温暖。但是，过了不很长的时间，太阳却慢慢地向西山沉落下去了，直到第二天，才又从东方慢慢地爬上来，这样出现了黑白交替，天际间时暗时明，周而复始。后来，密洛陀又造出了银光闪闪的月亮。从此，白天有太阳，晚上有月亮，天时分四季，春天暖乎乎，夏天赤炎炎，秋天凉爽爽，冬天寒飕飕。①

隆林苗族流传的民间故事《天佬和地佬》中有云："为了使生活在地上的人类能掌握时间，天佬和地佬还决定叫太阳早上从东方出来，晚上从西方回去，这样定为一天；月亮从缺到圆，再从圆到缺定为一月；将暖、热、凉、寒四个季节定为春、夏、秋、冬，从春到冬定为一年。"②

围绕日月更替、岁月流转、寒暑循环，苗瑶语族民众对自身所生存的地域环境有了一定的认知，逐渐把握了生物生长的时间规律，为更好地从事农业生产提供了基本保障。

2. 对天气的认知与利用

绝大多数的苗瑶语族民众居住在亚热带地区，气温较高，降雨量较为充分。不过，为了安排好正常的生产生活秩序，他们根据天象、物象等征兆或前期特殊现象，对未来一段时间内降雨、冰雹、低温天气做出预测，提炼出许多短小精辟的谚语。

雨水对苗瑶语族民众的生产生活非常重要，一方面，山地农业需要雨水的灌溉；另一方面，太多的雨水会带来洪水，引发洪涝灾害。因此，对于降雨的预兆，成为各地区不同支系苗瑶语族民众最为重要的关注点，如金秀瑶族有关降雨的谚语："高山缠云，有雨来临。""有雨山戴帽，无雨雾拦腰。""红云变黑云，必有大雨临。""早期红霞晚落雨，晚起红霞晒死鱼。""云朝东，有雨也不凶；云朝西，出门披蓑衣。""春犯甲子雨涟涟，夏犯甲子火烧天；秋犯甲子禾生耳，冬犯甲子满雪天。""天起棉絮云，不久雨来临。"③ 全州东山瑶有关大雨的谚语："石山云，南到北，大雨淋。""响雷大雨时间短，闷雷大雨

① 陆文祥、黄昌铅、蓝汉东编：《瑶族民间故事选》，广西人民出版社1984年版，第1—3页；参阅蒙冠雄、蒙海清、蒙松毅搜集翻译整理《密洛陀》，第34—38页。

② 李树荣主编：《广西民间文学作品精选·隆林卷》，广西民族出版社1992年版，第3页。

③ 苏胜兴主编：《中国谚语集成广西分卷金秀瑶族自治县谚语集》，金秀瑶族自治县民间文学三套集成领导小组1987年印，第99—101页；《广西民间文学作品精选21金秀县卷：碧野仙踪圣塘山》，第354页。

时闻长。""春天白蚁成群，大雨瓢泼漫过田。""蜂蟹向岸爬，准有暴雨下。""青苔浮水面，大雨连连天。""灶灰湿得快，准有大雨来。"① 再如龙胜红瑶也形象地总结过类似的谚语："早红雨，夜红火烧天。""夜云天晴，星密有雨。"② 粤北瑶族也曾根据地方实际情况总结出类似的谚语。

还有一些苗族、瑶族居住之地，因海拔较高，气候较为寒冷，会出现冰雹、干旱、寒露风、寒潮、霜冻等灾害性天气。如全州县东山瑶所居之地乃是北方冷空气南下的通道，因此常出现冰雹之类的灾害性天气，总结出了许多预测冰雹灾害发生的谚语："黄天风呼啦，准有冰雹下。""雷扯长线，西边刮大风，准有冰雹下。""春雨遇阴凉，雨后把雹防。""桃树花蕾下垂，来年有冰雹。"③ 再如对干旱的预测谚语："立春无雨多春旱。""立夏无雨下，夏季干得怕。""芒种雨连连，夏至火烧天。""芒种雷叫有冬旱，大暑雷叫有秋旱。""立秋吹南风，八九有秋旱。""重阳无雨看十三，十三无雨一冬干。""冬至无颗雨，来年夏至干。"④

还必须指出的是，这些有关天气的谚语其所适宜的地区是有限的，只适合于该谚语产生的那个小的区域，比如连山瑶族流传的"犁头山戴帽，云脚不齐有雨，云脚齐无雨"⑤。连南瑶族流传的"十月雨连连，高山也是田"⑥ 就只是对小区域范围内的预测，不能运用于其他地区。这也是传统生态知识的局限所在，也是其独特之处。

3. 对山地的认知与利用

对于所处的自然地理环境，苗瑶语族民众有着较为清晰的认知。在岭南地区，大部分的苗瑶语族民众都居住在山区，有的还居住在海拔较高的岩溶石山地区，生存条件较差。

金秀大瑶山的瑶族习惯上将山地分为老山、青山、芒山、黄茅山四种，土质的肥沃程度，也各不相同。老山指未经砍伐的山，或砍伐历时已久、树木藤蔓高大茂密的山；由于老山林菁深密，长年累月落下的树叶腐草，堆积地面，

---

① 《东山瑶社会》编写组：《东山瑶社会》，广西民族出版社2002年版，第50页。
② 粟卫宏等：《红瑶历史与文化》，民族出版社2008年版，第194页。
③ 《东山瑶社会》编写组：《东山瑶社会》，第50页。
④ 《东山瑶社会》编写组：《东山瑶社会》，第51页。
⑤ 中国民间文学集成全国编辑委员会：《中国谚语集成·广东卷》，第495—496页。
⑥ 中国民间文学集成全国编辑委员会：《中国谚语集成·广东卷》，第437页。

变成黑泥，故较为肥沃，可说是最上等的土地。青山是指二三十年前经过砍伐垦种的老山，在丢荒之后又重新生长了树木的山岭；砍伐焚烧后，其土质肥沃程度略低于老山。芒山是指长着芒草（或称"巴芒"）的山地；这种山地多靠近山谷，或在半山腰上以下，野草比较深密；砍伐焚烧后，其肥沃程度仅只略胜茅草山一筹。黄茅山，又称茅草山，指经过多次砍伐烧种后丢荒的山地，地上只长着一些短浅的茅草，一般都在半山腰以上，是山地中最贫瘠的一种。但它的数量在大瑶山里却是最多的。①

融水大苗山的苗族传统上将山地分为山场、山林、田、坡地等类型，其中山场有包括荒山、茅山、柴山、林山；山林则指生长有杉林、竹林的山场，无论是自然生长的，还是人工种植的，均是如此。② 至于山地的土壤，常见的则有黄壤、沙质壤和黑心土。其中，黑心土所含腐殖质较多，最为肥沃，又被称作三层土，即表层黑、中层黄、下层黄白色，多出现在山冲、河岸等海拔稍低之处，非常适合杉木生长③，这也造就了融水林业生产大县的美誉。

都安、大化一带大石山区层峦叠嶂，巍峨高耸，盘旋起伏，属于云贵高原的延伸地带。生活在这里的布努瑶民众，将周围高耸的石山陡壁或斜坡构成的地貌，俗称"峡谷"或"盘谷"，也称作"峒场"或"弄场"。由山腰经道路看下去，多是高深狭窄、形状不一，有杯形、碗形、釜形、船形等等，不一而足。④ 因此，这里瑶民将山地分为旱地和荒山两种类型，而旱地又有峒场、山腰、山顶之分，只要有土壤存在，甚至在石缝中间也用以种植农作物。

虽然山地高低不平，土壤条件差异也大，但勤劳智慧的苗瑶语族民众却在山脚、半山腰上开辟了很多田地，有的容易引水，慢慢被改造成了水田，但大部分的田地主要依赖"靠天吃饭"，只能栽种不需引水灌溉的旱地作物。如茶山瑶和坳瑶所处之地，基本上是山势较为开阔、河流比较宽大的山谷中的河流旁，因此得以在两岸的平地和山坡上开辟为数较多的水田；花篮瑶所居之地，多是在地势较高的山腰间，因此，所开垦的水田多为梯田；山子瑶和盘瑶过去主要以租种山地为生，所依赖的是刀耕火种的生产方式。⑤ 海南苗族对于山栏

---

① 广西壮族自治区编辑组：《广西瑶族社会历史调查》（第一册），第105—106页。
② 广西壮族自治区编辑组：《广西苗族社会历史调查》，第155页。
③ 广西壮族自治区编辑组：《广西苗族社会历史调查》，第148页。
④ 广西壮族自治区编辑组：《广西瑶族社会历史调查》（第五册），第343页。
⑤ 广西壮族自治区编辑组：《广西瑶族社会历史调查》（第一册），第106—108页。

地的选择，有自己的看法：如果是大山，有茂盛的古木森林，地面常年有树叶遮盖，没有或很少有杂草遮盖，则砍山栏种植旱稻后，杂草就会比较少；如果是小山，原有森林不很茂盛，有很多的杂草，则砍山栏种植旱稻后，必须经历二至三次中耕除草。一般来说，大山的土壤会呈黑色，有蚯蚓粪球，且上面覆盖有枯叶，含有大量的腐殖质以及适量的湿度和温度，所以非常适宜种植山兰稻或其他杂粮。[①]

经过长期的观察、试验和总结，苗瑶语族民众总结出了许多山地利用的方式方法：如金秀瑶族流行的"向阳好种茶，背阴好栽杉；有林泉不干，天旱林保山""阴山种树，阳坡种粮；山脚种豆，高岭种姜"。[②] 这些谚语实现了对山地的立体化种植和综合利用，是苗瑶语族民众长期以来实践经验的总结，对小生境范围内的农林业生产和生态环境保护具有重要价值。

4. 对水的认知与利用

"水是万物之源。"万物的生长都离不开水，因此，水对于苗瑶语族民众的生产生活至关重要。在长期的历史发展过程中，他们对水的认知逐渐增多，形成了很多极有价值的利用方式。

在金秀大瑶山和龙胜苗族、瑶族地区，传统上非常盛行使用竹笕、木笕来引水，不仅可以将山间泉水通过数段竹笕引入家中厨房，而且可以使水跨越山涧，输送到偏僻无水的山田之中。其实，这种引水方式是同灌溉农业联系在一起的，即使是在山区，也可以发展起较为发达的梯田稻作农业，驰名中外的龙胜金坑红瑶梯田就是一个典型的例子。

金秀瑶族自治县六段村一带，至今还广泛流传着一个名为《水笕》的故事，说的是水笕的来历，展示了当地瑶民对水的认知。故事主要内容是这样的：

先前，瑶胞是拿着竹筒和水桶去山冲取水饮用的。有一年，瑶山发生了旱灾，半年不下一滴雨，河水都快干了，山冲的泉水也不流了，瑶胞要到很远的大河去挑水吃。梯田被晒得裂开一口口老大的嘴，禾苗被晒得枯焦了。

---

① 中南民族大学编著：《海南岛苗族社会调查》，第20页。
② 苏胜兴主编：《中国谚语集成广西分卷金秀瑶族自治县谚语集》，第112页。

　　话说瑶寨有个叫几迈的青年，也要挑水抢救禾苗。十天十夜以后，非常伤心地唱起歌来："苦处多，无水无粮下鼎锅，天旱半年不下雨，害我瑶家无水喝。"结果引发天象变化，风起云涌，乌云滚滚，雷声隆隆，可是天上还是光打雷，不下雨。忽然，一个老太婆从山顶上走下来，告诉几迈：南山有一个大洞，里面装满水，可是被吃人的妖精给控制了。你要到观音山去取来降魔杖，才能打死妖精，劈开石山，泉水就能引出来。经过千辛万苦，几迈得了降魔杖，杀掉了妖精，打开了妖精藏泉水的石门，一股清泉便哗啦哗啦地往山外流去。

　　泉水流到山脚，却被大石山挡住了。他想起仙人的话：有了降魔杖妖精能打死，石山能劈开。他便举起降魔杖，对着眼前大石山拼命劈过去，果然不出所料，大石山在降魔杖前现出了一条很大裂缝，泉水哗哗地流了过去。可是，泉水流到低洼的地方又流不出去了。有什么办法把泉水接到瑶寨里去呢？几迈苦苦地思索，眼睛望着四周，当他的目光扫到一片毛竹林时，心里一亮，主意来了。他砍下毛竹，用降魔杖把竹节捅穿，成了竹笕，把它架在两山之间，泉水这才畅通无阻地流到了梯田，流到了瑶家屋背。

　　从此，瑶胞都学会了架水笕接水的办法，不再愁没有水吃用，旱田也变成了水田。不信你到大瑶山看看，村寨前后，山野田间，水笕纵横，一年四季，清泉不断。①

　　这则故事虽然情节不是特别复杂，但却包含着丰富的信息量。首先，瑶民过去曾经使用竹筒和水桶到山冲取水，也曾经历过缺水的困难。其次，瑶民经历千辛万苦，在石山中找到了稳定的水源，说明他们对当地生态环境的认知深刻，懂得石山藏水的原理。再次，瑶民善于利用资源，能够将随处可见的毛竹变成泉水传递的渠道，既可依山架接，又可凌空跨越山涧，显示出他们对水的流向有较为清晰的认知，知道利用地势将泉水由高引到低处。最后，瑶民也是梯田文化的重要创造者，他们克服地形地貌的限制，在山岭上复制了稻作农业，塑造了磅礴壮观的瑶山梯田。

---

　　① 苏胜兴主编：《金秀瑶族自治县民间故事集成》，金秀瑶族自治县民间文学三套集成领导小组1986年印，第136—139页。为了凸显有关水的内容，对几迈受仙人指点、夺取降魔杖、杀死妖精的内容有所删节。

除了水笕这种取材方便、制作简单的灌溉用具以外，大瑶山的茶山瑶传统上还流行构筑水坝、水渠，利用水车进行灌溉。"筑水坝所用的材料都是就地取材，用大石头垒坝首，再用小石头堵住窟窿，最后用泥巴塞严，防止渗漏，保证水能入渠。水田如近河溪，可直接引水入田。每块农田都开有水口，河水或溪水可以穿田而过，自上而下流进每一块田。如果水田远离水坝，则要挖掘水渠。水渠沿着山边地头弯弯曲曲地向前伸延，凡经过田块，都挖开一个小的分水口，让水流入田中。水渠若遇沟壑，则用硕大的松树或杉木凿槽架渡。可谓'南山水养北山田'。"[1]另据调查研究，茶山瑶的水车大多是竹木结构，一般以杉木或松木为轴心，用小竹交叉地钉在木质轴心上，以圆形伞状伸向四方，然后用竹篾把每根小竹的末端连接起来，牢牢地绑在一起，然后在每两根交叉的小竹末端斜拴一个竹筒作盛水之用。将水车架在河边或溪边，筑起水坝，让河水流向水车。流水推动水车，水车旋转，竹筒顺势将河水盛入竹筒中，送到最高点，倒入木槽而流进水渠中。[2]

其实，水问题的重要性对于居住在大石山区苗瑶语族民众更为凸显。在桂西北一带，经常面临的尴尬问题是："十天无雨闹大旱，一场大雨又成灾。"一方面，石山地区森林少，保水能力差，旱情稍稍严重，连生活用水都难以为继；这一区域有时又会突降暴雨，水土流失极为严重，雨水汇集到山间弄场中，经常导致农作物被淹，颗粒无收。对于这种悲惨状况，都安瑶族自治县三只羊乡瑶民过去常常唱道："山重水尽三只羊，一分土来九分山；眼望洪水卷土走，旱涝风灾活命难。山坡地面如石板，颗粒无收泪眼干；乱石丛中来耕种，秋后不够吃几餐。"[3]生活用水在过去也是大问题，很多地方依赖的是地下涌出的"闷水"，如在三只羊乡龙英屯，过去有一个三丈深的"闷水"，但它又深又窄，洞口只允许一人上下，打一竹筒水要分三级传递才能送到地面，每天一早一晚这里都摆着等水的长蛇阵，耗费了大量人力、物力。对此，当地瑶民有歌唱道："一年四季为水忙，一水多用是经常；三更半夜出峒去，烈日当空才回还。"[4]无独有偶，上林县镇圩瑶族乡正万村一带，也是大石山区。

---

① 刘保元、莫义明：《茶山瑶文化》，广西人民出版社2002年版，第51页。
② 刘保元、莫义明：《茶山瑶文化》，第52页；参阅苏胜兴《竹笕引水》，载胡德才、苏胜兴编《大瑶山风情》，广西民族出版社1999年版，第122—123页。
③ 广西壮族自治区编辑组：《广西瑶族社会历史调查》（第五册），第290页。
④ 广西壮族自治区编辑组：《广西瑶族社会历史调查》（第五册），第290页。

每年夏天有暴雨，就要遭灾，九月之后雨量减少，无雨则成旱，甚至连饮水都困难。为了解决饮水的困难，当地瑶民每两三年要做一次挖井、修井或开沟等工作，有的以几户为一股，用很多的竹子，将石山滴下的小泉水，从半山腰引到自己的家里。有些山弄的瑶族民众，要跨过山冈到四五里外的泉洞或水井取水。①

对于水和林的关系，苗瑶语民族的民众有着非常清晰的认知。金秀大瑶山的瑶族有谚语云："荒山绿了头，干沟有水流。""到处绿葱葱，旱涝影无踪。""有林泉不干，天旱林保山。"②"河堤种满竹，大水能挡住。"③ 这些总结短小精悍，朗朗上口，时刻提醒当地瑶族民众保护山林，使得"瑶山处处见清泉"④。钟山县两安瑶族乡的瑶民同样流传着类似的谚语："山上没有树，水土保不住；若要田增产，山山撑绿伞。"⑤ 从中我们不仅可以看到当地瑶民对森林与水土保持之间的关系，也能够洞察到森林与农业生产之间的良性互动关系。

这些有关水的技术性知识，与苗瑶语民族的水资源管理制度和水崇拜一起，构成了独具民族特色的传统水文化，在区域生态产业发展和生态文明建设中发挥着不可替代的作用。

（二）野生动植物知识

1. 对野生植物的认知与利用

认知所在区域的动植物，是一个群体在一个地方生存下来的必要条件。只有懂得哪些物种可以食用，哪些物种有毒，哪些物种对人类有害，才能够在所在的环境中生存下来。苗瑶语民族自不例外。虽然已经进入了农耕社会，但由于生产方式仍较为落后，且面临着复杂多变的自然气候，因此，还保持着大量从自然界中获取食物、衣物、建筑材料等的习惯。

在布努瑶的创世史诗《密洛陀》中，密洛陀在造天地、治山水之后，才发现山岭光秃秃一片，于是命沙拉把和布桃雅去买种子。经过千山万水，终于找到了制造树种和草种的女神——密烟规。密烟规答应给，点头笑微微："树

---

① 广西壮族自治区编辑组：《广西瑶族社会历史调查》（第五册），第24—25 页。
② 苏胜兴主编：《中国谚语集成广西分卷金秀瑶族自治县谚语集》，第112 页。
③ 苏胜兴主编：《中国谚语集成广西分卷金秀瑶族自治县谚语集》，第121 页。
④ 苏胜兴主编：《中国谚语集成广西分卷金秀瑶族自治县谚语集》，第128 页。
⑤ 王矿新主编：《广西民间文学作品精选·钟山卷》，广西民族出版社1991 年版，第336 页。

籽给百样，花草多一倍，谷米给五种，瓜菜多两倍，可以养人类。待到来年春雨下，等到春天暖风吹，就把谷子种，就把种子撒。草木任自生，谷米要施肥。春天把种播，秋天可收割。"① 这说明，在布努瑶的认知中，植物主要有树、草两大类，而农作物分为谷米、瓜菜两大类。草木类的不需要管理，属于野生状态。

金秀大瑶山的瑶族也有类似的神话，只不过神仙变成了盘古。这个名为《牛马从何来》的神话主要内容是：传说在远古的时候，地，是光秃秃的；山，是光秃秃的。一草一木都没有。盘古到人间游览时，发现人间无草无木，无法遮挡太阳，非常辛苦。于是，返回天庭，请求玉帝解救万民受热之苦。玉帝命令百草仙子每三里地撒下一把花草木种子。百草仙子邀请七伶仙童一起下凡撒播种子，可是，百草仙子忘记了玉帝的指示，与七伶仙童乱撒一气。结果，导致有的地方花草木长得很茂盛，有的地方长得稀稀拉拉，有的地方仍然无草无木，这都是百草仙子撒不均匀造成的。后来，盘古再次下凡，发现了问题，禀告了玉帝。玉帝罚百草仙子为牛，为民耕种，肚饿以草为食，以减轻万民的负担。而七伶仙童虽然无罪，但因他与百草仙子亲如手足，故自愿下凡陪伴，被指化为马。② 这个故事说明，大瑶山的瑶族认知到的野生植物有花、草、木三类；高大的树木，可以为人类遮蔽之处，免遭太阳的持续曝晒；而繁多的野草又成为农业耕作的负担，但却成为牛、马的重要食物。

诸如此类的植物故事，还有很多，都体现了苗瑶语族民众对植物的认知。非常难得的是，苗瑶语族民众还在观察、利用植物的过程中，增加了对植物的认知，总结了一些有关时令节气的谚语，以指导农业生产。如"牡丹开花三朝定，铁树开花五百年。"③ "穷人莫听富人哄，桐子开花才下种。"④ "槐树开花时间长，当年准来倒春寒。""春来柳树叶子长，播谷下田有保障。"⑤

在持续认知的基础上，苗瑶语族民众对周围的野生植物进行了分类，而这些分类有时与科学的植物分类差异很大，但却与他们的文化有着密切关系。据民族植物学的调查，研究者在上思十万大山的南屏瑶族地区采集到植物资源176

① 蒙冠雄、蒙海清、蒙松毅搜集翻译整理：《密洛陀》，第64页。
② 苏胜兴主编：《金秀瑶族自治县民间故事集成》，第5—8页。
③ 苏胜兴主编：《中国谚语集成广西分卷金秀瑶族自治县谚语集》，第97页。
④ 王矿新主编：《广西民间文学作品精选·钟山卷》，第337页。
⑤ 《东山瑶社会》编写组：《东山瑶社会》，第50页。

种隶属 81 个科。其中，药用植物 156 种隶属 81 个科，食用植物 13 种隶属 13 科，染色植物 7 种隶属 5 个科。不过，当地瑶族民众却普遍地将野生植物分为树（luō）、木（jiāng）、草（mā）、藤（mēi）四类。在当地瑶药中，明显存在同名异药的情况：如当地的酸藤子，在科学分类上是两种（原变种 *Embelia parviflora*；另一种 *Embelia laeta*），但当地瑶族仅视为一种，均称之为"zěn zuī mēi"。①再比如，在大苗山地区，融水的苗族草医对当地植物的认知最为细致，他们懂得各种药物的生长习性和药效差别，因此区分得特别详尽。关于药材的利用，有"阿"（草质茎）、"斗"（木质茎）、"仰"（草质叶）、"就"（根）、"摆"（藤本）、"本"（花）、"冷"（皮）、"整"（果实）等八种细致的区分②。从植物分类上看，区别出了草、木、藤三大类，然后再结合不同的部位进行进一步的区分。更为难得的是，融水苗医还"细心实践，闯入草药禁区"③，开发利用了剧毒的断肠草。不仅用来治疗各类顽固的皮肤病，还用于治疗"布搓"（苗语病名，接近于现代医学的癌症）之顽疾，甚至用来泡制药酒，益寿延年。

　　由于对野生植物有了较为深刻的认知，故能够在生产生活中加以利用。在生产上主要是借用野生植物进行劳动工具制造等；在生活中则涉及面甚广，衣食住行无所不包。就制作服饰而言，过去苗瑶语民族的民众大量采集野生植物纤维，采集植物染料，制作出五彩斑斓的民族服饰。就食物而言，山林不仅可以供给野生块根、野菜，帮助民众度过灾荒，而且可以提供各种名贵的药材，用于救死扶伤。就住的方面言，山林不仅提供了大量野生的建筑用木材，而且提供竹类、茅草等辅助性材料。就行的方面而言，山林提供了木材，可用于建造竹筏、木筏、船只等交通工具。可以说，苗瑶语族民众对周围的野生植物的利用是非常广泛的。仅就毒鱼所用的药料来说，金秀大瑶山就有辣藤叶和茎、辣蓼叶、求月木根、山桃木叶、茶油麸五种④；海南苗族有 ka tɕieu ntup、mɔ hɔŋ ntup、gau tɑːp、ka ntuːŋ piou、mpan dɑu piou 五种野生的毒树毒藤，可供用来毒鱼⑤。

<hr />

① 何海文：《广西瑶族民族植物学研究——以上思南屏乡常隆村为例》，硕士学位论文，广西师范大学，2014 年，第 7—18 页。
② 吴承德、贾晔主编：《南方山居少数民族现代化探索——融水苗族发展研究》，第 107 页。
③ 吴承德、贾晔主编：《南方山居少数民族现代化探索——融水苗族发展研究》，第 106 页。
④ 广西壮族自治区编辑组：《广西瑶族社会历史调查》（第一册），第 188 页。
⑤ 中南民族大学编著：《海南岛苗族社会调查》，第 91—92 页。

还必须指出的是，由于苗瑶语民族居住在不同的生境中，所处的自然生态环境也有很大的差异，因此，对野生植物的认知也是有差异的。不过，总体上讲，岭南苗瑶语民族民众居住的区域都属于亚热带或热带，气候非常适宜野生植物成长，因此，可利用的野生植物数量也是较多的。当然，由于资源数量和认识能力的原因，他们所能利用的范围也是有一定限制的。

2. 对野生动物的认知与利用

对于传统上居住于山林之间的苗瑶语民族民众来说，野生动物也是其生境非常重要的组成部分，并且为他们提供了生存所需的动物性蛋白质。事实上，只要是尚未定居的苗瑶语族民众，打猎或捕获野生动物一直是其非常重要的生计来源补充。

在布努瑶的创世史诗《密洛陀》中，动物和人类是平等的关系，都是由密洛陀创造出来的，有时甚至把人与动物视为同类。《造动物》一章对动植物之间的关系以及动物内部关系进行了说明："树叶青青草叶嫩，留着太可惜，密洛陀叫牛、马、黄猄去吃草；草木开花了，万紫千红放清香，留着太可惜，密洛陀叫蜜蜂、蝴蝶去采花蜜；花木结果了，果熟流蜜留着多可惜，密洛陀给果子狸、长尾鸟去吃果；植物生长太旺盛了，密洛陀给千百种虫去吃植物；植物被虫吃太厉害了，密洛陀叫千百种鸟去吃虫；动物繁殖太多了，屙屎拉尿臭气熏天。密洛陀宣告：动物太多了，可以互相咬死，可以相互咬吃（所以，如今老虎咬羊，狗咬野兽，猫咬老鼠）。"[1] 上述节选的内容说明：布努瑶对动物的分类与植物有关，有食草、食花、食果、食植物虫、食虫鸟、食肉动物之分，揭示了一些动物的觅食习性，显示出对所提到的黄猄、蜜蜂、果子狸等野生动物有较为深刻的认知。《猴蚂斗》一章则讲述了蚱蜢成灾而令猴子去惩治，但却未能成功，最后才运用飞禽治理的故事："杀不了蚱蜢，密洛陀心忧烦。叫众大神来商议，个个无话说。沙拉把说了话，布雅桃又把话讲：我走遍了千山，我走遍了万岭，只见飞禽吃蚱蜢。密洛陀叫约雅·约托到山里去，叫来了各种飞禽。中午蚱蜢出来了，飞禽满天飞，鸟类遍地来，叼吃了蚱蜢，把蚱蜢吃光了。石缝里余下几个蛋，草丛里剩下几个卵。从此，鸟类吃蚂蚱；从此，飞禽吃蚱蜢。剩下那几个蚱蜢蛋，留下那几个蚱蜢卵，如今才有蚱蜢和蚂蚱。"[2] 《惩顽猴》

① 蒙冠雄、蒙海清、蒙松毅搜集翻译整理：《密洛陀》，第94—95页。
② 蒙冠雄、蒙海清、蒙松毅搜集翻译整理：《密洛陀》，第136—137页。

《看地方》《山鹰难》《抓卡亨》等章节，也都揭示了人类与猴子、乌鸦、东昂（瑶语，即泥猪）、山鹰等动物之间的密切关系，说明了这些动物在布努瑶的生活中占据着重要地位。

无独有偶，在苗族的创世神话《创世大神和神子神孙》中，大神纳罗引勾在创造了百兽以后，有感于其类繁族杂、争闹不休，给它们定下了禁止乱撩乱踏的规矩："埋岩议大事，大家听分明。狮子站岗头，黑熊在老林，老虎转坡上，花豹树兜蹲，野猪藏深涧，猴子攀青藤，聋猪打地洞，猛马住凹坑，獭子钻沙坝，老牛睡草坪。猞仔和獴仔，山羊和黄猄，百样小族兽，各各自藏身。"[①] 这些内容阐明了一些野生动物的活动空间和范围，是桂北苗族人民长期以来对周围野生动物生活习性的总结。

其实，在苗瑶语民族民众中，还流传着许许多多有关动物的神话、传说、故事，其中隐含着人们对动物以及人与动物关系的认知。如在大瑶山流传的《鸪钻鸟》故事的开头："在大瑶山上的森林里，有成群的白头翁，有结帮的雪鸟，有成双的白鹇鸡，还有那一群一群美丽的锦鸟，只有鸪钻鸟是孤独的，它长年多藏在树洞里，饿了就悄悄出来寻食，只有到了二月烘笋季节，才钻出树洞来，张开两扇翅膀，懒洋洋地从这棵树飞到那棵树，断断续续地啼叫：'鸪钻鸪钻……'"[②] 短短百来字，介绍了白头翁、雪鸟、白鹇鸡、锦鸟、鸪钻鸟五种鸟类，特别对鸪钻鸟的生活习性把握得较为细致。其他诸如此类的故事繁多，在此不再赘述。

在对周围的野生动物习性了解的基础上，岭南的苗瑶语族民众采取了针对性的利用策略：

对于兽类、鸟类，采用装猎、狩猎和围猎三种方式守猎：在广西大瑶山，装猎又包括装鸟盆、装石按、装木压、装鸟套、装鼠夹、装铁夹、装索套等；狩猎又包括狩飞狸、狩白鹇、狩松鼠、狩鸟树等；围猎又包括围野猪、赶黄猄、野兔等。[③] 在所有的狩猎方式中，装鸟盆是当地最为特殊的一种捕鸟法。大瑶山内森林茂密，其中生长着多种鸟类爱吃的野生果树。每到秋末冬初果实成熟的季节，许多小鸟都飞来吃果。吃饱以后，必然要找水喝和洗澡。当地瑶

① 梁斌、王天若编：《苗族民间故事选》，广西人民出版社1986年版，第12页。
② 苏胜兴主编：《金秀瑶族自治县民间故事集成》，第222页。
③ 刘保元、莫义明：《茶山瑶文化》，第79—89页；参阅广西壮族自治区编辑组《广西瑶族社会历史调查》（第一册），第191—201页。

族民众抓住小鸟这种习性，便在林木深密、果树特多的老山里，架设鸟盆，用胶汁粘捕鸟类。所谓鸟盆，即将一段长约二尺、径约一尺的大木剖开，挖成二至四寸深的木槽。装鸟盆的方法是：霜降前后，一些候鸟开始迁徙到大瑶山中。这时，将几十个或数个鸟盆沿着山的斜坡摆列起来，两者的间隔视地形而定，近的仅一二尺，远的不过一丈。盆与盆之间以竹笕相连，溪水从一个流向另一个。鸟盆上驾着一根敷着粘胶的小竹条，小竹条的两端用石头压住。当在树上吃饱果子的候鸟听见鸟盆的流水声，就会飞到鸟盆里饮水或洗澡。当鸟儿的翅膀或脚爪接触粘胶时，就会被牢牢粘住，成为当地特色食品——"鸟酢"的原料。[①] 与之类似，融水大苗山的苗族也流行使用树胶捕获候鸟，有经验的猎手选择一座地势宽敞的山坡，植一片五米方圆的小树林，内装树胶，还挂上十几只媒鸟。每天天亮前，候鸟蜂拥而来，飞过山坡，闻树丛中同伴的叫声，遂成群落在树林里，多数着胶，动弹不得，成为猎手囊中之物。对于野猪、熊、豹、山牛、黄猄等大野兽，往往要进行集体围猎。秋天，山上果实成熟了，各种野兽出没，猎手们带上猎狗，守候在田头地角或野果树四周；黄昏或半夜万籁俱静时，野兽趁四处无人，溜到地里偷吃，这时一声令下，围在四周的人们便朝野兽放枪，中枪者当场倒地，其余四处逃窜。冬天，山野冰天雪地，饥饿的野兽往往跑到村寨边上的菜园内偷食，一旦发现踪迹，猎手们便带上猎狗，动员全村老少扛上锣鼓棍棒，看准地点，分头围猎，大伙一边收缩包围圈，一边敲锣打鼓，猎狗在前引路，禁不住惊天动地的追捕，野兽从树林里逃往山上，因是雪天，目标明显，猎手瞄准射击，当场抓获。如遇成群的野猪等野兽，一时不能捕捉，猎手们便一路追捕，三五天后，野兽筋疲力尽，无法再跑了，人们才将它们全部抓获。[②] 海南苗族同样盛行打猎，主要狩猎对象有山猪、鹿、黄猄等。不过，当地有一种独特的方法，即使用毒弩，也就是将竹子削成的箭镞用山上的一种名为"冬崖羌"的毒树汁浸过。个别狩猎，当地惯常使用陷阱捕捉、套索弹吊、线拉枪等方法；若是农闲，也进行集体围山射杀，能够根据野兽活动的痕迹快速寻找到狩猎目标。[③]

　　对于鱼类、蛙类，则用各种方法进行渔猎：在广西大瑶山，茶山瑶有大约

　　① 刘保元、莫义明：《茶山瑶文化》，第80页；参阅广西壮族自治区编辑组《广西瑶族社会历史调查》（第一册），第198—199页。

　　② 吴承德、贾晔主编：《南方山居少数民族现代化探索——融水苗族发展研究》，第251—252页。

　　③ 中南民族大学编著：《海南岛苗族社会调查》，第28—30页。

20 种捕鱼方法，如钓鱼、装鱼攒、装鱼巷、装鱼簾、装鱼梁、赶鱼、捞石、罩鱼、射鱼、砍鱼、堵鱼、捞浑、叉鱼、挡鱼、戽鱼、塞坝、撒网、毒鱼、摸鱼、挖泥鳅。[①] 其中，钓鱼是最常见的捕鱼方法，所用钓竿基本上都是金竹制成，钓钩与汉族地区相同，鱼漂多用鸭毛或芒草秆。钓饵多用蚯蚓，适用于白条鱼、七星鱼、火烧鱼、鲫鱼、鲤鱼、泥鳅、菩萨鱼等；黄尾鱼（俗称"香草鱼"）只食扁石虫。钓鱼时，依据不同的鱼类有不同的钓法：第一种方法是静钓，挂钩下饵后静待鱼类上钩。最适宜夜晚钓鲇鱼；白天钓鲫鱼、泥鳅也是用这种钓法。第二种是拉动钩，是专钓黄尾鱼的方法。钓者手持鱼竿站在河里，钓钩挂扁石虫饵，不挂鱼漂，将鱼钩入水后，钓者上下拉动，黄尾鱼看到拉动的扁石虫饵料，一口抢吞被钓住，钓者有手感，马上提竿而获。第三种是上下提动钓，是专钓七星鱼的方法。七星鱼白天都藏在水田或河边的水洞内，垂钓者要善于去寻找七星鱼藏匿之地，一旦找到洞口，钩上挂着蚯蚓在洞口上下提动，七星鱼在洞里观察到有饵可食，便钻出洞口咬钩，一旦鱼饵全被吞进嘴里，猛一提竿，鱼钩死死钩住鱼嘴再无法逃脱。第四种是随水漂流钓，是最常见的钓法。办法是鱼钩上饵料后抛于河中，让其随河水缓缓而流，鱼见饵吞食，垂钓者及时提竿而获鱼。[②] 除捕鱼外，大瑶山的瑶族还善于捕捉山蛙、长腰蛙和山蟾蜍。山蛙的捕捉方法有两种：一是春末直至秋初，凡是天气暖和、月朗星稀的日子，均可进行照蛙的活动。因为山蛙日间多躲藏在溪涧的石缝中，夜晚才出来觅食。当被火光猝然一照，便伏着不敢动弹，被人给捕捉到；二是秋冬以后，天气寒冷，山蛙藏在溪涧的石堆里或两岸近水的石崖中静伏不动。这时溪水已经浅涸，便可用辣藤或两面针捣溶作毒饵，冲入溪里，山蛙吸进毒水，中毒晕的半生不死，必然窜出，为人所获。长腰蛙身体细长，多住在近山的梯田附近。春夏之交，或稻谷收割以后，人们拿着火把去照，有幸者，一夜甚至能捕捉到上百只。山蟾蜍又名剥皮蛙，因为皮、尾椎和尿液有毒，所以捕获以后，必须要在水流湍急的溪流里去剥皮，故名剥皮蛙。每到冬末春初，南风暖和的天气，山蟾蜍开始到近山浸水过冬的梯田中去繁衍后代。捕捉

---

① 刘保元、莫义明：《茶山瑶文化》，第89—97 页。另据杨成志、唐兆民、黄钰等调查，大瑶山流行钓鱼、装弓钓、装鱼攒、撒网、抽曾、捞鱼、叉鱼、装鱼梁（分直坝鱼梁、曲坝鱼梁 2 种）、架鱼跳、毒鱼、塞坝、拦网赶捕、射鱼 13 种［参见广西壮族自治区编辑组《广西瑶族社会历史调查》（第一册），第183—190 页］。

② 刘保元、莫义明：《茶山瑶文化》，第90—91 页。

的方法，选定天暖的晚上，用火把去照，一次可获一二十斤。① 融水大苗山的苗族民众有装鱼、赶鱼、网鱼、钓鱼等方法，但有所不同的是，当地还非常流行一种区域性的集体捕鱼活动——闹鱼。一般在8—9月间进行，事先由某人倡议，得到大家赞成后，各家各户遂将家中茶油渣集中起来，用干柴烧熟，舂成粉末，然后约好时间，挑到某段河里，趁中午太阳当头、水温升高之机，将药撒于河中，鱼受药物刺激，从深水处往上跳，人们便围在河边捕捉。② 这一点与大瑶山的毒鱼既有类似之处，也有差异。

对于"黄蜂"和蜜蜂，苗瑶语民族民众同样有着特殊的利用方式。"黄蜂"是金秀大瑶山的一种统称，包括地龙蜂（亦称"鬼头蜂"）、蛇蜂、吊龙蜂、刀鞘蜂、碓子蜂等20多种，其中以地龙蜂的个子最大，蜂脾也最多，最重可达100多斤。地龙蜂蜂脾以后，蜂子变成蛹，蜂蛹不吃不动，个体雪白，含有很高的蛋白质，是一味不可多得的山珍佳肴。要猎取地龙蜂，首先要找到它的蜂窝。茶山瑶人在长期的实践中，逐渐掌握了它们的特性和生活规律，发明出了"度蜂"的特殊方法，用以探测它们的蜂巢所在。每年春后，山里山楂树、山劳树的树干会流出黄色的树浆，而这是地龙蜂最喜欢的筑巢原料。茶山瑶猎人利用地龙蜂飞来取浆的时机，用竹片夹着蜻蜓肉或鸟兽肉做诱饵，让地龙蜂咬饵回巢喂养幼蜂。当地龙蜂咬饵之际，猎蜂者将一根系有白色鸭毛的细绳套在地龙蜂的腰部。③ 在一般情况下，地龙蜂咬饵飞出不远就看不到影子了，但由于被套上了白色鸭毛，飞了很远还隐约可见。为了确定较远路程的蜂巢，猎人们还采用"接力"的方法，沿着地龙蜂飞回的方向，在每个山头设卡观测。当黄蜂带着鸭毛飞回时，第一个猎蜂者便向第一个山头守卡者喊话传讯；第一个山头守卡者闻讯，便注意观察向自己守卡方向飞来的地龙蜂，并回话第一个猎蜂者，告知自己已经看到了飞来的地龙蜂。当地龙蜂飞过头顶向第二个守卡者方向飞去时，又向第二个山头的守卡人传讯。各个山头的守卡者都用如此办法，一直传到最后一个人看见地龙蜂拖着白鸭毛在空中盘旋落地为

---

① 广西壮族自治区编辑组：《广西瑶族社会历史调查》（第一册），第190—191页；参阅刘保元、莫义明《茶山瑶文化》，第97—99页。

② 吴承德、贾晔主编：《南方山居少数民族现代化探索——融水苗族发展研究》，第250—251页。

③ 广西凌云县的红头瑶也有这种方法，据颜复礼、商承祚调查："瑶人一见此种毒蜂（指大黄蜂），则设法捕得之，将白鸟毛一条悬其腰间，复放之令飞，然后借白鸟毛追踪其所飞之方向，而觅蜂巢之所在。寻得后，抬薪燃火围攻之，鲜有得脱者。"（《广西凌云猺人调查报告》，1929年版，第10—11页）

止。地龙蜂盘旋落地的地方，就是蜂巢所在地。找到之后，猎蜂人会用茅草打个草标①，插在蜂窝附近，表明此窝蜂已有主人，其他人就不能再占有。到了霜降前后，地龙蜂最后一次产卵，就在蜂卵变成蜂蛹之际，猎蜂人于夜间摸到蜂窝边，先用火将守卫洞口的工蜂烧死，并迅速用泥土将蜂窝的出入口封牢。然后将火把点燃，在蜂窝出入口的下方挖洞，一直挖到蜂窝的底部。当所挖的洞与蜂窝相通时，立即将火伸入洞内，用焰火将所有的地龙蜂烧死。最后把整个蜂窝挖开，取下蜂脾即大功告成。从"度蜂"到"烧蜂"的整个过程，也被称为"烧黄蜂"。② 除了猎取蜂蛹以外，蜂类所能提供的还有香甜的野蜂蜜。据调查，十万大山山子瑶地区的产蜜蜂种有野蜜蜂、小蜜蜂、黑排蜂、竹筒蜂。野蜜蜂和家养蜜蜂无差别，在山林中的树洞、岩洞、土洞里筑巢酿蜜，最具有经济价值。小蜜蜂体小如一粒谷子，五月筑巢于乱草中，一窝一片，大的可收一二斤蜂蜜。黑排蜂数量太少，数十年才见到一两窝。竹筒蜂蜂蜜少，基本没有采集利用的价值。除直接采集野生蜂蜜外，当地山子瑶民众还把蜂桶放在山上，任野蜜蜂钻进去筑巢居住。平时并没有任何管理，到割蜂蜜时才去启桶。一年开桶 2 次，第一次在四五月间，第二次在十一月。每次开桶，每桶最多可得蜂蜜十几斤。但每次取蜜都会留下两三片，否则蜂会飞走。③ 金秀大瑶山的盘瑶民众也善于从山林中收取野蜜蜂，其方法是：把一个制好的蜂桶放在山林或者背风向阳的岩石下面，让蜂自入桶做巢，然后将木桶取回家去。有时在树洞里或其他地方发现蜂巢，即点个火把，用嘴将火烟吹入蜂巢内，待蜜蜂飞出后，将蜂王捉住，剪去翅膀，放入布口袋内。之后群蜂飞回，进入口袋，就把它们带回家去，另用木桶让其居住。然而，由于管理不善，每年不免有些蜜蜂搬家逃走。④

除了直接食用以外，苗瑶语族民众还根据动物的一些生理习性，来预测天气，总结出很多短小精辟的谚语。金秀大瑶山的瑶族中就广泛流传这许多气象

---

① 恭城的过山瑶也有这种习俗，据吴平益《过山瑶风俗三则》之二"茅草为标"："平时，瑶胞在山上发现一窝蜜蜂，一时无法拿走，便打个草标插在窝旁表示已经有主了，然后再回家拿工具来装取。别人来到看见有草标便不敢动了。"（《恭城瑶学研究》2009 年第 5 辑，第 144 页）
② 刘保元、莫义明：《茶山瑶文化》，第 99—101 页；参阅杨天德《火烧黄蜂》，载胡德才、苏胜兴编《大瑶山风情》，第 94—96 页。
③ 广西壮族自治区编辑组：《广西瑶族社会历史调查》（第六册），广西民族出版社 1987 年版，第163—164 页。
④ 广西壮族自治区编辑组：《广西瑶族社会历史调查》（第一册），第 179 页。

谚语，如预示降雨的谚语有："蚂蚁垒窝，洪水满河。""蜜蜂迟归，雨来风吹。""有雨燕飞低，无雨燕飞高。""鲤鱼成群去下蛋，不涨洪水风也狂。"预示天气转晴的谚语有："雨天鹧鸪叫，天气转晴好。""雨中闻蝉叫，预告晴天到。""蚂蟥沉水底，明天天气晴。"① 再如全州东山瑶也广泛流传着许多天气谚语，如预示着大雨的谚语有："螃蟹向岸爬，准有暴雨下。""春天白蚁成群，大雨瓢泼漫过田。"再如预示着寒露风或寒潮的谚语有："麻拐打颤叫，寒露风早到。""黄蜂窝结矮，寒露来得快。""雁鸟南飞，寒潮后尾。""八哥群叫，三天寒潮到。"② 以上这些谚语，是当地瑶族民众在仔细观察、总结的基础上形成的经验性知识，对于指导当地民众的生产生活活动具有非常重要的价值。

（三）传统种植业知识

种植业是指农业和林业两种类型，都是以驯化植物为栽培对象的生产方式。虽然主要涉及的是农林业的生产技术，但其中也包含着处理人类及其文化与环境的关系，尤其是农林作物与生长环境之间的关系，因此，这一块内容也是传统生态知识的重要组成部分。如果单纯依据农林作物品种来进行介绍，可能显得非常臃肿，故本小节仅概要介绍一些重要的有关农林作物的传统知识。

1. 山地农业知识

（1）旱地农业知识

对于生活在不同地域的岭南苗瑶语族民众来说，旱地农业传统上一直是他们的生存依托，他们"靠山吃山""吃了一山又一山"，或靠种植旱稻为生，或靠种植玉米为食，辅以芋头、红薯、荞麦等旱地杂粮种植，有的地方还种植蓝靛、棉花，用以织染衣物。

旱稻的种植以十万大山的山子瑶、海南苗族最为典型。山子瑶主要耕种坡地，系由荒山改造而成。在坡地种植旱稻，主要有以下工序：①整地：起于每年冬季，结束于次年春播。十月各户在当年秋收之后，就进行砍山前的准备工作。同一个共耕单位的人，会共同上山用刀斧把选定要开垦的荒山上的草木伐倒。先把大树周围的小树、杂草、藤条砍完，再把大树伐倒，并将树枝砍断，大树干也要砍为数节，以便搬动。之后再将枝叶压平。对于那些不必伐倒的大

---

① 苏胜兴主编：《中国谚语集成广西分卷金秀瑶族自治县谚语集》，第99—100页。

② 《东山瑶社会》编写组：《东山瑶社会》，第50—51页。

树，就要爬到树顶，砍光顶部的枝叶。砍山时，一般从山脚开始，逐步向山顶延伸。到了第二年的农历三月，伐倒的草木已被太阳晒干，这时选择晴朗天气放火烧山。经过大火一烧，草木枝叶均被烧尽，剩下的大树干，凡能搬动的，就把它们搬放在一起或滚到山下。经过砍、烧、搬以后，整块山的地面就显得比较平整，符合下种要求，整地工作即告结束。②选种：收获时一般不进行专门的选种，到了春季下种时，随便将禾把提起，哪一把重，谷子比较饱满光亮，就用来作种子。已选好的禾把，放在地上用脚踩脱粒，用簸箕簸干净。坡地播种，不需要浸种，拿干谷粒直接点播即可。③播种：坡地经过火耕，烧过的草木留下一层厚厚的草木灰，比较适合旱稻的生长。趁着火灰仍暖，即打洞播种。点播时，一般男子在前面打洞，妇女在后面边下谷粒，边用脚在地上抹一下，用浮土及草木灰盖种子。打洞点播有一定的规格：一般株距是六七寸，行距八至十寸，棍子入土约一二寸，每个洞眼放五六粒种子。④中耕：一般来说，旱稻生长季进行两次中耕，第一次选在农历五月底六月初，第二次在立秋前后。从播种到五月底六月初，已有两三个月时间，禾苗杂草都长得很快，杂草与禾苗争肥抢阳光，严重影响禾苗的正常生长。选择此时，还避免了因中耕太早而需要搞三次中耕的麻烦。第一次中耕，杂草能用手拔掉的就用手拔掉，不能用手拔的就用刀割掉，堆放在地头；从树根上长出的新树苗，也要砍断堆放在树墩上，任日晒雨淋化为肥料。立秋前后，杂草再一次旺盛，因此需要进行第二次中耕。之所以选在立秋前后十余天内进行，是因为草到立秋以后就不再生长，开始开花结果。如果中耕太早，有些草仍然生长，不利于收割或招来老鼠；如果太晚，这些草开花结果，成熟的草籽撒满山地，增加第二年的中耕工作量。此外，由于旱谷采用点播的方法，长出来的禾苗一般都不密。另外由于耕作技术落后，禾苗都没分蘖，一个洞眼仅长三五根禾苗，因此中耕一般不用间苗。⑤防虫抗灾：因为种在山坡上，旱稻比较容易遭受旱灾的威胁。同时，还面临鸟兽之害。为了防鸟，当谷子抽穗时，山子瑶民众会用破衣服套在草人上，插在地头；或用草扎成鸟形，再插上老鹰的羽毛，然后用绳子吊在坡地里。实在不行，只能到田间地头去守护，拉上绳子，挂上竹壳，发出声音驱逐鸟兽。而对于老鼠，山子瑶未能找到对付办法。⑥收获：农历十月，旱稻已经成熟，大家带上禾剪、小竹篓和禾担到地头。如果谷穗整齐，就用禾剪在离胫部一尺左右处一穗一穗地剪下，剥取最尾的一张叶子，将两抓合起来，用竹篾把禾秆部捆扎成把，每把 10—15 斤。那些穗小或被鼠鸟糟蹋不宜捆成把的谷穗，就放进挂在腰间的小竹篓里，带回家放在簸箕里晒干。已捆扎成把的谷穗，如遇好天气，就地晾晒，晚上挑回家。若是坡地离家很远，一次挑不完，就留在地头。山子瑶的习惯，为了便于生产，减少路上来回时间，各户一般都在地头搭一间茅寮，用于休息和放置工具。有时他们会把从坡地上收获的旱稻，放在茅寮里加工、晒干，家里需要时才去挑回来。①

与之类似，海南苗族用刀耕火种的方式种植旱稻，当地称之为种"山栏稻"。整个耕作过程，需时八九个月。一般来说，农历新年前后，即开始选地，在东西南北各砍数处做记号，并倒挂树枝，表明此处已被人看上。二月砍伐，通常小树要砍得矮些，遇有大树时，则先留下来，待整个园地的杂草小树砍完后，再爬上大树将树枝砍下。当地苗族群众有一套砍大树的办法：用竹子或树木做成 4—6 米长的钩棒。要爬树时，用钩棒钩住树枝，顺着钩棒爬上去，自上而下将树枝砍掉。砍完一棵后，再用钩棒荡到另一棵树上，继续砍。一个月后，待树枝晒干，看天色将雨时便放火焚烧，因烧后天下雨，一方面将火灰包含的营养素渗入土内；另一方面泥土湿润，便于下种。事先准备好要下种的谷种：大谷糯、猪姆糯、黑丝糯、白糯、黄谷占、山栏占、黑丝占、白占、荔枝占等。稍稍清理残渣，即以尖棒于原地戳穴下种。每坑的距离，前后左右大约皆六寸，每坑下种 12 粒左右，坡光则种 6 粒左右。除草视情况而定，一般种后一月除草一次。以后，是否还需要再次除草，看原有的山土而定。如果原来是大山，生长有茂密的古木森林，地面常有树叶遮盖，没有或很少杂草生长，则一般只需除草一次；如果原来是小山，原有森林不是很茂盛，杂草较多，则需要除二至三次草不等。农历九十月间稻谷成熟，多数使用菱状的小镰刀（又叫"手捻刀"）逐穗摘下，聚成稻束，速度很慢。山栏稻收割完毕，把稻束拢捆成大捆后挑回家。在挑最后一担时，要举行一些仪式，将园里一束鸡冠花折下插入稻茎上，然后大声喊："山稻啊！通通跟我回家啰！"他们认为这样喊，所有的"稻魂"就会跟着回家去，来年再种时就能获得丰收。挑回山栏稻后，将其一把把地放在晾稻架上晾晒。晾稻架用木条或竹子搭建而成，垂直立在村边，高约 5 米，宽约 3 米，中间布满横竹木条，状如梯子，顶端覆盖有遮雨棚。山栏稻把就卡在横条上，每层数把，一层层叠放。架子上的稻谷

---

① 广西壮族自治区编辑组：《广西瑶族社会历史调查》（第六册），第 146—148 页。

可存放一年，既无蛀虫，也不长芽。需食用时，取下用木臼加工。但由于敞开式储存，不能防鼠患、鸟患，所以往往浪费很大。①

玉米的种植以大瑶山的盘瑶、桂西大石山区的隆林苗族最为典型。砍种山地是大瑶山盘瑶最主要的生产活动。老山一般在农历七八月间砍伐，要使用斧头、钩刀、柴刀三种工具，主要是因为老山中有草有木，草木又有大小之分，为了砍伐这些不同的对象，故需要使用不同的工具。砍山时，先由妇女用钩刀将细小的幼树与杂草砍去，然后再由男子用斧头或柴刀将大的树木砍倒。四五个月以后，草木干枯，十一二月进行烧山。烧山时如有较粗大的树干与树枝未被燃烧而遗留下来，到第二年正月、二月，再将这些树干树枝堆在一起，重新再烧一次。如果还有大的树干未被燃烧，只能任其就地腐朽。不过有可能在一两年后收获木耳。芒山、茅草山，一般都在正月至四月间砍山。砍山时全部用钩刀或柴刀，四月间即可烧山。芒山的草较大，烧山之后仍遗留手指粗的草梗，可以背回家当柴烧。而茅草山在经过烧山后则全部化为灰烬，一无所留。盘瑶各类农作物的下种，传统上普遍采用撒种的方法。烧山后不经任何的工作即可撒种，撒种时先由一技术较好的人将种子均匀地撒于山坡上，然后再用刮子刮地。这一工作可将草根除去，并翻土将种子掩盖。玉米下种一段时间后，要进行除草工作。在第一次除草时，也进行疏苗的工作。原则是株距约二尺至二尺半。如果是好地，要留稀一些；反之，则要留密一些。因为地不好，苗就长得小，留密些，能够增加产量。收获时，只将玉米棒子摘回。到第二年刮地下种时，即将杂草与干枯的玉米秆一起烧掉。②

与大瑶山的盘瑶相比，隆林苗民的玉米种植已经脱离了刀耕火种的范畴，开始使用犁耕，懂得施肥，因此耕作技术更为先进。据调查：很早以前，苗民的祖先就在这里种玉米。他们祖传种玉米的经验，要选种，翻土过冬，第二年播种前再犁一次，等霜雪过后就下种。种的时候开穴深3—4寸，宽5—6寸，株行距3尺×3尺、3尺×4尺、3尺×5尺不等。每穴放基肥一斤左右，下种七八粒。当禾苗长至三四寸时，开始间苗和松土。每穴留2—3株。间苗以后至玉米扬雄花前，培土除草1—2次，培土5—6寸高。农历八月收玉米。收回

---

① 根据中南民族大学编著《海南岛苗族社会调查》第 20、156—158、248 页以及《海南苗族研究》（黄友贤、黄仁昌著，海南出版社、南方出版社 2008 年版）第 52—54 页综合而成。

② 广西壮族自治区编辑组：《广西瑶族社会历史调查》（第一册），第 129—130 页。

来的玉米不脱粒，带着外皮吊在家里。待晾干后，有的脱粒，用竹篓装起来；有的仍继续挂着，到将要食用时再脱粒。捣碎加工后，或煮着吃，或蒸着吃。[1]

实际上，除了种植旱稻、玉米两种主要的旱地粮食作物以外，苗瑶语民族民众喜欢种植的旱地作物还有小米（黄粟）、薏米、穇子、荞麦（三角麦）、红稗、高粱等谷物，红薯、芋头、木薯、大薯等根茎类杂粮，黄豆、饭豆、猫豆、豌豆等豆类，火麻（青麻）、向日葵、芝麻（油麻）等油料作物，南瓜、黄瓜等瓜类。为了获得高产，他们传统上已经采取轮种、间作套种等种植技术。

在农作物轮种间作方面，大瑶山的盘瑶具有非常成熟的经验，"各种山地都普遍实行着各种作物的轮种制"。共和村一带盘瑶，传统上都实行玉米、六谷（即薏米）两种作物交替轮种。当地人的解释是，如果不轮种的话，无论种玉米还是六谷，根部都会霉烂，且风吹易断，产量也要受到影响。老山与芒山在砍种后的第一年都先种玉米，第二年则种六谷，第三年又种玉米，以后六谷与玉米不断地轮种。老山砍后的第一、二年，还可在玉米与六谷的空隙中间种穇子或小米，而且这两种间作作物还可以得到较多的产量。茅草山则多是旱稻（当地称"岭禾"）与木薯或红薯轮种。[2] 同在大瑶山的坳瑶则执行不同的轮作制度。如果是老山，第一年种玉米以后，第二年会间作芋头和木薯，每隔两蔸芋头种一蔸木薯。芋头的株距约一尺，行距约一尺半。第三至五年完全种木薯，株距约3尺，行距约4尺。由于土地是租借而来，实行"种树还山"的制度，所以第二年开始种植杉树。五年以后，因杉树已经长高，就不再种植粮食作物。[3]

其他地方的苗瑶语族民众同样实行轮作与间作。如十万大山的山子瑶针对土地肥力逐年降低的实际情况，按各种作物生长的需求进行轮种。一般来说，旱稻需肥较多，故新开垦坡地第一年种旱稻，第二年种玉米，第三年种木薯、黄豆等对肥料要求没有那么高的作物。同时，为了提高土地利用效率，还普遍实行间种，玉米地上间种南瓜、黄瓜、红薯、豆类等作物；木薯地常间种红薯、豆类等作物。[4] 贺州市八步区里松镇新华村的过山瑶，传统上将山分为木山、芒山、茅草山三类，砍山以后，同样实行轮作与间作：木山一般在砍山的第一年

① 广西壮族自治区编辑组：《广西苗族社会历史调查》，第63页。
② 广西壮族自治区编辑组：《广西瑶族社会历史调查》（第一册），第131页。
③ 广西壮族自治区编辑组：《广西瑶族社会历史调查》（第一册），第128—129页。
④ 广西壮族自治区编辑组：《广西瑶族社会历史调查》（第六册），第149页。

种植小米，第二年种红薯，第三年中芋头，第四年种旱稻或糁子；芒山第一年种红薯，第二年种芋头，第三年种木薯；茅草山第一年种芋头，第二年种旱稻或木薯。在种芋头时，还会间种油麻或菜粟，每隔两蔸芋头种一蔸油麻或菜粟，并且油麻与菜粟不能同时种，只能两者取一。① 桂西大石山区的苗瑶语民族民众也普遍实行农作物间种制度：如今巴马瑶族自治县西山乡甘长村一带的布努瑶，传统上普遍实行旱地作物间种，一块地往往种植两三种作物，如玉米地里间种红薯、黄豆，甚至在旱地的思州，种植一些猫豆和南瓜；套种的现象也有，但不是很多。② 隆林苗族喜欢在玉米地中间种饭豆、黄豆、四季豆、南瓜，其中，只有黄豆是在玉米长出后才间种进入，其余的均与玉米同时种，同时护理。③ 今大化瑶族自治县古文乡良美村一带的瑶族，传统上常将饭豆、竹豆、火麻、向日葵都和玉米混合种在一起，种类繁多，以致互相妨碍生长。④

表 5 - 3　　　　　　　　　　金秀盘瑶老山火耕地的各年产量统计表

耕作年次	作物名称	10 斤种的产量	耕作年次	作物名称	10 斤种的产量
第一年	苞米	600 斤	第六年	六谷	180 斤
第二年	六谷	250 斤	第七年	苞米	400 斤
第三年	苞米	400 斤	第八年	六谷	120 斤
第四年	六谷	200 斤	第九年	苞米	350 斤
第五年	苞米	400 斤			

资料来源：《广西瑶族社会历史调查》（第一册），第 131 页。

应该说，苗瑶语民族民众在山地旱作农业耕作上有着悠久的历史经验，从最初以种植小米、旱稻、芋头等为主，到明代中后期以后逐渐以玉米、红薯种植为大宗，都积累、总结出了许多有价值的传统知识。如钟山县两安、花山一带的瑶族就总结出了相关的谚语："生土种芋，熟土种薯。"⑤ "芋头深种，番薯浅种。"⑥ 对于当地开展芋头、红薯两种根茎类农作物的种植，具有很重要

---

① 广西壮族自治区编辑组：《广西瑶族社会历史调查》（第三册），广西民族出版社 1985 年版，第 172 页。
② 广西壮族自治区编辑组：《广西瑶族社会历史调查》（第五册），第 145 页。
③ 广西壮族自治区编辑组：《广西苗族社会历史调查》，第 63 页。
④ 广西壮族自治区编辑组：《广西瑶族社会历史调查》（第九册），广西民族出版社 1987 年版，第 126 页。
⑤ 王矿新主编：《广西民间文学作品选·钟山卷》，第 336 页。
⑥ 王矿新主编：《广西民间文学作品选·钟山卷》，第 337 页。

的指导作用。

（2）稻作农业知识

在漫长的历史发展过程中，部分苗瑶语族民众逐渐放弃"游耕"的生产方式，向周边的壮族、汉族、侗族民众学习进行稻作农业生产，并结合所在区域的具体的地形地貌、气候、降雨、光照等情况，发展起了具有一定特色的稻作农业。居住在金秀大瑶山茶山瑶、坳瑶，恭城、富川一带的平地瑶，因为占据了一些河流谷地，得以开垦出数量有一定规模的平田；与此同时，居住在大瑶山的花篮瑶、坳瑶、茶山瑶，越城岭一侧的红瑶，融水大苗山的苗族，罗浮、凤凰山区的畲族，以及恭城、富川一带的山区瑶族，都根据当地地势开辟了不少梯田。在长期耕种平田和梯田的过程中，岭南的苗瑶语民族民众形成了自身较有特色的稻作农业知识体系。

在此，笔者根据 20 世纪五六十年代的社会历史调查资料，并结合民国时期的一些调查资料，分六个方面对苗瑶语民族的稻作农业知识进行阐述：

开田与"做田"：平田因为所处之地地势较为平坦，且一般处于河溪两岸，具有水源便利，因此易于开垦。梯田的开垦比较困难，并且有很多讲究。首先，能够开垦梯田的山一般是土山，且山上或附近要有水源。其次，受限于山势与巨石，梯田不能任意扩大，形状亦不能随意构成。山中梯田，大部形如半圆月。中部宽而两端窄，最窄者尺余，只能插秧一行。最后，梯田开辟中最重要的工作是用石块和泥土筑起层层的田塍，以备储水。每年耕种之前，必须修坝；耕种之后，也必须经常注意修理。① 广西大瑶山的茶山瑶，在秋冬收割后，为保护田基不致干裂，水田一般淹水泡冬，没有犁田过冬的习惯。农历正月十六日，开始的首项农活称作"做田"，主要包含两道工序：第一道工序是"踩根"，将浸泡了一冬的稻秆根部踩入泥田中，使其腐烂变为肥料；第二道工序是"筑田塍"，主要是将旧田塍上的杂草铲掉，然后糊上田泥，起到加固田塍的作用。② 一般来说，"做田"时，男女是有分工的：妇女在前铲掉田塍上的杂草，男子负责在后面糊泥巴，这是一项技术活，必须保证田塍牢固、不透水，否则就难以起到保水作用。其实，其他很多地方的苗瑶语族民众，开春以后也要事先整理

① 王启澍：《粤北乳源瑶人的经济生活》，《民俗》1943 年第 2 卷第 1/2 期，第 8 页；参见李默编《乳源瑶族调查资料》，广东省社会科学院，第 252 页。

② 刘保元、莫义明：《茶山瑶文化》，第 60 页。

田地，该犁的犁，该挖的挖，同时并维修田塍，疏浚水道，堵塞漏洞。

选种与育秧： 由于岭南的苗瑶语族民众一般居住在山区，地势较高，气温较低，稻田水温也随之降低，因此主要种植适宜于冷水生长的传统粳稻、糯稻或粘稻。大瑶山主要流行种粳稻，用来日常使用；糯稻，用来节日制作糯米饭、粑粑等特色食品。广东北江瑶山糯稻有大糯、雪糯之分；粘稻有乌禾、牛粪粘、秤花粘、白粘、有须粘五种，其中以秤花粘食用起来最为好吃。① 环江毛南族自治县驯乐苗族乡长北村一带的瑶族，传统上以种植糯谷为主，次为粳谷，再次为粘谷。当地种子的选择，一般实行块选，即在收割季节事先选择禾苗苗壮、穗实多而饱满的一块田，加强管理，以备留种。收割后，专收专藏，做上记号，以免混淆。每年在谷雨节气后几天，把谷种取出，用脚踩穗脱粒，经过扬播，去除不饱满谷粒，盛于木桶，用水浸泡，再把浮面谷粒去掉，余下浸泡一昼夜，即可播于秧田之中。秧田在下种之前要进行精耕细作，两犁三耙之后，施用牛粪作为基肥，在耙第三道田时，割青草、木叶作绿肥，将其踩进泥中，然后用木板将泥土和肥料刮平。五六天之后，肥料腐烂发酵，田泥温度增加，便将谷种撒播于田中。秧苗出来以后，还要加强管护，严防害虫、害鸟啄食，同时田水要经常保持在 2 寸左右的深度。在拔秧之前，为了便于梳洗秧根，把水升高至五六寸。经过一个半月的培育，秧苗长至七八寸时，即可拔秧移植。② 与之相类似，大瑶山的茶山瑶一般在丰产田里选种，特别注意挑选颗粒饱满的禾穗做谷种。待到育秧前夕，用脚将谷粒脱下，而不能用棒槌敲。脚踩力度不大，可以将不饱满的谷粒继续留在谷穗上，当即被淘汰。在撒播谷种之前，还要将选好的谷种拿到河边浸洗一次，将漂浮的秕谷去掉，然后再浸泡两三天才播入秧田。为了保证秧苗的质量，整理好秧田是最重要的基础。选择清明前三天中任一天，全村统一行动上山割菁，为秧苗施基肥。割菁的当天早晨，村老鸣枪为号。第一次鸣枪三声，催促各户做饭进食；第二次鸣炮三声，命令各户马上出发上山割菁。割取对象一律是一种易腐烂的、肥效高的名为"瓦办"的植物。割菁完毕，将"瓦办"均匀地埋入秧田中。撒谷种前，还要在秧田里撒上足够的农家肥。秧田做好以后，将浸泡完毕的谷种均匀地播撒在

---

① 罗比宁：《瑶人农作之概况》，原载《广东北江瑶山调查专号》，转引自《乳源瑶族调查资料》，第192—193 页。

② 广西壮族自治区编辑组：《广西瑶族社会历史调查》（第三册），第 74 页。

秧田里。稍后，还要在秧田的四周插上枫叶枝条，表示此田已下谷种，警告人们不要踏入，自觉爱护禾苗。[①] 另据庞新民在民国时期的调查，大瑶山瑶民所耕种的稻田，大都远近不一，因此"秧则以田之所在而分撒之，故不须挑运"[②]。其他许多苗族、畲族地区也基本上采取类似的选种与育秧方式，只不过在程序上大同小异罢了。不过，由于山区溪水较寒，育秧过早容易遭遇"倒春寒"，因此广东山区瑶族总要到农历五月中旬才开始播种，此时平地的稻田，早已经分秧了。可以说，在生产上要比平地区域滞后了不少，因此，每年多种一遭，且主要种植耐冷水的糯稻、粳稻品种。

耕耙与施肥： 在很多瑶族地区，田地已于清明节前挖好或犁好。挖好或犁好的水田、旱田、望天田都需要进行平整。茶山瑶在惊蛰前后开始进行第一次初耙，又称"打稻草"，即用耙齿的力量将田里禾根和稻叶耙入田泥中。之后放水淹田，使稻草尽快腐烂。谷种撒播之后，开始进行第二次耙田。这次耙田要求男子吆喝着耕牛在田里纵耙横耙多遍，纵耙要求将泥土翻起来，横耙要求将泥土摊允推平。清明之后到插秧之前，各家都会把农家肥运到田里备用。农家肥主要来自猪栏、牛栏，栏里常年垫着稻草，一层压一层，平时不予理睬，这时由女性统一清理，男性负责运至田间堆放。立夏之后，准备进行第三次耙田，届时先把肥堆挖开，均匀撒播，然后耙平即可。[③] 环江毛南族自治县驯乐苗族乡长北村一带的瑶族，传统上一般对待插秧的稻田实行一犁二耙。耙第一道田时，兼施绿肥；耙第二道田时，再施牛粪，这样可以使肥料与田泥搅拌均匀，秧苗插播以后，也易于吸收新的养料。同时，还要注意管水，进行合理排灌，上下阻堵，以防粪料流失。[④] 在广东连南南岗排瑶一带，传统上普遍实行两犁两耙，甚至有一犁一耙的。当土壤黏性较大时，才实行两犁三耙。犁田、耙田的工作在插秧前二三十天进行。第一次犁耙后，约隔10天，待草根腐烂，就可以进行第二次的犁耙。一犁一耙的，一般在插秧前几天进行。除小部分稻田冬种松土外，其余的都没有在冬天前翻土的。[⑤] 值得注意的是，还有广大的

----

① 刘保元、莫义明：《茶山瑶文化》，第61页。
② 庞新民：《两广猺山调查》，中华书局1935年版，第118页。
③ 刘保元、莫义明：《茶山瑶文化》，第60—62页。
④ 广西壮族自治区编辑组：《广西瑶族社会历史调查》（第三册），第74页。
⑤ 广东省编辑组、《中国少数民族社会历史调查资料丛刊》修订编辑委员会：《连南瑶族自治县瑶族社会历史调查》，民族出版社2009年版，第27页；参阅《广东省连南瑶族自治县南岗、内田、大掌瑶族社会调查》，广东省少数民族情况社会历史调查组编印，1958年7月，第34页。

苗瑶语民族地区，由于山田较为狭窄，令耕牛无法掉头，因此只适合采用锄头进行挖掘，被庞新民总结为"耕田不用犁"①。这种情况的出现频率，可以说在进行梯田稻作农业生产的苗瑶语族民众中普遍存在。在施肥方面，其实，懂得种植水稻的苗瑶语族民众，已经普遍懂得使用人畜粪便、草木灰、绿肥作为肥料，粤北瑶族地区还懂得给稻田施用石灰，用来中和土壤的酸性，增加作物产量；出产茶油、桐油的大苗山一带，还普遍将榨油以后茶麸、桐油粕充当稻田的肥料。

拔秧与插秧： 撒谷种一个多月以后，秧苗长至六七寸，这时便可以拔秧插田了。传统上，大瑶山的茶山瑶插秧是要选择吉日的。吉日是由社老选定的，并于 10 天前通知本村各户。吉日当天早饭前，各户到自己的一块田中面向东方插四蔸禾于天的一角，禾苗间的距离约为一尺八寸。这种活动称为"号田"。插秧时，每穴插秧四五支。金秀等村所插之田较稀，株距与行距均为一尺三寸至一尺六寸；滴水等村插秧则较密，株距约一尺，行距约八寸。一般而言，上等田插得较稀，下等插得较稠。② 对于大瑶山瑶民的插秧之法，庞新民在民国时期做过较为详尽的调查与描述：

> 秧田中扯秧皆猺妇任之，未见有男人操之者。秧田灌水，将秧苗缓缓用右手拔起，分送于左手中，待至左手盈握，洗去其根上所敷之泥后，则用稻草束之，与长江一带扯秧之法相同，至于广西及罗香瑶村则将秧田晒干，用长柄铁铲将秧苗连泥铲起，盛于盆中，而挑往田中分插，视此插法有别。
>
> 插秧者每天至多不过两人，人多则分插，因其插法只能二人互插一田，多则乱秩序也。其插法横直行皆成直线（俗称竹篙行），想系为除草及便于刈禾计也。秧把不分散田中，放于田头或田塍上。插秧者悬直径约七寸深约七八寸之篾制篓于腰际左边，以牛皮一方，或竹箬一块，与身相隔，以防水湿衣裤，将秧苗解散一把或两把放于篓中，徐徐取而插之。插秧用前进式，与后退着迥异。

---

① 庞新民：《两广猺山调查》，第 119 页。
② 广西壮族自治区编辑组：《广西瑶族社会历史调查》（第一册），第 123 页；参见刘保元、莫义明《茶山瑶文化》，第 62—63 页。

秧田旁均放有牛骨灰一二篓，插秧者需用时，即以火油桶盛之往，将秧苗之根在骨灰中和之，使骨灰粘于秧根上面后插于田中。（牛骨灰为发热有效肥料，凡田多冷浸者用之最验）但骨灰多呈白色，系燃烧过度所致，其钙素已损失不少。（烧骨时，待其燃烧将透即闭熄之，以保存其缘由碳酸钙，则骨灰呈黑色）①

从所引庞新民这几段的描述来看，大瑶山瑶民的扯秧、插秧技艺既有与外部汉族地区一样的一面，也显示出明显的地域特色：一是罗香坳瑶独特的拔秧方法；二是前进式的插秧方式；三是使用牛骨灰作为秧苗沾根肥料。

与此同时，庞氏也注意到了广东北部瑶山民众不同的插秧习俗：在那里，瑶族妇女只能拔秧，而插秧则完全由男子完成。这一点与大瑶山不同，当地茶山瑶妇女不仅要参与拔秧，也参与插秧。罗香坳瑶用铁铲铲秧者，则完全由男子担任，妇女则专门插秧。② 此外，插秧时还流行互助合作习俗——瑶民称之为"打帮"，几个村落组成一个互帮互助团体，轮流插田，插完一村，再插第二村，最后直至所有村寨的稻田插完。广东北部瑶山，也同样流行这一习俗，甚至还有为此给参与者发工资。总的来看，由于苗瑶语民族地区的稻田一般海拔较高，使用泉水灌溉，不易分蘖发蔸，因此，不能插过多秧苗，每穴只能插四五枝，太多会影响禾苗发育分蘖。这是几百年种稻经验的总结。20世纪50年代中期在山区大搞小株密植与单株密植，结果造成大面积减产③，这是不尊重传统生态知识带来的恶劣后果。

中耕与耘田：插秧半个月以后，就进入中耕管理阶段。金秀茶山瑶每隔半个月耘田一次。由于金秀一带水田泥土较深，耘田时多用双手，其他地方田泥较浅，多用双足。从插完秧到谷穗灌浆，共耘田四次。第一次以扶正秧苗为主。第二次以除草为主，用脚翻动田泥，以利禾苗分蘖发蔸。第三次以追肥为主，绿肥、农家肥皆有；对山冲里的冷水田，要多施放草木灰，增加土温。第四次耘田，要做到田里和田塍上无杂草，使禾苗能充分得到阳光，同时可防鼠

---

① 庞新民：《两广猺山调查》，第119—120页。

② 庞新民：《两广猺山调查》，第120页。另据20世纪五六十年社会历史调查，贺州市八步区里松镇新华村的过山瑶，对早稻也不拔秧，"而是铲起来插，因为秧苗较短，容易被扯断"。（《广西瑶族社会历史调查》（第三册），第172页）

③ 参见刘保元、莫义明《茶山瑶文化》，第62页。

害。第四次耘田之后，妇女们再进行一次拔慈姑草的工作。至此，稻田的田间管理工作全部完成。[①] 环江毛南族自治县驯乐苗族乡长北村一带的瑶族，也流行类似的中耕工作方式："插秧后，半个月时间，开始耘第一道田。这时田中杂草不多，耘田时只用脚拨土，使土松软，利于秧苗成长。再经过半个月时间，耘第二道田，把杂草拔掉，并施牛粪一次。再经过二十天左右时间，耘第三道田，看禾苗成长情况，有的再作一次追肥。同时，做好砍田基、割田坎的工作，以防虫灾鼠灾危害。经过一系列的管护工作，农历九月收割。"[②] 两相比较，大瑶山和环江北部山区基本差别不大，都基本上隔半个月耘田一次，耘田过程中要除草、施肥、防鼠。与广西瑶族地区相比，广东连南南岗排瑶则中耕不普遍，且稻田杂草甚多，致使禾苗生长不好；而大掌排瑶则向来有中耕除草的习惯，一般在插秧后三四十天内进行除草；有两次除草习惯的，则过一二十天再除草一次。由于插秧前已经施放牛粪、猪粪或青草绿叶作为基肥，所以传统上并没有追肥的习惯。[③]

收割与储藏： 每年寒露到来，稻谷开始成熟。与大瑶山边缘壮族、汉族采用镰刀收割稻谷的方法不同，茶山瑶收割水稻有自己独特的工具——禾剪，样式多样，有圆形、方形、竹筒组合型等。收割时，只右手持禾剪将禾秆一段连穗剪下，而大部分禾秆仍留于田中，每次只能剪断一穗，效率极低。当左手盈握时，则放于田中。最后收工时，每2—4把合为一束，号称一个禾把，重约5公斤。这种粳米是不能当场脱粒的，只能挑运归家，晒干后藏入谷仓。稻米在舂米之前，必须经过火炕，然后用木槌冲击脱粒。脱粒后的谷子再用黄泥磨脱壳，最后再在木碓内舂捣，始成可食的白米。[④] 其他地方的苗瑶语族民众，种植粘谷的，就用镰刀收割，然后就地脱粒，晒干储藏；对于大穗的糯谷、粳谷，则同样使用禾剪——剪下，捆成禾把。待食用时，方才脱粒。其法与茶山瑶大同小异。还需说明的是，苗瑶语族民众过去基本上居住在山区，因此多种植适宜于冷水生长的糯谷、粳谷，甚至旱作的山栏稻、岭

---

① 刘保元、莫义明：《茶山瑶文化》，第64页；参阅广西壮族自治区编辑组《广西瑶族社会历史调查》（第一册），第123页。

② 广西壮族自治区编辑组：《广西瑶族社会历史调查》（第三册），第75页。

③ 广东省编辑组、《中国少数民族社会历史调查资料丛刊》修订编辑委员会：《连南瑶族自治县瑶族社会历史调查》，第28页；参阅《广东省连南瑶族自治县南岗、内田、大掌瑶族社会调查》，第34、274页。

④ 刘保元、莫义明：《茶山瑶文化》，第64—65页；参阅广西壮族自治区编辑组《广西瑶族社会历史调查》（第一册），第124页。

禾，也都采用禾剪收割，使得剪禾把在苗瑶语族地区非常普遍。

值得注意的是，在长期从事稻作农业生产的过程中，大瑶山瑶族民众还总结出了很多短小精辟的稻作谚语，如关于育秧："耙田耙得熟，秧苗发得足。""秧田整得平，秧苗出得匀。"[①] 如关于犁田耙田："犁得深，耙得好，光长庄稼不长草。""光犁不耙，种下东（冬）瓜捡芝麻。"如关于施肥："采青整田，瘦田变肥田。""下肥下得足，禾苗多结谷。"再如关于中耕管理："要想害虫少，铲光田塍草。""田间管理如绣花，功夫越细越到家。"[②]

此外，在种植业中，还有一类蔬菜种植。由于岭南苗瑶语族民众只是少量种植蔬菜，有些甚至直接采集野菜食用，因此，此处不再专门予以论述。但也不能否认，一些地方苗瑶语族民众发展起特色的种植业，如大瑶山瑶族民众种植灵香草、香菇、烟叶等，都具有一定的民族特色和区域特色。

2. 传统林业知识

森林是苗瑶语族民众重要的生活资料来源地，不仅可以从中获得建房、制作生活用具用的木材，而且还要在其中狩猎野生动物、采集野生植物，因此，苗瑶语族民众自古以来就有着丰富多样的传统林业知识。限于篇幅，下面仅围绕几个典型案例做重点论述。

（1）杉树种植知识

在所有的建材树种中，杉树是苗瑶语族民众种植最多的，在大瑶山"随处可种，故随处都有"[③]；大苗山的人工林也以杉树为最多，"几乎到处长满了密密丛丛的杉树、竹林"[④]；广东北部瑶山、广西恭城势江一带瑶山等地，传统上都普遍种植杉树。在长期从事林业生产的过程中，岭南的苗瑶语族民众总结出了一整套种植杉树的经验，又以大苗山一带最为系统：

采种：在大苗山，霜降后二十天，种子已经成熟，开始集中采集。种子（球果）采集回来后，要晒在阳光充足、通风的地方，20多天以后即可脱粒。但不可置于烈日或被大雨浸泡，否则会影响种子的发芽率。种子脱粒以后，经过筛簸将其中杂物和空粒去净，余下的饱满良种，用箩筐或布袋装起来，放置

① 苏胜兴主编：《中国谚语集成广西分卷金秀瑶族自治县谚语集》，第110页。
② 均引自苏胜兴主编《中国谚语集成广西分卷金秀瑶族自治县谚语集》，第121—122页。
③ 广西壮族自治区编辑组：《广西瑶族社会历史调查》（第一册），第163页。
④ 广西壮族自治区编辑组：《广西苗族社会历史调查》，第142页。

在通风之处。[①] 其他地方的苗瑶语族民众在新中国成立前大多没有采种育苗的习惯，如广东北部瑶山、恭城势江一带瑶族均是如此，"一般的杉树幼苗是靠高大的杉树自由落下的种子生的"[②]。

育苗: 在大苗山，育苗地多选在造林区域适中的地方，既要背风向阳（一般坡向东方或东南方），又要保证不受牲畜的践踏；要选择土质肥沃的林地，最好是没有种植过作物的黄壤土或沙质土壤；林地坡度也不能过大，也不能过缓，以防水冲和便于排水。选定以后，要对育苗地精耕细作，一般深达八九寸。在撒种以前，要先开畦：每畦宽二尺到三尺，步道宽一尺，畦面要平整，泥土细碎，四周开排水沟。之后即可在畦面均匀播种，用细齿耙轻拉几次，使种子稍陷沟内，接着用细土或草木灰覆盖，厚度以看不见种子为准。再用脚把地踩实，以防种子被水冲走或鸟鼠掏食。播种时间一般选在农历十一月份。种子下土半月以后，逐渐萌出幼苗。这时需要精心护理，每年至少要进行三次除草与施肥的工作。除草时应选择雨后天气，以防苗根外露而导致某些杉苗干死。两年后，待树苗长至一尺高，便可进行移植。此时苗木成活率可达95%以上，木质化程度大。[③] 与融水一带苗族不同的是，大瑶山的瑶民传统上则采取另一种育种方式——扦插法。一般来说，从砍伐后再从树根上长出的新苗作为母本。有的地方，直接将砍下的杉树树枝插在熟地上，令其自行发芽成长；有的地方，则在十二月间砍取一尺五至二尺的杉树树枝，先窨在溪边树木荫翳、泥土潮湿的地方，经两三个月后，树枝已长出细根，然后移种。[④]

造林: 事先要做好两项准备工作，一是榜地，包括砍平杂树和杂草；二是起苗和运送。一般不会选择北风天气起苗，最好是南风天有小雨时进行。起苗不宜用手拔，而是用锄或锹掘起为好。要先选择健壮的苗木，小的幼苗还可以继续培养，等下年再行移植。苗木的运送最好在阴雨天进行，如果碰上晴天阳光强烈时，应将苗木的根部包扎好；如果崛起的苗木一次用不完，剩下需要放置在湿润的地方。一般来说，大苗山的苗族选择农历二月份植树，因为此时的气温、水分都适合苗木的生长，成活率几乎可以达到100%。如果是在荒山造林，必须事先烧山以增加土地肥力。之后，是挖直径二尺、深一尺五寸的树

---

① 广西壮族自治区编辑组:《广西苗族社会历史调查》，第150页。
② 广西壮族自治区编辑组:《广西瑶族社会历史调查》（第四册），广西民族出版社1986年版，第309页。
③ 广西壮族自治区编辑组:《广西苗族社会历史调查》，第150页。
④ 广西壮族自治区编辑组:《广西瑶族社会历史调查》（第一册），第164页。

坑，底与面同。苗木下坑时，须先将苗木扶直，将 2/5 的植株插入坑内，3/5 露在外面，然后用锄头拨土压好苗根，最后再盖上三寸松土即可。如果是在熟地造林，则较为有利，甚至可以选用高约五六寸的一年苗，且不须挖坑，只要用锄头挖两三寸深的一个小洞将树苗埋下即可。种树的密度跟林地的位置有关，如果是在陡坡、低洼、山漕等处，因缺乏阳光，行距、株距一般在 7 尺 × 7 尺；如果是在缓坡、平地或凸出处，五六尺见方即可；如果在土地贫瘠且远水的地方，则以一丈（9 尺）见方为宜。[①] 而在广东连南一带的瑶山，排瑶惯用杉苗移植法种植杉树：当地并不专门培育杉苗，而是在野外搜集。砍伐后留下的杉头所生出来的杉秧，或种植已久的杉树种子脱落生长出来的杉秧，只要长到 1.5 尺以上，就可连根拔起，当作杉苗。栽种时，用锄头把已除草的荒地按七八尺间距，挖成一个个约 5 寸深的小穴，然后种上杉苗，盖好泥土。三四年后，便在种下的杉树嫩苗中，拔去弱的，留下最壮且直的一株，让其自然生长。在种下杉苗的头四五年内，必须连续间种各种杂粮，直到杉苗高达五六尺为止。这是因为间种杂粮有除草松土、防止被牲畜践踏的作用。[②] 类似排瑶的这种杉树定植早期的林粮兼作制度，过去在广西大瑶山也是普遍存在的。如传统上流传的"种树还山"制度，说的就是"山丁"从"山主"批租到土地以后，不用交其他的地租，只把垦种的山地种满树木，交还给山主就行。一般来说，山丁在砍种之后的第二年开始种树，行距株距一般在五尺左右，以后 3—5 年间同样在树苗中间种农作物，等到杉树长至五六尺高，地力也耗尽了，再也不能种植农作物了，就把山与树还给山主。[③] 大苗山一带也流行类似的制度，不同之处在于，那里的山丁最后可以和山主对半平分杉木，远山或高山土地贫瘠之地，山丁甚至可以得十之六七，这种情况极少。[④]

护理：树苗种下后，必须加强护理。到农历四五月份进行中耕除草，苗木就会长得更好。根据护理对象不同，又可以分为幼林和成林两种。幼林护林，又分为荒山幼林和熟地幼林。荒山幼林在最初两三年主要是除草，在苗木周围应有三尺修坑，此后每年扩大宽约五寸的松土，深度视苗木生长情况而定。五

---

① 广西壮族自治区编辑组：《广西苗族社会历史调查》，第 150—151 页。
② 广东省编辑组、《中国少数民族社会历史调查资料丛刊》修订编辑委员会：《连南瑶族自治县瑶族社会历史调查》，第 227 页；参阅《广东省连南瑶族自治县南岗、内田、大掌瑶族社会调查》，第 275 页。
③ 广西壮族自治区编辑组：《广西瑶族社会历史调查》（第一册），第 147 页。
④ 广西壮族自治区编辑组：《广西苗族社会历史调查》，第 152、157 页。

年后即可成林。熟地幼林一般不用专门护理，而是结合种杂粮时除草。这种苗木生长得很快，三年后即可成林。成林后的护理工作主要是砍掉藤蔓和杂木，一般每隔七八年护理一次即可。而防火护林的工作，则每年秋末冬初须进行一次，主要是开火路和挖火沟。[①]

砍伐：传统上，杉木的大量砍伐是从每年的农历四月至八月之间，此时砍下的杉木由于水分充足而容易剥皮，只要用钩刀在杉木表层划一道隙线，便可用木扦剥下整块的树皮来。而八月份以后砍下的杉木，由于水分不够，剥皮就比较难，需要用镰刀将树皮一小块一小块地刮下来，这样，既浪费时间又损失树皮[②]。

之所以大瑶山、大苗山、广东瑶山这么重视种植杉树，是因为杉树有良好的经济价值，它树形挺拔，木质坚硬，是建造传统干栏房和风雨桥的首选木材，同时，它又可以制成棺板和锯板，用来加工盛殓死亡者的棺材，是非常重要的人生礼仪用品。

（2）竹类种植知识

竹子是苗瑶语民族民众重要的栽培树种，它不仅是重要的生产用具，还是传统上必不可缺的编织原料，甚至还可以提供新鲜美味的竹笋。据不完全统计，仅大瑶山地区竹子的种类就有伏竹、毛竹、楠竹、苦竹、黄竹、大头竹、吊丝竹等等。[③]

竹子的培植比较容易，仅就毛竹和楠竹而言，农历二三月间，只要掘取生长了两三年的竹子，斩去尾部，再用稻草或竹壳包裹刀口，使雨水不致从上端浸入，连根栽种山间，便可成活。次年即发新笋。六年之后，其地下茎可扩展至二丈以外，也就是说，二丈以内的地段，全都成了竹林。此后可陆续砍伐，而竹林亦随之扩大。

不过，伏竹、苦竹等多是自然成林，任其生长到一定的年限，因只采竹笋

---

① 广西壮族自治区编辑组：《广西苗族社会历史调查》，第151页。
② 广西壮族自治区编辑组：《广西苗族社会历史调查》，第151页。
③ 此据广西壮族自治区编辑组：《广西瑶族社会历史调查》（第一册），第166页。另据刘保元、莫义明《茶山瑶文化》："竹子的种类有甜竹、蒲竹、毛竹、楠竹、苦竹、黄竹、小楠竹、箭竹、金竹等等。"（第69页）两者相同者仅4种，其余的名称很有可能有同种异名存在。再据谭伟福、罗保庭主编《广西大瑶山自然保护区生物多样性研究及保护》（中国环境科学出版社2010年版），大瑶山有禾本科竹亚科植物16种：撑篙竹、硬头黄、吊丝竹、棚竹、箬叶竹、髯毛箬竹、粉单竹、刚竹、假毛竹、花竹、毛竹、金竹、苦竹、泡竹、中型唐竹、筱竹（第281页）。其中，仅吊丝竹、毛竹、金竹、苦竹4种，与前两种说法有交叉，分别比前两种说法多了9种、7种。其他不相同的两种说法都应该是地方命名。

而不砍伐，后下茎纵横互相穿插到太密的时候，竹子便开花结实，枯黄而死。三五年后，竹根腐朽，竹的果实落地，再生小竹，又发笋，逐渐成林。不过，在竹林一次枯死以后，接着发出的小竹笋也是瘦小的，以后逐年渐发渐大，大约15年左右，才能恢复原来的样貌。从枯死起，至少要经过六七年才能采笋，而且笋小数量也不多，直到竹林复原后，笋才多而壮大。

过去，瑶族人民对竹子很重视，山中竹林甚多，除采伐少量供编织之用外，最主要还是用来采笋，烘制笋干，换取食盐和铁质生产工具。由于竹笋的发生有大年小年之分，每逢小年时，所生的竹笋甚少，仅可供瑶民采集食用，而不可能用来烘制笋干。倘若得遇大年，二三月里便常常挖笋烘制。

笋干的烘制法可以苦竹笋干为例进行说明：农历腊月，苦竹笋开始出土，到次年正月下旬，笋才旺盛。采笋至清明节止，之后笋老中空，无法再制笋干。取笋剥壳，用开水将笋肉煮软，取出用竹片贯穿成串，架在横木之上，架下烧柴生火烘焙，经一昼夜即成笋干。正月间所采之笋，高仅三至五寸，节密肉厚，生笋七八斤可得笋干一斤，此为上品；到笋长一尺时，要十斤生笋才能烘制笋干一斤，此为次品；如到三月间，要生笋二十多斤才得笋干一斤，此为下品。一般来说，各村采笋时间，也有所限制，每到清明节前一日，社老即宣布"封笋"，不许人再采，留着以后发的竹笋，使它成林。另外，罗香、那力一带坳瑶还有一种人工栽培的黄竹，只要把竹苗种在丢荒的熟地上，五年后即生长成熟。五、六、七月发笋，采回剥壳取肉，用开水煮软，切成细丝，晒干后呈鲜黄色。①

竹子对大苗山的苗族甚至更为重要。当地苗民不仅用毛竹做屋桁条、打晒楼、当瓦片，编制锅盖、簸箕、箩筐、鸡笼、饭箪、菜篮、谷篓、靠椅、竹席等用品用具，而且还将其当作美化庭院的树种。更为值得关注的是，当地苗民还用一种名为"都铁"的竹子来制作芦笙，因此这种竹子又被称为"芦笙竹"。可以说，没有了竹子，苗族引以为傲的"芦笙文化"也就失去了物质的载体。一般来说，芦笙竹多野生长在人迹罕至的高山林区，为了管理方便，当地苗民也将其移植到专门地方备用。②

---

① 关于竹类种植知识的内容，主要参考广西壮族自治区编辑组《广西瑶族社会历史调查》（第一册），第166—167页。

② 戴民强主编：《融水苗族》，广西民族出版社2009年版，第44、133页。

总的来说，竹类植物在传统时代对苗瑶语民族民众非常重要，他们不仅把其当作建筑材料、编织原材料、灌溉工具、烹调器具，而且还将其嫩芽作为味道鲜美的蔬菜，甚至制作成为土特产品，用以换取必需的食盐和铁质生产工具。20世纪90年代以后，瑶族聚居的兴安县华江瑶族乡还以毛竹种植为抓手，大力发展竹木加工业，使得华江一跃成为当时广西最富裕的民族乡。

（3）茶叶种植知识

苗瑶语民族民众大多居住在山区，不仅可以经常遇到野生茶树，而且还占有地利，方便在山岭上培植茶叶，因此过去也有不少地方的瑶族、苗族、畲族将茶叶作为一种重要的林业副产品。一般来说，茶叶种植在较平坦的土山地区比较常见，毕竟石山地区耕地珍贵，好的土地都被拿来种植粮食作物，没有太多空闲的土地用来种植茶叶。

恭城、融水等桂北一带的苗瑶语族民众喜欢"打油茶"，因此他们会有目的地种植一些茶树。如恭城三江瑶民差不过每户都有喝茶的习惯，打油茶也是招待客人的良好方式。油茶主要由茶叶、生姜、食盐等合煮而成。一般来说，每户每年产茶叶七八十斤，最多者高达百斤，少者也有三五十斤。① 贺州一带的瑶族传统上大量种植茶叶：八步区沙田镇狮东村过去以茶叶为最主要的经济作物。"据说：在抗日战争以前，这里茶叶的年产量曾一度达到五十万斤之多。"② 虽然数字不一定准确，但却表明茶叶曾经一度是当地的主要农产品。由于当地盛产茶叶，王朝时代每年都要以最上等的茶叶送往县衙，作为"官茶"，最多时每年要送一千斤。③ 富川瑶族自治县"家家都能产百把斤"，茶叶主要出产在富阳镇涝溪村，富阳镇大围村、柳家乡洋新村等地也有。这些茶叶经过湖南或广东商人的转手，运到广州出售。④ 广东大掌排瑶也种植少量茶叶，"茶树种后，每隔两三年左右，要铲草松土一次；10年以上的老茶树，要砍去横枝或直枝，让茶树换枝，翌年长得更青绿"。⑤ 大瑶山瑶民过去会焙制

---

① 广西壮族自治区编辑组：《广西瑶族社会历史调查》（第四册），第312页。

② 广西壮族自治区编辑组：《广西瑶族社会历史调查》（第三册），第228页。同书第243页亦有"药材、茶油、桐油、茶多出在瑶族地区，如沙田瑶族地区出产茶叶的数量是很多的，常常有汉族商人入山收购"之语。

③ 广西壮族自治区编辑组：《广西瑶族社会历史调查》（第三册），第230页。

④ 广西壮族自治区编辑组：《广西瑶族社会历史调查》（第三册），第256页。

⑤ 广东省编辑组、《中国少数民族社会历史调查资料丛刊》修订编辑委员会：《连南瑶族自治县瑶族社会历史调查》，第227页；参阅《广东省连南瑶族自治县南岗、内田、大掌瑶族社会调查》，第275页。

红茶，其普遍的方法是：先将采回的嫩芽，放到锅中炒拌，使其内部水分蒸发，茶叶随即软缩，再倒出置竹箪上用手揉搓，使它更加软缩。之后，经过一段时间的晾晒，再放入锅内用微火焙干即成。①

广东凤凰山一带的畲族过去以种茶闻名，特别是石古坪村的乌龙茶，被列为全国 14 种名茶之一，素有"中国奇种"之称。当地种茶历史悠久，据研究最晚在宋代已经开始。潮州市潮安区凤凰镇石古坪村发展茶叶生产的自然条件优厚，土质酸性少，温度适宜，当地涉足民众掌握生产乌龙茶、水仙茶的传统技术，积累了采摘、晾晒、制作、揉茶、焙干、保藏等六个生产环节的丰富经验。② 根据谌华玉博士的调查，凤凰山畲族制茶分为摘茶、晒青、碰青、杀青、揉青、烘焙等关键环节。

摘茶：要注意茶叶生长状况，各季初发的茶叶，一般长到中开面就可以采摘了。不能过早或过迟，且还需选择晴天的晌午或下午为好。这样有利于下一个环节的开展。同时，还要注意分类搁置，乌叶、白叶、厚叶、薄叶、大叶、小叶，要分别放置在不同的茶筐或茶篓里，以便分类加工。

晒青：又叫晒茶，是制作乌龙茶的第二个关键环节。当地畲民会根据各种茶青的不同情况合理均匀地摊开晾晒，一般按照"一薄、二轻、二重、一分段"的原则来操作。"一薄"指晒青时要做到叶片不重叠，能够及时蒸发水分。"二轻"指茎短叶薄、叶片含水量少的茶青要轻晒；干旱天气和空气湿度小时采摘的茶青也要轻晒。"二重"指茎叶肥嫩、叶片含水量多的茶青要重晒；雨后或空气湿度大时采摘的茶青也要重晒。"一分段"指茎长叶多、施肥较多、老叶多的茶青要分段晒，即晒一段时间后拿回阴凉处，令其水分平衡后再晒。此外，如果太阳太大，在晒青之前，还要临时在地上铺垫一层隔离茶叶和地面的垫子。晒青不以时间长短为标准，而要以叶片失去光泽、青叶基本贴筛或贴地、拿起直立端叶下垂为适度。

碰青：又叫摇青，其目的是让茶叶发酵。晒青完毕收回家后，首先要将茶叶均匀地摊放在圆形的簸箕或大筛子里，然后放置在用来摆放簸箕的多层木架上。每隔一小时，要用双手轻轻翻松一遍（称为"碰青"），以便让静置的茶青散热。碰青事实上包含了摊晾—碰青—静置—再碰青—再静置这一系列多次

---

① 广西壮族自治区编辑组：《广西瑶族社会历史调查》（第一册），第 169 页。
② 福建省编辑组：《畲族社会历史调查》，第 265 页。

循环往复的动作和过程。一般来说，碰青总共要做六次，每隔一个小时做一次。经过五六次碰青以后，茶青发酵程度基本达到红边白叶的占20%，红边乌叶的占30%，茶气清香，此时就可以炒茶了。关键是看茶叶，如果茶叶周边开始变红了，就要赶快炒。如果茶叶还比较青，就要多拖一些时间再炒，有的甚至拖长到3个小时以后。

杀青： 又叫炒青或炒茶，是一整套通过热化作用固定茶叶色、香、味的程序方法。炒茶用凹型的大鼎，火温保持在200℃左右，一般一次炒一筛子。炒茶的过程中，要用两只手或两个木叉均匀翻动茶青，刚开始时要扬炒，必须把茶叶抓起来拿到一定的高度再撒下去，然后改为焖炒，防止水分蒸发过度。20分钟左右，炒到茶茎变柔软折不断时，一般就算炒熟了。如果茶茎还是脆的，一折就断，那就还需要继续炒。

揉茶： 又叫揉捻或揉青，是将茶叶变成外形美观的条状的一种方法。一般来说，炒熟的茶叶要及时进行揉捻，将茶叶由嫩绿炒至淡黄色，叶面完全失去光泽，青味变为浓香味时，就可以开始揉捻。揉捻操作时，要从轻揉过渡到紧揉，最后再到松揉，使茶叶形成紧结壮直的外形。如果揉出的茶叶外形不紧结壮直，就要进行第二次炒茶，以便软化叶细胞和渗出内含物，然后再复揉以便增强外形紧结。茶叶复炒时，须将炒锅洗净，并将火温降低到180℃左右，以免回锅的茶叶炒焦或带上杂味。揉捻好的茶叶要及时拆松，薄摊放置并及时烘焙，以防止残酶活动引起红变。过去，揉茶往往是用脚揉的，因此以前喝茶第一杯一定要倒掉。现在一般采用电力带动的揉茶机来揉。

烘焙： 又叫烘烤，是做茶的第六个也是最后一个重要环节。一般要求低温薄焙，多次烘干，分为初焙和复焙两个阶段。初焙，又叫作"走水焙"，火温大致掌握在120℃—130℃，时间5—10分钟，中间翻拌1—2次，视被烘焙茶叶的多少厚薄而定。初焙时翻拌要及时均匀，茶叶的摊放厚度不宜超过1厘米。烘至五成干时，即可起焙摊晾1—2小时，摊晾茶叶的堆放厚度不能超过6厘米，以防止茶多使氧化酶起氧化作用而变红。初焙茶叶经过1—2小时摊晾后，即可进行复焙即第二次烘焙。复焙火温掌握在70℃—90℃，茶叶摊放厚度同样不能超过6厘米，中间要进行第二次翻拌，待茶叶烘至七八成干时，便可起烘摊晾6—12小时，最后在进行第三次烘干。此次烘干火温控制在 60℃—80℃，烘 2—6 小时，具体时间长短看干度而定。总之，要烘到茶枝用手折之即断，茶叶用手捻之成末，茶叶香气清高，滋味鲜爽即可。①

虽然谌博士的调查时间在 21 世纪初，但当地畲民仍然强调他们遵从了过去流传下来的经验，"真正做茶还是按照村里人的一套方法"，因此，仍然包含若干传统知识的元素在内。从制茶的整个流程来看，与以前调查的结果也差别不大，只是以前的调查没有描述具体的细节罢了。当然，我们也要从中看到那些现代性的部分，比如工具的改进，外来种茶方法、制茶技术的传入，等等。

（4）油料作物知识

新中国成立以前，岭南苗瑶语民族民众还曾经较为普遍地种植过油茶、油桐等油料作物，显示出苗瑶语族民族林业知识广博的一面。

油桐： 需要种植在土山上，主要是大瑶山的盘瑶、山子瑶种植较多，桂西北都安、大化、巴马的一些布努瑶，也曾经较多地种植过油桐。如巴马瑶族自治县西山乡干长村"约有半数左右的人家都种桐果，每年平均约得 100 斤，卖掉桐果，买回粮食，可解决部分缺粮问题"②。在大瑶山地区，油桐品种有对年桐、三年桐、野桐三种。对年桐第一年点种，第二年就开始结果，第三、四年进入盛果期，每株可结果三四斤；之后果实减少，六年即枯黄而死。三年桐要种后三年才能结果，第四、五、六年为盛果期；较大的树，每株可结果十斤左右。一直结果到七八年才枯死，算是最好的一个品种了。野桐，又名皱皮桐，树干高大，每株可产桐子二十斤以上，并可历经二三十年不死，这是其优点。但其缺点也很多：一是种后六七年才结果；二是种子含油量低；三是每隔一年结果一次。因此，当地瑶民只在村边地角种一些遮阴挡风，很少规模种植。在长期的摸索下，大瑶山瑶民对栽种油桐很有经验：他们在荒地开垦的第二年，即点种桐子，行距、株距约六尺见方。油桐幼苗发出后的两三年中，还可以在地上间作粮食作物。到桐树树枝繁茂时，停止耕种，每年割草一次即可。其他所需的人力，只有拾桐果和剥壳的时间。总计收桐子 100 斤，只费割草工两天半，拾子两天，剥子一天，合计五天半的工时，算是极为划算的副业。因此，

---

① 谌华玉：《粤东畲族：族群认同与社会文化变迁研究》，社会科学文献出版社 2014 年版，第 231—242 页。
② 广西壮族自治区编辑组：《广西瑶族社会历史调查》（第五册），第 149 页。

它也就成为过去开荒种山的山丁的主要副业之一。①

油茶：在大瑶山，其种植者也主要是盘瑶、山子瑶以及杂居瑶区的汉人。桂东、桂东北一带的平地瑶，桂西北都安、大化、巴马的一些布努瑶，也曾经较多地开辟过油茶林。同油桐一样，油茶也要种在熟地上。大瑶山瑶民种植的方法是：先将种子剥去外壳，于农历二月间下种点种，行距、株距在五尺见方。旱地栽种油茶后，仍可耕种杂粮作物三四年；等到幼树长至一尺以上，即停止作物种植。以后每年八月，刮山铲草一次。一般种下五六年后，开始结果。头两三年产量不高，十年左右开始其盛产期，一直延续十五至二十年，产量才逐渐衰退。其寿命可达三十年以上。此外，当地瑶民认为，油茶有可能会在秋末开花、冬初结果，因此只适宜种植在低地和气候较暖的地区，否则，霜雪会伤害果实。每百斤油茶籽，可榨油二十五斤。瑶族人民除将油茶籽运销汉壮地区的圩市以外，还常自备小型油榨制油自食。②与大瑶山有所差异的是，田林县利周瑶族乡凡昌村一带的盘瑶则一般在正月下种育油茶苗，选择树枝粗大的油茶籽作为种子。四月出秧后，再移栽到预选的山地之中。一般来说，一亩山地种三四百株，株距三尺左右，比大瑶山密集了很多。之后每年六七月间除草一次。种下七年之后，开始收果。当地所种品种生长期较长，最长的可收果八九十年；结果较多的年份，每亩年产量达 250 斤，可榨油 50 斤以上。③

此外，一些平地瑶地区还曾少量种植花生、油菜等油料作物，既没有形成规模，也没有自身独特的经验，这里就不细述了。

（四）传统养殖业知识

1. 传统渔业知识

岭南苗瑶语民族民众在新中国成立以前虽然主要以游耕农业为主，但他们并不排斥渔猎，因此历史记载和民族志材料中常常能够看到他们从河溪中捕获鱼虾的记载，有些地方还形成了独具特色的传统节日，如融水苗族自治县红水乡一带苗族民众的闹鱼节。

一些苗瑶语族群体在从游耕转为定居以后，再向临近的族群学习的基础

---

① 广西壮族自治区编辑组：《广西瑶族社会历史调查》（第一册），第 167—168 页。
② 广西壮族自治区编辑组：《广西瑶族社会历史调查》（第一册），第 167—168 页。
③ 广西壮族自治区编辑组：《广西瑶族社会历史调查》（第五册），第 56—57 页。

上，发展起了具有自身特色的养鱼业。瑶族用池塘养鱼以贺州一带为盛，几乎家家户户都筑有鱼池。鱼池大小，放养鱼苗数量，视各家人口多少、贫富状况而定。凡逢年过节、红白喜事、贵客登门等，鱼是宴席上不可缺少的一味美菜。当地流传一首民谣："鱼肉好吃香喷喷，迎客接亲入我门，鱼池养鱼肥又大，煎煮油炸香谷炖。"①

融水苗族非常崇拜鲤鱼，认为鲤鱼是吉祥物，过节、结婚、打同年、乔迁新居等各种活动，必然少不了酸鲤鱼，因此当地苗民充分利用稻田空间来养殖鲤鱼，并且总结出了独特的孵化鱼苗的方法：

> 每年春节前，苗家长老便从深水田里捕回母鱼（两周岁以上老母鲤），放养在村边鱼塘中，用春节杀猪留下的粪便喂养催卵，清明节前后回春的日子里，在泉水边筑一个一米方圆的水池，积半米清水，用山芒草垫底，然后把一条大母鱼和五六条多至十余条公鲤放于池中，架泉水从上叮当入池，水线大如筷头，在另一头用一条小管引出池水，管口用棕皮包好，引水和进水大小相当，在叮当泉水的影响下，池中鱼群互相追逐，促使母鲤产出鱼卵，与公鱼排出的鱼精结合，两天后，母鲤排卵结束，便将公母鲤引到田里，让鱼巢在池中直接孵化，一周以后，池中鱼苗变成针眼般大小，遂用瓜瓢舀到秧田，鱼苗吃着农家肥水，迅速长大，一个月后变成小拇指大小的秧鲤，扯秧后，将它们分到其他稻田里，按一亩80—100尾放养，秋收后，鲤鱼一尾可有3—7两，大的1斤以上。②

这种放养在稻田中的鲤鱼，融水苗民称之为"田鲤"，也叫"禾花鱼"，比一般的鲤鱼要小，因放养在稻田里，专吃禾叶和稻花长大，故得名。其实，融水苗族的这种稻田养鱼方法，与其周边的侗族、壮族是一样的，过去只流行于那些种植糯稻、粳稻等高秆水稻桂北一带。这种稻田养鱼的方法，不仅在一定程度上利用鱼类消灭了稻田杂草和虫害，而且还利用鱼类的粪便增加了稻田肥力，促进了水稻根系的发育，最终收到了"鱼粮两得"的实效。秋收时节，全家人一起出动，带上糯米饭、篓箩等，到田里剪收糯米和抓田鲤。一到收工

---

① 广西壮族自治区地方志编纂委员会编：《广西通志·民俗志》，第26页。
② 吴承德、贾晔：《南方山居少数民族现代化探索——融水苗族发展研究》，第248页。

休息，全家人聚集田头，开始生火烤鱼佐餐，称为"烤田鲤"。

应该指出的是，苗瑶语族民族传统上都一直在迁徙中，"过了一山又一山"，因此，对鱼虾类动物多采取捕捞的方式，较少进行养殖。即使是拥有大量保水田并种植高秆糯稻、粳稻的茶山瑶，也没有在稻田中养鱼的记载，只是在闲暇时捕捉稻田中野生的七星鱼或泥鳅而已。地处大石山区的布努瑶、蓝靛瑶等群体，传统上连日常饮水都成问题，更难以在当地发展鱼类养殖。

2. 传统畜牧业知识

岭南的苗瑶语族民众基本上都养殖一些猪、牛、羊、犬、鸡、鸭等禽畜，但饲养方法因区域差异而不尽相同。

南丹大瑶寨的瑶民以牛为主要家畜，因砍杀祭鬼和祭庙的需要，绝大部分农户都养有两三头牛。各村各寨，都划出一定数量的公山作为全寨各户共同放牧的场所。每年作物下种后，各户均安排老人或小孩去牧场放牧。凡有牛的农户，屋边都设有牛栏。有的田地离村寨较远，为了加强对耕牛的饲养和护理，减少运肥和往返影响劳动的时间，凡有远田的农户，均就近在田边设立牛棚。对怀胎的母牛，更是照顾有加，产前一两个月绝对不用来犁地，如遇春夏两季，则专人收集最好最嫩的饲料喂养；秋冬两季，除喂足稻草、红薯藤等草料外，每天还要喂上一顿潲食或粥食，以保养母牛及小牛的健壮。[1] 当然，瑶族民众也普遍饲养猪、鸡、鸭等其他禽畜。马山、龙胜的瑶族还饲养山羊。

苗族"养猪为过年、养鸡鸭为过节"，以饲养猪、鸡最为有名，融水滚贝一带的香猪、隆林德峨山区的"六白猪"名闻广西。融水的"窑洞鸡"，饲养方法独特，即在距家室一里左右的山坡旁开一个大如床铺的洞作鸡窑，每天早上去开窑洞门，喂些碎米，而后任其在山间草丛中觅食，傍晚再赶鸡进洞。这样的饲养方法，既省工省料，又御寒卫生，鸡也生长得快，肉嫩味鲜，远近闻名。[2] 牛在苗族文化中地位崇高，传统上各家普遍养牛。凡最盛大的祭祀活动，最隆重的婚礼，最真诚的款待，最珍贵的馈赠，都必须是牛，而且一定要是全身乌黑的雄壮的牯牛[3]。比如过去融水苗族最隆重的祭祖活动——拉鼓节，就会大量杀牛。隆林苗族传统上普遍盛行"祭牛鬼"，给去世的先人献

---

① 广西壮族自治区编辑组：《广西瑶族社会历史调查》（第三册），第28页。
② 广西壮族自治区地方志编纂委员会编：《广西通志·民俗志》，第25页。
③ 吴承德、贾晔：《南方山居少数民族现代化探索——融水苗族发展研究》，第245页。

牛，同时用宰杀后的牛肉招待参加活动的亲戚朋友。

总的来看，岭南苗瑶语族民众饲养禽畜主要是为了自己食用，或者用于敬神祭鬼和婚丧喜庆等项的消耗，传统上很少拿去市场上出售。尤其是养殖鸡鸭，主要是为了过节、祭鬼，凡是患病、遇灾难、逢年节以及重要的宗教活动，必然杀鸡以祭祀鬼神。养鸭则主要是为了七月半祭祖时当作供品。

二　制度性传统生态知识

传统上，制度性生态知识常常与一些区域社会组织联系在一起，与老人政治联系在一起，与民族习惯法联系在一起。由于岭南苗瑶语民族居住分散，支系众多，因此，制度文化面貌也有比较大的差异。本小节拟以大瑶山的石牌制、龙胜红瑶的乡约制度为中心进行分述，希望能够略窥苗瑶语民族制度性传统生态知识之一斑。

（一）大瑶山石牌制的生态关联

1. 石牌与石牌制

石牌，最初含义是指大瑶山地区瑶族用来刻写当地法律规条的一种载体。这种载体可以是石板，称为"石板石牌"；也可以是木板，称为"木板石牌"，甚至可以是纸张，称为"纸石牌"。[①] 参与石牌制定和竖立的各个村寨，就构成了石牌组织。随着时间的推移，"石牌"逐渐变成了"石牌组织"的简称。而本书所谓的石牌制，则是指大瑶山地区围绕石牌而产生的政治组织形式的简称。

关于石牌的名称，大致可以分为四类：一是根据所参加村寨的不同范围来区分，有总石牌、大石牌、小石牌等称；二是根据参加村寨的数量来区分，有七十二村石牌（全瑶山），二十四村石牌（以罗运为中心，北至罗丹、滴水一带，西南至六巷、古陈一带），十村石牌（金秀沿河以下十村），九村石牌（罗运、罗丹、寨村、六俄、白牛、丈二、六团、龙华、南洲），等等；三是根据参加石牌的户数来区分，有千八百石牌（即两瑶大团石牌，包括金秀、长二等七个茶山瑶村和桂也、江仰等二十三个盘瑶村，可能还有一些较远的盘瑶村未列入），五百四石牌（由六拉、昔地领导，包括瑶山北部和中部的长毛瑶村落），百八石牌（由金秀、白沙领导，包括瑶山东部和东南角部分长毛瑶村落），六十

---

①　广西壮族自治区编辑组：《广西瑶族社会历史调查》（第一册），第37页；刘保元、莫义明：《茶山瑶文化》，第28页。

六石牌（金秀、白沙），等等；四是根据竖立石牌的地点来区分，有丁亥石牌（金秀桥头），坪兔石牌（田村附近，即十村石牌），周琐石牌（长二、长滩之间的一个山坳），滕构石牌（杨柳、六段之间一个地名），等等。①

要竖立石牌，首先要召开石牌会议。如果是一村或少数几村的石牌会议，一般是各户的户主出席，在石牌头人的领导下讨论事务或"料令"（法律或规条），确定以后，镌刻在石板上，竖在原来开会的地方。一个石牌就成立了。这种一村或相邻几村参加的小石牌，一般涉及的都是保护生产和社会秩序之类的事务。如果是御匪防匪之类的特殊性事件，则要求大多数村落住户参加会议，有时甚至可以召集全瑶山的三十六部瑶、七十二村的大集会。

石牌会议通过的法律，当地瑶族口语中有不同的称谓：有的称它为"料令"，有的称它为"律法"，有的称它为"班律"（罗香坳瑶），有的称它为"律规"或"规律"，有的称它为"条规"或"规条"，有的称它为"五料三朵"（古陈坳瑶），有的甚至简称为"律"。每件石牌的条文也差异甚大，最少的仅有三条，多者可达十五条。最常见的是十二至十五条之间。②

从内容上讲，大瑶山的石牌法律主要涵盖了七个方面的内容：保护生产和私有财产安全；维护社会治安秩序；保护婚姻家庭、禁止奸淫；保护山主特权和民族利益；保护商业贸易；解决内部纷争；打击匪患，保护瑶山安宁。③ 总的来看，其主要的目的还是保护生产和维持社会秩序，首先维护的是"山主"的利益，然后才是处于"山丁"地位的盘瑶和山子瑶的利益。从它所规定的惩罚方面看，有些处分是极其严峻的，甚至处以死刑、罪及家人。

2. 有关生态的石牌制条款

保护农林副业生产秩序是大瑶山石牌制最重要的功能，也是最根本的出发

---

① 广西壮族自治区编辑组：《广西瑶族社会历史调查》（第一册），第37—38页。

② 广西壮族自治区编辑组：《广西瑶族社会历史调查》（第一册），第38页。

③ 莫金山：《瑶族石牌制》，广西民族出版社2000年版，第129—293页。另据20世纪50年代社会历史调查组将石牌律总结为八个方面：一是保护农林副业生产；二是维护男女婚姻关系；三是戒偷戒盗；四是规定居民发生争端时应遵循的事项；五是保护行商小贩；六是防御土匪和山内外歹徒恶棍逞强滋扰；七是保护坟墓；八是反抗接受新桂系的强迫"开化"。（《广西瑶族社会历史调查》（第一册），第38—39页）刘保元、莫义明在《茶山瑶文化》一书中将内容总结为五个方面：第一，加强民族内部团结，促进民族间和睦。第二，保障群众生命财产安全。第三，维护家庭婚姻关系，保护妇女儿童权利。第四，保护商贩，促进商品经济交流。未见第五方面的具体内容。（《茶山瑶文化》，第33—35页）从三种总结来看，《广西少数民族社会历史调查》分类最详细，但某些内容是可以再合并的，如第三和第六基本上是一体的；而刘保元、莫义明的分类太过"新颖"，毕竟是旧时的政治制度，不可能发挥这些新功能；莫金山的总结和分类是最为到位，归纳得也比较合理，措辞也较为中性。

点之一。而生产秩序涉及的是生产资料的管理和利用，由于山主掌握着山林和河流的所有权，因此他们对于后来者的压制也体现得淋漓尽致。但客观上讲，有些条款对于生态环境保护有一定的作用。

（1）禁止偷盗农林副产品，保护生产秩序

这方面的条款是最为丰富的，保护的对象有香草、香菇、鸟胶木、木耳、竹笋、桐子、棉花、蔬菜、禾把以及苞米杂粮百物。

早在清顺治十一年（1654）竖立的《上秀二村石牌律》第十款："二村山水、香草、卯（茅）革，何人取（偷）牛、取（偷）猪，丑一村。弟（睇）到不又事了。"[1] 咸丰三年（1853）由花篮瑶、坳瑶的9个村落联合竖立的《罗运等九村石牌》："第六廖　禾不得乱斩。"[2] 同治六年（1867）竖立的《坪免石牌》第三款："不论河（何）人有事莫打禾苗田亩百勿（物）可也。"第五款："不论河（何）人有事英乱山场得香草、竹木可也。"[3]

19世纪末20世纪初，大瑶山的社会形势极为复杂，盗贼猖獗。为了应对这种情况，石牌头人们召集制定了大量的防治偷盗、维护生产秩序的专题性石牌。如光绪二十二年（1896）竖立的《长滩、长二、昔地三村石牌》云："我小地方养领（畜）生（牲），放在领（岭）上。大路边山场香草、香信、除良（薯莨），高（山）口（岭）冲山场吊□（角）物件、吊堂，并有鸟树、板料百物等件，何人心谋，不得乱偷贼（盗）。今世恐怕贼□，众石牌位（会），发有花红钱十二千文。见到偷贼（盗），拿倒（到）贼盗，捆打。□（和）炮火打死，众石牌来办事，□莫□怪也。"[4]

再如光绪二十三年（1897）竖立的《两瑶大团石牌》，是由茶山瑶7个村团与盘瑶23个村联合制定，故称"两瑶大团石牌"，因为参加石牌共有一千

①　黄钰辑点：《瑶族石刻录》，云南民族出版社1993年版，第175页；莫金山：《瑶族石牌制》，第301页。

②　广西壮族自治区编辑组：《广西瑶族社会历史调查》（第一册），第40页；黄钰辑点：《瑶族石刻录》，第189页；莫金山：《瑶族石牌制》，第323页。

③　莫金山：《瑶族石牌制》，第325页；广西壮族自治区编辑组：《广西瑶族社会历史调查》（第一册），第54页；黄钰辑点：《瑶族石刻录》，第193页。坪免：《广西瑶族社会历史调查》《瑶族石刻录》均作"平免"；另据《瑶族石牌制》：金秀沿河住有金秀、白沙、六拉、昔地、田村、刘村、金村、社村、孟村和美村10个瑶村，因这块石牌是他们联合设立的，故又称"金秀沿河十村石牌"。又因当时十村共有三百九十户参加，故称"三百九十石牌"（第326页）。

④　黄钰辑点：《瑶族石刻录》，第202页；广西壮族自治区编辑组：《广西瑶族社会历史调查》（第一册），第58页；莫金山：《瑶族石牌制》，第335页。

八百户人家，故又称"一千八百石牌"。这个石牌涉及地域广、人口多、规条多，主要条款都和惩治偷盗有关，兹摘录有关者如下：

> 一仪（议）瑶山香草、桂树、竹木山货、杂粮百件，不得乱取，重罚。
>
> 一仪同山共村，皆是前缘。各位男女，畜生（牲）不得乱取，重罚。
>
> 一仪山丁山主，各人六和（禾）、菜种、枝（芝）麻百件，不得乱取。重罚。
>
> 一仪各村各宅猪畜养物，不得乱取。众团重罚。
>
> 一仪各家和苍（禾仓）屋口，牛猪羊口，不得乱取。众石牌重罚。
>
> 一仪各村大小男女，入山入地，各种各收。石牌重罚。
>
> 一仪瑶山小地，苞米杂粮百物，不得乱取。众团重罚。①

以上七条，内容广泛，涉及大瑶山的生产生活中的各种农林畜牧产品。在共计 12 项规条中，其余 5 项也都与偷盗、乱取有关，这个石牌可以说是一个专门性的防盗治盗的专题石牌。

再如竖立于 1911 年 10 月 6 日（辛亥八月十五日）的《六拉村三姓石牌》所立 5 款石牌律全部都与惩治偷盗有关：

> 一公议山中各人香草，各种各收；物各有主，不得乱扯（窃）偷。如有乱行偷扯（窃），确有赃证，当场拴拿，送回业主。众村赏花红银三十六元。如一人力不能拿，用炮打死者亦可。事入众村。但不得扶（复）仇妄拿，以昭公允。
>
> 二公议各人山中塔（搭）立香厂，置有锅盆碗盏等物，不准乱行私撬厂内，掠劫什物。如有此人，有人确证，或力能拴拿，或用炮打。事入众。尝（赏）花红银三十六元。又各人进山，路中放置衣服百物，不得乱取。如有乱取之人，照贼盗论。
>
> 三公议各人各山，各有界限，不准乱行界外，以防私心。如有故要行，先问山主方可。何人不听，照贼盗办。事入众村。

---

① 广西壮族自治区编辑组：《广西瑶族社会历史调查》（第一册），第 42 页；黄钰辑点：《瑶族石刻录》，云南民族出版社 1993 年版，第 205 页；莫金山：《瑶族石牌制》，第 336—337 页。

四公议山中杂粮，物各有主，各种各收，不准乱行偷盗。如有偷盗，确有赃证，照贼所办。事入众村。至山中生柴，石排（牌）以下，不得乱砍。何人不听，众村罚银十二元。又石凉（薯莨）、支木（乌胶木），不得乱取，亦照贼办。有人确证，尝（赏）花红银二商四钱。事入众村。

五公议吾村老班公共山场四处，河水四条，不准乱行弄鱼弄蛙。如有乱行偷盗，罚银十二两。又四处板瑶，无故不得私行入山。如有私行，准用炮打无论。众村作主。①

到了中华民国前期，大瑶山的社会混乱程度并没有得到根本改善，土匪横行。因此，防匪、防止外来需索，成为最主要的关注点，因此对生产秩序的关注力度有所下降。但所制定的石牌条款也更为完善、更为具体，比如《罗香七村石牌》就区分了杂粮作物、耕种器具、棉花蓝靛瓜菜豆麦、干柴、野兽、鱼等不同情况。② 再如1940年金秀瑶族订立的最后一块石牌《庚广村石牌》，首先两款是："一议山中田地禾苗，不得效牛踩吃，犯考倍（赔）回，罚二千文。""一议山中田地谷子杂物，不得乱拿乱要，犯者绑人，罚二十千文。"③

（2）禁止乱挖田毁圳，保护水利设施

水利对于稻作农业生产至关重要，大瑶山地区主要是茶山瑶掌握大量水田，并且多是"山主"身份，因此，在他们的主导下，石牌律中出现有关保护水利设施的条款也就成为必然了。

早在清乾隆五十一年（1786）《在保、杨柳、将军三村石牌》中，其第四款就是："四令田地水□上流下，不用乱令，三村不服。"④ 主要是由于这三个村地势较高，水源相对不足，遇到天旱，农田灌溉往往成问题。有的人利用地势，堵塞水道，使下田无水可用，损人利己。

---

① 广西壮族自治区编辑组：《广西瑶族社会历史调查》（第一册），第59页；黄钰辑点：《瑶族石刻录》，第215—216页；莫金山：《瑶族石牌制》，第347页。
② 广西壮族自治区编辑组：《广西瑶族社会历史调查》（第一册），第64页；黄钰辑点：《瑶族石刻录》，第210—211页；莫金山：《瑶族石牌制》，第343—344页。
③ 黄钰辑点：《瑶族石刻录》，第242页；莫金山：《瑶族石牌制》，第363页。另，该石牌原书写在杉木皮上，属于木板石牌，被称为"金秀石牌制度史上最后的一件石牌"（《瑶族石牌制》第364页）。
④ 广西壮族自治区编辑组：《广西瑶族社会历史调查》（第一册），第50页；黄钰辑点：《瑶族石刻录》，第175页；莫金山：《瑶族石牌制》，第303页。在保，《瑶族石牌制》作"寨堡"。

后来的石牌中，有关水利的条款也不鲜见。如《罗运等九村石牌》："第八廖　堰坝不得乱播（翻）。"① 清光绪十一年（1885）的《滴水、容洞等四村石牌》第三款："有事不得打屋，偷牛、猪，挖田、水圳，一条犯（罚）五十两正。"第四款："偷棉花，犯（罚）五十两。"② 中华民国二年（1913），上述茶山瑶四村再一次竖立石牌，其第三款、第四款再次强调："有事不得打屋、偷牛、偷猪、挖田、挖圳，一条犯（罚）银四十大元正"。"偷棉花，犯（罚）银二十四大元正。"并且在第五款增加了一条"偷鱼赞（即捕鱼的笱）犯银一十二大元正。"③ 1934 年由门头乡屯坝村山子瑶所订立的《屯坝石牌》第一条就规定："不得乱放别人田水养自己的田。"④

此外，水利问题的重要性还表现在一年一度的二月社上，社老必然宣布有关的事项。金秀一带的茶山瑶《二月社料话》中规定："放水进田，要依照旧日的田坝口，不许乱开乱挖。别人耕田之后，要过三天，才准由这田放水过下流的田里。"⑤ 六眼一带的山子瑶《二月社料话》第一条就规定："不准乱挖田水。"第五条提出："见别人的田水漏干了，要帮补漏洞，如果工程较大的，要尽快通知田主。"⑥

之所以出现这些"料令"，是因为争水之事时有发生。如清光绪二十三年（1897）六段、三片、六定三村的苏姓与寨堡、杨柳、将军三村的奠姓，为争水发生械斗，打死六段村的苏公隐（24 岁），后经调解方平息。

（3）约束捕鱼行为，保护河流水产资源

大瑶山地区的河流，严格说来，只不过是较大的山溪罢了。不过，这些河溪终年有水，再加上山间动植物资源丰富，因此其中的鱼类资源也较为丰富。不过，这些资源在新中国成立前基本上都掌握在长毛瑶手中，他们控制着河流

---

① 广西壮族自治区编辑组：《广西瑶族社会历史调查》（第一册），第 40 页；黄钰辑点：《瑶族石刻录》，第 189 页；莫金山：《瑶族石牌制》，第 323 页。

② 莫金山：《瑶族石牌制》，第 332 页；广西壮族自治区编辑组：《广西瑶族社会历史调查》（第一册），第 57 页；黄钰辑点：《瑶族石刻录》，第 200 页。

③ 广西壮族自治区编辑组：《广西瑶族社会历史调查》（第一册），第 60 页；黄钰辑点：《瑶族石刻录》，第 217 页。

④ 黄钰辑点《瑶族石刻录》，第 237 页；莫金山：《瑶族石牌制》，第 359 页。

⑤ 广西壮族自治区编辑组：《广西瑶族社会历史调查》（第一册），第 68 页；黄钰辑点：《瑶族石刻录》，第 254 页；莫金山：《瑶族石牌制》，第 368 页。

⑥ 广西壮族自治区编辑组：《广西瑶族社会历史调查》（第一册），第 69 页；黄钰辑点：《瑶族石刻录》，第 257 页；莫金山：《瑶族石牌制》，第 370 页。

的所有权，各家各户都分有河段，用于自家捕鱼。而后来的盘瑶、山子瑶，则基本上没有河段，因此也没有资格到河溪中去捕鱼逮蛙。

1911 年《六拉村三姓石牌》规定："吾村老班公共山场四处，河水四条，不准乱行弄鱼弄蛙。如有乱行偷盗，罚银十二两。"[①] 这一石牌就明确规定：六拉村附近的四条河溪均是他们三姓的，不允许别人前往"弄鱼弄蛙"。其实，这种状况在大瑶山地区是普遍存在的。

金秀沿河的十个村子，对管理河流、保养鱼类非常重视。各村划分了河界，各管各业，任何人都不得越界捕鱼。并且规定了相当一致的捕鱼规定。每年二月社的时候，社老须向参加的民众"料话"，宣布若干条有关春耕生产的公约，其中有关捕鱼方面的规定有：①过了二月社后，才得开始在河边钓鱼、撩鱼，到八月秋社截止；②任何时候都不许撒网或用药毒鱼。毒鱼时必须大家商量，约期进行，不得由少数人去做；③如果有人生病送鬼，须要鱼做祭品，只许塞滩捉几条；④如果老人过世，只许撒网，塞滩、摸鱼一天，作办丧事之用；⑤别人在自己田里装攒捕鳅鱼，田主不得把鱼攒丢开。[②] 之所以"料话"规定捕鱼时期是每年二月春社以后至八月秋社止，是因为这段时间河水丰沛，鱼儿分散，捕捞所得的数量有限，而到了冬季，水涸河浅，鱼儿归潭，若此时捕捞，容易大量捕捉，最终导致鱼源枯竭。

还必须指出的是，大瑶山地区对于"毒鱼"（或称"闹鱼"）有着特别严厉的规定，主要是因为其破坏力太大，影响鱼类资源的可持续利用。石牌头人中广泛流传的《金秀大瑶山全瑶石牌律法》第十条也明确指出："九条完了第十条：我们瑶山小地方，有山有水，有草有木，有的多，有的少。第一有址，第二有界。谁若放药毒鱼，谁若放火烧林。罚他八块，罚十六元。"[③]

传统上，长毛瑶山主为了有效地保护自己对河流的垄断，各户轮流隔三岔五地"巡河护鱼"，一旦发现别人入河捕鱼，即可捕人。若拿到鱼篓、钓竿、捞绞之类的"物证"，便可以罚款。这方面的案例，莫金山的《瑶族石牌制》记载有不少。这里仅引一例说明：1939 年 10 月，今六巷乡黄钳河已相当枯竭，六庙

---

① 广西壮族自治区编辑组：《广西瑶族社会历史调查》（第一册），第 59 页；黄钰辑点：《瑶族石刻录》，第 215—216 页；莫金山：《瑶族石牌制》，第 347 页。

② 广西壮族自治区编辑组：《广西瑶族社会历史调查》（第一册），第 68、191 页；黄钰辑点：《瑶族石刻录》，第 255 页；莫金山：《瑶族石牌制》，第 369 页。

③ 黄钰辑点《瑶族石刻录》，第 262 页；莫金山：《瑶族石牌制》，第 373 页。

村张姓汉人作为"鱼头"，带领着数十位盘瑶民众到河中闹鱼，因用毒料过大，致使下游的门头村所占的河段鱼类也昏死不少。门头山主于是以六庙村盘瑶越界毒鱼为名，指责他们侵犯了山主的权利，触犯了石牌，集合本村民众手持武器前来捉人，路上遇到盘瑶赵元德携4岁女孩在挖山芋，不问青红皂白，将赵元德父女捆绑而去。次日，遣人传话，要板瑶承认越界毒鱼的犯"法"行为，并且依照石牌律予以赔偿。张姓汉人也去解释，说是汉人主动组织，与板瑶无关，更与赵元德父女没有任何关系，并且说明毒鱼地点是在上游，不曾越界。但门头山主固执己见，不仅不肯放人，而且扬言杀掉。赵元德不甘被杀，趁看守不备，夺枪而逃，结果发生枪斗，杀死2名守卫，打伤2人，结果自身也被枪杀，其女儿被活活用脚踏死。嗣后，事件升级，板瑶纠众抢割了三四担山主的水稻，挖崩了几处田坎。后引发了两次枪战，幸好没有人员伤亡。最后在唐兆民的斡旋下该事件才成功平息。①

（4）禁止乱砍开荒，保护森林水源

大瑶山的山场都是有主的，如果需要开垦，就需要到"山主"处签订租山契约，支付一定数量实物地租和现金。而且山场是非常重要的生计资料来源，其中不仅出产香草、香菇、薯莨、竹笋等土特产品，而且还出产杉木、松木等木材，因此禁止有人私自纵火烧山、破坏森林。

石牌头人广泛流传的《金秀大瑶山全瑶石牌律法》第七条明确指出："六条讲完到七条：谁若黑心肠，肚藏；纵火在山，放火于沟，毁坏山场，破坏森林。他犯大法，他犯大罪。"② 这则材料充分说明，纵火烧山、破坏森林，在当地是非常大的罪名。

除了禁止放火烧山，大瑶山瑶族还对山林实行"轮流封禁"，即是将所属的土地树木划分为若干片，每片封禁若干年，待树木长大后再开禁，如此轮换。在"封禁"期间任何人不得上山采伐砍樵，否则犯石牌。如1911年《六拉村三姓石牌》就规定："至山中生柴，石牌以下，不得乱砍，何人不听，众村罚银十二元。""旧老古封众山，不得被（辟）地百物，何人不得请，世在封禁。"③

---

① 唐兆民：《偈山散记》，桂林：文化供应社1948年版，第116—121页；参阅莫金山《瑶族石牌制》，第168页。

② 黄钰辑点：《瑶族石刻录》，第261页；莫金山：《瑶族石牌制》，第372—373页。

③ 广西壮族自治区编辑组：《广西瑶族社会历史调查》（第一册），第59页；黄钰辑点：《瑶族石刻录》，第215—216页；莫金山：《瑶族石牌制》，第347页。

寨堡村一带的茶山瑶过去也流行类似的做法：当地民众对薪炭林实行有计划地分片砍伐，每年砍一次，每次砍一片，按户平均，每户可分得六十担左右，够烧一年。砍伐时间摄定从正月初到清明节止，清明后正是树木生长期，就不准再砍了。砍时不准挖蔸，不准放火烧，不准锄地种作物，以利保持水分和生机。这样第二年长的树木比较整齐葱绿、粗壮，十至十五年后又可再砍，如此这般地往返循环，山林砍不尽，用不完。[①] 这个规矩是当地群众共同议定的，大家也都共同遵守，以致形成了一种风俗，从古沿袭至今。

更为难得的是，金秀大樟乡义路、古陈等9个壮瑶村寨还曾经专门制定过保护森林水源的告示，与大瑶山的石牌较为类似。

窃维木有本则不绝，水有源则不竭。三江龙挖瓮口冲山场，乃九村水源灌溉田禾之山，上应国课数十作石，下养生命万有余丁。前罗国泰大肆伐山场，曾经呈控于前任沐瑞二州主在案。今有不法地棍，复行砍伐树木，断绝水源。九村不已，禀恩龙州主出示永禁刊碑于圩，以垂不朽。

告示——保护水源，以资灌溉也。查州属于大河，上通雒容，下至来宾，有自然水利；其余环绕港，全资山水流注。而山水须借树木荫庇保存，涓滴之源灌溉田禾，是树木即属蓄水之本，岂可任意砍伐致碍水源。况水源且系官山，难容私占。兹闻地棍，但图目前之利，行招租批佃或自行开垦，掠伐树木，放火烧山，栽种杂粮，日久据为己有，公然告争，以致水源顿绝，田禾没涸，大为民害。其余官荒树木，概不许私佃自垦，伐树烧山，以蓄水源。如还（犯），依律重究。

义路村、古陈村、大泽村、六龙村、花覃村、凤凰村、花芦村、大厄、浦保村。

嘉庆十二年（1807）十月初一，九村刊立。[②]

以上碑文被莫金山定名为《义路等九村禁示龙堂石牌》，笔者以为不妥。首先，碑文中已明确其自己为"碑"，而不是石牌；其次，石牌是一种组织形

①　苏胜兴：《吃山养山》，载胡德才、苏胜兴编《大瑶山风情》，第47—48页。
②　莫金山：《瑶族石牌制》，第306页；黄钰辑点：《瑶族石刻录》，第49—50页；《金秀瑶族自治县志》，1992年版，第525页。

式，而本碑文主要起警示作用，没有交代如何执行惩罚；最后，壮人没有参加石牌的传统。黄钰先生和《金秀瑶族自治县志》的编者将其命名为"禁示龙堂碑"，并且将其与"石牌条文选"明确分开，还是比较合适的。事实上，莫金山先生自己也多次使用"碑文""这块石碑"等表述，可见他自己也觉得硬说成是"石牌"有些牵强。不过，这通碑文的确表明了当地瑶族、壮族民众早在清嘉庆年间就已经有了较为清晰的森林保护思想，对树木与水源之间的辩证关系有较为清晰的认识，可谓是瑶族历史上最早的护林碑。

（二）龙胜红瑶乡约制度的生态关联

红瑶是瑶族的一个支系，系汉语他称，因妇女上身外衣花纹图案以红为主色而得名。主要居住在龙胜各族自治县龙脊镇、马堤乡以及融水苗族自治县白云乡、大浪乡、安陲乡、滚贝侗族乡等乡镇。本小节主要以龙胜红瑶为例展开。

1. 寨老组织与乡约制度

寨老，又称"头人"，是桂东北一带山区壮族、瑶族对村寨权威的一种尊称，一般大的村寨有 2 个寨老，小的村寨附属于附近的大寨，共同构成一个寨老组织。附近的几个村寨联系在一起，就构成了联村寨寨老组织。如黄洛红瑶寨参与其中的"龙脊十三寨"。红瑶的"寨老"多由生活较富裕的、有文化的老人担当，系自然产生。凡是村中发生纠纷，就请人来评理；评理公道、能说会道、善于平息事端的人，村里找他评理的就多，声望渐高，便成为寨老。[①]也有些年迈的寨老常带领年轻有为的后生参加调处争端见习，增长才干，后得到众人认可，也能成为寨老。寨老对内主持召开村寨大会，制定或重申不成文的或成文的习惯法；调处家庭、婚姻、山场、水利等纠纷；处理盗窃、抢劫、奸污等案件。对外则代表本寨与邻寨寨老共同处理如越界毁林开荒、捕鱼，挖断公共坟山龙脉，破坏公共水利等相关事宜；有时还要出面接待官方下乡军政人员等。[②]

寨老组织有制定本区域范围内乡规民约的职能。乡规民约有两种类型：一种是习惯法，另一种是基于习惯法基础上的成文法。这种基于习惯法基础上的乡规民约，潘内村一带红瑶称之为"乡约"，金坑一带的红瑶称之为"禁约"，

---

① 广西壮族自治区编辑组：《广西瑶族社会历史调查》（第四册），第 203 页。
② 龙胜各族自治县民族局《龙胜红瑶》编委会编：《龙胜红瑶》，广西民族出版社 2002 年版，第 40—41 页。

黄洛红瑶则与龙脊壮族一道称之为"乡规""禁约"或"乡约"。在本小节中，我们统称为"乡约制度"，用以指称围绕乡约制定、公布、修订与执行的一系列制度规范。

据红瑶老人粟满廷讲述，乡约条款的产生是先由各村寨老一起会商，先取得内部的一致意见，之后在清明前后在祠堂内召开全村群众大会宣布，经众人同意之后，刻上石碑，立于村头，并另写上木牌，分屯张挂。[①] 乡约有时是几个地方联合订立的，如清同治二年（1863）由兴安、龙胜二地的全部红瑶村寨订立的《兴安龙胜联合瑶团禁约碑》，清光绪十三年（1887）由金坑红瑶与毗邻的三个灵川瑶族村寨共同订立的《金坑禁约碑》；有时也会和壮族共同订立，如清道光二十九年（1849）黄洛红瑶参与其中的《龙脊乡规碑》、清光绪四年（1878）的《乡党禁约碑》；有时则仅限一村一寨，如清光绪十七年（1891）订立的《潘内寨团律乡约碑》。一般来说，清明祭祖时要重申一次乡约；如果是与其他地方联合设立的，则四五年协商一次。到1933年桂北瑶民起义失败后，潘内红瑶往后再也没有订立过乡约，而金坑大寨、新寨、中禄三村红瑶，到1944年时还曾设立《金坑团联村禁约碑》。不过，乡约制度在新桂系乡村甲制度的冲击下已经基本上名存实亡了。

从乡约条款所规定的内容来看，大致包括如下几个方面：一是禁偷防盗，保护正常生产秩序；二是禁止赌博敲诈勒索，维护社会安定；三是禁止田地买卖反悔，维护正常的商品交易秩序；四是婚姻家庭规范，保障民族利益；五是禁止毒鱼、放火，保护自然资源；六是交代争端处理办法。其他还涉及坟墓风水、风俗改良等方面的内容。

对于违约者的惩罚，轻者罚款，稍重者处以肉刑，重者沉塘毙命甚至直接处死。比如大寨一带的红瑶在发现偷盗者以后，如果其坚决不肯承认，则将其处以肉刑，即用绳子将盗者两个手指捆绑在一条有缝的小木上，然后用楔子从木缝里打入，盗者受到痛苦的威胁，以至不得不承认偷盗的事实。迭次偷盗者，一经拿获，要交代以往的一切偷盗事实，违反禁约7次以上者，就要沉塘毙命。[②] 潘内红瑶执行乡约，清末时较为严格，民国时期有些松懈。有的条文形同虚设，如1917年改良会章程，虽然写得很严厉，但并没有处罚过谁。有

---

① 广西壮族自治区编辑组：《广西瑶族社会历史调查》（第四册），第207页。
② 广西壮族自治区编辑组：《广西瑶族社会历史调查》（第四册），第345页。

的条文执行很好，如寨老所宣布的在禾苗长起来时，牛若入田，前脚进去罚谷五十斤，后脚进去罚谷一百斤的规定。当地也有根据乡约处死过人的案例：1932 年，大地屯壮族蒙弟运常随身携带一把铁尺，动辄打人，还曾偷过枫木坪的牛，甚至想要杀害自己的父亲和弟弟。他父亲向杨梅屯寨老粟天保、粟宗保报告，请他们理事。天保说："怕什么！我们有乡约，照约办事。"于是集合了几百人，将蒙弟运捉拿，征得里财村壮族寨老杨顺和的同意，当即处死。①

此外，乡约还在保护地方安全上起到一定作用。如潘内红瑶、金坑红瑶、龙脊壮族曾共立乡约，言明互助。1928—1929 年，惯匪曹洪带领 60 多人围攻龙脊，潘内每家去一人，共四五百人前往营救，击退了曹贼。

2. 乡约制度的生态关联

龙胜红瑶与邻近的龙脊壮族一起，发展起了较为系统的乡约制度。与之相关联的寨老组织和乡约条款曾经一度在区域生产生活中发挥着重要作用。仅就人与自然关系方面而言，龙胜红瑶乡约制度有关条款可归纳如下。

（1）禁止偷盗农林作物，保证生产秩序

龙胜红瑶乡约制度制定的目的在于维持地方治安和正常的社会秩序，反映在农业生产上，首要是禁止偷盗农林作物，保证农林副生产的正常进行，以维系地方的生存与族群的延续。

早在清道光十八年（1838），潘内红瑶民众订立的《潘内寨乡约碑》有三款专门针对农林作物生产的规条："一禁桐棕竹木，各管各业，不许恃横霸占，以强欺弱。一禁瓜茄小蔡（菜）或茶，不得乱盗乱丢（捡）。一禁地上田中禾稻、苞谷、糁子，苍（仓）库沉（存）粮不得俞（偷）窃。"② 这些条款涉及油桐、棕皮、竹子、木材、瓜类、茄子、小菜、茶叶、稻谷、玉米、糁子等 11 种类的农林作物，既包括主粮，也包括蔬菜，更包含林副产品，涵盖内容较为全面。同在潘内红瑶区域，清光绪十七年（1891）制定的《潘内寨团律乡约碑》也有相关条款："一议偷盗五谷、瓜茄、豆子，拿获，每户凑柴盐

① 广西壮族自治区编辑组：《广西瑶族社会历史调查》（第四册），第 207 页。
② 黄钰辑点：《瑶族石刻录》，第 69—70 页；广西壮族自治区编辑组：《广西瑶族社会历史调查》（第四册），第 204 页；广西壮族自治区编辑组：《广西少数民族地区碑文、契约资料集》，第 163 页。

火炙，决不姑息，勿谓言之不早也。"①

无独有偶，在 1849 年制定的黄洛红瑶参与其中的《龙脊乡规碑》第二款云："值稻粱菽麦黍稷薯芋烟叶瓜菜，以及山上竹木柴笋棕茶桐子家畜等项，乱盗者，拿获交与房族送官究治。"② 这一条款所包含的更为广泛，仅食用粮食蔬菜就有 10 种，更包括 7 种林产品，以及所有的家畜，几乎包括了红瑶所有的生计产业。

类似的乡约条款在金坑红瑶区域更为全面。如清光绪二十三年（1897）的《兴安县大寨等村禁约碑》就有四条专门的防盗条款：

> "一、禁不许偷盗田仓禾谷、衣物、银钱。谁家被盗，鸣锣行众，再三搜检家家仓内屋内，或得赃不得赃，搜人无罪。搜得赃者，众等公罚。
>
> 一、禁偷盗耕牛，鸣锣纠众，各带盘费守卡隘口。分派团内搜山搜屋，四处出赏花红，弩获不得构（行）贿私放，众等公罚。
>
> 一、禁春耕夏种，件件秧物不许乱偷，不得乱放猪羊鸡鸭牛马，乱吃乱踩。失主无靠，即害一家性命难活。秋收成熟之日，各田各土各团，不许乱进乱偷。如有乱偷，炮火石头打死，予白莫怪，无罪。
>
> 一、禁各种桐、棕、茶叶、桑、麻，不许乱偷。如有乱偷，拿获查出，鸣众公罚银四两四钱。"③

从上述四项条款不难看出，大寨一带红瑶所禁范围更加明确，甚至强调"如有乱偷，炮火石头打死，予白莫怪，无罪。"足见当地红瑶民众对自己一年辛苦所得的粮食作物的珍视程度，毕竟是关系家庭生死存亡的口粮。

除了各个村寨及附近村寨订立的乡约以外，一些村寨还联合起来建立更大范围内的联合。如 1864 年由兴安、龙胜二地的全部红瑶村寨共同订立的《兴安龙胜联合瑶团禁约碑》也有两项专门的防盗农林作物的条款："一、至秋获

---

① 黄钰辑点：《瑶族石刻录》，第 130 页；广西壮族自治区编辑组：《广西少数民族地区碑文、契约资料集》，第 190 页。

② 广西民族研究所编：《广西少数民族地区石刻碑文集》，广西人民出版社 1982 年版，第 154 页；黄钰辑点：《瑶族石刻录》，第 77 页。

③ 广西民族研究所编：《广西少数民族地区石刻碑文集》，第 126—127 页；广西壮族自治区编辑组：《广西瑶族社会历史调查》（第四册），第 343—344 页；黄钰辑点：《瑶族石刻录》，第 122—123 页。

或谷或草，停于南阡北阡，不得乱携，哪人胆敢，查出公罚钱文，不容。二、各村寨木林，不得窃偷，或找干柴者，不得带刀，哪人如违，目睹报信者，罚钱二百四十文，若有隐瞒，查出与贼同罚钱文，不恕。"[①] 这一乡约覆盖范围非常广，可谓是红瑶族群共同缔结的宣言。与以前有所差别的是，该条款提出了"若有隐瞒，查出与贼同罚钱文，不恕"。这样一来，当地红瑶民众就再不能视而不见听而不闻，只好尽力捉拿上报。

中华民国初年，对偷盗的也处理非常严厉。1917 年，由水银、金坑、潘内三个瑶族团共同设立的《兴安龙胜联团乡约碑》区分了盗窃的具体情况，并给予不同的处罚：对于盗窃猪牛、仓谷，撬壁挖墙之类的案值较大或影响恶劣的盗窃者，一经拿获，即处以割耳、刁目或沉塘毙命的严厉处罚；对于偷盗鸡鸭、蔬菜、杂粮的小偷小摸者，一经拿获，则罚款八千文；并且规定民众有义务拿获盗贼，倘若隐匿不报，与贼同罪[②]。而金坑大寨红瑶还对上述联团乡约进行了新的表述：对于惯盗田禾谷仓及猪牛家财者，拿获沉榜毙命；而对于偷盗羊、犬、鸡、鸭及什物、竹木柴薪及园中瓜菜者，则根据其严重程度予以公罚，未明确罚款的具体数额[③]。

要而言之，禁止偷盗农林作物，禁止偷盗耕牛，禁止偷盗秧苗，是红瑶民众为了保证正常的生产秩序而制定乡约条款的重要目的之一。为了惩罚惯偷，他们甚至可以施加终极惩罚——沉塘毙命，其法律效力不可谓不足。

（2）禁止滥放禽畜，保证作物正常生长

红瑶民众不仅从事农业生产，还广泛养殖牛、羊、猪、鸡、鸭等禽畜，用来满足仪式需要和生存所需。这样一来，就很可能发生禽畜破坏秧苗、禾苗、杂粮等农林作物的事件。鉴于此，特别在乡约中添加有关条款，意在保证农林作物正常生长。

早在 1849 年，黄洛红瑶参与其中《龙脊乡规碑》第二款就规定："在牧牛羊之所，早种杂粮等物，当其盛长之时，须要紧围，若遇践食，点照赔还。未值时届禁关牛羊，践食者，不可藉端罚赔。"[④] 一方面，提出种粮者要做好防护，

---

① 黄钰辑点：《瑶族石刻录》，第 92 页。

② 黄钰辑点：《瑶族石刻录》，第 146、153 页。

③ 广西民族研究所编：《广西少数民族地区石刻碑文集》，第 129 页；广西壮族自治区编辑组：《广西瑶族社会历史调查》（第四册），第 342 页；黄钰辑点：《瑶族石刻录》，第 151 页。

④ 广西民族研究所编：《广西少数民族地区石刻碑文集》，第 154 页；黄钰辑点：《瑶族石刻录》，第 77 页。

但如糟践食，仍可以得到赔偿；另一方面，也特别指出，不是禁关牛羊的时节，作物被践食，则不用赔偿，保证了畜牧业的顺利发展。与之相关的是 1878 年制定的《乡党禁约碑》，其中两项条款与牲口践食有关："一、禁种土杂粮耕地，于在牧牛之所，各将紧围固好。如牲口残食者，照苗公罚赔补。一、禁种土杂粮之处，于在外界，如牲口践食者，宜报牲主公平照价赔补，不敢（得）生事。"① 因系同一区域制定的，两款乡约碑显示出明显的继承关系。

　　同样地，在潘内红瑶地区和金坑红瑶地区，都制定有类似的乡约条款。如清光绪十七年（1891）订立的《潘内寨团律乡约碑》有云："一议春耕下种，六畜头牲，各家管守，不得踩坏秧苗、五谷等物。若不遵者，公罚钱文不贷。有犯必究，照约循章。"② 这一条款明确了时节和保护对象。再如 1944 年竖立的《金坑团联村禁约碑》第七款规定："七议春秋夏苗，秋熟禾稼在田，各有养鸭，务须看守，失错吃还。如有故意不道，纵放羊、鸭、鸡入食践（踏），鸣众处罚。"③

　　应该说，禽畜践踏秧田、毁坏农作物，是一个难以有效禁止的问题，因为传统上这些地方的耕牛秋冬季节都是浪放在山上的，如果哪一家管理不到位，的确很容易发生此类事件，更别说在村头和房前屋后的农作物种植了。

　　（3）禁止放火、滥伐、毒鱼，保护自然资源

　　红瑶对于山林护理非常重视。潘内一带的红瑶将周围山林划分为柴炭区、幼林保护区、造林区、开垦区、封山育林区、牧牛区、积肥区等类型，并且还将一些山林划为山火危险区。为了防止失火烧寨烧林，房屋周边不准堆稻草，天旱开会不点火把，半夜有急事也不准打火把，上山抽烟烟头要熄灭。在砍伐方面，注意合理砍伐，出卖木材先砍衰老的、洼地的林木，家庭用材一律禁砍生树等习惯做法，以达到"靠山吃山、吃山养山"的要求。④

　　为了实现"吃山养山"，保护自然资源，红瑶民众制定了许多有关的乡约条款。如 1864 年的《兴安龙胜联合瑶团禁约碑》有云："村寨男妇出入，不

---

　　① 黄钰辑点：《瑶族石刻录》，第 112 页；广西壮族自治区编辑组：《广西少数民族地区碑文、契约资料集》，第 177—178 页。

　　② 黄钰辑点：《瑶族石刻录》，第 130 页；广西壮族自治区编辑组：《广西少数民族地区碑文、契约资料集》，第 190 页。

　　③ 黄钰辑点：《瑶族石刻录》，第 170 页；广西民族研究所编《广西少数民族地区石刻碑文集》，第 130 页；广西壮族自治区编辑组：《广西瑶族社会历史调查》（第四册），第 345 页。

　　④ 广西壮族自治区编辑组：《广西瑶族社会历史调查》（第四册），第 199 页。

许乱放野焚山，哪人如违，查出公罚钱文不侥。"[1] 其管辖范围包括了当时兴安、龙胜相连的红瑶地区。到清末时期，大寨、小寨、中禄一带的金坑众团共同订立的《兴安县大寨等村禁约碑》对这一问题非常关注，其相关两项条款如下：

> 一、禁高山矮山，四处封禁，不许带火乱烧。如有砍山烧耕地土，各要宽扒开火路，不许乱烧出外。又清明挂清，各要铲尽（净）坟前烧纸。不许乱烧出外，如有乱烧，拿获查出，众等公罚银二两二钱。
>
> 一、禁春冬二笋，各管各业，不许乱挖。又有入别人山捡干柴，不准带刀。如有带刀乱砍，拿获者，众等公罚银一两二钱。[2]

这两项条款，一项明确对山林进行四处封禁，严禁乱烧，并提醒刀耕火种者要开挖更宽的火路，防止焚烧过界。另一项则关注竹子成长问题，不允许乱挖春笋和冬笋，不准带刀入山林乱砍柴，旨在保护山林。

即使到了中华民国后期，为了保证竹子的成长，为了保护渔业资源，也有专门的条款禁止乱挖和毒鱼。1944 年竖立的《金坑团联村禁约碑》第八款规定：

> 八议民境各户，有竹林在山，如遇春冬雨笋之时，不许入山乱偷乱挖，携家作乾（干）笋。再逢寿终人等，不准砍竹木，应造杉木一双。如不遵者，罚金五百元。

第十四款规定：

> 十四议所有其境之河，不许私毒（鱼），各体天良。[3]

由此可见，保护自然资源，禁止放火、滥伐、毒鱼，是红瑶乡约制度的一

---

① 黄钰辑点：《瑶族石刻录》，第 92 页。
② 广西民族研究所编：《广西少数民族地区石刻碑文集》，第 126—127 页；广西壮族自治区编辑组：《广西瑶族社会历史调查》（第四册），第 343—344 页；黄钰辑点：《瑶族石刻录》，第 122—123 页。
③ 黄钰辑点：《瑶族石刻录》，第 170—171 页；广西民族研究所编：《广西少数民族地区石刻碑文集》，第 130—131 页；广西壮族自治区编辑组：《广西瑶族社会历史调查》（第四册），第 3465—34 页。

项重要内容，对于森林保护起到了较为突出的作用。

（4）禁止乱放田水、挖坏田基，保护稻作生产

对于已经定居的红瑶民众来说，当地山多田少，稻作生产在生计中占据着重要地位，而田水既是制约梯田开垦的重要因素，也是稻谷生长必备的重要条件，因此，红瑶民众非常重视水利。对于已修好的水沟，一般都开有数个乃至十多个大小不同的分水水口，但到天旱的时候，往往有人强挖水口，引起水利纠纷。[①] 为了应对这种情况，当地瑶族、壮族民众在制定乡约时就考虑到了这些条款。早在清道光二十二年（1849）《龙脊乡规碑》中，就有了专门的水利禁约条款："遇旱年，各田水渠，各依从前旧章，取水灌溉，不得改换取新，强塞隐夺，以致滋生讼端。天下事，利己者谁其甘之。"[②] 该条款明确要按照传统习惯，不得随意更改，强挖抢夺。1878 年竖立的《乡党禁约碑》再次强调同一条款："禁天干年旱，各田照古取水，不敢（得）灭旧开新。如不顺从者，甲头带告，送官究治。"[③] 与三十年前相比，该条款明确了要"送官究治"，显示出地方官对当地影响的加深。

在离黄洛红瑶不远处的大寨、小寨一带，1944 年竖立的《金坑团联村禁约碑》第九款则规定了另一种禁止事项："九议各户有庤鳝鱼之业，历年不禁，常被毒空之人挖垠田基，不定禾稼，石未复原，此系败坏规律。从今过后，不许挖拿。如不遵禁者，罚金五百元，决不容情。"[④] 这条禁约特别针对一些捕捉鳝鱼者挖坏田基的情况，其目的也是保证梯田稻作的顺利进行。

除了成文的乡约制度以外，龙胜红瑶还有一些不成文的习惯法，对调节人与自然关系有一定作用，如"春播到秋收期间不准放浪牛、羊、猪践踏禾苗，吃食新谷，违者折价加倍处罚。""不准偷砍别人杉树、竹林、桑树、柴林、偷挖笋子。违者折价加倍处罚。""开荒烧山毁林，要游寨敲锣叫喊示众。""挖坏农田水渠，要修补完好。"[⑤] 与成文法相比，此处某些条款已经被写入了乡约之中，"游寨敲锣叫喊示众"之类的惩罚带有很明显的降低触犯者社会声

---

① 广西壮族自治区编辑组：《广西瑶族社会历史调查》（第四册），第 186 页。

② 广西民族研究所编：《广西少数民族地区石刻碑文集》，第 154 页。

③ 黄钰辑点：《瑶族石刻录》，第 113 页；广西壮族自治区编辑组：《广西少数民族地区碑文、契约资料集》，第 178 页。

④ 黄钰辑点：《瑶族石刻录》，第 170 页；广西民族研究所编：《广西少数民族地区石刻碑文集》，第 130 页；广西壮族自治区编辑组：《广西瑶族社会历史调查》（第四册），第 345 页。

⑤ 龙胜各族自治县民族局《龙胜红瑶》编委会编：《龙胜红瑶》，第 41—42 页。

望的色彩，是另一种惩罚机制。

还需要补充说明的是，其他地方的瑶族、苗族、畲族也都有一些传统民间社会组织和乡规民约，其中有些条款对区域农林生产秩序的正常进行起到保障作用；有些条款对区域生态环境和森林水源的保护起到了一定程度的推动作用。如南丹里湖白裤瑶的"无字禁令"：过去，由于瑶民多不识字，所以当地会在朝向路边那面笔直的树干上捆绑着好几条顶部尚带叶子的竹竿，从根部到一丈多高的地方，每隔2尺左右就有一圈竹篾扎着。在最高那条竹竿的近顶部位用竹篾编织成一个漏斗般的竹斗子，里面放着一个白色的大瓷瓦碗。当地瑶民解释说，这是一种禁令的标志，意思是：这一片树木禁止砍伐，违者严惩不贷！①

三　表达性生态知识体系

岭南苗瑶语族支系繁多，所在区域差异又大，受差异化的他者文化传统的影响，其传统的表达文化也丰富多样，处理人与自然之间关系的方式也有所差异，因此，形成了丰富多彩的表达性生态知识体系。

（一）传统自然观/生态伦理

1. 万物同源，人与自然和谐共生

岭南的苗瑶语民族的一些支系，对于世界的起源和万物的来源，有较为相似的认知，基本上都认为有一个"造物主"，他创造了宇宙万物，人与其他动植物一样，都是同一来源，没有本质上的区别。

在融水苗族广泛流传的《创世大神和神子神孙》中，开天辟地的"纳罗引勾"是从混沌中生长出来的。他不仅能够开天辟地，而且还能够捏人捏兽捏菩萨。人和菩萨都是用和泥捏成又用窑火烧就的，只不过进窑的泥人有生有熟，熟的泥人就成为人类，可以种田锄地、织布缝衣、起楼建房、育男养女、世代相传。生的泥人就做了社婆婆、庙公公，只能到社里庙里蹲着，三月吃一顿，八月饱一餐。之后，纳罗引勾又按照奇峰怪石的模样捏造百兽，因为模样丑陋，所以纳罗引勾告诫它们说："你们生来丑陋，上不穿衣，下不穿裤，人见人怕，鸟见鸟惊，你们也该自知害羞，日后你们就躲深山、睡草丛；夜里不得烧篝火，白天不得点灯笼；不爬人楼，不偷盐瓮。"另外

---

①　张一民：《白裤瑶乡印象记》，《广西民族研究参考资料》1985年第5辑，第107页。

还警告百兽："你们支多族杂，有角不得当王，有爪不许当霸。"就这样，百兽就永藏深山，不露脸，不露形，不造楼，不生火，不煮汤。后来，有感于人兽饥饿无食物，他又栽果种谷。担心百兽争抢禾本，又吩咐它们说："好丑是兄弟，大小是一家，果子分来享，野菜分来拔，嫩草分来吃，地薯分来挖。"最终，千族百兽各有吃的，各有住的，也就不争不抢、不打不闹了。① 在这则故事中，人、兽、菩萨都是纳罗引勾用泥和水做成的，表明它们在本质性上具有同一性。

无独有偶，布努瑶广泛流传的《密洛陀》史诗也拥有类似的情节，始神福华赊·发华风造出了四位神童：花果神密梭朵·密烟规、雷神郎不凡傲机立建·郎不凡傲机立风、水神密龙峒·密烟芝和祖神密本洛西·密洛陀，而密洛陀就是"万物的始母""人类的母亲"。四神受命下凡后，密洛陀不仅开天辟地、创造太阳和月亮，还创造了动物和人。值得注意的是，植物在史诗中却是花果神秘烟规创造出来，而这一点在上述苗族民间故事中没有交代。密洛陀到人间后，先是造出了几十个鬼神，其中十个被确定为武神；然后开始用糯米饭造出了鸭子、狗、猫、猪、羊、水牛、黄犊、驴马等动物，而山里的虫和水里的鱼虾则是用剩下的糯米饭撒播而成的。为了造人，密洛陀先后试验了米、土、石、铁，都不成功，最后终于用蜂蜡造出了人类。② 从上述史诗中，我们可以发现：布努瑶的创世神话系统更为复杂、完善，不仅有专职的花果神、雷神、水神，还有负责其他一切事务的祖神。从先后次序来说，先有植物，然后是动物，最后才出现人类。

综上，无论是苗族创世神话，还是瑶族创世史诗，都肯定了人类与自然和谐共生的事实。花果树木等植物虽然不直接依赖动物生存，但它们同样需要水、阳光、土壤等无机环境；动物以植物为食，但也为不同植物的生长提供了条件，特别是农作物物种更是得到了创世大神的优先考量。在从事山地农业的过程中，苗瑶语族民众不仅通过种植农作物与周围的无机环境互动，而且改变了所在区域的动植物结构。而动物对农作物的啃食与人类对动物的狩猎也构成了一对相对稳定的能量流动关系，可以算是人类与动物共生的一个侧面。

---

① 梁斌、王天若编：《苗族民间故事选》，第1—16页。
② 蒙冠雄、蒙海清、蒙松毅搜集翻译整理：《密洛陀》，第18—19、83—94、245—285页。

2. 万物有灵，人应当敬畏自然

岭南的苗瑶语族普遍承认万物有灵，举凡花果、树木、石头、五谷乃至山脉、河溪、湖泊等均有自己的生命和灵魂，因此要善待它们，得到它们的认可和帮助，而不能触犯它们，否则就会引发灾难。在此基础上，一些有灵的自然物逐渐被神化，出现了山神、树神、水神等自然神灵（鬼）。

大瑶山山子瑶认为禾苗有自己的灵魂，还有过"禾魂节"的传统。农历四月初九，天刚亮、全寨男女老少都起个大早，忙着打扫庭院、熬酒、做糯米糍粑，好迎接"禾魂"回家过节。早饭后，家长根据年龄大小和体力的强弱，把各人分配到田垌、早禾地以及田边的小溪去请"禾魂"。都要穿上整洁的衣服，带上小谷篓，到小溪的还要带上捞绞。到达目的地后，人们沿着田埂和山边仔细搜索鼠洞、石缝，寻找被老鼠拖去收藏起来的稻谷。一旦发现，就高兴地说："禾魂、禾魂，快跟我回家。"一边说一边把稻谷拾起装进小谷篓里。到小溪去的人用捞绞在水中捞来捞去，一边捞一边说："不幸被水冲走的禾魂，我来找扯你了，快跟我回家。"打捞过程中，不管捞到虾子或小鱼，都把其视为"禾魂"并带回家。下午，去请"禾魂"的人回来了，路上大家喜气洋洋，逢人就说："我请到禾魂啦！我的禾魂跟我回家了。"回到村边，各户的家长将拾回的稻谷集中到用红纸包着的新小谷篓里，然后在一根枝繁叶茂的金竹上挂上五串最大最长的稻穗。意为今年的稻谷长的路竹子一样高，五谷丰登，接着右手拿金竹、左手提谷篓朝家里走去。进堂屋把金竹插在神龛上，将谷篓放在金竹旁边。随即拿来糯米糍粑，端上煮好的肉，斟上米酒，大家向"禾魂"三鞠躬。仪式告一段落。大家围坐桌旁，一边吃饭，一边听长者传授生产经验。[①]

同样是在大瑶山地区，中华人民共和国成立前，当地瑶民都认为圣堂山是神仙之境，普通人是不能上去的。如果真的上去了，就一定会发生不幸。因此，在这种敬畏之下，当地瑶民自己是不敢上去的，同时也不愿意让汉人上去。据唐兆民《瑶山散记》记载：民国时期，中山大学的采集队，不顾一切，一定要去，事给大㮲村的花篮瑶知道了，不但不许他们上去，而且说采集队犯了他们的"石牌"，甚至要拿绳子绑人，最后罚款了事。另在岭祖一带有"天堂山"，它不仅是那一带的最高峰，而且有时山顶山还能发出"鼓乐音"，所

---

① 黄志辉：《禾魂节》，载胡德才、苏胜兴编《大瑶山风情》，第241—242页。

以非常神妙，被誉为"天堂"。①

隆林苗族大多地处高寒石山区，因此当地对水非常敬畏，认为泉水具有神性。热恋中的男女相约到水沟或水井边，姑娘用双手捧给小伙子喝，并交换信物，偏苗称之为"喝定情水"；红头苗则进一步加入了血的元素，即男女找到了自己称心的对象以后，便背着父母和同伴，手拉着手来到泉水边，小伙子捧起一捧水，姑娘取下头上的银针或用竹扦轻轻刺破小伙子左中指，让血流进手捧着的泉水中，然后姑娘连喝三口。接着，姑娘用手捧水，小伙子刺破姑娘的右中指，滴血于水中，照喝三口，这就是生死相依的"血誓定情"。即使到了现代社会，红头苗青年中还有人举行这种仪式，只不过不再刺破手指，而是只喝泉水，表示爱情像泉水一样清纯，像流水一般长久。②

诸如此类的案例，苗瑶语民族中还有很多很多，这里就不赘述了。

值得关注的是，由于敬畏这些自然物，岭南地区的部分苗瑶语族民众传统上还形成了一定的生产生活禁忌，调控着人们与这些自然物的关系。隆林苗族未喊"粮魂"忌收粮食，当地苗民认为粮食的灵魂在地里，如果不在收粮前把"粮魂"叫来，以后收的粮食就没有灵魂，没有灵魂的粮食容易被消耗掉，因此每到农历七月中下旬，一定要先喊"粮魂"。③ 与之相类似，海南苗族在收割稻谷季节，第一次挑稻谷回家时，每人要在所挑稻谷中插上大红的"稻母花"，表示丰收。刚到家时，主人要大声叫喊："稻谷从山猪口中跟我们回家"，将"稻魂"招回家中，明天的山栏稻才能获得丰收。④ 广东连州过山瑶认为，农作物之所以遭受鸟灾、虫灾、兽灾、水灾、火灾，是因为敬畏不足犯禁造成的结果，故当地二月初一至初十为"禁害日"，即所谓的一禁鸟、二禁虫、三禁水、四禁火、五禁蝗、六禁野猪、七禁野羊、八禁野兔、九禁老鼠、十禁獐麂。这十天不宜上山下地劳动，以免犯禁忌。⑤

综上，岭南苗瑶语民族民众大都崇尚万物有灵，认为自然界的动植物有自己的灵性，因此，要想得到更多的收获，生活得美满，就必须要对它们保持敬畏之心，去取悦它们，让它们赐福。

---

① 唐兆民：《瑶山散记》，第 180—183 页。
② 朱慧珍、贺明辉主编：《广西苗族》，广西民族出版社 2004 年版，第 65 页。
③ 杨光明主编：《隆林苗族》，广西民族出版社 2013 年版，第 400 页。
④ 黄友贤、黄仁昌：《海南苗族研究》，第 269 页。
⑤ 林为民、曹春生、黎穷编著：《连州过山瑶》，中山大学出版社 2009 年版，第 57 页。

3. 万物有限，应有节制地利用自然

在长期的历史发展过程中，岭南苗瑶语民族民众认识到周围的万物也是有限的，植物生长、动物成长都有一个逐步发展的过程，而且资源也不是取之不尽，用之不竭的，因此，提倡有节制地利用自然。

一是取之有度，没有只顾眼前利益，而忽视了长远目标。这在岭南不少地区的苗瑶语民族中是广泛存在的。龙胜红瑶为了制止某些人"杀鸡取卵"，规定不允许乱挖冬笋、春笋，不允许乱砍滥伐。再如在贺州的土瑶地区，他们的采集、狩猎活动不是采取"杀鸡取卵"的方法，而是有节制地、适度地取用。南丹大瑶寨的白裤瑶一般不打春鸟，因为鸟类在春季繁殖，打一损三。对此，当地有谚云："劝君莫打春来鸟，仔在巢中盼母归。"认为打了母鸟，小鸟也难以生存下去，有损"功德"。① 土瑶民众规定每年春夏时节为封山时期，在此期间，土瑶人都会在进山必经之路或溪河边挂上杂草扎成的"草标"，表示封山、禁捕，只有到了秋冬时节才能进山采集、狩猎和下河捕捞。对于鸟蛋、野果，他们坚持"鸟蛋不掏尽、野果不采绝"的观念，留下部分鸟蛋、野果做种子，保证采集资源不绝，剩下的果子也成为鸟兽的口粮。②

二是实行简单生活方式，对自然的索取限制在一定范围。传统上，岭南的苗瑶语民族民众各种生产活动都是为了维系自身的生存，即使是狩猎，也大多是因为野生动物糟蹋庄稼而不得已将它们射杀，很少有将猎物当作商品的，因此他们将自己对自然的索取限制在一定范围内。畲族对于主动上门或被其他动物追赶误进村庄的野生动物，一般采取放归山林的做法，因为他们传统上认为，猎杀上门求助的野生动物会遭天谴，至少会大病三年，甚至家遭横祸、人死财伤。③ 由于传统经济多属于生存经济，主要是为了族群的延续，再加上常常避居深山，岭南的苗瑶语族民众大多实行简单生活方式，对自然的需求限制在一定范围内。特别是定居以后，一些苗瑶畲民众往往会考虑资源可持续利用的问题，其最终目的还是维系群体的延续与发展。

有限地利用自然资源，也非常清晰地呈现在茶山瑶的河规中。如前所述，

① 广西壮族自治区编辑组：《广西瑶族社会历史调查》（第三册），第29页。
② 覃康聪：《土瑶生态伦理研究》，硕士学位论文，广西师范大学，2014年，第14页。
③ 钟伯清：《中国畲族》，宁夏人民出版社2012年版，第169—170页。

他们规定了允许捕捞的时间和方式，一般不允许采用极端的毒鱼方式。即使是恰逢宗教活动或人生礼仪需要，也只允许捕捉少量鱼类，且对捕捉的方式方法限制良多。

（二）传统自然崇拜

传统上，岭南苗瑶语族民众大多居住在山林里，虽然对周围的无机环境和动植物有一定的认识，但由于认知水平的原因，常常会将一些无法解释的自然现象给神秘化，甚至与自身的经历和活动联系起来，最终形成了丰富多样的自然崇拜。根据崇拜对象来说，可以分为天体崇拜、无生物崇拜、植物崇拜和动物崇拜四大类别。

1. 天体崇拜

在岭南苗瑶语族民众心目中，天最大，逢年过节必祭天神。而在天空中的太阳、月亮、星星都成为人们的崇拜对象，其中又以太阳崇拜最为典型。打雷作为非常重要的天气现象，常常预示着大量降水，严重影响着人们的生产生活，因此也产生了一些与之相关的崇拜现象。

（1）太阳崇拜

岭南苗瑶语民族对天上的太阳不仅崇拜，而且非常敬畏。

人们认为，太阳可以带给人们阳光和温暖，正如苗族古歌所唱："太阳不滚烫，大地不着凉。千垌暖烘烘，万岭喜洋洋。……日头当被盖，暖肚又暖肠。"[1] 在日常生活中，山子瑶民众把太阳看作阳、生、兴旺、平安、吉祥的代表。其村寨朝向一般是坐西朝东的，他们认为早上太阳从东方升起，会给人带来吉祥，这是太阳崇拜在居住文化上的反映。妇女头巾和小孩的帽顶上，常常会绣有象征太阳的八角星图案：八角星周围绣圈小星，象征群星；群星外面绣四道线围成方形，象征大地；上绣花、木之类图案，象征万物。[2] 这是太阳崇拜在服饰文化上的反映。

然而，太阳在带给人们温暖的同时，也带来了炎热，特别是迁移到热带亚热带地区生活以后，每年有很长一段时间的酷热。而酷热的天气一旦持续较长，降雨不及时，就容易带来干旱，影响旱作农业生产。苗瑶语族民众直观上认为，干旱与太阳有关，是太阳太过于猛烈。对此，布努瑶、山子瑶、白裤瑶民间都

---

① 梁斌、王天若编：《苗族民间故事选》，第16页。
② 吕大吉、何耀华总主编：《中国各民族原始宗教资料集成：土家族、瑶族、壮族、黎族卷》，第210页。

广泛流传着射日的神话传说，大致内容是说：过去有十二个太阳，它们互相争斗，结果导致阳光太过毒辣，万物生灵都快渴死、枯萎。比如《密洛陀》神话《杀日月》对此描述道："这一天，阳光烈如火，大地滚热浪。河水停止了流淌，山花失去了芬芳。百鸟没水喝，百兽渴难当。禾苗点得火，草木尽枯黄。山山在求救，处处喊救命。"① 面对这种情况，有位英雄出来把多余的太阳射掉。

苗族神话传说《创世大神和神子神孙》中也包含着相类似的情节，只不过十二个太阳是从蛋里面孵出来的，由于它们"生前不同娘，古时结宿怨"，所以在被镶嵌到天上睁开眼睛发现冤家老对头以后，就开始互相打斗。结果"把天撕成百眼千坑，把地燎得一片焦殇。人只剩十对，兽各留一双；深山只剩一蔸枫王树，大地只留一口奶头泉。人靠奶浆活命，兽靠树叶养生。"为了扭转这种恶劣状况，后生"足窝雷哈枉"先后向大地蜂、螳螂、箭猪、枉鸡等求助，最终在枉生的努力下射下了 10 个太阳，剩余的两个，一个正常轮替，一个变成了月亮。② 这一类的神话，一方面是对英雄的崇拜；另一方面也反映了对太阳的敬畏。

由于人们对太阳敬畏有加，生怕因此导致干旱，而形成了很多与之有关的禁忌和习俗。百色山子瑶年初一当天禁止在门外生火、烧山及晾衣物，认为年初一是全年的浓缩，如果这一天有上述行为，太阳会误认为该年人类需要更多的日照而导致干旱。当旱情发生、大片作物干枯时，就用羞辱太阳的方法来消灾。人们认为，太阳和月亮是一对夫妻，它们也懂得美丑。大旱之年，找来一些上了年纪的寡妇，让她们到山沟里的溪潭边，脱光衣服，一丝不挂地在潭里戏水，并谩骂太阳。当地瑶人认为，太阳见到这群老妇裸体咒骂自己，会害羞地躲进云层，这样天就会下起雨来。③

总结来看，岭南苗瑶语民族民众对太阳是非常敬畏的，主要是担心光照太多、雨水不匀而引发干旱，影响到日常生活用水和旱作农业生产。然而，这种对太阳的崇拜实质上是很零散的，并未发现专门的崇拜太阳的仪式。

（2）雷崇拜

雷是空气中带异性电的云块相接而发出的强大的声音，常伴随着闪电和降

① 蒙冠雄、蒙海清、蒙松毅搜集翻译整理：《密洛陀》，第 102—103 页。
② 梁斌、王天若编：《苗族民间故事选》，第 17—28 页。
③ 吕大吉、何耀华总主编：《中国各民族原始宗教资料集成：土家族、瑶族、壮族、黎族卷》，第 210 页。

雨，有时会引发山火或人畜伤亡。岭南苗瑶语族民众对雷（神）非常崇拜，不仅为其建庙定期祭祀，而且还形成了与之相关的禁忌习俗。

广西大化、都安一带的布努瑶最为崇敬雷神，常将雷庙建筑于村寨旁的大树下，用石块垒成。建庙时，经魔公（巫师）做法事安神位后，推举一寨老为管庙人。嗣后，每年秋收完毕，管庙人便逐家挨户收集钱粮，备办酒肉，择日召集全寨男性老人到庙里供祭，酬谢雷神，祈求福佑。供祭过雷神的酒肉，仅限老人享用，认为年轻人吃了"雷庙肉"就会不生育或婴儿畸形。同时，人们视这棵大树为神圣之物，严禁砍伐，连树枝也不能捡回家当柴烧，妇女也忌讳从树下走过，逢着必须远离改道。寨里如果有人丢失东西，疑为某人偷去但无凭据，当双方发生争执时，即到雷庙前赌咒，请"雷神"判明是非。①

百色山子瑶将打雷与降雨联系在一起，天上雷鸣闪电，预示天将下雨，进而认为雷是掌管雨水的神。天之所以下雨，是因为雷公拿着水桶坐在云头上，打火发怒，将桶里的水往下泼。因此，每当天旱时，山子瑶民众常进行求雨仪式，最简单的办法是：首先，找来一只青蛙，用细绳绑住它的腰，然后将它吊在小水潭上离水一尺许的高度上，令其看得到水，但又下不到水，让阳光照射到它的身上，活活地被折磨个半死半活。为何如此呢？是因为那里的瑶族民众认为，青蛙是雷公的孩子，一旦雷公看到自己儿子饱受烈日暴晒之苦，就会发怒，兴云作电，下大雨让潭水暴涨淹没青蛙，使它的孩子得救。此时旱象即可解除，作物获救。而暴雷、暴风雨天气过多也同样麻烦，如有房子被雷击中或被暴风雨刮倒，山子瑶的一些老妇人就会采用一种很特别的方法驱赶雷雨，其办法是：取来一根挑水专用的扁担和一把斧头，憋着气把二物放在火灶上方平时用来烘干谷物的竹架子上，仪式即告完毕。至于为何如此，当地瑶民认为斧头是雷公的用品，它找不到斧头就会大发雷霆；扁担是雷公用来挑水的工具，它找不到也会发怒，大喊大叫。而将二物放置在火灶上方，是让灶王拿去给雷公，免得它一家家地搜查劈死人。②

对雷（神）崇拜与敬畏一度使得人们正常的生产生活活动受到比较大的影响。蓝靛瑶认为每年农历七月二十为雷母回家之日，八月二十为雷父回家之

----

① 《中国各民族宗教与神话大词典》编委会：《中国各民族宗教与神话大词典》，第646页；广西壮族自治区编辑组：《广西瑶族社会历史调查》（第五册），第390页。

② 吕大吉、何耀华总主编：《中国各民族原始宗教资料集成：土家族、瑶族、壮族、黎族卷》，第212页。

日。这两天，不仅忌讳上山、下田，也忌讳开箱柜，否则劳而无获，钱财将随雷父而去。打雷之日，也忌讳外出做工。如在野外听见雷声，即刻回家，以免招致大难。① 布努瑶姑娘传统上一般不在春夏季节出嫁，主要是怕打雷，而打雷对她们来说意味着新娘钱财不受自己管理。倘若真在送亲路上听到雷声，新娘和陪送姐妹立刻沉默不语，表示回避；走到新郎家门，也不能进去，只能在屋檐下过夜。翌日天亮，才由男方村上一位子女双全、心地善良有威望的妇女领进洞房。布努瑶人认为，如果不遵守上述规则，新郎家就会受到雷公惩罚，夫妻俩喂养的猪长不大或不长膘，养牛则跌山死掉，养鸡会生瘟，栽果树只开花不结果，种玉米只长叶子不长粒，生养的孩子有缺陷，等等。② 苗族民众同样敬畏雷神，当每年第一次春雷鸣响时，苗民既喜又忧，深恐毒草蔓延、毒虫四起；于是，敲击板壁、捣碓捶鼓，以示镇邪。苗民唯恐得罪雷公，一面警告百害，一面回避雷公。第一声春雷响后的三天内，不下田、不松土、不淘粪、不上山打鸟、不下水捕鱼。否则，被雷公发现，遭受惩罚，人畜难安，谷粒干瘪。有的地方只忌第一次，有的地方则在听到第一声、第二声、第三声春雷时都各忌三天。③

总结来看，虽然岭南苗瑶语民族的雷崇拜是普遍存在的，但在一些地方群体中也有不那么敬重的一面。如隆林各族自治县岩茶乡一带的苗族流传着《活捉雷公》的故事，将雷公还原为"另外一个民族"，曾经跟苗人、彝人关系亲密，是从人间被推举上天的，得到天帝赏赐后，成为"雷王"，掌管雷、电、风、雨的事。雷公成王后，脾气暴躁，蛮横不讲理，后被捉住，最终在妇女们的无意帮助下逃脱。由于对人们怀着仇恨，所以每逢下大雨，总是对人间轰轰地叫。④ 这一故事虽然也反映了对雷公的敬畏，但也用调侃的语调讲述了雷公不光彩的一面，反映了人们对雷公内心中的不屑。

2. 无生物崇拜

相对于天，地是人们直接生产生活的地方，因此感知更明确，经历更复杂，因此也形成了许多对地球上无生物的崇拜，首要是土地崇拜，这是传统时代最为流行的自然崇拜形式，其他还有山崇拜、水崇拜、火崇拜、石崇拜等多

---

① 《中国各民族宗教与神话大词典》编委会：《中国各民族宗教与神话大词典》，第648页。
② 吕大吉、何耀华总主编：《中国各民族原始宗教资料集成：土家族、瑶族、壮族、黎族卷》，第213页。
③ 《中国各民族宗教与神话大词典》编委会：《中国各民族宗教与神话大词典》，第471页。
④ 李树荣主编：《广西民间文学作品精选：隆林卷》，第8—11页。

种崇拜。

（1）土地崇拜

土地崇拜是岭南苗瑶语民族自然崇拜最普遍的表现，这跟他们很早就从事农业生产有关。最初时，人们只是认为土地有灵性，随着人类思维的抽象化，土地有灵观念逐渐发展成为土地神观念。最初的土地神，只主宰农作物的收获。后来，人们不断地给它增加神职，使它成为身兼数职乃至万能的神祇，成为一个地域范围内的保护神。[①]

瑶族崇拜的土地神有丰产土地神、多职能土地神与本境土地之分。丰产土地神以广西山子瑶最为典型，这一类型的土地神在当地指的是某耕作地块神，如一块山地的名称叫"球不川"，那么该地的神就叫"球不川神"。其神职权很小，主要是管理某一山坳面范围内的动物、植物、土地。如有人在这个地方垦殖，就保护人所种的作物不受动物糟蹋和旱、虫、瘟等灾害，使作物获得丰收。每年农历六月初六，瑶人要祭祀丰产土地神进行保苗活动。这天早上，家主把在家已煮好的一只猪耳朵或猪头作为供品，带到所要祭祀的田或畲地上，找来几片绿叶铺在田头或地边，把肉放在上面，面朝田地。叶子上还要放上一抓白米、数张纸钱和一根嫩芒草。将芒草叶打个结，用芒草秆穿过三张纸钱的中心，放在地上，待喃神完毕后把它插在田里或地里。另外还摆上三只酒杯，倒满酒，同时烧三炷香，左边属于神农皇帝，中间属于阴间师傅，右边属于管辖本地的土地神。在烧上几张纸钱后，师傅会抓起几粒白米向上抛撒，同时开始念诵咒语。主要内容是这块地禾苗长势不好，请求保佑禾苗快长，管好鸟兽，不让它们来吃谷子或糟蹋庄稼，下地一粒长出千粒万粒。[②]

多职能的土地神职权范围更大，除了管辖某一地域动植物生命外，还对在该地域耕作、生产的人畜生命负责，不让他们受伤、生病，显示出一定的社会性。这一类土地管辖地域大小不定，大者几千亩，小者一二百亩。更为重要的是，这一类土地神已经有了固定的位置，或是在田边的某片树林的一棵大树下，或是田边的某个大石头。由于这一类土地神管辖地域内通常住有几户乃至

---

① 何星亮：《土地神及其崇拜》，《社会科学战线》1992年第4期。

② 吕大吉、何耀华总主编：《中国各民族原始宗教资料集成：土家族、瑶族、壮族、黎族卷》，第216—217页。

十几二十户人家，故其成为这些人家共同崇拜的神，其祭祀活动都以集体形式进行。集体祭祀时，有人组织，各家各户准备祭品，六月初六到土地神安置处集中，埋灶做饭，祭祀土地神。同时各家各户用竹片穿上一张纸钱做成小旗，堆放在在祭台旁。在师傅念完咒语完成祭祀活动后。大家围坐一起开始聚餐，之后师傅将小旗分发给参与者，各自带上小旗放在田头显眼处。据说小旗代表着土地给各户的兵马，可以保护田地不受诸灾。① 这一类型土地神，在海南苗族地区也是常见的。那里的苗村外面一般立有石头，也就是土地公的神位。当地苗人认为，土地公是保护全村人丁财产的神，是苗族鬼魂中的最善良者，人们常在新年祭拜它，这样可以保佑家人平安。②

瑶族另有"本境土地"一神，其神位安放在盘王庙内，但不与盘王、李王、神农的神位在一起，一般是在庙内右边的墙下，用石头立于地上代表土地金身。石头前面放一个碗做香炉。按照瑶人的说法，盘王、李王是王，是上一级的神，而本境土地只是地方具体事务的管理者，凡人间人畜、作物瘟病，各种自然灾害，社会治安，婚丧，诉讼等都是它分内的事。祭祀土地公的仪式，小祭仅烧一炷香，就讲有何事求于土地公做主保佑。如果是大祭，则通常和还盘王愿或每年春夏祭一起进行。③

此外，在汉文化的影响下，一些苗瑶语民族地区还流行土地崇拜的衍生形式——社王（神）崇拜。而社王（神）实质上就是土地神。这在大瑶山五种瑶人、白裤瑶、布努瑶、木柄瑶、平地瑶、红瑶等瑶族支系中是普遍存在的。社在大瑶山非常盛行，不仅村有社，而且有的一姓还共有小社，甚至于一个村有好几个社，如坤林村共25户就立有个社，即平安社、新安社、全州平安宁静社。一般来说，社王一律没有神像，而是以石头代替神位。花篮瑶很久以前是没有社庙的，社王神位被安放于大树下面，以树为屋，任凭风吹雨打。后来，为了方面祭祀，才在石头上面盖上了简陋的房屋，躲避风雨（如门头），六巷村则把神位移进了甘王庙。花篮瑶每年举行两次祭社，一般在农历二月、八月社日。每次杀一头猪作为祭品，称为"社猪"。社猪由全村共社各户轮流饲养，猪肉于祭社当天在社庙前平均分给共社各户。俟祭神结束后，或在庙前

---

① 吕大吉、何耀华总主编：《中国各民族原始宗教资料集成：土家族、瑶族、壮族、黎族卷》，第218页。
② 中南民族大学编著：《海南岛苗族调查》，第103页；
③ 吕大吉、何耀华总主编：《中国各民族原始宗教资料集成：土家族、瑶族、壮族、黎族卷》，第219页。

聚餐，或携带回家，均可自便。① 环江毛南族自治县驯乐苗族乡长北村一带的盘瑶认为，社王是保护禾苗的神祇，每年农历六月初六都要举行集体祭祀仪式。当地将社王庙建在田垌里，凡在这一带占有田地的人家，都要共祭这个社庙。到祭社的这一天，各户应期而集，共同祭祀。其费用由各户均摊。祭祀礼仪由社老主持；祭祀事务由各户轮流担任。凡轮流之户事先须购买一头 30 斤左右的小猪，以作祭期宰杀供神之用。祭祀完毕，大家共同会餐。当天不能出工，如有违犯禁例，所支费用则由其负担。②

大苗山苗民同样流行社神崇拜，苗乡村寨旁或田垌边一般会建有一座四柱小屋，屋内案台上放置有一块不规则的石头，即社神的存在。每逢农历二月春社、九月秋社，苗民都要到此庙祭祀。祭祀活动均由巫师主持和操办，凡参加吃社的家族仅奉献猪肉、米酒、酸鱼、糯米饭等祭品而已，帮手们在案台上摆上上述祭品后，巫师即焚几炷香，插在案台前的小泥堆上，然后面朝石块跪拜作揖，口念祭词，歌颂社王的功德，祈祷社王保佑一年的农业生产，免除风灾雨灾鼠灾及病虫害，保佑人们五谷丰登，六畜兴旺。祭祀活动大约持续一个小时，之后全员在社庙旁旷地上聚餐共饮，并商讨全年的农事。③

有意思的是，土地崇拜在广东畲族和隆林苗族中间并不是很盛行，反而是猎神崇拜或山崇拜较为盛行，这可能是因为他们过去长居深山，朝夕与山岭打交道，故对赐予猎物的山灵（神）或猎神非常崇拜，显示出信仰与生计之间的关系。而其他地方的瑶族、苗族民众，则以稻作或旱作农业为主要生计，土地是植物生长之本，必须受到足够重视，所以也得到广泛的崇拜。

（2）山崇拜

苗瑶语民族都是山居民族，"靠山吃山，吃山养山"，因此对山非常崇拜。从最早的认为山也像人一样拥有灵魂，到后来认为山是山神的领地，受其管理，因此要在山中生活下去，要得到山神的认可，敬畏它们，请求赐福。从现有民族志材料来看，岭南苗瑶语民族是普遍崇拜山灵或山神的。

---

① 吕大吉、何耀华总主编：《中国各民族原始宗教资料集成：土家族、瑶族、壮族、黎族卷》，第 220—221 页。

② 广西壮族自治区编辑组：《广西瑶族社会历史调查》（第三册），第 84 页。

③ 吴成德、贾晔主编：《南方山居少数民族现代化探索——融水苗族发展研究》，第 209 页。

布努瑶认为每一座山都有神灵，叫"愣发造"①，有多少座山，就有多少位山神；总管"愣发造"的大神叫"卡亨"，他是母神"密洛陀"派来管山的。相传"卡亨"得"密洛陀"传授的法术，神通广大。他对山舞拳头，大山就会翻筋斗；对岭踢起脚，坡岭就会飞出千里远。因此，布努瑶人在山边一般都会设立一个山神庙。庙很简单，一般用三块石板架垒而成，里面安放一块小石头（表示神像）。人们认为，平时上山砍柴伐树，要先向"愣发造"磕头。不然的话，就受到山神的责怪，祸难就会发生。② 由于对山神非常敬畏，故布努瑶人在进山狩猎前，一定要祭祀山神。首先在寨子里要杀一只公鸡，祭祀祖神密洛陀和猎王，魔公面对神台吟唱打猎歌《撒救卡》，祈求得到保佑。在行进到有猎物的山前，魔公要再点香、摆纸、供肉祭山神。之后，猎手们才四面分头出击，搜山寻找猎物。当猎手收获回家，修毛净脏煮熟后，要把猎物头颅、一腿的熟肉和内脏摆上神台，以示还恩祖神。③ 南丹白裤瑶也认为山有山神，所以每次集体狩猎前，必定要祭祀山神。山神无庙无神像，只在临狩猎前在猎区内选择一块较大的石头作神像，杀一只公鸡祭祀之，然后才开始狩猎活动。如有所获，即将兽头砍下，以祭山神，作为对山神恩赐的报答。他们认为，打猎成功全靠神灵的帮助，是山神在暗中阻挡住野兽逃跑的道路，驱使它正好撞在猎人的枪口上，人们才会满载而归，如捕获后不祭山神，下次必遭失败，一无所获。④ 广东排瑶也非常敬奉山神，在狩猎之前必祭山神，狩猎完毕，同样须将猎物祭献，然后才可进入分配环节。据调查，广东北部荒洞瑶人将山神称为"肉公神"，系崇山峻岭中的一方大黑石，高四尺多，周围20多尺，前面还有小黑石一方，高一尺，周围约四尺。在出猎之前，瑶人要带着狩猎工具到石前敬拜，然后才结队入山打猎，归来时，除猎得的兔鼠鸟雀等小动物不必献祭外，凡猎获野猪、獐子、鹿等大型动物，均要先抬到肉公神前祭献，并请巫师一两人主持仪式。在仪式时，用黄纸一张滴满所获野兽之血，挂于石上，并摆放香、烛、酒、纸钱，同时将猎物放在石前平地上，出猎者依次

① 瑶语，"愣"意是神，"发造"即山，"愣发造"即山神。

② 覃茂福：《布努瑶"密洛陀"女神崇拜的初步考察》，《广西民族研究参考资料》1985年第5辑，第115页。

③ 蓝美凤、蓝正祥、罗文秀、蓝振林：《巴马瑶族历史与文化》，广西民族出版社2006年版，第89—92页；吕大吉、何耀华总主编：《中国各民族原始宗教资料集成：土家族、瑶族、壮族、黎族卷》，第382页。

④ 广西壮族自治区编辑组：《广西瑶族社会历史调查》（第三册），第31页；玉时阶：《白裤瑶社会》，广西师范大学出版社1989年版，第118页。

敬拜。然后，先割取兽肉一片，并取出兽心，在石前用锅煮熟后献祭，巫师便在一旁念诵经文，猎人便开始割皮分肉。[1] 此为中华民国时期江应樑先生的调查。当代连南瑶龙寨一带的瑶族出猎，首先要去祭拜土地公和山神，供以酒肉，请求帮助消灭兽害，保护农业生产。捕获猎物回寨途中，每过一处山坳，猎手们都要高声呐喊，并鸣放排枪，吹响牛角号，意味着向土地公、山神致意，向山寨的人们报捷。抬回猎物后，要祭祀过土地公和山神之后，才能分肉。[2]

岭南苗族对山神也特别崇拜。融水苗族敬畏的山神有 thei[212] 和"山里兄弟"两种：如果到山上干完活回家突然感觉肚子痛，这时就认为是自己干活当中不慎滚石、翻石或打桩惊到山神，引发其怒火。此时患者或家人必须马上到出事地点将石头搬掉或把木桩拔掉，并向山神道歉，请求原谅；病重者，还需要请巫师来施法。如果放牛走失，就认为是"山里兄弟"作怪，为此，在早上赶牛上山时，需要在路边扔数枚石子和烧香，请此神保佑。石子数量视牛数量而定。这样，晚归时牛就能如数归家了。另苗人认为"山里兄弟"喜欢吃沟蚂蚓，如果上山照蚂蚓时发现沟边有死蚂蚓，则认为此沟已被"山里兄弟"占据，必须立即改变路线或者干脆回家。[3] 隆林苗族对山神的敬奉更为虔诚，每年农历三月初正蛇日以寨子为单位举行大型祭祀活动。祭祀物品有一头猪、两只鸡（一公一母）、一把马蹄匙、酒等；所选地点固定在原来指定用于专门祭供山神的树林中。参与人员为全寨每户一人。方式是：在指定为供奉山神的大树下搭建一个简易的木床，将预先交代给山神的猪和鸡杀死，割取相关部位的肉煮熟，放置于床上，由祭司念诵祭词供奉山神，祈求山神保佑寨子人畜平安、风调雨顺。祭供完毕，将猪内脏和鸡煮熟，供参加活动的人员食用，猪肉分发给每户一点。鸡肉吃完后还要看鸡卦象，猪下巴（把肉取出）留下挂在祭供的树上。[4] 海南苗族对山神十分崇敬，他们认为山神是守护一切的"山主"，因此，在上山狩猎前必须要祭祀它，祈求它的保佑，获得更多的猎

①　江应樑：《广东瑶人之宗教信仰及其经咒》，《民俗》1936 年第 1 卷第 3 期；参阅李默《韶州瑶人：粤北瑶族社会发展跟踪调查》，中山大学出版社 2004 年版，第 222—224 页。

②　许文清：《排瑶狩猎见闻》，《清远文史》第 9 辑《连南瑶族文史专辑》，清远市连南瑶族自治县政协文史委员会 1995 年编印，第 98—101 页。

③　吴成德、贾晔主编：《南方山居少数民族现代化探索——融水苗族发展研究》，第 214—215 页。

④　杨光明主编：《隆林苗族》，第 393 页。

物。在狩猎完毕收获猎物后，要将大的猎物供祭。比如澄迈县黄烧水村的苗族民众《上山打猎求山神》歌谣："我们一边呼唤上山打猎，一边祈祷山神保佑，当我们获得许多猎物后，就将山猪的头脚来祭山神。"① 此外，海南苗族在砍山种山兰稻时，也要祭祀山神，希望它能保佑稻谷不被野兽破坏。②

　　广东畲族认为，打猎是有专门神灵在掌管的，其称呼各地有异，有的称之为"打猎大王"，有的称之为"射猎公"或"猎爷"。有的地方也把猎神作为地方的保护神，其神职与山神基本上一样。连平、和平县畲族建庙奉祀，门前横批书写"有求必应"，左右对联分别为"游山仙子""打猎大王"。传统上，每年农历二月春分日，在族长主持下举行大祭，所有男丁参加，备三牲等祭品，念诵祭文，内容有"伏以上大王，上上娘娘，历代始大高曾祖，福佑后节子孙，五谷丰登，不受灾蝗，六畜兴旺，不受病瘟，人口康宁，百姓其昌，早上出去一百个，晚上回来五十双"。其地猎神的神职已由保护狩猎拓展为地方整体性的保护神了。而其他的畲族村寨供奉猎神，一般只是在出猎前祈福，出猎回来后，将猎获物在猎神坛前宰杀，供奉神灵，并给参与者分配所获的猎兽肉。③ 这样的猎神，与其他地方山神的功能是一样的，可以视为山神在一些广东畲族村寨的异称。而在其他畲族村寨，是有山神之类神职的，如河源一带蓝姓畲村的"蓝大将庙"，就同时供奉着多位山神；海丰县鹅埠红罗村东西南北四周山顶过去供奉着"三山国王""镇山九"等山神。④

　　综上，岭南各地苗瑶语民族民众对山神是非常敬畏的，并且采用多种形式去祭拜它，尤其是入山狩猎者必祭之，认为猎物都是山神的"子民"，只有它同意人们去捕猎，才可能打得到猎物。这对于需要狩猎野生动物来补充动物性蛋白质的岭南苗瑶语族民众来说非常重要，故他们对山神也信仰得非常虔诚。

　　（3）水崇拜

　　水是生物生存所必需，而苗瑶语民族民众多居住在山区，有的地方水源供给不足，不要说生产用水，就是日常生活用水都难以保障，因此，他们传统上对能够储水的河流、湖泊和泉口非常崇拜，并且形成了丰富多样的用水习俗和

　　① 中国民间文学集成全国编辑委员会、《中国歌谣集成》海南卷编辑委员会：《中国歌谣集成·海南卷》，103 页。
　　② 黄友贤、黄仁昌：《海南苗族研究》，第 222 页。
　　③ 广东省地方史志编纂委员会编：《广东省志·少数民族志》，第 287 页。
　　④ 广东省地方史志编纂委员会编：《广东省志·少数民族志》，第 285—286 页。

制度性规范。

　　布努瑶认为每一条河水、溪流都有神灵，叫"愣昂"（意即水神）。所有的"愣昂"都受"密洛陀"派来的大神"罗班"管理。水神神位设在河岸、泉口和溪旁某处，一般不立庙，由"巫师"在某处插一块石头，烧香祭祀后即告安成。人们认为平时下河打鱼捞虾，要先向水神磕头，不然触怒了它，轻者打鱼不得，重者被水淹死。[①] 由于人们认为山泉和水池是由水神在管理的，因此，每年大年初一清晨前往山泉、水池挑水时，会在山泉、水池旁给水神点香烧纸，而后由一位有名望的长老念诵祭词：

> 尊敬的管水大神呀，
> 敬爱的护水大仙哟，
> 我撒密的米粒去请你，
> 我抛密的米粉去邀你，
> 请你到山泉旁来吸香，
> 邀你到水池边来静听，
> 你是始祖密洛陀派托的管水大神，
> 你是始神密洛陀委派的护水大仙，
> 水是我们布努人生命之源，
> 水是我们布努人养命之宝，
> 你要昼夜管好这条生命之山泉，
> 你要昼夜护好这口养命之水池，
> 一年四季不给它干涸，
> 长年累月不让它断流，
> 不许野兽畜禽到泉中来屙屎，
> 不准小孩顽童到水池来撒尿，
> 不许畜类到泉里来翻滚，
> 不准人们到井里来洗澡，
> 谁敢违抗，

---

　　① 覃茂福：《布努瑶"密洛陀"女神崇拜的初步考察》，《广西民族研究参考资料》1985 年第 5 辑，第 115 页。

你就用神剑来斩断他的颈脖，

谁敢污染，

你就用神刀来砍断他的头颅，

畜袭畜即死，

人污人即亡！①

在布努瑶的创世史诗《密洛陀》中，水神、雷神、种子神、人类神并列，足见地处大石山区的瑶人对水之重视。这个"管水大神""护水大仙"是一位女仙，名字叫作"密龙峒·密烟芝"，她受福华赊的指派，前往水神界去管水：

你到那里去久居，

去管水中的蛟龙。

你到那里去常住，

去管天空的彩虹。

把水集在宫里，

把水管在殿中。

让山溪四季长流，

让山泉四时叮咚。

春来把水送，

秋到五谷丰。

滋养凡间的人类，

养育人间的生灵。②

与布努瑶相类似，十万大山的山子瑶也将水视为神圣之物，在新的村寨建立起来后，要架竹笕引来山泉时，必须由巫师到水源头处焚香烧纸供祭水神，祈求赐给长流水；③ 一年的宗教活动是从祭祀水神开始的：除夕晚上交过更以

---

① 蓝美凤、蓝正祥、罗文秀、蓝振林：《巴马瑶族历史与文化》，第98—99页。

② 蒙冠雄、蒙海清、蒙松毅搜集翻译整理：《密洛陀》，第29页。

③ 吕大吉、何耀华总主编：《中国各民族原始宗教资料集成：土家族、瑶族、壮族、黎族卷》，第160页。

后，村老即代表村民到泉水边焚香烧纸，并丢几枚钱币到水泉水中，祈求水神保佑一年水流畅通，并挑一担水回家，然后各户才去挑水。^① 百色山子瑶称水神为"龙王"，每到农历大年初一早上天刚蒙蒙亮，妇女们便悄悄打开后门，扛着扁担，或带一个水瓢，去到溪边提水。妇女们到水边后，争先恐后地划火柴烧香，用一张纸钱铺在水边，把燃着的香插在纸钱上，然后将手中的白米往水里撒，口中念诵：新年了，我们下界向海龙王要水养命，喝了这水，命长如河中流水，寿如彭祖，全家人畜大小平安。念诵完毕，即焚烧纸钱，打一瓢水或一担水就回家。回家之后，将水倒入水缸内，认为龙王看哪家人勤快先到，就会给好水。^② 金秀大瑶山瑶族新年出嫁步行前往夫家经过山间小溪，妇女背小孩出门蹚水过河，都要丢几枚硬币到水中，求水神保佑吉祥平安。^③ 融水苗家若有谁家小孩降生不顺或后天体弱多病，经请巫师查看"八字"，如认定是缺水，就要去东面方向寻找山泉拜认为契母，除初次举行隆重仪式外，每逢苗年、春节、新禾节、中秋节等重大传统节日，都要有人带领拜认的小孩到泉边以酒肉供奉，以求驱邪降灵，幸福安康。^④ 这些丰富多样习俗，都是水崇拜的具体表现。

除了崇拜专管河流、小溪、山泉的水神以外，岭南苗瑶语民族还非常崇拜负责降雨的"龙王"，这其实是水崇拜的一种变形。大瑶山的花篮瑶认为，天有天龙，海有海龙，江有江龙，山有山龙。在山上种植农作物要靠山龙布雨施恩。如果作物种下久不下雨，就认为是山龙作怪，需要重新举行安龙仪式，抬龙像及龙幡到寨中各户巡游，享受祭祀，再到野外巡游，让龙王指导作物受旱，及时布雨。^⑤ 在连南瑶族地区，如果天旱久不下雨，瑶民便举行"求雨"仪式，请先生公念《求雨经》，拜求"满天鬼"和"五海龙王"降雨。求雨期间，全排人吃素，不得戴雨帽，不得施肥下田和挑青菜，以表示诚心诚意。^⑥ 海南苗族有海龙皇、水鬼、水神之说，但他们更看重雷神的威力，他们认为雷神管水，只

---

① 吕大吉、何耀华总主编：《中国各民族原始宗教资料集成：土家族、瑶族、壮族、黎族卷》，第205页。
② 吕大吉、何耀华总主编：《中国各民族原始宗教资料集成：土家族、瑶族、壮族、黎族卷》，第231页。
③ 吕大吉、何耀华总主编：《中国各民族原始宗教资料集成：土家族、瑶族、壮族、黎族卷》，第160页。
④ 戴民强主编：《融水苗族》，广西民族出版社2009年版，第73—74页。
⑤ 吕大吉、何耀华总主编：《中国各民族原始宗教资料集成：土家族、瑶族、壮族、黎族卷》，第233、160页。
⑥ 许文清：《瑶族宗教信仰》，《清远文史》第9辑《连南瑶族文史专辑》，第188页。

要它发怒，可以使山洪暴涨，也能让天干地旱。[①]

综上，岭南苗瑶语民族对水是非常崇拜的，特别是地处大石山区的布努瑶最为典型，并且形成了一系列的用水习俗，凸显了瑶族传统水文化的多样性与丰富性。

（4）火崇拜

火能够给人类带来温暖，烹调食物，但它同时也是一个危险，偶尔发生的山火可能会将民众多年种植的树木付之一炬；而岭南苗瑶语民族民众过去多住在木质建筑中，一旦遭遇火灾，很多人家无家可归。因此，不少民众对火既崇拜又敬畏，希望能够通过祭拜控制住它的肆虐。

布努瑶对火神非常崇拜，他们认为总管火的大神是"密洛陀"派来的"昌郎也"。每家每户都安有火神位。神位极简单，即在火灶房安插一个小竹筒供烧香用，或者直接把香插在火灶裂缝处也可，但必须由巫师亲自安定才算成。人们认为过年过节祭祀祖先时，要在火神神位点三炷香，祈求得到火神的庇护；否则火神发怒，会引起火灾。这是因为布努瑶建造的多是上住人下养牲畜的干栏房，很容易被火烧房，所以对火神特别敬重，并有许多禁忌，如男女老少任何时候任何地方都不能面对火解大、小便，认为违者肛门、生殖器会肿烂；孕妇不能从火堆上跨过，违者流产或者生怪胎；任何人不能对火吐痰，违者嘴巴歪、舌头烂。[②] 刀耕火种过程中也要祭祀火神，仪式比较简单，即在砍伐过的山脚堆三堆柴草，同时用树枝搭一个祭台，上供一块生猪肉、三杯水，由一位寨老烧香磕头后，手持火把将柴堆点燃，默吹三口气，待火熊熊燃烧后，再将杯里的水泼向火堆周围，之后大家一起点火烧山。瑶民解释说，吹风表示风助火势，使其猛旺；泼水，表示限制火势蔓延成灾。

百色山子瑶对火礼拜最勤，每月初一、十五都要给火神位——火塘上香，家祭时也要祭火神。祭台设在神龛前面，供品摆在祭台上，但香插在火塘边。在当地瑶民心中，火神在家神中主财神，它的位置要选在家中的旺位，因此瑶人选择火塘位置颇有讲究，它一直处于中心的地位。不仅如此，山子瑶对火的崇拜还体现在多种禁忌上：新年初一忌讳别人借火种，认为火种被借家里当年

---

① 海南省地方志办公室：《海南省志·民族志》第二章"苗族"第四节"宗教信仰"，海南史志网，http：//www. hnszw. org. cn/xiangqing. php？ ID =61561，2018 年 11 月 14 日查阅。

② 覃茂福：《布努瑶"密洛陀"女神崇拜的初步考察》，《广西民族研究参考资料》1985 年第 5 辑，第 115 页。

的运气就不旺盛，家庭人员多犯病；平时不管是在野外，还是在室内，都禁止对火撒尿或用水泼火，认为这样做，火神会生气报复人类，使人得病或烧毁房屋财产；对于火塘上的三脚架，无论是家人还是外人都不准用脚踩踏，否则火神会怪罪于一家之主，使家室不得安宁。①

连南的排瑶同样将火塘视为火神的圣地，因此，在行走时，不能从"三脚猫"上横跨而过，更不准用脚踏；禁止在火塘里焚烧污秽之物。在向火塘里添柴时，必须先从根部烧起，认为这样才有头有尾，做事吉利。② 一旦排中遇到住房或柴寮失火，就认为是有鬼神作弄，需要请先生公念经，祈求天下大雨大雪来灭火。这时需要杀一只鸡，准备一斤酒、米、纸钱、香等祭品。火熄灭后，一方面要向天公酬谢帮忙救火；另一方面要向火神祈祭一番，请他们以后别再为害。③

苗族民众对火同样非常敬畏，大苗山苗民多住木楼，为避免火灾，每年会举行驱逐火神活动。驱神时，将草绳提至村中道路两旁。巫师在村旁烧一堆大火，并念咒驱鬼。一中年人提一箩细沙，带一群手执木棒的小孩挨家逐户走去。小孩用棍棒敲打屋壁，中年人抓沙掷到每家房屋上。之后，每家派一人到驱鬼的村旁去聚餐。驱鬼仪式未结束时，不准进村。如要进村，必须从村旁烧的那堆驱鬼火边走过，否则驱鬼无效。违者罚一头大猪，重新举行驱鬼活动。④

综上，岭南苗瑶语民族民众对火的崇拜也是显然存在的，只不过有的地方、有的支系表现得较为突出，有的则基本没有太鲜明的火崇拜文化元素，这与人们的所处的生态环境和生存状态有着密切的关系。相较于土、山、水等无生物因素，火的重要性在岭南地区无疑有所降低，这里一年的平均温度较高，不像寒冷地区对热能需求那么强烈，同时，不经过烹煮的食物就可以食用的食物也种类繁多，对用火烹煮熟食的需求没有北方那么强烈。

就岭南地区的苗瑶语民族来说，人们的无生物崇拜还体现在岩石崇拜、山桥崇拜、河神崇拜等方面，只是由于这些崇拜仅流行于某一些较小的地方，因

---

① 吕大吉、何耀华总主编：《中国各民族原始宗教资料集成：土家族、瑶族、壮族、黎族卷》，第234页。

② 亚旺：《仙人桥与火塘》，《清远文史》第9辑《连南瑶族文史专辑》，第103页。

③ 广东省编辑组、《中国少数民族社会历史调查资料丛刊》修订编辑委员会编：《连南瑶族自治县瑶族社会历史调查》，第110页。

④ 《中国各民族宗教与神话大词典》编委会：《中国各民族宗教与神话大词典》第467页。

此，这里就不赘述了。

3. 植物崇拜

对于以农耕为生的民族来说，各种植物尤其是农作物在人们的生产生活中占据着中心地位。岭南苗瑶语民族传统上多实行山地游耕，因此，植物也成为他们关注的重心，围绕着植物的利用，形成了对某些特殊植物的崇拜。

（1）谷物崇拜

谷物是岭南苗瑶语民族民众最重要的食物来源，因此，他们非常重视谷物生产。然而，在传统时代，农业生产经常面临各种未知因素，人们认为是谷魂遭受破坏才导致了减产甚至失收，因此，发展起了一些祭祀谷物类鬼神的仪式，产生了许多有关的生产禁忌。

瑶族崇拜谷物，是认为谷物有魂、有灵，对它们敬奉有加，能够获得增产丰收的回报。瑶族民间宗教经典有专门的谷物篇，如《请五谷出世歌》《五谷疏文》等，所列的神有五谷大王、禾花姐妹、禾扇小娘、五谷圣主、禾花仙女、五谷仙娘、种谷撒谷大皇、禾公、禾母、禾父、禾妻、禾子、禾孙。如《五谷出世歌》云："五谷出世先出世，出在钱粮饭州来。盘古开天置天地，伏羲兄妹置人民，置得人民无米吃，雷祖三郎置米粮，置得米粮海岸坐，无船过海执禾粮。鼠子过海贪禾利，黄龙含水喷禾粮。禾花姐妹管五谷，禾扇小娘管米粮。糯米原来众官吃，五谷大王管禾仓。社堂土地管禾扇，社德大王管米粮。"[①] 这段歌词反映了稻谷的起源和生产环节，在这一过程中，雷祖、鼠子、龙神、禾花姐妹、禾扇小娘、五谷大王、社神、土地神等神灵都发挥了作用，但其核心是谷物崇拜。

瑶族谷物崇拜体现在农事过程和生产禁忌中。各瑶区在翻地、浸种、播种、除草、除虫、收割、建仓、入仓、出仓、吃新米等等一系列与谷物生产有关的活动，都讲究择吉日，并举行一些农耕祭祀仪式。春播春种要为谷种出仓、下田举行宗教洗礼。有的地方播种完毕就要为散失在途中的谷子举行赎魂活动；作物生长过程中要举行保苗、求禾花的祭祀仪式；尝新节时的吃新米仪式，也是谷物崇拜的一种表现。秋收时要在地头为谷物招魂，挑选颗粒饱满的谷穗割下扎好，带回家悬挂在神龛旁或禾仓里，象征谷魂归仓。如十万大山的山子瑶在收割旱谷时，村老要先摘几束谷穗给各户主准备带回家，然后在地头

---

① 吕大吉、何耀华总主编：《中国各民族原始宗教资料集成：土家族、瑶族、壮族、黎族卷》，第161页。

高声喊道："谷魂，现在你该回家进仓了，不要下田地了。你随我们回到仓里，老鼠食了，从肚子里爆出来，雀食了，从嘴里吐出来！"除了敬重谷魂，在谷物种植、收割过程中还有很多禁忌，也是谷物崇拜的突出表现，如上思县瑶族播种忌逢家主生日，否则谷物长不好；点种玉米、花生，不慎多放的颗粒不能拾起来，否则山神会将种下的所有玉米、花生种子全挖出来；禾苗抽穗禁坐门口，否则禾苗抽不起穗；山谷从抽穗到勾头，村老不能剪发，否则山谷失收；立秋日是谷子开花日，也即谷子"结婚"日，不准下田工作，否则会死人，据说从前有位老人当日下田工作，看见一群山猪交配（认为是谷魂变的），结果回来就病死了，从此无人敢在这天下田工作。[①]

海南苗族人对禾神的崇拜，其实是对稻谷魂的崇拜。苗族人认为，稻谷也有灵魂，分稻公、稻母，一年中稻谷的好坏都由它来决定。稻公、稻母只能由家人食用，外人不能吃，否则稻谷将会被野兽破坏，生长不好。每年农历六月初六、七月十五、八月初八、八月十五等日子，苗族群众都要作鸡卜，查知稻谷生长情况，祈求稻魂使稻谷丰收、谷粒饱满。"新禾节""禾斋节""禾仔斋"等节日便是苗族人民祭祀稻魂最好的例子，也是海南苗族祭祀"禾斋公"的日子，祈求禾神保佑稻谷丰收，生产顺利。[②]

凤凰山区的碗窑、山梨等村寨的畲族同样盛行谷物崇拜，每年的农历十月十五是"五谷主节"。这一天，畲家人要将谷仓的仓门打开，将斗或筒装上稻谷并插上香，放到仓门上，然后以稻穗、粿以及"三牲"作为祭品，拜祭"五谷神"；同时，还要在各个盛装捣鼓的器具上插上香。[③]

（2）树/林崇拜

岭南苗瑶语民族都是山居民族，传统上主要建造干栏房，因此对树木的需求非常迫切，再加上将社神、土地神、雷神等庙宇建造在大树下或树林中，自然而然地使得这些古树和树林也具有了神性，深受人们的崇敬，并形成了丰富多样的树/林崇拜文化。

布努瑶认为树木有神灵，叫"愣挡"（树神）。总管各地"愣挡"的大神，叫"布挑雅友"，他是"密洛陀"派来管森林树木的。一般来说，树神"愣

① 吕大吉、何耀华总主编：《中国各民族原始宗教资料集成：土家族、瑶族、壮族、黎族卷》，第161页。
② 黄友贤、黄仁昌：《海南苗族研究》，第222页。
③ 福建省编辑组：《畲族社会历史调查》，第45页。

挡"的神位安在森林边,由巫师在森林边选择一株树木,于树干约 1 米高处围系上一根绳子,烧香祭祀后就算安成了。布努瑶民众认为,树神可以保护树木不被偷,若有外人到林中偷木,就好像被绳子绑住似的走不动,只有放下偷砍的树木,才能走出森林。①

在大化瑶族自治县七百弄一带,还有把小孩寄拜给桐木树的习俗。当小孩体弱多病时,他们就请巫师来主持,把小孩寄拜给桐树。他们说这种习俗是"密洛陀"传教给人们的,因为桐树比一般树长得快、长得笔直,所以把小孩寄拜给它,小孩就会像桐树一样长得又高又壮。寄拜的方法是,由巫师在弄场附近选一株桐树,把小孩的一颗扣子或一块尿布,系绑在离地面 1 米左右的树干上,杀鸡烧香祭祀即可。此后过年过节都要去祭祀,直到小孩长大为止。②

在巴马瑶族自治县,当地瑶寨的村头、拗口、弄场、寨旁都生长有一整片的大树或树林,瑶民们会在其中选择一个最大、最雄伟、最古老的树为守村树、守弄树、守山树,俗称"社王树",并在树根旁建立一座祭神屋。屋里设香炉,每逢元宵节和农历七月十四的神皇节,由族长召集全村寨的农户每家平均出资购买猪、羊、米、酒、纸、香等共同前往拜祭林神。将这些祭品端上神台摆放后,由一位有名望的道公面向神台吟唱敬神词:

> 尊敬的密洛陀守树大神,
> 敬爱的密洛陀护林大仙,
> 你是昌郎也的守树大神,
> 你是昌郎仪的护林大仙,
> 你要一年四季管好这棵大树,
> 你要长年累月护好这片森林,
> 不许任何人刀伤斧劈它的树根,
> 不准任何人伤害折断它的枝叶,
> 确保它根深叶茂长绿,
> 严护它周围树草常青,

---

① 覃茂福:《布努瑶"密洛陀"女神崇拜的初步考察》,《广西民族研究参考资料》1985 年第 5 辑,第 115 页。

② 覃茂福:《布努瑶"密洛陀"女神崇拜的初步考察》,《广西民族研究参考资料》1985 年第 5 辑,第 115 页。

有谁砍伤者处他全家灭绝，

有谁劈伐者罚它畜禽死亡。[①]

岭南苗族也非常崇拜树木，特别流行拜认古树的习俗。如在融水苗族地区，谁家小孩体弱多病，久治不愈，经看"八字"，若认定是五行缺木，就要去拜认古树为"契母"，逢年过节烧香祭祀，以酒肉供奉，希望能保佑小孩像大树一样健康成长，高大魁梧。因此，当地苗族对古树特别崇敬，不但不会乱砍滥伐，还加以保护。[②] 再如在资源县五排、车田一带苗乡，当一个幼儿多病多灾时，就会请八字先生为其进行卜算，一旦认为是由于其命中五行缺木所致，就会将其寄给樟树、马尾杉等大树，认大树为干亲。在进行一系列的仪式后，孩子与大树之间达成某种协议，成为大树的干儿子或干女儿。拜认仪式完成后，其名字中也要带上与该树相关联的字眼，如：树生；每年的正月，该孩子的父母必定要带着孩子，携带香烛、纸钱、鞭炮以及水果肉食等前往大树处进行祭拜，祈求大树在新的一年里能继续给予这个孩子庇护。比较有意思的是，当地还流行"寄名"的习俗。即当一个孩子被认为与其家中亲人（主要是父母）的八字相克时，就需要寻找寄名对象，削弱或斩断父母与孩子的关系。寄名给大树的孩子，其名义上与其生父母默认已脱离亲属关系，大树从此成为他的亲生父亲或母亲；而其亲生父母自此后只能以叔叔或阿姨相称。[③]

还必须特别说明的是，在许多苗瑶语民族民众聚居之地，往往有"风水林""后龙山"之类的信仰，也是树崇拜的一种表现。特别是一些树林还是社神、雷神或土地神的居所，那么这片树林的神性就更为强大，成为树崇拜的扩展形式——森林崇拜。

此外，岭南苗族、瑶族普遍流传洪水神话，其中葫芦发挥了保存人类种族的作用，可称之为"葫芦崇拜"，同样为植物崇拜的一种；隆林苗族普遍崇拜方竹，由方竹做成的竹片是祭祀祖先的必需品，由方竹做成的筷子是偏苗成年男子"命符"的象征，同样为植物崇拜的一种；茶山瑶崇敬"花婆神"，孩子成年要举行"还花"仪式，实际上是过去花崇拜的一种变形。

---

① 蓝美凤、蓝正祥、罗文秀、蓝振林：《巴马瑶族历史与文化》，第99—100页。

② 戴民强主编：《融水苗族》，第73页。

③ 潘雪枚：《记忆与象征：广西资源县五排苗族木文化研究》，硕士学位论文，广西师范大学，2017年，第25—26页。

4. 动物崇拜

在一些岭南苗瑶语族民众的心目中，犬是他们的祖先，因此他们在生活中非常崇拜犬，不得随意伤害，不得吃狗肉，还有专门的节日。当然，其他动物也在他们的生产生活中占据着非常重要的地位，他们养殖猪、牛、羊、鱼、鸡、鸭等各种动物，这些动物不仅可以提供人体所需的动物性蛋白，而且是各种祭祀仪式不可或缺的祭品。

（1）犬崇拜

犬崇拜在盘瑶、坳瑶、山子瑶等讲勉语的瑶族支系和凤凰山畲族中非常盛行，大部分的学者将其总结为"图腾崇拜"，已经得到了比较广泛的认可。我们认为，畲瑶的这种图腾崇拜，在有的地方已经产生了很大变形，无法用图腾崇拜来概括了，最好根据其崇拜对象称之为"犬崇拜"即可。

在盘瑶的故事传说中，其祖先是评王养的"神犬"，后因杀死番王被封高官，得与评王三公主婚配，生六男六女，自相婚配，分为十二姓。后人称之为"盘王"，"过山榜"多称之为"盘护"，古代文献《后汉书》《搜神记》则称之为"盘瓠"。盘瑶对犬非常爱护，不仅每年要过"盘王节"，举行盛大的祭祀仪式，而且还为盘王建筑专门的寺庙，将其神圣化。

岭南地区的畲族同样盛行犬崇拜，各地对神犬的名称、崇拜方式都有差异。凤凰山区丰顺县凤坪村蓝氏祖图和族谱沿用"盘瓠"，而潮安县蓝、雷两姓的祖图和族谱则称"太公""驸王"或"护王"。莲花山区海丰县、惠东县以及罗浮山区博罗、增城等县的畲族族谱则称"盘大护""盘古大王"，或仅简称为"大王"。九连山区的南雄、始兴等县的畲族称之为"狗头王""狗驸马"其形象崇拜物为"鱼龙"，据说是盘瓠的化身；东源、龙川、和平、连平等县的畲族称"龙犬""驸马"，崇拜物有驸马与三公主的石雕像以及石狗雕像。①

由于非常崇敬狗，所以畲族和说勉语的瑶族支系多忌打狗、骂狗，更忌讳杀狗，禁吃狗肉。广东畲族几乎家家养狗爱狗，有的地方不称狗，而称犬，或称龙犬。饶平县水东村畲族把狗直呼为"龙"，并根据其毛色称"白龙""乌龙""黄龙"等。当狗自然老死后，给予埋葬。南雄县畲族为死狗戴一顶纸帽，帽檐镶一圆圈，土葬后，上面浇透水，以超度再生。②

---

① 广东省地方史志编纂委员会编：《广东省志·少数民族志》，第282—283 页。
② 广东省地方史志编纂委员会编：《广东省志·少数民族志》，第292 页。

关于瑶族、畲族的犬崇拜，前人已多有所论①，本书不再赘述。

（2）牛崇拜

岭南苗瑶语族民众对牛的崇拜稍晚，因为牛是精耕农业所需的牵引畜，而苗瑶语民族传统上多采取游耕或游猎的生计方式，因此，并没有认识到耕牛的重要性。只有到了苗瑶语民族开展稻作农业生产以后，耕牛能够有效地提高工作效率，人们才在邻近壮侗语民族民众的影响下养殖耕牛。

从当前收集的资料来看，岭南苗瑶语民族对牛的崇拜主要体现在两个方面：一是崇牛、敬牛，甚至为牛设立专门的节日。如各地瑶族普遍以农历四月初八为牛的生日，称"牛王节"。节日期间，停止役使耕牛，并给牛增加粥、汤等食物。田林县潞城乡木柄瑶于是日杀鸡鸭、捉泥鳅、捡田螺来祭祀牛栏，并将脱下的牛鼻圈连同3块石头、3个桃子、1个小稻草人（象征牧童）装进竹篓挂在牛栏上，叫"保牛魂"。②大瑶山岭祖、卜泉等村的茶山瑶人把农历三月初三定为"黄牛节"，主要的崇牛习俗有：主人清早起来，将煮熟的糯米饭掺在饲料中喂黄牛，然后把黄牛牵到草坡上，让其自由自主地吃草；主人站在黄牛身边为其梳毛擦身，捉虱驱蚊蝇；傍晚将黄牛牵回家后，将烧熟的三条泥鳅裹在青草里喂牛，意为给黄牛过节加菜。③融水苗族称这天为"黑饭节""牛魂节""牛王节"，早在农历四月初六或初七这两天会上山砍挑一担黑饭叶的灌木枝叶回家，制作成汁液浸泡糯米，四月初八早上蒸黑糯饭，吃饭时抓一团糯米饭供牛享用，并在牛栏两边门缝和门口地面焚插香火，牛栏门口贴一片到三五片巴掌般宽、七八寸长的长方形红纸，有的人家还一把嫩草和黑饭叶吊挂在牛栏门口供牛使用。④龙胜各族自治县马提、泗水、江底一带的苗族在这一天为耕牛披红挂彩，马提街还举行一年一度的"四月八天牛节会"，会期三天。届时，万人集聚，讴歌起舞，热闹非凡。⑤广东潮安、丰顺县畲族在过冬至的时候，会将糯米粑圆用菜叶包好喂牛，以示慰劳耕牛的一年辛劳，还要将糯米粑圆贴在牛身的头、背、尾部，边贴边念祝词，大意是：贴牛头，上山吃草不使愁；贴牛凸

---

① 岑家梧：《盘瓠传说与畲瑶的图腾制度》，《岑家梧民族研究文集》，民族出版社1992年版，第54—73页；吕大吉、何耀华总主编：《中国各民族原始宗教资料集成：土家族、瑶族、壮族、黎族卷》，第156—157、177—200页。

② 广西壮族自治区地方志编纂委员会编：《广西通志·民俗志》，第348页。

③ 刘保元、莫义明：《茶山瑶文化》，第153页。

④ 戴民强主编：《融水苗族》，第95—96页。

⑤ 广西壮族自治区地方志编纂委员会编：《广西通志·民俗志》，第348页。

（脖），祝明年田禾大熟；贴牛背，祝明年谷满仓；贴牛尾，上山吃草自己归。①

　　二是将牛视为祭祀祖先的神物。南丹大瑶寨白裤瑶办丧事必砍牛，多则七八头，少则两三头，当地民众认为，人死了能砍牛祭祀，是无上光荣。砍牛的时间，一般是在出殡前的一天，其过程是：用绳把牛鼻穿好，牵到一块较平坦的地方，用大石头压住绳子或把绳子拴在树上。动手砍牛前，先由魔公喃神念咒："杀你送你到龙王那里。是天杀你，地杀你，不是我杀你……"接着拿一把谷穗给牛吃。这时，丧家的儿子，面向舅父和牛跪下大哭，继而魔公又将一把米从牛背撒去，至此砍牛正式开始。先由大舅砍牛的左颈，二舅接着砍牛的右颈，再交刀给本家或丧家亲族兄弟依次轮番劈砍，直到把牛砍死为止。② 与之不同的是，隆林苗族盛行"祭牛神"是在丧礼多年之后，其主要目的是用牛来献给家族中的某个已故仙人，使其在阴间也有耕牛使用。当地苗民认为，一些先人在死时因家道贫穷，后人没能及时杀牛献祭给他们，如果后来阳间的后人生活得好，先人就会通知后人拿一些牛来献祭，活着的人接到先人们的"通知"后，就会应承先人的要求，选定日子献牛，称为"祭牛神"。要举行这个活动时，献牛人家要预先准备好一头牛，并通知亲戚朋友、族人到时来参加活动。献牛时，由祭司在祭祀场地念咒语，指名道姓说把牛献给某某先人后，当即把牛杀死，并将肝、胸肉等处割下煮熟，切块先献祭给"需要"的先人，然后再一一献祭给亲房和同宗家族三至五代已故的先人，再后把牛肉煮成一大锅，用来招待参加活动的所有人。当地苗民认为，祖先得牛以后，不会再要牛了，家人也能过上安心的生活。③

　　应该说，岭南苗瑶语民族对牛的崇拜，某些方面是与壮侗语民族类似的，如四月初八的牛魂节习俗，但也有不同之处，如白裤瑶和隆林苗族的祭祖之牛。

　　除了对犬、牛的较为普遍的崇拜以外，岭南苗瑶语民族的一些支系还流行猴崇拜（布努瑶）、鸟崇拜（布努瑶）、公鸡崇拜（隆林苗族）、鲤鱼崇拜（融水苗族）等形式，但由于多系较小地域范围内流行，不具有普遍性，这里不再赘述。

（三）传统生态文艺

　　在漫长的历史发展过程中，岭南苗瑶语族民众认知周围的无生物环境和动

---

① 广东省地方史志编纂委员会编：《广东省志·少数民族志》，第291页。
② 广西壮族自治区编辑组：《广西瑶族社会历史调查》（第三册），第60—61页。
③ 杨光明主编：《隆林苗族》，第391页。

植物，围绕人与自然的关系创造了很多神话、传说、故事，可视为生态方面的传统文艺作品，其中包含着很多传统生态智慧。这里略举 3 例进行说明：

1. 《灵香草的来历》（茶山瑶）

　　从前有位瑶族老人，名叫苏公亮，他常到深山老林去狩猎，装铁夹，设陷阱，装石压，围猎等，门门精通，他的家里挂满了兽皮，是百里挑一，远近闻名的捕兽能手。

　　一天，他上山看铁夹，发现一只铁夹不见了。好！夹上猎物了。他持着猎枪，兴致勃勃地跟踪追击，沿着杂草倾倒的小路寻觅，跨过小溪，爬过山脊，终于在一个岩洞外发现了猎物，那是一只雄麝，拖着铁夹，发出尖厉的叫喊，他朝猎物放了一枪，雄麝应声倒下。这时下了一场大雨，把他的衣服淋湿了，干脆，他把猎物拖进洞里休息，烧起大火取暖，熊熊的大火很快把衣服烘干了。奇怪，洞里有一股香味，香味越来越浓，这香味从哪里来，他感到莫名其妙。在烤火抽烟时，他顺手扯了一蔸兽粪上长出的小草，那小草被火烘得叶子干垂，他放在鼻子一闻，哟，好香！原来是这无名小草发出的香味，心头感到格外舒适。心想：这无名小草貌不出众，却给人一种享受，我何不把它栽培，美化人间。于是，他开了一小块地，把洞里的兽粪刮来垫底，将粪上那几蔸没烘死的小草拔来，插进肥沃湿润的泥土。第二年，这些无名小草长得绿油油的，每棵约有二尺长，叶子椭圆形，夏天开小黄花。冬天，苏公亮把它拔圆用火烘干，果然香喷喷，他就给这棵无名小草取名为"灵香草"。

　　据说，那兽粪是麝粪，灵香草的香味是从雄麝的脐部香腺分泌出麝香来的。雄麝吃了青草，屙出的粪，青草没死，从粪上长起来，带有麝香，只要用火一烘，那香味就散发出来，从那以后，灵香草的种子便一代一代地传下来了。①

　　这则故事很好地解读了大瑶山茶山瑶与环境的关系，他们在世代与周围环境打交道的过程中，不仅懂得了装铁夹、设陷阱、装石压、围猎等捕获野生动物的方式方法，而且还在采集野生灵香草的基础上进行了驯化栽培。值得注意

---

①　苏胜兴主编：《金秀瑶族自治县民间故事集成》，第 75—76 页。

的是，茶山瑶还认识到了兽粪、泥土与植物生长之间的关系，懂得动物粪便有利于植物的生长。

2. 《水牛为什么牴芭蕉树?》（布努瑶）

有一年天大旱，山上草木干枯，田里的禾苗焦黄。一天晚上，天气特别炎热，水牛又渴又饿，它偷偷地溜下山来，到农人的田里去，见到了水就猛喝了一阵。它抬起头来，见到一些禾苗还长着，又嫩又绿，它不顾一切，大口大口地吃起来，一直把农人的禾苗吃了个精光。接着又在田里打滚，洗了个稀泥澡，把吃剩的禾苗根也压坏了。它喝足吃饱后，连夜往山里逃走了。

第二天，农人下田一看，禾苗没有了，到处是牛的脚印，他痛哭了一阵，便愤愤地去禀告太上老君。太上老君下令把牛抓来审问。在事实面前，牛不得不承认了。后来太上老君叫人穿它的鼻子，罚它为人拉犁拉耙，耕田犁地，从此，牛就被人使用了。

不久，水牛不甘受役，不愿将功赎罪，天天到太上老君那里去打闹，太上老君见它不老实，用芭蕉树打了它的嘴巴。从此，水牛变成了哑巴，再也不能讲话了。直到今天，水牛见到芭蕉树总是愤愤不平，常用它坚硬锋利的双角去把它牴倒。①

这则故事是对大石山区无生物环境的一种写照。由于地处石山地区，一旦布努瑶聚居地区降雨大量减少，就容易发生旱灾，影响农作物生产。当然，更重要的主题是，将人类驯化水牛的过程给"神化"，并明确芭蕉树在其中发挥的重要作用。其中，蕴含的传统生态知识主要有三：一是石山地区容易遭受旱灾；二是水牛既可以帮助人们耕田犁地，也可能会影响农业生产；三是不要将水牛拴在芭蕉树上，否则会将其牴倒，连果实都收不到。

3. 《山神王赐宝》（融水苗族）

有个山神王，专门管山林中的动物。一天，人来到山神王面前，说："山神王呵！我们不愿再过野生的生活，要依靠我们的双手建立幸福的新

_____

① 陆文祥、黄昌铅、蓝汉东编：《瑶族民间故事选》，第436页。

生活，今天，我来向你告别了。"

山神王很受感动，便问道："你离开了山林，需要我什么帮助吗？"

人说："我需要一些能帮助我创造新生活的伙伴，你能答应吗？"

山神王说："明天你来吧，我会给你的。"

山神王召集山林中的百兽、百鸟来商量，问谁愿意跟人去开创新的生活。

站在山神王面前的公鸡抢先说："山王，我愿意跟人生活在一起，让我去吧。"

山神王见公鸡愿意跟人生活，就把一件漂亮衣服送给公鸡。

公鸡穿上漂亮的衣服，左看右看，拍打着双翅，禁不住昂首高歌。

公鸡的好嗓子引起山神王的注意，便要公鸡每天清晨为人唱歌，使人听到公鸡的歌声便起身做工。

马见公鸡得到了一件漂亮衣，羡慕极了，它也表示愿意跟人生活在一起。

山神王送了四只蹄子给马，马穿上蹄子，走起路来，"嘚！嘚！嘚！"骄傲地在群兽中走过。

山神王对马说："你该为人做点事才行呵，你跑得快，替人驮东西，让人骑。"

马听了以后，显出不高兴的样子，但又舍不得这四只蹄子。所以，每当人给它套上马扣时，总是又蹦又跳。

猪见马得了蹄子能奔跑如一飞，也想得四只蹄子，便对山神王说："王呵！请你不要偏心，也给我四只蹄吧。"

"你也愿意跟人生活吗？"山神王不相信地问了一句。

猪摇头摆脑，显出诚心诚意的模样。

山神王给了四只蹄子给它。猪套上蹄子高兴得跑了起来。一会儿，猪气喘吁吁，不断发出喘息声，后悔要了蹄子。

猪把四只蹄子还给山神王，说："跑路太辛苦了，你给一样方便吃东西的给我吧。"

山神王笑了笑，把一个长长的嘴安在猪的头上，这回猪满意了。不信你看它，每次给它喂食时，总爱把长长的嘴伸到你面前，发出"哎哎"

的叫声，意思是，要你看它的嘴巴有多能干。

鸭和鹅也来了，山神王给鸭一顶帽，给鹅一件雪白的衣服。

羊也来了，山神王给羊一颗碧绿的宝珠，羊捧着宝珠，爱不释手。它一边走一边看，不小心绊了一跤，宝珠掉在树丛不见了。羊便一边呼呼地吹，一边仔细地找。所以，羊见了树叶青草，总是一边吹一边找，找它那颗永远找不到的宝珠。

牛生来喜欢打架，他带着崽打完架后，慢吞吞地走来。一听说羊愿意跟人生活，得了一颗珍贵的宝珠，心想如果我跟它们一样，可能得一件比宝珠还要珍贵的东西呢！

牛把自己的心愿对山神王说了，山神王望着牛那庞大的身躯，摸了摸身边的万宝袋，没有一样东西适合牛的。忽然想起牛喜欢打架，力大无穷，就把自己头上一对角摘下来，戴在牛的头上，拍了拍牛的背说："你喜欢打架，给你一对角，你要好好保护跟你一起去的兄弟姐妹们。"

牛虽然不中意头上的角，但是想起能担当守护的重任，也就心满意足地走了。

故事到这里完了，但还有一件事得讲一下：

鸭和鹅为什么不孵蛋带崽呢？根由是这样的，鸭和鹅从山里走了以后，它们一路贪玩。鹅把一身雪白的衣服搞脏了，就到路边的水塘里洗。鸭玩困了，就在水塘边睡觉。这时，公鸡穿上漂亮的衣服，非常得意，走来走去，到处炫耀着自己的漂亮衣服。公鸡来到塘边看见鸭睡在那里，它想把鸭叫醒，给鸭子看见它的衣服也称赞一番。公鸡正要叫鸭起来，看见鸭子头上戴着顶鲜红美丽的帽子，反而羡慕起鸭来了。公鸡想，如果我有一顶这样的红帽子配上这身漂亮的外衣，不是更加美丽吗？公鸡望着望着就伸手把鸭的红帽子摘了下来，仔细端详一会儿，便戴在自己的头上，走到水塘边，对着清清的塘水望着，觉得自己更加漂亮了。公鸡自我欣赏一番，回头窥视熟睡的鸭，看见鸭还在做着香甜的梦，它就戴着鸭的红帽子，悄悄地溜走了。

鹅在水塘边洗衣，看见公鸡偷了鸭的红帽子，急忙上岸来把鸭摇醒，把公鸡偷帽子说了。鸭听了就和鹅一道去追公鸡。追到鸡的屋前时，公鸡正跟母鸡得意地讲它那顶鲜红帽子。鸭鹅赶向前去抓住公鸡，要拉它去讲理：母鸡急忙劝说。公鸡舍不得这顶漂亮的帽子，不愿还给鸭。鸭见公鸡不肯交还帽子，便对母鸡说："如果你们不肯还帽子给我，你就帮我和鹅孵蛋，要不就还帽子给我。"

公鸡听了以后，高兴地催母鸡答应鸭的要求。

鹅不服公鸡的偷盗行为，要鸭到山神王那里去告公鸡的状，鸭见母鸡已经答应帮它们孵蛋，也就不愿再去告公鸡了。鹅见鸭不愿去告公鸡的状，就连声说："我告！我告！"所以现在鹅成天说："我告！我告！"

从此以后，公鸡总是戴着这顶红帽子，鸭和鹅的蛋就给母鸡孵了。[①]

这则故事其实是两个相互关联故事的融合版本，第一个是"山神王赐宝"，第二个是"鸭鹅为什么不孵蛋带崽"。在故事中，讲述者清晰地描述了鸡、鸭、鹅、马、猪、羊、牛7种禽畜的生活习性，对其主要的特征给予了重点交代，并揭示了它们对人类的功用。其实，这样的动物故事在苗瑶语民族中还有很多，如《猪狗争功》《塘角鱼和大水牛》《蚂蚁和穿山甲》《老虎的舌头为什么短了》等，其中都包含着苗瑶语族民众的很多传统生态知识，而这些生动有趣的知识很容易被青少年所接受。

还必须指出的是，对岭南苗瑶语族民族来说，无论是丰富多彩的自然崇拜形式，还是复杂多样的传统生态文艺，都是人们自然观与生态伦理的文化表达，是人们处理自身与自然关系的知识宝库。

---

① 梁彬、王天若编：《苗族民间故事选》，第477—482页。

第六章

岭南苗瑶语民族传统生态知识与
生态文明建设的互动关系（下）

作为当代中国社会建设最重要的内容之一，生态文明建设已经在岭南苗瑶语民族地区取得了突出成效。其中，也不时可以看到传统生态知识所发挥的重要作用，显示出传统知识经过创造性转化和创新性发展，能够在区域社会可持续发展中展现自己的独特价值。本章在总结岭南苗瑶语民族地区生态文明现状的基础上，着重分析传统生态知识与生态文明建设的互动关系的具体呈现。

第一节　岭南苗瑶语民族地区生态文明建设现状

岭南苗瑶语族民众主要居住在广西壮族自治区金秀、富川、恭城、巴马、都安、大化6个瑶族自治县和融水苗族自治县、隆林各族自治县、龙胜各族自治县；广东省连南、乳源2个瑶族自治县和连山壮族瑶族自治县；海南省琼中黎族苗族自治县、保亭黎族苗族自治县。而畲族居住颇为分散，在论及畲族地区生态文明建设时，将只能使用村落资料。

一　生态文明建设的突出成就

（一）经济发展方式转型升级，绿色产业发展成效明显

党的十七大以来，岭南苗瑶语民族地区在生态文明建设上持续发力，转变经济发展方式，生态农业、生态工业、生态旅游等绿色产业发展成效显著。

1. 生态农业蓬勃发展

岭南苗瑶语族民众居住之地，多在山区，虽然地势高低不平，但胜在气候温暖，由于土地面积广阔，因此适合因地制宜发展特色水果、毛竹、茶叶、中药材、杉树、畜禽养殖等特色农业。

早在 20 世纪 80 年代初，恭城瑶族自治县就开始主抓沼气建设，解决农村能源问题。1988 年至 1994 年，提出了"一池带四小"（一个沼气池、一个小猪圈、一个小果园、一个小菜园、一个小鱼塘）的庭院经济发展思路，生态农业初步发展。1995 年至 2002 年，形成了"养殖 + 沼气 + 种植"三位一体的生态农业模式，大办沼气、大养生猪、大种果树的热潮经久不衰，突破了庭院经济的栅栏，步入了规模化、基地化发展轨道。2002 年以后，全力提升生态农业发展质量，以生态家园建设为载体，加大三位一体生态农业模式的建设力度，先后建设了红岩、横山、社山、大岭山等一大批富有地方特色和现代气息的生态农业示范点。[①] 从具体产业来说，恭城在 2000 年以后大力发展月柿、椪柑、油桃、砂糖橘等特色水果种植，不仅推动了生态农业发展，而且还带动了生态旅游业、生态工业一起协同发展，取得了良好的生态效益、经济效益和社会效益。恭城的发展经验得到了一些政界和学界人士的认可，被总结为生态农业发展的"恭城模式"。近年来，随着农村经济结构不断调整，农村劳动力大量转移，再加上工业化、城镇化的深入推进，电力与燃气在农村能源利用中的比重逐步提高，沼气在农村能源中的重要性持续降低，传统型"三位一体"生态农业模式的产业链受损、效益降低，循环产业遭遇发展瓶颈。为破解上述瓶颈问题，恭城瑶族自治县在栗木镇进行了农村沼气"全托管"服务工作改革尝试，即由畜禽养殖企业为龙头带动栗木镇规模化、集约化发展肉猪、肉鸡、肉牛生态养殖，畜禽养殖产生的粪便由沼气能源公司统一回收处理，带动"沼气全托管"专业化服务大力发展，畜禽粪便发酵后的沼渣沼液加工成有机肥料交由当地种植企业、种植大户发展绿色食品水果、蔬菜种植等，由此彻底改变了栗木镇原来一家一户发展的"猪—沼—果"传统型"三位一体"生态农业发展模式，形成了"规模化养殖 + 公司化沼气全托管 + 集约化种植"的市场化、规模化、专业化服务于一体的现代型"新三位一体"生态农业发展模式。[②] 由于恭城生态农业发展取得突出成效，也得到了国家有关部门的认可，先后获得"全国生态农业建设先进县""国家级生态示范区""全国绿色小康县""中华宝钢环境优秀奖""全国农村产业融合发展示范区试点县"等

[①] 唐云舒、林武民：《梦里瑶乡：细说恭城》，广西师范大学出版社 2010 年版，第 74—76 页。

[②] 恭城瑶族自治县人民政府，《恭城生态瑶乡"新三位一体"特色农业核心示范区规划（2016—2020年）》（恭政办〔2016〕64 号），2016 年 6 月 29 日。

几十项全国性荣誉；当地主打水果品牌"恭城月柿"成为全国名特优新农产品，"恭城月柿栽培系统"入选第四批中国重要农业文化遗产。

其实，其他的瑶族、苗族、畲族聚居地区也在大力发展生态农业，并取得了突出实效。富川瑶族自治县大力发展"生态、高值、循环"现代农业，以脐橙为主的水果以及蔬菜、烤烟、生猪等特色优势农业做大做强，富川国家脐橙综合标准化示范区通过国家标准委考核，富川脐橙以 42.17 亿元荣登"2016 年中国品牌价值评价信息"榜单，2017 年被纳入国家地理标志保护产品并入选全国名特优新农产品目录。① 连南瑶族自治县大力发展产业种植，2017 年新种茶叶面积 624 亩，全县茶叶总面积多达 7253 亩，生态茶叶的声誉和价值不断提高，其中清嵩茶厂生产的茶叶每斤卖到 3000 多元；当地所养殖的"壹号香猪"供应深圳高端市场，每斤售价在 60 元以上。② 融水苗族自治县非常重视现代特色农业（核心）示范区建设和品牌培育，大力发展稻田养鱼、食用菌、水果、茶叶、杉木、毛竹等特色产业，林菌、林药、林禽等多种林下经济模式成效明显，被国家林业局认定为国家林下经济示范基地；融水被评为"国家级生态原产地产品保护示范区"，"融水糯米柚""融水香鸭"被列为国家地理标志保护产品。琼中黎族苗族自治县大力发展绿色农业，橡胶、槟榔等传统产业效益巩固提升，琼中绿橙、桑蚕、蜂蜜、山鸡、琼中鹅、琼中小黄牛、稻鱼共生等特色农业成为农民增收新亮点。2017 年，新增绿橙 6000 亩、桑园 5982 亩，槟榔产业总产值突破 8 亿元。③ 广东省潮州市潮安区凤凰镇石古坪村以出产"中国奇种"乌龙茶而著称，长期以来以茶叶种植为支柱产业，1989 年全村已有茶园 350 亩，人均 1.7 亩；同属凤凰山区的丰顺县凤坪村 1990 年茶叶种植面积已达 550 亩，人均 1.1 亩；和平县水东镇增坑村畲族则以出产绿茶"马增茶"闻名，1990 年产量达 1.2 万至 1.5 万斤，是茶叶市场上的上品④。在新的

---

① 《富川瑶族自治县 2018 年政府工作报告》，富川瑶族自治县人民政府门户网站，http://www.gxfc.gov.cn/zwgk/zfgzbg-zwgk/5328.do，2018 – 03 – 30。后面引用相关富川瑶族自治县有关资料，出自政府工作报告的，不再一一注明。

② 《2018 年连南瑶族自治县政府工作报告》，连南县政府网，http://www.liannan.gov.cn/Government/PublicInfo/PublicInfoShow.aspx? ID = 4241，2018 – 01 – 25。后面引用连南瑶族自治县有关资料，出自政府工作报告的，不再一一注明。

③ 《2018 年琼中黎族苗族自治县人民政府工作报告》，琼中黎族苗族自治县人民政府网：http://xxgk.hainan.gov.cn/qzxxgk/bgt/201804/t20180413_ 2604005.htm，2018 – 02 – 08。后面引用琼中黎族苗族自治县有关资料，出自政府工作报告的，不再一一注明。

④ 广东省地方史志编纂委员会编：《广东省志·少数民族志》，第 277 页。

历史时期，畲族"凤凰茶""马增茶"都得到了持续发展，成为当地畲族民众生计的重要来源。

由于岭南苗瑶语族民众大部分居住在农村的山区，因此这些地方发展生态农业有着天然的优势，各个瑶族、苗族聚居县都找到了地方特色品牌，同时将生态农业发展与生态旅游、生态工业结合起来，一定程度上实现了农业、工业和服务业的协同发展。

2. 生态旅游异军突起

在生态文明建设的过程中，岭南苗瑶语民族地区立足本地实际，充分挖掘特色旅游资源，推动了生态旅游业大发展，成为促进苗瑶语民族地区经济发展的重要推动力量。

瑶族地区旅游资源丰富，依托生态农业，实现了生态旅游业的飞速发展。广西恭城瑶族自治县依托月柿、油桃等特色农产品，从2002年开始每年2月底至3月上旬在西岭乡大岭山一带举办恭城桃花节；从2003年开始每年10月在莲花镇红岩新村举办恭城月柿节；两个旅游节庆很好地带动了当地生态旅游业快速发展。巴马瑶族自治县旅游资源丰富，不仅有被称为"天下第一洞"的百魔洞，晶莹剔透、震撼人心的长寿水晶宫和天然氧吧百鸟岩等溶洞群体及天坑，而且当地还大力发展火麻、山茶油、珍珠黄玉米等配套长寿养生食品。因此，巴马"长寿养生"在全国已经有很高的知名度和吸引力，甚至在国际上也有了一定的知名度。全县每年接待游客数量从2007年的26.2万人次增长到2016年的434.67万人次，增长了16.6倍，社会旅游总消费从2007年的1.39亿元增长到2016年的37亿元，增长了26.6倍。[①] 连南瑶族自治县通过良好的生态环境发展生态旅游，三排绿道、千亩银杏林、九寨梯田等成为新景点，吸引众多游客，生态旅游逐步成为生态产业的重要支柱。据统计，2017年全年旅游接待游客279.13万人，同比增长3%；旅游综合收入10.71亿元（占生产总值的25%），同比增长2%。龙胜各族自治县红瑶聚居的龙脊梯田"金坑景区"，依托梯田景观和民族风情，大力发展生态旅游，极大地增加了当地瑶民的收入。据有关学者的问卷调查统计，2014年大寨村红瑶家庭年收入在30万元以上的占8%，12万元至20万元的占7.2%，8万元至12万元的

---

① 《巴马扎实推进全域旅游攻坚战》，巴马瑶族自治县人民政府门户网站，http://www.bama.gov.cn/gdtt/20170829 – 1332866. shtml，2017 – 08 – 29.

占 19.6%，3 万元至 8 万元的占 41.3%，3 万元以下的有 15.2%[①]。其中，收入较高的农户主要来源于住宿餐饮和旅游产品出售。

在生态旅游产业发展方面，岭南苗族地区同样不甘落后。广西融水苗族自治县以创建国家全域旅游示范区和创建广西特色旅游名县为契机，大力推动生态旅游景区建设工作，推动农业观光旅游，举办具有民族特色的芦笙斗马节，以旅游带动交通物流、住宿和餐饮业、房地产业等服务业进一步发展。据统计，2017 年，全县接待游客突破 500 万人次，实现旅游总收入 52.67 亿元，分别增长 23.92% 和 40.14%。旅游业逐渐成为融水经济发展的新载体、新亮点、新支柱。

广东畲族地区也大力发展乡村生态旅游产业。东源县漳溪畲族乡黄龙岩畲族风情旅游风景区、增城市正果镇畲族民族民俗文化旅游区、博罗县横河镇嶂背村畲族风情园等，都是将民族旅游、生态资源、乡村旅游一起综合开发的典型案例，取得了非常好的实效。

3. 生态工业发展迅速

在生态农业和生态旅游业发展的同时，岭南苗瑶语民族地区也大力发展与之相配套的生态工业，推动了区域社会经济的全面发展。

富川瑶族自治县紧紧抓住国家实施循环经济发展的战略机遇，引进华润集团投资兴建华润（富川）水泥、华润（贺州）火电、华润（广西）雪花啤酒，并依托企业间的资源协同循环利用，建立广西贺州华润循环经济产业示范区，先后被列为自治区级循环经济园区和广西 A 类产业园区、国家循环经济教育示范基地，列入自治区重点园区管理，成为引领富川乃至整个贺州科学发展的巨大引擎，成为富川循环工业发展的亮丽名片。同时，积极发展清洁能源，引进大唐、华能、中核汇能、中国风电等知名企业开发风力资源；与广东恒健集团合作，积极开发富川百亿元天然饮用水项目。2017 年，金子岭风电场、邓家坝风电场、蚊帐岭风电场、大唐风电场二期、协合新造风电场和长广风电场加快推进，华润光伏发电项目一期并网投产，广州军区善后办万亩光伏基地建设进展顺利，成为全国首个具有水、火、风、光四种模式发电企业的县份。金秀瑶族自治县加快林产化工、民族医药、天然饮用水等特色工业和新兴产业发展，"十二五"期间成功引进松源林产公司歧化松香、松香钾皂和浅色

①　宋繁、邹宏霞：《农业文化遗产保护与居民经济收入相关研究——以龙脊梯田为研究对象》，《中南林业科技大学学报》（社会科学版）2016 年第 1 期，第 79—83 页。

树脂生产、广西德坤药业公司药材饮片和口服液制剂生产、广西秀瑶圣水公司优质天然矿泉水等一批特色工业项目。2016年，杰新香料有限公司年产1500吨植物香料深加工项目、东达制糖公司红糖生产项目、连诚农产品贸易有限公司年产3万吨生鲜农产品加工项目顺利建成投产；天宝天然饮用水有限公司年产13万吨天然饮用水、圣堂药业新GMP扩能技术改造等一批重点工业项目顺利推进。① 恭城瑶族自治县积极促进传统企业提质增效，汇源公司产能进一步优化；积极引导丰华园、普兰德等水果深加工企业加大创新力度，推动柿子醋等产品开发合作，进一步延伸产业链条。同时大力发展风电、生物工程等新兴产业，开展月柿深加工。此外，巴马、都安、大化等瑶族聚居地也都结合本地实际情况发展矿泉水、食品加工等生态循环企业。

　　广东瑶族地区同样致力于推动生态工业发展。乳源瑶族自治县大力推动绿色工业提质发展，"十二五"期间，县工业园区建设累计投入3.2亿元，乳源产业转移工业园被省政府评为优秀园区；园区引进项目298个、投资总额100.4亿元，实际利用外资5895万美元；东阳光公司成为中国产学研合作创新示范基地和广东省战略性新兴产业基地。2016年，工业总产值突破百亿大关，达到129亿元，是2011年的1.2倍。② 连南瑶族自治县也充分利用广东少数民族地区税收优惠政策，千方百计发展总部经济，引进OPPO手机、星河湾集团、国翔集团等25家大型企业在该县注册公司，总注册资金5.6亿元，缴纳税收近千万元，总部经济行业拉动GDP增长4.5个百分点。2017年共引进9个项目，投资总额16.23亿元。其中总投资1.83亿元的三排连水生态农业光伏发电一期20兆瓦项目成功并网发电。

　　还应该指出的是，一些苗瑶语民族地区至今还存在产能落后的钢铁、矿产等企业，给地方生态环境保护带来严重的压力，是不属于生态工业范畴的。连南瑶族自治县贯彻中央淘汰高能耗高污染企业精神，2017年关停了三家总产能62万吨的落后钢铁企业，关闭了4家养殖场。虽然工业经济所占比重有所

---

① 《金秀瑶族自治县人民政府工作报告》，金秀瑶族自治县政府门户网站：http://www.jinxiu.gov.cn/html/Article/show_6826.html，2017-03-06。后面引用金秀瑶族自治县有关资料，出自政府工作报告的，不再一一注明。

② 《2016年乳源瑶族自治县政府工作报告》，乳源瑶族自治县人民政府网，http://www.ruyuan.gov.cn/zw/zfgb/201701/t20170126_419182.html，2017-01-26。后面引用乳源瑶族自治县有关资料，出自政府工作报告的，不再一一注明。

降低，但伴随着生态产业的大发展，整体经济实力仍呈上升趋势。

（二）突出环境问题治理，生态环境质量明显改善

在近年来的生态文明建设进程中，岭南苗瑶语民族地区紧紧围绕突出环境问题治理做工作，加强行政执法检查，城市和乡村生态环境质量明显改善。

1. 加强污染治理和淘汰落后产能

连南瑶族自治县立足生态核心区定位，提高企业环保标准准入门槛，全面取缔非法矿点并复绿，拆除 6 家重污染企业，淘汰落后水泥产能 20 万吨、钢铁产能 62 万吨。同时，加强土地矿产卫生执法检查，加大对违法违规用地用矿行为的查处整改力度，立案率、查处率、结案率均为 100%。

恭城瑶族自治县扎实开展以环境倒逼机制推动产业转型升级攻坚战，加强对县内重点污染企业的专项执法检查，严肃查处了 8 家企业违法排污行为，关停拆除了财茂水泥机立窑和宏锦冶炼厂生产线，责令龙星公司、岛坪矿、矿产公司等选矿厂尾矿库均安装了污水排放在线监测系统。

乳源瑶族自治县在"十二五"期间建成桂头、大桥镇污水处理厂和一批规模化养殖场减排设施，累计削减化学需氧量 2957 吨、氨氮 155 吨。完成城区 LED 路灯改造，淘汰落后产能企业 5 家，万元 GDP 能耗年均下降 5.47%。2016 年，继续削减化学需氧量 857 吨、氨氮 55 吨；淘汰钢铁落后产能企业 4 家、产能 103 万吨。单位 GDP 能耗下降 6.37%。

在金秀、富川、都安、大化、巴马、融水等苗瑶语民族地区，地方政府也都加强了关键环境问题的治理工作，特别是矿山整治成效明显，淘汰落后产能工作持续推进，一定程度上推动了区域生态环境的改善。

2. 城乡生态环境整治成效突出

富川瑶族自治县非常重视城乡生态环境整治工作。2017 年投入 1.96 亿元用于生态环境保护与治理，完成空气、水质自动站、人工影响天气标准化作业站、34 个农村生活污水处理项目、龟石水库国家良好湖泊 10 个环境保护项目、国家湿地公园试点等项目建设。同时，开展矿山环境整治、龟石水库环境隐患综合整治、打击危险废物非法转移、"清废打假促达标"等专项联合整治行动，立案查处 8 起；深入开展畜禽养殖污染整治行动，立案查处 3 起；推行"离舍发酵大棚 + 生物菌"的模式，规模以上养殖场完成改造 280 多户。

连南瑶族自治县加大以旧城区为重点的"脏、乱、差"整治力度，完成

县城 10 条内街小巷路面升级改造。2015 年，投入 3100 多万元，推进县城生活垃圾无害化填埋场建设；投入 250 多万元，推动农村生活垃圾分类减量处理，大力推行"户收集、村集中、镇转运、县处理"的农村生活垃圾收运处理模式。同时，加强全县农村污水治理工作，加大农村污水处理设施建设力度，"十二五"期间共建设污水处理池 141 个，污水管网 149.4 公里，农村环境卫生得到有效改善。

金秀瑶族自治县大力发展低碳经济和生态经济，淘汰 3 家落后产能企业，万元 GDP 能耗从 2010 年的 0.79 万元/吨标准煤下降到 2015 年的 0.55 万元/吨标准煤，年均下降 8%，完成"十二五"主要污染物减排任务。推行"村收镇运县处理""村收乡运乡处理"、建设小型垃圾焚烧炉等垃圾处理模式，城乡环境综合治理和生态村屯建设成效显著。城区污水处理率达 84%，生活垃圾无害化处理率达 85%。累计完成中小型垃圾处理中心 5 个、建设焚烧炉 415 座，垃圾就地处理覆盖率达 60% 以上。

恭城瑶族自治县 2017 年完成县城垃圾填埋场提标改造，率先在广西壮族自治区实现乡镇污水处理工程全覆盖，51 个村屯污水处理点启动建设。完成三江乡、龙虎乡、观音乡 3 个垃圾处理中心项目建设，10 个村级垃圾处理站建成投入使用。

在都安、大化、巴马、乳源、融水等苗瑶语民族地区，地方政府也都非常重视城乡环境整治工作，紧紧围绕生活垃圾和污水处理做工作，推动了城乡人居环境的极大改善。

3. 美丽乡村建设蓬勃开展

富川瑶族自治县是广西全区"美丽广西·清洁乡村"活动 20 个一类县之一。"十二五"期间，累计投入 2.2 亿元统筹推进"清洁乡村"和"生态乡村"建设，全县 752 个自然村屯全部落实环境卫生清洁制度，完成 140 个自治区级绿化示范村屯、550 个一般村屯绿化，打造了 12 个自治区级、19 个市级美丽乡村示范点和 18 个自治区级、101 个市级生态村庄。莲山镇荣获"全国文明村镇"，福利茅厂屋村被评为"全国第二批美丽宜居村庄"。

乳源瑶族自治县"十二五"期间，累计投入 6 亿多元资金建设"五彩瑶乡"省级新农村示范片区，完成 41 个村庄整治和 342 个自然村巷道硬底化，建成 61 个村级文体设施和 854 个农村安全饮水工程。改造低收入农户住房

5625 套，创建幸福村居示范村 32 个、卫生村 51 个，建成乡村绿化美化示范点 52 个。2017 年，继续投入资金 1.72 亿元，实施环境整治项目 161 个。55 个村庄完成"三清三拆"，拆除危旧房 16.35 万平方米。农村土地承包经营权确权登记办证率达 100%。建成乡村绿化美化省级示范点 4 个。政研瑶族新村被命名为"中国少数民族特色村寨"，必背镇桂坑村获评"全国文明村"。

融水苗族自治县持续深入开展清洁乡村活动，清洁乡村成果不断巩固扩大。大力推进生态乡村建设，实施村屯绿化、饮水净化、道路硬化专项活动，农村人居环境进一步改善。自治区乡土特色示范村（屯）建设项目和传统村落保护建设项目有序推进，民族村寨保护工作取得新成效。融水镇鲤鱼岩等 6 个村屯被评为"市级生态乡村综合示范村屯"，香粉乡金兰村等 2 个村被评为"美丽广西"乡村建设示范村，洞头镇彩林屯等 5 个村屯被评为自治区"绿色村屯"，示范带动作用进一步发挥。

应该说，作为一项全国性的环境改善运动，"美丽乡村"建设在金秀、恭城、都安、巴马、大化等其他苗瑶语民族地区都取得了非常突出的成效，为生态旅游业的飞速发展提供了基础性保障。

（三）生态系统保护力度大，生物多样性保护成效显著

连南瑶族自治县大力推进生态文明建设，"十二五"期间新增造林 13 万亩、生态公益林 3.1 万亩，林木绿化率 94.8%，森林覆盖率 82.9%。2017 年全年完成碳汇林造林 20000 亩、中幼林抚育 89800 亩，减少砍伐指标 12038 亩，森林覆盖率提升到 83.5%。瑶排梯田国家湿地公园试点工作扎实推进，大鲵省级自然保护区、板洞省级自然保护区管护水平不断提高，万山朝王国家石漠公园建设已经启动。空气质量全面达标，环境空气综合质量指数排全市第二，连南的山更青、水更绿、天更蓝。成功创建成为全国生态文明先进县，并被纳入国家重点生态功能区。

金秀瑶族自治县"十二五"期间累计新造林 12.29 万亩，2015 年森林覆盖率达 84.21%，比 2010 年提高 0.84 个百分点。2017 年完成造林任务 2.1 万亩，通过林种结构调整减少速生桉种植 2000 亩，森林覆盖率提高到 86.67%，排名广西第一。同时，县域内空气质量达标率 100%，城镇集中式饮用水水源地水质达标率 100%。2017 年 11 月下旬至 12 月上旬，拆除了金圣水电站在大瑶山国家级自然保护区范围内的发电设施和场贩，并进行生态恢复工作。由于

全县良好的环境质量，2015 年列入国家生态建设与保护示范区，2017 年荣获"全国森林旅游示范县"称号。

表 6-1　　　　　　　　　　　岭南苗瑶语民族地区自然保护区名录

名称	级别	地点	面积（公顷）	主要保护对象	始建时间（年、月）	现级别批准时间（年、月）
元宝山	国家	融水苗族自治县	4159	元宝山冷杉、珍稀动物及水源涵养林	1982.06	2013.12
花坪	国家	龙胜各族自治县、桂林市临桂区	17400	银杉及典型常绿阔叶林生态系统	1961.11	1978
猫儿山	国家	兴安县、资源县	17008.5	典型常绿阔叶林生态系统、水源涵养林	1976.05	2003.01
千家洞	国家	灌阳县	12231	水源涵养林及野生动植物	1982.06	2006
十万大山	国家	上思县、防城市、钦州市	58277.1	水源涵养林	1982.06	2003.06
九万山	国家	融水、罗城、环江 3 个自治县	25212.8	水源涵养林	1982.06	2005
金钟山黑颈长尾雉	国家	隆林各族自治县	20924.4	鸟类及其生境	1982.06	2007.06
大瑶山	国家	金秀瑶族自治县、荔浦县、蒙山县	24907.2	水源林及瑶山鳄蜥、银杉等珍稀野生动植物	1982.06	2000.04
银竹老山	国家	资源县	28670	资源冷杉、珍稀动物	1982.06	2016.05
南岭	国家	韶关市、清远市	50000	中亚热带常绿阔叶林	1984.04	1984.04
泗涧山大鲵	自治区	融水苗族自治县	10384	大鲵及其生境	2004.1	2004.1
建新鸟类	自治区	龙胜各族自治县	4860	迁徙候鸟	1982.06	1982.06
银殿山	自治区	恭城瑶族自治县	48000	水源涵养林及野生动植物	1982.06	1982.06
西岭山	自治区	富川瑶族自治县	17560	水源涵养林及野生动植物	1982.06	2008.03
金秀老山	自治区	金秀瑶族自治县	8875	南亚热带常绿阔叶林及珍稀动植物	2007.01	2007.01
乳源大峡谷	省级	乳源瑶族自治县	3468	森林及野生动植物、峡谷地貌	1998.11	
连南板洞	省级	连南瑶族自治县	10196	森林、珍稀动植物	2000.09	
连南大鲵	省级	连南瑶族自治县	1047	大鲵及其生境	2004.12	
大龙山	市级	连南瑶族自治县	4210	森林、野生动植物	2000.01	
涡水	市级	连南瑶族自治县	667	森林、野生动植物	2000.01	
乳源泉水	市级	乳源瑶族自治县	22099	原始森林、自然景观、水源地	2002.06	

名称	级别	地点	面积（公顷）	主要保护对象	始建时间（年、月）	现级别批准时间（年、月）
乳源山瑞鳖	县级	乳源瑶族自治县	400	山瑞鳖等野生动物	2006.11	
漭江水生野生动物	县级	乳源瑶族自治县	804	珍稀鱼类、贝类及水草	2006.09	
青溪洞	县级	乳源瑶族自治县	3133	森林及珍稀动植物	1976.05	
大潭河	县级	乳源瑶族自治县	3853	森林生态系统	2002.06	
乳源红豆杉	县级	乳源瑶族自治县	10190	红豆杉及其生境	2004.01	

资料来源：根据《广西年鉴·2017》、广东省情网综合整理。

从表4－4可以看出，岭南苗瑶语民族地区已经建立了10个国家级、8个省（自治区）级、3个市级、5个县级自然保护区，保护类型多种多样，形成了较为完备的自然保护区体系。其中，金秀、连南、乳源、融水的自然保护区数量较多，且占地面积较广。如乳源仅林业部门建立的6个自然保护区，其总面积就多达8.98万公顷，占该县国土面积39.06%。此外，海南鹦哥岭国家级自然保护区、保亭尖岭自然保护区等也都包括苗族聚居区在内。

（四）生态文明制度建设得到加强，环境立法成效突出

岭南苗瑶语族民众多聚居于民族自治地方，具有本辖域范围内事务的立法权，因此，在生态文明建设的进程中，这些地方的人民代表大会制定了许多专门的法规，地方政府通过了许多行政法规和制度规范，推动生态文明制度建设。

首先，苗瑶语民族自治地方新修订的自治条例均强调了实施环境保护，严禁盗伐滥伐林木和毁林开荒，禁止采伐生态公益林，严禁捕猎和非法经营国家和地方重点保护的野生动物。如2013年新修订的《富川瑶族自治县自治条例》第三章"经济建设"中有大量条款意在实现资源保护和生态环境保护，其第二十一条规定："自治机关依法保护自治县行政区域内的林地、森林资源，对自然保护区和列入国家、自治区保护名录的野生动植物进行管理和保护。搞好封山育林、禁止乱砍滥伐、毁林开荒，加大森林病虫害防治和森林火灾防范力度。""自治县在实施自然保护区和生态公益林保护工程中，按照国家和自治区有关规定享受合理补偿。"第二十二条规定："自治机关依法对水资源进行管理和保护，实行水土保持方案制度、取水许可制度和有偿使用制度。自治县依法征收的水资源费和水土保持设施补偿费除上缴中央部分外，由自治县自主安排，用于水

资源的节约、保护、管理、合理开发和水土流失预防治理。"第二十九条规定："自治机关加强环境保护和管理，改善生态环境和生活环境，防治污染和其他公害，促进人口、资源和环境的协调发展。""在自治县行政区域内依法征收的排污费，除按比例上缴中央、自治区国库的部分外，由自治县实行收支两条线管理，专项用于环境污染防治。""自治区在安排使用环境保护专项资金时，同等条件下，自治县申报的项目享受优先安排和倾斜照顾。"

其次，苗瑶语民族自治地方人大制定了许多专门性的生态环境保护法规，推动本区域范围内的生态文明建设。为了保护、培育和合理利用森林资源，1997年7月，恭城瑶族自治县和龙胜各族自治县率先颁布了《森林资源保护条例》。2000年3月31日，金秀瑶族自治县颁布了《金秀瑶族自治县森林资源管理条例》。2001年12月30日，乳源瑶族自治县人大常委会颁布了《乳源瑶族自治县森林资源保护管理条例》。2003年8月，自治区十届人大常委会第三次会议批准《金秀瑶族自治县野生植物保护条例》。2012年8月，连南瑶族自治县人大常委会颁布了《连南瑶族自治县森林资源保护管理条例》。2015年2月12日，恭城瑶族自治县人大通过《恭城瑶族自治县关于禁止种植速生桉人工林的规定》，决定2018年12月前全部砍伐本行政区域内的速生桉人工林，逾期不砍伐的，予以强制清除；2017年2月17日，恭城瑶族自治县人大通过《恭城瑶族自治县关于在全县范围内继续禁伐阔叶林（杂木）的规定》，从立法层面保证了该县2006年以来在全县范围内开展禁伐阔叶林工作的正当性。值得注意的是，一些苗瑶语民族自治地方特别重视防治水质污染，保护饮用水源。2001年12月30日，乳源瑶族自治县人大常委会颁布了《乳源瑶族自治县水污染防治条例》。目前，当地正在制定《乳源瑶族自治县南水水库水质保护条例》，以加强该县境内南水水库饮用水源的保护，防止水污染，改善水生态环境。2010年12月18日，琼中黎族苗族自治县人大常委会颁布了《琼中黎族苗族自治县水利设施保护条例》。2015年5月27日，广西壮族自治区第十二届人民代表大会常务委员会第十六次会议通过了《广西巴马盘阳河流域生态环境保护条例》，其所保护的范围不仅包括巴马瑶族自治县，还包括相邻的天峨、东兰、凤山3县盘阳河干流及其主要支流汇水面积内的区域，标志着巴马盘阳河流域的生态环境保护建设上升到自治区层面。2016年3月31日，海南省人大常委会批准《保亭黎族苗族自治县饮用水水源保护若干规定》，提出了更加严格的一级饮用水水源保护区禁止性行为，健全了饮用水水源保护区生态保护补偿制度。

再次，苗瑶语民族自治地方政府出台文件调控本行政区域范围内的资源开发和促进生态环境保护。2014 年 3 月 18 日，为了有效保护和合理开发利用地质公园和湿地公园等自然资源，都安瑶族自治县人民政府颁发了《广西都安地下河国家地质公园管理暂行办法》《广西都安澄江国家湿地公园管理暂行办法》。2017 年 3 月，为了防治畜禽养殖污染，有效保护生态环境，乳源瑶族自治县人民政府制订了《乳源瑶族自治县畜禽养殖禁养区限养区和适养区划定方案》，规定了辖域范围内的禁养区、限养区和适养区。2016 年 12 月 8 日，富川瑶族自治县人民政府审议通过了《富川瑶族自治县生态保护红线管理办法》；2018 年 7 月 18 日，审议通过了《富川瑶族自治县发展有机产业扶持办法（试行）》；2017 年 9 月 22 日，审议通过了《富川瑶族自治县森林资源保护管理暂行办法》；2018 年 4 月 16 日，审议通过了《富川瑶族自治县龟石国家湿地公园保护管理办法》。2018 年 9 月 26 日，大化瑶族自治县制定了《大化瑶族自治县保护发展森林资源目标责任制考核办法》，推动森林资源保护和生态环境改善。

最后，一些地方还深入推进生态文明体制改革，制定并推行河长制。如金秀瑶族自治县对集雨面积 5 平方公里以上河流进行调查登记和建档管理，专门为集雨面积 50 平方公里以上 27 条河流设立县、乡（镇）、村三级河长，落实河流管理机制。

二　生态文明建设存在的困难和问题

虽然岭南苗瑶语民族地区的生态文明建设取得了突出成就，金秀、连南等县份已经走上了"生态立县"的可持续发展之路，但由于受地理环境和经济社会发展情况的限制，仍然存在一些困难和问题。概括来说，主要有以下四点。

（一）发展观念没有完全转变

生态文明最重要的是转变经济发展观念。这一点在党的十九大报告中体现得非常明确："必须树立和践行绿水青山就是金山银山的理念，坚持节约资源和保护环境的基本国策，像对待生命一样对待生态环境，统筹山水林田湖草系统治理，实行最严格的生态环境保护制度，形成绿色发展方式和生活方式，坚定走生产发展、生活富裕、生态良好的文明发展道路"[①]。由此可见，绿色发

---

① 习近平：《决胜全面建成小康社会　夺取新时代中国特色社会主义伟大胜利》，第 23—24 页。

展是生态文明建设的基本准则，只要发展危及了"绿色"，那么就明显有损于自然生态环境，称不上是"生态文明"。

都安、大化、恭城、金秀等一些苗瑶语民族地方碳酸钙、铅锌等矿产资源丰富，因此一度大力发展采石场、方解石加工厂、石粉加工厂等污染型企业或作坊，由于这些企业或作坊经营规模比较小，一般没有建设环保设施，因此常常带来严重的粉尘污染和噪声污染，影响周边民众正常的生产生活。一些地方的政府明知道这些厂房污染环境，但却睁一只眼闭一只眼，没有采取断然措施予以取缔，最终导致了环境损害的发生。如都安瑶族自治县下坳镇板旺村方解石加工厂，既没有办理用地审批手续，也没有建设厂区雨水排放系统。2017年该厂建成投产后，所产生的粉尘、矿渣、废水等污染物，直接排入到瑶岭河的上游支流中，造成河水浑浊，严重影响下游小旺水厂的正常供水和沿河9个队群众约1000人的安全饮水问题。

在迎接中央环境督察"回头看"的过程中，金秀瑶族自治县发现了新增生态环境问题，主要体现在六个方面：

> 一是金秀县城新艺污水处理厂长期不能正常运行，桐木镇污水处理厂尚未运行；二是金秀县恒泰垃圾处理厂渗滤液收集不到位，有外排现象，垃圾填埋场部分废水通过雨水沟排放；三是县城印象金秀二期建设项目车辆运行过程中扬尘污染严重；四是桐木镇主要道路车辆运行过程中扬尘污染非常严重；五是装砂石的运输车辆，没有覆盖措施，砂石掉落污染环境；六是桐木桂龙建材厂、七建红砖厂、头排镇平地砖厂3家砖厂整改进度缓慢，脱硫除尘设施尚未建设完毕。①

上述六个方面的问题，一方面说明当地民众仍然片面追求经济效益，生态文明意识有待提高；另一方面也显示出当地没有高度重视小型环境问题，没有贯彻好绿色发展理念。

除了金秀瑶族自治县存在典型的水污染和空气污染外，比较集中的问题还有因养猪而导致的空气、水源污染问题。如在中央督察组交办贺州市的196件案件

---

① 《金秀县开展中央环境督察"回头看"迎检工作会简报》，金秀瑶族自治县政府门户网站，http://www.jinxiu.gov.cn/html/Article/show_10090.html，2018-06-11。

中，主要涉及水、大气、生态、土壤、噪声等污染类型（有部分案件涉及多种污染类型情况），其中涉及养猪场污染的有 58 件，占近三成。可见，养殖业已经成为农村面源污染的重要来源。对于畜禽养殖污染，富川瑶族自治县人民政府展开了专项行动，仅 2018 年 6 月 8 日至 10 日 3 天时间内就拆除了县水文站饮用水水源二级保护区范围和龟石水库饮用水水源准保护区内的 8 户 12 座养猪场，这些养猪场多采用砖混毛毡简易搭建，排污通道及粪污流向严重影响了周边的环境卫生。

应该说，在岭南苗瑶语民族地区，大部分的地方政府依然没有完全转变发展观念，对于高耗能高污染企业没有实施环保准入限制，致使一些地方水污染和空气污染严重，严重制约区域生态文明建设的进程。

（二）自然保护区遭受生产活动干扰

自然保护区是国家为了实现区域生物多样性保护而划定的专门区域，其核心区和缓冲区不允许从事生产活动不允许建造任何生产设施。然而，一些地方政府为了发展经济，允许企业进入其中开矿或开办宾馆、修筑道路，严重影响区域生态系统的良性运行。

在岭南苗瑶语民族地区，最为典型的一个案例是乳源瑶族自治县南岭国家自然保护区的问题。保护区不仅开办有避暑林庄温泉大饭店以及两个采石场，而且乳阳林业局与深圳东阳光实业发展有限公司为了建设南岭国家森林公园，还修筑旅游公路导致了大量植被破坏、山体裸露。对于修路造成的生态破坏，《法治周末》记者戴蕾蕾引用一位参与勘察的环保人士对当时情景的回忆：

> 新修的公路直接把山体炸开，穿过了南岭自然保护区核心区域，该区域也是国家二级保护植物广东松的生长地。修路的石坑崆山体陡峭，开路炸开的山石不经任何处理，直接推下山，大量森林被掩埋。石坑崆山体体无完肤……一路上随处可见被毁树木倒在路旁，其中不乏珍贵独特的广东松。在经历了 2008 年雪灾重创后，这批植物正在缓慢恢复，当年也是得到社会大众的很大关注。但修路对植物造成的破坏比雪灾还大，炸出来的山石直接往山下倒，压死了不少植物。公路穿过了山里的瀑布，把水流隔断，瀑布变成了水潭。①

① 戴蕾蕾：《网友曝广东南岭国家级自然保护区毁林修旅游公路》，新浪财经，http://finance.sina.com.cn/china/dfjj/20120215/101311382072.shtml，2012－02－15。参阅郄建荣《南岭国家级保护区核心区被"开膛破肚"》，《法制日报》2016 年 3 月 18 日第 8 版。

由于旅游公路修建严重损害保护区核心区的生物多样性，因而遭到了环保人士的密切关注。后来，中央环保督察组也就这一问题向广东省人民政府反馈意见指出："在南岭国家级自然保护区的核心区、缓冲区违规建设乳源避暑林庄温泉大饭店、栈道、公路、采石场等项目，违反《中华人民共和国自然保护区条例》。"针对这一严重问题，广东省纪检监察部门对有关人员进行了问责："广东省林业厅贯彻落实中央、省委关于生态文明建设的决策部署不力，未对保护区进行有力、有效的监管，违规批准位于南岭国家级自然保护区的旅游规划，南岭国家级自然保护区管理局履职尽责不力，未切实做好自然保护区的监管工作，韶关市乳源县国土局违规发放两张位于自然保护区实验区的《采矿许可证》，对南岭国家级自然保护区造成严重生态破坏和不良社会影响。"从上述责任认定中，我们可以看到广东省林业厅、南岭国家级自然保护区管理局、乳源县国土局3家政府部门均违规行事，履责不力，没有落实好生态文明建设的决策部署，带来了比较严重的生态破坏和不良社会影响。在进一步整改的过程中，广东南岭国家级自然保护区管理局发现：位于阳山县秤架瑶族乡太平洞村的广东第一峰茶业有限公司，在自然保护区内建有茶叶基地，因此要求其立即停止茶叶基地一切生产经营活动，恢复茶叶基地生态地貌。

在广西苗瑶语民族地区，在自然保护区开矿或违规建设小水电同样是较为普遍的现象。在中央环保督察组对广西反馈意见中，专门指出了恭城瑶族自治县境内自然保护区违规采矿问题：

> 广西海洋山自治区级自然保护区恭城县内有3家采矿企业、6个采矿区长期开采至今，自治区相关部门于2012年违规发放采矿权证，许可开采面积达58.4平方公里，占该保护区在恭城县境内面积的23%，保护区自然环境支离破碎；采矿尾矿库泄漏导致下游农田受到污染，群众长期投诉。①

这一问题在恭城瑶族自治县表现得相当严重，海洋山自然保护区内有3家采矿企业、6个采矿区，许可开采面积竟然接近该保护区在恭城境内的近1/4，这不能不说是非常严重的事件。更为恶劣的是，该地尾矿库泄漏导致下游农田

---

① 《广西壮族自治区关于中央环境保护督察反馈意见的整改方案》，中华人民共和国生态环境部，2017年4月28日。

遭受污染，严重影响当地民众正常的生产生活。

此外，其他一些自然保护区违规建设小水电站的情况也非常严重。在桂林千家洞国家级自然保护区范围内，自1986年以来，先后建起了都庞岭林场水电站、艾家湾水电站、沙岗水电站、汇源水电站、道江河水电站5座水电站，3座水电站的部分构筑物位于核心区和缓冲区，其中位于核心区的道江河水电站新大坝，于2014年获得相关部门批准施工。其性质不可谓不恶劣。其实，违规开发小水电是苗瑶语民族地区自然保护区较为普遍的问题，如猫儿山、大瑶山、九万山、花坪等多个国家级自然保护区核心区或缓冲区内，均存在违规开发小水电问题。

上述典型案例充分说明，一些岭南苗瑶语民族自治地方政府仍然还没有摆脱固定思维模式，仍然将生态环境保护置于次要地位。同时也说明，生态文明建设是一个长期的历史过程，有可能要经受重重挫折和考验。

（三）环境损害事件时有发生

首先，岭南苗瑶语民族地区多山，铁矿、铅锌、方解石、石灰石等矿产资源丰富，采石、采砂、采矿产生的扬尘、废水污染和生态环境破坏问题严重，因此，经常发生小规模的环境污染案件。如都安瑶族自治县桂丰源矿粉厂废弃物严重污染水源问题。2014年以来，桂丰源矿粉厂一直没有办理用地手续，长期违法占用集体土地建设厂区；同时存在环评漏项问题，长期将未经处理的尾矿渣、石粉和污水排放到瑶岭河的上游支流中，造成河水浑浊，沿河群众生活饮用水受到污染，给群众生产生活造成极大影响。再如前文所述恭城一些尾矿库污染水源和耕地问题，都属于此类。从地方民众环保投诉来看，采石采矿带来的水污染和扬尘污染是当前岭南苗瑶语民族地区最突出的环境问题。

另外是水体过度开发利用，导致部分河流湖库水质恶化。这种情况在岭南苗瑶语民族地区也较为普遍。南水水库是广东省饮用水源一级保护区，承担着韶关城区的日常生活用水供给。2009年2月，南水水库曾因蓝藻污染问题而引起新华社、《南方都市报》等媒体关注。经过调查研究，发现此次事件主要与天气因素和网箱养鱼导致的水体富营养化有关。蓝藻事件为南水水库的水质保护敲响了警钟，广东省环保局和省监察厅联合将南水水库整治列为2009年十大重点挂牌督办的环境问题。面对这种压力，乳源瑶族自治县政府组织有关部门展开摸底调查，结果发现南水水库共有养殖户 190 户、网箱养殖总面积为 255.73 亩，网箱养殖已经成为南水水库主要的污染源。[①] 为此，当地政府曾一度把网箱的清理工作作为治理工作的重中之重来抓，清理了一批网箱养殖设施，并决定在 2 年内逐步取消南水水库网箱养鱼。可是，由于库区民众前期投入养鱼资金多，还没有明显回报，因此，思想上并不愿意配合整治。之后，事情一度不了了之，再度出现了网箱养殖扩大的趋势。据乳源县畜牧水产局 2015 年 11 月数据统计，南水水库非法网箱养殖户共有 138 户。由于水库非法养殖户多、涉及面广，特别是养殖集中的区域，极容易出现库区水质恶化。此外，南水湖周边存在着很多村庄，一些商家开办有"渔家乐"，所产生的生活污水随着山溪水没有经过任何处理直接排入南水湖。2018 年，根据中央环保督察反馈意见和要求，乳源瑶族自治县坚决关闭清理 2008 年 6 月后建成的 144 宗网箱、畜禽养殖项目。截至 2018 年 9 月 12 日，已成功拆除网箱养殖项目 134 宗，拆除畜禽养殖项目 9 宗（剩余 1 宗属于精准扶贫项目，已申请延迟至 2018 年 12 月 30 日前完成拆除工作）。同时，该县持续推进水库周边农村环境整治工作，投资 7075.2 万元，启动了南水水库生态环境保护子工程一期、二期工程建设。[②]

应该说，由于开矿、养殖、修路等引发的环境污染问题，目前在局部地区仍可能出现一定程度的激化状态，甚至引发群体性事件。如 2003 年 9 月富川瑶族自治县白沙镇民众因抗议砒霜厂带来的环境污染，数百名农民团团围住砒霜厂，提出停产赔偿要求。最终引发群体性事件，多人受伤，茶山村农民林海辉死亡。后来，虽然砒霜厂停产了，但大量没有经过环保处理的废渣堆在地表，形成了污染隐患。类似的砒霜厂，过去在富川、都安 2 个瑶族自治县曾经大量存在，即使已经停产，但砒霜污染过的土壤和生产废渣，却还在持续毒害着当地生态系统，影响着周边民众的生产生活。

（四）生态文明建设资金不足

岭南苗瑶语民族地区受自然环境限制，经济发展较为滞后，且大多数产业都严重依赖资源，经济发展与环境保护之间的矛盾持续存在，再加上一些民族

---

① 《粤北"高山天池"护水录》，《环境》2009 年第 10 期，第 18—19 页。

② 袁少华、曾毅：《乳源南水水库饮用水源保护区综合治理取得明显成效》，《韶关日报》2018 年 11 月 23 日。

村寨处于脱贫攻坚的关键阶段，而它们所发展的特色养殖业往往会给周边环境带来一定的污染。这些环境现实都需要充足的资金来保障。

与此同时，苗瑶语民族民众聚居之地，不少地方山高林密，交通不便，自治地方政府由于财政收入有限，无法纳入太多的资金投入广大农村的环保基础设施上去。当今苗瑶语民族民众聚居的农村，虽然有一部分村寨环境基础设施有了一定改善，但还有很多村寨基本上没有环境保护设施，甚至连基本的垃圾处理设备都没有。

此外，生态移民是令一些自然保护区内世居民众脱贫致富的好办法，可生态移民需要大量资金来实施，一方面要为移民建筑房屋，另一方面要为他们找到可持续的生计。而这些都需要有充足的资金来保障。然而，岭南苗瑶语民族地区财政收入少，地方财力有限，很难拿出太多资金去充分地做好生态移民工作。

当然，资金不足也是相对的，毕竟国家每年都给民族自治地方转移支付不少资金，再加上生态补偿资金以及各级各类项目资金，还是可以在一定程度上做出一些成绩的。关键问题是有没有做好谋划，有没有将生态文明建设放在优先地位。

第二节　苗瑶语民族传统生态知识与生态文明建设的互动

在岭南苗瑶语民族地区的生态文明建设过程中，知识发挥着重要作用。现代科学技术处于主导地位，不仅主导着生态产业的发展，而且主导着环境的恢复与重建。传统生态知识也仍然以各种各样的方式发挥着作用，在技术、制度、表达层面支持着当代生态文明建设，同时也受到生态文明建设的影响，两者之间的互动显示出多层面、深层次、多元化的特点。

一　传统生态知识对生态文明建设的独特价值

如前文所述，传统生态知识是地方社区的民众对小区域生境的深刻认知，是总结多年生产生活经验的智慧结晶，因此，在当代苗瑶语民族地区生态文明建设的进程中，传统生态知识的影子随处皆在，不可或缺，有时甚至发挥着独特效用。

（一）整体性生境认知的基础价值

传统生态知识为苗瑶语民族地区生态文明建设提供了整体性的生境知识宝库，而这些知识不仅是生态文明建设的重要依托，也是区域社会可持续发展的重要保障。

在祖祖辈辈与所在生境打交道的过程中，岭南苗瑶语族民众对村寨周边的无机环境有了非常深刻的认知，懂得气候变化和土地营养状况。一方面，对气温、降雨、光照等因素的认知，有利于按照实际情况安排农业生产，调节副业生产，从而保证家庭和族群的生存与延续；另一方面，对无机环境的深刻认知，也为新型农作物的引进和外来新技术的本地化，提供了最基本的可能。在某种程度上讲，无机环境是最纯粹的环境，是人类和动植物赖以生存的基础。毕竟，岭南苗瑶语民族很早就进入了农耕时代，主要依赖驯化的五谷、芋头、玉米、红薯等为生，而要获得稳定的高产，必然要对聚落周围的无机环境有较为充分的了解。这些理解和认知虽然比较零散，带有浓厚的经验主义色彩，但毕竟是在小生境范围内生活多年的积淀。

野生动植物也是构成岭南苗瑶语民族小生境的重要因素。在传统时代，住在山区的苗瑶语族民众往往对野生动植物有比较大的依赖，就植物方面而言，他们从山林中获取柴薪、建筑用材、生产工具用材、野菜野果、药材等森林产品和副产品；就动物方面而言，他们从山川中猎取野兽、鸟类、鱼类、两栖类等野生动物，用以补充人体所需的动物性蛋白质。对野生动植物的认知与利用，表明了苗瑶语族人们对山野资源的充分了解和理解，很大程度上保证了家庭和族群的正常繁衍和发展。

无论是对无机环境的认知，还是对野生动植物的认知，都是岭南苗瑶语族民众传统生态知识中最为基础性的内容，这些知识体系构成了独特的"小生境地志"，是对小区域的整体性认知，而这在任何历史时期都是非常宝贵的知识财富。透过这些整体性的知识，我们可以对小生境有较为整体的把握，熟悉其特点，把握其脆弱环节，从而为针对性发展生态产业和推动生态文明建设提供整体性的知识基础。事实上，在小生境范围内，世代生活其中的人们对自己所处的环境有着自己独到的理解，即使是在接受外来物种和新技术的过程时也仍然采取谨慎的态度，而不会太过于偏激，以致酿成灾难性后果。

在岭南苗瑶语民族地区生态文明建设的过程中，各个地方的苗瑶语族民众仍然保持有自身对小生境的整体性认知，任何外来的生态知识或科学技术，想要生根发芽，就必须本土化、契合当地生态系统的要求，否则就难以立足，或者带来严重的灾难后果。在此，我们所说的整体性生境认知，是指一个地方的民众对其所在小生境的无机环境、野生动植物以及与人类关系的整体性把握。其基础性和重要性举足轻重，构成了苗瑶语族民众任何生计活动的文化背景，而这对自然科学的从业者来说基本上是自动忽略的。事实上，当前一些项目上马过程中往往要进行环境评估，其最重要的内容之一就是要对区域环境有一个整体的把握。可惜的是，环评项目很少会直接面对地方民众，较少了解他们对区域生境的认知。

要而言之，整体性生境认知对区域发展非常重要，是区域生态文明建设的基础背景知识。在某种意义上讲，这些知识体系是最为宝贵的财富，可能我们甚至不会意识到它的存在，因为它在很多情况下就是当地的"常识"，是对小生境的整体性认知体系。

（二）技术性传统生态知识的生态产业价值

技术性传统生态知识涵盖范围非常广泛，是岭南苗瑶语族民众祖祖辈辈与自然打交道经验的直接总结，因此，这些知识充分考虑区域小生境的特点，与自然契合性强，具有现代科学技术无法比拟的独特价值。在岭南苗瑶语民族地区生态产业发展的过程中，技术性传统生态知识不仅是一个源头，而且有时在其中还发挥着支撑作用，推动着一些独特产业的发展。这里仅举两个案例予以说明。

1. 金秀瑶族中蜂养殖产业发展案例

金秀大瑶山森林茂密，野花草丰茂，野花繁多，为发展中蜂养殖业提供了良好的资源基础。传统上，盘瑶、山子瑶等就有养殖中华蜂的传统，他们往往从野外捕获蜂王，令其在自己选定的特定地点筑巢，然后予以稍许管理，即可收获甘甜的蜂蜜。这样一套有关养殖中华蜂的传统知识体系，在当代特色产业发展和扶贫攻坚的进程中发挥着重要作用。

金秀瑶族自治县大樟乡九贺屯是一个大瑶山腹地的盘瑶村落，全村有20多户100多人。2016年12月，该屯村民赵金德养有170多箱野生中华蜂。其所养殖的蜜蜂，最初都是自己用蜂桶从山上引来的，可谓是传统养蜂知识在当代发挥作用的最好体现。由于蜂蜜质量好，供不应求，许多客户通过电话、QQ、微信联系，他的蜂蜜远销南宁、柳州、桂林及广州、深圳等区内外大城市。2016年，他通过养蜂就增加收入 10 多万元，2017 年发展到 200 多箱。同时，他还带动三四户村民养蜂，也开始有了收入。2018 年，在大樟乡政府的引导下，当地成立了金秀县九贺大山养蜂专业合作社。

除了九贺屯赵金德以外，罗香乡琼伍村罗州屯潘辉才、三角乡三渡河屯李永强等人也都依靠传统中华蜂养殖技术，大量养殖野生蜜蜂，带领村民走上了脱贫致富的道路。其实，金秀瑶族自治县瑶乡农民养殖蜜蜂现象十分普遍，据当地有关部门 2015 年 11 月的不完全统计，全县养殖蜜蜂成规模的户数就达230 多户，年养蜂量达 4800 多箱，年产蜂蜜 40 吨左右。[①] 另据《2017 年政府工作报告》，2016 年已增至 5600 箱。

在这个案例中，大瑶山的盘瑶、山子瑶等支系的瑶族民众，充分利用当地独特的野花蜜源，利用自己独特的方式从森林中引来野生中华蜂，然后令其在自己制作的蜂桶中酿蜜和繁殖。

2. 凤凰山畲族茶叶产业发展案例

凤凰山是畲族的发祥地。这里迄今分布着碗窑村、山梨村、石古坪村、李工坑村、蓝屋村、雷厝山村、岭脚村等畲族村落，其中，石古坪村历史悠久，是驰名中外的凤凰乌龙茶的主产区。有关其茶叶种植与制作的传统生态知识，前文已有所述。

石古坪村位于北纬 23°54′，东经 116°45′，平均海拔 766 米，最高海拔为大质山 1143 米。地处中山地区，土质酸性少，温度适宜，常年云雾缭绕，非常适合种植乌龙茶。传统上，石古坪村村民就大量种植茶叶，不过，在"以粮为纲"的特殊年代里，茶叶种植受到了一定的抑制。改革开放以后，茶叶种植的潜力再一次释放，石古坪村畲族民众逐步将原有耕地改建为茶园，到1993 年前后，全村 64 户人家，种植茶园 440—450 亩，人均年收入 2500 多元。[②] 目前，石古坪村约有 1000 亩优质茶园。长期以来，村民都沿用传统的老方式种植地方品种——凤凰单丛茶、石古坪乌龙，并且主要以采春茶为主，按照传统方法炒制茶叶。因此，石古坪乌龙茶一直保留着天然的香甜味道，口

---

① 韦大强：《金秀：依托山区资源优势 大力发展蜜蜂养殖》，金秀瑶族自治县政府门户网站：http：//www.jinxiu.gov.cn/html/Article/show_ 5303.html，2015－11－09。

② 萨支辉：《特区少数民族发展经济的思路——广东凤凰山畲族经济调查》，《中央民族大学学报》1993 年第 4 期。

感独特。因此，得以在中国茶叶市场上独领风骚。而在村民看来，想要多赚钱，不仅要有种茶、制茶的技术，还要会卖茶。全村 70 多户中，15 户以上的人家早就在凤凰镇、潮州市、汕头市、广州市的茶叶集散地购买或租赁商铺，开店经销茶叶。他们不仅销售自家生产的茶叶，还收购凤凰山其他村寨甚至外省生产的茶叶来销售。由于已经在城镇开设店铺，这些畲族民众一般将自家茶园交给族人照管，只在采春茶的农忙时节才抽出人手回村帮忙，管理茶叶的采摘和加工。[①] 从 20 世纪 90 年代至今，凤凰山区的茶叶以其优异的品质和独特的茶文化驰名中外，当地政府也引导整个凤凰山区因地制宜地发展茶叶种植，围绕茶叶的种植、加工和销售一条龙发展，逐步走上小康之路。

在这个案例中，石古坪畲族民众一直坚持传统种茶方法，"按照村里人的一套办法""根据自己的经验"[②] 来加工乌龙茶。可见，传统的制作乌龙茶技艺的确在凤凰山茶叶产业发展过程中发挥了独特效用。

此外，金秀瑶族的"石崖茶"产业、融水苗族香粳糯产业、连南瑶族油茶产业、巴马瑶族长寿食品产业等特色产业，都依托传统生态知识，充分挖掘地方民族特色，并考虑到当代都市民众对生态、绿色、有机产品的需要。这些产业，一方面充分利用了苗瑶语族民众祖祖辈辈传承下来的种植技术与制作技艺；另一方面，又结合了一定的现代农业科技，将传统上零碎的、经验性的知识重新整合，使传统的品种复壮、高产。

应该说，技术性传统生态知识除了促进特色产业开发以外，还有很多其他方面的独特价值。比如，提供营养均衡、有机绿色的土特产；推动资源的可持续利用；减少和降低水土流失；帮助地方挖掘特色民族文化；为区域生态修复与重建提供借鉴；为现代农业技术提供参考；等等。

（三）制度性传统生态知识的生态保护价值

制度性传统生态知识是人们传统上为了调节人与自然关系而做出的一些规定或规范，这些知识体系曾经在区域生态维护和资源可持续利用方面发挥着突出作用。在岭南苗瑶语民族地区生态文明建设的过程中，这些传统的知识体系仍然发挥着一定的效用，特别是在小区域治理和生态保护上具有独特价值。现仅以金秀瑶族村规民约案例予以说明。

---

① 谌华玉：《粤东畲族：族群认同与社会文化变迁研究》，第 244 页。
② 谌华玉：《粤东畲族：族群认同与社会文化变迁研究》，第 230 页。

大瑶山地区森林茂密，物产丰富。改革开放以后，田地和山林逐渐包干到户，于是乱砍滥伐、毁林开荒、小偷小摸等不正之风兴起，严重影响森林资源保护和生物多样性保护。为了保护自然资源和维护正常生产秩序，"瑶民想到了传统的石牌制度来了。石牌制度用现在通用的话来说就是'乡规民约'。传统石牌成了瑶民制定'村规民约'的参考资料。"① 根据莫金山先生所收集的金秀瑶族村规民约文本，我们可以发现新时期乡规民约与生态有关者可归纳如下：

1. 封山育林，制止乱砍滥伐、毁林开荒

早在 1980 年 3 月 15 日，六巷乡六巷村四个生产队（花篮瑶）就制定了《关于封山造林、封河养鱼问题的决定》，规定原有老山、水源山不准任何人乱砍滥伐，否则每亩罚款 30 元；同时规定严禁乱砍大小毛竹或老山小竹，不允许其他人在其辖区内找大小毛竹笋或小竹笋。②

同属六巷乡六巷村的帮家村、翁江村（山子瑶）则将要保护的山林分为老山、水源山和风景山三类，并规定了具体的保护和处理办法：

（1）翁江老山只许本村社员适当要些自用的锄头柄、扁担、枪壳、晒楼竹篙、围园篱笆和修整犁、耙的用料等。一律不准开荒做地、滥砍滥伐、烧炭、砍生木头作柴火，不准找笋。违者按以下办法惩处：开荒做地的每亩未烧的罚款 30 元，烧了的一亩罚款 60 元，并责成毁什么林造回什么林，还要其护理三年包种包活，恢复原状。三年后检查验收。烧炭的除没收所烧的炭外，火炭每窑罚款 5 元。砍生树作柴火的不论大小每棵罚款 2 元。找笋每棵罚款 5 角。

（2）水源山只许本村社员适当要些作自己修理犁、耙的用料和找少量竹笋作菜外，一律不准开荒做地，不准砍杂木和砍竹篙搞副业。违者开荒做地的按以上规定处理，乱砍林木和砍竹篙搞副业的将实物或出卖所得的款全部没收，并加罚款 30%。外地人员更不得乱动一草一木。

（3）凡属风景林的树木，不论大小都不得砍伐和损伤，违者每砍一

① 费孝通：《四上瑶山》，《费孝通民族研究文集新编》（上卷），中央民族大学出版社 2006 年版，第499 页。

② 莫金山：《金秀瑶族村规民约》，第 243 页。

棵罚款 2 元，损伤每棵罚款 1 元。[①]

从这份村规民约条款中，我们能够看到帮家山子瑶民众进一步对保护对象的细分，而且规定了详细的允许、禁止事项及惩罚办法。

再如 1991 年 10 月 25 日制定通过的《永和村封山育林公约》，将多达15272 亩的荒山实行永久性的封山育林，其最重要的几条如下：

一、在封山育林地区严禁任何人割草烧灰、烧炭、烧黄蜂以及烧地开荒。

二、在天气干燥时进入封山育林地区内的人员严禁抽烟，烧火煮吃等。

三、在封山育林区的边缘地带开荒烧地必须执行"五不烧"：（一）不经批准不烧；（二）未开防火线或防火线不合格的不烧；（三）没有组织领导，人员组成不足和打火工具准备不好不烧；（四）天气干燥超过三级风不烧；（五）午后，傍晚，夜间不烧。

四、在封山育林区内必须执行"六不准"：（1）不准毁林开荒；（2）除成活的松树按规定有计划砍伐，不准毁林搞副业；（3）不准放牧毁坏幼林；（4）不准过度砍枝取柴；（5）不准在幼松林采脂；（6）不准在林区点火行夜路和乱丢烟头。

五、在封山育林区内严禁任何人放牧和乱砍幼林作柴火（牛场地除外）。

六、在封山育林区内，任何人不得擅自移动或破坏防火牌，公约牌，封山育林界碑及一切设施，违者按破坏森林论处。[②]

上述六条条款还包括若干细则，比如"五不烧""六不准"，可以说已经尽可能地将损害封山育林的情形都考虑在内，是比较完备的专题性乡规民约，对保护森林资源和生态环境有比较大的作用。

对于这一类乡规民约与传统石牌制度之间的关联，我们可以从 1991 年制

[①]　莫金山：《金秀瑶族村规民约》，第 264 页。
[②]　莫金山：《金秀瑶族村规民约》，第 233 页。

定的《十八家石牌规约》看出来。该石牌规约第五条规定："严禁毁林开荒（指毁集体林、公益林）。凡毁林开荒的，幼林每亩罚200元，中成林每亩罚300元，竹林每亩罚100元，所毁林木，限期由毁林者负责按面积造回林木，并护理3年，然后归还集体。"[①] 同年制定的《三片村村规民约石牌》在开头即用大字号汉字明确标示"祭石牌，铁炮三声，天灵地准，国泰民安"[②]。可见，作为制度性生态知识的石牌条款如今仍然对区域生态环境保护具有独特作用。

2. 保护河流生态，禁止毒鱼、闹鱼

早在1980年3月15日，六巷乡六巷村四个生产队（花篮瑶）就制定了《关于封山造林、封河养鱼问题的决定》，规定辖区范围内的河段不准任何人员乱炸，不准用农药毒鱼，不准用石灰、茶麸大闹，否则给以严肃处理[③]。

对于河流生态和水产资源的保护，罗香乡罗运村（坳瑶）1985年8月制定的村规民约有更为详细的规定：

为了保护水产资源，保障人民的生命安全，防止环境污染，特划定本村的河流管辖范围：大河上游罚丹口下游的伯公潭口直至下游的马鞍分界潭；白牛河、鸡冲河、六俄河、立冲河、滑坪河及本村委内所有的小河、小冲均属本村所管。为保护本管区的水产资源及防止环境污染，制作如下规定：

（1）凡属用农药及其他毒品在本范围内毒鱼的，除没收所得的水产品外，每次罚款200元，拒不交款者加倍罚款，情节严重的，提交政法部门追查刑事责任。

（2）凡在本范围炸鱼的，按每炸一炮罚款50元，拒不交款者，加倍罚款。

（3）凡是发现毒鱼、炸鱼的，检举者按所罚款奖给50%，包庇者按做案者处理，其余款均按本约第一条中规定处理。[④]

---

① 莫金山：《金秀瑶族村规民约》，第235页。
② 莫金山：《金秀瑶族村规民约》，第155页。
③ 莫金山：《金秀瑶族村规民约》，第244页。
④ 莫金山：《金秀瑶族村规民约》，第241—242页。

从上述村规民约条款来看，我们可以发现：罗运村坳瑶不仅划定了具体的保护范围，而且区分了毒鱼、炸鱼两种情况，并且还鼓励民众检举揭发，惩罚包庇。

这一类制止炸鱼、毒鱼、电鱼的条款，在金秀大瑶山各支系瑶民的村民规约中是非常常见的，可以说只要辖域内有河流，就会加入这一类的条款。在某种程度上，这一条款可以说是"标配"。

3. 管理水利灌溉，保障稻作农业生产

与传统的石牌制，新时期的村规民约也有很多条款是调节稻作农业生产，制止畜禽破坏、偷盗以及防止水利争端的，这些条款在内容上和精神实质上都与传统的石牌制度保持一致。

如1984年1月通过的金秀镇《田村村规民约》不仅有管理水利灌溉的规定，而且还禁止浪放牛、鸭等畜禽，防止损坏农作物。

　　1. 从二月社下种后廿天起，不准放养牛、猪、鸡、鸭、鹅等牲畜损害农作物，如不遵守的造成的损失，按产量计赔。

　　2. 礼貌用水，不准争水闹架。①三月耙田以后，各户的水田应按原生产队的开水口为准，不得乱开新的水口。如急需用水，用后必须保持上面田的原有水平。②插田后的本田须经三天时间以后方能放水经过，以免造成肥土流失。

　　3. 四月插田后20天以上，才能放鸭下田，如果提前放鸭的，不管是谁的田，即谁见，谁打谁吃。

　　4. 秧苗成活后，看牛不注意造成的损失，第一次护理好，第二次下肥，第三次由双方协商解决。

　　5. 水利维修（开路），户户有责，不管谁人指挥调人维修，受益户均应积极参加，凡无故不参加维修的，3天后不给送水下田。

　　……

　　8. 禾苗长胎期间，不准任何人下田捞浮萍，禾苗出串后，鸡、鸭、鹅一律不准进田，违者加倍罚款。①

---

① 莫金山：《金秀瑶族村规民约》，第141页。

在整份村规民约的 10 项条款中，为了保证稻作农业生产秩序的，就占 6 项，足见水稻在田村茶山瑶民众心目中的重要位置。

这一类的条款在茶山瑶村寨的村规民约中比较普遍，再如 1991 年 5 月新修订的长垌乡《平道村村规民约》，其前三款就是关于稻田生产的：

一、分下的责任田，用水应按原来水利灌溉，任何人不得随意堵，改变渠道走向，违者所造成的庄稼损失，由当事人负完全责任。小型水电站用水，必须要在保证灌溉农田的前提下才能发电，并做到水归田。

二、任何人不得随意放家禽、家畜到田里糟蹋庄稼，违者所造成的损失，按损失面积赔产，每亩 1000 斤干谷（以此标准计算）；损害秧田的，按主人播下的同类品种可插面积赔产（每亩按 1000 斤干谷计算），被糟蹋的禾田、秧田由牲畜主人赔偿一切。

三、造林绿化要在荒山荒地进行，严禁在水田四周造林，如需要造林的必须距离农田 20 米之外。①

上述 3 项条款不仅调节了水利灌溉、出勤损害，而且还强调"严禁在水田四周造林"，这是保证梯田稻作农业能够获得丰收的重要措施，也反映了稻谷对于茶山瑶民众的重要性。

总的来说，从制定目的和规约内容上来看，新时期的村规民约的确是过去大瑶山石牌制的延续，可以说是传统生态知识在当代进一步发挥作用的重要体现。从村规民约的实施效果看，的确维护了集体和个人的合法权益，刹住了乱砍乱伐的歪风，同时，村规民约还有制止盗窃农林作物的条款，有效保证了正常的生产秩序，发挥了重要作用。据费孝通先生 1982 年 9 月的调查：

今年 6 月，以培育灵香草而致富的香（六）拉大队，为了实际的需要，又想起了传统石牌的社会公约来了。这是瑶族人民喜闻乐见的形式。全大队的群众开了个大会，定下了个"乡规民约"。这个民约有 20 条款，其中最重要的是严禁"五大犯"，盗灵香草是其中之一。这个公约于今年 7 月 1 日起执行。我是 8 月底到瑶山的。在这两个月里，据说还没有发过

---

① 莫金山：《金秀瑶族村规民约》，第 173 页。

要动用公约来惩处的事件。这是一件值得推广的好事。提到高度来说，这是民主和法制统一的典型。①

按费孝通先生的说法，1981 年未制定村规民约之前，就发生过偷盗灵香草的案件。制定了村规民约以后，"在这两个月里，据说还没有发过要动用公约来惩处的事件"。这是村规民约实实在在发挥作用的证明。

事实也一再证明，大瑶山地区如今森林之所以那么茂密，是与这些村规民约的突出作用分不开的。虽然不少村规民约已经时过境迁，但人们仍然还记得石牌制的威力，还知道一些"永久性"规则的存在。这些规矩与规约，已经深入当地瑶族民众的内心，成为一种必须遵循的行为准则。同时，再加上新时期国家政权对生态环境保护法律法规的强调，森林保护、景观保护、生物多样性保护等事业在大瑶山地区才能取得这么明显的成效。

当然，在岭南苗瑶语民族其他地区，传统社会组织和社会制度也都在小区域生境内发挥着一定程度的效用。即使是在现代社会治理体系已经完全确立的当今时代，传统的制度文化也仍然或隐或现，以多种多样的方式对当今经济社会发展发挥着作用。

（四）表达性传统生态知识的生态理念价值

表达性传统生态知识在生态知识体系中处于核心地位，即使是已经经历了新中国成立之初的各种"破旧立新"，但在改革开放以后，这些传统生态知识再一次显示出其自身的顽强性，推动着民族地区的生态环境保护与治理。

如前节所述，虽然岭南苗瑶语民族的表达性传统生态知识也是多种多样、类型丰富的，但在不同的民族和支系内还有着比较大的差异。当然也有很多共性。其中，最为突出的一点是这些表达性的传统生态知识都在区域生态文明建设过程中发挥着不可替代的作用，有利于保护小生境范围内的生物多样性、增强民族文化生态系统的弹性。

1. 大化七百弄布努瑶雷公崇拜案例

布努瑶民众对雷公非常敬畏。在创世史诗《密洛陀》中，布努瑶祖神符华赊·发华风交代雷神"去造雨造水，造雨养人类，造水育生灵"②，并且承

---

① 费孝通：《四上瑶山》，《费孝通民族研究文集新编》（上卷），第 499—500 页。
② 蒙冠雄、蒙海清、蒙松毅搜集翻译整理：《密洛陀》，第 27 页。

诺以后造出人类和万物，"人们以你至尊，万物对你毕敬。村村立有雷公庙，寨寨设有雷公林。立庙是给你收率人们的香，设林是给你享人间的火。人不得在庙和林里吐痰，更不得屙屎屙尿。不得砍雷庙树，不能割雷林草。不得面向雷公庙屙屎，不能面对雷公林拉尿。"[①] 这种敬畏最终发展成普遍性的禁忌。

在大化瑶族自治县七百弄乡西满瑶寨一带，人们认为雷公就是主管天上的神灵，为了祭祀祂，专门在一些特殊的树林安有雷王庙。一旦安庙成功，则那一片树林就属于雷公辖地，不能随意进入。一个瑶寨可能设有很多个雷公庙，有大雷公、小雷公之分。大的占地面积四五百平方米，一般的占地两三百平方米，小者占地也有一百多平方米。对于雷公庙、雷公林所在地，当地瑶民总是"讳莫如深"，不仅不敢进入其中，甚至在日常生活中也非常禁忌谈论有关话题。即使是专职宗教人员——魔公，平时也不能进去，只有在村民生病需要"送鬼"时，才携带祭品进入其中。如西满瑶寨就有 3 个雷公庙，其中一个在村里新建的公路边，因其周边有一个村民不太崇拜，他于是慢慢砍，慢慢砍，基本上将其中的树木砍伐殆尽了。后来，修建公路时，再一次占用土地，如今仅余一块硕大的石块，植被已基本无存。另外两个则处在聚居区之外，植被茂密，平常村民走到周边 10 米之外，都不敢大声说话，只好快速通过。

令我们感兴趣的是，雷公庙所在之地一般都树高草深，植被茂密，生物多样性远比相邻区域为高。更有意思的是，这些布努瑶村屯普遍有三四个雷公庙，以一个占地 200 多平方米计算，三个占地面积约为 1 亩。这样一来，每个自然屯都至少保留下 1 亩左右的动植物物种丰富的基因库。而这在大化、都安、巴马等布努瑶聚居的村屯非常普遍，因此在大石山区保留下一小片一小片的民族性的"自然保护小区"，为本地区保留下丰富的动植物物种，对区域性的生态修复与重建具有非常重要的参考价值。

2. 富川平地瑶"后龙山"案例

"后龙山"又被称为"社山"，其所在树林被称为"神林""风水林""水口林"等。一般来说，富川瑶族自治县境内定居较久的平地瑶村寨旁均保留一山古树，其中还建造着社王、盘王、土地或本境神祇的庙宇。由于是神灵的居所，故山林中的每一棵树均被认为是灵物，绝对禁止砍伐，尤其禁止在其中

---

① 蒙冠雄、蒙海清、蒙松毅搜集翻译整理：《密洛陀》，第 28 页。

随地大小便和讲亵渎神灵的话语。① 因此,这些村落均保留着一片茂密的森林,其中的古树林木郁郁葱葱,许多珍贵树种得以保存至今。

柳家乡下湾村是都庞岭余脉——西岭山山脚下的一个行政村,它由下源洞、茅樟湾、白露塘 3 个平地瑶自然村和林家、新立寨 2 个汉族自然村组成。下湾村自然地理条件优越,背靠雄伟壮丽的西岭森林公园,面向风景怡人的龟石国家湿地公园。自古以来,当地瑶族民众都认为,水从山上来,全靠林木养。下源洞平地瑶村寨后有连绵的后龙山,其中的数百林木,株株保护完好,当地有此民约:"后龙水口,刀斧禁入;枯枝落叶,不准捡拾;若有违反,严惩不赦。"② 同时,当地非常信奉风水,认为村后森林是立村之本,因此非常注重保护"后龙山"的树木植被。

类似的案例在富川瑶族自治县比比皆是。如古城镇大岭村的"后龙山"中有几十株枫树、香樟、槐树等古树,枝繁叶茂,郁郁葱葱。在村道岔路口,生长着两株古香樟,一株挺拔伟岸,一株婀娜多姿,枝叶相接,根须交织,被称为"姻缘树"。再如朝东镇白面寨村"后龙山"占地 132 亩,4000 多株金丝楠遮天蔽日,这是广西最大的闽楠单片纯林。树龄 800 多年的"楠木王"高 40 多米,胸径 1 米多,两个人手拉手也抱不过来。每天傍晚,数千只白鹭云集树梢,呼唤巢中幼子。林中落叶沉积着白色鸟粪,还有雏鸟孵化后脱落的蛋壳,非常原生态。

在生态文明建设的进程中,由于"后龙山"文化与生态乡村理念相当吻合,受到富川瑶族自治县地方政府的重视,林业部门将这些后龙山列入"自然保护小区"名录,并采取保护措施,在古树林周边围起木栅栏,给老树一一挂上标牌、登记造册。同时引导村民制定新的村规民约,还聘请专职人员管护树林。据统计,纳入《富川瑶族自治县自然保护小区名目表》的有 25 个,总面积达到 112547 亩,主要保护对象有楠木、樟木、榉木、黄枝油杉、黄嘴白鹭等。③

总之,不论是大化布努瑶的雷崇拜,还是富川平地瑶的后龙山文化,都与人们传统的生态观和禁忌观密切相关。正是因为苗瑶语族民众认为"神山"

---

① 胡庆生、陶红云:《贺州瑶族》,世界图书出版公司 2015 年版,第 262—263 页。

② 谢彩文、蒋林林、张雷:《古为今用 绿为"金"用——贺州市生态乡村走马观"绿"》,《广西日报》2016 年 8 月 3 日第 11 版。

③ 徐治平:《千载传承的生态意识——"走进八桂丛林"之富川"后龙山"》,《广西林业》2015 年第 2 期。

"后龙山""水口林"有着神圣的意义，是神灵的居所，是培育风水之地，因此才成为"禁忌"，使得人们不敢随意破坏。对于这些有神的社区来说，为神灵留下一处空间，不仅仅是保留下不予开发的资源，更重要的是还保存了丰富的动植物基因库，为生态环境保护和生态产业发展提供了重要的资源保障。

二　生态文明建设对传统生态知识的影响

生态文明建设具有时代性，是人类社会进入后工业时代的必然皈依。而传统生态知识生成于前现代社会，是人们祖祖辈辈传承的有关人与自然关系的知识体系。在中国特色社会主义进入新时代的当代中国，岭南苗瑶语民族地区的生态文明建设必然会对苗瑶语民族传统生态知识产生重大影响。

（一）技术性传统生态知识效力减弱

岭南苗瑶语民族的技术性传统生态知识，主要围绕山地而产生和更新，涉及的主要是有限地域范围内的狩猎采集、旱作农业以及稻作农业，其主体是传统农业知识。在岭南苗瑶语民族地区，受新中国成立之初耕作技术改良和"绿色革命"的影响，其技术性传统生态知识已经支离破碎，所剩无几。

生态文明建设要求区域经济实现绿色发展，建立绿色低碳循环发展的经济体系。技术性传统生态知识虽然可以提供一定程度的支撑，但由于其零碎和适用范围狭窄的特点，仅仅能在生态农业和生态旅游业发展上提供一定的助力，但对于区域循环经济体系的建立往往有心无力，难以发挥更大效用。与此同时，现代科学技术往往会凭借其优势，进一步挤占技术性传统生态知识的延续空间。比如在融水苗族自治县发展稻田养鱼的过程中，现代农业技术就发挥着明显突出的作用，将传统稻田养鱼技术的传承和延续给遮蔽起来。香粳糯作为桂北一带的传统高山冷水糯稻品种，传统种植往往产量低、大小年收获严重，常常出现"有价无米"的尴尬场面。为此，广西农业科学院水稻研究所科研人员从2014年开始进行香粳糯品种改良和技术创新。他们采用"一选三圃法"，经过连续选育试验，使香粳糯产量及品质得到了很大的提升。根据不同海拔区域气候特点，设置不同播期产量比较、精准栽培密度与肥料比较、综合防治稻瘟病等一系列栽培试验，历时两年研究，集成香粳糯高产栽培技术。同时，还推广应用"稻＋鱼＋灯""稻＋田螺＋灯"生态农业产业链模式，推动

"垄稻沟"养鱼或养螺，提高控害、降残、节本、增效效果，促进"稻渔"生态综合种养。①而这么复杂的技术攻关和总结，是技术性传统生态知识所难以胜任的。不过，农业科研人员也在研究过程中吸收了当地民众的智慧，从中得到了很多启发。

更为麻烦的是，生态文明建设所要纠正的是工业文明引发的环境问题，而这些问题的解决，往往超出了传统生态知识的能力，需要精确的试验和特别精细的验证。比如当今时代面临的突出环境问题有：大气污染、水污染、土壤污染、农业面源污染、生物多样性丧失等。而这些问题的解决，一方面要加强管控，用更为严格的环境保护制度和标准来进行环境治理；另一方面，也要用现代环境技术处理已经发生的环境污染。这些都不是传统生态知识所能完全胜任的。

因此，在岭南苗瑶语民族地区，生态文明建设必然会给传统生态知识体系带来严重冲击。一方面，一些技术性传统生态知识已经不适合时代发展的需要，逐渐从活态民族文化转为"曾经的历史记忆"，甚至会从民族文化库中消亡；另一方面，一些技术性传统生态知识会被现代科学技术吸收、改造、更新，重新焕发生机和活力，从而推动生态产业发展，推进生态文明建设进程。

（二）制度性传统生态知识处境尴尬

与传统时代相比，苗瑶语民族地区的社会制度已经发生了根本变革，社会治理体系也发生了重大变化。只有在最基层的村寨层面，还保留着一定的自治成分，为传统社会组织和社会制度留下一定的延续空间。由于生态文明建设体现着国家意志，因此，在苗瑶语民族地区当代发展进程中不可或缺，一些瑶族聚居县份大力实施"生态立县"，充分挖掘传统生态知识的现代效用，比如充分利用传统的瑶医瑶药来推动地方经济社会发展。

虽然制度性传统生态知识在某些较偏远的苗瑶语民族村寨仍然能够发挥一定的作用，但其效力也逐渐被消解。一些制度性传统生态知识可能会与国家法规和现代价值观存在一定程度的冲突，因此其效力逐渐消解。由于在民间习惯法与国家法规之间存在一定的冲突，地方社区的民众有时会以国家法律为由拒绝执行地方性规则。比如很多苗瑶语民族地区流行破坏风水林者杀猪请酒的习

---

① 曾华忠：《心系特色水稻产业，重塑苗山"金凤凰"》，融水苗族自治县人民政府网，http://www.rongshui.gov.cn/gd/bmdto/content_ 18181，2017 - 09 - 12。

惯性惩罚办法，一些村民往往会以惩罚过重而拒绝履行。

当代生态文明建设的现实是环境问题频发，环境风险加大。在岭南苗瑶语民族地区，传统上由于地处偏僻，交通不便，受到工业污染的影响较少。然而，随着工业化进程的加快，一些苗瑶语民族聚居地区也大量引进外来资金，"以资源换产业"，虽然工业经济得到了飞跃发展，但也带来了比较严重的环境问题。即使是在农业和第三产业发展的过程中，环境问题也是非常突出的，比如畜禽养殖、水产养殖所带来的空气、土壤、水质污染，就是岭南苗瑶语民族地区当前非常常见的环境问题；再如旅游产业发展带来的环境压力和环境保护问题，也在相当长的时期内成为岭南苗瑶语民族地区必须予以密切关注的问题。应该说，这些现代产业的发展，特别是矿产开发、养殖、旅游开发等，所导致的环境问题，都不是制度性传统生态知识能够完全应对的。它需要各级政府转变发展理念，需要国家机构的强制介入，需要更为严格的法律制度来进行规范。

因此，在岭南苗瑶语民族地区，生态文明建设对制度性传统生态知识的影响也是非常巨大的。一方面，一些制度性传统生态知识由于超越了国家法律法规所给予的权限，有时甚至强行拘押限制人身自由，因此逐渐从民族文化库中消失；另一方面，少数的制度性传统生态知识在保护生态环境、促进资源可持续利用上仍有价值，将会被继续加以利用，不过，必须结合新情况、新问题进行重新阐释和整合。

（三）表达性传统生态知识遭遇信任危机

在岭南苗瑶语民族地区，虽然表达性传统生态知识仍在发挥着一定的作用，对农村和偏远地区的生态环境保护有一定的价值。但不可否认的是，随着现代科学技术的传播和电视等媒体的发展，人们从外部世界获得了许多新的理念，其中就包括他们对周围环境的解释。同时，受主流的"破除迷信"思想的影响，人们的自然崇拜一度弱化。

生态理念的重构，意味着重新建构人与自然之间的关系。在传统时代，岭南苗瑶语族民众对自然依赖性非常强，与自然是一体的，并且这些想法为制度性传统生态知识所强化和保障。在新时代，生态文明建设的支撑理念是后工业的，是后现代的，所要追求的是人与自然的和谐共生。而且这些自然，在生态文明看来都是"资源"，是支撑人类永续发展的保障。因此，人们对自然的保护不再是因为"恐惧"或"无知"，而更多考虑的是人类作为物种的延续与发展。

同时，由于现代媒体技术的发展和乡民外出务工接触新知识，越来越多的苗瑶语民族民众受到新的生态理念的影响，不再将表达性传统生态知识视为理所当然，而是用怀疑的眼光去看，有时候甚至嗤之以鼻。在这种状况下，表达性传统生态知识的效力逐渐减弱。

这种生态表达，虽然在老人家口中仍然在流传，但其效力却逐渐在消减，可以说基本上很少有人去进行这种仪式了。人们虽然还流传着一些有关动植物的故事，仍然还有这样的神圣空间，但对于背后的内涵，对于人与自然之间密切的关系，年轻一辈已经没有了太多的认知，甚至远离山乡，融入了都市，因此对传统的生态表达不再如老一辈那样信奉，也不再参与这些仪式。

可以说，随着生态文明建设的开展，人们将更多地接受外来的生态理念，传统的自然观、生态观将难以持续维系，需要重新建构与整合，否则就难以适应形势发展的需要。可以预见的是，在相当长的一段时期内，岭南苗瑶语族民众的传统生态知识体系将呈现城市和乡村两种状态，城市中的苗瑶语族民众已经基本接受新生态理念，受现代科学技术的影响和支配；乡村中的苗瑶语族民众仍然保留着自己的神圣空间，但也逐步受到现代科学技术的影响，受到外来生态知识的影响。

第七章

岭南其他民族传统生态知识与
生态文明建设的互动关系

京族、仡佬族同样是岭南地区的重要世居民族，他们同样在这块大地上起源和发展，分别在海洋和高山生境中延续自身的族群文化。在与自然的交互中，京族、仡佬族人民基于本地生境特点，发展了具有自己民族特色的生计方式，也形成了与之相对应的传统知识体系。这些传统的生存性智慧，在当代生态文明建设和乡村振兴过程中，仍然具有独特价值，不仅可以彰显民族文化特色，而且有助于推动美丽乡村建设和特色产业发展。本章将分别就京族、仡佬族传统生态知识与生态文明建设的互动关系展开分析。

第一节 京族传统生态知识与生态
文明建设的互动关系

一 京族的生境与生计方式

（一）京族的生境

在美丽的北部湾畔，有一片 10 多千米长、呈金黄色的美丽海滩，这就是"金滩"。在"金滩"的右侧，巫头村万鹤山的海滩，则又呈现另外一番景象：沙子细腻柔软，洁白如雪，远远望去，犹如一片皑皑雪原，故又有"南国雪原"之称。在这些景观的一侧，就是过去所谓的"京族三岛"，如今已完全与大陆相连，成为半岛。中国唯一的海洋民族——京族，就聚居在这里的东兴市江平镇沥尾、巫头、山心、潭吉等行政村和江龙村的红坎、恒望等自然村中，其余散杂居于附近的贵明等行政村中。在这些美丽的景观中，京族人民已经繁衍生息了 500 多年。

概括而言，京族的生境主要由以下因素构成：

1. 无机环境

京族聚居区过去都是由海水冲积而成的沙岛，海拔在 4—8 米，地势平坦，是典型的滨海平原地貌。土壤多为沙质土，较为松软，极易被风吹成扬尘，且土壤中的有机质含量甚少，有效养分贫乏，肥力低下。[①] 新中国成立后，在壮、瑶、汉各族人民的支援下，筑起了 11 条总长 10 多千米的拦海大堤，造田 6000 多亩，相当于新中国成立前的 4 倍。同时，海堤还将孤立的三岛与大陆连接起来，使过去的小岛变成了半岛，并从大陆引来了淡水灌溉。

除了陆地的活动空间以外，京族人民主要的生产区域是海洋——北部湾海域。北部湾是一个半封闭的海湾，东临中国的雷州半岛和海南岛，北临广西壮族自治区，西临越南，与琼州海峡和中国南海相连，被中越两国陆地与中国海南岛所环抱。不过，这一海域气候适宜，海洋生物繁殖、生长迅速，加上河流所携带的大量有机物，给海洋鱼类生长带来了丰富的饵料，因此，鱼类资源非常丰富。同时，由于海水含盐度高达 30% 以上，比较适宜制造食盐，因此，过去开辟有盐田，可以晒制生盐。

京族聚居区在气候上属北热带季风气候区，全年气候温暖，树木四季常青。据附近气象站资料，常年平均气温 22.3℃，最高温度 37.9℃，极端最低温度 2.8℃，最冷月（1 月）平均气温 14.1℃。夏季气温较高，但由于临海，受海风调节，并不太干燥炎热。与此同时，该地常受季风的影响，每年 9 月至次年 1 月为东北季风期，风力一般为 4—5 级；4—7 月为西南季风期，风力不是很强，但海面风浪较大；年均风速 5.1m/s，夏秋两季常伴有 8 级以上的热带气旋，平均每年 3 次。[②]

这一区域降雨量充沛，全年降雨量达 2200—2800 毫米，每年 6—8 月雨量最多，几乎占了全年降雨量的一半，1 月和 12 月雨量较少，仅占全年的 10% 至 20%。由于降雨量分布不均，6—8 月常有暴雨发生，极易引发洪涝灾害；春、秋两季，常出现季节性干旱，春旱频率为 30% 左右，如仅就水稻而言，

---

① 宁世江、蒋运生、邓泽龙、李信贤：《广西沿海西部山心、巫头和沥尾岛植被类型初步研究》，《广西植物》1996 年第 1 期，第 36 页。

② 马居里、陈家柳主编：《京族：广西东兴市山心村调查》，云南大学出版社 2004 年版，第 12—16 页；宁世江、蒋运生、邓泽龙、李信贤：《广西沿海西部山心、巫头和沥尾岛植被类型初步研究》，《广西植物》1996 年第 1 期，第 36 页。

则高达 60% —70%，秋旱频率稍低，5 年中有 1 次秋旱发生。①

总的来看，京族聚居区的无机环境特点是连接大陆、土质疏松但肥力不足、濒临海洋、气候温暖湿润、雨水充沛但分配不均等特点。这些独特的无机环境，为京族人民的繁衍生息提供了重要的生态物质基础。

2. 生物因素

对于京族人民来说，构成他们生境的生物因素主要可以分为野生动物、野生植物两大方面。

（1）野生动物

在京族人民的生产和生活中，起到关键作用的是海洋动物。在传统时代，海洋动物是京族人民赖以为生的生存资料来源。

据统计，北部湾渔场的鱼类有 500 多种，其中资源丰富、经济价值高的鱼类 30 多种，在京族人民的生境范围内主要有两种类型：一是定居群——栖息于近岸海区，只做短距离移动，其数量与季节变化不大，包括底栖性鱼类（鬼鱼、褐菖鲉等）、潮间带鱼类（乌塘鳢、弹涂鱼等）和小型鱼类。二是洄游类群——这类鱼只在某个季节（主要是春季）才进入京族三岛海区。最为典型的是二长棘鲷，春季幼鱼在近岸海区大量出现，占鱼类总数量的 40.98%，而秋季则消失得无影无踪。由于洄游性鱼类的进出，京族三岛海区鱼数量的季节变化十分明显，春夏季明显高于秋冬季。常见的洄游鱼有二长棘鲷、日本瞳、马来斑鲆、印度鳓、细纹等。经济价值较高的鱼类有二长棘鲷、鲈鱼、石斑鱼、鱿鱼、墨鱼、章鱼、芒鱼、鲳鱼、腊鱼、马鲛鱼、沙钻鱼、老虎鱼、黄花鱼、油锥鱼、红粘鱼（金线鱼）、黄鱼、乌塘鳢、鲷科鱼类（真鲷、黄鳍鲷、黑鲷）和弹涂鱼等②。

虾类计有 230 多种，其中有经济价值的 20 多种，体长 10 厘米以上的大型虾类有长毛对虾、斑节对虾、日本对虾、短沟对虾、刀额新对虾、中型新对虾和须赤虾；体长 5—8 厘米的有黄新对虾、鹰爪虾、巴贝岛赤虾、须赤虾、长额仿对虾、竹山仿对虾、粗突管鞭虾、弹虾（虾勾）等。根据资料计算，京族三岛海区虾类的年可捕量为 2500 吨。贝类有 200 多种，经济价值较高的有近江牡蛎（大蚝）、珍珠贝，文蛤、蚶（泥蚶、毛蚶）和棒锥螺等数种。蟹的种类比较少，

---

① 马居里、陈家柳主编：《京族：广西东兴市山心村调查》，第 13 页。
② 东兴市地方志编纂委员会编：《东兴市志》，广西人民出版社 2016 年版，第 89—90 页。

主要有青蟹、花蟹、沙蟹、狮子蟹、沙马（蟹）、先生公（蟹）6 种。其中，数量多、经济价值较高的是青蟹、花蟹和沙蟹 3 种。沿海滩涂还盛产沙虫、泥虫、牡蛎等杂海产品。[①]

此外，海水中还有浮游动物 143 种，仅水母类就有 62 种，为京族民众开发利用海蜇资源提供了物种资源保障。

（2）野生植物

根据宁世江等人的调查研究[②]，京族聚居地的植被可以分为陆域、潮间带两大类型。

陆域主要是指岛屿陆地上生长的植被类型，根据其生长的形态，又可以分为乔木、灌木、藤本、草本等类型。京族聚居区的乔木主要有榕树、红鳞蒲桃、狭叶蒲桃、木麻黄、鸭脚木、假轮叶厚皮香、打铁树、膝柄木、紫荆木、喙果皂帽花、菲律宾朴、锈毛红厚壳、绒毛润楠、滨木患、巫山新木姜、降真香、白树、乌材、长叶山竹子、下龙新木姜、豺皮樟、肥荚红豆、乌饭树、异株木犀榄等 30 多种，其中，红鳞蒲桃和木麻黄在防风固沙中起着非常重要的作用，膝柄木为国家一级保护植物，具有非常重要的科研价值。灌木主要有酒饼簕、酒饼叶、小叶乌药、桃金娘、野牡丹、岗松、薄草果、九节、链荚豆、降真香、龙船花、卷毛紫金牛、平顶紫金牛、网脉酸藤果、黑面神、江北茎花等近 20 种。藤本则有鸡眼藤、无根藤、锈毛络石、须叶藤、黄藤等数种。草本则有竹节草、假俭草、荩草、马唐、阔叶沿阶草、芒穗鸭嘴草、苔草、绢毛飘拂草、麦穗茅根、火炭母、淡竹叶、东方乌毛蕨、锦地罗、小画眉草等 20 多种。

潮间带主要是指生长在海水可以侵袭到的海滩沙地上的植被类型，根据其生长的形态，又可以分为红树林、盐渍沙生草丛两种类型。红树林生长在海岸潮间带，包括白骨壤、红海榄、老鼠簕、海杧果、秋茄、桐花树、水黄皮、银叶树、黄槿、杨叶肖槿、苦槛树、木榄、榄李、海漆、卤蕨等 19 种红树林、半红树林或伴生植物，其中绝大部分在京族人民的生产生活中有着非常重要的价值。[③]盐渍沙生草丛则以厚藤、鬣刺、露兜簕最为主要。

---

　　① 东兴市地方志编纂委员会编：《东兴市志》，第 90 页。

　　② 宁世江、蒋运生、邓泽龙、李信贤：《广西沿海西部山心、巫头和沥尾岛植被类型初步研究》，《广西植物》1996 年第 1 期。

　　③ 宁世江、蒋运生、邓泽龙、李信贤：《广西沿海西部山心、巫头和沥尾岛植被类型初步研究》，《广西植物》1996 年第 1 期。

此外，京族人民过去还采集海草等浅海植物作为食物，并且栽培有龙眼树、荔枝树、木菠萝、黄皮果树、阳桃树等多种果树，它们与陆域、潮间带植物一起构成了京族人民日常生产生活的植物环境。

（二）传统上以海洋渔业为中心的生计方式

京族濒海而居这样一种环境现实，对他们传统上的生产生活形成了一定程度的制约，他们必须适应这种生态环境，使民族的整个文化都与之相对接，形成了一种以海洋为中心的文化形态。在这种文化形态中，人们的生产都围绕着海洋来进行。概括来说，在明清以至民国时期，京族民众主要依赖海洋渔业为生，同时辅之以少量农业和制盐业。

1. 海洋渔业

京族聚居之地，因为濒临北部湾这样一个物产丰富的渔场，所以自古以来当地民众便以从事海洋渔业为生。他们之所以聚居于今广西东兴市江平镇地域内，是因为他们的祖先当年在海上捕鱼时，追逐一个鱼群一直到一个叫白龙尾地方，发现那里水深、鱼多，然后才逐渐迁徙而来，并逐渐定居繁衍、建立家园。因此，海洋渔业传统上是京族人民赖以为生的根本所在。根据渔业环境和生产工具的差异，京族人民的海洋渔业又可以分为浅海捕捞、深海捕捞、杂海鱼业三种类型：

（1）浅海捕捞

所谓浅海捕捞，也就是海边近水处进行的渔业生产形式。这与当地的生态环境是密切相关的。山心、巫头、红坎、恒望的京族，因所居村寨靠近大陆，附近浅滩比较多，且山心村东面有白龙尾半岛深入大海，包环如拱状，比较适宜进行浅海捕捞，不需要远洋就可以收获到较为丰富的渔产品。如在1952年，仅山心村的鱼产量就达515200斤；巫头则收获180000多斤。[①]

如果说海洋渔业是京族人民最主要的生计方式，那么浅海捕捞则在其中又占据着核心地位。传统上，山心、巫头以及红坎、恒望等村的民众，一度完全依赖在浅海区域捕捞为生。沥尾京族除进行深海捕捞外，也一度依赖在浅海区域捕捞，可以说是浅海捕捞和深海捕捞并重。所以，在某种程度上，浅海捕捞传统上是京族人民最基本的生产方式。

---

① 严学宭、张景宁等：《防城越族情况调查》，载广西壮族自治区编辑组《广西京族社会历史调查》，广西民族出版社1987年版，第165页。

据 20 世纪 50 年代的社会历史调查，浅海捕捞作业的主要渔具有渔箔、拉网、塞网、鲎网、南虾缯、大虾缯、墨鱼笼、鱼钩等 20 多种。下面择要介绍其基本情况。

①渔箔：是山心、巫头等京族民众进行浅海捕捞的主要定置型渔具。据说最初的渔箔有 5 漏[①]，经 100 多年的改造变为 4 漏，到 20 世纪 50 年代初已只有 3 漏[②]。定置渔箔之地，一般要选择地势倾斜、水流较急的滩地裂沟，以直径三四寸的木条（两根木柱间隔约两三寸），沿滩沟两旁，分两行一直排插到海边的最低潮水处，并以小竹竿、竹篾或山藤绕结相连，形成两条巨大的木竹栅栏，称为"篱沟"。两条篱沟长达 250 米至 500 米，直延伸到海边，形成了一个由宽到窄的漏斗尖口（最宽处约 3 米）。然后，再以木条和竹篾编织从大到小的 3 个"箔漏"，与篱沟的漏斗尖口相衔接（连接的地方称为"疏篱"）。3 个箔漏紧密相连，入口处都装织有鱼虾能进不能出的"笼须"，犹如"宫禁"一般，层层设"卡"。[③] 当潮水上涨时，海水逐渐将渔箔覆盖，鱼虾也随着海水进入箔内，海水退落，鱼虾不可复出，渔民就会驾着渔船或竹筏驶入其中，用鱼罩或网罾进行捕捞。旺季时，一日能收五六千斤；淡季时，可能仅收获几条。年产量比较稳定，且总量比较大，是山心、巫头村传统上渔业生产最主要的工具和作业方式，具体情况如表 7 - 1 所示。

表 7 - 1　　　　　　　1953 年山心、巫头的渔箔等级及常年产量情况表

等级 村别	一等		二等		三等		四等	
	所	常年产量（斤）	所	常年产量（斤）	所	常年产量（斤）	所	常年产量（斤）
山　心	3	8000—10000	12	5000—7000	25	3000—4000	33	1500—2500
巫　头	6	6000—7000	21	3500—5000	12	2000—3000		
合　计	9		33		37			

资料来源：严学窘、张景宁等：《防城越族情况调查》，第 166 页。

---

①　箔漏，用来捉鱼的空间，又称"鱼室"或"鱼港"（《京族风俗志》，第 22 页）。

②　阮大荣、陈凤贤等：《京族社会历史调查》，载广西壮族自治区编辑组《广西京族社会历史调查》，广西民族出版社 1987 年版，第 5 页。

③　符达升、过竹等：《京族风俗志》，中央民族学院出版社 1993 年版，第 22 页。

渔箔是分等级的：山心的一等箔年产量可达 8000—10000 斤，二等箔年产量可达 5000—7000 斤，三等箔年产量可达 3000—4000 斤，四等箔年产量 1500—2500 斤。1953 年，山心共有 73 所渔箔，当年收获 60 余万斤。而因为场地的关系，巫头的同等级渔箔的产量明显比山心要少，39 所渔箔，仅收获 21 万斤。①

②拉网：是一种浅海流动性作业的主要工具，有大小之分。大拉网，网身由 6 张罾网合成，网长 400 米，3 米多高，网眼小而密，可捕很小的鱼，传统上仅沥尾京族使用；小拉网，网身由 4 张罾网合成，略成桃叶状，网长约 330 米，两头高约 2.3 米，中间高约 3.3 米，网眼大而疏，传统上仅巫头京族使用。其操作程序是：探察海域，观测鱼情，选择作业地点；在发现鱼情的地方，以竹筏或小艇将渔网徐徐放下，自滩边至海面围成一个半月形的大包围圈；操网者分为两组，各执网纲一头，合力向岸边拉收；在拖拽过程中，两组人一边拉一边徐徐靠拢，直到网尽起鱼。这种作业不受季节限制，操作比较简单，男女均可参加。只要风平浪静或大风过后，发现鱼情，随时都可进行。但限于浅海，产量不高。②

③塞网：又名闸网或雍网，传统上主要是巫头京族使用，是一种浅海捕捞的定置型渔具，网身、长度和网眼的大小与大拉网相同。操作时，把人分为三组，各组又具体分为"号桩""插桩""挂网""挑沙土"（将网脚填塞）等工序。这种塞网的设置，都是在潮涨之前预先进行的。当海潮上涨时，各种鱼虾就随潮水进入塞网圈内活动。待海潮涨到相对稳定时，将网放下围成半圆形；一旦退潮，鱼虾们的回路已被渔网和沙土围成的海滩包围圈塞断了，即可开始捕鱼。因其塞住鱼的去处，所以叫作"塞网"。然而，这种作业，产量很不稳定，时有时无，时多时少，一般每张塞网一次可捕鱼虾几十斤至一百多斤，如偶然围到鱼群，一网可捕获几千斤甚至逾万斤。③

浅海捕捞传统上一直是京族人民海洋渔业生计的核心，过去是京族民众生产生活资料的主要来源，因此，与浅海捕捞密切相关的各种海洋文化要素也是最为丰富的。

---

① 严学宭、张景宁等：《防城越族情况调查》，第 166 页。
② 严学宭、张景宁等：《防城越族情况调查》，第 166 页。
③ 严学宭、张景宁等：《防城越族情况调查》，第 166 页；阮大荣、陈凤贤等：《京族社会历史调查》，第 5 页。

（2）深海捕捞

所谓深海捕捞，也就是乘坐竹筏或渔船远离陆地、到比较远的深海从事捕捞作业的渔业生产方式。新中国成立以前，沥尾岛全岛三面延伸入海，南面海面水很深，没有叉港可用来设置渔箔，所以除在浅海地带使用大小拉网和虾箩捕捉鱼虾以外，更多依赖驾乘竹筏出远海捕捉较大型的鱼类。

深海捕捞作业的主要渔具有竹筏、鲨鱼网、鲎网、孤网等。

①竹筏是出深海捕鱼捕捞的主要工具。京族民众之所以选择乘坐竹筏出海而不是一般的渔船，主要是因为竹筏比较轻便，可以随波上下，不易被风浪击沉。一般来说，竹筏长约4.67米（十四尺），宽约1.67米（五尺），用14条大竹捆扎而成。造筏原料主要来自防城、那梭等地。

②鲨鱼网供深海猎捕鲨鱼专用。其网身全长360多米，高约1.33米（4尺），网眼特别大。由网线、网浮（竹筒）、网坠（铅块或石块）、网纲等组成。一般来说，一张鲨鱼网由拧苎麻线到织成需10多天，经晒干后过胶即可使用，可使用两三年。猎捕鲨鱼，需要由4人合作进行，2人负责掌筏，2人负责下网。当竹筏划行到鲨鱼活动的深海时，即将网的两端和中间脚部以重石坠定于海中。下网之后，捕鱼者可回家休息等待，也可在筏上等待。待到半夜或次日清晨，发现鲨鱼入网，但不会即时捕杀，而是要令鲨鱼继续挣扎，一旦鲨鱼呈现疲态，即以鱼叉或鱼钩之类的工具，将它们一条一条地穿在一条长藤或绳索上，绑于竹筏的尾部，成串成串地划回来。猎捕鲨鱼，属于定刺网作业，一次下网，可维持三四天连续捕猎，鱼多的时候，甚至可以维持七八天不等。[①] 捕获的鲨鱼，大者重达千斤，小者也有一二十斤，是浅海捕捞的小鱼小虾不可比拟的。不过，这种捕猎方式投入比较大，对捕猎技术要求比较高，因此，传统上仅在沥尾京族民众中盛行。

③鲎网：专门用于猎捕鲎鱼的大网眼渔网。鲎为海上的节肢动物，其头和胸部甲壳呈马蹄状，腹甲呈六角形，尾长尖且硬，呈剑状，其足尖利，能爬能游，活动必雌雄成对，喜沉海底沙泥处寻食，京族民众俗称之为"鲎鱼"。鲎网是最大的渔网，长达405米，高约1.33米（4尺），网眼有时大至25厘米见方，可围海将近一里。猎捕鲎鱼，同样由4人合作进行。鲎的捕获量不大，

---

① 阮大荣、陈凤贤等：《京族社会历史调查》，第6页；严学宭、张景宁等：《防城越族情况调查》，第166页；符达升、过竹等：《京族风俗志》，第17—18页。

最多时可捕获五六十对，每对 10 多斤重，也就是五六百斤的捕获量。

概括而言，深海捕捞并不是京族民众传统渔业的主流，只是沥尾京族季节性的作业方式方法，捕获量远远不如近海作业，但胜在单只海鱼较大。

（3）杂海渔业

所谓"杂海渔业"，主要是指在浅海区或沙滩从事挖掘、捕捉、捡拾等杂类渔产品的生产方式。杂海渔业的主要渔具有沙虫锹、蚝蜊镐、泥丁铲、蟹耙、鱼叉、锄头、螺扒、蟹锹等 10 多种。

虽然杂海鱼业在产量上根本谈不上规模，但却是京族民众传统上非常重要的生计来源。据 20 世纪 50 年代的社会历史调查，沥尾京族民众苏锡权的妻子，主要靠挖沙虫为生，从早到晚不停工，中午也是送稀饭到海滩去，然后将挖掘到的沙虫换粮食[1]。1948 年，山心村民众普遍拥有虾箩、沙虫锹、捞网、螺扒、蟹扒、蚝蜊镐、鱼叉等生产工具[2]，这说明该村民众从事杂海鱼业的数量和频率都比较高。这与杂海鱼业的性质密切相关：首先，杂海渔业老少咸宜、男女不论，不需要协作，只要拥有一定的劳动能力，一个人即可从事生产；另外，杂海渔业的生产工具比较简单，有些捕捞作业甚至可以徒手进行，所需生产资料成本较低。与此同时，再加上京族地区农业自古就不发达，主要依赖海洋为生，杂海渔业成为京族民众最基本的生计保障。对于这一点，严学窘、张景宁等经过调查得出结论说，山心、巫头渔业生产的作业方式主要是做渔箔和挖沙虫，"由于箔地有限且资本大，挖沙虫出产又不多，所以有部分无箔无网的渔民，常年靠挖沙虫、捉蟹、扒螺出卖度活，生活相当困苦"。[3] 阮大荣、陈凤贤等经过调查，基本上认同了上述结论，认为在京族聚居的几个村子中，巫头的杂海渔业生产最为发达，所以在商品经济中，除出售鱼、盐以外，还出卖沙虫、虾、蟹、蚌、螺和蟳等[4]。

其实，在从事杂海渔业的同时，一些贫苦的京族民众还从海洋中采集植物为生，比如海草、白骨壤果、秋茄果等。这些海洋植物或者依赖海洋为生的植物，过去常常成为饥荒时期的替代食品。

总的来说，京族民众传统上的海洋渔业生产效率并不高，鱼产量也很低，

---

① 严学窘、张景宁等：《防城越族情况调查》，第 179 页。
② 阮大荣、陈凤贤等：《京族社会历史调查》，第 11 页。
③ 严学窘、张景宁等：《防城越族情况调查》，第 171 页。
④ 阮大荣、陈凤贤等：《京族社会历史调查》，第 19 页。

平均每人每年的鱼产量只有 800 斤至 1000 斤；山心、沥尾、巫头三地，1949
年的总产量只有 498000 多斤。[①]

2. 其他生业

（1）农业生产

京族传统上主要从事海洋渔业，绝大多数人家每年生活费用的 70% 以上
靠捕鱼。当然，他们也偶尔经营农业，只不过农业只是附带的，仅能对生活起
点补助作用。仅有极少数离海岸较远的人家，才主要从事农业。如在新中国成
立之初，江龙寨头村一带的 14 户京族中，仅有 3 户钓鱼，其余依靠农业
为生[②]。

在京族聚居的巫头、沥尾、山心等村中，山心村田地最多，每年的农业收
成可以维持五六个月的生计，巫头次之，沥尾最少，沥尾每年的农业收成仅能
维持两三个月。农作物主要是以红薯、芋头为主，其次是稻谷，有少量的玉
米。耕作的农具有犁、耙、锄、锹、铁爪、镰刀、谷桶、禾叉等，耕作工具基
本上都是在附近的市镇上购买而来。

京族地区的农业耕作，分单造和双造两种，以双造作物种植为主。无论是
水田，还是旱地，基本上都是种双造。由于土壤贫瘠、沙多、缺水，农作物生
长一般较差，生产技术也较为粗糙。通常是一犁二耙，巫头只有一犁一耙，犁
土约三四寸，耙是二横一直；田间管理工作很简单，水稻生产极少中耕除草，
甚至也不习惯积肥和施用人畜粪尿，灌溉设备也很差，基本上是靠天吃饭。由
于自然条件的限制和地理环境的影响，京族地区的田地干燥多旱，虫害很多，
特别是咬心虫和卷叶虫，严重损害禾苗的生长。[③]

（2）盐业生产

京族从事盐业生产，同农业一样，是向汉族学习而来。20 世纪初，巫头
还没有盐田。20 世纪三四十年代，两度建筑巫头北向和东北向的基围之后，
才垦出几片盐田，开始了晒生盐生产。虽然山心是产盐较多的地方，但也是在
1936 年修建山心基围之后才开始正式投入盐业生产的。

盐业又分晒生盐和煮熟盐两种。生盐产量较多，居主要地位。

---

①　阮大荣、陈凤贤等：《京族社会历史调查》，第 5—6 页。

②　严学窘、张景宁等：《防城越族情况调查》，第 157 页。

③　阮大荣、陈凤贤等：《京族社会历史调查》，第 7 页。

晒生盐主要以户为单位进行，生产工具比较简单，种类和数量也很少，其中水车与风车是主要的工具。生盐晒制技术比较简单，但有一个完整的过程：首先要把海水引进"水塘"，经"沙幅"到"石田"，最后晒成生盐。"水塘"即积蓄海水的地方；"沙幅"是晒生盐的沙埕，一漏水有 3 片沙幅，面积大小不一。"石田"是盐晒制出来的地方，一般有 3 个石级，共分为 9 块，面积要比沙幅小。一漏水可晒生盐最多为 2000 千克，一般 500 千克，最低不足 50 千克。

煮熟盐同样是个体生产，生产工具有盐耙、水推、沙耙、沙压等，大多数是从市镇购买而来。一般来说，煮熟盐在冬季进行，分晒沙、过滤、煮盐 3 个步骤。晒沙是在清早太阳出来后进行，即先把海沙扒成畦，压平，经阳光晒成白色后用来过滤海水。过滤之后的海水，可用鲁古籥检验咸度。鲁古籥是一种有刺的草本植物，放在水中浮起，说明水咸，可继续过滤；若沉下水底，则是水淡，不必再过滤了。然后即将符合标准的海水置于铁锅中煮干结成熟盐。一般来说，每 100 斤过滤后的海水，可以煮制 20 斤熟盐。[1]

综上所述，京族民众传统上是以海洋渔业为最主要的生计方式，其中，浅海捕捞又占据着突出地位，深海捕捞仅在沥尾京族民众中流行，杂海鱼业则成为贫民和普通民众向海洋索取食品的最重要的方法。少数离海较远的京族民众，则逐渐向周围的汉族、壮族民众学习，主要进行稻作或旱作农业生产。至于盐业生产，对京族民众来说，基本上是个"现代性"的生产技术。

（三）由生境所决定的传统生计方式的特点

一般来说，因为生计方式类型是由生境所决定的，所以才有了"热带作物""山地物种"之类的说法。京族人民传统上也无法逃脱所生存的生态环境的制约，依靠海洋生态发展起独具特色的传统生计方式，与中国境内其他民族均有所不同。概括而言，其传统生计方式的特点主要有三。

1. "靠海为业"，海洋文化色彩浓厚

京族民众靠海而居，海洋就成为他们生计最基本的来源。无论是在浅海地段进行捕捞，还是进入深海进行捕猎，甚或是在潮间带采集动植物，都明显与海洋有着密不可分的关系。海洋为京族民众的生存延续提供了最基本的保障。生活在海滨的京族民众，也依赖海洋发展起多种形式的生计方式，充分展示了其"靠海为业"的文化特色。

---

[1] 阮大荣、陈凤贤等：《京族社会历史调查》，第 7—8 页。

其实，京族传统生计之所以呈现出浓厚的海洋文化色彩，一方面固然与濒海而居有着密切关系；另一方面也与他们的文化传承密不可分。众所周知，京族是一个迁徙而来的民族。16 世纪前后，才进入到今东兴市江平镇京岛风景名胜区一带居住。京族史歌《忆沥尾京族史》云："先祖原籍在涂山，打鱼来到福安地。初来岛上无田地，周围是海岛林密；鹿鸣狮吼声入耳，鸟叫猿啼添忧虑。故乡远隔千万里，生根开花在此地；初来不到一百人，靠海为业来度日。吃住全在小船里，日遮太阳夜躲雨；凌晨出海下午回，狂风暴雨经常遇。"①《巫头史歌》亦云："祖先籍贯是涂山，追赶鱼来白龙湾；春荒淡季几个人，到此捕鱼好收成。打鱼工具是竹舟，风起浪急往岸摇；随着海水涨潮处，两旁几个沙林岛。竹舟进入米山岛，沙滩洁白树林茂。祖先几人上岸来，找得此处心欢笑。远处山水景色美，退潮出海涨潮回；返返复复水路熟，祖先打鱼有家归。"② 从所引的这两节史歌来看，京族的先民也是依靠海洋捕捞为生的，所以他们才能乘船从遥远的越南涂山（今越南海防市附近）迁移到今中国东兴市江平镇附近。这样一种"靠海为业"的民族传统生计模式，对京族民众继续保持海洋文化特色也起到了非常重要的作用。

由这种"靠海为业"的生计模式所决定，京族整个传统民族文化都表现出非常浓厚的海洋文化色彩。京族传统的衣食住行等方面物质文化都深受海洋的影响，特别是饮食，更是直接密切相关。在制度文化方面，为了协作捕捞，京族传统上产生了一种特殊的劳动组织，该组织设有一个"头人"，称为"网头"；其余的劳动成员称作"网丁"。网头一般由网丁民主推举产生，一般是劳动力强、生产经验丰富、劳动技术较全面的老渔民。其职责是组织和安排渔业生产事宜；承租和添置渔网；执行渔业生产汇总的宗教仪式等等③。在精神文化方面，京族民间传承的各种神话故事带有强烈的海洋色彩，对"镇海大王"的信仰，使得生产生活中与渔业、捕捞有关的禁忌等都表现出强烈的海洋文化色彩，体现出海洋对京族传统文化发挥影响的深度和力度。

2. 以浅海捕捞为主的复合型生计方式

如前所述，京族传统上以渔业生产为主，绝大多数的京族家庭过去主要在

---

① 陈增瑜主编：《京族喃字史歌集》，民族出版社 2007 年版，第 15—17 页。
② 陈增瑜主编：《京族喃字史歌集》，第 28—31 页。
③ 阮大荣、陈凤贤等：《京族社会历史调查》，第 4—5 页。

浅海地区进行捕捞，因此形成了以浅海捕捞为主的复合型生计方式。除浅海捕捞以外，与海洋有关的还有深海捕捞、杂海渔业以及海洋植物采集等食物获取方式。此外，还兼营稻作农业或旱作农业。可以说，构成了以浅海捕捞为主的复合型生计方式。

要着重强调的是，浅海捕捞是京族传统上最为重要的生计方式。浅海捕捞风险较小，只要掌握了鱼情汛期，获得一定数量的渔产问题不大。而且，浅海捕捞所获得的小鱼虾，也支持了京族传统的鱼露制作技术，既然小鱼小虾无法及时出售，那就通过酿制的方法，使之转化为独具民族特色的海洋风味调味品，最终可以通过商品交换获得足够的粮食产品。如果再加上杂海渔业所获，一般的京族家庭传统上是基本上可以实现家庭温饱的。

更不要说京族民众也逐渐发展起了产量相对较为稳定的稻作农业或旱作农业，进一步保证了整个族群延续所需的食物。如果再加上偶尔采集的海草、芭蕉头、秋茄果等植物性采集品，全体京族民众的生存延续基本上是可以得到保障的。也就是说，人口的基数不大，加上多种生计来源的复合型生计方式的保障，京族历史上并没有出现灾难性的饥荒。这一点与依靠农业为主的黄淮流域的民众差异非常大。在黄淮流域，传统上一旦发生灾难性天气，很容易造成饥荒，随之出现社会动荡，产生周期性的王朝更替。

3. 生产效率低下，受自然的制约比较大

由于京族传统生产完全依赖自然，人们面对恶劣的天气状况，往往无法出海劳作，因此，其生产效率较为低下，整体上受自然的制约非常严重。也正因为这一特点，使得传统时代京族民众的生产生活长期处于不稳定的状态，甚至影响到了群体的延续和发展。

当然，一部分京族民众鉴于海洋捕捞业收获不稳定的实际状况，也向临近的壮、汉族民众学习了农业、制盐业等其他辅助性的生计方式，增强了其复合型生计方式的稳定效果。

二　京族传统生态知识构成及特点

同其他岭南民族一样，京族的传统生态知识也丰富多样，并且围绕海洋生境，发展出了独具民族特色的海洋生态文化。概括来说，京族传统生态知识主要由技术性、制度性和表达性传统生态知识三大方面构成。

（一）技术性传统生态知识

前面已经交代过，技术性传统生态知识主要是指除人类之外的动植物及其无机环境的认知和利用技术方面的知识。对于京族人民来说，其技术性生态知识主要体现在对海洋生境的认知和利用上，与之相关，所发展起来的各种技术措施，都属于这一范畴。

1. 海洋天气认知与利用

传统上，京族民众的生计主要依赖海洋，因此，在长期对京岛地区海洋天气观察和认知的过程中，总结了潮涨潮落的规律，概括出了众多渔业生产有关的天气谚语，对传统渔业生产起到了非常重要的指导作用。

（1）潮汐歌诀

潮汐歌诀，是有关海水涨落周期的歌诀。京族民间称之为"水期"或"潮期"，是民众长期以来根据本区域潮汐起落变化的规律归纳而成。其内容是：

> 正、七月初七、二十一；
> 二、八月初五、十九；
> 三、九月初一、十五、二十九；
> 四、十月十三、二十七；
> 五、十一月十一、二十五；
> 六、十二月初九、二十三。

从歌诀内容来看，每个农历月份有2—3个水期，每个水期14天，当地称之为"一流水"。潮汐歌诀中所提到的日子是每"一流水"的第一天，故称"一眼水"（或叫"一眼主"），即是本期潮水的开始，每一眼即一日。通常潮位是从第一天至第八天开始逐日提高，每增加"一眼水"，潮位约提高一尺，第九天至第十四天是逐日减潮。最高潮位是在第八天至第十天，最高潮位时，大海一片渺茫，因而群众称之为"淼流"；当潮水到达最高潮位开始退潮的时刻叫"平流"（约半小时）。到第十三天、第十四天即本期潮水的最后两天，属于半日分潮，当地百姓叫"主老水"，即是前后潮期交替，新开始的新潮叫"主水"，上一期潮水叫"老水"，第十三天叫"小半眼"，第十四天叫"半眼"，半日分潮一般推延两天至"两眼主"，即一期潮水有四天左右是属于半日分潮。但个别潮期如二月、八月、五月、十月不定，因为二月、八月的潮水涨退不规律，在"主、老水"期一天里涨退两三次，涨到一半又退，退到一半又涨，形成"水不上坪（海滩）"的现象；而五月、十月的潮水最大，故称"大流水"或"淼流"。若遇到闰年，则以闰月不闰水进行推算，如闰三月，则按四月份推算水陈。闰月在年头的，一般到年终潮差几乎可以走平；闰月在年尾的，要到次年才可以拉平。①

京族民众对潮汐歌诀家喻户晓，熟悉了海水的涨落周期，便利了他们对渔业捕捞做出安排。由于鱼类的活动跟海水涨落密切相关，京族民众在掌握潮汐变化规律的基础上，可以提前判断出鱼群的走向，从而适时下网捕捞。

（2）天气谚语

①朝北晚南半夜西，渔民出海有辛凄。

释义：早晨刮北风、晚上刮南风、半夜刮西北风的时候，第二天的天气一定好，那么渔民出海捕捞则不会辛苦、凄凉。

②日西晚东，雷雨共鸣，海水慢流。三漏二漏，鱼虾蟹鲎。

释义：当白天刮西风、晚上刮东风的时候，海水退得慢，而雨水很多，洪水冲涨到海里来，把鱼群统统赶到渔箔，于是二漏三漏中充满了鱼、虾、蟹、鲎。

③一日东风三日雨，三日东风冇米煮。

释义：农历六月份时，一旦刮东风就会下雨，渔民无法出海；如果连刮三天东风，阴雨天气就会持续很久，渔民就无米下锅了。

④南风送大寒，二月米粮干。

释义：按照农历，"大寒"节气时如果刮南风、出太阳、天气不冷；到来年二月一定很冷，渔民出不了海，捕不到鱼，就断了粮了。

⑤六月来西北，毒过老番贼。

释义：老番贼，指帝国主义。意思是：农历六月天，如果刮起了西北风，必有暴风雨，对渔民威胁很大，容易打翻渔船，所以说比老番贼还要狠毒。

⑥风猜未转西，三日又回归。

释义：风猜，大风的意思。据老渔民判断，如果刮大风时，风向不转西，

① 东兴市地方志编纂委员会编：《东兴市志》，广西人民出版社2016年版，第53页；周建新、吕俊彪等：《从边缘到前沿：广西京族地区社会经济文化变迁》，民族出版社2007年版，第258—259页。

那么三天后将会迎来大风暴。

⑦三月"三三"，风猜滥滥。

释义：据老渔民判断，三月初三、十三、二十三这几天，一定刮大风。

⑧晴天海浪响回西，渔船扬帆往岸归；雨天海岸响回东，东海龙王把财送。

释义：在沥尾一带，晴天的时候，如果海浪向西打得很响，说明天气要变坏了，渔民们得赶快靠岸躲避风险。如果是雨天，海浪突然向东拍击，天气一定非常好，海流正常，打鱼有利。

⑨东边挂彩牌，白龙是禁界。

释义：天空东部如有彩虹出现，则天气一定不好，不能出海远行，白龙尾那里海浪最大，可能什么船只都无法通过，非常危险。

⑩过了十月五，海中无死尸。

释义：农历十月初五一过，一般就没什么大风大浪了，出海也就不再有什么危险，人身安全才能够得到保障。①

从上述与海洋渔业生产有关的天气谚语，我们可以看出：京族民众传统上对所在区域的海洋天气有比较深刻的认知，熟知风向、海浪、彩虹等对天气的启示作用，再加上长期以来总结出来的对冬季天气的认知，构成了京族人民对渔业生产有关天气的深层次认知，有利于指导海洋捕捞，保障民众生产生活秩序。

2. 海洋动物认知与利用

（1）认知与分类

对于京族民众来说，海洋中的动物主要分为渔产品和没有食用价值的动物两大类。只要是能够食用的鱼类、介类等，都是渔产品。除此之外的其他动物，因为传统上认为没有食用价值，故而归为无用之列。

据20世纪50年代社会历史调查，京族民众当时认知到的鱼类有近40类，某些鱼类又细分为若干种。主要有鲨鱼（又分青鲨、黄鲨、锯鲨、鹿仔等种）、马鲛、鳕鱼、曹白鱼、黄泽鱼、骨鱼、鱲鱼（又分黄、红、白、黑等种）、鱿鱼、墨鱼、鲫鱼、鲈鱼、条鱼、水鱼、少阳鱼（俗称"蒲鱼"）、仓

---

① 阮大荣、陈凤贤等：《京族社会历史调查》，第43页。个别字词参考了其最初版本《京族社会历史情况》，中国科学院民族研究所广西民族社会历史调查组编印，1964年6月印，第49页。

鱼、芒鱼、青鳞鱼（力鱼）、浪随鱼、石岩鱼、马母鱼、齐鱼、兰刀鱼、沙鱼、沙针鱼、银鱼、三乐槟榔叉、木马鱼（又称"牛鱼"）、滚子、风黎、硬尾、硬头角、金草、龟鱼、龙利、花碟、海鳝、门鳝等。介类同样有很多种，主要有鲎、蟹（又分青蟹、花蟹、扁蟹、石蟹、狮子蟹、拜天蟹等）、虾（又分蝻虾、沙洲虾等）、蚝、玳瑁以及各种螺类（如鹦鹉螺、车螺、白螺、红螺、连螺、含珠螺等）。①

从上述京族民众所认知到的鱼类和介类来看，鲨鱼、鳐鱼、蟹类、螺类等在他们的生计中占据着重要地位，因为这几类的分类更为细致，颜色成为其中最重要的一个分类标准，然后是动物的形状，最后才是其他的性状。正是建立在这种复杂分类和认知的基础上，京族民众传统上对捕捞季节和方法才有了非常细致的考虑，也总结了许多独特的经验。

比如京族渔民在长期的生产实践中，根据鱼类所需的海水温度、盐分、深度和食饵等，将海洋鱼类的洄游规律总结为三种：一是"产卵洄游"或"生殖洄游"，是指鱼类在发育成熟后，需要寻觅适于产卵和孵化幼鱼的场所，便由远洋游至近海岸而形成"鱼汛"。如春天的鱿鱼、乌贼，夏季的鲨鱼、鲎等，都因产卵洄游而形成"渔季"。二是"索饵洄游"，是指鱼类为了索取有机生物或追逐近岸的小鱼群而形成的洄游。如夏天的马鲛、青鲨，秋天的马母、白贴等属于此类。三是"季节洄游"，是指鱼类为了适应水温和气候而形成的洄游。②

对海洋鱼类种类和洄游规律的认知，为京族人民安排渔业生产提供了最基本的知识储备，有利于最大限度地获取相应种类的渔产品。

（2）捕鱼季节与方法

在京族地区，捕鱼是有一定的"渔期"的。每年农历二月至七月是主要的"鱼汛"季节，可视为"旺季"。八月以后至十月中旬，鱼群多已离开海岸，或下沉海底，除个别时间段个别鱼类以外，基本上捕获量很少，可视为"淡季"。十月以后至第二年正月这几个月里，除偶尔在南风天拉大网外，大多是为来年"春汛"季节做些准备工作。

按通常的季节划分，可将京族传统的渔业生产分为春、夏、秋三个渔期。

① 严学窘、张景宁等：《防城越族情况调查》，第158页。
② 严学窘、张景宁等：《防城越族情况调查》，第164页。

春汛渔期一般开始于正月十五以后，待天气转暖有大南风起，海水有白浪，即可出海捕鱼，至农历三月清明前后才收网。主要捕获"产卵洄游"的墨鱼、鱿鱼、鬣鱼、仔鱼、曹白鱼、力鱼、沙箭鱼、玉鲫、高鳍云等。捕捞方式，既有深海作业，也有浅海拉网和捞箔。深海捕捞多在傍晚撑竹筏远出海岸二三十里放网，至第二天清晨前去收网。

夏汛渔期是指三月十五日至五月十五日这两个月时间，主要出海捕捉"产卵洄游"的鲨鱼、鲎等。初时鲨鱼很少靠岸，大多是从远洋游至离岸较远的海底崖层上产卵。五月至七月，有时还能偶尔捕捉到鲨鱼。此外，属于夏汛渔期的还有鲎、虾和蟹等。虾汛多在六月中旬，但沥尾、山心、巫头三地所产虾的种类不同，故汛期的长短也不一样。沥尾产的虾俗称为"蟛虾"，汛期只有三五天，每天黎明前起至太阳出后退回深海，每天只来一两个小时，但非常集中，用虾篓挡其前方去路，待虾爬入后起捞，多者每捞可获两三百斤，少者也有五六十斤。而在巫头、山心一带出产的虾，俗称"沙洲虾"或"虾蒙"，汛期较长，多在四月至六月，没有一定的期限。凡是前一日阳光明媚，没有风浪，当夜就可下海捞虾，但因这种虾很少群集，故每夜仅获十数斤或三五斤不等。

秋汛渔期从七月上旬开始，九月底结束。由于马母、白贴、马鲛、黄盍、大眼、白矾等鱼类为了索取食物而形成的鱼汛，属于"索饵洄游"。汛期的长短，由海洋气候的变化决定。一般的规律是，待南风起后，海面打了几天白浪，海水混浊，浪平后，鱼群靠岸觅食，才可以下网围捕。作业的工具主要是大拉网和渔箔，多者一天可获二三百斤，少的仅获数十斤，是一年中渔期的最后时节。①

（3）独特经验

由于长期从事海洋作业，京族民众对捕鱼有着很丰富的经验，特别是针对鲨鱼、鲎、虾、黄鱼、青鳞鱼形成了针对性的捕捞策略，具有鲜明的地域特色。

①捕鲨鱼：由于鲨鱼好随风浪游动，有一定的往来路线，如果海水上涨至三眼，鱼群的游动多与海岸平行，且离岸较近，多在二三十里以内。至八九眼水，鱼群逐渐向深海游动，路线与海岸相交或呈弧状，至十一二眼水则退游深

---

① 严学窘、张景宁等：《防城越族情况调查》，第167--168页。

海。掌握了鲨鱼的这一活动规律，京族渔民多在三眼水时出海，至离岸一定距离下网挡住鱼群，起网时，如发现东边网所获死鱼不多（因鱼入网后，经一夜时间已死），则表明鱼群已远去，必须移网至二三十里外去追捕；如发现西边网有活鱼，则表明鱼群刚到，可依其前进方向进行围捕。

②捕鲨：鲨与鲨鱼习性相近，凡水涨且有风浪时，则为"鲨汛"；风平浪静或水退时，鲨沉海底，伏于泥沙上，不易捕获。其游动规律是：海水涨至三眼时浮出水面，游行多仰泳，至五六眼水渐游至近海岔河口，八九眼水后鲨退游深海，十二眼水以后复下沉。掌握了鲨的这一活动规律，京族渔民多在三眼水时出海下网，至十二眼水即可收网，多者每天可获五六十对，每对重十多斤。

③捕虾：虾汛多在黎明前靠岸，可先用脚伸入水中，探视虾群前进方向，然后以虾箩挡其去路，待入满后起捞，即可多获。但如果发现脚的两边虾群对流，即知其前方遇敌，则必须快速捕捞，否则虾群即散，不可多得。太阳出来后，虾群逐渐离岸退回较深处，沥尾京族民众则脚踩高跷，肩扛着重重的罾下海捕捞，在海水里面经过推罾、起罾、收罾、捡虾、抖罾等程序，将"蛹虾"捕获。

④围捕黄鱼、青鳞鱼：当观察到鱼群游近海岸时，京族民众就用竹筏在鱼群前方十多丈的地方下网呈弧状，静待鱼群全部游入弧内，即刻极速包围，否则鱼群会后退逃散，不易捉到。鱼群到来时，一般可以凭经验估计出其数量，但这些宝贵的经验，并非一朝一夕所能做到的。①

⑤毒鱼：又称为"醉鱼"，是一种使用药物捕鱼的方法，主要在潭吉京族中流行。药物由茶子饼和花桃子按 5 : 1 的比例事先调配而成。当潮水退回时，海滩低洼的地方便形成小河，水深约二三尺，选择水流较急的地方为毒鱼地点，装置渔具，然后开始用药，其方法是：首先将药碾碎揉成团团，用药篓装着放在上游慢慢摆动，使药逐渐流出，鱼吃了药昏迷后顺水而下，流入网内、箔内或米筛内。其特点是，鱼吃后不会死亡，而是像喝醉酒一样顺水而走，不会游动。②

（4）"鱼露"制作技术

"鱼露"，民间又俗称之"鲶汁"，是京族地区的一种土特产品，主要在每

---

① 严学窘、张景宁等：《防城越族情况调查》，第 168 页。
② 阮大荣、陈凤贤等：《京族社会历史调查》，第 60 页。

年的农历三月至六月之间出产。其中，又以山心村产量最多，因为该村在春夏之季所捕捞的都是小鱼小虾，不适合直接食用，所以才通过腌制转化为"鲶汁"。

其制作技术，看起来非常简单，但也有其讲究：先选一只洁净的大瓦缸，在底部垫以稻草和沙包作为过滤层，于过滤层下的缸脚边开凿一只小孔，并嵌入装有塞子的小竹管或胶管作为导汁管。然后将洁净的小鱼和盐以 3∶2 的比例，一层层地铺入缸内，直到把缸装满后，上面置以重石块，压平缸面，最后加盖密封。大约一周后，即可将导汁管的塞子拔出，缸中的鲶汁就会源源不断地流出来了。①

初次滤出的鲶汁，色泽金黄透明，奇香沁人心脾，是最上乘的佳品，俗称"头漏汁"，可保存五年之久，多用以待客和上市外销。以后缸内在冲以冷却的盐开水，继续压滤，其所滤出的鲶汁俗称"二漏汁"，色、香、味比头漏稍次，多用以外销。最后还要压滤一次，所得的鲶汁俗称"三漏汁"，有沉淀、微带腥臭味。

一般来说，大缸能装生鱼 360 斤，可产头漏汁 150 斤，二漏汁 100 斤至 120 斤；中等缸能装生鱼 280 斤，可产头漏汁 80 斤至 100 斤，二漏汁 50 斤至 80 斤。经过过滤所剩的"鱼渣"，就是上等的有机肥料了。②

在传统上，"鱼露"制作技术对于京族民众来说非常重要。这一独特的技艺，将无法直接食用的小鱼转化为能够直接食用的畅销调味品，为京族人民带来了可观的收入，保障了民众的生存所需。

3. 红树林植物的认知与利用

红树林是一种特殊的生态系统，是由浅海滩涂湿地上生长的常绿乔木和灌木组成的生物群落，其突出的特征是根系特别发达，虽然受周期性的潮水浸淹，但却能够在海水中生长。在漫长的历史发展过程中，京族人民对红树林植物的认知也逐渐深入，许多红树林产品和副产品成为民众日常生活所需。京族民众对红树林植物的认知与利用主要体现在药用、礼用（礼仪中使用）、辟邪用、食用（用作食材）、色用（用来染色）、材用（制作渔箔、牛扼，浸染渔网等）等多方面。

---

① 符达升、过竹等：《京族风俗志》，中央民族学院出版社 1993 年版，第 40 页。
② 严学窘、张景宁等：《防城越族情况调查》，第 168 页。

据杜欣等人的调查研究，京族聚居地周边分布共有 14 科 19 种红树林植物，其中的 12 科 15 种均被用作药材，总利用率高达 79%。在药用的红树林植物中，真红树植物 8 科 10 种、半红树植物 3 科 4 种，全部具有药用价值；伴生植物 4 科 5 种，仅卤蕨具有药用价值。在具体药用时，同一种红树林植物，其根、树皮、枝条、树叶、花、果实，可能会有不同的药用价值，如木榄的根皮可治疗咽喉肿痛发炎，枝条可清热解毒去火，叶可治疗疟疾，果实可止腹泻，树皮主治脾虚、肾虚。不同的红树林植物，可能会被用来治疗同一种疾病，如用来治疗风湿病的有秋茄树根、苦榔树根、水黄皮种子 3 种；用来治疗皮肤病的有白骨壤树皮、榄李叶、杨叶肖槿花、苦榔树叶、海漆叶 5 种；用来治疗跌打损伤的有海杧果种子、黄槿叶、杨叶肖槿花、红海榄叶和树皮、桐花树叶、苦榔树叶 6 种。[①]

除了药用价值外，红树林植物还被用作礼仪植物，广泛出现于恋爱、婚娶、诞生礼、寿礼、葬礼、祭祀等场景中，如黄槿叶、杨叶肖槿叶，叶绿花美，采摘容易，便承担了"爱情使者"的重要角色；恋爱后，待到姑娘出嫁时，娘家在准备嫁妆时，多会使用银叶树的枝叶来装点喜庆嫁妆，借银叶树小枝和叶背的银白色来寓意女方的过门能为男方带来富贵。婚后有孩子出生，"外家头"（岳母）又会带着由银叶树枝条装点的喜物送往婿家，进行"送姜"（庆贺），祝福孩子将来能大富大贵。"外家头"还会采摘苦榔树枝叶熬水，蘸洒婴儿，赶虫驱病，保佑孩子健康茁壮成长。同时，父母会将婴儿生辰以红纸书写，并附带以桐花树的枝叶或花（京族取"童发"谐音），送请家中最有资历的"格古"为孩子命名，期望带给孩子更多吉祥。[②]

值得注意的是，京族民众在利用红树林植物时会采取一些永续利用的措施或技术。如在采集药用树皮时，京族草医仅采集"海榄柱"（红树林树干）约 1/4 的树皮，采集口为"小指形"（即小手指的长度与宽度），因为如果采用环状剥皮，则容易造成植株死亡。在采集植物根部时，草医认为树冠缘下透光处的"根条"（包括红树林地上根系和地下根系）最适宜采集。因为此处的根系密集，萌生快恢复也快。再比如对频繁采集的红树林药用植物，京族草医

---

① 杜钦、韦文猛、米东清：《京族药用红树林民族植物学知识及现状》，《广西植物》，2016 第 4 期。

② 杜钦、韦文猛、米东清：《京族民俗文化中的红树林民族植物学》，《植物分类与资源学报》2015 年第 5 期。

会有意识地进行人工种植和看护，如常用来治疗肝炎的老鼠簕，其全株、根、枝条均可入药，因此在乙肝高发年代被频繁采用。为了实现永续利用，京族草医拥有独特的方法：一是将大丛的老鼠簕视为"母树"，仅会选择性地采集少量枝条，并告诫从事潮滩捕捞的渔民和下滩玩耍的孩童，不可伤害大丛的"母树"；二是对全株采集的老鼠簕小苗（三四十厘米高），采集后，草医会从周边滩涂，分体过密幼苗（即分株繁殖），种植于采挖点，并在日后采药过程中多加看护，以备将来仍有药可用。① 可以说，这些传统的做法，对红树林种群的恢复和资源的永续利用具有非常独特的价值。

以上主要围绕海洋生境展开论述，其实，京族民众生活在岛屿之上，因此也有许多有关土地及其利用的知识。只不过这些知识传承时间不是特别久远，比如有关稻谷、红薯等农林作物种植的知识和技术，有些内容只是晚近才从相邻的汉族、壮族民众那里学习而来，成为京族传统文化一部分的历史还不是很长，所以这些知识还在进一步更新、更替或消亡中。其中，最明显的是晒制生盐和熬制熟盐的知识和技术，随着社会的发展和浅海养殖业的兴起，手工制盐基本上已经废弃，很快将从京族传统文化知识库中消逝。

（二）制度性传统生态知识

传统生态知识是一个综合体，体现在制度方面，就构成了制度性传统生态知识。在京族传统社会中，为了维护渔业生产和村寨生活秩序，曾经形成了专门的社会组织，制定了许多乡规民约，不少内容与生态密切相关，构成了外显的制度性传统生态知识。而在这些外显的传统知识背后，隐含着深层次的海洋生态伦理，调节着京族民众的生产生活。

1. 传统社会组织的生态功能

在京族的历史发展过程中，除了国家政权力量的介入外，也曾经诞生过一些社会组织形式，其中最具民族特色的是"格古"集团和"翁村"组织。

"格古"② 集团是一个由村内有名望的老人组成的一个群体，相当于当地社会的"最高权力机关"，实行的是集体领导。"格古"集团拥有很高的权力，村中一切事情都要先由"格古"集团讨论决定，然后交由"翁村"负责执行。一些"翁村"处理不了的事情，也最终转交给"格古"集团来处理。同时，

---

① 杜钦、韦文猛、米东清：《京族药用红树林民族植物学知识及现状》，《广西植物》2016 第 4 期。
② "格古"，京语音译，意为"长老"，《广西京族社会历史调查》作"嘎古"。

"格古"集团掌握有一定的经济权力，如在 1949 年前，巫头村的"格古"集团掌握着全村公有的 14 亩水田、11 亩坡地、数所渔箔以及巫头岛上所有的山林。对于这些集体财产，"格古"集团可以拿去出租、典当和出卖。

"翁村"是由"格古"集团推选出来的领头人，每届任期为三年，可以连选连任，但满任以后，除非本人同意，否则退出选举。一般来说，"翁村"要能说会道，为人公道，有点文化知识，并且深受村民爱戴。其任务主要是处理村里发生一切事端；对外代表本村进行交际；筹办"唱哈"，执行祭祀仪式；召集会议；宣读和执行乡规民约等。

在"翁村"之下，还设有几个专职人物：

一是"翁模"，专门负责管理"哈亭"的烧香，同样是由"格古"集团推选出来的，任期也是三年。其人必须人财两旺、子孙满堂、妻媳齐全，并且需要在菩萨面前举行杯卜，三次都要胜杯才能称职。在"翁模"未正式就任之前，要为村民抬棺材，并为神庙服役做杂工，如"唱哈"时挑水、做饭、扫地等。就职一年之后，就可不用抬棺材，期满三年也不必再服役，并可提升一级。在山心村，"翁模"任职期间可以占有神庙的 6 亩旱地和 1 棵果树；而在巫头村，"翁模"只能享受 1 亩公田，自种自收。

二是"翁宽"，专门看管山林，同样由选举产生，任期也是三年。期满后，可以升一级；如果工作干得不好，群众可以罢免，没有什么报酬。

三是"翁得"，专门负责观音庙烧香事宜，同样由选举产生。任职期间，可以享受 2 亩公田作为报酬。

四是"翁记"，也就是"文书"，专门负责宗教活动及账目收支。同样由选举产生，任期也是三年，群众不得任意罢免。期满后可以提升一级，有 1 所渔箔作为报酬。[①]

从上述京族民间独具特色的"格古"集团和"翁村"组织的情况来看，我们会发现：京族民间有着自己的乡村治理体系，不仅拥有最高权力机构——"格古"集团，而且还拥有具体执行"格古"集团意志的"翁村"组织。值得着重指出的是，"翁村"组织中还有着专门的分工负责人，其中一位专门负责看管山林，执行有关的护林公约，防止村内树林受到偷盗滥伐，凸显出生态保护在京族区域社会中的重要性。另据严学窘、张景宁等的调查，有的京族村落在

---

① 以上材料皆由阮大荣、陈凤贤等《京族社会历史调查》，第 26—27 页综合而成。

"翁宽"之外，还设立任期一年的分管山林的护林员 8 名[①]，更是显示出山林保护在维系区域社会良性运行中的重要意义。

2. 生态习惯法和成文法

在"格古"集团和"翁村"组织的推动下，京族人民还制定了许多保护生命财产安全、保护自然资源、维持社会秩序的乡约，其中最重要的一类就是封山育林、严禁盗砍滥伐的禁令和规约。

1875 年夏，在一年一度的哈节之际，沥尾村制定了"新约券例"，内容涉及哈亭祭祀、婚丧嫁娶以及山林保护等，意图实现"永远皆从，各唱千秋，百福盛强，人安物遂"。其中有关山林保护的 4 款如下：

> 一约定禁林分东路自有和家，西路自维盛家，南至海脚，北至海脚，以为严禁；自生木不论大小及刺梗，自一珠（株）以上，何人盗取，定罚古钱三贯，再笞三十不恕，兹约。
>
> 一约本村会议定禁枯木、枯柴，自路鲁溇连至鲁洺路及贰林庙前后东西亭林及后民林等处，不得擅入，自一毫并禁，若某人擅入取柴，捉得定罚古钱一贯二百，再十二笞不恕，兹约。
>
> 一约定禁血藤藤叶并禁，若何人盗取自一珠以上捉实果——定罚猪一只，当价古钱十贯偿人；见捉，钱三贯；藤叶捉券，古钱三贯不恕，兹约。
>
> 一约本村共议在亭中其荒地不论远近，亦伊护禁，不得私开；若何人私开者，不论高低多少，定捉，古钱六贯不恕，兹约。

从上述 4 条规约中，我们可以发现：沥尾京族的禁林范围是非常广泛的，不仅禁止盗取大小生木及刺梗，而且禁止擅入禁地拾取枯木、枯柴，并且还针对血藤、哈亭荒地制定了专门严禁条款。从惩罚的力度来看，不仅有直接的经济惩罚，而且还有身体惩罚，其刑罚不可谓不重，足见规约制定者保护山林的坚定决心。

随着时代的发展，前面所制定的保护山林的规约条款逐渐被遗忘，以致"其内各邻村利党之徒，用力为强，不遵不咱兹村约，擅入盗砍散败，致以神不安民不利"，因此，沥尾村乡老在清末民初时期又召集民众订立券约，从而

---

① 严学窘、张景宁等：《防城越族情况调查》，第 91 页。

出现了专门的保护山林资源的禁约——《封山育林保护资源禁规》，其所立券约5条如下：

　　一约本村系是有高山庙一座、水口大王庙一座，四姿（婆）庙一座，及民居后林一带，共山林四处，析生枯木树、木根等项，一皆净禁，自后或何人不遵如约内，贪图利己，擅入盗掘，破巡山各等，捉回本村，定罚银钱三千六百，及猪首一只、糯米十斤、酒五十筒，谢神有恩不恕。或余村人等何系可堪，捉得赃物回详，本村定赏花红钱一千六百正，盗人所赏不恕，兹约。

　　一约定禁山林、木条、生藤及木根等项，一皆净禁，若不论何人不遵禁例，擅入斩伐，守券捉得，本村定罚券钱二千六百正，收入香灯，或村内诸人捉得，本村定赏花红钱六百正，诸盗入所受不恕，兹约。

　　一约本村净禁诸各地头及高坡四处，一皆净禁，不得开掘，若何人不咱如约，擅入开掘，本村定罚铜钱三千六百正不恕，或罚何人不咱，送官究罚不恕，兹约。

　　一约各禁诸条若犯，不肯送官究治支费钱文，期众村一皆同受不恕，兹约。

　　一约各券诸员结束为兄弟，同心协力，兄弟同胞是骨肉，勤敏方能除禁奸人。所有监公，咱其号令，到正券官理会合，以里为伦；若何员不据，罚钱三百六元（本村放出）。①

　　从上述五条内容来看，此款禁规涵盖内容广泛，从地域、植物种类、开掘3个方面做出了"一皆净禁"的严格禁止性的约束，并规定了违约的处理办法，号召众村共同遵守，同心协力，希望借此使山林能够木条秀茂、以济风水，最终实现神安民利。

　　除了上述专门性的保护山林规约外，沥尾村京族民众还曾经制定专门的分海捕鱼规约，对周边海域进行了初步划分，并对捕鱼的时间、纷争以及偷盗事宜等进行了规范②，保证了海洋渔业生产的正常秩序。

------

　　① 广西壮族自治区编辑组：《广西少数民族地区碑文、契约资料集》，第264页；严学宭、张景宁等：《防城越族情况调查》，第93页。为了使文句更通顺、明了，引用者对部分内容进行了重新标点。

　　② 严学宭、张景宁等：《防城越族情况调查》，第103—104页。因其中含有较多"喃字"，无法点校，此处从略。

（三）表达性传统生态知识

在与自然打交道的过程中，京族人民除了总结了丰富多样的技术性生态知识，形成了独具特色的制度性生态知识外，还创造出充满智慧的表达性传统生态知识。根据这些传统生态知识在京族传统文化中的分布情况，可以将其细分为如下三类：

1. 传统自然观

自然观是指人们对自然界总体认知的集合，包括人们关于自然界的本源、演化规律、结构以及人与自然的关系等方面的根本看法。对京族人民来说，他们以海洋为生，因此形成了以海洋观为中心的自然观。不过，京族的普通人民大众毕竟不是哲学家，所以他们的自然观都表现得非常零散，体现于他们的日常行为中，体现于他们的神话故事中，体现于他们的叙事歌谣中。

一是对大自然始终保持敬畏之心，形成了崇奉自然的淳朴天性。京族人民认为，"万物有灵，树木、溪流这些地方，无不隐藏着神灵。如果惹怒了神灵，就要遭到报应，唯有尊敬及与之保持距离，才能得到神灵的保护"①。这种观念是与他们的生产生存环境密切相关的。作为在北部湾之滨定居的海洋民族，京族在面对海洋时，总觉得难以完全掌控大海的变幻莫测，因此，只好从心理上去敬畏它，在仪式上去祭祀它，希望它能够高兴，从而不至于发怒、带来不可预知的灾难。由于担心海洋环境恶化，海水污染，因此能够防风防沙、守卫海疆的"海榄"（红树）也就拥有了神性，可以保佑出海捕鱼的人们。这种敬畏与崇奉，从后面将要详细叙述的自然崇拜和"红树林来源的传说"等生态文艺故事中体现得淋漓尽致。

二是注意保护自然，敬畏生命，保持生态平衡。在崇奉自然的观念下，京族民众也非常注重爱护自然，敬畏生命。"这些生命，可以是与京族人朝夕相伴的鸥鸟，每天打到的第一尾鱼，护守海岸线的红树，与京族迁徙历史一样长的红豆树，岛上青纱帐木麻黄……当然更是包括世俗中活生生的人类、故去的亲朋好友等。"② 如在巫头村，居住着一大群白鹭，热爱生灵的京族人民，用温情和爱将白鹭留在自家房前屋后的山林中，形成了远近有名的"万鹭山"。在众多的爱鸟者中，又以陈其振、陈子成父子两代的护鸟事迹最为有名。更为

---

①　何思源编著：《中国京族》，宁夏人民出版社 2012 年版，第 134 页。

②　何思源编著：《中国京族》，第 152 页。

难得的是，京族人民对生命的敬畏还推广至海洋中的生灵，无论是动物故事《海龙王开大会》《海龙王救墨鱼》，还是动物故事《公蟹和母蟹》，都显示出他们内心中的生态平衡理念，显示出他们对和谐共生的渴望。

三是面对复杂多变的生态环境，又有着与自然做斗争的信念，表现出自强不息的执着。海洋是多变的，有时候是温柔之水，有时候是狂浪惊涛，有时候又遭逢狂风骤雨，时刻考验着靠海而生的京族民众。面对这样的自然环境，京族人民不光对其有所敬畏，也有着抗争的心态，他们期望能够掌控自然中的某些秩序，维系整个民族的生存和发展。这样的思想信念，在许多京族民间文艺中也有所展现，比如《十三哥卖鬼》的民间叙事诗，就显示出人定胜鬼的思想；再比如一首京族民歌《青鲨我敢骑》就这样唱道：

> 问：不知死，
> 你生吃海蛇不剥皮，
> 你以为我是小海鸥，
> 你不知我是青鲨鱼！
> 答：不怕死，
> 青鲨我敢捉来骑，
> 四海浪峰我踩平，
> 你知我犀利不犀利？①

这一问答，展示了京族民众"不怕死"的奋斗精神。对于青鲨这样的海洋霸王，他们也敢"捉来骑"；对于大风大浪，也敢去"踩平"。一方面，既显示出他们拥有与自然斗争的信念，相信自己能够克服困难；另一方面，也说明他们具备应对"青鲨"和"四海浪峰"的知识和技能。

总的来看，京族民间传统上非常敬畏自然，敬畏生命，注意保护生态平衡，同时又有着一定的与自然相抗争的理念。正如京族学者何思源所言，"京族人对生存环境是心怀敬畏的，在这种既崇尚又与之斗争的心态中，培养了人与自然和谐相处的观念，是对自然认同与选择后对种族的自我确定"②。

---

① 苏维光、过伟、韦坚平：《京族文学史》，广西教育出版社1993年版，第19页。
② 何思源编著：《中国京族》，第134页。

2. 传统自然崇拜

京族传统自然崇拜的对象，可以分为四大类：天体、无生物、植物和动物。不过，由于天体崇拜和动物崇拜表现得不太典型，今仅就京族传统上与生态环境密切相关的海洋崇拜、土地崇拜和红树林崇拜进行较为详细的分析。

（1）海洋崇拜

海洋是京族民众传统上最基本的生产场所，因此，围绕海洋形成了丰富多样的海洋崇拜。从具体表现形式上说，又可以分为海龙王、镇海大王崇拜，海公、海婆崇拜等。

镇海大王，全称为"白龙镇海大王"，是京族聚居地的开辟神和保护神。传说他诛灭蜈蚣精，使之碎尸三段，从而化为巫头、山心、沥尾三岛。其庙建在白龙尾，西隔珍珠港，与巫头、山心、沥尾遥遥相望。每年农历二月，各村各自择日前往祭拜。由于镇海大王在哈亭中的神位平日只作虚设，所以每到一年一度哈节之际，要到海边举行仪式，遥对大海那边的神庙，将祂迎接进哈亭中享受祭祀。虽然镇海大王已经具备了社会神的特点，但因为祂所主管的事务仍然是海洋，因此在某种程度上也算是自然神。与之相关，京族民间故事中常常出现的"海龙王"，却不见于神谱之中，祂主要管理的是海洋及其中的生物，与"镇海大王"的职能类似。20 世纪五六十年代社会历史调查，沥尾村当时曾经建有"六位灵官庙"，其主神同样是"镇海大王"，所供奉的为"海龙王太子"六兄弟①。可见，镇海大王与海龙王属于同一种性质的神灵，所掌管的都是海洋事务。如果按照神的等级来说，海龙王掌管整个海域，属于大海之神；镇海大王所掌管的只是白龙尾周边一带海域，属于海湾之神。

海公、海婆，是一对掌管海洋渔业生产顺利进行的神灵。其没有固定的神庙，一般在船头设"海公"和"海婆"的神位。传统上，每次出海时，都要焚香祷告，祈求丰收和平安。沥尾渔民在拉大网前，也会先祭拜海公、海婆。每年农历腊月二十至二十八，同伙作业的"网丁"聚集在一起，由"网头"主持"做年晚福"仪式，祈求海公、海婆保佑来年生产丰收顺利。②

另据 20 世纪五十六年代的社会历史调查，沥尾村过去曾建有三位灵婆庙和水口庙（四位婆婆庙）。三位灵婆庙来源于一次做海，她们发现海上全是红

---

① 严学宭、张景宁等：《防城越族情况调查》，第 139 页。
② 符达升、过伟等：《京族风俗志》，中央民族学院出版社 1993 年版，第 121 页。

色的鬼火，后来因其"显灵"熄灭，并随之带来了渔业的丰收，所以才建了一间庙。但庙名的由来却不知道。与之相类似，四位婆婆庙同样起源于海上，来源于四个自海外漂来的香炉，经过生童的问询，才得到答案："我是北海涠洲婆，有三姐妹，名曰维光、海恩、海龙，都是朝廷海龙王派来的，我们见到贵处山明水秀就停下"①。无论是三位灵婆，还是四位婆婆，当地民众都认为她们带来了渔业丰收，因此才安庙祭祀。

（2）土地崇拜

京族民间认为，土地神能够灵验地维护本家本境，能抵御一切妖鬼和猛兽对本家或本境的侵犯。如果对土地神供奉不周，他也会对人间作祟或捣乱。因此，人们的土地崇拜是非常虔诚的。

在传统的京家庭院中，厅堂门口对面一般都会用砖或石头建造一座神台。神台高约1米，分为上下两层。上层为"天官"，神位写"天官赐福"；下层是"土地"，神位写"本家土地"或"本家土神"。天官被奉为"福"神，土地为家宅"保护神"。本家土地只管辖一家一宅之地。

除本家土地外，还有称作"本境土地"的土地神。本境土地所管辖之地有大有小，大至一乡一村，小至一村中的一片一角之地。庙宇和丛林也各有其本境土地。各家各户的土地和村中各个小本境土地，都隶属于管辖全村的大本境土地。有的村子将大本境土地供奉于哈亭正坛。

与土地神的崇拜相类似，京族民间还有"山神"崇拜。山神，也称作"高山大王"，全称为"高山神邪太上等神"，专管山林之事。沥尾、巫头过去都建有"高山大王庙"。京族民间故事《山榄探海》中也曾出现"山神王"，只不过是掌管附近的十万大山的山神罢了。

（3）红树林崇拜

红树林，京族民间俗称"海榄"，成片形成规模的称作"海榄山"。在京族民间传说中，海上原来是没有这种红树林的。后来因为红山榄和白山榄下海，受到海洋吸引，才形成了红榄和白榄（详见《山榄探海》）。为此，居住在海岸边的京族人民一直将红榄（红海榄）和白榄（白骨壤）视为庇护家园的"神树"。

在出海打鱼时，京族民众传统上也会携带一枝红榄或白榄的枝条，希望在整个过程中得到神树的保佑，获得丰收，平安归来。在海滩编造渔箔时，常取

①　严学宭、张景宁等：《防城越族情况调查》，第141页。

少量榄李枝条为材料，希望借"篮里"（榄李）谐音来预祝鱼儿能装入箔中。新建船筏装成后，也习惯上采集白榄的枯枝作薪柴，在海边堆以熊熊烈火，然后将船筏从火上扛越而过，才能正式下水使用。在编织渔网的过程中，需要使用红海榄树皮熬浆进行浸染，传统上认为一则可以增长渔网使用寿命，二则能保主人打鱼平安。[①]

此外，老鼠簕、海杧果、水黄皮等红树林植物也具有神性，或可以消疾病、驱鬼邪、避晦气，或可以制法杖、通神灵，显示出"神木"之相。如在浆网晾网时，京族民众往往要在竹竿头处悬挂一团用老鼠簕枝叶绕成的簕团，用以辟邪；在过端午节时，京族民间会在门楣悬挂具有驱邪消灾神效的海杧果和老鼠簕的枝叶，以保家人平安。在京族的传统葬礼中，水黄皮枝条制成的法杖还具有通"海神"作用，法师能用其为逝者超度。葬礼过程中，法师还会用老鼠簕、海杧果的枝叶蘸清水、灰水、香水浇洒在孝家男女身上，进行洗尘，可获得平安，使身体健壮伶俐。[②]

还必须说明的是，京族的哈亭和其他社会神庙建设之所，一般也是树林众多，草木茂盛，同样这些树林也因此成为"神林"，维护着京族民众的生存家园。

3. 传统生态文艺

文艺是京族传统文化的一种很重要的体现。就传统生态知识的领域来说，主要指的是与生态学有关的民间故事、传说、歌谣等。这些传统生态文艺是京族人民长期以来总结和创造出来的，其中蕴含着深刻的生态智慧，对于京族传统生态知识的传承具有重要价值。这里，我们仅略举两例进行说明：其一是《山榄探海》，其二是《海龙王开大会》。

（1）《山榄探海》

　　　在北仑河畔的十万大山中，生长着红山榄、白山榄、黄山榄、黑山榄，人称它们为"山榄四兄弟"。
　　　一天，山神王来到三岛游览南海。看到大海茫茫，碧波连天，海面在

---

① 杜钦、韦文猛、米东清：《京族民俗文化中的红树林民族植物学》，《植物分类与资源学报》2015 年第 5 期。

② 杜钦、韦文猛、米东清：《京族民俗文化中的红树林民族植物学》，《植物分类与资源学报》2015 年第 5 期。

阳光下起伏动荡，泛出宝石般的颜色，感到非常神奇。祂回到十万山，唤来"山榄四兄弟"，问谁敢去探探大海的秘密。白山榄和红山榄争着要去。临行时，山神王再三叮嘱："海上光怪陆离，你们切勿贪玩，尽心观察，速去速回。"

兄弟俩来到南海，海上绮丽的风光把祂俩吸引住了。起初只在海面上游来逛去，后来兄弟俩索性潜到海底去了。水晶宫里听说来了远客，鱿鱼精呀，墨鱼神呀，虾兵蟹将呀……许多海族兄弟都围来问长问短，陪同山榄兄弟俩到各个水晶殿里参观。沙虫姑姑、泥丁姐姐天天弄最好的饭菜招待他们。兄弟俩看得眼花缭乱，不光把山神王的嘱咐早忘在脑后，还商量着要留在海里。他们的谈话被八爪鱼将军听到了，禀报给海龙王，海龙王非常高兴，设盛宴招待山榄俩兄弟，让他俩和珊瑚姐妹结了婚，年常日久，子孙成群。……

山神王不知等了多少年代，总看不见有白山榄红山榄兄弟俩的消息，心里老是惦记着，就派黄山榄和黑山榄去打听。他们一到海上，就发现白山榄和红山榄已经在海国里扎根了。山神王得到了这可靠的消息，大发雷霆，磨刀霍霍，要到海里来把忘本的红、白二山榄问斩。它带领草木兵马来到海上，摆开阵势。虾兵蟹将密密麻麻地把海面封住，墨鱼元帅又领兵施放烟幕，使山神王方向不明，进攻不得。山神王只好退到岸边，摇头晃脑，扇起狂风，吹得潮水滚滚，向红、白山榄两兄弟和他们的子子孙孙扑来。在他们难以支持的时候，一群群彩贝、彩螺团团把它们围拢保护起来。山神王吹了一天一夜，满以为红、白山榄一定被海浪掀翻，被海潮浸死了，可是收兵一看，红、白山榄仍然长得十分繁茂，海族兄弟姐妹在围着他们唱歌跳舞。山神王无可奈何，只好退回十万山里去了。

从此以后，十万大山就只有黄山榄和黑山榄守山了；白山榄和红山榄变成了不怕风浪不畏潮淹的海底森林，使大海变得更加绮丽、迷人。①

上述这则故事讲述了红树林的来源，谈及山神王在海中的无奈，也显示出海龙王的强大，这说明京族民众对海的认识要比对山的认识深刻，也更为依赖。更为难得的是，这则故事还陈述了红、白山榄与沙虫、泥丁等海洋动物之间的和谐

---

① 苏润光等：《京族民间故事选》，中国民间文艺出版社 1984 年版，第 84—85 页。

关系，是对现实中海洋动植物关系的一种艺术化表达。当然，我们也从中看到了红山榄、白山榄神性的来源：它们能够和山神王抗争，能够受到海龙王的认可，因此也具有趋吉避凶的功用，成为过去出海打鱼的京族渔船的保护圣物。

（2）《海龙王开大会》

古时候，海底世界一片混乱。鲸鲨之类称王称霸，肆意吞食弱小的水族。那些软弱的海中动物眼看快要绝种了。

海龙王看到这种情形，感到忧虑："如此下去，我岂不变成无卒之帅，无民之王了？"他决心扭转现状，保护弱小，整顿海国。

一日，龙王在水晶宫里登殿就座，向前后左右挥动他的大手掌，海潮立即涌向四面八方传达紧急命令：海中所有水族，必须在日落以前赶到龙宫开会。命令传出，各路兵将陆续赶到。龙王坐在龙椅上，横眉立目地厉声问道："堂堂海国，为什么将多兵少？"鲸鲨之类站在一旁，你看我，我望你，没有一个敢出声。这时，鳝鱼、鲗鱼、电鱼、螃蟹、虾、鲎等弱小水族全跪在阶下，哭声不绝，纷纷控告鲸鲨以强凌弱，残害同族的行为。龙王听罢，怒不可遏地问："果真如此？"众弱小水族齐声答道："果真如此。望龙王明察，给我们作主！"龙王对鲸鱼鲨鱼们说："孤王有令，以后谁个再敢侵食水族臣民，格杀勿论！"鲸鲨之类吓得魂不附体，不敢抬头。

龙王又看看眼前弱小的水族，觉得应该把它们武装起来，便叫它们一个个上前，一一授给护身用的武器：

"鲗鱼，你身圆肉肥，赐长鞭一条，系在尾部，遇到侵袭，挥鞭自卫。"

"螃蟹，你已有四对脚，再赐钳一对，装在身前，遇到敌手，开钳夹它。"

"鲎鱼，你眼力不够，赐剑一把，藏在身后，遇到追捕，舞剑退敌。"

"鳝鱼，你体软无力，赐长脚八条，遇到仇敌，可攻可跑。"

"韧鲼，你身扁皮滑，赐电麻器一对，装在尾部，触到敌人，敌就溃退。"韧鲼从此也叫电鱼。

……

龙王发完武器，对到会的弱小水族说："所赐的武器是你们传家的宝贝，要一代一代传下去，不得遗失，以防后患！"说完，高声问道，"珑珋何在呢？"到会的水族齐声启奏："未见到会！"龙王十分生气："这样不守时间，不管它了！"说罢，拂袖而去。

龙王刚走下大殿，正碰上珑珋鱼匆匆赶到。龙王问它："太阳都已回西海了，你为什么这时才来？"珑珋鱼伏在阶下，赶紧表白说："路途太远，我身体扁平，在海底游行不快。"龙王大怒："对你没有什么可赐了，赏你一巴掌吧！""啪！"的一声，珑珋的嘴巴被打歪了。

直到现在，弱小水族都保留着龙王赏赐的武器，唯有珑珋鱼却保留着一张歪嘴。①

上述这则故事核心内容是在讲述海龙王忧虑弱小水族濒临绝种的威胁，然后为鳟、鲋、电鱼、螃蟹、虾、鲨等水族配备各种防备武器，表达了京族民众的深层次生态平衡理念。值得注意的是，这则故事充分关注到了各水族的独特武器，说明京族民众对海洋动物有比较深刻的认知，有利于他们与海洋之间的和谐共生。

三 京族传统生态知识与生态文明建设的多维互动

（一）京族地区生态文明建设现状

1. 绿色发展之路越走越顺

改革开放以后，京族民众利用自身的资源和地缘优势，大力发展海水养殖业和海产品加工业，积极发展民族旅游业和边贸产业，逐步实现了从以渔业为主的传统经济发展模式向多业协同发展的现代经济发展模式的转变，走上了跨越式发展之路。

近年来，在地方政府的支持下，京族地区大力发展现代化特色海洋渔业，着力打造以沥尾、巫头、潭吉、江龙为核心的示范区。示范区集农业、科技、海洋、文化"四位一体"，以海水养殖为主要产业，以海水标准化养殖的示范作为主要特色。至 2015 年年底，已累计完成投资 5000 多万元，建成对虾标准化养殖基地 3900 亩，完成 1000 多亩莲藕套养泥鳅种养区租地任务。初步构建"江平虾"育种、养殖、加工、销售完整产业链，并组建有升亿科技、绿海

---

① 苏润光等：《京族民间故事选》，第 94—95 页。

天、隆盛水产等25个水产养殖专业合作社，注册资金共9300万元，承担国家有关水产养殖新技术示范推广项目。[①]

沥尾村境内有驰名中外的"金滩"，是京岛风景名胜区的核心区。20世纪90年代中期以来，海水养殖业、海产品加工业、旅游业发展迅速，逐渐超越了传统的浅海捕捞业，成为绿色发展的重要典范。如今的沥尾村，旅游服务业已经成为主导产业，依靠着优越的地理环境、独特的民族风情和国家政策的支持，当地旅游业正在迅猛发展。伴随着旅游业的发展，京族民众也得以享受到较为富足的生活，有的从事海产品销售，不仅可以将出海捕捞的鱼虾就地售出，还可以将自家养殖的海产品拿来零售，可谓一举多得；有的直接在金滩上提供太阳伞租赁服务，提供各种饮料、小吃；有的开设了饮食店，向游客提供特色旅游餐饮；有的则开办了农家旅馆，足不出村，就可以获得较为可观的经济收入。虽然旅游业也带来一定的环境压力，但只要管理得当、措施得力、设施到位，对当地生态环境的负面影响还是可控的，旅游业仍然可以说是较为绿色的产业。在旅游服务的过程中，沥尾京族民众还建设了"红姑娘"种植基地这样的农业项目。

与以旅游业为主导产业的沥尾村不同，巫头村立足当地实际，充分利用滨海优势，将海滩盐碱地改造为虾塘，实施特色海水养殖和大力发展海产品加工业，近年来经济增长很快。为了推动乡村经济的全面发展，巫头村还规划了"3331致富工程"，即村里的人，30%进行海洋捕捞，30%从事海水养殖，30%做海产品加工，10%搞边贸生意，形成"生产—加工—销售"一条龙、共享式的产业发展模式。据统计，全村现有40多家海产品加工厂，3800多亩虾塘。2016年，巫头村民人均收入13220元，成为防城港市首富村，成为全国有名的较富裕的少数民族地区。

山心村经济的飞速发展是在1995年以后，其产业结构逐渐呈现一种多元化的趋势：传统的浅海捕捞与鱼露加工，新兴的边境贸易、海水养殖、运输等，可谓是多业并举、多元发展。从经营主体上来说，相当多的家庭都从事两种以上的"职业"，一家之中既有从事海洋捕捞的，也有外出或就在本村经商的，同时，还有不少家庭户仍然兼顾农业种植。[②] 如今的山心村，也在蓬勃发

---

① 梁文淑、翟耀鹏：《江平镇"三结合"打造广西生态名镇》，《防城港日报》2015年11月3日第2版。
② 马居里、陈家柳主编：《京族：广西东兴市山心村调查》，第47页。

展中，村里的主要产业已经是海水养殖业，同时还大力发展特色鱼露产业，打造特色品牌，另外，海产品贸易、加工业发展也很迅速，成为支持乡村经济的重要力量。

与上述"京族三岛"不同的是，潭吉村的主要经济收入仍来源于种养业，该村有耕地 1500 亩，其中水田面积 1000 亩，旱地面积 500 亩。为了进一步优化乡村产业发展，潭吉村因地制宜、立足村情，规划了一个集农业生态、种植、特色旅游观光于一体的千亩荷塘种植示范基地；同时，有效利用本地的资源优势，因地制宜发展水产养殖业，培育对虾产业集群，养殖的规模不断扩大，至今对虾养殖面积约 500 亩。2016 年，村民人均纯收入 7800 元。

总的来看，京族地区的经济发展已经走上了一条良性循环之路。在这条发展道路上，京族民众的收入主要来源于边境贸易、旅游服务、海产品养殖、海产品加工、农产品种植等，其中大部分的收入来源是绿色的，对环境产生的负面影响是有限的。

2. 生态乡村建设成绩突出

之所以敢说京族整体上踏出了绿色发展之路，是因为这些村庄都已经意识到生态环境的重要性。在党和政府的关怀下，京族聚居乡村人居环境持续改善，生态环境质量也明显好转，生态乡村建设成绩非常突出。

巫头村在开展"生态乡村"建设过程中，充分利用当地资源，尊重民风民俗，虚心听取村民意见，仅 2015 年就投入 200 多万元，对全村进行了别具一格的风貌改造。[①] 在这一过程中，巫头村的村容村貌明显得到很大改善，道路得以硬化，基础设施得以维修，人居环境整体提升。更为难得的是，巫头村的生态乡村建设还充分吸收了乡土智慧，如利用了村民食用贝类后产生的贝壳进行墙体美化；修建花圃时不乱砍伐原有植物，努力做到跟着绿色植物走，就地围圈保护；花圃建设合适的高度及平滑的表面，方便村民乘荫纳凉。这些都是传统生态知识发挥作用的突出表现。如今的巫头村，不仅已经是庭院整洁、道路干净、海水清澈、鱼虾丰富、生态优美的富裕京族渔村，而且还集大海、海鱼、海风、海岸、海港、海神等海洋文化元素于一体，成为重点打造的"京族故里，国门渔村"。

---

① 梁文淑：《京族渔村换新装——东兴市江平镇巫头村"生态乡村"建设掠影》，《防城港日报》2015 年 11 月 4 日第 2 版。

沥尾村作为重要的滨海度假区和民俗风情旅游区，其生态建设早已卓有成效。在发展旅游的过程中，沥尾村加大环境治理力度，积极参与护岛、护林工程建设，严禁破坏水产资源，生物多样性保护工作卓有成效。如今，该村村容村貌整洁，环境干净卫生，基本上与城市无异。

由于京族村寨生态文明建设的突出成效，江平镇巫头村、沥尾村荣获"全国首批绿色村庄"称号，巫头村还被命名为第二批"中国少数民族特色村寨"，沥尾村成为首批全国农村幸福社区建设示范单位。

3. 环境问题治理成效明显

过去的一段时间，我们片面追求发展速度，一定程度上忽视了生态环境保护问题，因此带来了一系列的生态环境问题。在京族地区，最为严峻的问题是非法抽沙、养殖业面源污染、违规建筑损毁红树林等。

如 2013 年 11 月 5 日，东兴市国土资源局、海事处、江平镇政府等职能部门组成联合执法队，在潭吉水产码头海域，发现了 4 艘经过改装的船只正在非法抽沙，立即采取行动，在对现场拍照取证后，依法将该 4 艘涉嫌非法抽沙的改装船只扣押。

2017 年 8 月，东兴市发布《关于加强海域管理、依法清理整治江平镇海域非法用海设施的通告》，责令当事人必须在 8 月 31 日前对非法占用海域搭建蚝桩、蚝排、围网等设施及投放的种苗自行清理完毕。从 9 月开始，该市开始分阶段组织对潭吉、贵明、沥尾、巫头、山心、交东、班埃等村海域非法占用海域设施进行全面清理整治，确保海域合理使用，维护原有环境。9 月 21 日，东兴市组织联合执法队伍，依法对江平镇巫头村海域非法占用海域设施进行集中清理整治，共清理非法用海海域 800 亩。

应该说，经过一系列的环境治理，一些突出的环境问题得到了解决，环境污染明显减少，改善了海域生态环境，有利于海洋资源的可持续利用。当然，由于各种原因，京族地区仍然存在一定的环境压力和保护困境。一方面，外来的资本进入该海域，大量建筑混凝土结构型人工养蚝场，不仅威胁到出海作业船只的航行和生命财产安全，还给整片海域带来人为的环境破坏，这引起了当地村民的不满，甚至还专门通过网络等手段向东兴市人民政府反映有关附近海湾环境遭受严重污染的情况。

（二）京族传统生态知识对生态文明建设的效用

在京族地区生态文明建设的过程中，传统生态知识一直发挥着自身独特的效用，其效用或明或暗，或显或隐，但始终存在，未尝缺席。概而言之，我们可以从以下三个方面来认识这一点。

1. 既为走上绿色发展之路提供了坚实的基础，又为区域生态环境保护提供了特殊技能

京族民众在处理与自然的关系中，总结了他们所处环境的特点，对当地的气候、降水、潮汐等都有很明确的认知，对当地的海鱼、海虾、贝类、螺类以及红树林、藻类等海洋生物有很清晰的认识，熟悉"鱼汛"发生的规律，了解杂海鱼虾的分布，因此很好地适应了当地海洋生态环境，形成了"靠海吃海"的传统生计方式。

在向绿色发展之路转型的过程中，传统知识的身影随处可见。一方面，京族传统渔业知识为继续从事捕捞业的渔民提供了独特经验和认知；另一方面，京族传统上对海洋、对当地气候的认知为开拓海水养殖业的渔民提供了必不可少的知识基础，这是海水养殖业能够平稳发展的重要保障。

还必须说明的是，技术性的传统生态知识其实也是为当地的生态环境保护提供了特殊技能的，主要体现在防风林、红树林的抚育上。在海堤防护林树种的选择上，京族民众选取榕树、红鳞蒲桃、狭叶蒲桃、鸭脚木、假轮叶厚皮香、打铁树、膝柄木、紫荆木、喙果皂帽花等本土树种，或移植，或育种，最大限度地利用了地方特色植物资源。

在海产品加工业发展过程中，传统的"鱼露"制作技术仍然发挥着作用，成为当地很有特色的地方旅游特产，为京族地区的生态产业发展和旅游产品打造做出了突出贡献。

2. 既为环境问题治理提供了坚实的制度保障，又为区域生态环境保护提供了制度支持

环境问题的出现，不仅仅是因为我们的发展方式出了问题，其更深的原因则在于我们现行的制度规范支持了这一发展方式，因此客观上对生态环境有所忽视，甚至更夸张地将整个大自然视为支撑经济发展的"资源"优势；或者即使在某种程度上认识到片面追求 GDP 造成的危害，但却没有引起足够的重视，没有从制度安排上去堵住漏洞，因此才使生态环境问题日趋严重。

在京族地区，过去同样因为追求发展而对生态环境有所忽视。不过，在生态文明建设的过程中，当地民众意识到过去所拥有的良好的传统社会组织和习

惯法规，曾经起到过良好的作用。因此，他们开始重视这些传统知识的重要性，注意发挥"翁宽"的积极作用，重新重视乡规民约的重要性。如 1999 年制定的《沥尾村村规民约》就规定：

> "四、严禁滥伐和偷盗、毁坏集体或他人林木（含树枝和海榄树）。违者按树干、树枝分别处以 1 元、50 元罚款，情节严重的扭送公安机关处理。
>
> ……
>
> 七、严禁在未搞好护岛工程、影响护岛、护林工程的地方取沙、挖土或淘矿，违者处以 30—200 元罚款。
>
> ……
>
> 九、严禁破坏水产资源，不准在海、沟中炸鱼、毒鱼、电鱼，违者处以 20—300 元罚款。
>
> ……
>
> 十八、保护生态环境人人有责。不得在林中和沿海防护林带打鸟。违者处以 50—100 元罚款。"①

这些村规民约条款的制定，一方面延续了传统习惯法和成文法的传统；另一方面也加入了现代性的内容，强调制度和规范对区域民众的制约作用，既为治理已经存在的环境问题提供了保障，也为进一步做好生态环境保护工作提供了坚实的制度支持。

制度性传统生态知识所能发挥的效用，有时候是如上述新时期村规民约所规定的那样，是显性的。其实，在隐性层面，我们仍然能够发现传统制度和习惯法至今仍然发挥着不可替代的作用。正如一位京族习惯法研究者所指出的，《封山育林保护资源禁规》所规定的高山庙、水口大王庙等区域的山林一直"秀茂"，而当地村民之所以不敢砍伐这些区域的山林，是因为后代子孙都受到告诫：那里是社神居住的地方，"得罪社神会遭报应、走霉运"。除此以外，京族哈节习惯法中有哈节期间不能出海捕鱼的规定，这一条款不仅使得他们在心理上能理解和遵守国家的"休渔制度"，而且在客观上还延长了法定休渔

---

① 周建新、吕俊彪等：《从边缘到前沿——广西京族地区社会经济文化变迁》，第 174—176 页。

期，有效地促进了当地渔业资源的恢复和合理利用。①

3. 既为生态文明建设提供了支撑理念，也为区域生态环境保护提供了精神动力

如前所述，京族人民始终对自然保持着敬畏之心，注意保护自然，敬畏生命，保持生态平衡，同时又有着一定的与自然相抗争的理念。在强烈的海洋、土地和红树林崇拜之下，为了取悦海公海婆、土地和其他的神灵，保护这些神灵的庙堂周边也就成为必然，保护神灵所辖之地也就成为信仰者的精神动力。

在京族地区生态文明建设的进程中，京族民众强化了他们的传统信仰：一方面，他们通过彰显哈节的特殊性，来取悦众神，为此，哈亭周边的生态得到了保护和改善；另一方面，他们秉持海洋、山林、红树林神圣的理念，重建和整修神庙，注意保护神灵的庙堂和周边。传统的信仰在一定程度上得到了强化和复兴，当然，这一点也与他们族群认同和文化认同密切相关。

应该说，表达性传统知识处于民族文化的深层，其中与生态有关的部分，的确起到非常重要的作用。京族人民传统的自然观使他们认识到自己与自然之间既和谐又斗争的关系，这为生态文明建设提供了支撑理念；自然崇拜使他们保持了对自然的神圣感，增强了对小生境的保护意识；传统生态文艺则在生态观念的传承上发挥重要作用，强化了社区民众的生态保护意识。

总的来讲，传统生态知识在京族地区生态文明建设进程中发挥着不可或缺的作用，它不仅是京族地区生态文明建设的重要文化支撑，而且为京族地区生态文明建设提供直接支持。更为难得的是，京族地区当代绿色发展之路的选择，其实也是充分立足当地实际和生态环境状况的产物，也是尊重民族生态传统的结果。

（三）生态文明建设对京族传统生态知识的影响

1. 绿色发展带来了生计方式的转型，给京族整个生态知识体系带来了深刻变革

如前所述，改革开放以来，京族地区逐渐由传统的以海洋捕捞为主的生计方式转向了多业并举的发展模式，海产养殖、海产品加工、民俗旅游、边境贸易等成为新的生计来源，推动了京族地区整体性的生计转型。

---

① 王小龙：《伦理与规范：京族习惯法对自然资源的保护》，《原生态民族文化学刊》2014 年第 4 期，第 64 页。

与这一生计转型相适应，京族人民的生态知识体系也发生了深刻变革。一方面，传统的海洋捕捞吸收了现代化的渔船和捕鱼工具，极大地提高了捕捞的工作效率；另一方面，传统上没有的产业，在现代水产科学技术的武装下蓬勃发展，人们逐渐接受了新颖的海产养殖业和加工业。

当然，更为深刻的变革是，人们或通过提供一些餐饮、住宿、娱乐之类的服务，或通过与越南边民进行商品贸易，就可以换取满足生存所需的资金。这是传统生计所无法实现的，极大地影响了京族民众的生态知识体系。

2. 环境治理牵涉现代生态制度，在一定程度上消解了京族传统社会组织和制度的效力

在京族地区跨越式发展的过程中，人们认识到了良好的生态环境的重要作用，而且这种对环境的治理得到了国家力量的大力支持。在这一过程中，发挥重要作用的是地方党委、政府和村党支部、村委会，而传统的"格古"集团和"翁村"组织发挥作用有限。

同时，在环境保护制度方面，新时期京族各个乡村所制定的乡规民约，均首先体现的是党委、政府的意志，传统的"格古"集团和"翁村"组织发挥作用有限。在具体的乡规民约条款中，虽然制定了一些有关生态环境保护的条款，但基本上是对外来的法规、制度的本土化"翻译"。也就是说，随着京族地区生态文明建设的持续推进，政治权威获得了最为核心的"话语权"，传统社会组织和社会制度的作用进一步式微。

3. 现代生态理念在一定程度上消解了京族传统表达知识的效力

众多周知，当代生态文明建设主要依托的是现代生态理念。根据这种理念，自然界万物是与人类一同构成我们生存的生物圈，其中并不能存在所谓"神圣"的物种；当代之所以要进行生态文明建设，是要扬弃工业文明的不良后果，实现人与自然的和谐共生。

这样的现代生态理念，随着政府部门的宣传和现代媒体的传播，已经在一定程度上深入大部分京族民众的内心深处，一些京族精英人士还接受了较高层次的现代教育，并将所学到的知识反哺到民众中去，进一步推动了现代生态理念的普及和传播。

应该说，在这种新型生态理念的影响下，虽然老年京族民众对于"镇海大王"等传统民间信仰对象还有一定的崇拜，但年青一代却逐渐不再虔诚信

奉，甚至私底下会认为是在"搞迷信活动"。这无疑在一定程度上削弱了京族传统表达性生态知识的效力。

四　小结

京族作为中国唯一的海洋民族，他们濒海而居，广阔的北部湾海洋就是他们最重要的生境。在熟悉、认识生境的过程中，他们对海洋天气、海洋动物、红树林植物有了非常深刻的认知，因此也发展出了独具特色的利用方式，维系了整个民族的存续与发展。为了保障正常的生产生活秩序，京族民间自发形成了独具特色的"格古"集团和"翁村"组织，既有效地保障了区域社会的良性运行，也为当地山林保护提供了人力保障和制度支持。更为深层次的是，京族人民对自然有着非常深刻的认知，他们尊崇自然，敬畏生命，注意保护海洋生态平衡，加之他们对镇海大王、海公海婆、土地、红树林的崇拜，构成了一幅传统生态知识的深层表达图景。

在京族地区生态文明建设的过程中，传统生态知识也发挥着自身的独特价值。它不仅为区域生态环境保护提供了特殊技能，诸如榕树、红鳞蒲桃、狭叶蒲桃、鸭脚木之类的本土树种，在构建海防林的过程中发挥了突出作用；而且也为环境问题治理提供了制度支撑，新时期制定的村规民约很明显带有传统的影子；更为深层次的是，传统生态知识为京族民众提供了传统的生态智慧和精神动力，推动了区域社会的生态文明建设进程。

当然，在京族生态文明建设过程中，现代科学技术也发挥了一定的作用。京族整体上绿色发展之路的选择，既有现代农业科技的印痕，也有当代生态环境科学理念的影子，我们不能视而不见。甚至在某些领域，现代科学技术可能发挥的作用也许会更加突出，比如在海洋污染治理问题上，在红树林恢复问题上。

此外，我们还应当清醒地看到，在向现代经济转型的过程中，京族整体绿色发展之路的选择，也给整个生态知识体系带来了深刻变革，传统知识体系不可避免要受到影响。与此同时，依托现代治理体系的生态文明建设，有自己的制度保障，其中某些内容与传统是相分离的，因此也在一定程度上消解了传统社会组织和制度的效力，甚至是传统表达知识的效力，这种状况对京族保持民族性和传统文化非常不利。

第二节　仡佬族传统生态知识与生态
文明建设的互动关系

一　岭南仡佬族的生境与生计方式

（一）岭南仡佬族的生境

仡佬族的大本营在贵州省，因此岭南的仡佬族数量并不多，仅世居于广西壮族自治区西北极边的隆林各族自治县的中部，栖居于金钟山东北麓的崇山峻岭之中。这里山脉连亘，峰峦林立，仡佬族民众所居住的地方绝大部分处于海拔 1000 米以上的高山上。如三冲弄麻寨的仡佬族，就居住在海拔 1300—1500 米高的两山夹壁的土山腰上，山坡非常陡，坡度达 70 度。再如么基大水井屯的仡佬族，则居住在海拔 800—1000 米的石山腰间，地势陡峭，周围石山重叠，连绵不断。[①] 这种多山、高海拔的地形地貌，成为岭南仡佬族人民生境最为重要的特点之一，决定了他们生产生活的基本面貌。

由于仡佬族地区海拔非常高，因此，气候要比同纬度的地区寒冷，全年最高气温 32℃，最低温度为零下 4℃，年平均温度 17.3℃。总的气候特点是：夏凉冬冷，春秋略带寒意。每年从农历十一月开始降霜，每次降两三个早晨，之后天旱约半个月。到隆冬腊月，则会降雪，雪量不大，仅两三寸厚。三冲地区冬季常出现短期冰冻。由于地形地势原因，仡佬族地区每年都有冰雹，多出现于农历正月底到四月初。每当下冰雹时，天空突然变成黄黑色，所下冰雹大如李果。由于气候寒冷，农作物生长较为缓慢，故生长期较长，如玉米生长期长达 160—190 天，比外地延长了 30—50 天。[②]

从纬度上看，仡佬族地区处于北亚热带，因此雨量较多，但却分布不均。据调查，年降雨量达 1000 毫米，6—9 月雨水较多，有利农作物的生长；4、5、10、11 四个月常有小雨，宜进行春种、冬耕；12、1、2、3 四个月里，雨量最少，容易发生春旱。值得庆幸的是，一些山岭上有山溪泉水，沿着山峦的起伏而蜿蜒向前，灌溉着成千上万的梯田。如在三冲弄麻寨仡佬族地区，山腰

[①]　姚舜安等：《隆林各族自治县仡佬族社会历史调查》，载广西壮族自治区编辑组《广西彝族、仡佬族、水族社会历史调查》，第 119 页。

[②]　姚舜安等：《隆林各族自治县仡佬族社会历史调查》，载广西壮族自治区编辑组《广西彝族、仡佬族、水族社会历史调查》，第 119 页。

上就有不少泉水沟和小溪，常年流水不息，是村寨人民饮水之源。但在么基大水井地区，因系石山，没有小溪，只有少量泉眼供给人畜饮水，容易发生旱灾。

土壤方面，虽然仡佬族居住分散，但各地基本上大同小异，都是山地，耕作层较薄。以么基大水井来说，那里的土质大部分是灰黑色土壤，土质肥沃，但土层较薄，五寸以下全是坚硬的黄土或石头，大都是"七分石头三分土"，给耕作带来一定困难。在三冲弄麻寨，分布在溪水两旁的田地土层较薄，大约4—6寸；只有谷地较为肥沃深厚，厚度在6—12寸，多为黄土壤，宜种水稻。但是，受地形限制，仡佬族的水田数量有限，仅占土地总面积的四分之一或更少。大量的坡地，表土较浅，下面是坚硬的黄土和石头，斜度在60—70度，因此水土保持较为困难，再加上农作物对土壤肥力的耗尽，所以，开垦的荒地种植五六年后，不再种植作物，而是到另外一个地方开垦，五六年以后，又可重新开垦原来耕种的土地。

不过，仡佬族地区动植物资源较为丰富。重要的野生植物有杉树、野八角、白杨、冬瓜树、松树、金刚树、扣皮树、羊角树、银杏、红果树、映山红、杜鹃花、月季、天麻、鸡骨草、黄精、金银花等；野生动物有野猪、黄猄、鸟类、山鼠等。

这些动植物与无生物环境一起，构成了仡佬族的独特生境。其特点是：多山，海拔高；四季较为分明；土壤普遍较为贫瘠，适宜种植水稻的田地较少；动植物资源较为丰富。

（二）以旱作农业为主的传统生计方式

由于岭南地区的仡佬族基本上居住在桂西北的崇山峻岭之中，四季分明，并且降水分布不均，因此，非常盛行刀耕火种农业，种植玉米、黄豆、旱稻、饭豆、荞麦等旱地作物；日常养殖猪、牛、马等牲畜，农闲时节偶尔进入山林打猎，采集药材、蜂蜜、猪菜等野生植物产品，后来，部分村寨也从邻近的壮族、汉族民众那里学会了种植水稻，形成了以旱作农业为核心的复合型生计方式。

1. 旱作农业

根据广西仡佬族的历史来源可知，他们是从贵州省迁移而来。由于是迁徙而来，所以只能到地势较高的山林中谋生。这从仡佬族民众自己的传说中可以得到印证，如三冲村弄麻寨之得名的传说：

> 据何维民说，他家是第一个到这里居住的人，那时候这里没有人居住，野兽很多，有一大片乌黑蔽天的原始森林，这些树木又高又大，大都是弄麻树（即棕树），后来我们就叫这个地方为弄麻寨了。①

再如三冲村鱼塘寨得名的传说：

> 相传，苗族和仡佬族都是从贵州来的，经过新州（今隆林县城）来到这里落户。当时住在贵州的仡佬族因那里地方不好，又遇年景差，无法生活了。最先有一个仡佬族逃到这里，就在这里开荒种地，来的时候，这里到处是野猪，茅草有一丈多高，树有三抱大。那时，既没有房子，又没有田地。第一年开荒种出来的的苞谷（玉米）有牛角那样大，苞谷秆又粗又高，人爬上去都不断。于是他就跑回去，把贵州的仡佬族请来，大家都用箩挑着娃娃来，经过新州到艾凤，再搬到鱼塘。来到鱼塘时，这里都是荒山野岭，茅草高过人，没有刀，又没有锄，只好放火烧草，用木头挖地，没有牛就向汉族或壮族借用。这样，你帮我，我帮你，整天劳动，开出了地和田，盖起了房子。②

从这些口述资料可以得知，仡佬族来到三冲地区之前，这里基本上是"原始森林""荒山野岭""到处是野猪，茅草有一丈多高，树有三抱大"，尚未得到开发利用，不过，这些资源禀赋却为仡佬族民众的生存提供了重要基础："荒山野岭"土地肥沃，他们通过"放火烧草""用木头挖地"，种植玉米获得了大丰收；数量众多的野猪，为他们提供了动物性食品来源。

关于刀耕火种作业这一点，还可以从仡佬族流传的各种民间歌谣中得到很好的证实。如三冲村弄麻寨流传长歌《三月火烧坡》歌头：

---

① 姚舜安等：《隆林各族自治县仡佬族社会历史调查》，载广西壮族自治区编辑组《广西彝族、仡佬族、水族社会历史调查》，第120页。
② 姚舜安等：《隆林各族自治县仡佬族社会历史调查》，载广西壮族自治区编辑组《广西彝族、仡佬族、水族社会历史调查》，第122页。

三月火烧坡，四月火烧崖；

一人住在对面坡，一人住在这边崖。

见人栽葫芦就要栽葫芦，见人种瓜就要种瓜；

见人开亲就要开亲，见人做客就要做客。①

再如三冲村广泛流传的《祭树歌》歌头：

三月好烧山，四月好烧崖；

阿仡去烧山，阿仡去烧崖。②

从这两首歌谣的开头，我们即可发现：每年农历三四月份，是当地仡佬族烧山进行耕作准备的时段。

后来，在经过一段时期的拓展后，一些山岭被开垦成田地，大部分的田地由于水土保持困难，肥力不足，在种植5—6年后，不再种植作物，而到另外一个地方开垦，过5—6年，又可开垦原来耕种的土地。③这种轮作方式，被仡佬族形象地称为"攀山吃饭"。④与山区苗族的耕作方式非常类似，是典型的刀耕火种作业，地力耗尽，便轮换到其他地段。

土地开垦完成以后，便逐年种植旱地作物，其中最重要的是玉米。一般来说，种玉米的地只犁一次，因地的坡度比较大，也不耙。较大团的泥块，用锄头打碎铺平，然后即可挖坑点播，每坑放种4—5粒，同时放入由牛粪、羊粪、草木灰组合而成的混合肥1抓。待玉米苗长至六七寸时，进行中耕培土，选择较粗壮的玉米苗，每坑留两三株。此后，直至成熟，再中耕除草一两次。由于地势、气温和阳光等条件的不同，仡佬族地区所种玉米的株距、行距都是很大的。株距一般都在4—5尺，行距在3—4尺。导致这种种植方式的原因是：当地气候较冷，每天阳光照射时间不长，如果种得过密，作物反而长不好，影响收成。同时，由

---

① 李树荣主编：《广西民间文学作品精选·隆林卷》，第331页。

② 李树荣主编：《广西民间文学作品精选·隆林卷》，第298页。

③ 姚舜安等：《隆林各族自治县仡佬族社会历史调查》，载广西壮族自治区编辑组《广西彝族、仡佬族、水族社会历史调查》，第132页。

④ 王秀珍：《清末民初隆林仡佬族社会状况》，载《仡佬族百年实录》上册，中国文史出版社2008年版，第92页。

于土地湿度不同，每年也分两次种植玉米：第一次在农历二月，种植在较湿的地，八九月收获；如果地太过干燥，要等到四月进行第二次种植，十月收获。①

除了种植玉米以外，仡佬族传统上还种植旱谷、高粱、黄豆、荞麦、小米、饭豆等旱地作物，水稻的种植在新中国成立前所占比例不大。这些旱地作物的种植，所采取的都是广种薄收的策略，如种豆，就是在犁过的地里，用锄或刮挖穴点种，然后用三个指头抓一点肥放下就算了。虽然家家户户都有大量肥料，但都认为难背，所以放一点就算了，都有着能收到多少就多少的想法。耕作做得也比较粗糙。②

2. 畜牧业

仡佬族地区崇山峻岭，地广人稀，遍地都是良好的牧草资源，有利于家畜的养殖。一般来说，仡佬族民众传统上主要养殖牛、猪、马、羊等家畜。

牛在过去是非常重要的生产资料，不仅可以用来耕作，而且还可以提供祭祀用品。在仡佬族地区，传统上除特别贫困的人家外，基本上都省吃俭用地尽量买牛饲养。其饲养方法比较简单，每天放到山上吃青草即可，到寒冬腊月时，关到牛栏里，用干稻草、热水及一些玉米粥喂养。牛一般两年三胎，也有一年一胎。小牛犊养大后，可以在圩场上市，交换其他生产生活资料。

猪是仡佬族民众动物性蛋白和食用油的重要来源。传统上，每家每户都普遍养殖一两头，最低限度也要养殖一头母猪和一头肉猪。据20世纪五六十年代调查统计，么基村大水井屯21户仡佬族，共计养殖母猪16头、肉猪22头、小猪27头、架猪6头③，平均每户养殖3.38头，比生活较富裕的苗族民众还多。猪食多是采集野菜而成，很少用粮食做，因此，猪的生长非常缓慢，要18个月才能养成一头肉猪。过春节时，约有半数户能杀猪。④

马是交通不便的仡佬族地区重要的运输工具。插秧、收谷、收玉米、搬粪上地、赶场，多以马驮运。因此，养马也比较普遍。但是，新中国成立前没钱

① 姚舜安等：《隆林各族自治县仡佬族社会历史调查》，载广西壮族自治区编辑组《广西彝族、仡佬族、水族社会历史调查》，第136页。

② 姚舜安等：《隆林各族自治县仡佬族社会历史调查》，载广西壮族自治区编辑组《广西彝族、仡佬族、水族社会历史调查》，第136页。

③ 黄昭等：《隆林各族自治县磨基乡仡佬族社会历史调查》，载广西壮族自治区编辑组《广西彝族、仡佬族、水族社会历史调查》，第203页。

④ 黄昭等：《隆林各族自治县磨基乡仡佬族社会历史调查》，载广西壮族自治区编辑组《广西彝族、仡佬族、水族社会历史调查》，第196页。

买马的农户也不少。马多是三年两胎。饲养方法和牛差不多，平时赶到山上吃草，晚上在栏里加夜料，运输期间，喂一点玉米皮和少量谷粒。

羊也是非常重要的家畜。因为山羊既可以作肉食用，又可以拿到市场出售，增加经济收入。传统上，白天放到山上去吃树叶、草，晚上赶回栏里。新中国成立前，每家饲养数量不多，约有1—3只，有的甚至连1只羊也没有饲养。不过，羊的繁殖比牛马快，两年三胎，每胎最多可达5只。由于养羊不需要什么成本，所以传统上还是比较划算的。但据调查，养羊户还是少数，21户仅有25头羊。[①]

应该说，在上述四种主要的家畜中，牛和猪对传统社会的仡佬族民众更为重要。就牛而言，它不仅可以用来犁地，而且牛心也是三冲仡佬族拜祭青冈树不可或缺的祭品。就猪而言，虽然它无法提供畜力，但却提供了人体所需的动物性蛋白和食用油，同时猪肉也是非常重要的祭祀用品。仡佬族特色食品——辣椒骨，最重要的原材料来源之一就是猪骨头。

3. 采集狩猎

对于生活在山区的仡佬族民众来说，这里漫山遍野都是森林，采集狩猎是对他们传统生计比较重要的补充。

采集方面，除了利用野生的杉树、野八角、白杨、冬瓜树、松树外，还利用农闲采集砂仁、茶辣、党参等药材。传统上依靠桐油照明，三冲弄麻寨每年收集的桐油果，可榨出三四百斤桐油。[②] 大水井屯还采集金刚树皮，1957年前后，每年向国家出售一万多斤。[③]

狩猎也是一种比较重要的食物来源补充方式，因为狩猎成功可以为仡佬族民众提供重要的动物性蛋白质。据调查，仡佬族民众主要的狩猎对象有野猪、黄猄、鸟类、山鼠等，并没有专门从事打猎的猎人，只是在不妨碍农业生产的前提下，成群结伙，利用农活较少的正月、七月、十一月、十二月打猎。对于仡佬族民众来说，打猎既是为生产服务，因为可以捕猎有碍农业生产的野兽，

① 黄昭等：《隆林各族自治县磨基乡仡佬族社会历史调查》，载广西壮族自治区编辑组《广西彝族、仡佬族、水族社会历史调查》，第203页。

② 姚舜安等：《隆林各族自治县仡佬族社会历史调查》，载广西壮族自治区编辑组《广西彝族、仡佬族、水族社会历史调查》，第141页。

③ 黄昭等：《隆林各族自治县磨基乡仡佬族社会历史调查》，载广西壮族自治区编辑组《广西彝族、仡佬族、水族社会历史调查》，第203页。

也是一种娱乐活动，可以增强人们之间的凝聚力。在打猎过程中，若谁击中野兽，分肉时，击中者除比他人多获得一份兽肉外，还多获得猎获物的一个头。其余按参加人数及猎狗只数均分。①

（三）由生境所决定的传统生计方式的特点

1. 山地特色浓厚

仡佬族所居住的地方，大都处于云贵高原边缘海拔 1300 米至 1500 米的崇山峻岭之中，这些地方海拔高、地势陡峭、气候寒冷，所以使得居住于此的仡佬族民众的生计也带有非常浓厚的山地特色。

由于地处山区，田地坡度大，给农业生产带来困难，比如坡度太大的土地，无法进行耙地，只好用锄头将土打碎弄平，所以影响了工作效率。再加上土地坡度大，一下雨就很容易造成严重的水土流失。如果在石山地区，过度的耕作和放牧，甚至可能导致石漠化的加剧。

更为不利的是，由于山地海拔高，这些地方的气候还较为寒冷，给农业生产带来不利影响。因此，仡佬族地区传统上一年仅种植一季旱地作物，且产量不是很高。

2. 以旱作农业为主的复合型生计方式

传统上，仡佬族生计方式是多种多样的，既有农业，也有畜牧业，还有少量的采集狩猎。即使在农业内部，也有采用精耕的稻作农业，也有刀耕火种农业，当然，最为常见的是山地旱作农业。囿于地形地貌的影响，山地旱作农业也往往无法实现灌溉，且施肥较少，但已使用牛耕和犁铧，算得上是园艺农业到精耕农业的一种过渡。

即使是山地旱作农业，仡佬族所种植的品种也是多种多样的，谷物有玉米、旱谷、荞麦、高粱、小米、小麦等，豆类有黄豆、饭豆、羊角豆、豌豆、米豆等，还种植南瓜等作物，可谓是种类多样。

为什么仡佬族会采用这种复杂的复合型生计方式呢？这与当地的生态环境和族群惯习是分不开的。仡佬族小聚居的仡佬冲等地都是高山地区，难以开辟稳产高产的稻田，因此生产上以种植旱地作物为主。而旱地作物又常常受灾，很可能导致颗粒无收，因此，采用复合型生计方式，可以最大限度地保证食物

---

① 姚舜安等：《隆林各族自治县仡佬族社会历史调查》，载广西壮族自治区编辑组《广西彝族、仡佬族、水族社会历史调查》，第 141—142 页。

资源的稳定性，即使某一种食物获取方式出现了问题，还可以从其他途径获得补充和救济，不至于影响整个族群的延续。之所以以旱作农业为主，也与仡佬族传统上的生计方式是有关的。没有从贵州迁到广西隆林之前，仡佬族同样实行的是以旱作农业为主的生计方式，因此，在迁居隆林以后，受金钟山等山脉的地形地貌的限制，只好采用同样类型的生计方式。

3. 受水的制约，易受旱灾的影响

仡佬族居住的地区，地势较高，没有较大的河流，因此，春旱非常普遍。在十二月至三月，降水很少，石山区普遍春旱，甚至连人畜饮水都难以得到保证，如大水井屯的人畜饮水过去常常要到二三十里以外的常么或龙洞去挑①。

受水的制约，农业生产常常会面临旱灾的威胁。天气只要稍微一旱，脆弱性的一面很快就凸现出来。如大水井屯在1915—1916年间曾经发生了一次大旱，玉米失收70%—80%，水稻完全失收，因而发生了大饥荒，能吃的草根树皮都吃完了。为了活命，连耕牛也杀来充饥，同样不能解除饥饿的威胁，造成了大量人口死亡。②

由于谋生比较困难，旱灾比较严重，三冲的仡佬族就继续迁徙到外地去。

二　仡佬族传统生态知识的构成

（一）技术性传统生态知识

1. 对无生物环境的认知与利用

传统上，仡佬族人民在长期与所在区域环境互动的过程中，对当地的气候、土壤、水等无生物环境形成了自身的认知，并将这些知识运用到生产生活当中去。

（1）对当地气候的认知

对于生活在高寒山区的事实，仡佬族民众一直对当地气候有着较为清晰的认知，他们总结了当地气候的基本特征："热不过八月，冷不过腊月。"③也就是说，在隆林仡佬族居住的地方，最热的时候是农历八月，最高温度可以达到

---

① 姚舜安等：《隆林各族自治县仡佬族社会历史调查》，载广西壮族自治区编辑组《广西彝族、仡佬族、水族社会历史调查》，第119页。

② 姚舜安等：《隆林各族自治县仡佬族社会历史调查》，载广西壮族自治区编辑组《广西彝族、仡佬族、水族社会历史调查》，第138页。

③ 隆林各族自治县县志编纂委员会编：《隆林各族自治县民族志》，广西人民出版社1989年版，第215页。

30 多度；而最冷的时候是农历腊月，最低温度可以低至零下 4 度。同时，他们也注意当地积温不够的问题。

面对这种四季较为分明的气候特征，仡佬族民众往往根据自己的经验和物候来安排农业生产。如当地谚语云："燕子梁上叫，下种时节到。"① 也就是说，春天燕子归来的时候，也就是要播种的季节了。当然，具体还要看土地的分布和降水情况，如果土壤太过干燥，则要农历五月才播种，十月份才收获。

由于认识到当地气候较冷，每天农作物所受阳光照射时间不长，所以他们的农作物种植一般较为稀疏，株距一般都在 1.33—1.67 米，行距在 1—1.33 米。他们认为，如果种密了，作物反而长不好，影响收成。②

由于当地降水不均，常常出现春旱现象，影响农业生产，以致在整个群体中形成了独具特色的禁忌文化："年初一、初二这两天，不得点火出门，恐怕当年天旱；亦忌晒衣物，怕当年刮大风，违者要被众人责骂。"③ 之所以产生这种禁忌，是与当地生态环境密切相关的：由于经常发生干旱，而火像太阳一样散发着热量，因此成为禁忌；当地主要种植玉米，生长季节最怕刮大风，很容易折断，导致减产，因此成为禁忌。这些禁忌的存在，表明仡佬族民众对气候的认识是有一定限度的。

（2）对土地的认知

仡佬族所居住的地方有石山和土山之分，因此，居住在不同类型山区的人们对土地资源有着不同的认知。

三冲一带仡佬族所在的地方是土山区，森林茂密，杂草丛生，野生动物较多。他们初时选择溪水两旁的土地进行开垦，其土层较薄；而为谷地开垦的土地，多为黄土壤，土层深厚，较为肥沃，可种植水稻。至于从事旱作的土地，则在种植五六年以后就丢荒了，过五六年后，待地力恢复，再重新开垦种植。

大水井仡佬族认识到自己所在的石山区表层土壤极浅，只有 13—17 厘米深，再加上保水能力差，土地容易干燥，所以不种植旱谷。④ 但是，石山区土

---

① 隆林各族自治县县志编纂委员会编：《隆林各族自治县民族志》，第 216 页。
② 姚舜安等：《隆林各族自治县仡佬族社会历史调查》，载广西壮族自治区编辑组《广西彝族、仡佬族、水族社会历史调查》，第 136 页。
③ 黄昭等：《隆林各族自治县磨基乡仡佬族社会历史调查》，载广西壮族自治区编辑组《广西彝族、仡佬族、水族社会历史调查》，第 200 页。
④ 姚舜安等：《隆林各族自治县仡佬族社会历史调查》，载广西壮族自治区编辑组《广西彝族、仡佬族、水族社会历史调查》，第 136 页。

壤所含矿物质成分多，有利于农作物生长，所以在开垦后可以年年种植，不用轮作休耕。

由于土地大都坡度很大，且多种植玉米，因此，为了获得更好的收成。在玉米种植以后，会进行两次培土，往植株的根部扒拢土壤。一则为了给玉米生长提供更多的土壤，二则可以稍微减少水土流失程度。

改革开放以后，仡佬族民众认识到在坡地上耕作容易造成水土流失，所以他们开始大搞砌墙保土工作，即世人所称的"海绵地"，可以有效保持水土，耕地产量更加稳定和高产。如德峨镇大水井寨砌墙保土就达120多亩；克长乡新合、新华两村的仡佬族砌墙保土更是多达400亩，坡改地150亩。[1]

（3）对水的认知

对于居住在岭南地区的仡佬族来说，水是最为重要的制约性因素，因此，他们对水既有一些技术性认识，也有不少神圣化的成分。这些一起构成了他们独具特色的水文化。

仡佬族的民众能够根据一些动物的习性来找到水源。比如有关大水井的来历，就有这样一个民间传说：

　　现在称呼的"大水井"，在清朝道光十年以前，叫作"干坝子"（因整个寨子无水，饮水须到外寨去挑，故名）。道光十一年间该寨的一个群众养有两只鸭子，天天早上都到一个地方去，晚上回来时鸭毛还湿，因而引起人们猜疑：这个寨某处一定有水了。有一天，有两个小女孩偷偷地跟着鸭子去，终于发现一个有细水流出的小洞口，鸭子在小洞口旁洗澡。这两位女孩欢喜极了，于是跑回家告诉了老人。不久，就有几个人去那儿挖掘，经过加工，找出了一个很大的水井，后来人们便把"干坝子"改叫"大水井"了。现在那里还有一口大水井，长约三丈五尺，宽约1.5丈，深2丈，长年有水，遇上旱年，3—8月间则无水。[2]

从上述传说中，我们可以清晰地发现：水在仡佬族地区占据着非常重要的

---

[1]　陈朝贵主编：《隆林仡佬族》，广西人民出版社2013年版，第42页。
[2]　姚舜安等：《隆林各族自治县仡佬族社会历史调查》，载广西壮族自治区编辑组《广西彝族、仡佬族、水族社会历史调查》，第120页。

地位，当地的民众能够根据动物的习性找到水源，并且将其很好地利用起来。

与石山区相比，土山区的水资源相对较为丰富。据 20 世纪 60 年代的社会历史调查：

> 在崎岖的峰峦中，虽无较大的河流，但有很多山溪流水，沿着山峦的起伏而弯曲着，灌溉着成千上万的小梯田，像条玉带那样围绕着山脉，把绿洲般的山峰点缀得更加秀丽。溪水到处都有，土壤肥沃，山坡上的片片水田，宛如天梯。就我们在三冲仡佬族居住地区所见，在山腰上就有不少泉水沟和小溪，长年清水涓涓不息，是村寨人民饮水之源。①

从上述记载来看，三冲等土山区的仡佬族水资源较为丰富，当地仡佬族民众经过开垦，将可开垦的土坡开垦成梯地，引用山溪流水，逐渐改造成了稳产高产的梯田。更为重要的是，源源不断的流水，保障了该区域的仡佬族民众的生活用水。

2. 对植物的认知与利用

仡佬族地区是山区，也是动植物丰富的地区，除了种植农作物以外，仡佬族民众还广泛利用周围山林中的一切可利用的植物资源。

一是树木：传统上，仡佬族的房屋都是土草房结构，多呈三角形，房檐很低，有的甚至触地，也有只用杂木架起的"权权房"；房子的墙，有用土围墙的，也有用竹篾编织的；家中炒菜用的锅铲、舀饭用的饭勺、吃饭用的匙羹，都是木头制作的。② 在生产中，光绪初还使用木犁，末年才换用铁犁，但仍离不开木支架；耙也全部用木头制成，下端装有木耙齿七条；其他的工具，也都需要木头来搭配。③ 由此足见，各类树木在仡佬族人们生产生活中占据着重要地位。更为令人惊异的是，仡佬族民众还将拜树与拜祭祖先联系起来。

二是野草野菜：如上所述，仡佬族的传统房屋都是土草房结构，房顶上常

---

① 姚舜安等：《隆林各族自治县仡佬族社会历史调查》，载广西壮族自治区编辑组《广西彝族、仡佬族、水族社会历史调查》，第 119 页。

② 姚舜安等：《隆林各族自治县仡佬族社会历史调查》，载广西壮族自治区编辑组《广西彝族、仡佬族、水族社会历史调查》，第 174 页。

③ 姚舜安等：《隆林各族自治县仡佬族社会历史调查》，载广西壮族自治区编辑组《广西彝族、仡佬族、水族社会历史调查》，第 133 页。

用茅草覆盖，因此，过去仡佬族民众对其周围的茅草进行了较为充分的利用。同时，在养猪的过程中，也到山上去割猪菜，所以对于哪些野生植物能够食用有较为清晰的认识。也正因为如此，他们才能在严重饥荒时靠野菜救济。

三是药材资源：仡佬族民间常用一两味本地草药治疗小病小伤，这些草药都取之于周围的山林。如矮陀陀、叶上花、果上叶治痨伤，婕妈菜、摧菜皮、山洋芋治小儿天花，千藤香治肚痛，水泡子治蛇咬伤，椿树皮治麻疹、骨折，大胡椒、木樟子治腹胀、腹痛、消化不良，八瓣花治毒疮，青蒿治腹泻，七叶一枝花治刀伤等。[①]

此外，部分仡佬族民众还善于制作竹编、藤编、棕编。竹编制品尤其多，用途也广，如背篼、撮箕、晒席、斗笠、竹篮、篾箱、竹席、卧席等，多是自编自用，也有的上市销售；打铁寨的俅仡佬还会用棕片编织"马汗替"，这是隆林山区各地的热门货，因为养马的农户必须购买。

3. 对动物的认知与利用

对仡佬族民众来说，除了养殖的家畜、家禽，他们还对村寨周边山林中的各种动物有较为清晰的认识。

对于周围山林中生存的野猪、黄猄、鸟类、山鼠等，他们认为可以食用。因此，他们有时会在庄稼地旁边布置铁猫，用来装野猪。另外，为了捕猎，他们还养殖猎狗，与人们一起打猎。如果打得了猎物，猎狗也同人一样可分得一份。还有一类动物，被他们视为害虫，如蝗虫、黑条虫、嫩叶虫等。

然而，由于水实在是太重要了，所以他们有一种将水神圣化的趋势，如在讲述三冲地区鱼塘寨的来历时说道："仡佬族前辈跟苗族前辈在一起，挖了一个塘，后来不知从天上还是从地上冒出鱼来了。这些鱼是神鱼，不能吃，味道是苦的，吃了要生病的。但可以养鸭养鹅。塘的水也永远不会干的，仡佬族就把这个大塘叫'鱼塘'。"[②] 在这一则传说中，我们可以看到：鱼塘仡佬族人千辛万苦挖出了一个池塘，结果池塘中冒出了鱼。对于这种莫名出现的动物，仡佬族人将其神化，认为他们是"神鱼"，所以"不能吃，味道是苦的"，而且"吃了要生病的"。

① 陈朝贵主编：《隆林仡佬族》，第 79 页。
② 姚舜安等：《隆林各族自治县仡佬族社会历史调查》，载广西壮族自治区编辑组《广西彝族、仡佬族、水族社会历史调查》，第 122 页。

总的来讲，对于仡佬族民众来说，最重要的动物是家畜家禽，这是他们获取动物性蛋白质和脂肪的主要来源；能够食用的野猪、黄猄、鸟类、山鼠等，只是偶尔有所猎获，贴补一下而已。

（二）制度性传统生态知识

1. 寨老制

中华民国以前，仡佬族村寨的富有人家一般都是寨主、寨老。寨老是土生土长的本地老人，熟悉本民族及本寨的历史与现状，其文化知识水平和办事能力都居于全寨其他人之上，办事公道，其言行举止为群众所信服，德高望重，这样的人不用任何会议公众仪式选举，人们都自动地去求他办事，久而久之他就成了全寨拥戴的"寨老"。① 寨老权力很大，他主宰着全寨，从婚姻到生活，从政治到经济，严格地按乡约和习惯法行事，处理寨内一切事务，都由寨老一手包揽。由于寨老大多是所在宗族的族老，所以他也会负责村寨之间、不同宗族之间的交往。②

有的著述又称之为"族老制"，认为与壮族地区有较大区别，特别在权利方面，仡佬族的族老有免交杂税的特权，有包揽本寨与外族之间的民族问题的"外交"权，还有实施本族"习惯法"的全权。③

由于仡佬族的寨老（或称族老）拥有非常广泛的权力，因此，他们也召集制定了一些保护山林、维护正常生产秩序的乡约，对小范围内生态环境保护曾经起到过积极作用。

2. 乡约制度

在隆林仡佬族民间社会，对山林的护持有着许多不成文的规范。村民们在采摘蘑菇、竹笋和野果时，不允许从同样的路线行动，只能在生长旺盛的季节才能采摘。砍伐乔木做建材也不是个人的私事，需要得到村社的认可才能砍伐。为了保护山林和维持正常农林生产秩序，仡佬族历史上制定过相关的乡约制度。

据 20 世纪 60 年代的社会历史调查，仡佬族地区曾流行过的乡约主要有以下三款：

---

① 王秀珍：《清末民初隆林仡佬族社会状况》，载《仡佬族百年实录》上册，第 92—93 页。

② 姚舜安等：《隆林各族自治县仡佬族社会历史调查》，载广西壮族自治区编辑组《广西彝族、仡佬族、水族社会历史调查》，第 153 页。

③ 隆林各族自治县县志编纂委员会编：《隆林各族自治县民族志》，第 41 页。

（1）砍树开荒地：三冲有些地方可以随便开荒，但是有的地方却不行。如磨基的荒山、树木都是私人所有，不经主人许可，不得随便开荒、砍树；擅自开荒者，主人可以将全部收获物没收；私砍树木者，被发现则夺去柴刀，有的还要照价赔钱。若经过主人同意以后，方可砍伐树木；若准许开荒，三年后必须按照三分之一或"二八"交租。

（2）牲畜损害庄稼：三冲地区，牲畜损害玉米和稻谷在 20 斤以上者，则要到寨老（村长）那里评理赔偿，在 20 斤以下者不必赔偿，但要受责备。磨基地区，牲畜损害 30 坑以上者便要赔偿，若不赔偿，就要在被害的庄稼加肥，若这些庄稼能照常生长就了事，若不能照常生长就要赔偿。两地区都规定，若同一户的牛马再次地损害庄稼，畜户不听警告，打死牲畜无事。

（3）偷盗案：三冲地区，凡是偷牛马、玉米、稻谷或其他，鸡、猪以及家内东西，都要到寨老（村长）处评理。退回原物，或照价赔偿，并要杀鸡请酒，表示惩罚。若一再重犯，可将偷盗者打死无事，或杀头惩罚，后来改为惩罚双倍。磨基地区，凡是偷牛马者一般要罚款 60—80 元（光洋），捉到偷盗者除罚重款外，还要照价赔偿。重犯者杀头或交由政府监禁（后来改为罚双倍罚金）；凡偷玉米、稻谷 30—40 斤者罚款 8—10 元，以下者罚款 3—4 元，几百斤开枪打死无事。若生擒，一般罚四五十元，否则予以杀头。偷其他作物也要赔 2.4—3.6 元，重犯者开枪打死无事；偷猪、鸡、鸭之类者，罚金双倍。偷家内衣物，则请乡老、村老（寨老）依情处分，并请他们酒饭一餐。罚得之款，多用于宴请乡老、寨老。

上述违反者，都要请乡老、寨老（村长）酒饮一餐。①

从上述三款乡约条款可以看出，仡佬族民间对于砍树开荒、牲畜损毁庄稼、偷盗等都有着比较规范的处理方法。其中，有关开荒的条款无疑对山林保护具有一定的积极意义；有关牲畜损毁庄稼的条款，对于维护农作物生长、保证粮食安全具有非常重要的价值；对盗窃案的处理，有助于维护正常经济社会秩序。

---

① 姚舜安等：《隆林各族自治县仡佬族社会历史调查》，载广西壮族自治区编辑组《广西彝族、仡佬族、水族社会历史调查》，第 159 页。

另据调查，新中国成立前，德峨镇磨基村曾经有一名仡佬族年轻人砍了一株树，结果被罚种十株，外加拿出一头 100 斤重的猪宰了喊整个寨子人去吃，表示悔过才罢休。①

3. 护林公约

20 世纪 50 年代，磨基地方的仡佬族和苗族还制定了专门性的护林防火公约，有利于森林资源的保护。其具体条款如下：

（1）在山坡不准一个人烧火，如发现烧火，就根据治安条例处理；

（2）发现火烧山就停止一切工作去救火；

（3）家里每家都留有水，如发生火灾就抬水去救火；

（4）烧红拜地和烧房草要经过区里批准才烧，如批准后做好准备工作，开好火道；

（5）小孩放牛不准拿洋火（火柴）；

（6）各队长坚决保证各队不得发生火灾；

（7）看见谁放火烧山，不管任何人，都要处理他；

（8）抓着纵火烧山的人，如果严重的话，符合劳改的就劳改，符合罚苦工就罚苦工，符合批评的就批评；

（9）保护山林人人有责，人人都有好处；

（10）本公约每一个公民都要实行。②

虽然上述公约制定于 20 世纪 50 年代，但其中所贯彻的是一以贯之的保护山林的思想。另据调查，除了文字性的公约，还流传有口约，规定若有人砍伐破坏树林，则罚做苦工两天。

（三）表达性传统生态知识

1. 自然观

对世代生活在大山中的仡佬族人民来说，莽莽群山、郁郁丛林就是他们的自然，它们赐予了仡佬族人生活的全部，因此，仡佬族民众对群山、丛林有着

---

① 熊晓庆、敖德金：《山旮旯里的敬树风尚——广西民间森林崇拜探秘之仡佬族》，《广西林业》2013 年第 11 期，第 27 页。

② 黄昭等：《隆林各族自治县磨基乡仡佬族社会历史调查》，载广西壮族自治区编辑组《广西彝族、仡佬族、水族社会历史调查》，第 203—204 页。

天生的敬畏之情，并懂得对其知恩图报、适度索取、爱护有加，所追求的是人与自然的和谐共生。

仡佬族人认为，粮食作物生长的好坏，气候是很重要的因素，而主宰天气的是山和林；而深山老林也是毒蛇猛兽栖身出没的地方。要使粮食能免除风灾、旱灾、水灾、虫灾的袭击，获得好收成；要使人和牲畜不受或少受虫蛇的危害，就必须取悦山和树，因为它们是山神、树神的象征。仡佬族人往往挑选村寨左近山上最大最古、长得最繁茂的树作为神的标志。他们按时祭拜山神、树神，将糯米粑、鸡、羊、猪、酒等人们视为最好的食物毕恭毕敬地奉献出去，以获得粮食丰收、六畜兴旺、全寨男女老幼健康平安①。

这种敬畏山林、爱护自然的自觉意识，是仡佬族自然观的核心。它很清晰地体现在仡佬族人的自然崇拜和节日祭祀中，通过祭拜仪式，沟通了人神，实现了人与自然的协作。

2. 自然崇拜

在岭南仡佬族地区，自然崇拜最为盛行，是民间信仰的重要组成部分。从崇拜对象来说，当地最为重要的是植物崇拜、无生物崇拜、动物崇拜三大类，而天体崇拜不明显，仅流传《太阳为什么这样刺眼》之类的民间传说。

（1）植物崇拜

在植物崇拜中，隆林仡佬族最为崇拜的是树，甚至还衍生出独具民族特色的"拜树节"。

为什么隆林的仡佬族那么崇拜树呢？这与他们的迁徙史有着密切关系。

相传在古代，居住在贵州安顺等地的仡佬人民，曾经向广西的隆林迁徙。由仡佬族的"大房"（辈分最高者，下同）带着祖公祖婆的灵位先走。"大房"边走边观察，后来他来到了现在的隆林县德峨乡大水井下冲屯，于是，他决定在这里定居。居住在下冲的人们，热情地接待了仡佬族的开发者。没有房子，就腾出自己的半间让仡佬客人住。这使"大房"十分感激。然而，祖宗神位却没有地方放置。走出寨子，看到了两个高大挺拔的青冈树。然后找来刀斧，在这两棵青冈上各凿了一个洞，分别把祖公婆的灵位安置在树洞里。从此，代代相传，隆林境内的仡佬族人民就拜青冈树为自己的

---

① 翁家烈：《仡佬族（第2版）》，民族出版社2005年版，第103页。

祖宗树。①

另据 20 世纪 60 年代的社会历史调查和蓝克宽先生 20 世纪 80 年代的调查，德峨三冲的仡佬族在每年农历正月十四举行更为隆重的拜树仪式，称之为"拜树节"。其仪式过程如下：

> 节日的早上，各家各户忙着准备"拜树"的"礼品"——上好的纯米酒约三四斤，像拇指般大小的肥猪肉四五十块，新鲜糯米饭四五斤，像半个巴掌大的红纸四五十张，散装鞭炮若干。临近中午，家里人不论大小，两人一组，带上"礼品"，找上锄头和柴刀各一把，分别由近到远举行"拜树"仪式。对不同的树木，有不同的拜法。如果是果树，拜时，先燃放四只鞭炮，表示向树"拜新年来了"。随着，一人持刀要先后将树身砍三刀。砍前，一人问："果子大不大？"另一人答："大！"砍过第一刀，接着问："果子甜不甜？"答"甜！"又砍第二刀，然后问："果子落不落？"答："不落！"最后砍第三刀，使其成"嘴巴"状。迅即将像一个鸡蛋大的糯米饭往"嘴巴"里喂，又喂肉一块，再喷酒一口。这就意味着果树酒足饭饱了。随着贴红纸一张，表示"春天来了，万木争荣"。最后，用锄头刮掉树根周围的野草，培土，仪式才算结束。

> 若不是果树而是其他树木，"拜"时，只有问话、答话的不同——砍第一刀前，问："长不长？"答："长。"要砍第二刀，先问："倒不倒？"答："不倒"。除此之外，其他做法都相同。

> 拜完房前屋后的果树和树木后，就去远处的山上拜。拜时，并不逐棵拜，而是选择一棵高大的树木做代表拜。如有些家人力少，拜有困难时，人力多的家就主动地帮拜，直到大家都给树木送完"礼品"才结束，期望树木根深叶茂，漫山遍野。

> "拜树"节后不几天，全寨就自发地开展植树造林活动。②

其实，除了崇拜树木以外，隆林仡佬族还崇拜金竹，传说仙鹤还曾经将片

---

① 杭维光：《拜树节》，载《仡佬族百年实录》下册，第 896—898 页。
② 蓝克宽：《广西仡佬族节日文化价值钩沉》，《广西大学学报》（哲学社会科学版）1998 年第 1 期，第 72—73 页。

片竹叶撒向河边，化为金竹排将两岸连接起来，保证了仡佬族迁徙队伍顺利过河。因此，在每年"尝新节"时，仡佬人都会在寨门前用金竹扎起一座桥，迎接远方的亲朋好友。①

此外，隆林仡佬族对葫芦、花等植物也有一定的崇拜情结。限于篇幅，这里不再展开。

（2）无生物崇拜

在无生物崇拜中，隆林仡佬族对山神、太阳、月亮、雷公、水神等都有所崇拜，其中以对山神的崇拜最为典型。隆林仡佬族民众中至今还流传着祖先的这样一句话："吃哪山的水，变哪山的鬼，以祭山为大。"② 因此，仡佬族民众每年必定祭山，祈求山神保佑家畜不受豺狼虎豹侵扰。

不同支系的隆林仡佬族对山神的信仰程度是有差异的，侎仡佬的六月六杀牛祭山神最为隆重。对于其来历，韦绍林老人这样讲述：

> 相传隆林长发乡斗轰村有口地下水，那里有个侎人老道公，他很神，能教水起也能叫水落。有一年，天气特别干旱，田干得裂了，人也渴得快死了。老道公心里很急，整天到水口上敲锣打鼓喊水涨，无论怎么喊，总是不见水涨。有一天，老道公说："山神发火了，不让出水的，要捐钱买一头牛杀来祭山神，水才肯涨。"人们听了道公的话，买牛杀来祭山神。之后，老道公又能叫得水起水落了。杀牛祭山神那天正好是六月六，所以从此以后，每年六月六侎仡佬都要杀牛祭山神。③

可见，侎仡佬最终需要的是水，而水又属于山神的管辖范围，所以只有足够崇拜山神，杀牛祭祀，才能换来充足的水资源。非常难得的是，围绕这一祭祀，侎仡佬形成了专门祭祀山神的节日——六月六。而杀牛祭祀，也自有一套仪式规程，规范着当地民众的山神崇拜。

（3）动物崇拜

在仡佬族民间故事中，水牛、老虎、黄猄、狗、老鼠等都是重要的主角，

---

① 陈朝贵主编：《隆林仡佬族》，第104页。
② 陈朝贵主编：《隆林仡佬族》，第202页。
③ 陈朝贵主编：《隆林仡佬族》，第105页。

但唯独狗最得隆林仡佬族民众的恭敬。追根溯源，乃是因为仡佬族民众认为狗给他们带来了谷种，使他们得以发展水稻生产。

对此，仡佬族郭正德老人曾讲述其缘由：

传说在古代，有个神仙视察人间，发现仡佬人开荒种玉米，生活很穷苦，就想办法帮助他们解决困难。不久，这个神仙找到许多水稻种子，要将这些谷种送给仡佬人，支持他们发展生产，解决困难。于是，神仙就叫他的狗给仡佬人送种子。狗只有四只脚，没有手，怎么拿种子呢？神仙想了个办法，把种子装在布袋里，再将布袋捆在狗尾巴上，就这样派它把种子从天上带到人间。

到了人间，要找到仡佬人住的仡佬冲，就得爬过九百九十九座高山，游过九百九十九条大河。狗一点也不怕苦怕难，它带着谷种，上坡下坎，时跑时跳，累得吐舌滴水，终于爬过了最后一座高山，来到了最后一条河边。狗顾不得休息，一纵身跳到河里，没等它游得一半，突然间乌云满天，随着一阵轰隆隆的电闪雷鸣，狂风大作，暴雨倾盆而下。这时，整个河面天昏地暗，巨浪滔天，几个浪头就把狗尾巴上的种子袋冲破，把种子冲光。狗只好回到天上，向神仙报告失败的情况。神仙说："为了使仡佬人兴旺起来，不把种子送到不行。"于是叫狗再送第二次种子。这一回，狗认真总结上次送种的教训，想出了带谷种的新办法。除了尾巴仍捆上谷种袋外，还在种子堆上打滚，使全身的毛都粘上了种子，这才出发去找仡佬人。

狗在过河的时候，又遭到狂风暴雨的袭击，尾巴上的种子袋，又一次被风浪冲破，种子丢光。它只好拖着湿淋淋的身子，走到了仡佬冲。在人的面前，它用力一抖，许多粘在狗毛里的谷种被抖了出来，仡佬人就靠这些谷种发展水稻生产。所以，每年春节，仡佬人总是做糍粑给狗吃。[①]

由于仡佬族民众认为狗为丰富他们的粮食品种做出的贡献，所以过春节时，舂好糍粑以后，必然恭恭敬敬地喂狗，正所谓"牛吃牛辛苦，狗吃狗带来"。

3. 生态表达

世代居住于山林之中的仡佬族民众，对人与周围的环境和动植物之间的关

---

① 陈朝贵主编：《隆林仡佬族》，第116—117页。

系有着较为深刻的认知，并且将一些思想观念用文学艺术的手法表达出来，诞生了很多妙趣横生的民间传说和故事。这里，仅选择两则进行说明：

（1）《花的生日》

很久很久以前，在仡佬人住的山冲里，不生树，没花开，没果结，没鸟叫。五六月间，光秃秃的山包被太阳晒得冒烟，地里的庄稼多半枯黄焦萎，一年的活路换不得半年的粮。寒冬腊月里，山沟堆满了积雪，四道八处找不到一根柴火，人们冷得打哆嗦。仡佬人每到别的地方去赶场，看见人家山上长着又高又密的树林，一辈子不愁没柴烧，真是十有八个不愿回自己冲里。仡佬人到人家冲里去吃酒，看见人家冲里开着五颜六色的花，真是十有八个不想再回家来。

那时候，仡佬冲里有一个后生，名叫路扎。他人本分，心肠好，又勤快。他也喜欢花果树木，希望仡佬冲成为一个花的世界。但他所想的和别人想的不一样，他常跟别人摆明说："外面有花树，那是人家的行下；祖宗给我们留下的是光山包，我们要能让它长出花果树木，这才是我们的本事，才是我们的行下。"

路扎自个到远远的地方挖来了树苗花秧，在仡佬冲栽了起来。好心的人们也跟着他做了。可是，天不从人愿，路扎他们栽下的树苗花秧，很快就让太阳给晒死了。路扎伤心地一棵一棵地察看，只见有一株小小的映山红花秧还没有被太阳晒死，他高兴得要跳起来。从此，他早上给花秧培土，晚上给花秧浇水，隔几天还给花秧上一次粪。冬天来了，小小的花秧让雪给埋了起来，路扎就用锄头把雪扒开，还把省下来的柴给花秧烧火解冻。有一天，鹅毛大雪下个不停，路扎惦记着花秧，急匆匆往山野跑去。小小的花秧已被雪埋得只剩下顶梢一片叶芽了，他抡起锄头拼命把雪扒开，汗水滴到花秧，突然一阵风吹来，花秧却不见了。路扎四处张望，都不见花秧的影子。他死命跟着风的去向追寻，跑着喊着，终于跌倒在雪坑里。等他从雪坑爬起来，风停了，雪也不下了，在原来栽花秧的地方站着一位全身穿红的美丽的姑娘，笑着对路扎说："好心的路扎哥哥！请接受我的谢意吧！我叫花姑，是你把我从雪堆里救出来，多亏你不辞辛劳，不避寒暑地照顾我，你的汗水不会白流的。你看，这冬天就要过去了，春天就要来了，你等着一阵风，我就来看望你。"说罢，一晃身，不见了。在原来的地方，仍旧是那棵映山红。

春天来了，仡佬冲上开天辟地从来没有的事出现了：满山满岭盛开着红艳艳的映山红，还有黄的山菊，紫的牵牛，白的蔷薇……数都数不清，看都看不完。光山包上，深沟里，又高又密的松杉长起来了，核桃板栗长起来了，梨子李子也都长起来了。仡佬冲到处是花山林海，鸟在叫，人在笑。从此，仡佬冲风调雨顺，年年丰收，再也不愁柴，不愁米，人们安居乐业。

为了感谢花姑，仡佬人年年三月三都要做各色各样的糯米饭，送上山去，请花姑尝尝，并把这一天当作花的生日。①

这个故事是从隆林各族自治县岩茶乡者艾村弯桃屯采集的，反映了仡佬冲从"光秃秃的山包"到"花山林海"的变化过程。在这个故事中，路扎经过辛勤的劳动，费尽资源，才成功种活了映山红花秧，最终出现了"开天辟地从来没有的事"，说明了人的主观能动性能够改造恶劣的生存环境。而且，其中将"三月三"作为花的节日，并祭以"各色各样的糯米饭"，也在一定程度上反映了仡佬冲民众的花崇拜习俗。

（2）《鱼为什么没有舌头》

古时候，人类还不懂得用哪种动物来帮助犁地。

有一次，人用狗来犁地，羊和牛凑在地角看热闹。由于狗力气太小，犁不动，"汪汪"直叫。羊在旁边"咩咩"笑个不停。人很恼火，放开狗，抓羊来犁地。羊力气也不大，才走得两三步，脚就打战，走不动了。牛在旁边"莫莫"笑个不停。人很恼火，放开羊，想抓牛来犁地，牛迅速跑掉了。

牛跑得汗流浃背，口渴了，就到江边喝水。牛边喝水边对河里的鱼说："人真笨，如用绳子穿我的鼻孔，犁地才快呢！"说完，就上山吃草去了。

不几天，人到河边洗脚，鱼就将牛说的话讲出来。人很高兴，想办法

---

① 李树荣主编：《隆林民间故事集》，隆林各族自治县县文化局、民委 1987 年编印，第 368—369 页。

抓住了牛，穿上鼻孔来犁地，真的，犁得又快又好。结果牛累极了，非常
怨恨鱼多嘴，二话没说就到河边喝水，趁机就把鱼的舌头咬断了。所以，
现在的鱼就没有舌头。①

这个妙趣横生的故事讲述了人类探索犁耕的过程，是对刀耕火种到精耕农
业过渡过程的形象化记录。在这个故事中，仡佬族先民首先想到用狗来犁地，
这说明狗与人类的关系较为密切，也从侧面证实了仡佬族的神狗崇拜。从用狗
犁地，到用羊犁地，最后确定用牛犁地，显示出仡佬族精耕农业发展有一个循
序渐进的过程。最有意思的是，在这个故事中，出现了一个特别的形象——河
里的鱼，鱼虽然也是动物，但却出卖了牛，最后也导致自己的舌头被牛咬断，
所以，仡佬族人对鱼也非常感激。三冲鱼塘寨鱼塘中出现的鱼，被称为"神
鱼"，也是对这一故事的一个旁证。更深一层看，人类与狗、羊、牛、鱼之间
的关系，在这一故事中更多是一种和谐共处的关系。

从上述两则故事，我们可以看出：仡佬族民众善于运用文艺的手法去表达
人与植物、动物之间的关系，认为动植物与人类之间是一种和谐共生的关系，
显示出独具特色的民族生态伦理观。

三　仡佬族传统生态知识与生态文明建设的多维互动

（一）生态文明建设现状

仡佬族主要居住在隆林德峨镇磨基村大水井屯、下冲屯（合称"仡佬
冲"），三冲村弄麻屯、保田屯、大田屯、鱼塘屯，常么村常么屯、新寨屯、海子屯、
更巴屯，新街村者帮屯，龙英村那用屯；岩茶乡者艾村湾桃屯（又称"仡佬
湾"）、平林屯；克长乡新合村斗烘屯（崀子、大寨、小寨）、打铁寨，新华村卡
保屯、罗湾屯，海长村海长屯，猴场村猴场屯；蛇场乡乐香村卡吾屯、瑶上屯；
者浪乡播立村浪荣屯、滚马屯；西林县普合苗族乡文雅村亨沙屯。

隆林仡佬族的居住以行政村或自然村为基本单位，因此，对生态文明建设
现状的考察主要以行政村或自然村为调研对象，适当兼顾所在乡镇的基本情
况，力争全面反映仡佬族所在地区生态文明建设的基本面貌，而不至于以偏概

---

① 本故事由广西民族研究中心蓝克宽副研究员记录整理，参见蓝克宽《广西仡佬族民间文学一瞥》，
《广西大学学报》（哲学社会科学版）1984 年第 1 期，第 91 页。

全或笼统概述但事实上未涉及仡佬族聚居村寨。

1. 生态产业发展良好

长期以来，仡佬族地区认真贯彻执行当地政府有关发展农业的决定，因地制宜，宜粮则粮，宜林则林。进入新的历史时期，仡佬族民众调整种养结构，大力发展生态产业，山上的玉米地越来越少，林木越来越多；山腰的产业发展越来越有特色，群众的收入越来越多，产业发展呈现良好势头。

居住在石山地区的村屯，主要抓好封山育林，房前屋后种植核桃、梨子、花红果、花椒、杜仲等；泥山地区的村屯，主要种植杉木、竹子、桐果、油茶、杜仲等经济林。2000 年以来，泥山区大力开展退耕还林。仡佬族所聚居的德峨镇三冲村，全村种植茶叶 1200 亩、板栗 233 亩、毛竹 15 亩、花椒 12 亩。2001年，三冲全村种茶叶 775 亩，生茶叶产量 4 万余公斤。其中，弄麻屯 32 亩，收生茶叶 2000 公斤；鱼塘屯 40 亩，收生茶叶 3000 公斤；保田屯 20 亩，收生茶叶2000 公斤。种得最多的仡佬族农户是勾卜便和郭卜站，从 1995 年开始坚持茶叶种植，每户年产生茶叶 750 公斤以上，是名副其实的茶叶种植大户。[①] 如今，德峨镇三冲村已经成为隆林高山茶产业的重要生产基地，"三冲红茶"系列产品荣获全国首届"国饮杯"茶叶评比红茶、绿茶一等奖，获得国家绿色食品认证。据统计，仅 2014 年，隆林三冲茶叶公司种植茶叶达 5000 多亩，覆盖三冲村 19个屯 526 户人家，拥有 3000 多平方米现代化加工基地，年产干茶 100 多吨，年产值 1000 多万元。[②] 常么村一带的仡佬族则加入了种桑养蚕的行列，仡佬族村民伍志刚种植桑叶 30 多亩，养蚕出售蚕茧以后，年至少可以获利 3 万元。此外，仡佬族较多的常么村、磨基村也是发展核桃种植的主要基地。

有的仡佬族民众则以发展养殖业为主，涌现了一批养羊、养鸡、养猪大户。克长乡新合村郭亚春养殖 80 多只羊，韦文亮、郭卜友均养羊 50 只；德峨镇磨基村郭卜春、郭秀能均养羊 35 只。德峨镇磨基村大水井屯郭建祥在本镇保上村阿稿屯建了占地面积 5 亩的菜花鸡养殖场，年出栏 5 万羽，收入 120 万元，被列为隆林各族自治县菜花鸡养殖基地。克长乡新合村打铁寨的韦文康、韦文玉等 5户，从乡下迁居到长发街所在地，除了开店经商外，有的还经营碾米加工、酿酒，客户来碾米时可用米糠抵碾米费，他们利用米糠和酒糟养猪，年出栏肉猪

---

① 陈朝贵主编：《隆林仡佬族》，第 44 页。
② 隆林各族自治县人民政府、隆林年鉴编纂委员会编：《隆林年鉴（2013—2014）》，2016 年印，第 352 页。

5—6 头，增收 8000—1000 元。①

有的仡佬族民众则以发展传统手工业为主。克长乡新合村打铁寨有种植棕榈树的传统，并利用棕片编织成养马农户所必需的"马汗替"。作为一门流传很久的传统编制工艺，当地不少男子都会编织，按一个农户一年编织和销售600 张，每张获利 10 元计算，年获利可达 6000 多元，的确是一项投资少、见效快、效益好的小手工业。新合村斗烘寨则以发展木器制造为重，王新福、王卜春、韦卜芬等木匠抓住长发、克长、德峨等地木器畅销的机遇，针对边远山区的特点，加工制造木桶、木盆、蒸酒笼等木器，拿到市场出售，深受各族人民喜爱，每个木匠年可收入纯利 8000 元。②

2. 生态环境建设稳步推进

在广西壮族自治区的统一部署下，仡佬族所在地方的党委、政府结合实际在辖域内开展了轰轰烈烈的"清洁乡村"活动。受这一政策的影响，仡佬族所在村屯的乡村生态环境建设得到了稳步推进。

岩茶乡组织发展"小庭院经济"，打造村屯绿化示范屯，采取"见缝插绿"的形式，在路边、屯边、房前屋后、菜园边种植梨、核桃、砂糖橘等苗木，让村屯"应绿尽绿"。利用政府扶持政策，鼓励农户种植杉木、油茶等经济林木发展"绿色银行"。同时，积极引导村民以果树、花卉、绿化苗木为主，对村屯房前屋后进行绿化美化。仡佬族所在的者艾村结合当地实际，进一步完善村规民约，在其中增加了严禁电鱼、炸鱼、毒鱼；严禁生活污水直排河流；严禁毁林开荒；严禁寨中放养家畜等条款，同时鼓励群众在房前屋后种植核桃、柑橘等果树，村两委和党员干部义务在村屯道路和村屯周围播种波斯菊等花草和组织群众在沿河边连片种植冬季油菜，生态乡村建设有序推进。经过努力，者艾村森林覆盖率达 90% 以上，植被保护良好，山常绿，水常清，河流清澈见底，鱼儿成群，生态完好，鸟儿成群结队，走进者艾村就给人一种社会主义新农村的感觉。

除了者艾村以外，很多仡佬族聚居的村屯也得到了生态乡村建设的大力支持。2013 年 6 月，德峨镇磨基村大水井屯被推荐为"美丽隆林·清洁乡村"活动县级示范点。2013 年，西林县普合苗族乡文雅村亨沙屯被列为"垃圾卫生处

---

① 陈朝贵主编：《隆林仡佬族》，第 45 页。
② 陈朝贵主编：《隆林仡佬族》，第 46—47 页。

理示范村屯",成为当地生态环境建设的典范。2015 年,在南宁市树木园的帮扶下,克长乡新华村卡保屯不仅种植了香樟、冬青等绿化树种,还建造了不少便携式组装沼气池,解决了当地民众缺能源、用气难的问题。

经过几年的生态乡村建设,仡佬族所在村屯的水源得到了净化,村屯得到了绿化,生活垃圾处理规范,环境卫生条件大大改善,村屯的精神面貌、卫生环境都焕然一新,群众生产生活方式也随着发生了变化,群众幸福感指数有效提升。

3. 可持续发展能力持续增强

在长期的扶贫开发和民族工作中,隆林各族自治县坚持把基础设施作为先决条件,着力推进水利、电网、道路硬化、网络通信、危房改造等基础设施建设,而仡佬族聚居的德峨镇磨基村、三冲村,克长乡新合村、新华村,岩茶乡者艾村等村屯,都位居贫困村之列,因此,得到了很大的扶持和支持,可持续发展能力持续增强。

20 世纪 90 年代以来,在上级政府的支持下,仡佬族民众积极兴修水利,仡佬山冲缺水的状况得到了很大的改变;近几年的扶贫开发工作,更是从根本上改变了人畜饮水困难的历史。德峨镇三冲村的弄麻、鱼塘和磨基村大水井等村屯的仡佬族在饮水大会战中,都修建了人畜饮水和地头水柜水池,各家各户都用上了自来水;克长乡新华村打铁寨和亩子寨的仡佬族群众联合起来,充分利用斗烘水利饮水,依靠群众集资,装接了水管,家家户户都用上了自来水。2015 年,在财政专项扶贫资金产业项目的支持下,德峨镇三冲村、岩茶乡者艾村投资 19.70 万元修建 2 座 100 立方米的人饮工程蓄水池,安装饮水管道3500 米,受益 69 户 301 人[①],其中部分是仡佬族民众。2016 年,在中央财政小型农田水利工程项目的支持下,克长乡新合村灌区渠道防渗硬化工程项目得以顺利完工,恢复灌溉面积 6.67 公顷,改善灌溉面积 5.07 公顷[②],使新合村的仡佬族群众大大受益。

交通不便是仡佬族民众过去面临的大问题。20 世纪 90 年代后期以来,各级政府加大了对交通基础设施建设的投资。1997 年,修通了从德峨到长发的

① 隆林各族自治县人民政府、隆林年鉴编纂委员会编:《隆林年鉴（2016）》,线装书局 2018 年版,第 139 页。
② 隆林各族自治县人民政府、隆林年鉴编纂委员会编:《隆林年鉴（2017）》,线装书局 2018 年版,第 143 页。

公路。1998 年，隆林各族自治县党委、政府专门拨出资金和物资，推动乡村道路硬化，仡佬族民众积极参与。到 2000 年，先后修通了长发至斗烘、干坝至卡保、干坝至罗湾、常么至三冲、丫口至鱼塘、丫口至弄麻、德峨至么基、么基至大水井、沟边至滚马、那桑至湾桃 10 条村级和屯级公路，彻底结束了过去交通闭塞的历史。①

当然，由于仡佬族聚居较为分散，且交通不便，生态文明建设尚未得到普遍重视，环境卫生、污染控制、可持续发展能力仍有待加强，乡村人居环境仍还有比较大的改善空间。

（二）传统生态知识对生态文明建设的效用

1. 不仅为生态产业发展提供技术，而且为区域生态环境保护提供技能

近些年，隆林仡佬族地区生态产业发展迅速，茶叶种植、种桑养蚕、养羊、木器加工等已经成为独具特色的生态产业。在这些产业发展的过程中，传统知识的身影是随处可见的。比如茶叶种植，就需要对当地土壤、水、气候等自然环境因素有较为深刻的认知和了解，才能够保障正常的生产和稳定的产量。再比如养羊，隆林仡佬族主要采用了传统的放养方式，其中也包含着独特的传统知识：

> 养羊的诀窍实际上也没有什么，我们这里人大多都知道的，都是从日常经验中总结出来的。比如羊圈要盖在山腰上，或者比平地高出来的平台上，这样方便排粪和排尿，保持羊圈的干燥整洁和通风。这是第一点，做到了，山羊就不容易生病。第二点就是要给山羊足够的空间，而且要区别对待。哺乳的母羊要最大的空间，方便它照顾小羊，其次是公山羊，然后才是小羊。第三则是每天回来要给它补充盐水，我自己的方法是在羊圈里再放一个装满盐的竹筒，下面用纱布包着，它们经常用舌头来舔。盐水有杀菌消毒的功能，对山羊的健康成长很有帮助，减少生病的概率。②

上述德峨镇仡佬冲民众关于养羊的"诀窍"，实际上是他们世代相传的家畜养殖知识和当代科技知识的一种结合。羊圈的建造，是过去一直流传下来的

---

① 马成明：《隆林仡佬族村寨的基础建设》，《仡佬族百年实录》上册，第 407—408 页。
② 郝国强等：《小村大美：广西仡佬族文化变迁图像》，第 56 页。

日常经验的总结；空间的分配和补充盐水，既带有传统知识的成分，也是现代科技知识传播的一种体现。

更为难得的是，隆林仡佬族传统上非常重视山林，因此每年农历正月必定开展植树造林活动。他们所种植的树木大多是杉树、麻栎、栓皮栎、枫香、酸枣、泡桐、香椿、楸树、水冬瓜、光皮桦、檫树、樟树、山苍子等乡土树种，这些树种大多是落叶乔木，适应性强，非常适合在高寒山区种植。在当代生态文明建设的过程中，枫香、樟树、山苍子以及核桃、沙梨、柿子等树种常被选作绿化树种，种植在村旁、路旁、溪旁、屋旁，提高了仡佬族乡村的绿化率和森林覆盖率，发挥着非常重要的生态功能。

2. 不仅为生态文明建设提供制度保障，而且为生态环境保护提供制度支持

生态文明建设是一个系统工程，岭南仡佬族地区自不例外。因此，要保持仡佬族地区良好的生态环境状态，实现人与自然的和谐共生，就必须要有相关的制度作为保障。仡佬族传统的社会组织和乡约制度，包含对人与自然关系调节的内容，为区域生态环境保护提供了坚实的制度支持。

在传统乡约的启发下，德峨镇磨基村大水井屯制定的《村规民约》中，第一部分即是"封山育林的管理与处罚"，其前3条具体内容如下：

> 1. 因本社集体所有制经营地域复杂，以各社山界早已确界清楚，山权所辖至以（一段空白，疑为林区周至地名，尚未填写）共□□个社的大部分接界均属本社封山育林区，任何单位或个人不得进山砍生干柴，违者重罚。
>
> 2. 本社的林木使用，除原分给各自的柴山由各自管理使用，集体建设动用封山育林木的，由集体讨论决定，个人需用的就□论价或酌情解决，希望全体社民共同维护集体利益不受外来侵犯和破坏。
>
> 3. 处罚：发现砍一根，不论生干柴和大小，一律罚款50元，以此类推；罚没款的分成办法，其中，举报人10元，处理领导小组处理费20元，其余留作集体公积金。①

---

① 郝国强等：《小村大美：广西仡佬族文化变迁图像》，第182页。

这些条款，既给仡佬族民众留下了各自的"柴山"，更重要的是规定了集体所属山林化为封山育林区，不得从中偷砍滥伐，否则"不论生干柴和大小"，一律罚款。封山、禁砍的条款，有利于仡佬族地区山林资源的保护，有利于生物多样性的恢复与保存。

其实，还有其他一些仡佬族地区也非常重视村规民约的特殊效用。在生态乡村建设过程中，岩茶乡者艾村以制度保生态，完善村规民约。结合当地实际，在村规民约中增加了严禁电鱼、炸鱼、毒鱼，严禁生活污水直排河流，严禁毁林开荒，严禁寨中放养家畜等损害生态的条款，同时加大村规民约的宣传，切实从制度方面保障生态乡村建设的积极成果。

3. 不仅为生态文明建设提供支撑理念，而且也为生态环境保护提供精神动力

仡佬族敬畏山林、崇尚自然、敬畏生命的传统自然观，是从思想意识上对所生存环境的一种积极反应，显示出仡佬族人从心理上实现了对人与自然和谐共生关系的调适，这为当代仡佬族地区的生态文明建设提供了支撑理念。为什么要进行生态文明建设？一句话，为了民族的生存，为了民众的家园，为了生命的追求。仡佬族传统的自然观与自然崇拜，使得仡佬族民众容易认识到生态文明的重要价值，认识到大自然的神圣与伟大，从而支撑着民族成员自觉地崇尚自然、敬畏生命。

从理论上讲，对于这样一个广泛敬畏山林、以树为神、普遍祭树的民族来说，保护村落附近的山林，也就成为一种必然。毕竟山林是神圣的，被选为代表的村落古树是类型多样的，"斗烘脖诺龙祭的是酸枣树，打铁寨祭的是柿树，罗弯丫口祭的是黄椿树，大水井祭的是青刚树。但是人们对这些树的崇敬心理是一致的，每年三月都要给神树插香，还把家中神台的香炉灰倒出包好放于树丫上"。[①]

隆林仡佬族人敬畏山林、爱护自然的自然观和对山神、植物、动物的崇拜，显示出他们拥有与自然和谐一体的意识，显示出生存环境的持续关注，而这为当代仡佬族地区生态环境的保护提供了强大的精神动力，有利于推动仡佬山乡的生态文明建设。

---

① 隆林各族自治县县志编纂委员会编：《隆林各族自治县民族志》，第185页。

（三）生态文明建设对传统生态知识的影响

1. 生态文明建设要求利用现代科学技术，会对仡佬族传统的资源利用方式、方法产生深远影响

当代生态文明建设具有时代性，是在当代情境下进行的，必然无法脱离这个时代，只能顺应时代潮流。从知识层面来说，也就是既要充分利用现代科学技术，也要挖掘、整理传统生存性技能。不过，由于现代科学技术在生产、生活的各个层面上占据着"霸权"地位。这样一来，在环境治理、生态保护、生态修复、生态产业发展等生态文明建设的具体环节，必然要应用到现代生态科学和环境科学，甚至应用到与之有关的农林科学技术。面对这种带有"现代性"的"科学"技能，仡佬族民众既无法拒绝，也难免经不起诱惑。

在仡佬族地区生态文明建设过程中，随处可以看到现代科学技术的身影。比如仡佬族地区普及了自来水和卫生厕所，有的地方还建造了沼气池，改善了生活环境，对因环境卫生问题而引发的疾病减少和降低有明显成效；再比如仡佬族地区大力发展的茶叶种植和种桑养蚕产业，与现代农业科学技术有着清晰的关联。毕竟传统上仡佬族既不种桑养蚕，也不爱好饮茶，这两种生态产业明显属于外来的产业体系，其可持续发展受到当代农业种植技术和养殖技术的深刻影响。

可以肯定的是，现代科学技术必然继续对仡佬族地区的生态文明建设发挥持续性的影响，这是当代任何族群都难以逃脱的"宿命"，也是这些群体提高生存质量的重要技术保障。我们所要做的是，充分警惕这些现代科学技术的破坏性，与充分挖掘、利用传统生态知识一起，推进仡佬族地区的生态文明建设。

2. 生态文明建设需要正式制度和非正式制度予以保障，会对仡佬族传统的资源管理制度产生影响

当代生态文明建设是国家事务管理的一部分。在中国，更成为"五位一体"战略布局的重要一环。因此，它与众多领域有着千丝万缕的联系，这就需要从制度上予以保障。这里所说的制度，不仅包括适应地方情境的民族习惯法和乡规民约，也包括由国家政权力量支撑的正式制度和非正式制度。其中，后者更占据着主导地位。

为了推动生态文明建设，党和政府不仅出台了大量的政策性文件，而且也

制定、完善了许多法律、法规，这些都属于正式制度的范畴，是仡佬族地区不可回避的制度规范。具体到广西仡佬族地区，广西壮族自治区、百色市、隆林各族自治县3个层级的制度规范，也是正式制度的重要来源。

事实情况是，这些现代性的正式制度与非正式制度，已经影响到隆林仡佬族地区的生态文明建设进程。比如广西壮族自治区环境保护厅所制定的《自治区级生态村考核要求》等文件，就成为隆林仡佬族村寨进行乡村生态环境建设的重要依据。隆林各族自治县岩茶乡人大采取系列有效措施，助推者艾村的生态乡村活动，加大村规民约的宣传，让人人自觉参与开展生态乡村活动。

3. 生态文明建设要求与之相配套的新生态伦理和价值观，会对仡佬族传统的信仰体系产生影响

当代生态文明建设是一个后现代的产物，是对工业文明反思的结果，因此，要推动生态文明建设，必然要求与之相配套的新生态伦理和价值观。其中，最为重要的是顺应自然、尊重自然和保护自然，实现人与自然的和谐共生。

在仡佬族地区生态文明建设的过程中，新的生态伦理和价值观是起着意识形态的指导作用的。而仡佬族传统的生态伦理，有些内容与新的生态伦理是相矛盾的，难以形成有效的整合。比如对树的崇拜，就与当代科学技术与生态伦理存在着明显的矛盾。从植物学的角度来看，仡佬族所崇拜的树木，不过是一类植物罢了，并不能存在所谓的"神性"。一旦这种伦理观得到了普遍认可，仡佬族传统的信仰体系就会产生动摇。他们对山神、树神、水神、动物的崇拜，也就成了所谓的"迷信"，成为新生态伦理和价值观所批判的对象。

四　小结

作为居住在高寒山区的岭南仡佬族，其人口不多，所占据的都是农业生产条件比较大的地区，可谓是"在夹缝间生存"。这种小生境和生态位，造就了岭南仡佬族独特的生计方式。从横向对比来看，岭南仡佬族与该区域的一些苗族、瑶族较为类似，都实行以刀耕火种农业为主的复合型生计方式，这与自然地理环境因素有着直接的关联。

为了维持民族的生存与发展，岭南仡佬族开发和创造了许多具有地方特色

的生计技术与方法，继承了祖先的寨老制度和乡约制度，发展出了独具民族特色的传统生态表达知识体系，被称作"仡佬人敬树如衣食父母"①。这些传统生态知识在当代生态文明建设中曾经起到了不可替代的作用，不仅为仡佬族地区生态产业的发展提供了传统经验与智慧，而且推动了仡佬族地区生态环境的保护。

当然，在生态文明建设的当下，仡佬族的传统生态知识也面临着很大的挑战。依托现代科学技术的生态文明，本身是一个庞大的知识体系，它包括一系列的技术、制度与理念，这些对仡佬族地区来说，既是机遇，也是挑战。如果仡佬族能够适当吸收外来的现代科学技术，将这些技能应用于生态文明建设情境中，是能够推动整个民族向前发展的。同时，也要注意保护自身的文化传统，挖掘、整理、利用传统生态知识，因为这些传统知识是本民族的、本土性的、适应当地小生境的，对于维系民族认同、推动民族文化传承具有不可替代的作用。

---

① 唐广生、曾铁强：《仡佬人敬树如衣食父母》，《广西日报》2005 年 1 月 11 日第 5 版。

第八章

主要研究结论与展望

第一节　主要研究结论

本书从环境人类学的视角切入，运用多学科相结合的方法，将岭南民族地区的生态建设置于生态文明建设的背景下来考察，紧紧围绕传统生态知识与生态文明建设的相互关系展开论述，经过理论总结和案例分析，主要得出了如下研究结论：

1. 岭南少数民族的传统生态知识与当代生态文明建设之间是一种互动关系，两者之间的互动，具有深厚的族群、文化关联和时间、空间依据。从族群上讲，当代岭南少数民族的先民很早就在这片大地上繁衍生息，当代少数民族是历史上百越、苗瑶等族群的延续；从文化上讲，当代岭南民族文化是历史上百越、苗瑶等族群文化的延续和发展，人们在与自然环境互动的过程中，创造了独具特色的传统生态文化，其主要组成部分就是传统生态知识；从时间上讲，当代岭南少数民族是历史上百越、苗瑶等族群的延续，历史必将将其民族文化特性刻印下来，影响民族生计方式；从空间上讲，当代岭南地区是古代岭南地区的延续，岭南诸少数民族虽然已经在很大程度上改造了所生存的环境，但基本的气候、土壤、地形地貌、水资源分布格局等是很难改变的。也就是说，当代生态文明只有在过往时空的基础上才能得以建构，故必须要尊重特定时空内人群的尊重自然、顺应自然和保护自然的优良传统。

2. 自然环境在很大程度上决定着人们利用自然的方式和方法，岭南少数民族根据地方生境特点发展起了具有自身特色的生计方式。壮侗语族民众秉承百越族群"饭稻羹鱼"的传统，坚持进行稻作农业生产，传统上形成了以稻作农业为核心的复合型生计；苗瑶语族民众靠山吃山靠水吃水，充分利用山地植被丰富的特性，大力发展刀耕火种农业，传统上形成了以旱作农业为核心的复合型生计；京族民众靠海吃海，充分利用自身滨海特点，发展浅海捕捞和深海捕捞作业，传统上形成了以浅海捕捞与加工为主的复合型生计；仡佬族民众靠山吃山，充分考虑所处高寒山区的特点，发展了以小米、玉米种植为主的生计方式。

3. 在漫长的历史发展过程中，岭南少数民族在认知、适应、利用周边自然环境的基础上，总结出了很多独具特色的传统生态知识体系。具体而言，这些传统生态知识体现在技术性、制度性和表达性三个层面，其中技术性传统生态知识又包括与之密切相关的无生物环境知识、野生动植物知识、传统种植业知识、传统养殖业知识等内容；制度性传统生态知识表现在社会组织和制度的生态调节功能方面，非常清晰地体现在岭南诸民族调节人与自然关系的制度规范中；表达性传统生态知识又以自然崇拜为核心，包括传统自然观支配下的天体崇拜、无生物崇拜、植物崇拜、动物崇拜等内容，这些有关人与自然关系的多样表达，在岭南诸民族民间文艺故事中也有非常精彩的呈现。

4. 党的十七大以来，中国生态文明建设的力度和广度都得到了加强。岭南民族地区生态文明建设也取得了巨大成就，突出地表现在：经济发展方式转型升级，绿色产业发展成效明显；突出环境问题治理力度大，生态环境质量明显改善；生态系统保护力度大，生物多样性保护成效显著；生态文明制度建设得到加强，环境立法成效突出。然而，由于有一些地方发展观念没有完全转变，仍然存在"以资源换产业"的倾向，故区域生态文明建设还存在不少问题和困难，突出表现为：发展观念没有完全转变；自然保护区遭受生产活动干扰；环境损害事件时有发生。

5. 作为适应周边生态环境并世代传承下来的优秀生态文化，岭南诸民族的传统生态知识对当代岭南地区的生态文明建设具有独特价值。由于传统生态知识具有经验性、区域性，对小生境有较为清晰的认知。在某种意义上讲，这些知识体系是非常宝贵的财富，可能我们甚至不会意识到它的存在，因为它在很多情况下就是当地的"常识"，是对小生境的整体性认知体系。作为整体性的生境知识宝库，这些知识不仅是生态文明建设的重要依托，也是区域社会可持续发展的重要保障。即使是在发展现代绿色产业的过程中，传统生态知识也发挥着重要的支撑作用。它不仅是一个源头，而且有时还支撑着一些独特产业的发展。与此同时，任何外来的生态知识或科学技术，想要在小区域范围内生根发芽，就必须本土化、契合当地生态系统的要求，否则，就难以立足，甚至会带来严重的灾难性后果。

6. 当代生态文明建设也对岭南诸民族的传统生态知识产生巨大影响，主要是因为它有现代科学技术、现代治理体系、现代生态理念这三种强大的现代性武器。在技术层面，虽然传统生态知识能够发挥一定的效用，但总体上处境尴尬，因为其解决不了现代产业发展所产生的环境污染问题；在制度层面，当今社会制度已经发生了根本变革，社会治理体系也发生了重大变化，传统生态知识所能发挥的作用有限，效力减弱；在表达层面，生态文明建设意味着生态理念的重构，因此，即使是偏远地方社区的人们也将更多地接受外来的生态理念，传统的自然观、生态观将难以持续维系，传统生态知识遭遇信任危机，需要重新建构与整合。

第二节 主要创新点

本书研究紧紧围绕岭南少数民族这一研究对象，紧扣该区域的生态文明建设主题，着重阐明岭南民族传统生态知识与当代生态文明建设之间的互动关系，尽力弥补当前生态学、环境学等自然科学类研究的不足，为环境人类学的发展提供本土素材和实证资料。其具体创新点如下：

1. 跳出了单一民族研究的藩篱，以语言系属的民族集团为研究对象，较好地处理了各民族尚未分化之前和各民族共享的生态知识问题，避免了无关的争论，推动了岭南民族传统生态知识和区域生态文明建设的研究进展。

2. 以民族学人类学理论方法为主导，注重点、线、面的结合，注重宏观、中观和微观结合，注重民族学人类学的整体观、相对观和比较观的结合，注重文献资料和田野调查资料的结合，采取多学科协作、综合交叉研究的方法，运用典型案例和图表来说明问题，使得论证力度大大增强，较好地论证了所提出的创新性观点。

3. 系统地梳理了岭南壮侗语民族、苗瑶民族、京族、仡佬族的传统生态知识，将其进一步细分为技术性、制度性、表达性三大类，并用大量文献和田野调查资料予以分析和说明，对于推动岭南民族传统生态文化的研究有一定的价值。

4. 秉持传统生态知识与生态文明建设互动论的观点，一方面坚持传统生态知识对区域生态文明建设具有非常独特的价值，可以在生态产业发展、生态环境保护、生态理念构建等方面发挥重要作用；另一方面，也承认生态文明建设对传统生态知识的影响，令其处境尴尬、效力减弱，使其遭遇一定的信任危机，但同时也为传统生态知识的更新与改进提供了新的可能。

5. 课题研究立足于实地调查和资料整理，获得了大量一手档案资料、口述资料和实物资料，实现研究资料上的创新；研究工作建立在掌握大量英文参考资料的基础上，对实现与国际环境人类学界的学术接轨具有重要意义。

6. 应用性明显，本书有利于促进岭南民族地区的生态文明建设，为经济社会发展提供良好的生态环境保障；有利于促进岭南民族地区的和谐社会建设，实现人与自然的和谐共生；有利于其他民族借鉴利用岭南民族的传统生态智慧，促进其他民族地区的生态文明建设。

第三节　研究展望

生态文明建设的终极目标是实现人与自然的和谐共生，推动人类社会真正可持续发展。岭南民族传统文化中包含着丰富的传统生态技术、生态制度和生态表达知识，这些知识蕴含的是崇拜自然、敬畏自然、感恩自然的"敬天"观念，蕴含的是人与自然和谐共生的文化理念。只要我们充分挖掘、利用好岭南少数民族传统生态知识，不仅能够为岭南民族地区的生态文明建设提供精神财富和智力支持，而且还可以为整个中国乃至世界的生态文明建设提供可资借鉴的因素。

本书研究作为对岭南少数民族传统生态知识与生态文明建设互动关系的理论与经验研究，运用环境人类学的理论方法，从语言系属和民族集团的角度切入，强调知识与实践的互动关系，为这一领域研究的进展奠定了较好的基础。然而，我们也应该看到，有关传统生态知识与生态文明建设互动关系的研究还应该在以下几个方面进一步加强：

首先，基础研究资料的完善。在当前的研究中，学术界对岭南少数民族的传统生态知识（文化）和区域生态文明建设的研究比较少，已有的研究更多地从所在省级或县级行政区域出发，没有充分考虑生态文明建设的区域性、民族性。尽管我们针对岭南民族传统生态知识与区域生态文明建设做了一定的调查研究工作，但是由于研究涉及地域范围广、民族众多，因此，对知识与实践相互关系的具体细节揭示得还不够，还需要加强完善基础研究资料的收集、整理工作。只有将"岭南少数民族传统生态知识（文化）"与"岭南民族地区生态文明建设"两个主题均研究透彻了，才有可能深入分析两者之间的互动关系。

其次，进一步完善知识与实践相互关系的探讨。在当前的研究中，学术界对于生态文明建设对传统生态知识的影响关注较少，大多偶尔在论述传统生态知识对生态文明建设的重要作用时顺便提及，专门的研究成果尚少。这样一来，就把同一个问题的另一面给忽略了，对我们清楚认识传统知识的重要性和独特价值非常不利。事实上，生态文明建设本身是一个开放的文明建设进程，它虽然对传统生态知识敞开了大门，但它却是人类社会发展到后工业阶段的产物，所受现代性和后现代性的影响极为突出。因此，在吸收、利用传统生态知识的过程中，生态文明建设将其现代性和后现代性的印痕深深地烙印下来。而传统生态知识作为地方性社群保有的生态文化，必然会受到现代生态建设技术和理念的影响，不可避免地会有所改变。再者，从传统生态知识的角度来看，其自身具有局限性，持有者的社群规模一般不大，所能发挥的作用也有限，在面对现代科学技术的挑战时反抗力不足，因此，受到现代生态学思想的影响也是必然的。①

最后，本书更多地停留在理论探讨和宏观分析上，强调乡村地区少数民族传统生态知识与生态文明建设的互动关系，而对城镇区域生态文明建设与传统生态知识的互动关系涉及不多。随着岭南少数民族地区的进一步城镇化，大量的少数民族民众外出务工，接受了现代工业文明的"洗礼"，深受外部科学技术的影响，因此，城镇地区生态文明建设如何更好地发挥传统知识的优势，将

---

① 付广华：《生态文明建设对传统生态知识的影响机理》，《北方民族大学学报》（哲学社会科学版）2019 年第 2 期。

是未来很长一段时期内的研究重点。在进一步的研究中，我们要通过对岭南民族地区城镇的实地田野调查，挖掘城镇少数民族传统生态知识与生态文明建设互动的典型案例，从理论上和实践上进一步深刻把握传统生态知识与生态文明建设之间的互动关系。

附　录

多元路径下的岭南民族生态研究

一　岭南诸民族生态研究回顾

在岭南民族研究方面，国内学界的研究较为深入，国外较少涉及。一般而言，对岭南民族的整体性研究主要体现在民族源流和民族关系史方面，如徐松石的《粤江流域人民史》、王文光的《中国南方民族史》、徐杰舜和李辉的《岭南民族源流史》等。在此，仅从以下三方面对那些与本项研究关联度较强的研究成果展开简要回顾：

（一）岭南壮侗语民族生态研究回顾

1. 壮族生态研究[①]

关于壮族研究，覃乃昌已对 20 世纪的相关研究进行了详细综述[②]，兹不赘述。在此，仅从多学科进路的壮族生态研究的角度对已有成果展开回顾。

（1）民族学人类学进路

早在 20 世纪五六十年代，由大批民族学家组成的少数民族社会历史调查组就已经关注到了壮族社会群体生活的生态环境问题。然而，由于当时的民族学家们主要是为了"抢救落后"，重点关注的是壮族地区遗存的各种社会文化事象，而对这些文化事象与生态环境之间关系的认识不到位，因此难以自觉地从事壮族生态研究。

直至 20 世纪 90 年代，从民族学出发的壮族生态研究才开始出现，并逐步发展。在 1990 年发表的《壮族自然崇拜简论》一文中，覃彩銮先生开始注意到壮族崇拜的土地、太阳、雷雨、河流、火、山、岩石等自然物，但尚未从生

---

①　本小节内容曾以"壮族生态研究与壮学构建"为题在 2014 年中国西南民族研究学会第 17 次会员代表大会暨学术研讨会上交流，后刊载于《广西民族研究》2015 年第 2 期。

②　覃乃昌：《20 世纪的壮学研究》（上、下）2001 年第 4 期、2002 年第 1 期。

态环境的角度进行深入的阐释。在之后有关壮族干栏文化的研究中，覃彩銮先生注意到了壮族传统民居与周边环境之间的关系，并提出了一些初步的论断，如"不同的自然环境给人类提供了不同的生活资料和劳动对象，形成了不同的生产方式和生活模式，从而给人们带来了文化心理、思维方式和价值观念上的差异"。[①] 同时，并注意到"风水"这一中国独特的生态环境概念的运用。后来，经过进一步的推演和发展，覃先生发表了《试论壮族文化的自然生态环境》一文。在该文中，覃先生指出，壮族以稻作农业为主的生计方式和以稻作农业文化为核心的文化体系，是由岭南的自然生态环境造就的，都与岭南的自然生态环境相适应。壮族在对自然界长期的适应、利用和改造过程中，形成了崇尚师法自然、与大自然相亲和相互依存的自然生态观，并通过对自然资源取之有度，用之得法，以及自然崇拜、图腾崇拜、禁忌及习惯法规等，调适人与自然的关系，以保持良好的自然生态环境。[②] 该文在事实上成为民族学人类学进路的壮族生态研究的重要指导，是不可忽视的一项成果。

作为生态观的一个重要组成部分，壮族自然崇拜得到了民族学界较多关注。廖明君指出：在历史悠久的自然崇拜文化的基础上，壮族形成了"以人为本、物我合一、和谐发展"的文化生态观。为建立科学的具有鲜明文化特征的现代生态文明，壮族需要树立从被动地敬畏自然到主动地顺应自然的自然观和人与自然和谐发展的生态观，建立具有独立性、循环性和系统性的以"物我合一"为核心的天、地、人和谐共处的壮族现代生态文明，实现壮族地区的可持续性发展。[③] 这些从精神文化维度展开的壮族生态研究至今仍具有较强的生命力，受到一些青年学人的持续关注。

随着西方人类学理论的广泛传播，一些青年学人开始借用环境人类学理论来进行壮族生态研究。笔者在对广西龙胜龙脊村进行大量实地调查的基础上，从生产技术、生活方式、社会制度等方面分析了龙脊壮族村民对生态环境的文化适应，其中既包含对壮族传统文化的继承，也包含新条件下的许多创造。认为这一典型案例很好地诠释了生态环境与人类行为之间的互动关系。[④] 后来，

---

① 覃彩銮：《壮族称村落为"板"的由来及其含义考释——壮族干栏文化研究之一》，《广西民族研究》1998 年第 1 期。

② 覃彩銮：《试论壮族文化的自然生态环境》，《学术论坛》1999 年第 6 期。

③ 廖明君：《壮族自然崇拜文化》，广西人民出版社 2002 年版，第 524—541 页。

④ 付广华：《生态环境与龙脊壮族村民的文化适应》，《民族研究》2008 年第 2 期。

笔者从生态环境的一个组成要素——水的角度切入，认为壮族具有自身丰富多彩的传统水文化，对壮族地区生态文明建设具有独特的价值，它不仅可以为壮族地区构建人水和谐机制提供传统生态智慧，而且还可以为应对水资源缺乏提供可能的路径。[①] 经过多年的努力，笔者出版了《生态重建的文化逻辑：基于龙脊古壮寨的环境人类学研究》一书，从环境人类学的视角出发，针对性地研讨了龙脊古壮寨生态退化与重建的历史进程，洞察推动乡村生态重建的文化逻辑，为环境人类学研究提供一个中国案例。[②]

此外，廖国强、何明、袁国友（2006）三位先生系统地研究了中国少数民族的生态文化，其中一些章节也涉及壮族传统生态文化。[③] 蓝岚、罗春光从物质、精神、制度三个层面探讨了广西壮族传统的生态文化，其中对自然资源环境科学合理利用的因素可为广西的可持续发展提供宝贵借鉴[④]。

（2）民族生态学进路

民族生态学有美、苏/俄两种不同的传统：依照美国的传统，民族生态学是环境人类学的一种方法，它研究的是特定文化传统的人们所拥有的生态知识，后来才发展成为包含民族生物学、民族植物学、民族动物学等亚领域的一门统括性学科；依照苏/俄的传统，民族生态学是由民族学和人类生态学相互渗透而形成的一门交叉学科，大致等同于"民族的人类生态学研究"。[⑤] 在民族生态学进路的壮族生态研究中，主要可以分为两大方面：壮族民族植物学研究和传统生态知识研究。

在壮族民族植物学研究方面，陆树刚介绍了壮族"侬支系"饮食文化、农耕文化、建筑文化和医药文化中应用的植物，起到了发轫之功。[⑥] 杨春燕等对靖西市端午节的传统药市进行了初步的民族植物学调查，发现靖西市端午药市出售药物种类繁多，对药市中记录的植物药的名称、药用部位、用途和用法

---

① 付广华：《壮族传统水文化与当代生态文明建设》，《广西民族研究》2010 年第 2 期。

② 付广华：《生态重建的文化逻辑：基于龙脊古壮寨的环境人类学研究》，中央民族大学出版社 2013 年版。

③ 廖国强、何明、袁国友：《中国少数民族生态文化研究》，云南人民出版社 2006 年版；另参见廖国强《朴素而深邃：南方少数民族生态伦理观探析》，《广西民族学院学报》（哲学社会科学版）2006 年第 2 期。

④ 蓝岚、罗春光：《广西壮族的生态文化与可持续发展》，《河池师专学报》2004 年第 1 期。

⑤ 付广华：《美、苏两种传统的民族生态学之比较——"民族生态学理论与方法研究"之二》，《广西民族研究》2011 年第 2 期。

⑥ 陆树刚：《滇东南壮族民族植物学简介》，《植物杂志》1993 年第 5 期。

进行了编目。① 苏仕林等认为，广西田阳民歌古籍《欢樌》展现了田阳壮族原住民认识植物、利用植物和保护植物的悠久历史，用民族植物学的研究方法对《欢樌》进行研究，对保护当地民族文化多样性、生物多样性具有重要意义。②

在传统生态知识研究方面，笔者分析了龙脊壮族的气候灾变状况和成因，提出了龙脊壮族民众传统上的应对方式，揭示了传统生态知识对应对气候灾变的独特价值。③ 在《壮族地区生态文明建设研究：基于民族生态学的视角》（广西师范大学出版社 2014 年版）一书中，笔者从民族生态学的视角出发，不仅研讨了传统生态知识与生态文明建设之间的关系，而且对现代科学技术在生态文明建设中的应用展开了理论和案例分析。

此外，还有一些学者对靖西田七、德保黄精、常用野菜蘘荷等展开了民族植物学的研究，但由于这些研究较少考虑到这些植物与壮族之间的内在联系，这里就不赘述了。

（3）民族地理学进路

民族地理学是人文地理学的分支学科，研究世界各国或地区民族形成和发展的地理起源、民族地域分布规律和地理因素对民族特征的影响。④ 在民族地理学中，与壮族生态研究密切相关的是壮族及其社会活动与地理环境关系的研究。

在以往的学术研究中，不少学者已经注意到地理环境与壮族及其社会活动之间的关系，但较少展开深入探讨。刘祥学先生在博士论文的基础上，先后对壮族狩猎活动与生态环境关系⑤、壮汉互化中的人地关系⑥等主题展开深入研讨，最后出版了集大成的《壮族地区人地关系过程中的环境适应研究》一书。在概述中，刘祥学先生全面地探讨了壮族的发展策略及与地理环境的互动关系，以揭示壮族地区人地关系演化的实质。刘先生认为，壮族对自然环境的适应，主要体现在与农耕生产生活相关的各个领域当中。从水、林资源的利用、

---

① 杨春燕、龙春林、石亚娜、王跃虎、王鸿升：《广西靖西县端午药市的民族植物学研究》，《中央民族大学学报》（自然科学版）2009 年第 2 期。

② 苏仕林、马博、黄珂：《民歌古籍〈欢樌〉传统民族植物学研究》，《安徽农业科学》2012 年第 40 卷第 5 期。

③ 付广华：《气候灾变与乡土应对：龙脊壮族的传统生态知识》，《广西民族研究》2010 年第 3 期。

④ 管彦波：《民族地理学》，社会科学文献出版社 2011 年版。

⑤ 刘祥学：《明清以来壮族地区的狩猎活动与农耕环境的关系》，《中国社会经济史研究》2010 年第 3 期。

⑥ 刘祥学：《论壮族"汉化"与汉族"壮化"过程中的人地关系因素》，《广西民族研究》2012 年第 3 期。

保护，到农耕生产的开展与农作物的种植，再到畜牧与狩猎的发展，都需要充分考虑所在自然环境的差异，并采取合理有效的适应对策，才能获取较佳的经济效益。[①]

此外，郑维宽对广西气候变化、虎患及相关问题、农业开发与生态变迁等方面的研究与壮族也有一定的关联，在进行相关的壮族生态专题研究时可以参考。

（4）生态伦理学进路

生态伦理学是从伦理学角度对人与自然关系展开研讨的一门新兴学科，主要关注的是生态的伦理价值和人类对待生态的行为规范。在壮族生态研究中，生态伦理学进路的研究主要集中在民间信仰的生态伦理意蕴的挖掘上。

曾杰丽认为，壮人通过自然崇拜、始祖崇拜、禁忌等民间信仰，调适人与自然的关系，形成了尊重自然、热爱自然、善待自然，与大自然和谐相处的生态伦理意念。[②]翟鹏玉则主要从花婆神话出发来研讨壮族生态伦理，他认为花婆神话蕴含着壮族人神同构以缔结生态伦理的逻辑理则，由此也可以推演出壮民族生态伦理缔结的依生、竞生、整生等种种范式。[③]凌春辉则以《麽经布洛陀》为例来阐释壮族人民的生态伦理观，认为《麽经布洛陀》要求人们不违天道，顺应天时，尊重自然运行的规律，善待自然，敬畏生命，确立人与自然的友善关系，以谋求人与自然和谐有序的发展。[④]李家寿、唐华清聚焦于广西龙州县弄岗自然保护区，认为当地壮族在长期的世世代代繁衍生息中，形成了独特的、五彩缤纷的民族传统文化，蕴含着对大自然的敬畏，对生态环境的执着卫护，对祖国秀美山川的热爱与保护的真情。[⑤]

总的来讲，壮族生态研究的成果并不是很多，主要围绕传统生态文化为核心进行探讨，对壮族的族群生计方式及其特点、当地生态系统对壮族民众人体所产生的影响、壮族在生产活动中对自然界影响的民族特点、民族生态系统形

---

① 刘祥学：《壮族地区人地关系过程中的环境适应研究》，广西师范大学出版社 2013 年版。

② 曾杰丽：《壮族民间信仰的和谐生态伦理意蕴》，《广西民族大学学报》（哲学社会科学版）2008 年第 6 期。

③ 翟鹏玉：《花婆神话与壮族生态伦理的缔结范式》，《南京林业大学学报》（人文社会科学版）2007年第 4 期。

④ 凌春辉：《论〈麽经布洛陀〉的壮族生态伦理意蕴》，《广西民族大学学报》（哲学社会科学版）2010 年第 3 期。

⑤ 李家寿、唐华清：《生态文明视域下中越边境壮民族传统文化的现代价值探析——以广西壮族自治区弄岗自然保护区为例》，《生态经济》2008 年第 7 期。

成和发挥功能的规律以及壮族群体的生态认知与生态观等专题研究得还比较少。从研究方法来看，从文献出发的研究还占有比较突出的地位，而以坚实的田野调查为基础的研究成果还比较少，值得进一步加大田野调查力度，积累更多的壮族生态民族志资料。

2. 黎族生态研究

关于黎族研究，不仅已有学者对黎族国内研究的状况进行了总体回顾[①]，而且还有一些学人对黎族的族源族称[②]、黎族史[③]、合亩制[④]、美孚黎亲属制度与宗教[⑤]等进行了专项综述，为其他学者从事相关研究提供了便利。鉴于研究主题的需要，本书研究从以下四个方面对黎族生态研究进行回顾：

（1）民族学人类学进路

在黎族研究史上，虽然早期的民族学人类学者并没有自觉地从事生态学方面研究，但他们在描述黎族的居住、水稻耕作、园艺、畜牧时，不可避免地触及人与自然的多样关系，这些内容与黎族生态学有着密切关系。如《海南岛黎族社会调查》曾记载了黎族数种染料植物和常用草药，甚至还记载了爱情药、避孕药、堕胎药等特殊用途的药物，展示了黎族民众对周围环境的认知和利用。

到 20 世纪 80 年代中期，在斯图尔德的文化生态学理论的影响下，中南民族学院民族研究所陈为先生提出，海南岛孤悬海外，是一个独立完整的生态体系，但封闭式的岛屿生态，不仅阻碍了黎区与外界的横向交流，而且也导致了黎族民族语言多元化的局面。与此同时，海南岛葱郁的植被及丰沛的水源，不仅熔铸成黎族的游耕农业（淀粉类食源），而且也为黎族民众提供了当地丰富的动物及水生蛋白食物。然而，由于海南岛内多山，地形梯度大，大面积草场缺乏，这些生态因素亦直接抑制了黎族畜牧业的发展，使之始终滞留在"牛无栏，猪无圈"的粗放野牧水平上，畜产品从未在其食物结构中占过重要地位。[⑥] 应该

---

① 谢东莉：《海南黎族国内研究综述》，《湖北民族学院学报》（哲学社会科学版）2012 年第 3 期。

② 高泽强：《黎族族源族称探讨综述》，《琼州学院学报》2008 年第 1 期。

③ 高泽强：《黎族史研究》，达力扎布主编《中国民族史研究 60 年》，中央民族大学出版社 2010 年版，第 513—518 页。

④ 杨丽：《黎族"合亩制"研究综述》，《湖北民族学院学报》（哲学社会科学版）2012 年第 2 期。

⑤ 刘宏涛：《黎族美孚支系亲属制度与宗教文献综述》，《北方民族大学学报》（哲学社会科学版）2012 年第 2 期。

⑥ 陈为：《文化生态学与海南黎族》，《未来与发展》1985 年第 5 期。

说，这是民族学人类学界第一篇专门从生态学角度对黎族展开研讨的论文，也算是开了黎族生态研究的先河。

从 20 世纪 90 年代中期开始，在日本神户学院大学寺岛秀明教授主持下，针对海南岛黎族的生业和自然利用进行了两项课题研究，积累了不少生态人类学资料。20 世纪末，日本学术振兴会又支持了一项名为"亚洲环境保全"的课题，海南岛被选为该课题六个子课题之一的"开发对地域社会的影响及其缓和对策的研究"的田野调查点。在为期三年的调查研究中，中日两国学者在海南省五指山市的四个黎族村落进行了较长时间的田野调查，后来这些成果结集为《亚洲·太平洋的环境·开发·文化》第 3 号。有幸的是，《广西民族学院学报》（哲学社会科学版）2005 年第 1 期组织翻译了该课题的 5 篇文章，并与著名人类学家杨圣敏先生的大作组成了该期的"生态人类学"专栏。

东京医科齿科大学梅崎昌裕博士的研究以水满乡水满村为田野点，认为该村黎族的传统生业主要由水田农耕、火田农耕（陆稻、根茎类作物以及其他作物）、野生植物采集和野生动物狩猎构成。在 20 世纪 80 年代以来的社会文化变迁过程中，水满村的生业方式也发生了改变：焚烧被禁止，水田农耕得到了强化，水田可使用野生植物的利用同样也得到了强化。这样的生业变化导致了村落周围二次植被的恢复，也改善了村民们日常饮食的营养摄入。①

日本国立历史民俗博物馆篠原徹教授的研究则以毛阳镇初保村为田野点，其论述中心则是生长在坡面园地和次生植被之间的过渡区域的可食用植物，也就是题目中所说的"介于野生和栽培之间的植物群"。篠原徹认为，一些可食用植物是被人们从别的地方移植来的，而有些则是自然生长出来的。自然生长出来的植物根据各自对人的利用价值，或得到保护、保留，或被除去。就是这样的人和植物之间的互动决定了过渡区域的植被状况。②

日本国立历史民俗博物馆西谷大副教授同样以毛阳镇初保村为田野点，但其论述的主题则是黎族的小动物狩猎特别是套夹捕鼠活动，认为套夹捕鼠之所以能够成立是因为火田农耕的存在。火田不仅使得农耕成为可能，也创造了野生动物能够容易生存的空间。"大圈套和小圈套"是一个运作于耕地及其周边

---

① ［日］梅崎昌裕：《与环境保全并存的生业的可能性：水满村的事例》，《广西民族学院学报》（哲学社会科学版）2005 年第 1 期。

② ［日］篠原徹：《介于野生和栽培之间的植物群》，《广西民族学院学报》（哲学社会科学版）2005 年第 1 期。

的系统。它们起到了把野生动物狩猎融入农业社会的作用。①

此外，蒋宏伟②和良警予③两位博士围绕经济发展的两篇文章，关注到经济作物种植和旅游开发带来的生业变化和环境影响，探讨了经济发展和环境保全并存的可能性。

（2）民族生态学进路

海南岛地处热带地区，动植物物种丰富，又是一个独立的海岛，形成了相对独立、封闭的自然生态环境，因此，也受到民族生态学家们的关注。其中，民族植物学的研究尤其值得关注。

在众多的参与者中，中国医学科学院药用植物研究所海南分所甘炳春等人成果显著。早在 2006 年，甘炳春等就用民族植物学观点探讨了黎族人在适应环境、生产方式、传统民居、生活用具、民间工艺、民族医药、布料制作、宗教信仰和自然崇拜等方面与当地植物资源的关系，分析了黎族人民对植物资源的认识、利用和保护方式。④ 进而提出，黎族人一直居住在热带森林地区，植物资源在他们的物质和精神生活中发挥着重要作用；他们在利用植物方面积累了丰富的知识和经验，创造了丰富多彩的民族文化，黎族人的许多传统知识和经验对当今植物资源的开发利用仍具有重要的研究和参考价值。⑤ 此后，甘先生等还围绕五指山区以及整个海南黎族药用植物展开民族植物学研究。

受这一学术旨趣的影响，青年学者郑希龙等人逐渐参与进来，在润方言黎族药用资源、凉茶植物以及黎族野生蔬菜的民族植物学研究上崭露头角，甚至还出版了专著。在名为"海南民族植物学研究"⑥ 的著作中，郑希龙等人对海南各民族尤其是黎族的药用植物、传统野生食用植物、传统文化植物、传统庭园植物以及传统集市植物展开较为深入的研讨。更为难得的是，该书还对海南

① ［日］西谷大：《大圈套与小圈套——围绕着火田展开的小型动物狩猎》，《广西民族学院学报》（哲学社会科学版）2005 年第 1 期。

② ［日］蒋宏伟：《经济作物与克服贫困的尝试》，《广西民族学院学报》（哲学社会科学版）2005 年第 1 期。

③ 良警予：《旅游开发与民族文化和生态环境的保护：水满村的事例》，《广西民族学院学报》（哲学社会科学版）2005 年第 1 期。

④ 甘炳春、李榕涛、杨新全：《用民族植物学观点分析黎族与植物资源的关系》，《植物资源与环境学报》2006 第 15 卷第 4 期。

⑤ 甘炳春、李榕涛、杨新全：《用民族植物学观点分析黎族与植物资源的关系》，《植物资源与环境学报》2006 第 15 卷第 4 期。

⑥ 郑希龙、刑福武、周劲松主编：《海南民族植物学研究》，华中科技大学出版社 2012 年版。

黎族、苗族药用植物进行编目，对重要的民族植物的中文名、学名、当地名、植物特征、生境、产地和民间应用进行详细介绍，为以后从事相关研究的学者提供了非常重要的参考资料。

此外，袁楠楠等人针对黎族山兰稻起源演化展开研究，认为黎族聚居区山栏稻的基因多样性低于亚洲栽培稻，而亚洲栽培稻的基因多样性低于普通野生稻；85%左右的山兰稻为偏粳型；山兰稻与广东和湖南的普通野生稻亲缘关系较近，而与海南的普通野生稻的亲缘关系较远，推测黎族的山兰稻可能起源于广东和湖南的普通野生稻。①

（3）哲学、宗教学进路

人与自然的关系长期得到哲学学科的关注，海南黎族民众与自然的关系同样不能例外，成为海南地方哲学学者思考的重要对象，由此产生的对黎族生态的研究也形成了一定的规模，值得关注。

早在20世纪90年代初，从事中国少数民族哲学研究的学者开始关注黎族的自然观等哲学、伦理学问题。在这些学者看来，黎族朴素的自然观包括了对世界本源、时空、运动、规律和意识能动性等方面的认识。其中，部分内容涉及黎族民众对自然界的认识与利用，认为黎族民众不仅对自然有着朴素的认识，而且还运用对自然的反映、利用通过多次检验得来的认识来指导自己的生产和生活过程，能动地认识世界和改造世界。② 在同一书中，两位作者提出，黎族信奉万物有灵，"神""鬼"不分，"善鬼""恶鬼"不分，并且分别对天鬼崇拜，地鬼崇拜，山鬼崇拜，水鬼崇拜，火鬼、灶鬼崇拜，以及各种各样的无机物崇拜和动植物崇拜进行了分门别类的介绍③，极大地方便了从事黎族自然崇拜研究的专家学者。

作为海南岛内"黎学"研究的重要代表人物之一，琼州学院陈立浩教授非常重视黎族生态研究。在其所主持的500万字的《中国黎学大观》工程中，生态与历史、文化、社会、文艺一起并列为五大卷之一，将极大地推动黎族生态研究。作为研究者，陈立浩教授从马克思主义生态哲学和生态美学角度出

① 袁楠楠：《基于黎族传统知识的水稻基因多样性研究》，硕士学位论文，中央民族大学，2012年；袁楠楠、魏鑫、薛达元、杨庆文：《海南黎族聚居区山栏稻的起源演化研究》，《植物遗传资源学报》2013第14卷第2期。
② 王养民、马姿燕：《黎族文化初探》，广西民族出版社1993年版，第10页。
③ 王养民、马姿燕：《黎族文化初探》，第147—157、169—175页。

发，探究了黎族古代纺织艺术折射出的古朴的生态理念，提出了"自然界给予人的一切"，回应了马克思所讲的"人靠自然界生活"，恩格斯所说的人"属于自然界，存在于自然界"的生态哲理。① 在另一篇文章中，陈教授将黎族民众对竹、木棉树、野芭蕉和番薯的崇拜视为图腾崇拜，认为这些自然之物是黎族先民心目中的绿色植物图腾信仰，反映了黎族先民顺从、尊重自然，与自然协调相处的原始生态意识。②

在陈立浩先生的倡导和指引下，海口经济学院傅治平等人开始下大力气从事"黎族生态"研究，甚至还申报获得了国家社科基金项目"黎族生态与文化"。傅治平认为，研究黎族居住地的生态，研究黎族人与生态相谐而形成的生态文明，不仅为海南建设生态示范区提供参考，也为研究其他少数民族生态提供借鉴。对黎族生态的研究，应按照大生态的思路来研究黎族生态，不能仅仅局限于自然生态圈的探讨，思维的触角也要延伸到社会生态圈与精神生态圈。③ 特别是要找出三个生态圈互抳到动的交集与共融点，将黎族地区所具有的自然生态环境、黎族社会的基本状态、黎族社会心理的基本构筑进行综合性分析，将其与黎族地区的生态环境、生态资源紧密联系起来，从中找出保持黎族生态良性发展的理想路径。④ 自然生态在黎族生态中处于基础地位，黎族地区的生态环境，关系到整个海岛的生物多样性维持与保护、水源涵养、水资源保护，也关系到海南岛对生态环境问题解决的能力。然而，当今黎族地区的自然生态却面临着多重困境，生态保护与利用的"两难"难以找到好的契合点。因此，针对不同的生态功能区，可以将黎族地区的生态环境的保护和利用，分成禁制性利用、保守性利用、限制性利用和开发性保护四种模式。⑤

在上述三大类研究之外，还有一些研究成果涉及黎族生态问题，如詹贤武归纳了黎族地区普遍存在的山林刀耕火种型、山地耕牧型、山地耕猎型、丘陵稻作型等4种经济文化类型，认为这些经济文化类型具有地域特色，不仅适应了黎族地区以台阶、丘陵和山地为主的自然生态环境，而且增加了黎族民众谋

① 陈立浩：《古老的纺织艺术 古朴的生态理念——试论黎族古代纺织文化的生态价值》，《琼州学院学报》2008 年第 4 期。
② 陈立浩、于苏光：《黎族图腾文化折射出的原始生态意识》，《新东方》2009 年第 11 期。
③ 傅治平、于苏光：《黎族生态摭谈》，《琼州学院学报》2011 年第 2 期。
④ 傅治平：《大生态视野下的黎族生态》，《琼州学院学报》2011 年第 4 期。
⑤ 傅治平：《黎族自然生态的保护与利用》，《琼州学院学报》2012 年第 4 期。

求生存的最大可能。① 再比如陈兰从海南黎族的民间谚语出发，从天气、物候、时令和农林等各个层面，探究黎族人民的生态理念和生态意识。② 诸如此类的研究，都从某个独特的角度切入，为从事黎族生态研究的后来者提供了前期理论洞察和资料参考。

3. 其他民族生态研究

（1）侗族生态研究

关于侗族生态研究，在吉首大学杨庭硕、罗康隆教授的带领下，在崔海洋、罗康智等一大批研究者的参与下，目前已经多有建树。不过，这些研究有的针对整个侗族进行论述③，有的针对湖南、贵州两省展开个案研究④，针对广西侗族展开的生态研究目前还比较少见。不过，也有一些论著或多或少述及广西侗族人与自然之间关系，在此，一并予以介绍。

在早期的研究中，一些学者从宗教信仰的角度出发，研讨了广西侗族的蛇崇拜、鱼崇拜⑤等，对岭南侗族民众与这些动物之间的关系有一定的揭示。时至今日，对广西侗族与自然关系的研究更为深入，特别是个案研究对生态的关照更加到位。如吴婷婷以侗族稻田养鱼的传统生计模式为对象，选择三江侗族自治县晒江村为田野点，从侗民的信仰、社区生活、村寨权力以及宗教仪式去阐释其生态价值观，揭示出传统农业所蕴含的生态智慧。⑥ 再比如李婉婉以三江侗族自治县车寨村为例，从自然存在物"水"的象征角度入手，探讨了当地侗族对水的认知与生命轮回观⑦，象征人类学的意味非常明显。同样是以车寨村为田野点，谢耀龙则对当地侗族的自然崇拜与生态伦理

---

① 詹贤武：《黎族经济文化类型与文化圈的空间分布》，《新东方》2014 年第 3 期。
② 陈兰：《黎族民间谚语映射出的生态意识》，《琼州大学学报》2010 年第 1 期。
③ 代表性成果如杨庭硕《地方性知识的扭曲、缺失和复原——以中国西南地区的三个少数民族为例》，《吉首大学学报》（社会科学版）2005 年第 2 期。罗康隆：《论侗族民间生态智慧对维护区域生态安全的价值》，《广西民族研究》2008 年第 4 期；《侗族传统生计方式与生态安全的文化阐释》，《思想战线》2009 年第 2 期等。
④ 代表性成果如崔海洋《人与稻田：贵州黎平黄岗侗族传统生计研究》，云南人民出版社 2009 年版；罗康智、罗康隆：《传统文化中的生计策略——以侗族为例案》，民族出版社 2009 年版等。
⑤ 陈维刚：《广西侗族的蛇图腾崇拜》，《广西民族学院学报》（社会科学版）1982 年第 4 期；《广西侗族的鱼图腾崇拜》，《广西民族研究》1990 年第 4 期。
⑥ 吴婷婷：《禾中之鱼——侗族传统生计中的生态适应研究》，硕士学位论文，广西民族大学，2010 年。
⑦ 李婉婉：《水中乾坤：侗族对水的认知与生命轮回观——以广西三江侗族自治县车寨村为例》，《民间文化论坛》2015 年第 2 期。

观多有揭示，认为当地主要存在草木崇拜和山石崇拜两种自然崇拜形式。①

此外，陈容娟以三江高定村侗族为例，分析了该地民间流传故事中蕴含的生态伦理观，如"大树和石头变男子的故事"意味着人类利用和改造自然；"山兄弟和宝山神的故事"意味着人与自然和谐相处；"打夜枭的故事"意味着破坏生态平衡会遭到惩戒。②虽然整项研究还不够深入，但却在该类型研究上做出了探索。

（2）毛南族生态研究

关于毛南族生态研究，早期都是不自觉地进行的，近年来才出现多种学科进路的深入研讨。早在20世纪80年代末，蓝树辉就撰文探讨毛南族的原始宗教，对毛南族的石山崇拜、水神崇拜、火神崇拜、树神崇拜、虎崇拜、牛崇拜等自然崇拜现象进行总结，并提出毛南族的自然崇拜与他们落后的生产方式和认识水平有着密切关系。③

进入21世纪以来，多种学科进路的毛南族生态研究开始出现。民族学者黄润柏以环江南昌屯毛南族为例，分析了当地的土地资源及生态环境特征，认为该地石山绵亘，资源稀缺；森林覆盖率低，生态环境脆弱；自然灾害频繁。面对这些生态现实，当地要实现资源与生态的永续利用，就必须鼓励劳动力外出转移和推广各类适宜技术④。伦理学者李广义提出，毛南族传统生态伦理文化主要表现在精神文化与制度文化两个领域，具有鲜明民族性和地域性色彩，深刻体现了毛南族的生态伦理智慧，有助于促进该区域的生态文明建设。⑤民族艺术学者吕瑞荣从生态美学的角度切入，不仅分析了毛南族神话的生态源流，而且以毛南山乡整体生态系统为背景探讨了毛南族的孕育与发展图式，深入地揭示了毛南族传统文化的生态内涵。⑥民族植物学者洪丽亚等对广西环江毛南族药用植物的传统知识及资源现状进行了调查，认为毛南族虽然拥有丰富

①　谢耀龙：《侗族传统村寨中的灵魂观与信仰礼俗研究——基于广西三江县车寨村的调查》，《重庆文理学院学报》（社会科学版）2016年第6期。

②　陈容娟：《侗族民间故事中蕴含的生态伦理观研究——以柳州三江县高定村为例》，《柳州师专学报》2015年第2期。

③　蓝树辉：《毛南族原始宗教初探》，《广西民族研究》1989年第4期。

④　黄润柏：《毛南族的资源生态、土地制度与农民收入的变迁——广西环江南昌屯毛南族社会经济发展状况个案研究之三》，《广西民族研究》2005年第1期。

⑤　李广义：《广西毛南族生态伦理文化可持续发展研究》，《广西民族研究》2012年第3期。

⑥　吕瑞荣、谭亚洲、覃自昆：《毛南族神话的生态阐释》，广西人民出版社2012年版；吕瑞荣：《神人和融的仪式：南族肥套的生态观照》，中国社会科学出版社2014年版。

的药用植物传统知识，但随着拥有者年龄的老化而正在走向消亡。[1] 还有一些研究者从人地关系的角度切入，探讨了广西环江毛南族的生存环境、生产方式，认为毛南族在传统的自然和社会环境中生成的传统文化，蕴含着丰富的人与地理环境的关系的意识和观念，为后人提供了可借鉴的经验。[2]

此外，中国科学院亚热带农业生态研究所从 20 世纪 90 年代开始就关注环江毛南族自治县境内的喀斯特问题，后来还在当地建立了环江喀斯特生态系统观测研究站。该站一些研究人员实施了一批重大研究项目，发表了许多喀斯特生态研究的论著，对其他学科从事毛南族生态研究的学者有一定的参考价值。

（3）仫佬族生态研究

关于仫佬族生态研究，早期同样是不自觉地进行的，基本上没有专题性研究论文见刊。进入 21 世纪第二个十年以后，随着从事仫佬族研究的学者的增多，研究的视域也逐渐拓展到民族生态学层面。

李大西教授专注于挖掘仫佬族文学中生态智慧，举凡小说、喜剧、散文、民间故事，都写过专题文章进行探讨，其中尤以对仫佬族民间故事中的生态智慧的研究最为重要。在李大西看来，仫佬族民间故事丰富多样，特色鲜明，蕴藏着仫佬人独到的生态智慧：不仅体现着仫佬族民众人与自然的互惠观，而且体现出人们对自然事物之间整体关联的直觉与体认。[3] 无独有偶，阳崇波则希望从仫佬族民族习俗中挖掘其生态意识，发现仫佬族习俗中蕴含着人与自然相互关联、顺应自然善用万物、尊重自然感恩万物、保护自然和谐相生的生态意识。这些意识对调适和整合仫佬族人与自然关系非常重要，同时对保护仫佬族地区的生态环境也起了积极的作用。[4] 此外，熊晓庆曾对仫佬族的森林崇拜进行了梳理，对我们认识仫佬族民众与森林的相互依存、相互信任的和谐关系有一定的价值和意义。[5]

---

[1]　洪利亚、黄焜慧、谷荣辉、韦善君、黎平、郭志永、刘博、龙春林：《广西毛南族药用植物传统知识调查》，世界中医药学会联合会中医药传统知识保护研究专业委员会第一届学术年会暨中国中医科学院第二届中医药文化论坛论文集，北京，2013 年 12 月。

[2]　和跃、杨叶华、谭梦园：《毛南族人地关系研究——以环江毛南族自治县为例》，《价值工程》2013 年第 11 期。

[3]　李大西：《仫佬族民间故事中的生态智慧》，《群文天地》2011 年第 18 期；李大西：《仫佬族文化的生态智慧》，民族出版社 2018 年版。

[4]　阳崇波：《仫佬族习俗中的生态意识》，《广西民族师范学院学报》2014 年第 1 期。

[5]　熊晓庆：《山乡树韵——广西民间森林崇拜探秘之仫佬族》，《广西林业》2013 年第 12 期。

在正式出版物之外，有 3 篇学位论文值得关注。陶玉华博士研究的是罗城仫佬族自治县人工林、神山和荒山 3 种不同的土地利用方式及其碳储量，虽然该研究采纳的是自然科学的研究范式，但却对民族因素予以关注。该研究选择罗城宝坛乡四堡村为田野点，对该村周边的三座神山和附近的荒山进行了详细的田野调查、记录、分析，认为两者之间对比明显，前者郁郁葱葱，后者植被稀少，其原因在于神山受到仫佬族等少数民族朴素生态伦理的保护，这才使得神山森林生态系统严酷喀斯特环境下很好地保存至今，这对村社水平的森林植被保护具有重要意义。① 同样采用自然科学范式，胡仁传主要对罗城药用植物资源进行调查研究，结果发现：罗城仫佬族传统药用植物种类组成丰富，隶属 133 科 353 属 464 种，但传统药用植物优势科现象不明显，仅菊科（28 种）和蝶形花科（23 种）具有较多的物种，说明仫佬族对药用植物的使用并非局限于某些植物类群，对药用植物的选择表现出一定程度上的广泛性和多样性。② 另一篇学位论文采纳的是典型的民族学人类学进路，该文以罗城仫佬族矿区"煤"到机制炭的能源转变为切入点，深入分析了仫佬族地区的资源开发与环境变迁，有助于加深我们对仫佬族民众与自然之间关系的认识。③

（4）水族生态研究

由于广西水族人数少，且分散居住，故学术界关注不多，生态研究的内容更是罕见。卢敏飞先生曾到融水朱砂村做过调查，对当地水族的物质生活、传统节日、宗教信仰等有所论述，其中部分内容涉及当地水族与自然之间的关系。④ 熊晓光撰文介绍过广西水族的森林崇拜⑤，对我们认识水族民众与森林之间的关系有一定的参考价值。

（二）岭南苗瑶语民族生态研究回顾

作为中国古代南方三大民族集团之一，苗瑶语民族是中国南方民族研究不可回避的研究对象，因此，民国初期以来多有研究成果问世。在此，仅就与民族生态有关者展开回顾与分析：

---

① 陶玉华：《广西罗城不同土地利用方式与林地碳储量的变化研究》，博士学位论文，中央民族大学，2012 年。
② 胡仁传：《广西罗城仫佬族自治县药用植物资源调查研究》，硕士学位论文，广西师范大学，2014 年。
③ 杨菁华：《从"煤"到机制炭：仫佬族资源观念与环境变迁研究》，硕士学位论文，广西民族大学，2014 年。
④ 卢敏飞：《广西融水水族生活习俗调查》，《广西民族研究》2001 年第 2 期。
⑤ 熊晓庆：《山林树木共为邻——广西民间森林崇拜探秘之水族》，《广西林业》2014 年第 3 期。

1. 瑶族生态研究

岭南是瑶族的主要聚居区。在广东、广西境内，有 8 个瑶族自治县，1 个壮族瑶族自治县，1 个各族自治县，其自治民族都包含瑶族在内。因此，只要针对瑶族整体展开的通论性论述，都在本小节梳理之列。而那些湖南、贵州、云南等地瑶族生态的研究，则不纳入本小节梳理范围之内。

（1）民族学人类学进路

真正意义上的瑶族研究始于 20 世纪 20 年代后期，中山大学《语言历史研究所周刊》1928 年 7 月第 3 卷第 35、36 期分别发表了钟敬文的《西南民族起源的神话——盘瓠神话读后》、余永梁的《西南民族起源的神话——盘瓠》。与此同时，开始有学者采用民族学人类学的调查研究方法对瑶族展开实地调查研究，产出了《广西凌云瑶人调查报告》等重要的民族志作品。后来，徐益棠在对大瑶山瑶民进行调研时，曾经撰文介绍当地瑶民的村落、住屋、经济生活等，其中部分内容涉及瑶民对当地自然环境的认知和对动植物资源的利用，对后来者从事瑶族生态研究有一定的参考价值。

早在 20 世纪 80 年代初，日本学者竹村卓二从生态学角度分析了瑶族刀耕火种策略的社会适应性，认为瑶族各集团与居住在平地的汉族社会之间通过生产物的交换形成了相互依存的"共生关系"。而过山瑶虽然以"板瑶""山子瑶""盘古瑶"等各种名称散居在各地，但他们没有表现出对土地的依赖，而是普遍采用刀耕火种的生产策略，避免了人口的局部集中，以小规模的村落为单位，表现出丰富可塑性的适应能力，因此，从生态学的角度来看，"过山型"为极优秀的适应形态，是适应当地生态环境的优秀选择。[①]

不过，国内民族学人类学界自觉地从生态学角度对瑶族展开较为深入的研究则要迟至 21 世纪之初。2003 年，广西民族大学张有隽教授撰文提出，瑶族在生态环境驱逼下形成了自己的吃山过山的生计策略。这一策略的主要内容包含迁徙中聚落模式构建、刀耕火种作物安排、劳动组合、交易方式、易地迁徙方式等精心考虑，围绕这一策略还产生了相应的习俗信仰。因此，"过山瑶"的生计方式是一个由生产、习俗、信仰相配合而运作的完整系统。[②]

①　［日］竹村卓二：《瑶族的社会生态学背景与亚种族分支》，《民族译丛》1988 年第 4 期；《瑶族的历史与文化：华南、东南亚山地民族的社会人类学研究》，金少萍、朱桂昌译，民族出版社 2003 年版。

②　张有隽：《吃了一山过一山：过山瑶的游耕策略》，《广西民族学院学报》（哲学社会科学版）2003 年第 2 期。

在此以后，一些学者针对不同支系和区域的瑶族展开研讨，形成了一些独具特色的看法。张健以全州东山瑶族为例，认为东山瑶族生存、生活过程中，对周遭环境及环境变化产生各种不同的反应和多种多样的适应性，这种适应性反映在他们的生活方式、神话传说、宗教信仰、村规民约等民俗文化中，反映了东山瑶组人与自然同为一体、合理适度利用自然资源、自然是保护神等生态意识。① 刘代汉、何新凤等以桂林山区瑶族为例，认为他们在长期的生产生活中形成了祭祀山神、打和山、不杀孕兽等狩猎传统习俗，这些习俗中蕴含着敬畏自然、顺应自然、关爱生命等生态意识，是瑶族优秀森林文化的重要组成部分，对现代生态文明建设具有重要作用。② 吴声军以富川枫木坪村为例，认为瑶族文化在适应所处生态环境中积累了丰富的地方性生态知识，包括对不同生态系统的认知、对生物物种的认知及其互动关系的把握、对生物资源的合理利用，等等。尽管当地瑶族乡民仍然在继续着"刀耕火种"的传统生计，但凭借丰富的生态知识和生态智慧，完全做到了对资源的有效利用和对生态系统的精心维护。③ 廖建夏提出，都安、大化、巴马一带的布努瑶过着游耕兼狩猎的生活，其在适应所处生态环境的过程中积累了丰富的地方性生态知识，其中，在野生植物采集与种植、野生动物捕猎与驯养、水果酿酒、淀粉加工、造纸等对非木材林产品利用上有着自己独特的经验。只有发掘和利用布努瑶传统的生态智慧和技能，逐步改变布努瑶的资源利用方式，当地脆弱的生态系统才可能支持布努瑶的可持续发展。④ 罗康隆、彭书佳以广西都安布努瑶为例，认为当地布努瑶族面对其脆弱的生态系统，在长期的生产生活中创造出了一套适应于当地生存环境的传统生态智慧和技术技能，从而使本民族得以发展延续，并凭借这样的生态智慧和技术技能有效地控制了石漠化灾变，化解了生存环境中的结构性缺陷，使得看似极不有利于人类生存的环境也能成为可以利用和改造的家园。⑤ 韦浩明则根据贺州土瑶的案例进行论述，认为贺州土瑶经过长期实践

① 张健：《东山瑶民俗文化中的生态适应及生态意识》，硕士学位论文，广西师范大学，2005 年。

② 刘代汉、何新凤、吴江萍、蒋家安：《桂林瑶族狩猎传统习俗中的生态意识及其社会功能》，《桂林师范高等专科学校学报》2010 年第 3 期。

③ 吴声军：《南岭瑶山传统生计中的生态智慧——以都庞岭枫木坪村为例》，《原生态民族文化学刊》2011 年第 3 期。

④ 廖建夏：《布努瑶对喀斯特地区非木材林产品的利用》，《创新》2012 年第 6 期。

⑤ 罗康隆、彭书佳：《民族传统生计与石漠化灾变救治——以广西都安布努瑶族为例》，《吉首大学学报》（社会科学版）2013 年第 1 期。

和经验积累，创造了"定居轮耕、刀耕火种、作物套种"等适应自然生态环境的有效生计方式，创造了一套与自然环境良性互动的生态文化体系。①

（2）民族生态学进路

早在20世纪20年代后期，对广西大瑶山的生态学研究已经开展了。1928年5月至7月、1930年春和1931年3月至5月间，中山大学生物系采集队先后3次深入广西大瑶山和广东东北部瑶族村寨采集生物标本，并且对当地瑶族的社会生产、生活习俗作了初步调查，庞新民据以写成《两广瑶山调查》一书。不过，当时的研究并非自发的民族生态学进路。

早在21世纪初，周天福等人对金秀大瑶山茶山瑶民"鸟盆"狩猎活动区域的鸟类食物源植物进行了多年调查，发现"鸟盆"狩猎区秋冬季鸟类取食果实、种子的植物有28科71种（当地称为"鸟果"树），而"鸟盆"狩猎活动所需的"鸟漆"（粘捕鸟类的粘胶）则是用9种冬青科植物的树皮制作而成，其果实、种子亦是"鸟盆"狩猎活动区鸟类的主要食物。因此，应当加强"鸟盆"狩猎区鸟类食物源植物及其生态保育。②

曹明等人采用民族植物学的研究方法和手段，对恭城瑶族境内周期性集市药用植物及相关的传统知识进行了调查，认为恭城瑶族民众与野生药用植物的关系极为密切，研究地区集市中常见药用植物71种，均为野生植物，常用于治疗肠胃、呼吸道、感染、风湿和外伤等疾病。③ 在另外一篇文章中，曹明等人对上思县南屏瑶族传统药用植物知识进行了实地调查，内容主要包括物种信息、利用方式与资源现状，认为野生药用植物是南屏瑶族民众日常生活中一类重要的植物资源，常见的有118种，主要用于治疗胃痛、腹泻、呼吸道感染、风湿关节痛和外伤等疾病，并提出了合理开发利用南屏瑶族传统药用植物资源的建议。④

在曹明的指导下，硕士研究生何海文以上思县南屏瑶族乡常隆村瑶族为例，对当地瑶族的81科176种传统药用植物、染色植物及食用植物进行民族

---

① 韦浩明：《生态环境与贺州土瑶的文化适应》，《贺州学院学报》2015年第1期。

② 周天福、安家成、兰玲、谭海明、杨善云、李国诚：《金秀大瑶山瑶民鸟盆狩猎区鸟类食物源植物及生态保育》，《广西植物》2010年第30卷第2期。

③ 曹明、曹小燕、曹利民、席世丽：《广西恭城瑶族集市药用植物的民族植物学调查》，《植物分类与资源学报》2012年第34卷第1期。

④ 曹明、苏礼英、明新、陈建设：《广西上思南屏瑶族传统药用植物知识的民族植物学调查》，《内蒙古师范大学学报》（自然科学汉文版）2016年第2期。

植物学编目，归纳了当地瑶族命名植物的 4 个特点：借助汉语对植物进行命名；根据植物的形态与用途命名；根据植物功效强弱命名；同药异名，同名异药。同时，并运用打分排序法评估提选出异叶泽兰和红菇具有较高的食用价值和野外驯化培植的潜力，聚花海桐、类卢、四方藤等 10 种植物具有较高的医药价值和开发潜力。[①]

(3) 宗教学、伦理学进路

在宗教研究方面，张有隽先生很早就对瑶族的自然崇拜、图腾崇拜、鬼魂崇拜等展开研究，对认识瑶族民众与自然之间的关系有一定的参考价值。[②] 唐永亮在研讨桂北瑶族鬼文化时，曾对桂北瑶族的自然崇拜有过较为深入的论述，认为当地瑶族自然崇拜的对象主要是高山、幽谷、怪石、古木，反映了当地瑶族的万物有灵观念，是人与自然变形组合的一种方式。[③]

在伦理学进路方面，安丰军提出，瑶族的林木生态伦理思想极富地域特色和民族个性，在生产中除体现在利用森林资源实行"游耕"以满足人们基本的生活需要外，还从维护人与森林生态平衡的角度，有节制地进行保护性砍伐，以实现人与自然的和谐相处；在生活层面，蕴含于服饰文化中的"和谐共融"思想、在饮食中形成的"靠山吃山"传统和在民居中体现的"天人合一"思想，既是瑶族生态伦理思想的展现，也是体现了人与自然的和谐共处。而在思想层面上，瑶族对自然界的畏惧和崇敬心理，蕴含着丰富的生态伦理思想，并从客观上为瑶族生态环境的维护起到了重要的作用。[④] 覃康聪挖掘内含于贺州土瑶同胞生产、生活方式和生育、丧葬礼俗及民间信仰中的生态伦理，认为土瑶生态伦理是土瑶人适应生存环境的结果，是土瑶人谋生智慧的结晶，可以为处理人与自然关系提供模式借鉴。[⑤] 而洪克强则以粤北瑶族为研究对象，认为粤北过山瑶和排瑶的传统文化，蕴含着尊重他者的"客民"意识、崇尚"和合"的共生期盼、眷恋故园的返乡情结，体现了瑶族在处理人与自然、人与社会、肉体与

① 何海文：《广西瑶族民族植物学研究——以上思县南屏乡常隆村为例》，硕士学位论文，广西师范大学，2014 年。

② 张有隽：《瑶族宗教信仰史略（一）》，《广西民族学院学报》（哲学社会科学版）1981 年第 3 期。

③ 唐永亮：《人与自然组合的变形——谈桂北瑶族鬼文化》，《广西民族研究》1993 年第 2 期。

④ 安丰军：《瑶族林木生态伦理思想探析》，《广西民族大学学报》（哲学社会科学版）2011 年第 6 期。

⑤ 覃康聪：《土瑶生态伦理研究》，硕士学位论文，广西师范大学，2014 年；《浅谈贺州土瑶生活方式中的生态伦理思想》，《学理论》2015 年第 20 期；《广西贺州土瑶生态伦理面临的困境及出路》，《边疆经济与文化》2015 年第 9 期。

灵魂关系问题上的质朴的生态智慧，可以为当前山区的生态文化建设提供一种本土精神资源的支持。[①]

此外，郑维宽从环境史进路出发，提出广西瑶民自宋以来对山区林木资源的利用经历了从简单采伐天然林向人工栽培用材林、经济林的转变，促进了山地生态系统的变迁；而清代玉米和番薯的引种并推广，很快成为瑶民改造广西山地生态环境的利器，重塑广西山地生态环境的面貌。[②]

2. 岭南苗族生态研究

根据竹村卓二的看法，虽然苗族在语言和民族起源方面与瑶族有着几乎相同的经历，但苗族则以内陆干燥的云贵高地为主要势力圈，所选择的基本上都是汉族开发迟缓的边缘地带。[③] 而岭南苗族除隆林各族自治县境内与上述主流苗族类似之外，一部分居住在融水大苗山和越城岭周边的山区，另一部分迁徙到海南岛中部山地，其周边生态环境与其他众多苗族差别很大。考虑到上述区别，本文仅对苗族生态研究通论和岭南苗族生态研究进行梳理，而暂不考虑贵州、湖南等地的苗族生态研究。

在苗族生态研究通论方面：潘定智认为，苗族的全部历史，就是不断被压迫被驱赶，不断改善生态环境，不断适应新的环境的历史。而封闭的环境形成封闭的文化，支系众多，语言习俗有所区别，形成苗族内部的文化隔离；对先进的汉文化采取排拒态度，加强了隔离机制；深居山区，大山阻隔，交通不便，形成了自然隔离。[④] 康忠慧从观念层面、制度层面、物质层面三个方面梳理了苗族的传统生态文化，认为苗族传统生态文化具有自发性与素朴性、普遍性与权威性、宗教性与实用性等鲜明的特征，能够为可持续发展战略的实施以及和谐社会建设提供有益的借鉴。[⑤] 罗义群提出，苗族的生态道德观把生态道德的视野从人与人的关系扩展到人与自然、一切生物与自然界；认为人与自然都具有外在的价值与内在的价值；认为人是具有理性思维的动物，肩负着维护生态平衡和促进与自然共生共荣的道德代理者的职责。[⑥] 同时，罗义群还对苗

---

① 洪克强：《粤北瑶族文化中的生态精神及其启示》，《广东技术师范学院学报》2016 年第 7 期。

② 郑维宽：《论宋代以来广西瑶族的山地开发及其对生态环境的影响》，《农业考古》2012 年第 1 期。

③ ［日］竹村卓二：《瑶族的历史与文化：华南、东南亚山地民族的社会人类学研究》，第 52 页。

④ 潘定智：《苗族文化生态研究》，《贵州民族研究》1994 年第 2 期。

⑤ 康忠慧：《苗族传统生态文化述论》，《湖北民族学院学报》（哲学社会科学版）2006 年第 1 期。

⑥ 罗义群：《论苗族的生态道德观》，《贵州社会科学》2009 年第 3 期。

族本土生态知识进行了较为深入的探讨，认为苗族本土生态知识是该民族关于生命形态的认知与描摹，采用的基础知识、阐释、思路基本上是从鸟与树的生息繁衍中总结出来的。[1] 其中，有一类带技术性的本土知识有助于石漠化救治和森林生态的恢复，但尚未得到推广，因此，应加强对苗族本土知识的发掘利用，实现本土知识与普同性知识的并存与互补。[2]

在岭南苗族生态研究方面，成果比较少。吴承德、贾晔主编的著作对融水苗族的药材资源及其分布、苗医用药特点、苗药采集、独特的苗族民间疗法、苗山苗药的生境等进行了较为详细的介绍，有一定的民族植物学和民族医药学价值。[3] 郑希龙、刑福武、周劲松主编的《海南民族植物学研究》一书虽然主要围绕黎族进行研究，但对海南苗族的传统药用植物、庭园植物、集市植物等进行了民族植物学研究，对认识海南苗族民众与自然之间的关系有一定的价值[4]。姚老庚、熊晓庆从森林崇拜的角度概述了广西苗族的名树古木崇拜、枫树崇拜、神秘"水口林"以及保护山林的村规民约，对研究广西苗族民众与森林之间关系有一定的参考价值。[5] 朱斯芸围绕"芒哥节"的起源来探讨融水苗族的生态观，认为芒哥节的形成与发展是广西融水苗族自然环境、人文内涵、历史沉积的自然性产物，象征了广西融水苗族文化的生态整体性与和谐性。芒哥节对生态观念的契合不仅显示在内容层次，更在形式层次得到了充分的诠释和注解，其本身所蕴含的广西融水苗族人民生态观念，是后现代语境下艺术生产、社会发展以及人类精神领域反思与塑造的借鉴与标榜。[6]

3. 岭南畲族生态研究

相对浙江、福建的畲族来说，岭南地区的畲族在人口数量上显得很少，且没有民族自治地方，处于散杂居状态，因此，历来岭南畲族研究不是特别繁荣，更未出现专门的生态研究专论。不过，却有少数学人对整个畲族生态展开过研讨，现介绍如下：

① 罗义群：《关于苗族本土生态知识的文化阐释》，《六盘水师范高等专科学校学报》2009 年第 1 期。

② 罗义群：《苗族本土生态知识与森林生态的恢复与更新》，《铜仁学院学报》2008 年第 6 期。

③ 吴承德、贾晔主编：《南方山居民族现代化探索——融水苗族发展研究》，广西民族出版社 1993 年版。

④ 郑希龙、刑福武、周劲松主编：《海南民族植物学研究》，华中科技大学出版社 2012 年版。

⑤ 姚老庚、熊晓庆：《青山里的苗族人家——广西民间社会森林崇拜探秘之苗族》，《广西林业》2013 年第 8 期。

⑥ 朱斯芸：《广西融水芒哥节的起源与生态观——基于生态学的视野》，《广西职业技术学院学报》2013 年第 6 期。

林茜茜从环境法学的角度对畲族环境保护习惯及其特点进行研讨，认为畲族的环境保护习俗是畲族习惯法的重要组成部分，是畲族人民智慧的结晶，体现了畲族人民先进的自然观念和法律观念。① 雷伟红认为，畲族的生态伦理具有两方面的内涵，通过宗教信仰和禁忌形成了保护生态环境的内在的自律性，制定保护环境的习惯法形成了保护生态环境的外在的他律性，两者同时发挥作用，有效地保障了畲族地区的生态环境，形成了畲族关于人与自然和谐相处、协调发展的生态理念。② 徐志成从宗教信仰、自然禁忌、农耕种植、饮食建筑等方面归纳了畲族的生态伦理，认为畲族生态伦理的四个主要特征是：依赖自然、保护自然的伦理意识；宗族观念与生态伦理的融合；生态伦理与生活理想的统一；生活、生产、生态"三位一体"的生态伦理结构。③

（三）岭南其他少数民族生态研究回顾

1. 岭南京族生态研究

京族是个跨国民族，而且在越南国内属于主体民族。限于篇幅和能力，本项研究仅对岭南京族展开回顾，且主要围绕"生态"展开。下面分别从民间文艺、民族习惯法、民族植物学三种进路进行介绍。

民间文艺学进路：陈丽琴认为，京族民间文艺的生成、发展与自然生态环境之间有着密切关系。京族民间文艺作品体现了人们独特的生态意识，自然环境对京族民间口承文艺、民间舞蹈、服饰艺术以及民间工艺的产生与传承具有深刻的影响，造就了京族民间文艺的独特风格，没有京族地区独特的生态环境，其民间文艺也就失去所赖以产生的土壤。④ 在另外多篇文章中，她和她的学生还对京族独弦琴艺术、服饰、民歌、嘞字史歌与生态环境之间的关系展开研讨⑤，拓展了京族生态研究的领域和范围。

民族习惯法进路：王小龙从法学的角度研讨京族民众对自然资源的保护，他认为，京族习惯法自然观的本质是把自然世界"神灵化"。以《封山育林保

---

① 林茜茜：《论畲族环境保护习惯的地位与命运》，《重庆科技学院学报》（社会科学版）2012年第3期。

② 雷伟红：《畲族生态伦理的意蕴初探》，《前沿》2014年第4期；《畲族生态伦理的内涵解读》，《民间法》第十四卷，厦门大学出版社2014年版，第147—153页。

③ 徐志成：《畲族生态伦理研究》，硕士学位论文，浙江财经大学，2015年。

④ 陈丽琴：《京族民间文艺与自然生态》，《钦州学院学报》2012年第1期。

⑤ 陈丽琴：《京族独弦琴艺术生态研究》，《广西民族大学学报》（哲学社会科学版）2013年第2期；陈丽琴，林信炜：《论京族服饰与生态环境》，《钦州学院学报》2015年第12期；魏淑娟：《京族民歌的生态研究》，硕士学位论文，广西民族大学，2010年；徐少纯：《京族嘞字史歌生态研究》，《柳州师专学报》2013年第4期。

护资源禁规》为代表的京族保护自然资源习惯法，体现了京族习惯法"神灵化"自然观的生态伦理，其具体规范有习惯法与制定法互动、财产性惩罚与精神性赎罪结合、惩罚性措施与奖励性措施并行等的特征。总体而言，京族习惯法为保护当地的自然资源发挥了重要作用。①

民族植物学进路：杜钦等人用民族植物学和植物分类学方法，调查京族民俗文化中的红树林植物种类，记录植物具体用法与文化意义。研究发现：京族民俗文化中使用的红树林植物共有 14 种，其中，白骨壤、老鼠簕、红海榄是与京族民俗文化联系最紧密的三种红树林植物，有时同种植物会承担多种民俗功能。② 在另一篇文章中，杜钦等人则对京族药用红树林知识展开研究，采用民族植物学和植物分类学方法对药用红树林植物进行分类，记录其具体药用用途，并分析其生存现状及其中包含的可持续利用红树林植物资源经验，同时还发现，京族历史上依赖本民族草医的情形已经基本消失，对红树林医药的依赖性和需求性也正在消失。③

此外，有研究者通过在京族沥尾村的调查研究，提出京族人民在长期的生产生活中积累了一系列与大自然和谐相处的经验做法，在渔业、农业、居住、服饰、宗教信仰及节日等方面无一不体现人与自然的和谐。④ 还有论者从京族森林崇拜的角度切入，认为京族崇拜森林、敬养树木，源自万物皆有灵的观念；与山地民族不同的是，依海而生的京族对森林、树木的崇拜，更多体现在对林木的敬养与爱护上。⑤

2. 岭南仡佬族生态研究

仡佬族主要生活在贵州，仡佬族研究的力量也主要在贵州，因此，岭南仡佬族研究的成果一直不多，与生态有关的更是罕见。不过，由于仡佬族是个崇拜树的民族，故围绕拜树节所进行的研究，都与生态有着一定的关联。

早在 20 世纪 90 年代后期，蓝克宽就在实地调查的基础上详细介绍了仡佬

---

① 王小龙：《伦理与规范：京族习惯法对自然资源——以〈封山育林保护资源禁规〉为考察中心》，《原生态民族文化学刊》2014 年第 4 期。

② 杜钦、韦文猛、米东清：《京族民俗文化中的红树林民族植物学》，《植物分类与资源学报》2015 年第 37 卷第 5 期。

③ 杜钦、韦文猛、米东清：《京族药用红树林民族植物学知识及现状》，《广西植物》2016 年第 36 卷第 4 期。

④ 张玉华：《京族文化下人与自然的和谐——对广西东兴市沥尾村的调查》，《河池学院学报》2013 年第 3 期。

⑤ 熊晓庆：《海洋民族的绿色情缘——广西民间社会森林崇拜探秘之京族》，《广西林业》2013 年第 7 期。

族民众举行"拜树节"仪式的过程。① 熊晓庆、敖德金不仅对神秘的拜树节介绍得更为详细，而且还论述了他们对祖宗树——青冈树的祭拜情况，认为广西仡佬族通过周期性的祭山节、拜树节等自发保护林木的民间活动，形成了固定的护林机制，体现了广西仡佬族保护森林，重视生态平衡，追求人与自然相和谐的环保理念。② 郭金世、胡宝华则深入挖掘了隆林仡佬族拜树节的文化内涵及社会功能，认为仡佬族拜树节不仅是"万物有灵"观念的体现，而且是自然崇拜与祖先崇拜的结合。③

二 岭南民族地区生态文明建设研究综述

（一）壮侗语民族地区生态文明建设研究综述

在岭南地区生态文明建设研究中，有些成果直接从省级行政区域着眼，虽然没有直接指明为壮侗语民族地区，但与本课题研究有着极为密切的关系，不可不纳入前期成果梳理的视野。

早在 21 世纪之初，有见地的民族学者就开始关注岭南民族地区的生态建设问题，提出要在壮族地区建设生态文明的理念。2001 年，翁乾麟在深入调查的基础上分析了广西生态环境建设与保护面临的严峻形势，阐明了林业在广西生态环境建设与保护中的重要地位和作用，并对如何搞好广西生态环境建设与保护进行了深入的论述④。廖明君（2002）在分析壮族独具特色的自然崇拜文化与生态观基础上，提出建立科学的具有鲜明文化特征的现代生态文明，树立从被动地敬畏自然到主动地顺应自然的自然观和人与自然和谐发展的生态观，建立具有独立性、循环性和系统性的以"物我合一"为核心的天、地、人和谐共处的壮族现代生态文明，以实现红水河流域乃至壮族地区的可持续性发展。⑤ 覃德清（2006）也关注到壮族地区生态文明建设问题，并试图与小康社会建设结合起来论述，提出了一些极有参考价值的学术观点⑥。

---

① 蓝克宽：《广西吃佬族节日文化价值钩沉》，《广西大学学报》（哲学社会科学版）1998 年第 1 期。

② 熊晓庆、敖德金：《山旮旯里的敬树风尚——广西民间森林崇拜探秘之仡佬族》，《广西林业》2013 年第 11 期。

③ 郭金世、胡宝华：《隆林仡佬族拜树节的文化内涵及社会功能》，《社会科学家》2013 年第 5 期。

④ 翁乾麟：《论广西的生态问题》，《学术论坛》2001 年第 2 期；《关于广西生态环境建设与保护的几个问题》，《林业经济》2001 年第 5 期。

⑤ 廖明君：《壮族自然崇拜文化》，广西人民出版社 2002 年版，第 524—541 页。

⑥ 覃德清：《壮族文化的传统特征与现代建构》，广西人民出版社 2006 年版，第 239—257 页。

党的十七大召开后，岭南地区生态文明建设研究也逐渐热门起来，从事民族学人类学研究的学者也更多地参与进来。在广西生态文明建设研究方面：李新富、韦广雄（2009）就广西的生态文明建设和和谐社会建设之间的关系展开探讨，认为和谐社会与生态文明建设必然是同步的，和谐社会的建立必须以生态文明发展为前提，因此和谐广西的建设需要在生态文明的基本理念指导下、在建设生态文明广西的基础上不断加以推进①。朱懿、韩勇、齐先朴在阐述建设广西生态文明示范区重要意义的基础上，回顾并分析广西生态文明示范区建设的发展历程现状和成就，从五大方面提出了打造广西生态文明示范区的对策。②杨鹏、陈禹静、尚毛毛从政策创新的角度切入研究，总结了广西生态文明建设基本经验，对广西生态文明建设政策体系进行基本界定和梳理，并在此基础上提出了分区制订产业准入制度、推进污染排放权试点工作等创新政策和完善生态文明建设的综合决策机制、完善生态文明建设的规划先导机制等保障机制。③胡倩、董大为选择构建了广西生态文明的目标值指标体系，运用定性与定量、模型预测等方式分析广西生态文明建设目标，并运用集对分析模型评价广西14个市生态文明水平，提出了一些实现生态文明示范区建设目标的对策措施。④笔者以广西壮族自治区为考察中心，研究地域兼及云南省文山壮族苗族自治州和广东省连山壮族瑶族自治县，从循环经济、可再生能源、自然生态保护、生态文明制度体系、生态修复和重建、生态文明观念等8个方面总结了壮族地区生态文明建设所取得的初步成就，分析壮族地区生态文明建设面临的阻碍因素和存在问题，最后总结和归纳出壮族地区生态文明建设的基本经验和教训。在同一书中，还用5个典型案例对广西壮族地区传统生态知识、现代科学技术与生态文明建设之间的互动关系展开探讨，提出要充分挖掘壮族传统生态知识，利用其与自然和谐共生的传统技术，发扬其保护自然生态环境的传统制度，扬弃其与自然和谐共生的传统信仰体系，同时，并正视现代科学技术对生态文明建设的双重效用，既要发挥其积极效用，又要尽可能地降低其消极影响，为促进

---

① 李新富、韦广雄：《生态文明与社会和谐——兼论和谐广西建设》，《学理论》2009 年第 14 期。
② 朱懿、韩勇、齐先朴：《广西全面建设生态文明示范区的思考》，《广西科学院学报》2011 年第 2 期。
③ 杨鹏、陈禹静、尚毛毛：《基于经验总结的广西生态文明建设政策创新研究》，《广西师范学院学报》（自然科学版）2011 年第 4 期。
④ 胡倩、董大为：《广西生态文明建设指标体系研究》，《市场论坛》2012 年第 7 期。

壮族地区生态文明建设提供来自人文社会科学的独特智慧和有效路径。①

在广东壮族生态文明建设研究方面：麻国庆提出，岭南山地、珠江三角洲平原、河流以及海洋生态文明区构成了广东生态的四种类型，同时它们又与广府、潮汕、客家、疍民以及瑶、壮、畲等民族文化交叉，形成了各具特色的生态文明体系。在工业化的过程中，广东生态文明的多样性正在受到侵袭，各族群也在改变自身文化体系，以适应此过程②。陈饶对连山壮族瑶族自治县的生态文明建设现状进行分析，从生态环境建设、生态经济发展、生态文化教育事业、生态社会福利保障取得的成效进行分析，并指出其不足之处，最后针对性地提出解决方案。③

在海南黎族生态文明建设研究方面：王习明以白沙黎族自治县为个案，探讨了海南贫困山区文明生态村建设的基本做法、主要成效、存在的问题以及下一步的对策④，对海南民族地区农村生态文明建设有一定的借鉴意义。海南省生态文明研究中心主任王明初教授提出，海南生态文明建设要保护好中部山区群众利益：要把生活在生态核心区的百姓看成生态文明建设的重要参与者；在生态文明规划中强调"禁止"类语言的同时，还应有更多的"民生"类表述；按照市场原则处理生态文明建设中的矛盾，切实解决"三农"问题。⑤

要说明的是，专门从省区大范围对生态文明建设进行研究的论著还有很多，如周洪晋《海南国际旅游岛生态文明研究》（南海出版公司 2010 年版）、许桂灵著《广东生态文明论》（广东经济出版社 2015 年版）、张捷主编《广东省生态文明与低碳发展蓝皮书》（广东人民出版社 2015 年版）以及《广西生态文明与可持续发展》（中国人事出版社 2015 年版）等著作。但可惜的是，这些著作对民族因素不关注，较少涉及民族地区，故不在本项研究综述之列。

（二）苗瑶语民族地区生态文明建设研究综述

岭南苗瑶语民族地区的生态文明建设研究，在地域上主要以自治县为单位进行，研究成果比较少，重量级的成果不多。

---

① 付广华：《壮族地区生态文明建设研究——基于民族生态学视角》，广西师范大学出版社 2014 年版。
② 麻国庆：《工业化进程中的生态文明——以广东农村为例》，《广东社会科学》2013 年第 5 期。
③ 陈饶：《连山壮族瑶族自治县生态文明建设研究》，硕士学位论文，广东技术师范学院，2016 年。
④ 王习明：《海南贫困山区文明生态村建设的调查与思考——以白沙为个案》，《海南新使命：争创中国特色社会主义实践范例——海南省首届社会科学学术年会论文集（上）》，2013 年，第 157—164 页。
⑤ 王明初：《海南生态文明建设要保护好中部山区群众利益》，《今日海南》2015 年第 11 期。

　　龚政宇认为，广东省连南瑶族自治县的生态文明建设受环境、历史和生产力水平的影响，虽然生态环境综合治理取得初步成效，但还面临矿产资源开发的环境破坏、林业种植结构单一等问题，因此，需要根据当地山高坡陡等特点，改变农林种植结构，实现可持续发展。①

　　周锴成分析了广西大化瑶族自治县生态文明建设的实践与成效，认为该区域生态文明建设面临的问题和挑战还有很多，同时借鉴江苏宜兴生态文明示范区建设中的成功经验，结合现有的政策法规以及党的十八大关于生态文明建设方面的精神，从增强意识、注重创新、筹措资金、引进人才、生态重建等方面提出了推进该区域生态文明建设的对策建议。②

　　郭满女等以广西巴马瑶族自治县生态文明建设实践为个案研究，在介绍该县生态文明建设现状的基础上，对其生态文明建设存在的问题及原因进行分析，最后探讨了推进建设生态文明的建议与措施。③

　　此外，前述陈饶对连山壮族瑶族自治县生态文明建设的研究同样涉及瑶族，因前文已有所述，这里就不赘述了。

三　评述与思考

　　从以上研究回顾不难看出，虽然与本课题有关的直接研究研究成果已有一些，但总体上还比较薄弱，存在不少值得深入探讨的学术盲区，所使用的理论方法也有可以拓展之处。现具体总结如下：

　　第一，岭南民族的整体性研究过去主要体现在民族史学与民族源流史方面，尚少关注民族生态方面。就单个民族来说，壮族、黎族、瑶族的民族生态研究开展得较多，但仍然存在很多有待进一步填补的可能；苗族、侗族生态研究，因为有了湖南、贵州学者的引导和示范，我们对岭南苗族、侗族生态研究也就有了进一步细化和比较研究的动力；而仫佬族、毛南族、京族属于岭南地区独有的民族，对其开展生态学研究更是对该民族实行整体性研究的重要一环，不可或缺；岭南地区的水族、仡佬族、畲族虽然居住分散，但由于其独特的生境和生业，仍然值得我们加以探索。

---

① 龚政宇：《概述连南县的生态文明建设》，《清远职业技术学院学报》2011 年第 2 期。
② 周锴成：《广西大化瑶族自治县生态文明建设研究》，硕士学位论文，广西大学，2014 年。
③ 郭满女、程道品、易丰、唐峰陵：《西部民族地区生态文明建设实践研究——以广西巴马瑶族自治县为例》，《科技广场》2013 年第 3 期。

第二，在岭南民族传统生态知识研究方面，针对壮侗语民族、苗瑶语民族做整体性的研讨基本上还付之阙如；对岭南地区 11 个少数民族传统生态知识的研究，已涉及壮族、黎族、瑶族的传统生态知识，但数量还非常少；岭南苗族、侗族的传统生态知识，"黔湘学派"的学者虽偶有所及，但还不够深入、系统；而岭南毛南族、仫佬族、畲族、京族、仡佬族的传统生态知识，迄今尚无专门研究成果面世。

第三，岭南民族地区生态文明建设研究虽然已经有了一些研究成果，但总体上还比较薄弱，直接从少数民族视角进行研究探讨的成果更是少之又少。从涉及的学科来看，虽然科学社会主义、环境科学等学科出发的研究占一定分量，但民族学人类学出发的研究比较少，参与的深度和广度都还不够。诸如岭南侗族、苗族、京族地区生态文明建设的研究，基本上还处在空白状态，值得学术界对此展开专门探讨。

总的来看，无论是岭南民族传统生态知识的研究，还是岭南少数民族地区生态文明建设的研究，目前都还存在诸多薄弱环节，不仅缺少整体性的审视，而且针对某个具体民族、具体地域的研讨也非常不够，这与当前生态文明建设作为"五大文明建设"之一的地位悬殊甚大。更为令人可惜的是，而能够将岭南诸民族传统生态文化（知识）与当代生态文明建设联系起来的论著更是罕见。这也正是本项研究努力的方向所在。

参考文献

一　马列主义、中国特色社会主义经典著述

［德］恩格斯：《反杜林论》，《马克思恩格斯选集》第 3 卷，人民出版社 1995 年版。

［俄］斯大林：《论辩证唯物主义与历史唯物主义》，《斯大林文选》下卷，人民出版社 1979 年版。

胡锦涛：《坚定不移沿着中国特色社会主义道路前进　为全面建成小康社会而奋斗》，人民出版社 2012 年版。

习近平：《决胜全面建成小康社会　夺取新时代中国特色社会主义伟大胜利》，人民出版社 2017 年版。

《中共中央国务院关于加快推进生态文明建设的意见》，《人民日报》2015 年 5 月 6 日，第 1 版。

二　历史典籍与地方史志

（汉）班固：《汉书》，中华书局简体字本，2000 年。

（明）戴璟、张岳等：嘉靖《广东通志初稿》，《北京图书馆古籍珍本丛刊》本，书目文献出版社 1998 年版。

（明）戴燿、苏濬：万历《广西通志》，广西图书馆藏复印本。

东兴市地方志编纂委员会：《东兴市志》，广西人民出版社 2016 年版。

都安瑶族自治县志编纂委员会：《都安瑶族自治县志》，广西人民出版社 1993 年版。

广西壮族自治区地方志编纂委员会：《广西通志·民俗志》，广西人民出版社 1992 年版。

广西壮族自治区地方志编纂委员会：《广西通志·自然地理志》，广西人民出版社1994年版。

广西壮族自治区地方志编纂委员会：《广西通志·民族志》上册，广西人民出版社2009年版。

广东省地方史志编纂委员会：《广东省志·少数民族志》，广东人民出版社2000年版。

（唐）刘恂：《岭表录异》，《丛书集成新编》第94册，台湾新文丰有限责任公司1985年版。

隆林各族自治县人民政府、隆林年鉴编纂委员会：《隆林年鉴（2013—2014）》，2016年。

隆林各族自治县人民政府、隆林年鉴编纂委员会：《隆林年鉴（2016）》，线装书局2018年版。

隆林各族自治县人民政府、隆林年鉴编纂委员会：《隆林年鉴（2017）》，线装书局2018年版。

隆林各族自治县县志编纂委员会：《隆林各族自治县民族志》，广西人民出版社1989年版。

龙胜县志编纂委员会：《龙胜县志》，汉语大词典出版社1992年版。

罗城仫佬族自治县志编纂委员会：《罗城仫佬族自治县志》，广西人民出版社1993年版。

（清）闵叙：《粤述》，《丛书集成新编》第94册，台湾新文丰有限责任公司1985年版。

（清）屈大均：《广东新语》，中华书局1985年版。

三江侗族自治县志编纂委员会：《三江侗族自治县志》，中央民族学院出版社1992年版。

三江县民委：《三江侗族自治县民族志》，广西人民出版社1989年版。

（汉）司马迁：《史记》，中华书局简体字本2000年版。

《同乐苗族乡志》编纂委员会：《同乐苗族乡志》，中央民族学院出版社1993年版。

魏任重、姜玉笙：民国《三江县志》，台湾成文出版社1975年版。

（清）谢启昆、胡虔、广西师范大学历史系中国历史文献研究室：《广西通志》，广西人民出版社 1988 年版。

（清）张巂、邢定伦、赵以谦、郭沫若：《崖州志》，广东人民出版社 1988 年版。

（清）张庆长：《黎岐纪闻》，《昭代丛书已集广编》，道光十三年（1833）刊本。

三　调查报告与资料汇编

包玉堂、吴盛枝、龙殿宝：《仫佬族民间故事选》，上海文艺出版社 1988 年版。

本书编写组：《黎族田野调查》，海南省民族学会 2006 年版。

陈增瑜主编：《京族喃字史歌集》，民族出版社 2007 年版。

福建省编辑组：《畲族社会历史调查》，福建人民出版社 1986 年版。

广西大瑶山国家级自然保护区管理局、广西壮族自治区林业勘测设计院：《广西大瑶山自然保护区综合科学考察报告》，2008 年 6 月。

广西民族研究所：《广西少数民族地区石刻碑文集》，广西人民出版社 1982 年版。

广西壮族自治区编辑组：《广西侗族社会历史调查》，广西民族出版社 1987 年版。

广西壮族自治区编辑组：《广西京族社会历史调查》，广西民族出版社 1987 年版。

广西壮族自治区编辑组：《广西仫佬族毛难族社会历史调查》，广西民族出版社 1987 年版。

广西壮族自治区编辑组：《广西仫佬族社会历史调查》，广西民族出版社 1985 年版。

广西壮族自治区编辑组：《广西苗族社会历史调查》，广西民族出版社 1987 年版。

广西壮族自治区编辑组：《广西少数民族地区碑文契约资料集》，广西民族出版社 1987 年版。

广西壮族自治区编辑组：《广西瑶族社会历史调查》（第一册），广西民族出版社 1984 年版。

广西壮族自治区编辑组：《广西瑶族社会历史调查》（第三册），广西民族出版社 1985 年版。

广西壮族自治区编辑组：《广西瑶族社会历史调查》（第四册），广西民族出版社 1986 年版。

广西壮族自治区编辑组：《广西瑶族社会历史调查》（第六册），广西民族出版社 1987 年版。

广西壮族自治区编辑组：《广西彝族、仡佬族、水族社会历史调查》，广西民族出版社 1987 年版。

广西壮族自治区编辑组：《广西壮族社会历史调查》第一册，广西民族出版社 1984 年版。

广西壮族自治区编辑组：《广西壮族社会历史调查》第三册，广西民族出版社 1985 年版。

广西壮族自治区编辑组：《广西壮族社会历史调查》第五册，广西民族出版社 1986 年版。

广东省编辑组：《连南瑶族自治县社会调查》，广东人民出版社 1987 年版。

广东省编辑组、《中国少数民族社会历史调查资料丛刊》修订编辑委员会：《黎族社会历史调查》，民族出版社 2009 年版。

广东省少数民族情况社会历史调查组：《广东省连南瑶族自治县南岗、内田、大掌瑶族社会调查》，1958 年 7 月编印。

黄钰：《评皇券牒集编》，广西人民出版社 1990 年版。

黄钰：《瑶族石刻录》，云南民族出版社 1993 年版。

金秀瑶族自治县志编纂委员会：《金秀瑶族自治县志》，广西人民出版社 1992 年版。

匡自明、黄润柏：《毛南族：广西环江县南昌屯调查》，云南大学出版社 2004 年版。

李默：《乳源瑶族调查资料》，广东省社会科学院 1986 年版。

李树荣主编：《隆林民间故事集》，隆林各族自治县县文化局、民委，1987 年。

李树荣主编：《广西民间文学作品精选·隆林卷》，广西民族出版社 1992 年版。

梁斌、王天若编：《苗族民间故事选》，广西人民出版社 1986 年版。

陆文祥、黄昌铅、蓝汉东编：《瑶族民间故事选》，广西人民出版社 1984
　　年版。

吕大吉、何耀华总主编：《中国各民族原始宗教资料集成：土家族卷、瑶族
　　卷、壮族卷、黎族卷》，中国社会科学出版社 1998 年版。

马居里、陈家柳主编：《京族：广西东兴市山心村调查》，云南大学出版社
　　2004 年版。

蒙冠雄、蒙海清、蒙松毅：《密洛陀》，广西民族出版社 1999 年版。

农秀琛：《龙州县故事集》第一集，龙州县三套集成编委会，1987 年版。

庞新民：《两广猺山调查》，中华书局 1934 年版。

全国政协文史和学习委员会，等：《仡佬族百年实录》上册，中国文史出版社
　　2008 年版。

清远市连南瑶族自治县政协文史委员会：《清远文史》第 9 辑《连南瑶族文史
　　专辑》，1995 年。

苏润光等：《京族民间故事选》，中国民间文艺出版社 1984 年版。

苏胜兴：《中国谚语集成广西分卷金秀瑶族自治县谚语集》，金秀瑶族自治县
　　民间文学三套集成领导小组，1987 年。

苏胜兴：《碧野仙踪圣堂山：广西民间文学作品精选·金秀县卷》，广西民族
　　出版社 1999 年版。

谭耀东：《清·牛二潭村头村规民约碑》，《宜山文史》1992 年总第 7 期。

王矿新：《广西民间文学作品精选·钟山卷》，广西民族出版社 1991 年版。

王裕延：《昌江黎族风情习俗》，《昌江文史》1993 年第 5 辑。

吴浩：《侗族款词·耶歌·酒歌：中国歌谣集成广西分卷三江侗族自治县资料
　　集（二）》，三江侗族自治县三套集成办公室，1987 年。

颜复礼、商承祖：《广西凌云猺人调查报告》，1929 年。

张声震主编：《布洛陀经诗译注》，广西人民出版社 1991 年版。

张声震主编：《壮族麽经布洛陀影印译注》（第一卷：译注部分），广西人民出
　　版社 2003 年版。

中国科学院民族研究所广西民族社会历史调查组：《京族社会历史情况》，
　　1964 年 6 月印。

中国民间文学集成全国编辑委员会、中国歌谣集成海南卷编辑委员会：《中国

歌谣集成·海南卷》，中国 ISBN 中心 1997 年版。

中国民间文学集成全国编辑委员会、中国民间文学集成广东卷编辑委员会：
《中国谚语集成·广东卷》，中国 ISBN 中心 1997 年版。

中国民间文学集成全国编辑委员会、中国民间文学集成广西卷编辑委员会：
《中国谚语集成·广西卷》，中国 ISBN 中心 2008 年版。

中国民间文学集成全国编辑委员会、中国民间文学集成海南卷编辑委员会：
《中国谚语集成·海南卷》，中国 ISBN 中心 2002 年版。

中南民族大学：《海南苗族社会调查》，民族出版社 2010 年版。

中南民族学院编辑组：《海南岛黎族社会调查》上、下卷，广西民族出版社
1992 年版。

四　中文著作

〔美〕埃里克·沃尔夫：《欧洲与没有历史的人民》，赵丙祥等译，上海人民出
版社 2006 年版。

编写组：《连山壮族瑶族志》，中国文联出版社 2002 年版。

岑贤安：《壮学首届国际学术研讨会论文集》，广西民族出版社 2004 年版。

陈衣：《八桂侗乡风物》，广西民族出版社 1992 年版。

陈朝贵：《隆林仡佬族》，广西人民出版社 2013 年版。

谌华玉：《粤东畲族：族群认同与社会文化变迁研究》，社会科学文献出版社
2014 年版。

崔海洋：《人与稻田：贵州黎平黄岗侗族传统生计研究》，云南人民出版社
2009 年版。

戴民强：《融水苗族》，广西民族出版社 2009 年版。

《东山瑶社会》编写组：《东山瑶社会》，广西民族出版社 2002 年版。

符昌忠等：《东方黎族民俗文化》，华南理工大学出版社 2017 年版。

符达升、过竹等：《京族风俗志》，中央民族学院出版社 1993 年版。

付广华：《生态重建的文化逻辑：基于龙脊古壮寨的环境人类学研究》，中央
民族大学出版社 2013 年版。

付广华：《壮族地区生态文明建设研究——基于民族生态学的视角》，广西师
范大学出版社 2014 年版。

符兴恩:《黎族·美孚方言》,香港银河出版社 2007 年版。

高泽强、潘先锷:《祭祀与避邪——黎族民间信仰文化初探》,云南民族出版
　社 2007 年版。

管彦波:《民族地理学》,社会科学文献出版社 2011 年版。

《广西农业地理》编写组:《广西农业地理》,广西人民出版社 1980 年版。

郝国强等:《小村大美:广西仫佬族文化变迁图像》,民族出版社 2014 年版。

贺嘉善:《仫佬语简志》,民族出版社 1983 年版。

何思源:《中国京族》,宁夏人民出版社 2012 年版。

胡德才、苏胜兴:《大瑶山风情》,广西民族出版社 1999 年版。

胡庆生、陶红云:《贺州瑶族》,世界图书出版公司 2015 年版。

黄友贤、黄仁昌:《海南苗族研究》,海南出版社、南方出版社 2008 年版。

蓝美凤、蓝正祥、罗文秀、蓝振林:《巴马瑶族历史与文化》,广西民族出版
　社 2006 年版。

李默:《韶州瑶人:粤北瑶族社会发展跟踪调查》,中山大学出版社 2004
　年版。

李露露:《热带雨林的开拓者——海南黎寨调查纪实》,云南人民出版社 2003
　年版。

《连山壮族瑶族自治县概况》编写组:《连山壮族瑶族自治县概况》,民族出版
　社 2007 年版。

梁光商:《水稻生态学》,农业出版社 1983 年版。

梁庭望:《壮族文化概论》,广西教育出版社 2000 年版。

廖国强、何明、袁国友:《中国少数民族生态文化研究》,云南人民出版社
　2006 年版。

廖明君:《壮族自然崇拜文化》,广西人民出版社 2002 年版。

廖忠群:《廖家古壮寨史记》,2010 年内部印刷.

林为民、曹春生、黎穷:《连州过山瑶》,中山大学出版社 2009 年版。

刘保元、莫义明:《茶山瑶文化》,广西人民出版社 2002 年版。

刘锡蕃:《岭表纪蛮》,商务印书馆 1934 年版。

刘祥学:《壮族地区人地关系过程中的环境适应研究》,广西师范大学出版社
　2013 年版。

龙胜各族自治县民族局《龙胜红瑶》编委会：《龙胜红瑶》，广西民族出版社
　　2002 年版。

陆德高：《龙胜各族自治县平等侗寨史》，2008 年内部印刷。

卢敏飞、蒙国荣：《毛南山乡风情录》，四川民族出版社 1994 年版。

罗康隆：《文化人类学论纲》，云南大学出版社 2005 年版。

罗康智、罗康隆：《传统文化中的生计策略——以侗族为例案》，民族出版社
　　2009 年版。

吕瑞荣、谭亚洲、覃自昆：《毛南族神话的生态阐释》，广西人民出版社 2012
　　年版。

吕瑞荣：《神人和融的仪式：毛南族肥套的生态观照》，中国社会科学出版社
　　2014 年版。

马建钊、陆上来：《粤北壮族风情辑录》，民族出版社 2007 年版。

孟和乌力吉：《沙地环境与游牧生态知识》，知识产权出版社 2013 年版。

蒙元耀：《壮语常见植物的命名与分类》，广西民族出版社 2006 年版。

莫金山：《瑶族石牌制》，广西民族出版社 2000 年版。

莫金山：《金秀瑶族村规民约》，民族出版社 2012 年版。

南宁师范学院广西民族民间文学研究室：《广西少数民族风情录》，广西民族
　　出版社 1984 年版。

潘其旭、覃乃昌：《壮族百科辞典》，广西人民出版社 1993 年版。

祁庆富、史晖等：《清代少数民族图册研究》，中央民族大学出版社 2012
　　年版。

覃彩銮：《神圣的祭典——广西红水河流域壮族蚂拐节考察》，广西人民出版
　　社 2007 年版。

覃德清：《壮族文化的传统特征与现代建构》，广西人民出版社 2006 年版。

覃乃昌：《壮族稻作农业史》，广西民族出版社 1997 年版。

覃乃昌：《广西世居民族》，广西民族出版社 2004 年版。

覃乃昌：《壮族经济史》，广西人民出版社 2011 年版。

覃尚文、陈国清：《壮族科学技术史》，广西科学技术出版社 2003 年版。

丘树声：《壮族图腾考》，广西教育出版社 1996 年版。

沈国明：《21 世纪生态文明：环境保护》，上海人民出版社 2005 年版。

苏维光、过伟、韦坚平：《京族文学史》，广西教育出版社1993年版。

粟卫宏等：《红瑶历史与文化》，民族出版社2008年版。

谭伟福、罗保庭：《广西大瑶山自然保护区生物多样性研究及保护》，中国环境科学出版社2010年版。

谭自安等：《中国毛南族》，宁夏人民出版社2012年版。

唐兆民：《瑶山散记》，文化供应社1948年版。

唐云舒、林武民：《梦里瑶乡：细说恭城》，广西师范大学出版社2010年版。

王国全：《黎族风情》，广东民族研究所1985年版。

王学萍：《中国黎族》，民族出版社2004年版。

王养民，马姿燕：《黎族文化初探》，广西民族出版社1993年版。

翁家烈：《仡佬族》，第2版，民族出版社2005年版。

吴承德、贾晔：《南方山居民族现代化探索——融水苗族发展研究》，广西民族出版社1993年版。

吴桂贞：《三江民族文化小词典》，广西民族出版社2007年版。

杨光明：《隆林苗族》，广西民族出版社2013年版。

杨庭硕、吕永锋：《人类的根基》，云南大学出版社2004年版。

杨庭硕等：《生态人类学导论》，民族出版社2008年版。

杨庭硕：《本土生态知识引论》，民族出版社2010年版。

杨筑慧：《侗族风俗志》，中央民族大学出版社2006年版。

玉时阶：《白裤瑶社会》，广西师范大学出版社1989年版。

玉时阶等：《现代化进程中的岭南水族——广西南丹县六寨龙马水族调查研究》，民族出版社2008年版。

张泽忠等：《变迁与再地方化——广西三江独峒侗族"团寨"文化模式解析》，民族出版社2008年版。

郑希龙、刑福武、周劲松：《海南民族植物学研究》，华中科技大学出版社2012年版。

钟伯清：《中国畲族》，宁夏人民出版社2012年版。

《中国各民族宗教与神话大辞典》编委会：《中国各民族宗教与神话大辞典》，学苑出版社1993年版。

钟功甫、陈铭勋、罗国枫：《海南岛农业地理》，农业出版社1985年版。

周建新、吕俊彪等：《从边缘到前沿：广西京族地区社会经济文化变迁》，民族出版社 2007 年版。

［日］竹村卓二：《瑶族的历史与文化——华南、东南亚山地民族的社会人类学研究》，金少萍、朱桂昌译，民族出版社 2003 年版。

朱慧珍、贺明辉：《广西苗族》，广西民族出版社 2004 年版。

五　报纸、期刊

安丰军：《瑶族林木生态伦理思想探析》，《广西民族大学学报》（哲学社会科学版）2011 年第 6 期。

班弨：《邕宁壮语动物名称词探析》，《民族语文》1999 年第 5 期。

班弨：《邕宁壮语植物名称词探析》，《民族语文》2000 年第 3 期。

B. N. 科兹洛夫：《民族生态学研究的主要问题》，《民族译丛》1984 年第 3 期。

曹明、曹小燕、曹利民、席世丽：《广西恭城瑶族集市药用植物的民族植物学调查》，《植物分类与资源学报》2012 年第 34 卷第 1 期。

曹明、苏礼英、明新、陈建设：《广西上思南屏瑶族传统药用植物知识的民族植物学调查》，《内蒙古师范大学学报》（自然科学汉文版）2016 年第 2 期。

岑家梧：《盘瓠传说与畲瑶的图腾制度》，《岑家梧民族研究文集》，民族出版社 1992 年版。

陈兰：《黎族民间谚语映射出的生态意识》，《琼州大学学报》2010 年第 1 期。

陈立浩：《古老的纺织艺术 古朴的生态理念——试论黎族古代纺织文化的生态价值》，《琼州学院学报》2008 年第 4 期。

陈立浩、于苏光：《黎族图腾文化折射出的原始生态意识》，《新东方》2009 年第 11 期。

陈丽琴：《京族独弦琴艺术生态研究》，《广西民族大学学报》（哲学社会科学版）2013 年第 2 期。

陈丽琴：《京族民间文艺与自然生态》，《钦州学院学报》2012 年第 1 期。

陈丽琴、林信炜：《论京族服饰与生态环境》，《钦州学院学报》2015 年第 12 期。

陈容娟：《侗族民间故事中蕴含的生态伦理观研究——以柳州三江县高定村为

例》，《柳州师专学报》2015 年第 2 期。

陈为：《文化生态学与海南黎族》，《未来与发展》1985 年第 5 期。

陈维刚：《广西侗族的蛇图腾崇拜》，《广西民族学院学报》（社会科学版）
　　1982 年第 4 期。

陈维刚：《广西侗族的鱼图腾崇拜》，《广西民族研究》1990 年第 4 期。

陈蔚林：《绿水青山间 文明花儿开》，《海南日报》2017 年 12 月 5 日第 1 版。

崔明昆：《植物民间分类、利用与文化象征——云南新平傣族植物传统知识研
　　究》，《中南民族大学学报》（人文社会科学版）2005 年第 4 期。

崔明昆、陈春：《西双版纳傣族传统环境知识与森林生态系统管理》，《云南师
　　范大学学报》（哲学社会科学版）2002 年第 5 期。

杜钦、韦文猛、米东清：《京族民俗文化中的红树林民族植物学》，《植物分类
　　与资源学报》2015 年卷 37 第 5 期。

杜钦、韦文猛、米东清：《京族药用红树林民族植物学知识及现状》，《广西植
　　物》2016 年卷 36 第 4 期。

段艳平：《广西循环经济发展的现状分析》，《能源与环境》2009 年第 1 期。

范宏贵：《西瓯、骆越的出现、分布、存在时间及其他》，《广西民族研究》
　　2016 年第 3 期。

付广华：《传统生态知识：概念、特点及其实践效用》，《湖北民族学院学报》
　　（哲学社会科学版）2012 年第 4 期。

付广华：《美、苏两种传统的民族生态学之比较——"民族生态学理论与方法
　　研究"之二》，《广西民族研究》2011 年第 2 期。

付广华：《气候灾变与乡土应对：龙脊壮族的传统生态知识》，《广西民族研
　　究》2010 年第 3 期。

付广华：《生态环境与龙脊壮族村民的文化适应》，《民族研究》2008 年第
　　2 期。

付广华：《生态文明概念辨析》，《鄱阳湖学刊》2013 年第 6 期。

付广华：《生态文明建设对传统生态知识的影响机理》，《北方民族大学学报》
　　（哲学社会科学版）2019 年第 2 期。

付广华：《石漠化与乡土应对：石叠壮族的传统生态知识》，《广西师范学院学
　　报》（哲学社会科学版）2017 年第 5 期。

付广华：《壮族布洛陀文化和谐共生思想论》，载覃彩銮主编《布洛陀文化研究——2011 年布洛陀文化学术研讨会论文集》，广西民族出版社 2013 年版。

付广华：《壮族传统水文化与当代生态文明建设》，《广西民族研究》2010 年第 2 期。

付广华：《壮族生态研究与壮学构建》，《广西民族研究》2015 年第 2 期。

付广华：《族群惯习、山地环境与龙脊梯田文化》，《广西民族研究》2017 年第 6 期。

傅治平：《大生态视野下的黎族生态》，《琼州学院学报》2011 年第 4 期。

傅治平：《黎族自然生态的保护与利用》，《琼州学院学报》2012 年第 4 期。

傅治平、于苏光：《黎族生态摭谈》，《琼州学院学报》2011 年第 2 期。

甘炳春、李榕涛、杨新全：《用民族植物学观点分析黎族与植物资源的关系》，《植物资源与环境学报》2006 年第 15 卷第 4 期．

高泽强：《黎族族源族称探讨综述》，《琼州学院学报》2008 年第 1 期。

龚政宇：《概述连南县的生态文明建设》，《清远职业技术学院学报》2011 年第 2 期。

广西壮族自治区环境保护厅：《2017 年广西壮族自治区环境状况公报》，《广西日报》2018 年 6 月 4 日第 6 版。

郭金世、胡宝华：《隆林仡佬族拜树节的文化内涵及社会功能》，《社会科学家》，2013 年第 5 期。

郭满女、程道品、易丰、唐峰陵：《西部民族地区生态文明建设实践研究——以广西巴马瑶族自治县为例》，《科技广场》2013 年第 3 期。

海南省生态环境保护厅：《2017 年海南省环境状况公报》，《海南日报》2018 年 6 月 5 日第 4 版。

何安益、彭长林、刘资民、宁永勤：《广西资源县晓锦新石器时代遗址发掘简报》，《考古》2004 年第 3 期。

何星亮：《土地神及其崇拜》，《社会科学战线》1992 年第 4 期。

和跃、杨叶华、谭梦园：《毛南族人地关系研究——以环江毛南族自治县为例》，《价值工程》2013 年第 11 期。

洪克强：《粤北瑶族文化中的生态精神及其启示》，《广东技术师范学院学报（社会科学）》，2016 年第 7 期。

胡倩、董大为：《广西生态文明建设指标体系研究》，《市场论坛》2012 年第 7 期。

黄润柏：《毛南族的资源生态、土地制度与农民收入的变迁——广西环江南昌屯毛南族社会经济发展状况个案研究之三》，《广西民族研究》2005 年第 1 期。

江应梁：《广东瑶人之宗教信仰及其经咒》，《民俗》1936 年第 1 卷第 3 期。

康忠慧：《苗族传统生态文化述论》，《湖北民族学院学报》（哲学社会科学版），2006 年第 1 期。

蓝克宽：《广西吃佬族节日文化价值钩沉》，《广西大学学报》（哲学社会科学版），1998 年第 1 期。

蓝岚、罗春光：《广西壮族的生态文化与可持续发展》，《河池师专学报》2004 年第 1 期。

蓝树辉：《毛南族原始宗教初探》，《广西民族研究》1989 年第 4 期。

雷伟红：《畲族生态伦理的意蕴初探》，《前沿》2014 年第 4 期。

李大西：《仫佬族民间故事中的生态智慧》，《群文天地》2011 年第 18 期。

李广义：《广西毛南族生态伦理文化可持续发展研究》，《广西民族研究》2012 年第 3 期。

李家寿、唐华清：《生态文明视域下中越边境壮民族传统文化的现代价值探析——以广西壮族自治区弄岗自然保护区为例》，《生态经济》2008 年第 7 期。

李婉婉：《水中乾坤：侗族对水的认知与生命轮回观——以广西三江侗族自治县车寨村为例》，《民间文化论坛》2015 年第 2 期。

李先琨：《广西岩溶地区"神山"的经济生态效益探讨》，《生态经济》1995 年第 4 期。

李先琨、苏宗明：《广西岩溶地区"神山"的社会经济生态效益》，《植物资源与环境》1995 年第 4 期。

李新富、韦广雄：《生态文明与社会和谐——兼论和谐广西建设》，《学理论》2009 年第 14 期。

李新雄：《千方百计保护生物多样性　我区建立 14 个自然保护小区》，《广西日报》2010 年 8 月 9 日第 4 版。

良警宇：《旅游开发与民族文化和生态环境的保护：水满村的事例》，《广西民族学院学报》（哲学社会科学版）2005 年第 1 期。

梁克川：《一稻多养殖 一路促扶贫——升级稻田养鱼技术打造"三江模式"侧记》，《柳州日报》2017 年 10 月 2 日第 3 版。

梁庭望：《花山崖壁画——祭祀蛙神圣地》，《中南民族学院学报》1986 年第 2 期。

梁文淑：《京族渔村换新装——东兴市江平镇巫头村"生态乡村"建设掠影》，《防城港日报》2015 年 11 月 4 日第 2 版。

梁文淑、翟耀鹏：《江平镇"三结合"打造广西生态名镇》，《防城港日报》2015 年 11 月 3 日第 2 版。

梁正海：《民族学视野下土家族传统生态知识类型及其内涵》，《湖北民族学院学报》（哲学社会科学版），2010 年第 4 期。

廖国强：《朴素而深邃：南方少数民族生态伦理观探析》，《广西民族学院学报》（哲学社会科学版）2006 年第 2 期。

廖建夏：《布努瑶对喀斯特地区非木材林产品的利用》，《创新》2012 年第 6 期。

林茜茜：《论畲族环境保护习惯的地位与命运》，《重庆科技学院学报》（社会科学版）2012 年第 3 期。

凌春辉：《论〈麽经布洛陀〉的壮族生态伦理意蕴》，《广西民族大学学报》（哲学社会科学版）2010 年第 3 期。

刘代汉、何新凤、吴江萍、蒋家安：《桂林瑶族狩猎传统习俗中的生态意识及其社会功能》，《桂林师范高等专科学校学报》，2010 年第 3 期。

刘宏涛：《黎族美孚支系亲属制度与宗教文献综述》，《北方民族大学学报》（哲学社会科学版）2012 年第 2 期。

刘祥学：《论壮族"汉化"与汉族"壮化"过程中的人地关系因素》，《广西民族研究》2012 年第 3 期。

刘祥学：《明清以来壮族地区的狩猎活动与农耕环境的关系》，《中国社会经济史研究》2010 年第 3 期。

卢敏飞：《广西融水水族生活习俗调查》，《广西民族研究》2001 年第 2 期。

罗康隆：《地方性生态知识对区域生态资源维护与利用的价值》，《中南民族大学学报》（人文社会科学版）2010 年第 3 期。

罗康隆：《地方性知识与生存安全——以贵州麻山苗族治理石漠化灾变为例》，《西南民族大学学报》（人文社会科学版）2011 年第 7 期。

罗康隆：《侗族传统生计方式与生态安全的文化阐释》，《思想战线》2009 年第 2 期。

罗康隆：《论侗族民间生态智慧对维护区域生态安全的价值》，《广西民族研究》，2008 年第 4 期。

罗康隆：《论苗族传统生态知识在区域生态维护中的价值——以贵州麻山为例》，《思想战线》2010 年第 2 期。

罗康隆、彭书佳：《民族传统生计与石漠化灾变救治——以广西都安布努瑶族为例》，《吉首大学学报》（社会科学版）2013 年第 1 期。

罗康隆、杨庭硕：《传统稻作农业在稳定中国南方淡水资源的价值》，《农业考古》2008 年第 1 期。

罗仁德、陈祖华：《壮族蚂蚜舞》，《民族艺术》1988 年第 3 期。

罗义群：《关于苗族本土生态知识的文化阐释》，《六盘水师范高等专科学校学报》2009 年第 1 期。

罗义群：《论苗族的生态道德观》，《贵州社会科学》2009 年第 3 期。

罗义群：《苗族本土生态知识与森林生态的恢复与更新》，《铜仁学院学报》2008 年第 6 期。

麻国庆：《"公"的水与"私"的水——游牧和传统农耕蒙古族"水"的利用与地域社会》，《开放时代》2005 年第 1 期。

麻国庆：《草原生态与蒙古族的民间环境知识》，《内蒙古社会科学》（汉文版）2001 年第 1 期。

麻国庆：《工业化进程中的生态文明——以广东农村为例》，《广东社会科学》2013 年第 5 期。

麻国庆：《环境研究的社会文化观》，《社会学研究》1993 年第 5 期。

马军：《瑶族传统文化中的生态知识与减灾》，《云南民族大学学报》（哲学社会科学版）2012 年第 2 期。

孟和乌力吉：《传统环保文化与草原和谐发展——以内蒙古新巴尔虎左旗巴彦贡嘎查水文化为例》，《云南师范大学学报》（哲学社会科学版）2011 年第

1 期。

孟和乌力吉：《蒙古族资源环保知识多维结构及其复合功能》，《中央民族大学学报》（哲学社会科学版）2015 年第 3 期。

宁世江、蒋运生、邓泽龙、李信贤：《广西沿海西部山心、巫头和沥尾岛植被类型初步研究》，《广西植物》1996 年第 1 期。

潘定智：《苗族文化生态研究》，《贵州民族研究》1994 年第 2 期。

庞革平：《广西生态农业形成循环链》，《人民日报》2018 年 12 月 5 日第 14 版。

乔瑞金：《生态文明是可行的——"马克思主义与生态文明"国际学术会议综述》，《马克思主义与现实》2007 年第 6 期。

萨支辉：《特区少数民族发展经济的思路——广东凤凰山畲族经济调查》，《中央民族大学学报》1993 年第 4 期。

宋繁、邹宏霞：《农业文化遗产保护与居民经济收入相关研究——以龙脊梯田为研究对象》，《中南林业科技大学学报》（社会科学版）2016 年第 1 期。

苏仕林、马博、黄珂：《民歌古籍〈欢樵〉传统民族植物学研究》，《安徽农业科学》2012 年第 40 卷第 5 期。

覃彩銮：《试论壮族文化的自然生态环境》，《学术论坛》1999 年第 6 期。

覃彩銮：《壮族称村落为"板"的由来及其含义考释——壮族干栏文化研究之一》，《广西民族研究》1998 年第 1 期。

覃彩銮：《壮族自然崇拜简论》，《广西民族研究》1990 年第 4 期。

覃剑萍：《壮族蛙婆节初探》，《广西民族研究》1988 年第 1 期。

覃康聪：《广西贺州土瑶生态伦理面临的困境及出路》，《边疆经济与文化》2015 年第 9 期。

覃康聪：《浅谈贺州土瑶生活方式中的生态伦理思想》，《学理论》2015 年第 20 期。

覃茂福：《布努瑶"密洛陀"女神崇拜的初步考察》，《广西民族研究参考资料》1985 年第 5 辑。

覃乃昌：《20 世纪的壮学研究》（上、下），《广西民族研究》2001 年第 4 期、2002 年第 1 期。

唐广生、曾铁强：《仡佬人敬树如衣食父母》，《广西日报》2005 年 1 月 11 日第 5 版。

唐永亮：《人与自然组合的变形——谈桂北瑶族鬼文化》，《广西民族研究》
　　1993 年第 2 期。

田曙岚：《"僚"的研究与我国西南民族若干历史问题》（初稿），贵州省民族
　　研究所《民族研究参考资料》1981 年第八集。

王继东、王杰：《基于生态经济的广西产业结构升级研究》，《东南亚纵横》
　　2009 年第 5 期。

王明初：《海南生态文明建设要保护好中部山区群众利益》，《今日海南》2015
　　年第 11 期。

王启澍：《粤北乳源瑶人的经济生活》，《民俗》1943 年第 2 卷第 1/2 期《粤
　　北乳源瑶人调查报告》。

王希辉：《少数民族地方性生态知识的传承与保护——以石柱土家族黄连种植
　　为例》，《广西民族大学学报》（哲学社会科学版）2008 年第 5 期。

王习明：《海南贫困山区文明生态村建设的调查与思考——以白沙为个案》，
　　《海南新使命：争创中国特色社会主义实践范例——海南省首届社会科学学
　　术年会论文集》（上），2013 年。

王小龙：《伦理与规范：京族习惯法对自然资源——以〈封山育林保护资源禁
　　规〉为考察中心》，《原生态民族文化学刊》2014 年第 4 期。

王永安：《南岭山地自然分区、立地分类和发展林业对策》，《中南林业调查规
　　划》1989 年第 1 期。

韦浩明：《生态环境与贺州土瑶的文化适应》，《贺州学院学报》2015 年第
　　1 期。

翁乾麟：《关于广西生态环境建设与保护的几个问题》，《林业经济》2001 年
　　第 5 期。

翁乾麟：《论广西的生态问题》，《学术论坛》2001 年第 2 期。

吴练勋：《"改"出山寨新生活——访三江县十佳生态文化寨洋溪乡信洞村》，
　　《柳州日报》2012 年 12 月 17 日第 6 版。

吴平益《过山瑶风俗三则》，《恭城瑶学研究》2009 年第 5 辑.

吴声军：《南岭瑶山传统生计中的生态智慧——以都庞岭枫木坪村为例》，《原
　　生态民族文化学刊》2011 年第 3 期。

郄建荣：《南岭国家级保护区核心区被"开膛破肚"》，《法制日报》2016 年 3 月 18 日第 8 版。

谢彩文、蒋林林、张雷：《古为今用 绿为"金"用——贺州市生态乡村走马观"绿"》，《广西日报》2016 年 8 月 3 日第 11 版。

谢彩文、吕欣：《把思路落实为成果——广西建设生态文明示范区和林业强区"踏石"迈开第一步》，《广西日报》2010 年 9 月 27 日。

谢东莉：《海南黎族国内研究综述》，《湖北民族学院学报》（哲学社会科学版）2012 年第 3 期。

谢耀龙：《侗族传统村寨中的灵魂观与信仰礼俗研究——基于广西三江县车寨村的调查》，《重庆文理学院学报》（社会科学版）2016 年第 6 期。

熊晓庆：《海洋民族的绿色情缘——广西民间社会森林崇拜探秘之京族》，《广西林业》2013 年第 7 期。

熊晓庆：《山林树木共为邻——广西民间森林崇拜探秘之水族》，《广西林业》2014 年第 3 期。

熊晓庆：《山乡树韵——广西民间森林崇拜探秘之仫佬族》，《广西林业》2013 年第 12 期。

熊晓庆、敖德金：《山旮旯里的敬树风尚——广西民间森林崇拜探秘之仡佬族》，《广西林业》2013 年第 11 期。

徐少纯：《京族喃字史歌生态研究》，《柳州师专学报》2013 年第 4 期。

徐治平：《千载传承的生态意识——"走进八桂丛林"之富川"后龙山"》，《广西林业》2015 年第 2 期。

阳崇波：《仫佬族习俗中的生态意识》，《广西民族师范学院学报》2014 年第 1 期。

杨春燕、龙春林、石亚娜、王跃虎、王鸿升：《广西靖西县端午药市的民族植物学研究》，《中央民族大学学报》（自然科学版）2009 年第 2 期。

杨丽：《黎族"合亩制"研究综述》，《湖北民族学院学报》（哲学社会科学版）2012 年第 2 期。

杨鹏、陈禹静、尚毛毛：《基于经验总结的广西生态文明建设政策创新研究》，《广西师范学院学报》（自然科学版）2011 年第 4 期。

杨庭硕：《地方性知识的扭曲、缺失和复原——以中国西南地区的三个少数民族为例》,《吉首大学学报》(社会科学版) 2005 年第 2 期。

杨庭硕:《论地方性知识的生态价值》,《吉首大学学报》(社会科学版) 2004 年第 3 期。

杨庭硕:《苗族生态知识在石漠化灾变救治中的价值》,《广西民族大学学报》(哲学社会科学版) 2007 年第 3 期。

姚老庚、熊晓庆:《青山里的苗族人家——广西民间社会森林崇拜探秘之苗族》,《广西林业》2013 年第 8 期。

佚名:《巨变 30 年大事记》,《海南日报》2018 年 3 月 8 日第 11 版。

佚名:《粤北"高山天池"护水录》,《环境》2009 年第 10 期。

袁楠楠、魏鑫、薛达元、杨庆文:《海南黎族聚居区山栏稻的起源演化研究》,《植物遗传资源学报》2013 年第 14 卷第 2 期。

袁楠楠、薛达元、彭羽:《黎族传统知识对生物多样性保护的作用》,《中央民族大学学报》(自然科学版) 2011 年第 2 期。

袁少华、曾毅:《乳源南水水库饮用水源保护区综合治理取得明显成效》,《韶关日报》2018 年 11 月 23 日。

曾杰丽:《壮族民间信仰的和谐生态伦理意蕴》,《广西民族大学学报》(哲学社会科学版) 2008 年第 6 期。

翟鹏玉:《花婆神话与壮族生态伦理的缔结范式》,《南京林业大学学报》(人文社会科学版) 2007 年第 4 期。

詹慈:《黎族原始宗教浅析》,《岭南文史》1983 年第 1 期。

詹贤武:《黎族经济文化类型与文化圈的空间分布》,《新东方》2014 年第 3 期。

张超:《"锰都"危局》,《财经国家周刊》2010 年第 13 期。

张超:《"锰谷"之殇》,《财经国家周刊》2010 年第 13 期。

张佳琦、薛达元:《瑶族传统知识与生物多样性关系初识》,《中央民族大学学报》(自然科学版) 2011 年第 2 期。

张一民:《白裤瑶乡印象记》,《广西民族研究参考资料》1985 年第 5 辑。

张有隽:《吃了一山过一山:过山瑶的游耕策略》,《广西民族学院学报》(哲学社会科学版) 2003 年第 2 期。

张有隽:《瑶族宗教信仰史略(一)》,《广西民族学院学报》(哲学社会科学版）1981 年第 3 期。

张玉华：《京族文化下人与自然的和谐——对广西东兴市氾尾村的调查》，《河池学院学报》2013 年第 3 期。

张渊媛、蔡蕾：《海南省黎族和苗族传统知识对农业生物多样性保护的影响》，《中央民族大学学报》（自然科学版）2008 年 S1 期。

郑维宽：《论宋代以来广西瑶族的山地开发及其对生态环境的影响》，《农业考古》2012 年第 1 期。

周天福、安家成、兰玲、谭海明、杨善云、李国诚：《金秀大瑶山瑶民鸟盆狩猎区鸟类食物源植物及生态保育》，《广西植物》2010 年卷 30 第 2 期。

朱斯芸：《广西融水芒哥节的起源与生态观——基于生态学的视野》，《广西职业技术学院学报》2013 年第 6 期。

朱懿、韩勇、齐先朴：《广西全面建设生态文明示范区的思考》，《广西科学院学报》2011 年第 2 期。

［美］大卫·格里芬：《全球民主和生态文明》，弥维译，《马克思主义与现实》2007 年第 6 期。

［美］弗雷德·普洛格，丹尼尔·G. 贝茨：《进化生态学》，石应平译，《民族译丛》1989 年第 4 期。

［美］柯布、刘昀献：《中国是当今世界最有可能实现生态文明的地方——著名建设性后现代思想家柯布教授访谈录》，《中国浦东干部学院学报》2010 年第 3 期。

［美］克利福德·科布：《迈向生态文明的实践步骤》，王韬阳译，《马克思主义与现实》2007 年第 6 期。

［美］小约翰·柯布：《论建设生态文明的必要性》，吴兰丽译，《武汉理工大学学报》（社会科学版）2010 年第 5 期。

［美］小约翰·柯布：《论生态文明的形式》，董慧译，《马克思主义与现实》2009 年第 1 期。

［美］小约翰·柯布：《文明与生态文明》，李义天译，《马克思主义与现实》2007 年第 6 期。

［日］蒋宏伟：《经济作物与克服贫困的尝试》，《广西民族学院学报》（哲学社会科学版）2005 年第 1 期。

［日］梅崎昌裕：《与环境保全并存的生业的可能性：水满村的事例》，《广西民族学院学报》（哲学社会科学版）2005 年第 1 期。

［日］西谷大：《大圈套与小圈套——围绕着火田展开的小型动物狩猎》，《广西民族学院学报》（哲学社会科学版）2005 年第 1 期。

［日］篠原徹：《介于野生和栽培之间的植物群》，《广西民族学院学报》（哲学社会科学版）2005 年第 1 期。

六　中文学位论文

陈饶：《连山壮族瑶族自治县生态文明建设研究》，硕士学位论文，广东技术师范学院，2016 年。

何海文：《广西瑶族民族植物学研究——以上思县南屏乡常隆村为例》，硕士学位论文，广西师范大学。

胡仁传：《广西罗城仫佬族自治县药用植物资源调查研究》，硕士学位论文，广西师范大学，2014 年。

潘雪枚：《记忆与象征：广西资源县五排苗族木文化研究》，硕士学位论文，广西师范大学，2017 年。

覃康聪：《土瑶生态伦理研究》，硕士学位论文，广西师范大学，2014 年。

陶玉华：《广西罗城不同土地利用方式与林地碳储量的变化研究》，博士学位论文，中央民族大学，2012 年。

魏淑娟：《京族民歌的生态研究》，硕士学位论文，广西民族大学，2010 年。

吴婷婷：《禾中之鱼——侗族传统生计中的生态适应研究》，硕士学位论文，广西民族大学，2010 年。

徐志成：《畲族生态伦理研究》，硕士学位论文，浙江财经大学，2015 年。

杨菁华：《从"煤"到机制炭：仫佬族资源观念与环境变迁研究》，硕士学位论文，广西民族大学，2014 年。

袁楠楠：《基于黎族传统知识的水稻基因多样性研究》，硕士学位论文，中央民族大学，2012 年。

张健：《东山瑶民俗文化中的生态适应及生态意识》，硕士学位论文，广西师范大学，2005 年。

周错成：《广西大化瑶族自治县生态文明建设研究》，硕士学位论文，广西大学，2014 年。

七 外文论著

Agrawal, Arun, Indigenous and scientific knowledge: Some critical comments. *Indigenous Knowledge and Development Monitor*, 1995, 3（3）: 3 – 6.

Agrawal, Arun, "Dismantling the divide between indigenous and scientific knowledge", *Development and Change*, 1995, 46（3）: 413 – 439.

Bates, Daniel G., *Human Adaptive Strategies: Ecology, Culture and Politics*, Boston: Allyn and Bacon, 1998, p. 166.

Berkes, Fikret, "Traditional Ecological Knowledge in Perspective", Julian. T. Inglis eds., *Traditional Ecological Knowledge: Concepts and Cases*, Canada: International Development Research Centre, 1993.

Berkes, Fikret, *Sacred Ecology: Traditional Ecological Knowledge and Resource Management*, Taylor & Francis, 1999.

Brosius, J. Peter & George W. Lovelace, and Gerald G. Marten, "Ethnoecology: An Approach to Understanding Traditional Agricultural Knowledge", Gerald G. Marten ed., *Traditional Agriculture in Southeast Asia*. Boulder: Westview Press, 1986.

Ellen, Roy & Holly Harris, "Introduction", Roy Ellen, Peter Parkes, Alan Bicker, eds., *Indigenous Environmental Knowledge and its Transformations*, Hardwood Academic Publishers, 2000.

Ellen, Roy & Peter Parkes, Alan Bicker, *Indigenous Environmental Knowledge and its Transformations*, Hardwood Academic Publishers, 2000.

Hunn, Eugene, "What is traditional ecological knowledge?" Nancy M. Williams, Graham Baines, eds., *Traditional ecological knowledge: Wisdom for Sustainable Development*, Centre for Resource and Environmental Studies, Australian National University, 1995.

Inglis, Julian, T. ed., *Traditional Ecological Knowledge: Concepts and Cases*, Canada: International Development Research Centre, 1993.

Ingold, Tim, "Culture and the perception of the environment", E. Croll and D.

Parkin eds. , *Bush Base*, *Forest Farm*: *Culture*, *Environment and Development*, London: Routledge, 1992, pp. 39 – 56.

Ingold, Tim, *The Perception of the Environment*, London: Routledge, 2000.

Johannes, Robert Earle, ed. , *Traditional Ecological Knowledge*: *A Collection of Essays*, International Union for Conservation of Nature and Natural Resources, 1989.

Kalland, Arne, "Indigenous knowledge: Prospects and Limitations", Roy Ellen, Peter Parkes, Alan Bicker, eds. , *Indigenous Environmental Knowledge and its Transformations*, Hardwood Academic Publishers, 2000, pp. 319 – 330.

Lauer, Matthew & Shankar Aswani, "Indigenous Ecological Knowledge as Situated Practices: Understanding Fishers' Knowledge in the Western Solomon Islands", *American Anthropologist*, 2009, 111 (3) .

Lewis, Henry T. , "Ecological and Technological Knowledge of Fire: Aborigines versus Park Rangers in Northern Australia", *American Anthropologist*, 1989, 91 (4) .

Moller, H. & F. Berkes, P. O. Lyver, and M. Kislalioglu, "Combining science and traditional ecological knowledge: monitoring populations for co-management", *Ecology and Society*, 2004, 9 (3) .

Moran, Emilio F. , *Human Adaptability*: *An Introduction to Ecological Anthropology*, Westview Press, 1982.

Morrison, Roy, *Ecological Democracy*, Boston, MA: South End Press, 1995.

Scoones, I. , "New Ecology and the Social Sciences: What Prospects for a Fruitful Engagement?" *Annual Review of Anthropology*, 1999 (28) .

Sillitoe, Paul, "The Development of Indigenous Knowledge: A New Applied Anthropology", *Current Anthropology*, 1998, 39 (2) .

Stevenson, Marc G. , "Indigenous Knowledge in Environmental Assessment", *Arctic*, 1996, 49 (3) .

Warren, Dennis M. & L. J. Slikkerveer, David Brokensha, eds. , *The Cultural Dimension of Development*: *Indigenous Knowledge Systems*, London: Intermediate technology, 1995.

Warren, Dennis M. , "The role of indigenous knowledge systems in facilitating sustainable approaches to development: an annotated bibliography", Glauco Sanga, Gherardo Ortalli, eds. , *Nature Knowledge*: *Ethnoscience*, *Cognition*, *and Utility*, New York. and Oxford: Berghahn Books, 2004, p. 317.

八　网络电子文献

戴蕾蕾:《网友曝广东南岭国家级自然保护区毁林修旅游公路》,新浪财经,http://finance.sina.com.cn/china/dfjj/20120215/101311382072.shtml, 2012 – 02 – 15。

邓志聪:《乳源瑶族自治县 2016 年政府工作报告》,乳源瑶族自治县人民政府网, http://www.ruyuan.gov.cn/zw/zfgb/201701/t20170126_419182.html, 2017 – 01 – 26。

冯红云:《2017 年政府工作报告》,连山壮族瑶族自治县人民政府网, http://www.gdls.gov.cn/public/4663971/4707942.html, 2017 – 03 – 03, 访问时间: 2019 – 01 – 18。

广西壮族自治区人民政府:《广西壮族自治区关于中央环境保护督察反馈意见的整改方案》,中华人民共和国生态环境部, http://www.mee.gov.cn/gkml/sthjbgw/qt/201704/t20170428_413231.htm, 2017 年 04 月 28 日, 访问日期: 2018 年 1 月 9 日。

郭振乾:《广西将启动幸福乡村建设 升级"美丽广西"宜居乡村》,人民网·广西频道, http://gx.people.com.cn/n2/2017/1227/c179430 – 31080272.html, 2017 – 12 – 27, 访问时间: 2019 – 01 – 20。

海南省地方志办公室:《海南省志·自然地理志》第八章第二节《经济地理区划》,海南史志网, http://www.hnszw.org.cn/xiangqing.php? ID = 55741, 2017 年 10 月 10 日查阅。

海南省地方志办公室:《海南省志·自然地理志》第二章第二节《海南岛地貌》,海南史志网, http://www.hnszw.org.cn/xiangqing.php? ID = 54349, 2017 年 10 月 16 日查阅。

海南省人民政府:《海南省贯彻落实中央第四环境保护督察组督察反馈意见整改方案》,海南省人民政府, http://www.hainan.gov.cn/hn/zwgk/gsgg/

201805/t20180529_2644561. html，2018 - 05 - 29，访问时期：2019 年 3 月 9 日。

金秀瑶族自治县人民政府：《金秀县开展中央环境督察"回头看"迎检工作会简报》，金秀瑶族自治县政府门户网站，http：//www. jinxiu. gov. cn/html/Article/show_10090. html，2018 - 06 - 11。

兰向东：《金秀瑶族自治县人民政府工作报告》，金秀瑶族自治县政府门户网站，http：//www. jinxiu. gov. cn/html/Article/show_6826. html，2017 - 03 - 06。

李裕科：《富川瑶族自治县 2018 年政府工作报告》，富川瑶族自治县人民政府门户网站，http：//www. gxfc. gov. cn/zwgk/zfgzbg-zwgk/5328. do，2018 - 03 - 30。

唐金文：《2018 年连南瑶族自治县政府工作报告》，连南县政府网，http：//www. liannan. gov. cn/Government/PublicInfo/PublicInfoShow. aspx？ID = 4241，2018 - 01 - 25。

王琼龙：《2016 年琼中黎族苗族自治县人民政府工作报告》，http：//qiongzhong. hainan. gov. cn/xxgk/0100/zfgzbg/201601/t20160121_1440828. html，2016 - 01 - 21，访问时间：2019 - 01 - 18。

王琼龙：《（2018 年）琼中黎族苗族自治县人民政府工作报告》，琼中黎族苗族自治县人民政府网，http：//xxgk. hainan. gov. cn/qzxxgk/bgt/201804/t20180413_2604005. htm，2018 - 02 - 08。

韦大强：《金秀：依托山区资源优势 大力发展蜜蜂养殖》，金秀瑶族自治县政府门户网站，http：//www. jinxiu. gov. cn/html/Article/show_5303. html，2015 - 11 - 09。

曾定康：《连山县美丽乡村建设初显成效》，广东省财政厅网站，http：//www. gdczt. gov. cn/zwgk/dsxw/qy/201806/t20180606_945523. htm，2018 - 06 - 06，访问时间：2019 年 1 月 20 日。

曾华忠：《心系特色水稻产业，重塑苗山"金凤凰"》，融水苗族自治县人民政府网，http：//www. rongshui. gov. cn/gd/bmdto/content_18181，2017 - 09 - 12。

后　记

　　从 2007 年开始关注生态文明建设以来，这是我试图将民族传统文化与当代生态文明建设结合起来的第二本书。在本书中，我系统地梳理了岭南少数民族的传统生态知识体系，试图将传统与当代连接起来，发现传统生态知识创造性转化的路径，进而推动区域生态文明建设和可持续发展。

　　由于种种原因，本书的调查研究工作一开始并不是很顺利。在我调入广西民族大学工作以后，又面临备课、上课、指导学生等新任务，因此课题研究和写作工作一度陷入停滞。2019 年年初，在面临课题将被终止的压力下，我终于在最后关头完成了专著撰写。然而，结项工作却一波三折，在提交最终成果15 个月之后才拿到了结题证书。

　　"实践出真知。"民族学偏重田野调查，本书的撰写也历经多次调查，得到田野点各位父老乡亲的大力支持和帮助。虽时过境迁，但至今我仍然能回想起在壮乡侗寨中调查的日日夜夜，也能回忆起在七百弄布努瑶寨间跋涉的情形。虽历尽艰辛，但收获满满，不仅有完成调查的喜悦，而且也有被各族乡民善待的感动。回想起来，感叹自己既未能阐发新知，也没有经世致用，觉得有负乡民所托。

　　在课题研究和书稿修改过程中，我也得到了很多单位和个人的大力支持和帮助。感谢广西民族研究中心覃彩銮、俸代瑜、黄润柏、韦石纯、罗柳宁、覃丽丹等同事和陶玉华、袁丽红等学友在课题申报、管理和实施过程中给予的宝贵支持和帮助。感谢贵州民族大学李天翼教授、长江师范学院王希辉教授、广西职业师范学院袁丽红研究员出具的出版推荐意见。感谢广西民族大学中国南方与东南亚民族研究中心提供的出版经费资助，感谢王柏中、滕兰花、黎莹等领导和老师提供的帮助和支持。

　　本书的部分章节或前期成果曾在期刊或学术会议上发表：感谢《中央民族大学学报》《广西民族研究》《国外社会科学》《自然辩证法通讯》《湖北民族大学学报》《北方民族大学学报》《鄱阳湖学刊》等刊物发表了课题组的阶段性成果；感谢中国西南民族研究学会南宁会议、大理会议组委会允准报告学术成果，极大地提升了本项研究的学术影响。感谢中国社会科学出版社的刘亚楠编辑所提供的修改意见和建议，提高了本书的文稿质量。

　　还必须要说明的是，本书虽然是我多年来在传统生态知识与生态文明建设互动关系研究方面研究的一次大总结，但由于个人能力和精力所限，一些问题的研究还没有足够深入，文本中还存在各式各样的不足，敬祈学界同人批评指正。

付广华

2020 年 10 月 31 日